炼油装置技术手册丛书

常减压蒸馏装置技术手册

寿建祥　陈伟军　主编

中国石化出版社

内 容 提 要

本书介绍了常减压蒸馏装置的基本知识、工艺原理和国内外最新的技术进展。在结合生产实践的基础上，阐述了常减压蒸馏装置生产单元的实际操作，同时详细介绍相关工艺计算，使理论与实践相结合。另外，本书不但介绍了装置的设备、工艺防腐和节能优化，还包含了装置的技术管理方面的内容，如装置标定、日常技术管理等，列举了国内常减压装置发生过的一些典型事故，并分析了原因，总结了经验教训。

本书对从事常减压蒸馏装置的生产技术管理人员具有很强的指导意义，对操作人员也具有很好的实用价值，同时对从事相关专业的科研、设计人员和院校师生也具有很好的参考价值。

图书在版编目(CIP)数据

常减压蒸馏装置技术手册 / 寿建祥，陈伟军主编．
—北京：中国石化出版社，2016
(炼油装置技术手册丛书)
ISBN 978-7-5114-3884-3

Ⅰ．①常… Ⅱ．①寿… ②陈… Ⅲ．①常减压蒸馏-减压蒸馏装置-技术手册 Ⅳ．①TQ028．3-62②TE96-62

中国版本图书馆 CIP 数据核字(2016)第 088933 号

中国石化出版社出版发行

地址：北京市东城区安定门外大街 58 号
邮编：100011 电话：(010)84271850
读者服务部电话：(010)84289974
http://www.sinopec-press.com
E-mail:press@sinopec.com
北京柏力行彩印有限公司印刷
全国各地新华书店经销

*

787×1092 毫米 16 开本 23.25 印张 579 千字
2016 年 6 月第 1 版 2016 年 6 月第 1 次印刷
定价：150.00 元

《炼油装置技术手册丛书》

编　委　会

《常减压蒸馏装置技术手册》

编　委　会

主　　编　寿建祥　陈伟军

编写人员　陈　军　颜军文　翁利远　颜　虎

　　　　　廖志新　袁炎均　严伟丽　吴利军

前　言

2006年年底全国一次原油加工能力384Mt/a，2008年年底438.0Mt/a，居世界第二。2008年年底全国总炼油厂53座，且具有10Mt/a级加工规模以上的炼油厂13座。1990年前我国单套常减压蒸馏装置一般为2.5Mt/a，目前国内常减压蒸馏装置单套最大能力12Mt/a，正在筹划建设单系列15Mt/a的大型常减压蒸馏装置。

常减压蒸馏装置是以原油为原料的一次加工装置，是炼油厂的龙头装置。原油经过蒸馏分离成各种油品和下游装置的原料，装置的分离精度、平稳运行等对炼油厂的产品分布、质量、收率和下游装置安稳长运行及原油的有效利用都有很大的影响，在炼油厂中的位置十分重要。原油的劣质化、重质化，使常减压蒸馏装置原料性质越来越差；受进厂原油结构影响，常减压蒸馏装置加工的原油性质与设计油种性质差距大，使得操作难度越来越大；炼油厂追求效益最大化，对常减压蒸馏装置工艺水平要求越来越高。另外，近年来国内外常减压蒸馏技术不断进步，在原油深拔、产品质量提高、节能、环保和安全技术方面取得了丰硕成果，尤其在装置大型化和先进设备应用方面，出现了许多新的技术方法，推动了我国常减压蒸馏装置的技术进步。与此同时，炼油厂对常减压蒸馏装置安全生产管理要求日益严格。为满足业内人士的需求，达到学习、提高的目的，我们组织编写了这本《常减压蒸馏装置技术手册》。

本书由国内常减压业界的一批知名设计(大)师、专家和(高)工程师们共同编写。他们历时三年，多次讨论、修改，以科学性和实用性为原则，将他们的理论知识、实践经验和操作技巧与前辈们的科研成果、生产经验相结合融于此书。为从事常减压蒸馏装置的管理和操作人员，全面了解国内外常减压最新的技术发展，提高装置的科学管理水平提供了一本实用性很强的技术手册。

本书的编写分工如下：

第一章由寿建祥编写，第二章由颜虎编写，第三章由廖志新编写，第四章由陈伟军和颜军文编写，第五章由袁炎均编写，第六章由严伟丽编写，第七章由翁利远编写，第八章由陈军编写，第九章由陈伟军编写，第十章由颜虎编写，第十一章由吴利军编写，第十二章由陈军和翁利远编写。

全书编写的组织协调工作，由孙建江负责协调，颜虎对全书各章进行了最后的串接、修改和终稿审定。

中国石化出版社的黄彦芬对本书的编写和出版给予了通力协作和配合。

由于我们水平所限，书中还存在许多不足之处，敬请读者指出。

目　录

第一章 绪 论

第一节 常减压蒸馏装置的地位和作用

常减压蒸馏是炼油加工的重要工序，常减压蒸馏装置是炼油厂和许多石化企业的龙头。装置的处理量即原油一次加工能力，常被用作衡量企业发展的标志。

一、常减压蒸馏装置的地位

常减压蒸馏装置是以原油为原料的一次加工装置，是原油加工的第一道工序。原油经过蒸馏分离成各种油品和下游装置的原料，装置的分离精度、轻油收率、总拔出率、能耗和平稳运行等对炼油厂的产品分布、产品质量、收率、安稳长运行及原油的有效利用都有很大的影响，特别是装置大型化后，常减压蒸馏装置的安稳长运行对炼油厂的正常运行尤为突出。

常减压蒸馏装置由于加工原油的数量巨大，因而装置的规模及能量消耗巨大，其能耗一般约占炼油厂总能耗的20%~30%。近年来由于产品质量及环保要求的日趋严格，炼油厂装置结构发生了比较大的变化(主要是重油催化裂化、催化重整和各类加氢等装置的增加)，使这一比例有所下降。例如，2004年中国石化股份公司常减压蒸馏装置的能耗占炼油厂总能耗的比例为15.01%，面临着节能降耗的严峻挑战。

原油电脱盐作为原油预处理工艺，脱除原油中的无机盐、水和机械杂质，不仅对本装置的平稳操作、降低能耗、设备防腐等有十分重要的作用，而且对下游装置的原料性质、产品质量和分布、防止设备腐蚀、堵塞等起着很重要的作用。

由于原油的组成因产地不同而变化，而且炼油厂对目的产品的要求不同，所采用的加工方案和装置组成也不同，因而会对原油蒸馏过程就有不同的要求，这些均决定了原油蒸馏工艺与工程的重要性和复杂性。

二、常减压蒸馏装置的作用

1. 直接生产石油产品

常减压蒸馏装置初馏塔、常压塔塔顶瓦斯经过轻烃回收单元加工，可回收大量的液化气。

常减压蒸馏装置生产的石脑油、溶剂油、汽油、喷气燃料、灯用煤油及柴油等馏分，视原油性质不同，有的可直接作为产品或调和组分，有的则需经过加氢或其他工艺脱硫脱酸，才能作为产品。常减压蒸馏装置通过选择合适的原油，利用常二线油可生产军用柴油。选择合适的原油，用蒸馏法直接生产沥青是最简便、最经济的方法。环烷基和低蜡的中间基富含胶质的原油，最适宜生产沥青。含硫原油多为低蜡的中间基原油，是生产道路沥青的优质资源。伊轻油、伊重油、索鲁士油、科威特油和伊拉克巴士拉油等是生产道路沥青的适宜原油，采用单炼或混炼加工方案生产直馏高等级道路沥青。

2. 为下游装置提供原料

常减压蒸馏装置在直接生产石油产品的同时，还需为下游二次加工装置提供合适的原料。石脑油是化工裂解装置和催化重整装置的原料；重馏分油（蜡油）是润滑油基础油、催化裂化、加氢裂化装置的原料，减压渣油或常压渣油可以是重油催化裂化、溶剂脱沥青、焦化（如延迟焦化、流化焦化等）、固定床加氢处理［如减压渣油加氢脱硫（VRDS），常压渣油加氢脱硫（ARDS）］或沸腾床加氢裂化，悬浮床加氢裂化等装置原料，还可以是氧化沥青或煤气化（POX）装置的原料。

常减压蒸馏装置不但是重要的油品生产装置，而且还是下游几乎所有重要二次生产装置的原料供应和保障装置，在炼油厂中的位置十分重要。

（1）原料的适应性和炼油厂对蒸馏装置的要求：

① 原油由于生成条件和生成年代不同，具有不同的属性。常减压蒸馏装置在设计时常常是依据某个特定（或几种特定原油的混合）原油而设计的，但实际生产中原油来源往往变化很大，尤其是依靠在国际市场采购原油的我国沿海炼油厂更是如此。因此要求常减压蒸馏装置在生产工艺流程、设备选型、材料选择、生产操作、安全与环保等方面，要考虑在一定范围内能适应这种变化。

② 常减压蒸馏装置是炼油厂加工的第一道工序，因此一个先进的现代化炼油厂就要求常减压蒸馏装置对不同原油应有较高的适应性，对馏分有较高的切割精度。应确保有长的开工周期，在自身生产合格油品的同时，能为下游各加工装置提供适于最佳工况下进行生产的原料，以提高炼油厂的资源利用效率和经济效益。

（2）原油蒸馏工艺与工程技术在原油加工过程中的普遍意义：

① 原油蒸馏工艺与工程涉及许多化工单元操作，这些单元操作在原油二次加工装置中都有广泛应用。其中最广泛、最主要的是气-液传质过程，包括常压与真空状态下的传质过程及其设备。

② 原油是一种极为复杂的混合物，要从原油中提炼出多种多样的燃料、润滑油和其他产品，基本的途径是将原油分割成不同沸程的馏分，然后按照油品的使用要求，除去这些馏分中的非理想组分，或是经过二次加工（化学转化）形成所需要的组分，进而获得合格的石油产品。

③ 炼油厂必须解决原油分割和各种馏分油经二次加工的分离问题。蒸馏工艺正是一个最经济、最成熟的合适手段。它能将液体混合物按其所含组分的沸点或蒸气压的不同而分离成为所需要的轻重不同各种馏分（石油产品），或分离为近似纯的产品。

④ 在炼油厂的二次加工装置中，蒸馏仍是不可缺少的重要组成部分。二次加工装置仍需要通过蒸馏进行原料进一步分割、产品的进一步分离及溶剂回收等，几乎炼油厂所有二次加工装置的后部产品分离都是通过蒸馏过程来实现的。

⑤ 填料塔技术和应用进入一个崭新时期。各种填料特别是规整填料已在常减压蒸馏装置的减压分馏塔中广泛应用，同时也开始在吸收稳定、常压蒸馏塔、催化裂化分馏塔中应用，取得了良好效果。

三、常减压蒸馏装置的构成和特点

（一）常减压蒸馏装置的构成

常减压蒸馏装置通常由原油换热网络部分、电脱盐部分、初馏部分、常压部分、减压部分、轻烃回收部分等六部分组成。

1. 原油换热网络部分

原油换热网络部分是常减压蒸馏装置热量回收的重要组成部分，提高热回收率是常减压蒸馏装置节能的一个关键措施，而换热又是回收热量的主要手段。原油换热网络部分是指原油从罐区进装置后与装置侧线热流、中段回流等热流换热，至初馏塔底油进加热炉前的换热流程。原油换热流程一般分为三个阶段：电脱盐前原油换热、电脱盐后原油换热和初馏塔底油换热。为充分利用热源和降低原油换热管路压降，原油换热网络采用多路换热技术，如脱前原油采用四路换热、脱后原油采用四路换热和初馏塔底油采用两路换热。初馏塔底油换热后的最终温度通常称为原油换热终温，换热终温高低体现了原油换热网络的优劣，并直接影响装置燃料消耗的高低。原油换热网络由热交换器、加热器、冷却器组成，其作用是实现热物流与冷物流的热量传递。

常减压蒸馏装置原油换热网络复杂，一是原油换热设备近百台，远超过其他炼油装置的数量，见表 1-1-1。另外冷换设备占炼油、化工装置设备初次投资的 20%~30%，装置运行过程中每年还需更换、维修。因此，采用先进技术和设备提高原油换热终温，降低工艺过程用能是炼油工业为之长期奋斗的目标。

表 1-1-1 部分炼油装置热交换器情况

装置名称	无相变换热器	重沸器	相变换热器	空冷器
常减压蒸馏装置	81	3		20
催化裂化装置	20	7	11	9
连续重整装置	21	6	14	13
芳烃联合装置	28	20	54	28
高压加氢裂化	14	9	11	10
中压加氢裂化	10	4	12	9
延迟焦化装置	17	5	10	11
渣油加氢精制	12	1	20	10
汽柴油加氢精制	6	1	10	6

2. 电脱盐系统

电脱盐系统是常减压蒸馏装置的预处理装置，原油电脱盐是脱除原油中的水、无机盐和机械杂质等，不仅对本装置的平稳操作、设备防腐、节能降耗等起着十分重要的作用，而且有利于改善下游装置的原料和产品。

原油经过换热到 110~140℃，注入破乳剂和注入一定量的洗涤水，经充分混合，溶解残留在原油中的盐类，同时稀释原有盐水，形成新的乳化液。然后在破乳剂、高压电场的作用下，破坏原油乳化状态，使微小水滴逐渐聚集成较大水滴，借重力从原油中沉降分离，进入电脱盐罐底部的净水层中，进而被排出罐外。脱后原油由罐顶流出，完成原油电脱盐过程。由于原油中的大多数盐溶于水，这样盐类就会随水一起脱掉，脱水的过程也就是脱盐的过程。原油经过电脱盐，脱后含盐要求达到小于 3mg/L，脱后含水达到小于 0.3%，电脱盐切水含油量达到 200 mg/L。原油电脱盐根据原油性质和脱盐深度要求，有一级电脱盐、二级电脱盐和三级电脱盐，应用最广泛的为二级电脱盐流程。电脱盐罐内有二层、三层甚至四层电极板，罐的上方设有原油集合管，罐的下部有原油分布管或分布槽，罐底设有排水收集管和沉渣冲洗设施，在线定期冲洗罐底杂质并随水排出罐外。罐内还有界位检测仪和安全浮子开关，罐体外壁有界位观察孔。罐顶安装 100%全阻抗变压器，每台罐一般设置 1~3 台变压器。管路上安装静态混合器和混合阀，脱后原油安装采样器，每个电脱盐罐均安装安全阀。

常减压工艺防腐是指一脱四注，一脱为原油电脱盐，四注为分馏塔顶注氨、注水、注缓蚀剂和原油注碱，目的是为了脱除原油中的盐，减轻塔顶腐蚀。塔顶挥发线注氨水，中和塔顶腐蚀介质 HCl 和 H_2S，调节塔顶污水 pH 值。由于氨水沸点低，对露点腐蚀中和效果差，因此，对腐蚀严重的塔顶部位许多装置改注有机胺。但由于注有机胺费用高，混注有机胺和氨水也为许多装置所采用。塔顶挥发线注缓蚀剂，缓蚀剂是一种表面活性剂，其分子内部有硫、氮、氧等强极性因子及烃类的结构因子。缓蚀剂可以以单分子状态吸附在金属表面，形成一层致密的膜，其极性因子吸附在金属设备表面，另一端烃类因子则在设备与介质之间组成一道屏障，隔断了腐蚀介质和金属的接触，因此具有保护作用。挥发线注水，可使冷凝冷却器的露点部位外移以保护冷凝设备。同时由于注氨后塔顶馏出系统会出现氯化铵沉积，既影响冷凝冷却器传热效果，又引起设备的垢下腐蚀，故需用注水洗涤加以解决。注水量不要长时间固定一个量，每隔一段时间调整一次；注水量要尽量大些，提高露点处的 pH 值。一般三注按流程走向的顺序是注氨、注缓蚀剂、注水。脱盐后原油注碱。常减压蒸馏装置发生低温腐蚀主要是由于 HCl 的存在破坏了设备表面形成的 FeS 保护膜所致。在脱盐后原油中注入 NaOH，中和原油中有机氯和无机盐类受热分解生成的 HCl，从而减少 HCl 生成，并中和水解生产的 HCl 和原油中的 H_2S。在脱后原油中注入 2. 5g/t 的 NaOH 溶液时，加工同一种原油，常压塔顶污水氯离子含量下降 80%，常压塔顶换热器腐蚀速率下降 60%左右，蜡油中的钠离子含量增加有限，合理控制不会影响下游装置原料质量。

3. 初馏(闪蒸)系统

初馏(闪蒸)系统拔头处理，脱盐后的原油再经过换热器换热至 200～240℃，此时较轻的组分已经汽化，气液混合物一同进入初馏塔(或闪蒸塔)，从初馏塔顶馏出汽油组分或重整原料，经塔顶泵一部分送回初馏塔顶打回流控制塔顶温度，另一部分作为产品送出装置。初馏塔顶回流罐顶部的瓦斯直接作为轻烃回收单元原料，初馏塔底油为拔头原油，由初馏塔底泵升压经换热后送至常压炉，加热到 360～370℃进入常压塔。有些装置设置初馏塔侧线，抽出油直接进入常压塔上部，也有利于降低常压炉负荷，降低能耗。采用闪蒸塔代替初馏塔流程，闪蒸塔顶油气直接进入常压塔的适宜位置，闪蒸出来的气体不必加热到常压塔的进料温度，降低了常压塔下部的负荷和常压炉的负荷；同时闪蒸出来的气体是通过换热来获得，有利于低温位热量的利用，提高了装置的热量回收率，是一条有效的节能途径，而且可降低管路压降，充分利用旧设备，节资增效。应用闪蒸流程加工轻质原油改造，不仅加工能力得到显著提高，产品质量也能满足要求，同时由于塔顶不出产品，简化了流程和操作费用。但对砷含量高的原油，应采用初馏塔流程，可得到砷含量较低的重整原料。初馏(闪蒸)系统主要包括初馏塔、初馏塔底油泵、初馏塔顶回流罐、换热器、空冷器、水冷器、机泵以及液面指示和控制系统。

4. 常压系统

常压蒸馏主要分离原油 350℃前含量的馏分。常压塔是装置的主塔和关键设备，主要产品从常压塔实现分离，因此其产品质量和收率在生产控制中都应给予足够的重视。

常压分馏部分是利用原油中各馏分的沸点，即相对挥发度的不同，在常压塔内件塔盘上，通过外取热建立内回流，使常压塔自下而上建立温度梯度，实现不同产品的分离。通常常压塔自上而下分出的产品有常压塔顶瓦斯、石脑油、溶剂油、煤油、柴油、轻蜡油。常压塔的取热回流通常设置塔顶冷回流、常压塔顶循环回流、常一中回流、常二中回流。产品分馏系统的主要设备：常压塔、常压塔内构件、汽提塔、汽提塔内构件、常压炉、换热器、水冷却器、空冷器、容器、蒸汽发生器、机泵和过滤器等。为降低汽油和柴油的重叠度、柴油和蜡油的重叠度、提高油品的闪点，常减压蒸馏装置设置了常一线汽提塔、常二线汽提塔，有的装置还设置了常三线汽提塔。

5. 减压系统

减压蒸馏的原理与常压蒸馏相同，通过常压蒸馏主要分离原油 350℃ 前的馏分，而350℃以上的常压重油中含有大量的催化原料、裂化原料和润滑油馏分，在常压情况下，需要更高的温度才能分离。但温度过高，油品容易裂解、结焦，影响油品质量。根据油品沸点随系统压力降低而降低的原理，可以采用降低蒸馏塔压力的方法进行蒸馏，在较低的温度下将这些重质馏分蒸出，故一般炼油装置在常压蒸馏之后都配备减压蒸馏过程。

常压塔底渣油经减压炉加热至 380~430℃进入减压塔，由于减压塔压力低，处于高真空状态，塔顶真空度可高达 99kPa，因此常压重油在塔的进料段大量汽化，可分离出减压塔顶瓦斯、减压塔顶油、柴油馏分、蜡油馏分、减压渣油。减压蒸馏原理与常压蒸馏相同，关键是采用了抽真空设施，使塔内压力降到常压以下。减压蒸馏根据生产任务不同，分为两种类型：燃料型减压塔和润滑油型减压塔。

燃料型减压塔主要生产二次加工原料，对分馏精度要求不高，在控制产品质量的前提下，希望尽可能提高拔出率；润滑油型减压塔以生产润滑油为主，要求得到颜色浅、残炭值低、馏程较窄、安定性好的减压馏分油，不仅应有较高的拔出率，还应具有较高的分馏精度。与常压分馏塔相比，减压蒸馏塔具有高真空、低压降、塔径大、板数少的特点。燃料型减压塔由于对二次加工原料要求不是太严格，一般设置 2~4 个侧线，但常常又把这些馏分混合到一起作为裂化原料，所以燃料型减压塔可以优先考虑采用低压降的塔板，塔板数减少并设置大的循环回流，尽量减少塔内的气相负荷，降低塔压降，提高拔出率。减压塔有减压塔顶冷回流，还有减一中回流和减二中回流，在循环回流抽出板与返回板之间，几乎不存在内回流，塔板只起到了换热板的作用。在进料段上方设有洗涤段，防止填料结焦。减压系统主要设备：减压塔、减压塔内构件、减压炉、抽空器、换热器、水冷却器、空冷器、容器、机泵和过滤器等。润滑油型减压塔还设有汽提塔、汽提塔内构件。

6. 轻烃回收部分

常减压蒸馏装置生产的塔顶气含有大量的 C_3、C_4组分，通过吸收和蒸馏的方法实现回收，可采用简化型吸收-稳定工艺。气体吸收是一种分离气体混合物的过程，用适当的液体溶剂处理气体混合物，使其中一种或几种组分溶于溶剂，从而达到分离气体的目的。低压瓦斯经瓦斯分液罐脱液后经气压机升压，送至吸收塔下部，初馏塔顶油和常压塔顶二级油经泵升压后，作为吸收剂进入吸收塔的上部。吸收塔顶的气体经富气聚集器进行气液分离，气体经脱硫后并入高压瓦斯管网；吸收塔底油经升压、换热后进入脱丁烷塔中部，脱丁烷塔塔底石脑油一部分作为吸收塔顶回流，一部分作为中间产品自压至重整原料罐。液态烃进入抽提塔的下部，经胺液吸收 H_2S 及碱液预碱洗后，液化气与碱液一起进入纤维膜脱硫塔，脱除绝大部分硫醇。液化气从分离罐顶部出来，合格后至民用液化气罐区。轻烃回收单元包括气压机系统、吸收-脱丁烷系统、纤维膜脱硫系统三个部分。吸收塔筒体采用碳钢+复合板，塔内件采用合金钢，稳定塔材质为碳钢，换热器类在低温腐蚀部位采用双相钢或钛材，一般位置选用碳钢；装置中的分液罐、回流及产品罐均选择碳钢加内涂复合涂料。轻烃回收部分主要设备：吸收塔、脱丁烷塔、液态烃抽提塔、液膜脱硫塔及塔内件、容器、换热器、冷却器、空冷器、气压泵、蒸汽减温减压器、液态混合器、安全阀等。

（二）原料及产品特点

1. 原料性质特点

常减压蒸馏装置以原油为原料，原油是一种由各种烃类组成的黑褐色或暗绿色黏稠液态或半固态的可燃物质，由不同的碳氢化合物混合组成，其主要组成成分是烃类，此外石油中还含硫、氧、氮、磷、钒等元素。可溶于多种有机溶剂，不溶于水，但可与水形成乳化液。原油的主要化学元素是碳、氢，其中碳元素占83%～87%，氢元素占11%～14%，其他部分则是硫、氮、氧及金属等杂质。虽然原油的组成元素类似，但从地下开采的天然原油，在不同产区和不同地层，品种则纷繁众多，其物理性质有很大的差别。原油的分类有多种方法，按组成分类可分为石蜡基原油、环烷基原油和中间基原油三类；按硫含量可分为低硫原油、含硫原油和高硫原油三类；按密度可分为轻质原油、中质原油、重质原油以及特重质原油四类。

原油的性质包含物理性质和化学性质两个方面。

（1）密度。原油相对密度一般在0.75～0.95，少数大于0.95或小于0.75。

（2）黏度。原油黏度是指原油在流动时所引起的内部摩擦阻力，原油黏度大小取决于温度、压力、溶解气量及其化学组成。温度增高其黏度降低，压力增高其黏度增大，溶解气量增加其黏度降低，轻质油组分增加，黏度降低。原油黏度变化较大，一般在1～100mPa·s之间，黏度大的原油俗称稠油，稠油由于流动性差而开发难度增大。一般来说，黏度大的原油密度也较大。

（3）凝点。原油冷却到由液体变为固体时的温度称为凝点。原油的凝点大约在-50～35℃。凝点的高低与石油中的组分含量有关，轻质组分含量高，凝点低；重质组分含量高，尤其是石蜡含量高，凝点就高。

（4）含蜡量。含蜡量是指在常温常压条件下原油中所含石蜡和地蜡的百分比。石蜡是一种白色或淡黄色固体，由高级烷烃组成，熔点为37～76℃。石蜡在地下以胶体状溶于石油中，当压力和温度降低时，可从石油中析出。地层原油中的石蜡开始结晶析出的温度叫析蜡温度，含蜡量越高，析蜡温度越高。析蜡温度高，油井容易结蜡，对油井管理不利。

（5）含硫量。含硫量是指原油中所含硫（硫化物或单质硫）的百分数。原油中含硫量对原油性质的影响很大，对管线有腐蚀作用，对人体健康有害。

（6）含胶量。含胶量是指原油中所含胶质的百分数。原油的含胶量一般为5%～20%。胶质是指原油中相对分子质量较大（300～1000）的含有氧、氮、硫等元素的多环芳香烃化合物，呈半固态分散状溶解于原油中。胶质易溶于石油醚、润滑油、汽油、氯仿等有机溶剂中。

（7）其他。原油中沥青质的含量较少，一般小于1%。沥青质是一种高相对分子质量（大于1000以上）具有多环结构的黑色固体物质，不溶于酒精和石油醚，易溶于苯、氯仿、二硫化碳。沥青质含量增高时原油质量变坏。

原油中的烃类成分主要为烷烃、环烷烃、芳香烃。根据烃类成分的不同，可分为石蜡基、环烷基和中间基原油三类。石蜡基原油含烷烃较多；环烷基原油含环烷烃、芳香烃较多；中间基原油介于二者之间。目前中国已开采的原油以低硫石蜡基居多，大庆等地原油均属此类。其中最有代表性的大庆原油，硫含量低，蜡含量高，凝点高，能生产出优质煤油、柴油、溶剂油、润滑油和商品石蜡。胜利原油胶质含量高(29%)，相对密度较大(0.91左右)，含蜡量高(约15%~21%)，属含硫中间基。汽油馏分感铅性好，且富有环烷烃和芳香烃，故是重整的良好原料。

2. 产品特点

在石油加工中，要从原油中提炼出各种燃料、润滑油和其他产品，首先要按照加工方案要求，将原油切割成不同沸程的馏分，然后除去这些馏分中的非理想组分，或者是经由化学转换形成需要的组成，进而获得合格的石油产品。常减压蒸馏是对原油进行切割、分离的适合手段，它能将原油按其所含组分沸点的不同分离成各种馏分。原油直接切割成的馏分，也称直馏馏分，这些馏分最大的特点是不含烯烃。

常减压蒸馏装置可从原油中分离出各种沸点范围的产品和二次加工的原料。当采用初馏塔时，塔顶瓦斯作为轻烃回收原料，生产液化气；塔顶可分出窄馏分重整原料或汽油组分。常压塔能生产如下产品：塔顶瓦斯作为轻烃回收原料，生产液化气；塔顶生产汽油组分、重整原料、石脑油；常一线出喷气燃料(航空煤油)、灯用煤油、溶剂油、化肥原料、裂解原料或特种柴油；常二线出轻柴油、乙烯裂解原料或特种柴油；常三线出重柴油或润滑油基础油；常压塔底出重油。减压塔能生产如下产品：减压塔塔顶瓦斯经脱硫后可作燃料；减压塔塔顶油一般在本装置回炼，减一线可出重柴油、乙烯裂解原料；减二线、减三线可出裂解原料；减压各侧线油视原油性质和使用要求可作为催化裂化原料、加氢裂化原料、润滑油基础油原料和石蜡的原料；洗涤油可作为裂化原料或溶剂脱沥青原料；减压渣油可作为延迟焦化、溶剂脱沥青、氧化沥青和减黏裂化原料，以及燃料油的调和组分和直接生产沥青产品。

常减压蒸馏装置的产品主要质量指标：密度、凝点、黏度、馏程、终馏点、残炭、冰点、结晶点、闪点、水分等。

(三) 装置操作特点

1. 加工原油有一定的适应性

常减压蒸馏装置是以一种或两种基准原油设计的，但受进厂原油结构影响，许多常减压蒸馏装置加工的原油性质与设计油种性质差距大，操作难度加大。加工不同的原油，会影响装置最大加工负荷，如设计加工重质原油的装置改为加工轻质原油，常压系统负荷大幅提高，导致常压系统成为提高加工量的瓶颈，实际加工能力远低于设计加工能力。设计加工低硫原油的装置，在材质不能满足规范要求的情况下，不能加工高硫、高酸值原油，否则直接影响装置的安全平稳运行和长周期运行。

2. 油性变化大，操作调整频繁

许多装置加工原油品种多，油性差异大，如加工硫含量、酸值变化大的原油，加工重质原油和凝析油等，导致常减压蒸馏装置原油切换频繁，加工量提降频繁，有的2~3天切换一次原油。装置使用的加工方案多，初馏塔油、常压塔顶油有时生产重整原料、有时生产石脑油方案；常一线有时生产喷气燃料加氢原料，有时生产柴油加氢原料，常二线有时生产军用柴油，减压渣油，有时生产道路沥青，有时生产焦化、催化原料等，也使操作调整十分频繁。另外有时加工原油含水量高、乳化严重，造成电脱盐脱后原油含水量高，对塔操作的冲击大，会产生大幅波动。

3. 设备易腐蚀泄漏

常减压蒸馏装置加工原油含盐、硫、酸高，设备腐蚀严重。加工高含硫原油，塔顶低温

系统受 $HCl-H_2S-H_2O$ 腐蚀，常压塔顶油换热器、空冷器和管道发生泄漏次数多，常压塔顶油换热器碳钢管束使用寿命一般不到3年，有时不到2年。常压塔顶部5层塔盘使用321材质等，一个周期后腐蚀严重。高温部位受高硫腐蚀、高温环烷酸和冲刷腐蚀，如材质升级不到位或装置运行后期，易发生腐蚀泄漏，影响装置安全平稳运行。随着加工原油劣质化，在选择合适材质的基础上，加强工艺防腐，减缓腐蚀是一项长期而艰巨的工作。

4. 高温油品易自燃

常减压蒸馏装置原料和产品以液体为主，物料有原油、瓦斯气、汽油馏分、煤油馏分、柴油馏分、蜡油和渣油，均具有火灾危险性。

柴油的自燃点一般为350~380℃，蜡油的自燃点一般为300~320℃，渣油的自燃点一般为230~240℃，常二中、常三线、常四线、减二线、减三线、洗涤油、常压塔塔底渣油和减压塔塔底渣油等介质的操作温度处于自燃点范围，有比较多的设备和管道的操作介质温度高于其自燃点，所以常减压蒸馏装置经常发生因设备、高温机泵、高温换热器、管道、阀门和仪表等泄漏的着火事故。因此，防止泄漏着火是减少安全事故的重点，应充分考虑介质的腐蚀性和操作温度、压力及流速等条件，选择合适材料、耐温耐压等级，改进防腐措施、高温机泵密封和制造工艺等。高温油品设施应设置紧急切断阀。

（四）主要设备特点

常减压蒸馏装置有特点的设备主要有电脱盐、加热炉、分馏塔等。

1. 电脱盐设备

原油电脱盐的主要设备：电脱盐罐、电极组合件、高压配电系统、油水混合器、自控系统等。电脱盐罐是原油电脱盐单元的核心设备，电脱盐罐处理量大，一般为卧式罐，材质为16MnR。原油电脱盐罐的电极结构是多种多样的，其中最常见的形式有水平式电极、立式悬挂电极、单层及多层鼠笼式电极。水平式电极是国内外最广泛采用的形式，一般是在电脱盐罐内设有两层或三层电极板。三层极板采用单极板送电，中间层极板接电，上下两层极板均接地，上层与中层极板间距一般为200~300mm。电极板一般由金属棒、金属管和金属框架制成，每层电极板分为三段便于与三相电源连接。电极板必须水平安装，以保证极板之间的电场强度均匀。电脱盐罐设有原油入口分配器，分配器的作用是将原油沿罐的水平截面均匀分布，使原油与水的乳化液在电场中匀速上升。高速电脱盐采用油相进料喷嘴，原油直接进入到强电场中。混合器的结构有两种形式，一种由静态混合器与偏转球型阀组成，静态混合器起混合作用，偏转球型阀带执行机构，可调节混合器前后的压差；另一种采用双座调节阀作为混合阀，此种阀占地小，便于安装。

变压器是为电脱盐提供强电场的电源设备。目前我国已生产出不同容量，具有多挡次可调节输出电压的全阻抗防爆电脱盐专用变压器。为电脱盐罐提供强电场的全阻抗变压器，能够实现电压的在线调节，从低到高分为5挡。油水界面控制采用导纳界位计、防爆内浮筒界面控制器、双法兰界位计等。

2. 加热炉

常压加热炉和减压加热炉是常减压蒸馏装置的关键设备，为原油蒸馏提供必需的热量。加热炉负荷在40MW以下，炉形多为圆筒炉；加热炉负荷在40MW以上，炉形多为箱式炉。燃料油型减压炉多采用立管式加热炉，设计加热炉时，加热炉管的油膜温度必须低于所加工油品的裂解温度。润滑油型加热炉多采用卧管式加热炉，因为卧管式炉管只有部分经过火焰的高温区，而立管式炉管全部经过火焰的高温区，这样卧管式炉管局部过热而造成被加热油品裂解的倾向相对较低。

常减压蒸馏装置工艺对加热炉的要求是把原油加热到所需温度而炉管内不结焦或少结焦，在减压深拔的工况下即使结焦也能够进行除焦处理。加热炉设备投资约占常减压蒸馏装置总投资的10%~17%，燃料消耗约占装置总能耗的80%，其排出的烟气又是装置的主要污染源之一。加热炉的技术发展也是以提高传热效果、降低消耗和安全运行为目的进行的，如多路进料、双面辐射、材质升级、减压炉炉管注汽、减压炉出口炉管多级扩径、炉管表面温度和炉膛温度的检测和控制、操作联锁系统等。采用搪瓷管预热器、热管空气预热器、板式空气预热器、铸铁预热器、水热煤预热器、氧含量分析仪、高效燃烧器、声波和激波除灰器、变频调速鼓风机、引风机和燃料深度脱硫等都是提高加热炉热效率的技术措施。

3. 分馏塔

分馏塔是常减压蒸馏装置工艺过程的核心装置，它的基本作用是提供气液两相充分接触的机会，使传热和传质两种传热过程能够迅速有效地进行，并能使接触后的气液两相及时分离。原油在分馏塔中通过传热、传质分离成不同馏分的产品。常减压蒸馏装置三段汽化流程主要包括初馏塔或闪蒸塔、常压塔、常压汽提塔和减压塔，润滑油型装置还包括减压汽提塔。

常压塔一般为板式塔，操作温度高，顶部塔盘和塔体内壁低温腐蚀，高温部位硫和环烷酸腐蚀较严重，筒体通常采用不锈钢复合材料，塔盘采用不锈钢材质，属于一类压力容器；上部塔盘有时会结盐，堵塞塔板和抽出口；产品分离精度要求不高，分离塔板数量相对较少；分馏塔的过剩热量较多，循环回流和产品取热回流数量较多。近年来国内研制开发了顺排条阀塔板、导向浮阀塔板、梯形浮阀塔板、微分浮阀塔板等一些新型塔板，最大程度地避免传统塔板气液流动的不均匀状态，使塔板既具有高的通量又具有较高的分离效率，塔进料应用环式分布器，均衡气液相分布。

减压塔的操作温度高，顶部和塔体内壁低温腐蚀，高温部位硫和环烷酸腐蚀较严重，筒体通常采用合金钢复合材料，填料和内构件采用不锈钢材质。塔体一般为两头小中间大，塔进料段以上采用高效规整填料及内件，降低全塔压降，提高蒸发层的真空度；设净洗段、低液量分配均匀的液体分布器，降低HVO的残炭和重金属含量，减少塔高；进料口设置气液两相进料分布器，使上升气体均匀分布，减少雾沫夹带；采用炉管吸收热胀量技术，减少转油线压降和温降。塔底打入适量的急冷油，防止油品热裂化。采用高效蒸汽抽空器和机械抽空器，提高真空度。

第二节 常减压蒸馏装置的技术经济

2011年中国石化56套常减压蒸馏装置的主要技术经济指标见表1-2-1。

表1-2-1 2011年中国石化56套常减压蒸馏装置的主要技术经济指标

项 目	最好水平	中国石化平均水平	装置
负荷率/%	113.23	91.08	海南炼化蒸馏装置
开工天数/天	365	350.5	
能耗/(kgEO/t)	7.2	9.45	青岛炼化蒸馏装置
常压炉热效率/%	94.2	91.5	青岛炼化蒸馏装置

续表

项　目	最好水平	中国石化平均水平	装置
减压炉热效率/%	94.36	91.46	青岛炼化蒸馏装置
原油换热终温/℃	318	293	青岛炼化蒸馏装置
减压炉出口分支平均温度/℃	424	396	青岛炼化蒸馏装置
轻油收率/%	90.98	40.55	天津 1#蒸馏装置
总拔出率/%	97.49	67.38	天津 1#蒸馏装置
渣油 500℃前含量/%	2.0	5.39	九江 1#蒸馏装置
非计划停工/次	0	2	54 套无非计划停工
脱盐合格率/%	100	91.68	14 套为 100%

注：数据摘自 2011 年中国石化集团公司炼油生产装置基础数据汇编。

第三节　国内外常减压蒸馏装置的技术现状

一、国内常减压蒸馏技术的发展

我国原油工业的发展有着悠久的历史，发现、利用原油和天然气已有 2000 多年的历史。公元 1~3 世纪，四川临邛发现“火井”，13 世纪开始，四川自贡一带浅层天然气进行大规模开发利用。历史上原油曾被称为石漆、膏油、肥、石脂、脂水、可燃水等，直到北宋时科学家沈括才在世界史上第一次提出了“原油”这一科学命名。沈括于 11 世纪所著的《梦溪笔谈》中记载：“鹿延境内有原油，旧说高奴县出脂水，即此也”，并预言“此物后必大行于世”。

全国解放前，我国原油工业发展极为缓慢，炼油工业起步较晚，虽在 1907 年建立了陕西原油官大矿局炼油房，但仅有几个小规模的简单炼油厂。至 1949 年中华人民共和国成立之前的 70 年间，全国累计生产的天然石油仅 0.677Mt，加上东北地区生产的人造石油 2.324Mt，累计石油总产量也不过 3.00Mt。

1958 年 9 月中国石油兰州炼油厂第一期工程建成，这是我国第一个加工能力为 1Mt/a 的大型炼油厂。随着我国改革开放和经济的高速发展，炼油工业迅速发展，1988 年全国一次原油加工能力 116Mt/a，2008 年年底已达到 438Mt/a，居世界第二位，其中加工规模具有 10Mt/a 级以上的炼油厂已达到 13 座。1990 年前我国单套常减压蒸馏装置一般为 2.5Mt/a，1999 年镇海炼化 3#常减压蒸馏装置加工能力达到 8.0Mt/a，2011 年改造后加工能力达到 10Mt/a，目前国内常减压蒸馏装置单套最大能力达 12Mt/a，同时正在筹划建设中国石化镇海炼化分公司、中国石化科威特合资广州南沙炼油厂和中国石油俄罗斯合资天津炼油厂 3 套单系列 15Mt/a 的大型常减压蒸馏装置。目前国内常减压蒸馏装置无论是工艺技术、设备技术、节能减排技术、安全环保技术，还是加工规模都得到了突飞猛进的发展。

二、国外常减压蒸馏技术的发展

炼油工业的建立大约可追溯到 19 世纪初，1823 年俄国杜比宁兄弟建立了世界上第一座釜式蒸馏炼油厂。1860 年美国 B. Siliman 建立了常减压蒸馏装置，至今已约 150 年。这可以看作是世界炼油工业的雏型。1867 年世界上第一套原油常压蒸馏装置在美国原油城建成。百年来，炼油工业不论是规模还是技术都取得了极大的发展。而原油蒸馏工艺与工程技术，自始至终一直是伴随着炼油工业的扩大而不断发展与进步的。

炼油工业技术的发展大体上经历了以下几个发展阶段：

最早的炼油工业主要是生产家用煤油，主要加工技术是简单蒸馏。20世纪初的汽车发展和第一次世界大战对汽油需求的猛增，从原油蒸馏直接取得的汽油在数量上已不能满足需要，因而从较重的馏分油或重油生产汽油的热裂化技术应运而生。这可以看作炼油工业发展的第一阶段，是由于汽车工业的发展催生了蒸馏分离与热加工技术。

20世纪30年代末至40年代，由于原油化学品和汽油需求的进一步增加，加之对其质量要求的提高，出现了催化裂化技术并迅速发展，且成为生产汽油和一些原油化学品的主要加工过程。与此同时润滑油生产技术也有了较大发展。50年代为满足对汽油抗爆性的要求，出现了催化重整技术并得到大发展。由于催化重整副产氢气，进而促进了各种加氢技术的发展。

各种催化反应技术在炼油工业中不断完善与发展，特别是20世纪60年代，分子筛催化剂的出现并首先在催化裂化过程中大规模使用，使催化裂化技术发生了革命性的变革。同时分子筛催化剂也在其他的催化反应过程中得到广泛应用，大大促进了炼油技术的发展，这可以看作炼油技术发展的第二阶段。由于原油化学品和发动机燃料需求的增加和质量提升的要求，促进了各种催化反应技术的发展。

进入20世纪下叶至21世纪初，由于环保要求的日趋严格及市场对清洁、高性能石油产品的需求、化工用油的增加、原油资源受限、价格上涨等因素，促进了重质油轻质化技术和各类加氢技术的大规模发展，这可看作炼油技术发展的第三个阶段。

原油蒸馏需要消耗大量的能量，通常占装置操作费用的50%以上。因此，蒸馏技术进步对常减压蒸馏装置的操作和经济效益至关重要。蒸馏工业技术的应用持续发展主要有：在原油中加入添加物(活化剂)强化原油的蒸馏过程，提高拔出率的强化蒸馏技术；美国Mobil公司的深度切割减压蒸馏技术；法国Total和Tekhno公司共同开发的渐次蒸馏技术；俄罗斯Linas公司的Linas(里纳斯)蒸馏技术(Linas-Tekhno公司的新薄膜蒸馏技术)；全填料“干式”减压蒸馏；英国Uffington、瑞士Buss和法国Buss-SMS公司共同开发的以深度切割减压瓦斯油的高真空薄膜蒸馏以及减压蒸馏塔分段抽真空等新工艺。

三、国内常减压蒸馏技术现状

(一)装置大型化

国内已经基本掌握大型化常减压蒸馏工程技术。截至2008年年末，我国加工能力8.0Mt/a及以上已投入运行的大型化常减压蒸馏装置共有8套(表1-3-1)，均集中在中国石油化工集团公司和中国石油天然气集团公司。目前正在筹划建设中国石化镇海炼化分公司、中国石化科威特合资广东湛江炼油厂和中国石油俄罗斯合资天津炼油厂3套单系列15Mt/a的大型常减压蒸馏装置，世界上单套常减压蒸馏装置规模最大的为加拿大合成原油公司的17.5Mt/a。

从世界范围来看，世界发达国家因为市场成熟，炼油能力出现明显过剩。另外由于危机导致经济正处于低谷以及复苏阶段，产能过剩越发明显。而我国的炼油工业发展的总体目标是满足于国内市场需求，不同于中东各国以及印度等的炼油工业除满足国内市场外，产品还要大量出口。在能源局未来3年的油气规划中，建设大型炼油基地由三部分组成：加快镇海、茂名等炼油厂改扩建项目建设；落实建设条件，开工建设四川、广州、泉州、上海等大型炼油项目；积极推进委内瑞拉、卡塔尔、俄罗斯等国企业提供原油资源在我国合资建设的大型炼油项目。具体到企业来说，石油巨头纷纷制定了未来的规划路线。按照目前中国石化已经制定的炼油规划发展计划，未来中国石化将改造和新建设项目共计 13 项。其中扩产项目 7 个，共计增产达到 300Mt。中国石油制定的规划则是形成产业圈“四带一圈”的炼化业务布局，建成 18 个千万吨级炼油基地，炼油能力达到近 300Mt/a，其中含硫原油加工能力近 150t/a。按照中海油规划 2011 年完成惠州炼油二期改造，年炼油能力扩展到 20Mt/a，并开展扩建到 40Mt/a 的研究；大榭石化三期改造扩建，2013 年炼油能力扩展到 10Mt/a，中捷石化重组扩能，2014 年到达 20Mt/a。同时中海油已经对山东地炼进行收编，其产能也有 3~5Mt/a。另外中化集团在获批福建泉州 12Mt/a 炼化一体化项目后，布局在浙江舟山的 12Mt/a 炼油专案也计划在 2011 年动工建设，2014 年完工，主要加工从阿联酋、安哥拉、加拿大进口的高硫原油。

表 1-3-1 2008 年我国 8.0Mt/a 及以上能力的常减压蒸馏装置 Mt/a

序号	企业名称	常减压蒸馏装置规模
1	中国石化镇海炼化分公司 3# 常减压蒸馏装置	9.0
2	中国石化高桥分公司常减压蒸馏装置	8.0
3	中国石化金陵分公司常减压蒸馏装置	8.0
4	中国石化上海石油化工股份有限公司 3# 常减压蒸馏装置	8.0
5	中国石化海南分公司常减压蒸馏装置	8.0
6	中国石化青岛分公司常减压蒸馏装置	10.0
7	中国石油大连石化分公司常减压蒸馏装置	10.0
8	大连西太平洋石油化工有限公司常减压蒸馏装置	10.0

（二）电脱盐

1. 原油预处理

针对原油劣质化，脱前原油含水、盐量高，应用原油罐区破乳脱水技术，降低进电脱盐单元的盐含量和含水量，平稳电脱盐单元运行，满足脱后含盐和含水指标要求。针对国内许多常减压蒸馏装置加工原油品种多，油性杂，多种原油混炼加工是一种常态，应用原油在线调和，平稳原油性质，降低脱前原油含盐量，实现原油深度脱盐。

2. 原油电脱盐

在我国应用交流电脱盐，脱后含盐能达到防腐要求；随着重油催化裂化技术的发展，为防止催化剂中毒，脱后含盐要小于 3mg/L，研究开发了交直流电脱盐技术；为适应装置大型化建设，引进了美国 Petreco 公司的高速电脱盐技术。在此基础上开发了国产化高速电脱盐成套技术，达到了国际先进技术水平。此外国内开发了脉冲电脱盐、“鼠笼”式电脱盐、智能调压电脱盐技术等。

（三）轻烃回收

塔顶气是原油加工过程中的副产气体，大多是塔顶气经冷凝、冷却后在塔顶回流罐或塔顶产品罐中排出的。进口原油与国产原油相比，一般来说具有密度小、轻烃组成含量高的特点，轻烃(C_3 ~ C_4)的含量要比国产原油高得多。

1. 轻烃回收的五种工艺流程

常减压蒸馏装置采用闪蒸工艺时的单塔稳定流程；常减压蒸馏装置采用初馏塔工艺时的单塔稳定流程；带有吸收、稳定的双塔轻烃回收流程；带有吸收、脱吸、稳定的三塔轻烃回收流程；带有吸收-再吸收-脱吸-稳定的四塔轻烃回收流程。

2. 效果

某大型炼油厂常减压蒸馏装置规模为8.0Mt/a，加工国内轻质油与中东油的混合油，常减压蒸馏装置为闪蒸-常压-减压流程。采用常压塔顶气和邻近装置的塔顶气混合一起去塔顶气压缩机系统，常压塔顶油去稳定塔回收液化气的单塔轻烃回收流程。压缩“干气”和稳定塔顶不凝气去“干气”脱硫，出现“干气”不“干”现象和液化石油气饱和蒸气压超标等问题。后经改造增加了吸收塔、脱吸塔和再吸收塔，优化了换热流程，同时挖掘潜力，尽可能利用装置的原有设备，形成了完整的轻烃回收流程，处理量达1.72Mt/a。建设投资为5666万元，其中工程投资费用4574万元，项目内部收益率138.7%，远高于行业基准收益率13%，项目静态回收期为1.72年。

（四）减压塔顶气脱硫

随着加工原油中的硫含量增加，减压塔顶气中的H_2S含量也随着增大。根据几个加工高硫原油炼油厂所分析的数据，此时减压塔顶气中的H_2S含量达20%以上，如果不进行脱硫处理，直接进入加热炉作燃料，不但会引起加热炉烟气排放SO_x超标，同时也会造成露点腐蚀，对加热炉运行效率造成影响。

1. 含硫化氢减压塔顶气处理

（1）采用压缩机升压直接送至全厂或下游装置燃料气脱硫系统脱硫；

（2）采用压缩机升压送至下游装置吸收稳定回收轻烃后再脱硫；

（3）采用类似Hijet技术脱硫；

（4）采用减顶气常压脱硫。

2. 效果

减少了常减压蒸馏装置加热炉烟气中的SO_2排放量，减缓了加热炉和空气预热器设备的腐蚀，改善了环境，具有良好环境效益和社会效益。

（五）轻油收率和目标产品收率

提高轻油收率和目标产品收率是常减压蒸馏技术发展的长期目标。重整原料、喷气燃料原料的分馏，应以企业效益最大化为目标，根据炼油厂对重整原料、喷气燃料原料的产量要求，对炼油厂的生产流程及时进行调整，对于常压塔顶汽油供重整或化工原料，要综合考虑原料中的芳烃组成和收率。

分馏塔作为常减压蒸馏装置的核心设备，尤其是大型塔器，塔内件综合性能的高低，直接影响到装置的建设投资和操作性能等。综合性能优良的塔板不仅应该具有较高的通量，同时又应该具有较高的分离效率。而这两方面是由高效的塔盘、合理的降液管及鼓泡促进器等综合作用的结果。为获得高的传质效率，已公认微型阀具有较高的气液流通量和传质效率，由于制造成本的急剧增加，限制阀体缩小的程度，为此对阀体可进行复合开孔处理。为使塔盘上形成均匀的气液分布，消除塔盘两侧液体流动的死区和降液管出口处气体流动死区，多折边倾斜式降液管可以消除塔盘两侧液体流动的死区，避免气体流动的不均匀性，同时可有效地增加液体的流程长度，增加气液接触时间，从而获得较高的塔板传质效率。安装于降液管出口处的鼓泡促进器可消除气体流动死区，获得良好的气体分布动能，增加泡沫层高度和气液接触时间，增加传质效率。最大程度地避免传统塔板气液流动的不均匀状态（见图1-3-1），使塔板既具有较高的通量又具有较高的分离效率。提高加热炉出口温度、提高塔底吹汽量、降低塔板压降、优化中段回流取热比和塔板数、减压塔顶设置柴油精制段和强制外回流、降低塔顶压力和塔板清洗等可以提高液体收率。

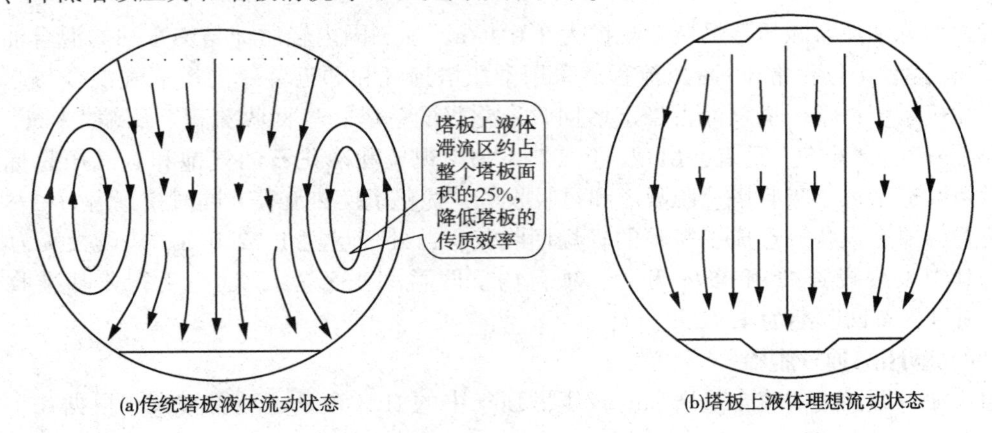

图 1-3-1　塔板上的流动状态

（六）减压深拔

由于受原油性质和操作的限制，国内减压蒸馏通常只能够将原油拔到切割点 520～540℃。随着经济的发展，能源日趋紧张，加之环保要求的严格，迫使市场对石化产品质量也提出了更高的要求。随着延迟焦化技术和渣油技术的发展，大大促进了减压深拔技术的发展。因此以提高常减压蒸馏装置的拔出率，降低减压渣油产率为主要目标的减压深拔技术得到快速发展和广泛应用。

1. 减压深拔

目前国际上拥有减压深拔技术的公司主要是荷兰壳牌技术公司和英国 KBC 技术咨询公司，主要将原油深拔到终馏点（TBP）不低于 565℃，所拔出的重质减压渣油用于加氢处理或调和燃料，减压渣油主要用于焦化原料，提高了原油的利用率和炼油厂的经济效益。

国内最先由中国石油大连石化分公司、中国石油独山子石化分公司引进了荷兰壳牌技术公司的减压深拔技术，之后中国石化青岛炼化、中国石化天津石化分公司引进了英国 KBC 技术咨询公司的减压深拔技术，减压深拔取得了良好的成效。

减压深拔就是通过减压蒸馏，原油切割到 560℃（TBP）以上，并具有一定的过汽化油量，减压重质蜡油的终馏点得到控制，减压重质蜡油的质量同样得到控制。减压渣油中的轻组分的含量也需要进行控制，通常减压渣油中（530℃）轻组分含量不超过 5%。这个概念下的减压操作才称为减压深拔。

2. 减压深拔技术现状

减压深拔技术包括减压深拔加热炉技术、减压转油线技术、减压蒸馏塔技术和减压抽真空技术等。目前国内最有代表性的减压深拔装置为中国石化青岛炼化和中国石油大连石化的减压深拔技术。

国内引进荷兰壳牌技术公司的减压深拔技术的 10Mt/a 常减压蒸馏装置，减压塔采用空塔喷淋取热技术，全塔压降低（0. 8kPa），炉出口温度为 408℃，炉管注汽，塔进料温度为 384℃。设计工况下减压渣油的实沸点切割温度可达 575℃，蜡油收率高。其中抽真空系统采用蒸汽抽空、机械抽空给合；减压塔设置洗涤段，1 个除沫填料床，3 个回流喷射段，1 个控制减一线柴油 95%点的填料床和 4 个全抽出塔盘。为控制结焦，洗涤油和渣油抽出罐均设置了急冷控制。

中国石化青岛炼化公司常减压蒸馏装置作为目前国内新建的第一套单套加工能力10Mt/a的特大型装置，采用了KBC公司提供的国际先进的一整套减压深拔专有技术，开工后运行状况良好，渣油切割点温度达到565℃以上。KBC公司减压深拔技术的核心是对减压炉管内介质流速、汽化点、油膜温度、炉管管壁温度、注汽量(包括炉管注汽和塔底吹汽)等的计算和选取，防止炉管内结焦，保证长周期的安全生产。减压塔顶采用三级蒸汽抽真空，利用湿空冷喷淋，减压塔顶绝压达到2.67kPa；减压炉出口分支温度高达426℃，炉管注汽；减三线还设置了下回流作为洗涤油。过汽化油自集油箱抽出后自流返回到塔底，减压塔底吹入0.35MPa的蒸汽作为汽提蒸汽。采用了高速转油线，与国内常规的减压转油线相比，直径较小，最大处直径1600mm。减压塔共有5个填料层，精馏和进料口上部全部采用规整填料，只有洗涤段应用了栅格填料上加规整填料。标定时减压塔进料段温度为399℃，减压渣油中500℃的含量数据分别为0.92%、1.32%，也达到和接近了设计指标，并处于国内领先水平。

(七) 装置防腐

设备腐蚀一直是困扰石化装置安全生产和长周期运行的一个难题，随着高硫高酸劣质化原油加工量不断增加。蒸馏装置设备的腐蚀呈加剧趋势，腐蚀形态和发生部位也呈现复杂多样化，造成设备跑、冒、滴、漏以及装置的非计划停工。

对蒸馏装置的腐蚀风险进行分析，主要表现在以下几个方面：腐蚀泄漏、非计划停工次数增多；腐蚀分布范围广；长期超设防值造成严重腐蚀；高温硫腐蚀加重；环烷酸腐蚀严重；有机氯引起腐蚀；多相流腐蚀普遍存在。国外对含硫及高含硫原油，特别是针对含硫和高含硫原油加工对装置造成的腐蚀问题，对其硫分布和活性硫分布、硫腐蚀机理以及工程上的防护对策已有较为深入的研究和应用，如应用比较成熟的工程经验曲线McConomy曲线(高温硫腐蚀速率预测曲线)、Copper曲线(高温H_2S/H_2腐蚀速率预测曲线)等。API571对炼油企业出现的硫腐蚀(低温硫腐蚀及应力腐蚀开裂、高温硫腐蚀)、高温环烷酸腐蚀等在内的各种材料的腐蚀损伤机理、形态、影响因素、发生的装置和设备以及检验、检测、预防和减缓措施做了较为详细的介绍；API581中给出了包括高温硫和环烷酸腐蚀、高温H_2S腐蚀等在内以及针对不同材料的大量腐蚀速率计算方法，还有各种形式的应力腐蚀开裂敏感性判断方法。同国外相比，我国加工含硫和高含硫原油的历史相对短一些，但是在生产实践和科研中也积累了一些宝贵的经验。中国石化集团公司制定了一些行业标准和管理规定来指导企业的设备防腐管理，如“加工高硫原油重点装置主要设备设计选材导则”(SH/T 3096—2009)、“加工高酸原油重点装置主要设备设计选材导则”(SH/T 3129—2009)、“一脱三注工艺防腐蚀管理规定”和“中国石化炼油工艺防腐蚀操作细则”等。高酸原油加工方面，中国石油在过去掺炼含酸原油的基础上，尝试了高酸原油单独加工；中海油一些炼油厂也已有几年单独加工高酸原油的历史。中国石化沿江和沿海部分企业为了降低炼油成本，也通过掺炼形式陆续加工过一些高酸原油，并尝试了高酸原油单独加工。部分企业实现了蒸馏装置加工高酸值原油改造，通过材质升级，高温部位加注高温缓蚀剂防腐和加强腐蚀监测等技术，加工高酸值原油腐蚀防护技术得到进一步提高。

第四节　常减压蒸馏装置技术的展望

一、装置长周期安全运行

装置长周期安全运行是体现装置运行水平的一个重要指标，而且具有巨大的经济效益，从发展来看，这也是一个必然趋势。但是装置的长周期运行，使得腐蚀风险加大，一些短期内不会出现的腐蚀问题会变得更加敏感，进而给装置的安全运行带来较大的风险。国内蒸馏装置的运行周期通常为2~3年，先进的达到4年，与国外连续运行5年的标准相比，仍存在一定的差距。

影响装置长周期运行的主要因素：设备、管线腐蚀减薄泄漏，加热炉管结焦，换热器结垢堵塞，分馏塔塔板结盐堵塞，高温油品泄漏着火事故和公用工程及电力供应中断事故等。常减压蒸馏装置基本达到“三年一修”的水平，加工高含硫原油的装置长周期运行周期曾达到4年6个月，加工低硫原油的装置最好水平为6年1个月。

提高装置长周期运行周期，还需要加强工艺防腐，设备材质升级，实施在线腐蚀监测，减缓加热炉露点腐蚀，并加强工艺、设备管理。

二、资源获得性

当前全球能源市场的特点依然是高油价和不稳定油价，化石燃料资源仍将支持产量的增长，经济增长也继续支撑能源消费的增长。国际原油价格高企将成为一个长期的趋势。资源短缺，炼油厂原料供应趋向劣质化、重质化、多元化和不确定性，原油资源将进一步劣质化。据有关资料统计，全球石油产量中含硫原油占10%以上，高硫原油约占60%。高硫油主要产于中东、美洲地区和部分欧洲国家，其中中东原油中高硫原油占89.2%，美洲原油中高硫原油占58.4%。因此今后国际原油资源中高硫原油是主要资源。

中国石油的进口依存度将持续增加，预计到2020年将超过60%。目前炼油企业原油成本占原料总成本的90%以上。对外依存度的上升和过高油价，迫使炼油厂采购加工资源较丰富且价格较低的高硫、含酸重质原油来降低成本。自2000年以来，世界炼油能力总体呈徘徊和缓慢增长态势，发达国家炼油能力停滞不前或增长缓慢，炼油投资重点用于炼油厂升级改造。而发展中国家采取了“新建和扩建”并举，以“增加产能和产品质量升级”并举的方式。常减压蒸馏装置向大型化模式发展，规模越大，效益越好，但同时存在机械设备制造困难和长周期安全生产等风险。综合研究认为在当前技术条件下，大型炼油厂的规模(单系列)一般不超过20Mt/a为宜，选择10~20Mt/a的规模较为合适；也有研究认为，单系列最佳规模应为12~18Mt/a。

三、节能减排

人类进入21世纪，如何解决环境与发展之间的矛盾，如何在二者之间寻求合理的均衡点，是摆在我国的严峻任务和21世纪我国原油炼制工业的重大课题，也是常减压蒸馏装置技术发展与进步的重要课题。

1. 节能减排良好的经济和环境效益

以中国石化集团公司为例，如2009年炼油综合能耗为61.18kgEO/t，比上年同比下降

2. 6kgEO/t。若按当时燃料价格体系 3000 元/t、2009 年加工原油 200Mt 计，年节能效益为 14. 52 亿元。同时还大大减少了 CO_2、SO_x 和 NO_x 等有害气体的排放。因而节能不仅可降低消耗，进而降低成本(炼油行业中能耗占加工总成本的比例高达 44%左右)；同时还可减少排放，控制污染，不但有重要的环保效益，还有良好的经济效益。

有关权威专家指出：企业节能减排主要有三种方式，即技术进步、结构调整和管理创新。三者在节能减排中所占的比例分别约为 50%、30%和 20%。技术进步是节能减排最重要的措施，其贡献率可占节能减排总量的半壁江山。

2. 主要节能措施

(1) 在节能降耗中，首要是提高原油的换热终温，降低加热炉燃料消耗。通过采用“夹点”设计法设计和改造换热网络，应用板式等高效换热器使得原油的换热终温进一步提高，新设计的大型装置换热终温均达到 300℃以上，目标达到 315℃。

(2) 优化分馏塔的取热比例，提高高温位热源的取热比例是提高换热终温的重要保证。由于常减压蒸馏装置的柴油需在柴油加氢装置进一步精制，因此常压塔的二线和三线柴油没有必要有很高的分馏精度。针对这一特点，在取消常三线汽提蒸汽的基础上，进一步加大常二中的取热量，可以取得较好的效果。

(3) 提高加热炉效率。通过提高原油换热终温，降低燃料消耗；采用高效防露点腐蚀空气预热器，降低烟气排烟温度；应用声波、激波除灰器，除灰清垢等多项综合措施，使常压加热炉、减压加热炉效率提高至 92%~94%。

(4) 降低蒸汽消耗。减压塔顶抽真空系统的蒸汽消耗量占装置总蒸汽消耗的 50%以上，降低抽真空蒸汽的耗量是降低装置能耗的重要措施。机械抽真空由于效率较高，可有效地降低抽真空蒸汽耗量，采用机械抽真空代替第三级蒸汽抽真空，可降低能耗 0. 15KgEO/t 左右，同时减少占地面积。

(5) 装置间热联合。常减压蒸馏装置直接向下游装置热出料是降低装置冷却负荷和下游装置加热负荷，从而降低能耗的重要手段。装置采用热出料和冷出料按一定的比例方式控制，既保证了装置热出料的连续性，又保证了各装置的液位和流量的平稳，为装置平稳运行和与其他装置热联合创造了良好的条件。

常减压蒸馏装置节能需要与工艺操作等因素综合考虑，不能孤立地看待蒸馏装置的能耗，应当和装置的拔出率、产品质量、轻油收率等一起综合考虑。近年来蒸馏装置能耗的降低是在提高减压拔出率和轻油收率，提高产品质量的基础上取得的，这就更加不容易，也充分反映了蒸馏装置近年来所取得的技术进步。

(6) 提高低温位热能利用。充分利用蒸馏装置低温位热源，实施供自发低压蒸汽和采暖水，与系统软化水管网换热，加热进加热炉空气温度等技术，提高低温位热量利用率。

(7) 应用变频、液力/磁力耦合和切削泵叶轮等技术，降低电耗。

(8) 其他方面的技术进步：

① 新型传质设备及传质过程的优化；

② 新型传热设备及传热过程优化；

③ 应用先进自控技术，应用 APC 和流程模拟优化及 DCS 优化技术，提高装置操作平稳率，提高装置运行技术水平；

④ 蒸馏理论研究的深入与计算水平的提高；

⑤ 设备与防腐技术水平的提高；

⑥ 加工原油的多样化(重油、非常规原油)与下游装置及公用工程的一体化整合。

3. 环境保护和清洁生产

随着工业生产规模的不断扩大和炼油技术的不断发展，提高环境保护水平，实施清洁生产，实现低碳环保，走可持续发展道路就成为必然，“清洁生产”是实施可持续发展战略的最佳模式。

蒸馏装置在使用低硫燃料，加强节能减排，不断削减污染物，采用先进的污染物治理技术和设施，密闭排放，防止恶臭产生，使用低噪声设施，改善运行环境等方面已取得较大的成效。但随着加工原油劣质化，环境保护和清洁生产仍是一项长期而艰巨的工作。

装置停工密闭吹扫。装置加工高含硫原油，塔顶系统瓦斯不凝气、含油污水和电脱盐污水等均含有高浓度的 H_2S 等硫化物，即使少量排入大气，也会产生恶臭，影响环境。通过实施停工初期密闭吹扫和除臭剂除臭，大大地减轻了恶臭污染程度。

电脱盐停运时间安排在停工切断进料前。停工前在电脱盐罐排空线上甩头，连通至电脱盐切水冷却器，接固定管线或临时管线跨通排系统低压瓦斯管网线。吹扫时油气和蒸汽经冷却器冷却后，冷后温度控制≤60℃，使大量油气冷凝，不凝气则排入公司系统低压瓦斯管网。装置常压塔顶瓦斯和减压塔顶瓦斯线和塔吹扫油气，经冷却后不凝气进入公司低压瓦斯管网，吹扫一定时间后，采样分析烃类和硫化氢含量，达到指标要求后改为装置放空线排放。同时采用低硫原油停工，实施塔容器吹扫、水洗带汽凝液、含盐污水、含硫污水及装置除臭污水密闭排放，分级处理，实现停工吹扫期间无污染和无恶臭，装置安全检修。

四、提高加工劣质原油水平

原油开采总趋势变重，重质、含硫含酸等劣质原油产量增加，加工劣质原油已成为世界炼油企业共同面临的课题。国内原油产量短缺，对外依存度高，加工劣质原油是长期的趋势并具有成本优势。加工高硫高酸原油和高重质的劣质原油，首当其冲是蒸馏装置，关键是电脱盐运行控制含硫含酸原油对设备的腐蚀难度大，其腐蚀可分为低温部位和高温部位两大类。劣质原油的指标范围初步定为符合 API 度<27、硫含量>1.5%、总酸值(TAN)>1.0mgKOH/g 任何一项指标的原油，可称为劣质原油。对蒸馏装置而言，加工劣质原油需加强一脱三注，控制塔顶冷凝液中总铁离子、氯离子含量，将低温部位的腐蚀率控制在0.2mm/a 以下；加工高硫高酸常减压蒸馏装置的高温部位，选用合适的钢材可以有效控制腐蚀，确保装置长周期、安全运行。

参考文献

1 林世雄. 石油炼制工程(第三版). 北京：石油工业出版社，2007
2 唐孟海，胡兆灵. 常减压蒸馏装置技术问答. 北京：中国石化出版社，2007
3 袁毅夫，王亚彪，张成. 国内外常减压蒸馏工程技术浅析. 石油炼制与化工，2014，45(8)：28~34
4 陈耕. 石油工业改革开放 30 年回顾与思考. 国际石油经济，2008，11
5 王才良. 世界石油工业 140 年. 北京：石油工业出版社，2005
6 朱和，廖健. 世界炼油宏观形势及未来发展趋势. 当代石油石化，2004，12(3)：12~17

第二章　原油与产品

原油又叫石油(Crude Oil、Petroleum)是一种从地下深处开采出来的黄色、褐色乃至黑色的可燃性黏稠液体，它常与天然气并存，有“黑色金子”之称。主要是由远古海洋或湖泊中的生物在地层中经过漫长的地球化学演化而形成的烃类和非烃类的复杂混合物。随着社会需求的增加和发展，人员对原油的认识不断加深及加工技术的不断进步，石油产品的种类也在不断发生变化，从最开始人们从原油中分离出煤油简单为了照明，到目前作为燃料的汽油、喷气燃料、柴油、燃料油，作为化工原料的石脑油、重整原料等，石油产品及其衍生物已经有成千上万种，也已与我们的生活紧密联系在一起。近年随着对环保要求的提高，清洁燃料、清洁石油产品需求逐渐增大，低碳、高效也越来越受到重视，这些都对原油加工技术提出了更高的要求。

第一节　原油的组成

作为常减压蒸馏装置加工的主要原料，原油是一种组成极为复杂的混合物，而且不同原油之间的性质差别很大。由于原油性质与其组成关系密切，为更深入了解原油性质，本节先对原油的组成进行介绍。

一、原油的元素组成

原油主要有碳、氢两种元素组成，另外含有一定数量的氮、氧、硫等元素。原油的碳、氢含量一般占94%以上，其中C占原油83%~87%；H占10%~14%；其他元素在6%以下，一般硫占0.05%~6%，氮占0.02%~2%，氧占0.05%~2%，金属元素一般在1%以下。尽管这些元素含量不大，但它们和碳氢结合在一切形成的非烃化合物对石油加工影响非常巨大。表2-1-1是几种国内外常见原油的元素组成。

表2-1-1　国内外几种常减压原油的元素组成

原油名称	C/%	H/%	S/%	N/%	H/C原子比
大庆	85.87	13.73	0.10	0.16	1.90
胜利	86.26	12.20	0.80	0.44	1.68
孤岛	85.12	11.61	2.09	0.43	1.62
辽河	85.86	12.65	0.18	0.31	1.75
新疆	86.13	13.30	0.05	0.13	1.84
大港	85.67	13.40	0.12	0.23	1.86
江汉	83.00	12.81	2.09	0.47	1.84
伊朗轻质	85.14	13.13	1.35	0.17	1.84
阿萨巴斯卡	83.44	10.45	4.19	0.48	1.49
格罗兹尼	85.59	13.00	0.14	0.07	1.81
杜依玛兹	83.9	12.3	2.67	0.33	1.75

不同原油的元素组成有明显差距，这也就决定了原油加工的复杂性和产品的多样性，虽然原油的元素组成差别不大，但是其性质千差万别，所以单纯用碳或氢含量来区分原油性质

之间的差别是很难的，因此提出了用碳氢两种元素的比值来表征石油组成性质之间的差别。氢碳比是反映原油化学组成的一个重要参数，其中氢碳原子比最为常用。它是研究原油化学组成、结构及分析原油加工过程的一个重要参数，它决定着此原油是否容易加工。例如，氢含量高，杂质元素少，加工起来就比较容易，得到目的产品所需要的成本就低，反之加工成本就会大大增加，并且如控制不当则会引发问题或发生事故。由表 2-1-1 可以看出不同的原油的 H/C 原子比存在相当大的差别。大庆原油的 H/C 原子比最高，而辽河欢喜岭与加拿大阿萨巴斯卡原油的 H/C 原子比最低。

对于烃类化合物而言，H/C 原子比是一个与其化学结构和相对分子质量大小密切相关的参数。例如：

烷烃(C_nH_{2n+2})的 H/C 为 $2+2/n$；

六员单环环烷烃(C_nH_{2n})的 H/C 为 2.0($n \geqslant 6$)；

六员双环环烷烃(C_nH_{2n-2})的 H/C 为 $2.0 \sim 2/n$($n \geqslant 10$)；

六员三环环烷烃(C_nH_{2n-4})的 H/C 为 $2.0 \sim 4/n$($n \geqslant 14$)；

单环芳香烃(C_nH_{2n-6})的 H/C 为 $2.0 \sim 6/n$($n \geqslant 6$)；

双环芳香烃(C_nH_{2n-12})的 H/C 为 $2.0 \sim 12/n$($n \geqslant 10$)；

三环芳香烃(C_nH_{2n-18})的 H/C 为 $2.0 \sim 18/n$($n \geqslant 14$)；

烯烃(C_nH_{2n})的 H/C 为 2.0($n \geqslant 2$)。

表 2-1-2　相对分子质量不同的烷烃的 H/C 原子比

分子式	H/C 原子比	分子式	H/C 原子比
CH_4	4.00	C_8H_{18}	2.25
C_2H_6	3.00	$C_{12}H_{26}$	2.17
C_3H_8	2.67	$C_{16}H_{34}$	2.13
C_5H_{12}	2.40	$C_{32}H_{66}$	2.06
C_6H_{14}	2.33		

由表 2-1-2 可以看出，同一系列的烃类，其 H/C 原子比随着相对分子质量的增加而降低；烷烃的变化幅度较小，环状烃的随相对分子质量的变化幅度较大。不同结构的烃类，碳数相同时，烷烃的 H/C 原子比最大，而芳烃最小。对于环状烃而言，相同碳数时，环数增加，其 H/C 原子比降低。这表明 H/C 原子比参数包含了相当有价值的结构信息。原油的 H/C 原子比越高，表明原油中链状结构的化合物含量越高，而环状结构的化合物含量越低。

S、N、O 为石油中的非烃组成元素，也称之为杂原子，它们组成了原油中的非烃化合物，虽然这三种元素在原油中的含量并不高，但是含这些杂原子的非烃化合物在原油中的含量则相当可观。我国主要原油硫含量与国外相比并不高，而氮含量则相对较高，因此含硫少而含氮多是我国原油的主要特点之一。

二、原油的馏分组成

原油是由各种类型的烃类和非烃类化合物所组成的复杂混合物，其相对分子质量从几十到几千，因而其沸点范围也很宽，从常温到 500℃ 以上。在对原油进行研究和加工利用之前，要采用分馏的方法将其按沸点的高低分割成若干部分(即馏分)，每个馏分的沸点范围简称为馏程或沸程。从原油直接分馏得到的馏分称为直馏馏分，用来表示与原油的二次加工产物的区别。

馏分并不代表石油产品，只是从沸程上看有可能作为生产汽油、煤油、柴油、润滑油的原料，它们往往需要经过适当加工才能生产出符合相应的质量规格要求的产品。表2-1-3是将原油经常减压蒸馏得到的一系列沸点范围不同的馏分的百分含量就是该原油的馏分组成。表2-1-4是根据常减压蒸馏装置切割出的我们所熟悉的几个馏分，不同原油其馏分组成是不同的。从我国主要原油的馏分组成来看，>500℃的减压渣油含量较高，多数原油的减压渣油含量高于40%。减压渣油含量高也是我国原油的主要特点之一。

表2-1-3　国内外几种常减压原油的馏分组成

原油名称	初馏点(IBP)~200℃	200~350℃	350~500℃	>500℃
大庆	11.5	19.7	26.0	42.8
胜利	7.5	17.6	27.5	47.4
辽河	12.3	24.3	29.9	33.5
中原	19.4	25.1	23.2	32.3
新疆	15.4	26.0	28.9	29.7
单家寺	1.7	11.5	21.2	65.6
欢喜岭	1.7	20.6	35.4	40.3
印尼米纳斯	11.9	30.2	24.8	33.1
伊朗轻质	24.9	25.7	24.6	24.8
阿萨巴斯卡	0	16.0	28.0	56.0

表2-1-4　常减压蒸馏装置对原油馏分的切割

沸点范围/℃	馏分名称
初馏点~200(或180)	汽油馏分、低沸点馏分、轻油、石脑油
200(或180)~350	柴油馏分、中间馏分、常压瓦斯油(AGO)
350~500	减压馏分、高沸点馏分、润滑油馏分、减压瓦斯油(VGO)
>350	常压渣油(AR)
>500	减压渣油(VR)

另外，根据馏分切割范围的宽窄，可以将馏分分成窄馏分和宽馏分。窄馏分是指沸点范围较窄的馏分，一般间隔为20℃左右。主要用于原油蒸发特性的研究、原油评价数据库性质曲线的产生以及石油馏分性质的研究，通常我们进行原油评价，均是通过实沸点蒸馏把原油切割成多个窄馏分，然后再分别检测其收率及物理化学性质。

宽馏分是指沸点范围比窄馏分要宽很多的馏分，这些馏分相当于一些化工原料、二次加工原料或石油产品。切割这些馏分并非分析其性质，主要是要了解这些馏分是否与符合目标产品的规格和指标要求。表2-1-5是某炼油厂的宽馏分切割数据。

表2-1-5　某炼油厂的宽馏分切割数据

馏分名称		沸点范围/℃	主要组成
轻馏分	石油气	<35	$C_1 \sim C_4$
	汽油	50~200	$C_5 \sim C_{12}$
中间馏分	煤油	130~250	$C_{12} \sim C_{14}$
	柴油	180~350	$C_{14} \sim C_{18}$
重馏分	润滑油	350~500	$C_{18} \sim C_{20}$
	渣油	~500	$> C_{20}$

三、原油的烃类组成

原油最主要的部分是烃类，按其结构不同可分为烷烃、环烷烃、芳香烃以及由这三种组合而成的烃类。轻质馏分中富含烷烃、环烷烃，而芳香烃含量较低。重馏分中多含固态的长链烃，而且环状烃特别是多环环烷烃、环烷芳香烃含量较大。

原油中的气体主要由气态烃组成，主要为甲烷及其低分子同系物组成。因组成不同可分为干气(贫气)和湿气(富气)。在干气中含有大量的甲烷和少量的乙烷、丙烷等气体，在湿气中除含有较多的甲烷、乙烷外，还含有少量易挥发的液态烃，如戊烷、乙烷甚至辛烷蒸气，还可能有少量的芳香烃及环烷烃存在。原油中的气体还经常含有非烃气体，主要为二氧化碳、氮气和硫化氢等。

1. 正构烷烃

20 世纪 80 年代中期以来，高温气相色谱(HTGC)技术的发展扩大了烃类分子的检测范围，现能从石油中已鉴定出 $C_1 \sim C_{100}$ 的正构烷烃，它们占石油质量的 15%~25%。但正构烷烃碳数多小于 35，轻质油中富含正构烷烃。正构烷烃的含量受控于原始有机质性质、热演化程度及生物降解等因素。高蜡原油和从陆源有机质演化生成的原油常常含有较大比例的正构烷烃，而海相或混合有机质则产生较多的环状化合物。演化程度高的石油中主要组成是中低相对分子质量的正构烷烃。受微生物强烈降解的原油，正构烷烃常被选择性地吸收，含量较少。近年来石油中的高相对分子质量正烷烃研究颇受关注。传统观点认为，正烷烃是最优先遭受生物降解的烃类成分，通过原油的假单胞菌生物降解模拟实验证明，相对分子质量不同的正构烷烃，其抗生物降解作用的能力是不相同的。Setti 和 Heath 等先后发现，由于大石蜡分子的立体位阻效应，nC_{28} 以上正烷烃的生物降解速率随着烃类分子链长的进一步增长而降低。Hsieh 等人指出，一些严重生物降解油中，用全油气相色谱分析检测不出高相对分子质量烃类，而在从全油分离出来的蜡馏分中，高相对分子质量烃类则变得明显可见。总之高相对分子质量正烷烃具有很强的抗生物降解能力，生物降解过程中是优先消耗原油中的低碳数正构烷烃。

另外性质与烷烃相似，但在分子中含有碳环结构的饱和烃，由许多围成环的多个次甲基组成。组成环的碳原子数可以是 3、4、…，相应称为三员环、四员环、…。环烷烃按分子中所含碳环数目，可以分为单环、双环、三环和多环，在低于 C_{10} 的低相对分子质量环烷烃中，环戊烷、环己烷及其衍生物是石油的重要组成部分。

2. 芳香烃

纯芳香烃是指只包含芳环和侧链的分子。包括单环以及 2~6 环、甚至更多环缩合在一起的多环芳烃，其通式为 C_nH_{2n-p}。随环数而变化，如苯 $p=6$，，萘 $p=12$，菲 $p=18$。其中以 1~3 环的芳烃含量最高，这就是所说的苯、萘、菲系列。在每类化合物中烷基衍生物又比其母体化合物丰富得多。如甲苯、二甲苯比苯丰富；二甲基、三甲基萘和菲比萘和菲丰富。一般认为萘、菲系列的分子是由甾萜化合物热解而成，所以造成了烷基衍生物的优势。根据 Tissot 等的统计，1~3 个芳环的芳香烃占总芳

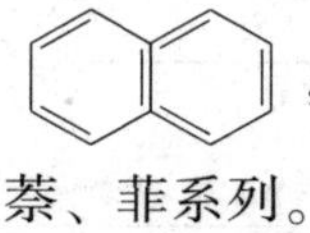

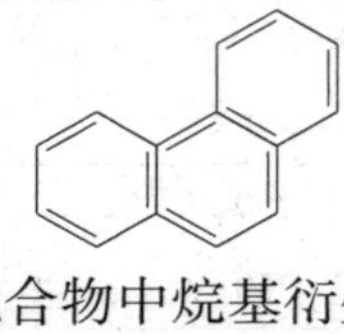

香馏分的70%左右，而四环以上的仅占不到10%。

3. 原油烃组成的分析方法

迄今为止人们还只是基本搞清石油轻馏分的化学组成，对于较重馏分尤其是减压渣油化学组成的认识还只是初步的。这方面还有相当多的问题有待于进一步深入研究。目前研究原油化学组成的物理和化学的分析方法主要有：

（1）气相色谱(简称GC)；

（2）液相色谱(简称LC)；

（3）质谱(简称MS)；

（4）核磁共振(简称NMR)；

（5）红外光谱(简称IR)。

气相色谱主要用于原油中的轻烃组成分析，即采用气相色谱法分析原油C_7前的单体烃含量。原油的轻烃资源越来越受到重视，对于装置设计很有参考价值，根据轻烃的质量和分布来确定是否采用脱气装置，以及如何利用这一部分宝贵资源。表2-1-6辽河兴隆台原油小于C_7的单体烃组成。

表2-1-6　辽河兴隆台原油小于C_7的单体烃组成

化合物名称	含　量	化合物名称	含　量
乙烷	0.01	苯	0.1
丙烷	0.04	3,3-二甲基戊烷	0.02
异丁烷	0.05	环已烷	0.53
正丁烷	0.19	2-甲基已烷	0.17
异戊烷	0.29	2,3-二甲基戊烷	0.11
正戊烷	0.4	1-二甲基环戊烷	0.07
2,2-二甲基丁烷	0.02	3-甲基已烷	0.24
环戊烷	0.14	顺-1,3-二甲基环戊烷	0.14
2,3-二甲基丁烷		反-1,3-二甲基戊烷	0.16
2-甲基戊烷	0.32	反-1,2-二甲基环戊烷	0.28
3-甲基戊烷	0.21	正庚烷	0.65
正已烷	0.54	甲基环已烷	1.51
2,2-二甲基丁烷	0.12	乙基环已烷	0.1
甲基环戊烷	0.47	甲苯	0.42
2,4-二甲基戊烷	0.07	合计	7.39
2,2,3-三甲基丁烷	0.02		

高效液相色谱法主要是分析原油中饱和烃、芳烃、胶质、沥青质含量。一般分离柱采用极性柱，流动性为非极性溶剂。利用原油中各烃组成通过分离柱的停留时间不同分析各馏分含量，但是由于此分析结果重复性较差，操作要求较高，所以未广泛使用。

质谱、核磁、红外三种方法一般用来分析原油的元素组成和官能团组成，由于成本较高，一般用于科研，实际生产中很少使用。

4. 原油结构族组成

在石油馏分的芳香烃、环烷烃分子中，还存在烷基侧链。因此石油中的烃类分子大多是混合烃，即在一个分子中既有芳香环，也有环烷环，还有烷基侧链。按照族组成的分析方法，凡分子结构中有一个芳香环者即为单环芳烃，两个芳香环者即为双环芳烃，依此类推。

在较高沸点的石油馏分中，有的烃类分子结构中同时含有芳香环、环烷环及烷基链三种基团。例如以下两个化合物。

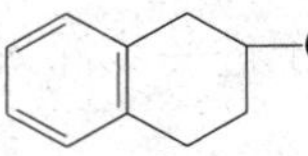

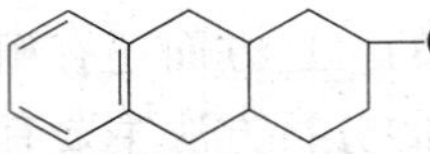

它们的相对分子质量接近，也只有一个芳香环，按照族组成的分类方法，它们都属于单环芳香烃，但是由于所含的环烷环和烷基侧链结构不同，因而它们的物理化学性质存在差别。为此提出了用结构族组成的概念来描述这种混合类型化合物的结构。按照此种概念，任何烃类化合物，不论其结构如何复杂，都可以看成是由烷基、环烷基和芳香基三种结构单元所构成的。结构族组成只表示在分子中这三种结构单元的含量，而不涉及它们在分子中的结合方式。

为了方便理解，下面用以下符号代表原油中不同族组成含量：

$\%C_A$：芳香碳数占总碳数的百分数；

$\%C_P$：烷基碳数占总碳数的百分数；

$\%C_N$：环烷碳数占总碳数的百分数；

R_A：芳香环数；

R_N：环烷环数；

R_T：总环数。

如某混合物，含有 32%(mol)的化合物 1，25%(mol)的化合物 2，43%(mol)的化合物 3。

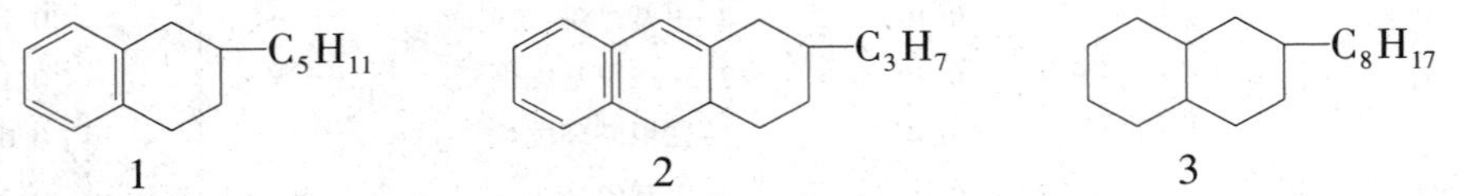

那么其结构族组成可表示如下：

$C_A = 32\%\times6 + 25\%\times10 = 4.42$

$C_N = 32\%\times4 + 25\%\times4 + 43\%\times10 = 6.58$

$C_P = 32\%\times5 + 25\%\times3 + 43\%\times8 = 5.79$

$C_T = C_A + C_P + C_N = 4.42 + 5.79 + 6.58 = 16.79$

$\%C_A = 4.42/16.79 = 26.3\%$

$\%C_N = 6.58/16.79 = 39.2\%$

$\%C_P = 5.79/16.79 = 34.5\%$

$R_A = 1\times32\% + 2\times25\% = 0.82$

$R_N = 1\times30\% + 1\times25\% + 2\times43\% = 1.43$

$R_T = 0.82 + 1.43 = 2.25$

四、原油的非烃类组成

石油中的非烃组成主要是含 O、N、S 三种元素的有机化合物。胶质、沥青质是高相对分子质量的含杂原子的缩聚合物，尽管这种元素的含量只占石油元素组成的 2%左右，但与其有关的化合物却占 10%～20%，甚至更多。这些非烃组分主要集中在石油的高沸点馏分中。在数量上并不占主要地位，但它的组成性质和分布特点对石油的性质却有很大影响。石油中含硫化合物多少直接涉及到原油性质的好坏。烃化合物的组成和性质与原油母质、沉积环境及转化条件有关，有助于全面认识石油的形成及次生变化。

1. 含硫化合物

虽然石油中的杂原子含量只有百分之几，但实际上其中的非烃化合物含量却相当可观，而且它们的分布一般是随着沸点的升高而增加的，在减压渣油中非烃化合物的含量高达50%以上。表2-1-7为常减压原油及各馏分中的硫分布。几乎所有的原油中都含硫，但不同的原油硫含量相差较大。我国原油大多数属于低硫原油，美国犹他州罗塞角原油含硫量为14.0%，这是迄今为止发现的原油中含硫量最高的一种原油，石油储量极为丰富的中东地区原油的含硫量均比较高。由于硫会使石油加工过程中的催化剂中毒，一些含硫化合物对金属设备还有腐蚀作用，石油产品中的含硫化合物燃烧时生成SO_2还会造成环境污染，因此含硫量是衡量石油及石油产品质量的一个重要指标。

表2-1-7　常减压原油及各馏分中的硫分布　mg/g

馏程/℃	大庆	胜利	孤岛	江汉	伊朗轻质	阿曼
原油	1000	8000	20900	18300	14800	9500
<200	108	200	1600	600	800	300
200~250	142	1900	5200	4400	4300	1400
250~300	208	3900	8800	5900	9300	2900
300~350	457	4600	12300	6300	14400	6200
350~400	537	4600	14200	10400	17000	7400
400~450	627	6300	11020	15400	17000	9200
450~500	802	5700	13300	16000	20000	11600
>500	1700	13500	29300	23500	34000	21700
渣油中硫的质量分数	74.7	73.3	75.0	72.2	55.9	66.1

由表2-1-7可以看出，石油中的硫并不是均匀分布在各馏分中。随着沸点的升高，硫含量随之增加，因而汽油馏分中的硫含量较低，减压渣油中的硫含量是所有石油馏分中最高的，约70%硫集中在减压渣油中。由于部分含硫化合物对热不稳定，在蒸馏过程中可能会发生分解，因此测得的各馏分中的含硫量并不能完全表示原油中硫的原始分布状况，中间馏分中的硫含量可能偏高，而重馏分中的硫含量可能偏低。

原油中所含硫的存在形式有两种，一种是无机硫化物，主要有单质硫(S)和硫化氢(H_2S)。另一种是有机硫化物，主要有硫醇(RSH)、硫醚(RSR′)、二硫化物(RSSR′)、噻吩(噻吩环结构式)等。原油中的含硫化合物一般以硫醚类和噻吩类为主，二者合计在75%以上，见表2-1-8。

表2-1-8　原油中硫的类型

原油产地	含硫量/%	硫类型分布/%			
		硫醇硫	硫醚硫	二硫化物硫	残余硫
威逊	1.85	15.3	24.6	7.4	52.6
盖杰里堡	3.75	0	19.5	0.2	80.3
吉普-里维拉	0.58	45.9	3.0	22.5	28.6
阿尔兰	3.05	0.23	23.6	0	76.2
萨莫脱洛尔	1.02	0	30.0	0	70.0
澳伦波格	2.33	8.3	7.2	0	84.5
阿加贾里	1.36	8.5	22.4	3.4	65.7
克利考克	1.93	7.9	45.6	5.5	41.0

原油中的单质硫和硫化氢含量极低，由于有些含硫化合物在较低的温度下即可分解而生成硫化氢，而硫化氢又被氧化生成了单质硫，因此原油中的硫化氢和硫不一定都是原有的。单质硫、硫化氢以及具有弱酸性的硫醇对金属均具有较强的腐蚀作用，因而又称它们为活性硫。随着沸点的升高，馏分中硫醇硫和二硫化物硫在整个硫含量中的份额急剧下降，硫醚硫的份额先增后减，在沸点为200℃左右时硫醚硫的含量最高，残余硫(主要是噻吩硫)的份额则是一直增加的。沙特阿拉伯原油含硫情况见表2-1-9。

表2-1-9　沙特阿拉伯原油常压馏分中含硫化合物类型分布

原油馏分/℃		馏分含硫/%	硫类型分布/%(占馏分中硫)			
			硫醇硫	硫醚硫	二硫化物硫	残余硫
沙特轻质	100~150	0.035	29.71	30.80	16.29	14.35
	150~200	0.095	11.16	33.50	5.05	48.14
	200~250	0.25	1.91	40.80	0.69	56.75
	250~300	0.72	0.50	29.30	0.08	70.06
	300~350	0.96	0.41	24.60	0.0	74.99
沙特重质	100~150	0.029	0.69	41.38	0.30	57.63
	150~200	0.157	0.13	56.69	0.05	43.13
	200~250	0.68	0.06	37.06	0.01	62.87
	250~300	0.945	0.11	34.92	0.0	64.96
	300~350	1.10	0.22	35.45	0.0	64.32

(1) 硫醇。原油中的硫醇一般集中在较轻的馏分中，在轻馏分中硫醇硫占其中硫含量的40%~50%，有时甚至高达70%~75%。随着馏分沸点的升高，硫醇的含量急剧下降，在300℃以上的馏分中基本不含硫醇。目前已鉴定出来碳数为1~8的单体硫醇化合物有50个，其中40多个是烷基硫醇，6种是环烷基硫醇，还有硫酚。烷基硫醇的—SH大多连在仲碳和叔碳上，而连在伯碳上较少。硫醇尤其是低碳硫醇具有强烈的恶臭，而且硫醇还具有腐蚀性，因此必须将其除去或转化成非活性的硫化物。此外硫醇还可以作为橡胶聚合速度调节剂以及生成抗氧化剂的原料。

硫醇主要有以下几个主要性质，一是硫醇对热不稳定，受热时易分解。

如　$2C_3H_7SH \longrightarrow C_3H_7—S—C_3H_7+H_2S$；$C_3H_7SH \longrightarrow C_3H_6+H_2S$

二是易与NaOH反应生成硫醇钠。三是在碱性条件和催化剂的存在下可氧化生成二硫化物，从而脱除臭味。在石油加工过程中可以利用硫醇的以上三条性质，对产品馏分中的硫醇进行脱除处理。

(2) 硫醚及二硫化物。原油中硫醚硫占总硫约为20%~30%，而且硫醚硫主要集中在中间馏分。石油中的硫醚类化合物可分为开链状和环状的两大类，开链的硫醚主要有烷基硫醚、环烷基硫醚和芳香基硫醚。环状硫醚主要有硫杂环的五元环和六元环的环硫醚和环状萜类硫化物。根据相关报道目前已从石油中鉴定出50种开链硫醚化合物。

在汽油馏分中：主要是二烷基硫醚，其含量随着沸点的升高而降低，在300℃以上的馏分中已不存在二烷基硫醚，三个碳以上的烷基硫醚大多是异构的。

硫醚对热较稳定，加热到400℃也会发生分解反应。硫醚能在一定条件下氧化成亚砜和砜，亚砜可以作为金属萃取剂和芳烃抽提溶剂。

石油中的二硫化物含量显著低于硫醚的含量，其含量一般不超过10%，它主要集中在较轻的馏分中，其性质与硫醚相似。

（3）噻吩。原油中噻吩类化合物占其含硫化合物的50%以上，主要存在于沸点较高的馏分中。现已鉴定出来的噻吩类化合物有：①单烷基取代噻吩：2-甲基噻吩、3-甲基噻吩、2-己基噻吩、3-己基噻吩、2-正丙基噻吩和2-异丙基噻吩。②双烷基取代噻吩：2,3-(2,4-、2,5-、3,4-)二甲基噻吩等。与芳香环并合的噻吩：苯并噻吩、二苯并噻吩等。噻吩类化合物属于芳香杂环化合物，其环结构相当稳定，即使加热到450℃也不会分解，所以石油中的噻吩硫比硫醇硫和硫醚硫更难脱除。

2. 含氮化合物

从硫、氮绝对含量来看，石油中的氮含量比硫含量低，通常在0.05%~0.5%，很少有超过0.7%。从统计数字来看，世界上96%的原油含氮量均小于0.5%。迄今为止，已发现的原油中氮含量最高的是阿尔及利亚的西齐-白拉奇原油，含氮量高达2.17%。我国大多数原油的氮含量一般为0.1%~0.5%，属于含氮量偏高的原油。辽河油区的高升原油氮含量为0.73%，这是我国含氮量最高的原油。石油中的含氮化合物是由生成石油的原始物质在地下条件下演变而成的，而不是在石油的运移和聚集过程中从外界进入石油的，其含量一般随着原油埋藏深度的增大和成熟度的增高而降低。石油中的含氮化合物对石油加工和产品的使用都有不利影响，使催化剂中毒失活，还会导致石油产品的安定性变差，易生成胶状沉淀，故必须予以脱除，迄今为止尚未找到可以利用石油中含氮化合物的有效途径。

一般情况原油各馏分的含氮量随着沸点的升高而增加，其分布要比硫更加不均匀，约90%的含氮化合物存在于减压渣油中。由于分离与鉴定上的困难，对石油较重馏分中含氮化合物的组成和结构目前尚未完全弄清楚。一般按照含氮化合物的酸碱性可分为碱性氮化物和非碱性氮化物。碱性氮化物：在50/50(体积比)冰醋酸和苯的溶液中可以被高氯酸滴定的，其$pK_a>2$，如胺类和吡啶类。非碱性氮化物：在50/50(体积比)冰醋酸和苯的溶液中不能被高氯酸滴定的，其$pK_a<2$，如酰胺类和吡咯类。见表2-1-10~表2-1-14。

表2-1-10　原油各馏分中氮的分布

mg/g

馏分/℃	大庆	胜利	孤岛	中原	伊朗轻质	阿曼
原油	1600	4100	4300	1700	1200	1600
<200	0.1	0.3	0.2	0.3	0.7	0.3
200~250	0.3	0.7	0.5	0.9	1.0	0.2
250~300	0.9	6.1	2.4	3.4	7.8	0.9
300~350	5.5	12.1	13.3	9.4	49.40	7.3
350~400	13.2	25.1	59.3	23.5	76.1	13.0
400~450	38.1	96.8	112.4	33.4	90.6	79.2
450~500	65.2	162.4	174.4	47.5	154.5	94.3
>500	1227.3	3600.6	488.0	1711.9	903.9	1557.9
渣油中氮的百分含量	90.9	92.2	92.5	93.5	70.4	88.9

不同类型的氮化物在不同原油中的分布是不同的。在同一种原油中强碱氮和弱碱氮的分布随着沸点的升高而减少，非碱氮分布则随着沸点的升高而增加。

表 2-1-11　原油中不同类型氮的分布

原油名称	类型氮的分布/%		
	强碱氮	弱碱氮	非碱氮
威明顿	31	14	55
萨波开克	30	15	55
杜马	29	28	43
庞德拉	21	79	0
特斯莱帕	27	51	22
威逊	30	30	40
里德沃克	43	17	40
哈恩伯利	29	28	43

表 2-1-12　威明顿原油各馏分中不同类型氮的分布

馏程/℃	含氮量/%	不同类型氮分布/%		
		强碱氮	弱碱氮	非碱氮
原油	0.64	31	14	55
300~350	0.04	100	0	0
350~400	0.15	53	20	27
400~500	0.49	33	16	51
>500	1.03	34	10	56

（1）吡啶系和喹啉系。吡啶系和喹啉系氮化物都属于强碱性氮化物。在较轻的馏分中主要是烷基吡啶和环烷基吡啶等吡啶的衍生物，随着馏分沸点的增加，吡啶衍生物的含量下降。随着沸点的升高，喹啉衍生物的含量增加，因而在较重的馏分中主要是喹啉的衍生物（N、CH_3、N、CH_3）。具有吡啶环的含氮化合物（N、N、CH_3、CH_3、N、CH_3），pK_a 值约为5~7，能与无机强酸和有机强酸形成结晶状盐类。吡啶环与苯环一样具有芳香性，对热和氧化都比较稳定，不易破裂。

表 2-1-13　威明顿原油常压馏分中碱氮化合物组成

碱氮化合物类型	各馏分中碱氮化合物类型分布/%		
	130~250℃	250~300℃	300~350℃
烷基吡啶	37	5	0
环己基吡啶	55	45	18
环戊基吡啶	0	19	5
烷基喹啉	8	31	60
环烷基喹啉	0	0	10
苯并喹啉	0	0	7

表 2-1-14　胜利及加州原油柴油馏分碱氮化合物的组成

碱性氮化物类型	常压瓦斯油（204~360℃）		减压瓦斯油（360~480℃）	
	胜利	加州	胜利	加州
烷基吡啶	6.1	8.4	10.6	8.6
四氢喹啉与二氢喹诺酮	12.7	16.9	24.7	20.6
喹诺酮，吲哚	17.9	15.2	10.0	8.9

续表

碱性氮化物类型	常压瓦斯油(204~360℃)		减压瓦斯油(360~480℃)	
	胜利	加州	胜利	加州
烷基喹啉	36.4	34.5	24.4	28.8
环烷并喹啉	5.8	3.8	7.6	8.8
苯并喹啉	14.6	4.3	22.2	23.7
烷基咔唑	—	0.3	0.5	0.6
未鉴定	6.5	16.6	—	—

(2) 吡咯系和酰胺系。吡咯系和酰胺系氮化物属于弱碱性或非碱性氮化物。目前已分离并鉴定出来的吡咯系化合物有四种，分别为吡咯、吲哚、咔唑以及苯并咔唑。酰胺类化合物主要是环状酰胺。吡咯类和吲哚类氮化物都不稳定，易于氧化和聚合生成胶状物质，因此石油产品中如果含有较多的吡咯类含氮化合物，其颜色很容易变深和产生沉淀。

3. 卟啉络合物

在石油中还发现了一类由四个吡咯环所组成具有卟吩结构的卟啉类化合物，这是一类重要的生物标志物，在研究石油的成因中具有十分重要的意义。卟啉类化合物在石油中是以钒(VO^{2+})或镍(Ni^{2+})螯合物的形式存在。石油中的卟啉类化合物主要有两类，脱氧叶红初卟啉(简称 DPEP)和初卟啉Ⅲ(简称 ETIO)，金属卟啉 DPEP 随着石油埋藏深度的增加逐渐转化成 ETIO，所以 DPEP/ETIO 是表征石油成熟度的重要地球化学标志。由于氮主要存在于五元环的吡咯系和六元环的吡啶系，它们都具有芳香性，化学性质比较稳定，因此在石油加工过程中脱氮比脱硫更困难。

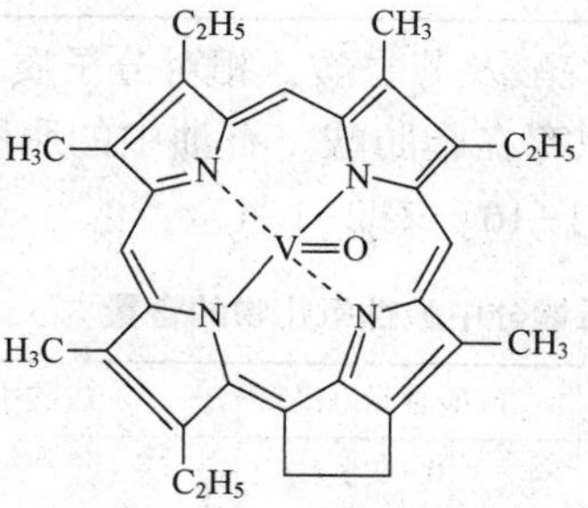

DPEP 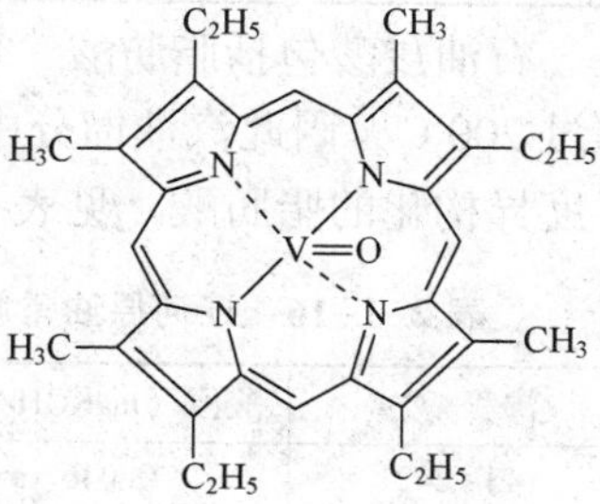　　　　ETIO

4. 含氧化合物

大多数石油的氧含量为0.1%~1.0%。由烃基和含氧官能团两部分组成，含氧官能团一般包括醇(R—OH)、酚(Ar—OH)、醚(R—O—R′)、醛(R—CO—H)、酮(R—CO—R′)和酸(R—COOH)。根据化合物的极性，含氧化合物可分为酸性和中性含氧化合物两大类。酸性含氧化合物：环烷酸、脂肪酸及酚，总称石油酸；中性含氧化合物有醛、酮等，其含量很少。主要是酸性含氧化合物，环烷酸最多，占酸性物质90%以上。五元环和六元环的环烷酸(环戊烷酸、环己烷酸)，它们在轻馏分中含量很少，主要集中在200~400℃馏分中，重馏分中含量也很少。脂肪酸含有微量的芳香酸、环烷-芳香酸以及沥青酸。石油中环烷酸是具有特征结构的酸，如具甾族结构和藿烷结构的酸类，它们能标志原始有机质来源，在低成熟石油中常含有酸类，它们大多直接来源于生物体及其成岩产物。一些受到次生改造的重油中，由于氧化作用形成了酸。石油中酸性氧化物的含量是利用非水滴定法测得的酸度(mgKOH/100mL，适用于轻质油品)或酸值(mgKOH/g，适用于重质油品)来间接表示的。不同原油的酸值差别较大，环烷基原油的酸值较高，而石蜡基原油的酸值较低。我国辽河、胜利以及新疆克拉玛依原油的酸值比较高，原油中的酸值分布一般并不是随沸点的升高而增加的。

石蜡基原油在300~400℃馏分的酸值最大，而轻馏分和重馏分的酸值较低。中间基及环烷基原油在300~400℃馏分和500℃馏分左右处出现两个酸值的极大值，呈现双峰形的分布模式，表2-1-15为国内外一些原有的酸值。石油中的酸性氧化物除了羧酸外，还有相当数量的石油酚，石油酚的含量与石油形成的地质年代有关，石油形成年代越久远，酸性氧化物中石油酚的含量越低。

表2-1-15　国内外一些原油的酸值

原油产地		酸值/(mgKOH/g)	原油类别
大庆混合原油		0.04	低硫石蜡基
胜利油区	混合原油	0.93	含硫中间基
	孤岛原油	1.55	含硫环烷-中间基
	单家寺原油	7.40	含硫环烷基
辽河油区	双喜岭	2.52	低硫环烷基
	高升	0.81	低硫环烷-中间基
	曙光	1.60	低硫中间基
	兴隆台	0.24	低硫中间-石蜡基
	大明屯	0.03	低硫石蜡基

（1）石油羧酸。石油羧酸包括脂肪酸、环烷酸及芳香酸，相对分子质量最小的环烷酸和芳香酸的沸点也超过200℃，因此汽油馏分中只存在脂肪酸。石油中的脂肪酸主要是正构体脂肪酸，也存在轻度异构化的脂肪酸。见表2-1-16、表2-1-17。

表2-1-16　辽河原油常减压馏分中酸性氧化物的含量

馏分	沸程/℃	酸值/(mgKOH/g)	羧酸含量/%	羧酸中脂肪酸含量/%
常压一线	143~242	0.046	0.02	3.73
常压二线	207~366	0.84	0.35	3.27
常压三线	221~416	2.33	1.08	4.32
常压四线	269~474	2.03	1.16	3.99
减压一线	244~422	1.63	0.77	3.58
减压二线	265~454	2.56	1.17	4.89
减压三线	287~485	2.00	1.02	4.75
减压四线	296~497	1.76	1.16	3.62
减压渣油	>500	0.96	1.00	

表2-1-17　孤岛原油250~400℃馏分中石油羧酸的组成

羧酸类型	各馏分中石油羧酸的组成/%		
	250~330℃	330~370℃	370~400℃
脂肪酸	4.4	5.6	11.5
环烷酸	45.5	52.0	33.7
含一个环烷环	7.5	9.0	5.9

续表

羧酸类型	各馏分中石油羧酸的组成/%		
	250~330℃	330~370℃	370~400℃
含二个环烷环	21.3	22.0	14.0
含三个环烷环	13.6	15.3	9.5
含四个环烷环	3.1	5.7	4.3
芳香酸	41.1	36.8	48.8
含一个芳香环	33.2	29.7	35.5
含二个芳香环	6.3	5.2	8.5
含三个芳香环	1.3	1.1	3.3

在辽河及孤岛原油的石油酸中，脂肪酸的含量一般不超过10%。在环烷-中间基原油中(孤岛原油)环烷酸的含量较高，两个到三个环烷环的环烷酸含量比较高。石油中的芳香酸含量也比较高，主要是一个芳香环的芳香酸

(2) 石油酚。由于从石油中分离石油酚较困难，因而对其研究也就比较少。已经从石油中鉴定出来的酚类有苯酚、甲酚、二甲酚、三甲酚和萘酚等。石油中酚类的含量一般随沸点的升高而降低。

(3) 石油酸的性质及利用。原油中酸性氧化物对金属设备和管线具有腐蚀作用，尤其是低分子酸其腐蚀性更强。研究表明原油中酸值大于0.5mgKOH/g时，腐蚀趋于严重。在低温下石油酸对金属设备的腐蚀不严重，而腐蚀严重的温度范围是230~400℃。

石油馏分中的酸性氧化物可借助于碱洗得以分离，所得的石油酸是一种重要的化工原料，它是石油中唯一得到广泛应用的非烃石油产品。已经在工业上应用的主要是从煤油、轻柴油馏分中脱出的石油酸。作为产品的石油酸实际上是环烷酸、芳香酸、酚类的混合物。其相对密度为0.99~1.02，随着相对分子质量的增加，其黏度增加，颜色加深，酸值降低，石油酸在水中的溶解度很小，而易溶于烃类和许多有机溶剂。

目前应用最为广泛的是石油酸的盐类。

石油酸钠盐：表面活性剂、乳化润滑油或乳化沥青的乳化剂、有保水性原油破乳剂、润滑脂的稠化剂和植物生长促进剂。

石油酸的钙盐和镁盐：润滑脂的稠化剂和内燃机油添加剂。

石油酸的铜盐和锌盐：木材与织物的防腐杀菌剂。

石油酸的铝盐：润滑脂的稠化剂、制取凝固汽油。

石油酸的钴和锰盐：烃类氧化催化剂、油漆涂料催干剂。

五、原油的微量元素

1. 微量元素

除了烃类、非烃类元素外，原油中还有许多微量元素，虽然它们的含量甚微，但对石油加工过程尤其是对某些催化剂的活性影响相当大。现已从石油中检测出59种微量元素，大体上分为三类：一是变价元素；主要包括V、Ni、Fe、Mo、Co、W、Cr、Cu、Mn、Pb、Ga、Hg等；二是碱金属与碱土金属：Na、K、Ba、Ca、Mg等；三是卤素和其他元素：Cl、Br、I、Si、Al、As等。见表2-1-18、表2-1-19。

表 2-1-18 国外几种原油的部分微量元素含量

元素	含量/(μg/g)						
	加州	利比亚	博斯坎	阿尔伯塔	阿萨巴斯卡	伊朗	西苏尔古
As	0.655	0.077	0.284	0.0024	0.111	0.095	0.25
Fe	68.9	4.94	4.77	0.696	10.8	1.4	17
Hg	23.1		0.027	0.084	0.051		
Na	13.2	13.0	20.3	2.92	3.62	0.6	0.10
Ni	98.4	49.1	117	0.609	9.38	12	10
V	7.5	8.2	1110	0.682	13.6	53	36
Zn	9.76	62.9	0.692	0.670	0.046	0.324	0.75

表 2-1-19 我国几种原油中微量元素的含量

元素	含量/(μg/g)				
	胜利	孤岛	高升	羊三木	王官屯
As		0.250	0.208	0.140	0.090
Ca	8.9	3.6	1.6	38	15
Fe	13	4.4	22	7.0	8.2
Na	81	26	29	1.2	30
Ni	26	17	122.5	25	92
V	1.6	2.5	3.1	0.9	0.5
Zn	0.7	0.5	0.6	0.5	0.4

国外大部分原油的钒含量显著高于镍含量，Ni/V<1；我国绝大多数原油(除新疆塔里木地区外)的钒含量显著低于镍含量，Ni/V>1；镍高、钒低是我国大部分原油化学组成的特点之一。一般认为石油中的微量元素可能有三个方面的来源：以乳化状态分散于原油含水中的盐类；悬浮于原油中的极细的矿物质微粒；结合在有机物或络合物中的金属。

石油中微量元素的可能存在形态：元素有机化合物，这些元素与碳原子之间以化学键结合。有机酸官能团中的氢被金属置换形成盐类，形成金属的分子内络合物。与单一或混杂的配位体形成的络合物。与沥青质中的杂原子或稠环芳香环的 π 系形成的络合物。目前对于石油中的微量元素研究得比较多的是钒卟啉和镍卟啉这些分子内的络合物。石油中的金属卟啉络合物主要是钒卟啉和镍卟啉，其中镍以 Ni^{2+} 形式存在，而钒则以 VO^{2+} 的形式存在。石油中的金属卟啉络合物沸点约为 565～650℃，相对分子质量为 500～800，是一种结晶状固体，极易溶于石油烃中，热安定性较高。见表 2-1-20、表 2-1-21。

表 2-1-20 国外若干原油重馏分中卟啉金属的分布

原油名称	馏分/℃	(V+Ni)/(μg/g)	卟啉(V+Ni)/(μg/g)	(卟啉金属/金属)/%
伊朗阿加贾里	原油	44	15	34
	540～580	35	27	77
	580～640	151	83	55
	>640	358	69	19
委内瑞拉博斯坎	原油	1383	320	23
	530～630	842	701	83
	>630	2780	563	20

续表

原油名称	馏分/℃	(V+Ni)/(μg/g)	卟啉(V+Ni)/(μg/g)	(卟啉金属/金属)/%
加奇萨兰	原油	140	22	16
	535~590	43	33	77
	590~635	147	145	99
	635~660	286	265	93
	>660	758	114	15
科威特	原油	39	5	13
	570~650	34	21	62
	650~690	67	41	61
	>690	211	20	9
马拉	原油	195	23	12
	525~585	45	35	78
	585~645	104	97	93
	>645	1084	158	15

表 2-1-21　我国若干原油中卟啉镍的含量

原油名称	胜利	孤岛	高升	羊三木	王官屯
Ni/(μg/g)	28.5	16.4	122.5	25.8	91.5
卟啉 Ni/(μg/g)	15.8	7.4	59.2	10.1	27.6
(卟啉 Ni/总 Ni)/%	55.4	45.1	48.3	39.1	30.1

原油中所含的镍和钒仅有约10%~50%是以金属卟啉络合物的形式存在。我国五种原油的卟啉镍约占30%~50%。在500~600℃的馏分中，镍和钒主要以金属卟啉络合物形式存在，而在大于600℃的馏分中镍和钒主要以非卟啉络合物的形式存在。

2. 胶质及沥青质

石油中的S、N、O及微量元素等杂原子大部分集中在减压渣油中，因而在石油的重组分中非烃化合物的含量相当可观。石油中最重的部分基本上是由大分子的非烃化合物组成，这类非烃化合物统称为胶状沥青状物质。按极性可分为胶质与沥青质两部分。沥青质就是石油中不溶于非极性的低分子正构烷烃而溶于苯或甲苯的物质，是石油中相对分子质量最大、极性最强的非烃组分。表2-1-22为用不同的正构烷烃溶剂所沉淀出沥青质的量。胶质是石油中相对分子质量和极性仅次于沥青质的大分子非烃化合物，它在组成和结构上具有多分散性。

表 2-1-22　用不同的正构烷烃溶剂所沉淀出沥青质的量

减压渣油	正戊烷沥青质/%	正庚烷沥青质/%
加拿大沥青	16.9	11.4
胜利减渣	13.7	0.2
孤岛减渣	11.3	2.8
华北减渣	10.1	0.2
单家寺减渣	17.0	2.4

分离沥青质常用的溶剂为 $n-C_5$、$n-C_6$、$n-C_7$、石油醚等。用不同的溶剂分离出来的沥青质含量差别较大。正戊烷沥青质的含量要高于正庚烷沥青。胶质的含量随分析方法的不同有相当大的差别，我国目前是以渣油的四组分分析为准。

胶质是深棕色至深褐色极为黏稠不易流动的液体或无定形固体，受热时易熔融，沥青质为深褐色至黑色的无定形固体，受热时不熔化，易脆裂成片。胶质的密度略小于1.0，沥青质的密度略大于1.0。在减压渣油中80%左右的氮、60%左右的硫、95%以上的镍集中在胶质和沥青质中。胶质的相对分子质量范围很宽，与沥青质相对分子质量分布之间还有部分的重叠，这也表明胶质与沥青质在组成结构上是连续的，二者之间没有明显的界限。胶质和沥青质是由数目众多、结构各异的非烃化合物所组成的复杂混合物。对于它们的认识不可能从单体化合物的角度来开展，目前只能从平均分子结构的角度来加以研究。近几十年来，由于近代物理分析手段如NMR、IR、ESR(电子自旋共振波谱)、XRD(X射线衍射光谱)等在石油的组成和结构分析方面的应用，人们对于胶质与沥青质的认识开始逐步深化。以多个芳香环组成的稠合芳香环系为中心，其周围连有若干个环烷环，环上连有若干个长度不一的正构或异构的烷基侧链，分子中还含有S、N、O等杂原子基团，同时还络合Ni、V、Fe等金属。胶质、沥青质是以一个稠合芳香环系为核心的结构，它组成了胶质与沥青质的基本单元，亦称单元结构，由于缩合的芳香环系是由芳香碳组成的平面结构，故称单元薄片。

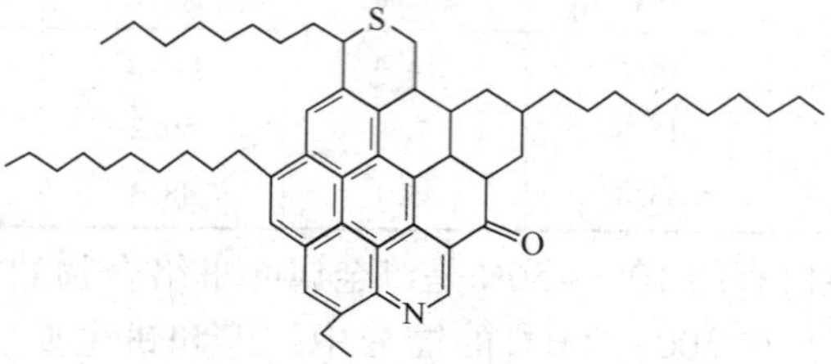

S
O
N

第二节　原油的分类

由于地质构造、生油条件和年代的不同，世界各地区所产原油的性质和组成有的差别很大，有的却十分相似；同一地区的原油，由于采油层位不同，性质都可能出现差别。性质和组成相似的原油其加工、储运等方案也相近。因此根据原油特性进行分类，对制定原油加工方案和储运销售都是十分必要的。

原油的组成十分复杂，对其确切分类很困难。原油的分类方法有许多种，通常从商品、地质、化学或物理等不同角度进行分类。本节只讨论广为应用的原油化学分类法、商品分类法和我国采用的分类方法。

一、化学分类

原油的化学分类以原油的化学组成为基础，通常用与原油化学组成直接有关的参数作为分类依据，如特性因数分类、美国矿务局关键馏分特性分类、相关指数分类、石油指数和结构族组成分类等。其中前两种应用最广。通常认为按这两种方法分类，对原油特性可得到一个概括认识，不同原油间可作粗略对比。现简单介绍应用最广泛的特性因数分类和关键馏分特性分类法。

1. 特性因数分类

$$K=\frac{1.216\sqrt[3]{T}}{d_{15.6}^{15.6}}$$

根据原油特性因数 K 值大小分为石蜡基、中间基和环烷基三类原油，见表 2-2-1。

表 2-2-1　特性因数分类表

特性因数 K	>12.1	11.5~12.1	10.5~11.5
原油类别	石蜡基	中间基	环烷基

特性因数分类法多年来为欧美各国普遍采用，它在一定程度上反映了原油的组成特性。例如通过这一方法分类我们能知道这种原油是含烷烃多还是含环烷烃多。用特性因素来给原油分类存在两个缺点，一是不能表明原油中低沸点馏分和高沸点馏分中烃类的分布规律，因此它不能反映原油中轻重组分的化学特性。二是由于原油的特性因数 K 难以准确求定，用其他参数计算或查特性因数 K 容易造成误差，因此这一方法并不完全符合原油组成的实际情况。

2. 关键馏分特性分类法

关键馏分特性分类法是将原油用 Hempel 简易精馏装置切取 250~275℃和 395~425℃[即在残压 40mmHg(1mmHg=133.322Pa，下同)下取得的 275~300℃的馏分]两个轻重关键馏分，分别测定其相对密度，对照分类标准表确定两个关键馏分的基属，然后根据关键馏分特性分类表确定原油的类别。表 2-2-2 为关键馏分分类标准。表 2-2-3 为关键馏分特性分类表。其中第一关键馏分指原油常压蒸馏 250~275℃的馏分；第二关键馏分相当于原油常压蒸馏 395~425℃的馏分，即在残压 40mmHg 下取得的 275~300℃的馏分。

表 2-2-2　关键馏分分类标准

基属关键馏分	石蜡基	中间基	环烷基
第一关键馏分	$d_4^{20}<0.8210$ $API°>40$ $K>11.9$	$d_4^{20}=0.8210\sim0.8562$ $API°=33\sim40$ $K=11.5\sim11.9$	$d_4^{20}>0.8562$ $API°<33$ $K<11.5$
第二关键馏分	$d_4^{20}<0.8723$ $API°>30$ $K>12.2$	$d_4^{20}=0.8723\sim0.9035$ $API°=20\sim30$ $K=11.5\sim12.2$	$d_4^{20}>0.9305$ $API°<20$ $K<11.5$

表 2-2-3　关键馏分特性分类表

编号	第一关键馏分	第二关键馏分	原油类别
1	石蜡基	石蜡基	石蜡基
2	石蜡基	中间基	石蜡-中间基
3	中间基	石蜡基	中间-石蜡基
4	中间基	中间基	中间基
5	中间基	环烷基	中间-石蜡基
6	环烷基	中间基	环烷-中间基
7	环烷基	环烷基	环烷基

二、商品分类

原油的商品分类法又称工业分类法，是化学分类方法的补充。商品分类的根据很多，如分别按原油的密度、硫含量、氮含量、含蜡量和酸值分类等。国际石油市场常用以计价的标准，多用比重指数 API 度分类和含硫量分类。

1. 按相对密度分类

按照原油相对密度大小可以将原油分为轻质原油、中质原油、重质原油和超重质原油，由于世界各国分类标准存在一定差距，表 2-2-4 分类标准仅是其中之一供参考。

表 2-2-4　原油相对密度分类标准

类　别	*API°*	20℃相对密度
轻质原油	>34	<0.83
中质原油	34~20	0.83~0.904
重质原油	20~10	0.904~0.966
超重原油	<10	>0.966

2. 按硫含量分类

硫含量是原油的一个重要指标，在原油贸易、原油输送、原油分配、原油加工方案选择方面均有重要作用。根据原油硫含量不同一般可以将原油为三类，见表 2-2-5。

表 2-2-5　原油的硫含量分类标准

分类标准，S/%	<0.5	0.5~2.0	>2.0
原油类别	低含硫	含硫	高含硫

3. 按蜡含量分类

原油中的蜡对某些石油产品的性能影响很大，一般低蜡原油可以直接生产喷气燃料和低凝点柴油，生产沥青的也需要低蜡原油；蜡含量较高的原油则必须经过脱蜡才能生产喷气燃料和柴油。所以原油中的蜡含量也很关键，按照吸附测定的原油蜡含量的多少，可将原油分成下表 2-2-6 中三种类型。

表 2-2-6　原油的蜡含量分类标准

分类标准，蜡/%	<2.5	2.5~10.0	>10.0
原油类别	低蜡	含蜡	高蜡

4. 按酸值分类

原油中的石油酸含量高低对原油在加工过程中的腐蚀性有重要影响，特别是对高温部位腐蚀。一般认为当原油酸值>0.5mgKOH/g 时，就应该考虑其加工过程造成的腐蚀问题。随着原油酸值的上升腐蚀将加剧，目前对于含酸原油和高酸原油的界定标准存在分歧，生产中常把酸值>1.0mgKOH/g 的原油称为高酸原油，具体分类见表 2-2-7。

表 2-2-7　原油的酸值分类标准

分类标准，酸值/(mgKOH/g)	<0.5	0.5~1.0	>1.0
原油类别	低酸	含酸	高酸

三、我国采用的分类法

我国现采用关键馏分特性分类法和硫含量分类法相结合的分类方法，把硫含量分类作为关键馏分特性分类法的补充，见表 2-2-8。

表 2-2-8　原油按关键馏分和硫含量分类

原油名称	含硫量/%	第一关键馏分 d_4^{20}	第二关键馏分 d_4^{20}	原油的关键馏分特性分类	建议原油分类命名
大庆混合	0.11	0.814(*K*=12.0)	0.850(*K*=12.5)	石蜡基	低硫石蜡基
克拉玛依	0.04	0.828(*K*=11.9)	0.895(*K*=11.5)	中间基	低硫中间基
胜利混合	0.88	0.832(*K*=11.8)	0.881(*K*=12.0)	中间基	含硫中间基
大港混合	0.14	0.860(*K*=11.4)	0.887(*K*=12.0)	环烷中间基	低硫环烷中间基
孤岛	2.06	0.891(*K*=10.7)	0.936(*K*=11.4)	环烷基	含硫环烷基

第三节　原油评价

一、原油评价的目的与方法

（一）原油评价的目的

确定原油的加工流程方案是炼油厂设计和生产的首要任务。根据所加工原油的特性、市场对产品的需求、加工技术的水平、生产的灵活性和经济效益等方面资料，进行综合分析，研究比较，才能得到合理的加工流程方案。因此对原油进行评价是制定原油加工方案的前提。

不同性质的原油应采用不同加工方法，生产适当产品，使原油得到合理利用。对于新开采的原油，必须先在实验室进行一系列的分析、试验，习惯上称之为“原油评价”。根据评价目的不同，原油评价分为四类。一是原油性质分析，目的是在油田勘探开发过程中及时了解单井、集油站和油库中原油一般性质，掌握原油性质变化规律和动态；二是简单评价，目的是初步确定原油性质和特点，适用于原油性质普查；三是常规评价，为一般炼油厂提供设计数据；四是综合评价，为综合性炼油厂提供设计数据。

（二）原油评价的方法

对一种原油进行全面正确的评价，除了分析原油性质之外，还要将原油按照沸点高低进行切割，分馏成气体、窄馏分和宽馏分，并对这些馏分的组成和性质进行分析，然后根据分析结果，得出一些有意义的结论。在整个过程中，原油及其馏分分析项目的选择以及采用的分析方法是原油评价最重要的内容。

1. 原油评价流程

在进行原油评价前，要先测定原油中的水含量和盐含量。如果水含量超过 0.5%，必须事先脱水，脱水后的原油评价流程见图 2-3-1。

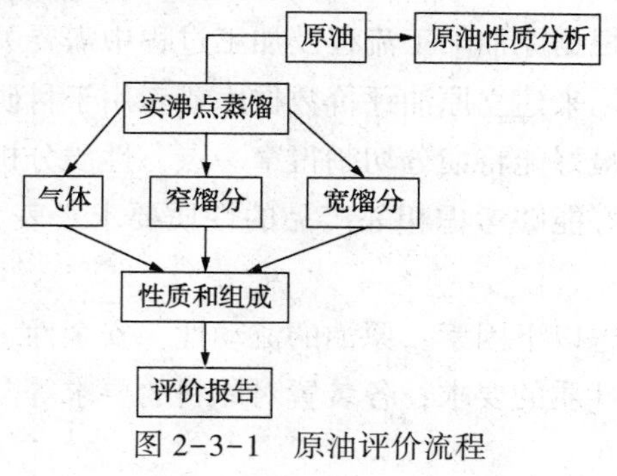

图 2-3-1　原油评价流程

脱水后的原油首先进行原油性质分析和实沸点蒸馏，蒸馏时应尽量保证原油中的各种组分不产生热分解，这就要求蒸馏釜底的温度一般不超过310℃。为此蒸馏沸点200℃以上的馏分时，必须在减压下操作，按照美国材料与实验协会的实沸点蒸馏标准（标准号为ASTM D2892、ASTM D5236）在常压下蒸馏沸点200℃以下的馏分，在133.33kPa（100mmHg）下蒸馏出200～300℃馏分，在1.33kPa（10mmHg）下蒸馏出300～350℃馏分，在0.27kPa（2mmHg）蒸馏出350～400℃的馏分，在26.66～133.32Pa（0.2～1.0 mmHg）蒸馏出沸点高于400℃的馏分。

在切割原油的窄馏分时，基本原则是20℃左右切割一个馏分，但由于原油分类、配置宽馏分等方面的需要，窄馏分的沸点范围有一定程度的变化。

原油的宽馏分既可采用窄馏分配制，也可以直接蒸馏得到。在窄馏分配制宽馏分时，依据的是窄馏分的收率。切割或者配制宽馏分的沸点范围根据具体的要求而定。一般气体收集15℃以下馏分，直馏汽油收集15～200℃馏分，重整原料收集60～145℃和80～180℃两个馏分，煤油或喷气燃料收集145～240℃馏分，柴油收集200～350℃馏分，减压蜡油收集350～500℃馏分，常压渣油、减压渣油分别为实沸点高于350℃和高于500℃的馏分。如果考察润滑油基础油的特性，还需要将VGO馏分细分为350～400℃、400～450℃、450～500℃、500～565℃等多个馏分。

通过实沸点蒸馏得到各馏分还要进行组成和性质分析，目前一般采用美国试验与材料协会（ASTM）和国家（GB）石油及石油产品试验方法进行。分析完成后就需要撰写评价报告，高水平的评价报告不仅要对数据进行评述，对原油以及二次加工原料的可加工性能进行评价，还应该对加工流程等提出建议。但是写出这样的评价报告具有一定的难度，对作者有很高的专业要求，一般仅对数据做一些简单分析，对原油的总体特性作一些描述。评述的标准是石油产品标准、各种加工方法对原料的要求以及石油加工技术人员对原料认识的经验等。

2. 原油评价的项目及馏分的切割

在进行原油评价前，必须对原油的性质进行分析，并且要将原油切割成不同沸点范围的馏分，对其进行性质分析。分析项目的选择、馏分切割范围的确定，对准确评价一种原油具有重要意义。一般来说，可根据原油评价结果的应用对象确定以上两项内容。例如，一种质量较劣的重质原油，既可考虑直接作为燃料油，也可以考虑直接延迟焦化，还可考虑将原油拔头后，剩余部分做道路沥青或作焦化原料，在评价时可以按照用途的不同确定分析项目。对于一个炼油厂来说则可以根据原油加工流程及加工过程中需要关注的产品或原料性质确定分析项目。如果原油评价是用来建立原油评价数据库或者用于科研，则需要评价的项目要增加很多并且尽可能要全面。最好能将馏分切割得窄一点，性质分析做得更多一点，特别是汽油、柴油、煤油结合部位最好能够考虑相邻产品的性质要求。表2-3-1为原油及各馏分的切割范围和分析项目。

总之原油评价项目应考虑以下因素：原油的流动性、安全性、蒸发性以及化学特性；石油产品的规格要求以及燃料性质的要求；各装置对原料的要求等。

表 2-3-1　原油及各馏分的切割范围和分析项目

性质	原油	窄馏分	直馏汽油	重整原料	煤油或喷气燃料	直馏柴油	减压馏分或润滑油馏分	常压渣油	减压渣油
沸点范围/℃	全馏分	约每 20	15~200	60~145 80~180	145~240	200~350	350~500	>350	>500
体积收率/%		√	√	√	√	√	√	√	√
收率/%		√	√	√	√	√	√	√	√
密度(20℃)	√	√	√	√	√	√	√	√	√
密度(70℃)							√	√	√
黏度(-20℃)					√				
黏度(20℃)		√			√	√			
黏度(40℃)		√			√	√	√	√	√
黏度(50℃)	√								
黏度(80℃)	√								
黏度(100℃)		√					√	√	√
凝点	√	√			√	√	√	√	√
倾点	√	√			√	√	√	√	√
残炭	√						√√	√	√
酸值	√	√	√	√	√	√			
水	√								
盐	√								
蜡(吸附法)	√						√		
胶质	√							√	√
沥青质	√						√	√	√
硫	√	√	√	√	√	√	√	√	√
氮	√	√	√	√	√	√	√	√	√
铁	√						√	√	√
镍	√						√	√	√
铜	√						√	√	√
钒	√						√	√	√
铅	√						√	√	√
钠	√						√		
钙	√						√		
镁	√								
常压馏程			√	√	√	√			
原油类别	√						√		
折光率(20℃)		√					√		
折光率(70℃)		√					√		

续表

性质	原油	窄馏分	直馏汽油	重整原料	煤油或喷气燃料	直馏柴油	减压馏分或润滑油馏分	常压渣油	减压渣油
苯胺点		√	√	√	√	√	√		
K 值		√	√	√	√	√			
BMCI 值		√	√	√	√				
蒸气压	√		√						
闭口闪点	√				√	√			
硫醇			√	√	√				
铜片腐蚀(20℃)			√	√	√				
单体烃组成			√	√			√		
饱和烃					√			√	√
烯烃			√	√	√		√		
芳烃			√	√	√	√		√	√
正构烷烃			√	√					
异构烷烃			√	√					
环烷烃			√	√					
砷				√					
铜				√					
铅				√					
水				√					
冰点					√				
烟点					√				
净热值					√				
色度(赛氏)					√				
色度(D1500)						√			
冷滤点						√			
十六烷指数					√	√			
蜡(蒸馏法)									√
针入度									√
延度									√
软化点							√		√
碳							√	√	√
氢								√	√
苯			√	√	√				
研究法辛烷值			√				√		
结构族组成									
结构参数								√	√

二、原油一般性质

原油首先要测定水含量和盐含量，才能确定此原油是否需要脱盐脱水，以及确定此原油脱盐、脱水难易程度。原油最重要的性质是密度，密度与原油轻重馏分收率等很多性质有关联，因此密度必须测定。原油的流动性包括凝点、倾点、运动黏度等性质；安全性包括闭口闪点、蒸气压等性质；蒸发性包括蒸汽、馏程等性质；化学性质包括硫、氮、酸值、金属含量以及烃类组成(蜡、胶质、沥青质)，这些都是需要分析的项目。此外残炭也是原油的重要特性，必须测定。

三、实沸点馏分性质

窄馏分的收率是绘制实沸点蒸馏曲线的基础，应尽可能窄，但窄馏分需要做一些性质分析，因此切得过窄会增加工作量，特别是对密度较大的原油，收集足够的轻窄馏分非常不易，因此，窄馏分的切割范围可依据具体油种而定。另外窄馏分切割温度要考虑配制宽馏分的需要，即要与生产实际中各馏分切割温度结合。窄馏分的性质包括质量收率、质量累积收率、体积收率、体积累积收率、20℃密度、API 度、运动黏度(20℃、40℃和 100℃)、凝点、倾点、硫含量、氮含量、苯胺点、酸值等。

第四节　世界原油资源的分布

世界海洋面积 3.6 亿平方千米，约为陆地的 2.4 倍。大陆架和大陆坡约 5500 万平方千米，相当于陆上沉积盆地面积的总和。地球上已探明石油资源的 1/4 和最终可采储量的 45% 埋藏在海底。今后世界石油探明储量的蕴藏重心，将逐步由陆地转向海洋。图 2-4-1 是世界分区域石油探明储量图。

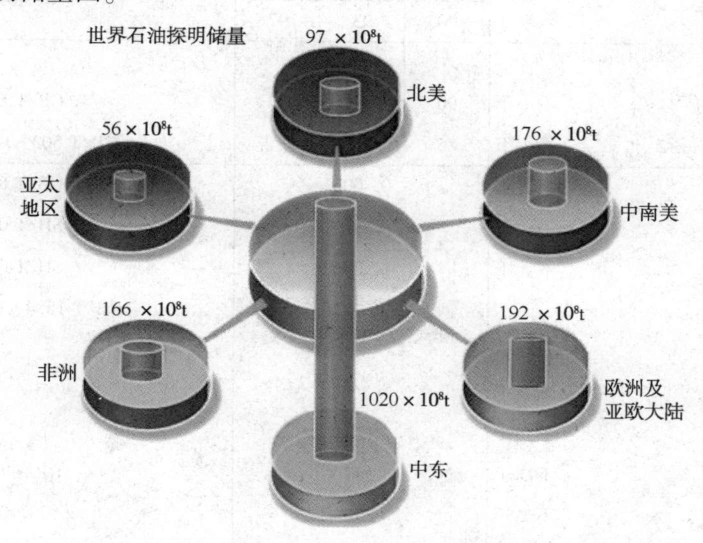

图 2-4-1　世界分区域石油探明储量图

世界石油资源分布极不均衡，仅中东地区就占 68% 的可采储量，其余依次为美洲、非洲、俄罗斯和亚太地区，分别占 14%、7%、4.8% 和 4.27%。2000 年全球石油消费为 34.6×

10^8t，消费主要在发达国家，约占世界消费总量的80%，其中北美占30.2%（仅美国就占22%），欧洲占23%，亚大地区（不包括中国）占22%，而非洲仅占3.3%，南美占6.3%，中东为6%。图2-4-2是世界石油储量比例图。

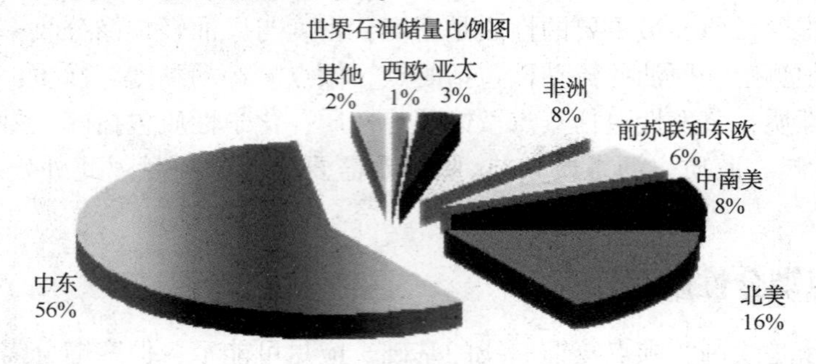

图2-4-2 世界石油储量比例图

第五节 常减压蒸馏装置的产品

一、产品的质量指标

1. 汽油

汽油是无色透明液体，比水轻，其密度为0.71～0.75g/cm³。汽油的质量标准见表2-5-1。

表2-5-1 车用汽油 DB 31/427—2009

项目		质量指标			试验方法
		90	93	97	
抗爆性[a]					
研究法辛烷值(RON)	不小于	90	93	97	GB/T 5487
抗爆指数(RON+MON)/2	不小于	85	88	报告	GB/T 503、GB/T 5487
铅含量[b]/(g/L)	不大于	0.005			GB/T 8020
铁含量[b]/(g/L)	不大于	0.01			SH/T 0712
锰含量[c]/(g/L)	不大于	0.006			SH/T 0711
密度[d](20℃)/(kg/m³)		720～775			GB/T 1884、GB/T 1885
馏程					GB/T 6536
10%蒸发温度/℃	不高于	70			
50%蒸发温度/℃	不高于	120			
90%蒸发温度/℃	不高于	190			
终馏点/℃	不高于	205			
残留量/%(体积分数)	不大于	2			
蒸气压[e]/kPa					GB/T 8017
11月1日～4月30日	不大于	88			
5月1日～10月31日	不大于	65			

续表

项　　目		质　量　指　标			试验方法
		90	93	97	
实际胶质/(mg/100mL)	不大于	5			GB/T 8019
诱导期/min	不小于	480			GB/T 8018
硫含量[f]/%(质量分数)	不大于	0. 005			SH/T 0689
硫醇(需满足下列要求之一):					
博士试验		通过			SH/T 0174
硫醇硫含量/%(质量分数)	不大于	0. 001			GB/T 1792
铜片腐蚀(50℃, 3h)/级	不大于	1			GB/T 5096
水溶性酸或碱		无			GB/T 259
机械杂质及水分[g]		无			目测
苯含量[h]/%(体积分数)	不大于	1			SH/T 0713
烯烃含量[i]/%(体积分数)	不大于	25			GB/T 11132
烯烃+芳烃含量[i]/%(体积分数)	不大于	60			GB/T 11132
氧含量/%(质量分数)	不大于	2. 7			SH/T 0663
甲醇含量[b]/%(质量分数)	不大于	0. 3			SH/T 0663

[a] 牌号高于97号的汽油，除抗爆性外，其它指标的限值应满足本标准的要求。

[b] 甲醇、铅和铁虽然规定了限值，但是不得人为加入。

[c] 锰含量是指汽油中以甲基环戊二烯三羰基锰形式存在的总锰含量，不得加入其它类型的含锰添加剂。

[d] 密度允许用SH/T 0604方法测定，在有异议时，以GB/T 1884，GB/T 1885方法测定结果为准。

[e] 蒸气压允许用SH/T 0794方法测定，在有异议时，以GB/T 8017方法测定结果为准。

[f] 硫含量允许用GB/T 11140、SH/T 0253、ASTM D7039方法测定，在有异议时，以SH/T 0689方法测定结果为准。

[g] 将试样注入100mL玻璃量筒中观察，应当透明，没有悬浮和沉降的机械杂质及水分。在有异议时，以GB/T 511和GB/T 260方法测定结果为准。

[h] 苯含量允许用SH/T 0693方法测定，在有异议时，以SH/T 0713方法测定结果为准。

[i] 芳烃含量、烯烃含量允许用SH/T 0741方法测定，在有异议时，以GB/T 11132方法测定结果为准。

2. 煤油

过去煤油主要用于照明及煤油炉等，评定灯用煤油的质量指标主要是：燃烧性(电灯试验)、无烟火焰高度、馏程、色度等。而且煤油绝大部分用作喷气燃料，或称航空煤油。质量标准见表2-5-2。

表2-5-2　喷气燃料GB 6537—2006

项　　目		质量指标	试验方法
外观		室温下清彻透明，目视无不溶解水及固体物质	目测
颜色		+25[a]	GB/T 3555
组成			
总酸值/(mgKOH/g)	不大于	0. 015	GB/T 12574
芳烃含量/%(体积分数)	不大于	20. 0[b]	GB/T 11132
烯烃含量/%(体积分数)	不大于	5. 0	GB/T 11132

续表

项　　目		质量指标	试验方法
总硫含量/%(质量分数)	不大于	0.20[e]	GB/T 380、GB/T 11140、GB/T 17040、SH/T 0253、SH/T 0689
硫醇性硫/%(质量分数)	不大于	0.0020	GB/T 1792
或博士试验[d]		通过	SH/T 0174
直馏组分/%(体积分数)		报告	
加氢精制组分/%(体积分数)		报告	
加氢裂化组分/%(体积分数)		报告	
挥发性			
馏程			
初馏点/℃		报告	GB/T 6536
10%回收温度/℃	不高于	205	
20%回收温度/℃		报告	
50%回收温度/℃	不高于	232	
90%回收温度/℃		报告	
终馏点/℃	不高于	300	
残留量/%(体积分数)	不大于	1.5	
损失量/%(体积分数)	不大于	1.5	
闪点/℃	不低于	38	GB/T 261
密度(20℃)/(kg/m^3)		775～830	GB/T 1884、GB/T 1885
流动性			
冰点/℃	不高于	-47	GB/T 2430，SH/T 0770[e]
黏度/(mm^2/s)　20℃	不小于	1.25[f]	GB/T 265
-20℃	不大于	8.0	
燃烧性			
净热值/(MJ/kg)	不小于	42.8	GB/T384[g]、GB/T 2429
烟点/mm	不小于	25.0	GB/T 382
或烟点最小为20mm时，			
萘系烃含量/%(体积分数)	不大于	3.0	SH/T 0181
或辉光值	不小于	45	GB/T 11128
腐蚀性			
铜片腐蚀(100℃/2h)/级	不大于	1	GB/T 5096
银片腐蚀(50℃/4h)/级	不大于	1[h]	SH/T 0023
安定性			
热安定性(260℃/2.5h)			GB/T 9169
压力降/kPa	不大于	3.3	
管壁评级		小于3，且无孔雀蓝色或异常沉淀物	

续表

项　目		质量指标	试验方法
洁净性			
实际胶质/(mg/100mL)	不大于	7	GB/T 8019、GB/T509[i]
水反应:			
界面情况/级	不大于	1b	GB/T 1793
分离程度/级	不大于	2[j]	
固体颗粒污染物含量/(mg/L)	不大于	1.0	SH/T 0093
导电性			
电导率(20℃)/(pS/m)		50~450[k]	GB/T 6539
水分离指数			
未加抗静电剂	不小于	85	SH/T 0616
加入抗静电剂	不小于	70	
润滑性			
磨痕直径 WSD/mm	不大于	0.65[l]	SH/T 0687
经铜精制工艺的喷气燃料，油样应按 SH/T0182 方法测定铜离子含量，不大于 150μg/kg。			

[a]对于民用航空燃料，从炼油厂输送到客户，输送过程中的颜色变化不允许超出以下要求：初始赛波特颜色大于+25，变化不大于 8；初始赛波特颜色在 25~15，变化不大于 5；初始赛波特颜色小于 15 时，变化不大于 3。

[b]对于民用航空燃料的芳烃含量(体积分数)规定为不大于 25.0%。

[c]如有争议时，以 GB/T 380 为准。

[d]硫醇性硫和博士试验可任做一项，当硫醇性硫和博士试验发生争议时，以硫醇性硫为准。

[e]如有争议以 GB/T 2430 为准。

[f]对于民用航空燃料，20℃的黏度指标不作要求。

[g]如有争议时，以 GB/T 384 为准。

[h]对于民用航空燃料，此项指标可不作要求。

[i]如有争议时，以 GB/T 8019 为准。

[j]对于民用航空燃料不要求报告分离程度。

[k]如燃料不要求加抗静电剂，对此项指标不作要求。燃料离厂时要求大于 150 pS/m。

[l]民用航空燃料要求 WSD 不大于 0.85mm。

3. 柴油

柴油是压燃式发动机(柴油机)的燃料。柴油机比汽油机的热功率要高，燃料单耗低，所以比较经济。主要用于载重汽车、拖拉机、内燃机车、各类船舶，另外小轿车也有柴油车。柴油机也用于发电和各种动力机械。质量指标见表 2-5-3。

表 2-5-3　车用柴油 GB 19147—2009

项　目		5号	0号	-10号	-20号	-35号	-50号	试验方法
氧化安定性/总不溶物/(mg/100mL)	不大于	2.5						SH/T 0175
硫含量[a](质量分数)/%	不大于	0.035						SH/T 0689
10%蒸余物残炭[b](质量分数)/%	不大于	0.3						GB/T 268
灰分(质量分数)/%	不大于	0.01						GB/T 508
铜片腐蚀(50℃，3h)/级	不大于	1						GB/T 5096

续表

项　目		5号	0号	-10号	-20号	-35号	-50号	试验方法
水分[c](体积分数)/%	不大于	痕迹						GB/T 260
机械杂质[c]		无						GB/T 511
润滑性 磨痕直径(60℃)/μm	不大于	460						SH/T 0765
多环芳烃含量[d]/%(质量分数)	不大于	11						SH/T 0606
运动黏度(20℃)/(mm^2/s)		3.0~8.0		2.5~8.0		1.8~7.0		GB/T 265
凝点/℃	不高于	5	0	-10	-20	-35	-50	GB/T 510
冷滤点/℃	不高于	8	4	-5	-14	-29	-44	SH/T 0248
闪点(闭口)/℃	不低于	55			50	45		GB/T 261
着火性[e](需满足下列要求之一) 十六烷值	不小于	49			46	45		GB/T 386
或十六烷指数	不小于	46			46	43		SH/T 0694
馏程: 50%回收温度/℃	不高于	300						GB/T 6536
90%回收温度/℃	不高于	355						
95%回收温度/℃	不高于	365						
密度[f](20℃)/(kg/m^3)		810~850				790~840		GB/T 1884 GB/T 1885
脂肪酸甲酯[g]/%(体积分数)	不大于	0.5						GB/T 23801

[a] 也可采用GB/T 380、GB/T 11140和GB/T 17040进行测定，结果有争议时，以SH/T 0689方法为准。

[b] 也可用GB/T17144进行测定，结果有争议时，以GB/T 268方法为准。若柴油中含有硝酸酯型十六烷值改进剂，10%蒸余物残炭的测定，应用不加硝酸酯的基础燃料进行。柴油中是否含有硝酸酯型十六烷值改进剂的检验方法见GB/T 19147—2009附录B。

[c] 可用目测法，即将试样注入100mL玻璃量筒中，在室温(20℃±5℃)下观察，应当透明，没有悬浮和沉降的水分及机械杂质。结果有争议时，按GB/T 260或GB/T 511测定。

[d] 也可采用SH/T 0806，结果有争议时，以SH/T 0606方法为准。

[e] 十六烷指数的测定也可采用GB/T 11139。结果有异议时，仲裁以GB/T 386方法为准。

[f] 也可采用SH/T 0604，结果有争议时，以GB/T 1884方法为准。

[g] 不得人为加入。

4. 燃料油

燃料油分两大类，一是船用内燃机燃料油，是由直馏重油经减黏并与一定比例柴油调和而成，用于大型低速船用柴油机；二是锅炉用燃料油，又称重油，来自各炼油厂的各种残渣油，供工业炉或者锅炉做燃料。

(1) 船用内燃机燃料油是船上大型低速柴油机的燃料。主要使用性能是要求燃料能够喷油雾化良好，燃烧完全，降低耗油量，减少积炭和机械磨损，因此对燃料黏度有一定要求。为了使用安全和保护环境，闪点应高于余热温度，凝点不应过高，含硫要求一般在2%，可根据使用环境定。表2-5-4为某商品燃料油合同指标。

表 2-5-4　某商品燃料油合同指标

项　目		质量指标	检测方法
运动黏度(100℃)/(mm^2/s)	不大于	实测	GB/T 265、GB/T 11137
水分/%(质量分数)	不大于	1.50	GB/T 260
硫含量/%(质量分数)	不大于	2.5	GB/T 17040
密度/(kg/m^3)	不大于	实测	GB/T 2540
闪点(开口)/℃	不低于	80	GB/T 267
机械杂质/%(质量分数)	不高于	0.5	GB/T 511
总热值/(kcal/kg)	不低于	9600	SHZH-T4.30.23.283

注：1kcal/kg＝4.185kJ/kg。

（2）炉用燃料油(重油)。主要作为各种锅炉和工业用炉的燃料，因为是直接喷入炉膛内燃烧，为保护环境对含硫要有所限制，对其他指标要求不很严格。

5. 石油沥青

石油沥青具有良好的黏结性、绝缘性、不渗水性，并能抵抗许多化学药物的侵蚀，因此广泛用于铺路、建筑工程、水利工程、绝缘材料、防护涂料等方面，其中以道路沥青的用量最大。近年来我国高速公路发展迅猛，高速公路交通量大、车辆行驶快、对路面平整度要求高，而且总是单方向行驶，容易造成带路变形和开裂，因此对石油沥青的质量要求越来越高。表 2-5-5 是我国重交沥青质量标准。

表 2-5-5　1 号重交通道路石油沥青 Q/SH PRD007—2006(2009)

项　目		质量指标				试验方法
		1 号 AH-110	1 号 AH-90	1 号 AH-70	1 号 AH-50	
针入度(25℃，100g，5s)/(1/10mm)		100~120	80~100	60~80	40~60	GB/T 4509
软化点(环球法)/℃	不低于	43	45	47	49	GB/T 4507
延度/cm	不小于					
15℃		150	150	150	80	GB/T 4508
10℃		40	30	20	15	
蜡含量/%(质量分数)	不大于	2.2				SH/T 0425
闪点(开口)/℃	不低于	230				GB/T 267
溶解度/%(质量分数)	不小于	99.5				GB/T 11148
60℃动力黏度/(Pa·s)	不小于	120	140	160	200	SH/T 0557
密度(15℃)/(g/cm^3)		报告				GB/T 8928
薄膜烘箱试验(163℃，5h)[a]						
质量变化/%(质量分数)	不大于	0.8	0.5	0.5	0.5	GB/T 5304
针入度比/%	不小于	55	57	63	65	GB/T 4509
延度(10℃，5cm/min)/cm	不小于	10	8	6	4	GB/T 4508

[a] 可以用旋转薄膜烘箱试验替代薄膜烘箱试验，但仲裁试验应以薄膜烘箱试验(GB/T 5304)为准。

6. 液化石油气

液化石油气(简称 LPG)是指原油当中的气态烃或者是二次加工装置加工过程中产生的

气态烃，以 C_3、C_4为主及少量 C_2、C_5等组成的混合物，常温常压下为气态，经稍加压缩后为液化气，装入钢瓶或经管道送往用户。商品液化气要求 C_5以上的烃类含量低、以保证残液少；含硫低，不造成环境污染。不过从经济角度来看，炼油厂的液态烃中富含丙烯、丁烯等宝贵的化工原料，经过分馏和进一步加工可以生产高附加值产品，因此一般炼油厂液态烃均需要到气分装置回收部分宝贵组分后再作为液化气出厂。表 2-5-6 是某液化气合同指标。

表 2-5-6　某液化气合同指标（C_2 含量）

项　　目	质量指标	检测方法
异丁烯含量/%（质量分数）	报告	SHZH-T4. 30. 23. 333
1-丁烯含量/%（质量分数）	报告	
1,3-丁二烯含量/%（质量分数）	报告	
1,2-丁二烯含量/%（质量分数）	报告	
总炔烃含量/%（质量分数）	报告	
碳五及碳五以上组分含量/%（质量分数）	报告	
总硫含量/（mg/m^3）	报告	SH/T 0222

二、常减压蒸馏装置产品的种类

常减压蒸馏装置可以从原油中分离出各种沸点范围的产品和二次加工装置原料。采用初馏塔时，塔顶可以分出窄馏分重整原料或者汽油组分。

常压塔能生产的产品：塔顶生产汽油组分、重整原料、石脑油；常一线出喷气燃料（航空煤油）、灯用煤油、溶剂油、乙烯裂解原料；常二线出轻柴油、裂解原料；常三线出重柴油或润滑油基础油；常压塔底出常渣。

减压塔能生产的产品：减一线可出重柴油；其余各侧线油视原油性质和使用要求可作为催化裂化原料、加氢裂化原料、润滑油基础油原料和石蜡的原料；减压渣油可作为延迟焦化、溶剂脱沥青、氧化沥青和减黏裂化原料，也可以直接生产沥青或燃料油调和组分。

另外，初馏塔顶气和常压塔塔顶气经过轻烃回收吸收、稳定、脱硫后，还可以生产液化石油气，或者直接作为乙烯裂解气体炉原料。

三、常减压蒸馏装置产品的质量控制

1. 重整原料或石脑油

重整原料中的砷会造成重整催化剂中毒，造成永久性失活。故要求砷含量在 1～2μg/g 以下。石油馏分中的砷含量随沸点升高而增加，高沸点馏分经加热后由于含砷化合物分解，砷含量增加，所以应根据砷含量分析情况，确定该油种是否适合生产重整原料。

重整原料的流程要求是根据重整的生产目的而确定的，当生产高辛烷值汽油时，一般要求采用 90～180℃馏分；生产苯、甲苯、二甲苯时用 60～145℃馏分；主要生产苯时用 60～85℃馏分等。重整原料油的分馏切割有时还受其他产品生产的影响。例如，在同时生产喷气燃料时，由于 130～145℃属于喷气燃料的馏程范围，故有的炼油厂 C_6～C_8芳烃原料油的切割范围为 60～130℃。因此常减压蒸馏装置要根据各厂具体情况来确定重整原料油的切割范围。

另外常减压蒸馏装置初馏塔顶、常压塔顶油还可以作为乙烯裂解原料，如作为乙烯裂解原料，馏分终馏点可以放宽至 200℃甚至更高。初馏塔顶、常压塔顶油是否适合作为乙烯裂解原料，这主要要看馏分油中烷烃和正构烷烃的含量，也就是生产中常说的要分析馏分油的“PONA”。如果重整料和乙烯裂解原料都是企业的产品之一，那么就应该根据初馏塔顶、常压塔顶油性质，本着“宜芳则芳，宜烯则烯”的原则决定最终的产品方案。表 2-5-7 为乙烯裂解石脑油质量指标。

表 2-5-7　乙烯裂解石脑油质量指标

项　目		质量指标		试验方法
		A	B	
颜色，赛波特号	不小于	+20		GB/T 3555
密度(20℃)/(kg/m^3)		650~750		GB/T 1884 GB/T 1885
饱和蒸气压/kPa		报告		GB/T 257
馏程/℃				GB/T 6536[a]
初馏点	不低于	25		
终馏点	不高于	204		
族组成(PONA 值)/%(质量分数)		65		ASTM D 5134 SH/T 0714
烷烃(P)含量	不小于	30	—	
正构烷烃(n~p)含量	不小于	1.0		
烯烃(O)含量	不大于	报告		
芳香烃(A)含量		报告		
环烷烃(N)含量		报告		
硫含量[b]/%(质量分数)	不大于	0.08		GB/T 380、GB/T 11131、SH/T 0253
砷含量/(μg/kg)	不大于	20		SH/T 0629
铅含量/(μg/kg)	不大于	150		SH/T 0242
氯含量/(mg/kg)		报告		SH/T 0677 的附录 A

注：

a 馏程测定允许使用 GB/T 255“石油产品馏程测定法”，有争议时，以 GB/T 6536 为准。

b 可采用 GB/T 380、GB/T 11131 和 SH/T 0253 方法，有争议时，以 GB/T 380 为准。

2. 喷气燃料

常减压蒸馏装置的操作通过调整抽出量、常压塔顶温度、汽提塔气提温度等操作条件，可以控制喷气燃料的馏程、密度、冰点、结晶点等性质。

喷气燃料馏程对启动、燃烧区的宽窄、低温性能的好坏、密度的大小和蒸发损失等都有直接关系。常减压蒸馏装置通过控制喷气燃料的恩氏蒸馏 90%点和 98%点温度来调节它的密度和结晶点。馏程太窄时，结晶点合格而密度太小；馏程太宽时，密度合格而结晶点太高，所以 90%点和 98%点温度要控制适中，才能保证喷气燃料的结晶点和密度都符合规格要求，这必须根据原油的性质选择适当的馏程。

结晶点和冰点都是喷气燃料的低温性能，它取决于燃料的化学成分和含水。燃料中蜡含量高，当温度下降到一定程度就会析出石蜡晶体，燃料中芳烃含量多，溶解水分多，当温度降低时，水分便结成冰粒。无论是蜡的结晶或水的结冰，都会堵塞燃料过滤器，中断供油，造成飞行事故，所以要限制馏分切割范围。

控制密度是因为飞机油箱的体积有限，燃料密度大，则其体积发热值也比较大，在同样油箱体积下，飞机的续航时间增加，这对民航飞机来说，可以提高工作效率，降低载运货物运输费用。

3. 200号溶剂油

按照国家标准200号溶剂油初馏点应不低于140℃，98%馏出点不高于200℃，闭口闪点不低于33℃，芳烃含量不大于15%，密度不大于780kg/m^3，并要求腐蚀、机械杂质和水分等指标合格。

这些要求是根据其主要用途而规定的，200号溶剂油主要用于油漆中，应有良好的溶解能力的挥发速度，对金属无腐蚀，符合国家劳动保护和安全生产的要求，常减压蒸馏主要通过控制馏程来达到这些要求。初馏点过低，则溶剂挥发过快，会使漆膜起皱，并会使闪点过低，储运和使用时不安全。若98%馏出点过高，则溶剂挥发过慢，影响漆膜的干燥。因此常减压蒸馏装置在生产200号溶剂油时，要很好控制馏出温度。

4. 灯用煤油

常减压蒸馏装置通过调整灯用煤油的馏出温度、抽出量、汽提温度等操作参数可以控制灯用煤油的馏程、闪点、密度等指标。

馏程是灯用煤油的重要指标，经验证明150~290℃的馏分作为灯用煤油最为合适，为了保证灯光平稳，明亮持久，必须控制70%点馏出温度不高于270℃。为使灯光持久，灯芯正常上油且不剩底油必须控制98%点馏出温度不高于310℃。

灯用煤油也不允许有较多的轻馏分或重馏分，因为轻馏分较多会增加储运损失且造成不安全，所以要控制灯用煤油的闪点不低于40℃，如果重馏分过多会使灯光发暗且会剩底油。

5. 柴油

常减压蒸馏装置可以控制轻柴油的馏程、凝点、闪点等指标。可以控制重柴油馏程、密度、闪点、黏度等指标。

轻柴油是我国目前使用最多的发动机燃料，具有安全节能的优点，主要用于汽车、拖拉机、内燃机、工程机械、船舶发电等压燃式发动机。在使用过程中一般要求不含机械杂质，易于启动，自燃点低并且能平稳燃烧，对油泵和发动机部件不产生异常腐蚀和磨损，喷嘴不结焦，汽缸内生成的积炭少，排气污染少等。

柴油的馏程是一个重要的质量指标，流程的主要指标是50%和90%馏出温度。轻柴油质量指标要求50%馏出温度不高于300℃，90%馏出温度不高于355℃，95%馏出温度不高于365℃。柴油的流程和凝点、闪点也有密切的关系。

凝点反映了轻柴油的低温流动性能，在冬季或空气温度降低到一定程度时，柴油中的蜡油结晶析出会使柴油失去流动性，给使用和储存带来困难。对于高含蜡原油，在生产过程中往往需要脱蜡，才能得到凝点符合规格要求的柴油。通常柴油的馏程越轻，则凝点越低，常减压蒸馏操作中主要通过调节轻柴油的馏程控制其凝点。

轻柴油闪点是为安全防火的要求而规定的一个重要指标。柴油的馏程越轻，则其闪点越低，10号、5号、0号、-10号和-20号轻柴油要求闭口闪点不低于55℃，-35号和-50号轻柴油要求闭口闪点不低于45℃。

重柴油的馏程大致300~400℃，即常三线和常四线、减一线出的柴油，重柴油密度不宜过大，太大时含沥青质和胶质太多，不易完全燃烧；密度太小是含轻馏分过多，保证不了使用安全。重柴油的闪点是由它的轻馏分含量控制的，闪点要求不低于65℃，若轻馏分含量较多，则闪点较低，在储存和运输过程中不安全，尤其是凝点较高的重柴油在使用时需要预热，因而要求较高的闪点，为了保证重柴油的使用安全，同时规定预热温度不得超过闪点的三分之二。重柴油在低中速柴油机种使用，一般低速度柴油机使用的重柴油50℃时的黏度为11~36mm^2/s，最利于喷油的黏度是7.3~12.6 mm^2/s，大型低速柴油机可用黏度达34 mm^2/s的重柴油。黏度过大时会使油泵压力下降，输油管内起泡，发生油阻，并影响喷油，雾化不良，以致不能完全燃烧而冒黑烟，不但浪费了燃料而且污染了环境。黏度太小时，会引起喷油距离太短和雾化混合不良而影响燃烧。因而一般大中型低速柴油机用重柴油的最低黏度应当控制8.6mm^2/s以上。

柴油的密度、闪点、黏度、凝点都是通过常减压蒸馏装置操作中馏分的切割来控制的，通常馏分越轻则密度越小，闪点和黏度越低。

6. 常压重油

当常压重油用作重油催化裂化装置的原料时，常减压蒸馏装置需要控制常压重油的钠离子含量。重油催化裂化装置要求原料中的钠含量在1~2μg/g以下，因为沉积在催化剂上的钠会"中和"催化剂的酸性中心，并和催化剂基体形成低熔点的共熔物。在催化剂再生温度下，基体熔化会造成微孔破坏，使催化剂永久失活。而酸性中心的中毒，则会使催化裂化汽油辛烷值下降。因此要求常减压蒸馏装置进行深度脱盐。通常常减压蒸馏装置脱盐深度达到3mg/L时，就能满足常压重油的钠离子含量小于1μg/g的要求。

7. 减压蜡油

减压蜡油在炼油厂中一般作为加氢裂化、催化裂化装置的原料。作为加氢裂化装置原料时要控制减压蜡油残炭、重金属含量、含水等指标，同时要观察颜色和密度，一般残炭要求在0.2%以下。如果蜡油残炭不高，而颜色深密度大，说明减压分馏不好，需要改进减压分馏的设备或者操作。馏分过重密度大，金属含量随之增加，在生产过程中易造成催化剂中毒失去活性。若蜡油含水大于500μg/g，易造成加氢裂化催化剂失活和降低催化剂的强度，因而增加了催化剂的损耗，操作费用增加，能耗增大。

减压蜡油作为催化裂化原料时，主要控制原料的残炭和重金属含量。减压蜡油残炭过大时，催化裂化生焦会上升，使再生量不足，造成反应热量不够，需要向再生器补充热量。减压蜡油中的重金属在催化裂化时会沉积在催化剂上，使催化剂失活，导致脱氢反应增多，气体及生焦量增大。因此各厂对催化裂化原料油的质量都有一定要求。

减压蜡油生产润滑油基础原料时，应当控制馏分范围、黏度、比色、残炭等指标，这是根据基础油标准和下游加工装置工序要求而定的。润滑油馏分切割范围一般为实沸点320~525℃范围，可以生产75SN、100SN、250SN、500SN、750SN等型号润滑油基础油的原料。在生产过程中主要按黏度作为切割依据，由于不同原油的组成不同，原料黏度有差异，所以不同原油要切割同一等级的馏分油，其切割范围也就不同。对于同一种原油，也会因为馏分精度不同，馏分范围也不同。若润滑油馏分分割较差，范围过宽会给下游工序带来很多困难，例如馏分比较宽的润滑油料溶剂精制时，不但需要较大的溶剂比以去除一些沸点较高的非理想组分，而且会使一些低沸点的理想组分在溶剂精制时被去除，因而使精制收率降低。在进行溶剂脱蜡时，由于分子大小不同的石蜡混在一起结晶，低分子的烷烃受到高分子烷烃的影响，能生成一种熔点较低、晶粒很小的产品，而直接影响脱蜡过滤速率和收率。

润滑油馏分最好是初馏点到终馏点的范围不大于100℃。相邻两馏分油的95%点和5%点重叠度不大于10℃。减四线油2%~97%点不大于90℃。减压切割中应限制最重的一种馏分油的终馏点，以免把含蜡的残渣油混入馏分油中，影响石蜡的结晶。

润滑油馏分的比色也有严格的控制指标(即 1~65 号)。同一种润滑油馏分比色高就意味着硫、氮、氧含量高，这就给下一道工序如加氢补充精制或白土精制带来较大的困难。加氢补充精制时耗氢高，装置能耗高，白土精制时白土用量大。

8. 减压渣油

减压渣油的质量没有统一的标准，根据原油性质和全厂总流程方案的要求，视其不同用途而有不同要求。根据减压渣油的元素分析、族组成、结构组成及重金属含量、残炭等来确定它是否可以作为催化裂化掺渣原料，如果可以作为催化掺渣原料，则应深度脱盐，控制钠离子含量。对于石蜡基和中间基原油的减压渣油，一般可以作为溶剂脱沥青原料，生产润滑油基础油原料或者催化裂化原料和沥青产品。

对于中间基和环烷基原油的减压渣油，如控制馏分切割，可以直接生产直馏沥青产品，如伊朗原油、科威特原油、巴士拉原油等。某些原油的减压渣油由于沥青质含量少，不能直接生产沥青，可以经过氧化生产沥青。

减压渣油作为焦化装置原料指标没有特殊要求，就是要根据焦化装置耐硫、酸腐蚀的情况，通过混炼的办法控制渣油的硫、酸含量。另外减压渣油作为商品燃料油一般黏度不合格，需要经过减黏裂化或与其他轻油调和才能符合产品质量要求。

参 考 文 献

1 唐孟海，胡兆灵. 常减压蒸馏装置技术问答. 北京：中国石化出版社，2007
2 侯祥麟. 中国炼油技术. 第二版. 北京：中国石化出版社，2001
3 梁锦程，马守涛，周永利. 混合原油评价中碳、氢元素含量分析. 石油与天然气化工，2011，394~400
4 李建华，陈海东，崔鸿伟. 四种原油评价与可行性加工方案探讨. 中外能源，2012，17：78~82
5 陆婉珍，褚小立. 原油的快速评价. 西南石油大学学报(自然科学版)，2012，34(1)：1~5
6 田松伯. 原油及加工科技进展. 北京：中国石化出版社，2006

第三章　原油预处理及电脱盐

石油从地层中开采出来，都含有一定的盐类和水。其含量与产地、开采工艺和运输方式等因素有关，水含量高的达90%以上，盐含量高的达几千至几万 mg/L。新开采的石油尽管在油田已经过脱盐脱水处理，但仍因不彻底而达不到原油加工的要求。随着油田开发进入后期以及提高采油率，聚合物驱采油的广泛应用，采出原油含水量大幅上升的同时，原油物性也变得更为复杂，造成了油水分离的愈加困难。此外进口的原油在海运过程中，压舱水也会混入油中，使原油中的盐含量和水含量明显增加。这些盐和水的存在，不仅影响着装置的平稳运行和能耗，而且还会给设备腐蚀、产品质量以及下游装置的生产优化带来严重的危害，因此原油进炼油厂加工，必须进行脱盐脱水处理。

第一节　原油预处理

随着加工的原油劣质化趋势越来越明显，炼油厂加工高含硫、高酸值、高含盐、高杂质以及重质等原油所占的比例越来越大，进炼油厂原油含盐量远高于一般规定 50mg/L，含水量高于 0. 5%的指标值，直接对电脱盐系统、常减压蒸馏装置的平稳运行造成很大的冲击。为改善电脱盐单元的运行工况，对劣质的高含盐、含水原油在原油罐区采取原油预脱盐、脱水处理，以降低进常减压蒸馏装置的原油盐含量和水含量，保证原油电脱盐后的含盐量和含水量达到指标要求。

表 3-1-1 和表 3-1-2 分别列出了几种主要国产原油和几种主要进口原油的含盐量。

表 3-1-1　我国几种主要国产原油含盐量

原油名称	含盐量/(mg/L)	原油类别
鲁宁管输原油	45. 86	重质中间基
大庆原油	9. 9	重质石蜡基
黄岛原油	106. 3	重质中间基
苏北原油	19. 5	中质石蜡基
华东原油	35. 6	中质石蜡基
惠州原油	26. 1	轻质石蜡基
西江原油	488. 5	轻质石蜡基
涠州原油	332. 2	中质中间基
绥中原油	113. 7	重质环烷基
渤海-34 原油	126. 7	中质石蜡基
陆丰原油	123. 5	中质石蜡基
胜利原油	33~45	中间基
华北原油	3~18	石蜡基
中原原油	200	石蜡基
辽河原油	6~26	中间基

表 3-1-2　几种主要进口原油的含盐量

原油名称	含盐量/(mg/L)	原油类别
阿曼原油	14.70	中间基
科威特原油	23.85	中间基
沙中原油	15.77	中间基
沙轻原油	28.57	中间基
伊朗莱文岛原油	6.54	中间基
伊拉克巴士拉原油	32.45	中间基
卡塔尔陆上原油	5.32	中间基
俄罗斯原油	44.20	中间基
伊朗轻质原油	26.40	中间基
伊朗重质原油	25.0	中间基
索鲁士原油	136.0	中间基
南帕斯凝析油	31.0	环烷基
安哥拉卡宾达原油	14.3	石蜡基
墨西哥玛雅原油	21.8	中间基
埃及拉斯盖瑞原油	42.0	中间基
苏丹达混合原油	103.0	石蜡基
荣卡多原油	20.5	中间基

一、原油罐区破乳脱水

1. 基本原理

原油罐区破乳脱水技术应用化学破乳的技术，从源头降低原油进电脱盐单元前的盐含量和水含量。化学破乳是原油乳化液脱水中普遍采用的一种破乳手段，它是向原油乳化液中添加化学助剂，破坏其乳化状态，使水从油中沉降分离，这类化学助剂称为破乳剂，一般是表面活性剂或含有亲水和亲油结构的超高分子表面活性剂。原油预处理剂是一种破乳剂、湿润剂以及其他表面活性剂的混合配方，在低温和高温下都能快速起到脱水、脱盐的效果，从而降低原油水含量和盐含量。原油预处理剂经过与原油充分混合，能消除原油中水分子、盐分和杂质界面聚积，防止电脱盐设备短路及出现界位控制问题。原油罐区破乳脱水，是在原油进罐工艺管道上加入原油预处理剂或破乳剂，使预处理剂或破乳剂与原油均匀混合，原油罐中的乳化层被破坏，加速原油中所含水、杂质的沉降分离，降低进电脱盐单元的原油盐含量和水含量，实现初步脱盐脱水的目的。原油的固体杂质经过预处理后增强了水润性，更容易在电脱盐单元被除去。此外在原油罐容有余的情况下，对高含水、高含盐的原油延长在原油罐内的停留时间，加强切水，可降低原油进装置的盐含量和水含量。

2. 工艺流程

在原油罐进口管线上配一条管线，利用计量泵向进罐原油中均匀地加入约 3~10mg/kg 的原油预处理剂，并保证原油和预处理剂充分混合均匀。原油预处理流程见图 3-1-1 所示。

3. 效果

(1) 稳定电脱盐操作。使破乳剂与乳化稳定剂和固体颗粒的混合作用时间加长，有利于破乳脱水；通过在罐区中的脱水，降低了原油进电脱盐单元的盐含量和水含量。

(2) 减少原油罐底部的油泥量。减少了原油罐底部油泥的厚度，提高了原油罐的储存能

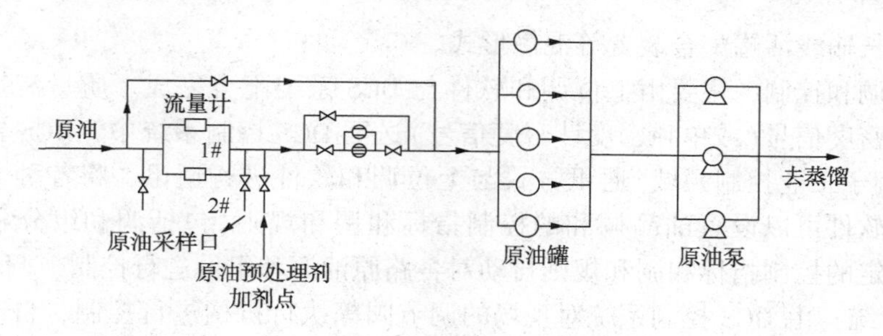

图 3-1-1 原油预处理流程

力，延长了罐的检修周期。另外原油中的固体杂质经过预处理后增强了"水润性"，更容易在电脱盐单元中被除去，达到进一步净化原油的目的，从而稳定电脱盐的操作。

4. 应用案例

随着某油田部分区块进入开发后期，脱前原油含盐量越来越高(平均含盐 500mg/L)，而且泥沙、沉淀物等杂质含量偏高，原油经过二级电脱盐单元后含盐仍然大于 5mg/L。常压催化联合装置常压蒸馏部分 2007 年大检修后，仅半年时间就发生管线、空冷、水冷器腐蚀穿孔而被迫停工检修的现象；催化部分也因为加工原料含盐高而造成分馏塔塔板结盐，转化率下降；加之由于原油库容小，原油进厂量偏小且不均衡，加温时间短，沉降脱水效果差；改罐时电脱盐系统频繁跳闸，2008 年上半年跳闸累计 34 次，不但对常压催化联合装置的平稳运行造成威胁，也极大地增加了污水处理系统的负担，加大了污水处理的成本。为了解决上述问题，经过广泛调研，引进美国贝克公司的原油预处理技术，在原油罐区对原油进行预处理。该工艺于 2008 年 7 月投入运行，脱水、脱杂、脱盐效果比较理想，电脱盐单元运行平稳，设备腐蚀大为改观。

加注原油预处理剂后，沉降脱水时间由原来的 48h 缩短到 24h；原油性质得到明显的改善，电脱盐单元再无因原油改罐发生跳闸，原油脱后含盐有所降低，平均含盐量从 8 月的 5.2mg/L 降到 9 月的 3.7mg/L。由 8 月的最高 7.6mg/L 和最低 4.1mg/L，降低到 9 月最高 3.8mg/L 和最低 2.2mg/L，逐渐趋于达标。

使用原油预处理剂以后，罐区脱水中含油量明显减少，进一步减轻了污水处理系统的负荷；原油罐区底部油泥层从 0.75m 减到 0.4m，5000m^3储罐增加了有效罐容 155m^3，节省了清罐的人工成本，节省了罐底油泥的环保处理费用和原油损失，降低了油罐区排水中的污油含量，减轻了污水处理厂的负担和费用。

应用原油预处理剂以来，通过对工艺条件的不断试验摸索，并在优化的条件下进行了生产运行，原油储运系统运行平稳，大罐排水含油降低，乳化层、泥沙层减少，原油罐的有效容积增加；避免原油罐切换时电脱盐跳闸，电脱盐单元工作更加平稳，减少了装置非正常运行时间，原油脱后含盐量降低，脱盐合格率提高，减轻了电脱盐、换热器及后续系统的结垢；减缓了后续装置的腐蚀，确保了装置的长周期运行。

二、原油在线调和

随着采购原油品种的多样化，国内许多常减压蒸馏装置加工原油油种多，油性杂，多种原油混炼加工是一种常态。原油调和手段是随着原油劣质化过程而不断变化，初始以厂区多个原油罐同时供装置的形式进行多油种混炼，随着原油劣质化程度加大，又采用了原油长输线手工调和，长输线活罐配合装置等混炼形式。

原油在线调和控制，主要由上位调和软件与DCS系统配合完成。质量流量计将检测出的各路流量、密度信号(或单独密度计密度信号)送至DCS控制系统中，DCS控制系统通过OPC(OLE应用于工业控制领域)通讯方式与上位调和软件进行通讯，将各种参数传输至调和软件。调和软件可以设置油品调和的控制指标和调和规则(包括调和组分和调和权重)，并根据预先设定的控制指标和调和规则自动对各路原油调和组份进行控制，调和软件发指令给DCS控制系统，由DCS控制系统对现场的调节阀等执行机构进行控制，自动调节每路原油的流量，最终实现原油在线调和。

通过应用原油在线调和，使不同原油实现优化调和，稳定常减压蒸馏装置的进料性质，改善装置操作，提高自动化程度，优化脱前原油的含盐量和含水量，提高脱盐效果，改进下游装置的操作，下游装置原料的数量和质量得到保证，将使下游装置的操作更加稳定和缓和。国际上通常认为理想并稳定供应的原油对于大型炼油厂来说，应能增加2%~3%的利润。

第二节　原油电脱盐

原油电脱盐是在原油中注入一定量的洗涤水，经充分混合，溶解残留在原油中的盐类同时稀释原有盐水，形成新的乳化液。然后在破乳剂、高压电场的作用下，破坏原油乳化状态、使微小水滴逐步聚集成较大水滴，借重力从油中沉降分离，达到脱盐脱水的目的。由于原油中的大多数盐溶于水，这样盐类就会随水一起脱掉，脱水的过程也就是脱盐的过程。

一、金属盐类等对原油加工过程的影响

金属在原油中的存在形态主要有两类，一类是油溶性的金属化合物或有机盐类，它们以溶解状态存在于原油中；另一部分是水溶性的碱金属或碱土金属盐类，它们除极少数以悬浮结晶状态存在于原油中外，主要溶解在水中并以乳化液的形态存在于原油内，原油中大约90%的钠盐、大约10%的钙盐和镁盐是水溶性的。表3-1-1是我国主要几种原油盐含量情况。这些盐和水的存在，不仅影响着装置的平稳运行和能耗，而且还会给设备腐蚀、产品质量以及下游装置的生产优化带来严重的危害，蒸馏装置加工的原油如含水、含盐量过高，将会给原油的一系列加工过程带来不利的影响。

1. 设备腐蚀

原油中的盐水混合物是电解质，在原油的运输、加工过程中对设备和管线造成电化学腐蚀，同时在加热到100℃以上后，水中的部分盐会水解生成HCl，HCl在有水存在的条件下生成盐酸，造成塔顶部分管线、设备的低温腐蚀。当塔顶油气中硫含量较高时，腐蚀会加剧。由于原油因产地和开采方法的不同，原油中含有不同的硫、氯及金属盐，原油中的氯离子主要以$MgCl_2$、$CaCl_2$、NaCl等盐类存在，在原油加热生产过程中，上述的氯化物在加热的情况下会发生如下的反应：

$$MgCl_2 + H_2O \longrightarrow Mg(OH)_2 + 2HCl$$

$$CaCl_2 + H_2O \longrightarrow Ca(OH)_2 + 2HCl$$

$$NaCl + H_2O \longrightarrow NaOH + HCl$$

$MgCl_2$和$CaCl_2$一般在200℃开始水解，有的文献报道当浓度较高时，在120℃即开始水

解，水解反应可以在水溶液中进行，也可以靠自身的结晶水完成。温度在300℃时，NaCl也开始水解反应生成HCl。

HCl溶于水中形成盐酸，具有很强的腐蚀作用，造成蒸馏装置的初馏塔、常压塔和减压塔顶部系统的腐蚀。盐酸与Fe发生反应，方程式如下：

$$Fe+2HCl \longrightarrow FeCl_2+H_2$$

加工含硫原油时，含硫化合物分解会产生H_2S，与金属发生反应生成FeS，FeS附于金属表面形成一层保护膜，保护下部金属不再被腐蚀。但当同时存在HCl时，HCl与FeS反应破坏保护膜，反应生成H_2S会进一步腐蚀金属，从而极大地加剧了设备腐蚀。其反应为：

$$Fe+H_2S \longrightarrow FeS+H_2$$

$$FeS+2HCl \longrightarrow FeCl_2+H_2S$$

2. 影响常压系统的平稳操作

原油中的水在换热过程中，随着温度的升高会逐渐汽化，体积急剧增加，造成管路压降增大，泵出口压力升高，增加了动力消耗，容易造成管路、换热设备静密封泄漏，影响设备的长周期运行，同时大量的水被汽化后增加了塔的气相负荷，造成塔顶压力高，打乱了正常操作，严重时会造成冲塔事故。

3. 增加能耗

原油中的水蒸发要消耗能量，以2.50Mt/a常减压蒸馏装置为例，含水1%蒸发后带至初馏塔顶所消耗的能量约为7900MJ/h，同时还要多耗循环水将蒸汽冷凝。

4. 造成下游装置催化剂中毒

原油中钠、镍、铁等一些金属杂质经过常减压蒸馏后主要集中在渣油中，这些金属杂质随着渣油进入下游加工装置，会对下游装置催化剂性能产生影响，如金属钠对催化裂化分子筛催化剂的晶格有破坏作用，镍沉积在催化剂载体上，促进非选择性裂化反应，生成较多的氢和炭，铁离子的盐类会造成加氢催化剂床层压降的升高。

5. 影响产品质量

原油中的盐类经常减压蒸馏后主要集中在重油馏分和渣油中，会降低沥青的延度，增加焦炭的灰分。

6. 结垢和堵塞

原油经过换热器、管式加热炉等设备，温度升高水分蒸发，盐类形成盐垢沉积在管壁上和塔盘上，影响传热传质效果，严重时堵塞管道，增加管路压降，降低塔板的分离效果，造成侧线产品分离不佳，而在高温部位会造成管路的结焦。

7. 增加原油储存和运输负荷

原油中含有大量的水，增加了原油的体积和重量，降低了设备和管道的有效利用率，占用了原油的储存空间，提高了储运成本，同时也增加了原油的储存成本。

8. 增加加工损失

原油含水量、含盐量和杂质含量高，经常减压蒸馏后产品收率低，加工损失大。

9. 增加废水量

原油含水量高，经分离后为含盐、含油污水，增加了废水的排放量和污水的处理费用。

无论从平稳操作、减轻设备腐蚀、保证安全生产、延长开工周期，还是从提高二次加工产品质量、减少能耗方面来看，对原油进行深度脱盐脱水是完全必要的。原油电脱盐已变成为下游装置提供优质原料所必不可少的原油预处理工艺，特别是加工劣质原油，电脱盐已成为工艺防腐的重要手段，越来越受到各个炼化企业的重视。

二、电脱盐基本原理

（一）原油乳化液的形成与特点

1. 乳化液

乳化液是指一种液体以液滴形式分散在与它不相混溶的另一种液体中而形成的分散体系。液滴称分散相(内相或不连续相)；另一种液体是连成一片的，称分散介质(外相或连续相)。乳化液一般不透明，呈乳白色。液滴直径大多在100nm~10μm，可用一般光学显微镜观察。

能使不相溶的油水两相发生乳化而形成稳定乳化液的物质叫做乳化剂，其大多是由亲水和亲油基所组成的两亲结构表面活性剂。一般乳化液是由分散相、分散介质和乳化剂所组成。

2. 乳化液的类型

常见的乳化液可分水包油和油包水两种类型。水包油型可用油/水或O/W表示，油是分散相，水是连续相。油包水型可用水/油或W/O表示，水是分散相，油是连续相。乳化液中的油相指一切与水不相混溶的有机液体。

在油田开采初期，原油中的水主要以W/O型乳化液存在，随着油田的进一步开采，我国大部分油田已经进入高含水期，油井采出液也由原来的以油包水（W/O)型乳化液为主变为以水包油(O/W)型乳化液为主。

乳化液是两种互不相溶的液体经强烈混合而形成的分散物系，由于离子化作用和吸附作用的影响，可以形成相对稳定的体系。乳化剂聚集于油水界面，由于携带电荷，进而使胶粒带相同符号电荷，彼此相互排斥，使体系保持稳定。这类乳化剂有表面活性剂、盐类、皂类、硫醇、碳酸钙、洗涤剂等，见图3-2-1。微小固体颗粒若被吸附在油水界面，可以强化界面膜，阻碍小水滴聚结。这类乳化剂有：灰尘、砂、蜡、沥青质、硫化铁、黏土、焦炭细粉、二氧化硅、金属颗粒等。

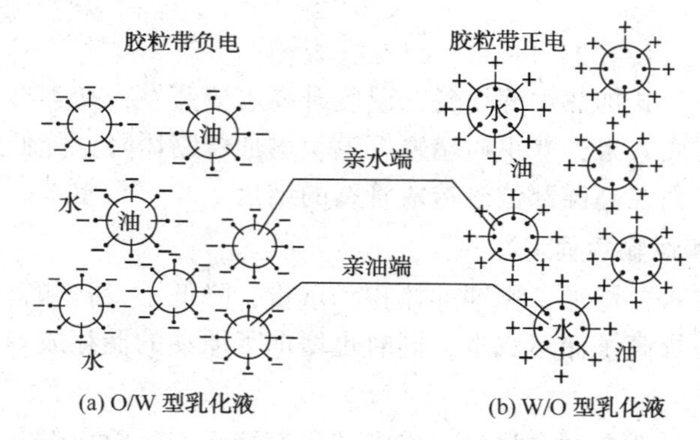

图3-2-1　胶粒间经典作用示意图

3. 乳化液形成的必备条件

对于纯水和纯油无论怎样搅拌它们绝不会形成乳化液，因为这两种液体彼此强烈地排斥，要想制得稳定的乳化液，必须满足下述三个条件，缺一不可。

(1) 两种互不相溶的两相液体，通常为水相和油相；

(2) 乳化液稳定剂(乳化剂，表面活性剂)，其作用是降低体系的界面张力，在其微液滴的表面上形成薄膜或双电层，以阻止微液滴的相互聚结，增加乳化液的稳定性；

(3) 具备强烈的搅拌条件(输送、阀门节流)，增加体系的能量。

原油乳化液的形成取决于以下三个因素：原油性质、水以及表面活性剂物质。这三者的特性在相当程度上决定了乳化液的性质。

① 原油性质。原油密度、黏度、沥青质和胶质含量、蜡及烃组成对乳化液的形成和性质会产生重大影响。密度高、黏度大的原油形成的乳化液，油水分离的推动力小，阻力大，因此相对更加稳定。

② 表面活性物质。原油乳化液中的表面活性物质除沥青质和胶质外，还有固体颗粒、石油酸及石油酸盐等；有些表面活性剂也可能是在原油开采或集输过程中人为添加的。

③ 水。相对其他原油而言，水对含酸原油乳化液的影响更大。这是因为石油酸与石油酸盐的比例主要由水的pH值决定，水的pH值升高，石油酸盐的比例增加，由于石油酸盐具有更高的表面活性，因此油水界面张力降低。

原油乳化液是一个非平衡体系，其稳定性除受原油、水、表面活性剂的影响外，还受其他外部条件(如温度、老化时间、剪切作用等)的影响。这些因素和条件之间又相互交错、互相影响。

4. 乳化液形成的电化学性质

(1) 原油乳化液的电导及导电性。原油本身的电导率约为$1\times10^{4}\sim2\times10^{-4}$S/m，石蜡基原油的电导率为胶质、沥青质含量高的原油的一半。酸值较高的原油，其电导率往往超过2×10^{-4}S/m，是各类原油中最高的。如果乳化液中水的含量不小于原油的含量，则电导率由水的电导率所决定。水油比例越大，电导率就越大。但是含水量在一定范围内的乳化液，若放置一定时间，则其电导不随水油比例而改变。乳化液的电导随温度的升高而增大，这是由于在高温下原油中的分子热运动加剧的结果。

(2) 原油乳化液的介电常数。原油及其乳化液的介电常数是指在电容器的极板间充满原油或原油乳化液时，测得的电容量与极板间为真空时的电容量之比。实验表明纯原油的介电常数为2.0~2.7，而纯水的介电常数为80。如果原油与水形成乳化液，介电常数就将发生明显的变化。原油乳化液的介电常数与含水率、烃类组成、压力、密度、含气量及温度等因素有关。

(3) 原油乳化液的电泳。由于原油乳化液中的水滴大多带电，故在电场作用下会发生电泳。水滴在电场中的移动速度叫电泳速度。

5. 乳化液的破乳

原油电脱盐主要是在原油中加入破乳剂，破坏其乳化状态，在电场的作用下，使微小水滴聚结成大水滴，使油水分离。破乳剂分子是由在原油中的亲油基团组成的，这些破乳剂分子在油水之间的界面处积聚，亲油基团溶解在原油中，亲水基团溶解在水中，破坏了油水界面膜，达到破乳的目的。原油破乳剂比乳化剂具有更小的表面张力，更高的表面活性。原油中加入破乳剂后，首先分散在原油乳化液中，然后逐渐到达油水界面，由于它具有比天然乳化剂更高的表面活性，因此破乳剂将代替乳化剂吸附在油水界面，并浓集于油水界面，改变了原来界面的性质，破坏了原来较为牢固的吸附膜，形成一个较弱的吸附膜，并容易破坏。

破乳过程通常分为三步：凝聚、聚结和沉降，这一过程即水滴在相互碰撞接触中合并增大，自原油中沉降分离出来。在第一步凝聚（或絮凝）过程中，小水滴相互靠近聚集；第二步聚结，使两个或多个靠近的小水滴聚结长大，变成大水滴；聚结时胶体颗粒的乳化膜先减薄，然后破裂，聚结成大水滴。聚结是脱水过程的关键，聚结和沉降分离构成了原油的脱水过程。

（二）原油电脱盐

原油电脱盐的基本原理：原油在破乳剂和高压电场的作用下，使小水滴聚结成为大水滴，然后在重力场作用下依靠油水密度差将水从原油中分离出来的过程，同时也脱除了溶于水中的盐类。电脱盐通常称为电化学脱盐脱水过程。

1. 重力沉降分离

重力沉降分离是分离油水的基本方法，重力沉降分离的依据：原油与水互不相溶，密度有差异，可以通过加热、静置实现油水分离。沉降速度可以根据斯托克斯公式计算。

斯托克斯定律描述了沉降分离的基本规律，该定律的数学公式为：

$$u = \frac{d_1^2 \times (\rho_1 - \rho_2)}{18 v_2 \rho_2} g \tag{3-2-1}$$

式中　u——水滴沉降速度，m/s；

d_1——水滴直径，m；

ρ_1——水密度，kg/m^3

ρ_2——原油密度，kg/m^3；

v_2——原油的运动黏度，m^2/s；

g——重力加速度，m/s^2。

由式(3-2-1)可以看出，沉降速度与原油中水滴半径的平方成正比，与水油密度差成正比，与原油的黏度成反比。

对原油乳化液，水滴沉降速度会受到乳化液稳定性、原油上升和水滴下降运动的影响，因此根据这一公式计算出的水滴沉降速度，必然大于实际沉降速度。相反对于破乳后的水滴，由于沉降过程中会出现小水滴相互碰撞聚结成大水滴，计算结果很可能会远远小于实际沉降速度。因此，定性地利用该公式作为原油脱水难易程度的衡量是可以的，定量地直接计算脱水效果则会带来较大的误差。

2. 高压静电分离

高压静电分离基本原理是利用水是导体，油是绝缘体这一物理特性，将 W/O 型原油乳化液置于电场中，乳化液中的水滴在电场作用下发生变形、聚结而形成大水滴从油中分离出来。

在高压电场中，原油乳化液中的微小水滴由于静电感应使之产生诱导偶极，诱导偶极使水滴间产生相互的静电引力，即为水滴聚结力。电场中水滴有聚结力可用下式表达。

$$F = 6KE^2 r^2 \left(\frac{r}{L}\right)^4 \tag{3-2-2}$$

式中　F——偶极聚结力，N；

K——原油介电常数，F/m；

E——电场梯度，V/cm；

r——微滴半径，cm；

L——两微滴间中心距，cm。

从式(3-2-2)中看出，r/L 是影响聚结力的重要因素，当水滴增大或水滴间距离缩小时，聚结力将急剧增大，聚结力 F 还与电场强度 E 的平方成正比。

电场破乳水滴聚结有三种形式：

(1) 偶极聚结。置于电场中的W/O型乳化液的水滴，由于电场的诱导而产生偶极极化，正负电荷分别处于水滴的两端，相邻两个水滴的靠近一端相互吸引，其结果使两个水滴合并为一体。由于外加电场是连续的，这种过程的发生呈“连锁反应”。当水滴颗粒增大到其重力足以克服乳化液的稳定性时，水滴即自原油中沉降分离出来，见图3-2-2所示。

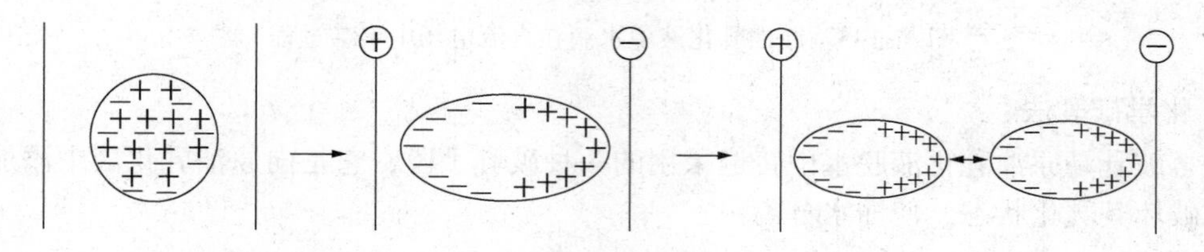

图3-2-2　偶极聚结

(2) 电泳聚结。乳化液的液滴一般都带有电荷，在直流电场的作用下，水滴将向与自身所带电荷电性相反的方向作电极运动，带正电荷的水滴向负电极运动，带负电荷的水滴向正极运动，这种现象称为“电泳”。在电泳过程中，一部分大的水滴会因带电多而速度快，速度不同会使大小水滴发生相对运动，碰撞、合并增大，当增大到一定程度后即从原油中沉降分出；其他未发生碰撞、合并后还不够大的水滴，会一直电泳到相反符号的电极表面，在电极表面相互聚集聚结在一起，然后从原油中分出。乳化液在直流电场中的这种电泳过程，会使水滴聚结，所以又称其为“电泳聚结”，见图3-2-3所示。

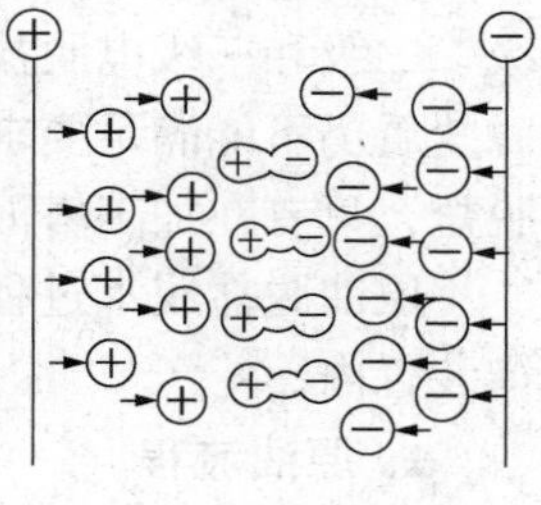

图3-2-3　电泳聚结

由于在直流电场中所有大大小小的水滴都会发生电泳，或迟或早都会到达电极表面，而交流电作用于乳化液时，大水滴会优先脱出，剩余的小水滴往往失去合并对象，无法聚结增大，结果很难脱出，所以直流电脱水一般比交流电脱水的含油量少。

(3) 振荡聚结。外加电场为交变电场或间歇电场时，对于乳化液的另一个作用是使水滴产生周期性的振荡，水滴由球形被拉长为椭球形，界面膜增大变薄，乳化稳定性降低，振荡时相邻水滴相碰，聚结变大自原油中沉降分离出来。见图3-2-4和图3-2-5所示。

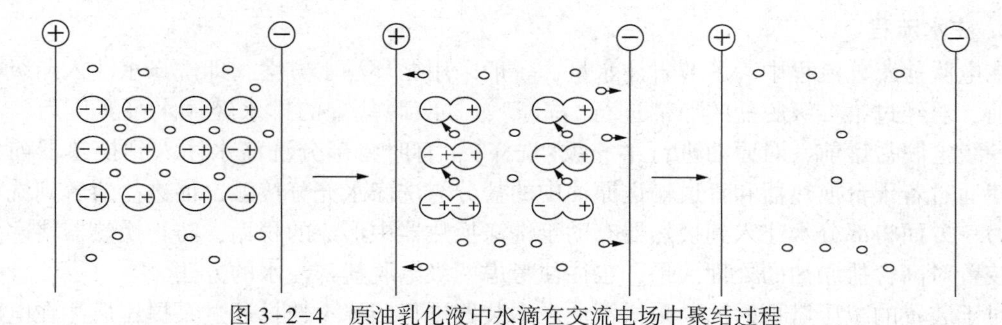

图3-2-4　原油乳化液中水滴在交流电场中聚结过程

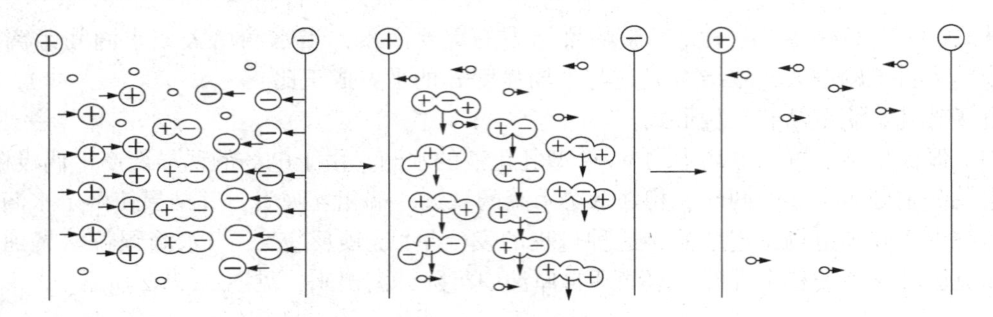

图 3-2-5　原油乳化液中水滴在直流电场中聚结过程

3. 化学破乳法

化学破乳是原油乳化液脱水中普遍采用的一种破乳手段，它是向原油乳化液中添加化学助剂，破坏其乳化状态，使油水分离。

三、原油电脱盐工艺流程

（一）典型原油电脱盐工艺流程

根据装置加工原油含盐量的高低以及对脱后原油含盐量的要求，电脱盐工艺可采用一级、二级和三级电脱盐。二级和三级电脱盐流程见图 3-2-6 和图 3-2-7 所示。当经过两级脱盐后仍不能满足要求，可采用三级电脱盐，但能耗和成本较高。目前国内大多采用二级电脱盐，只有在加工塔河重质油、胜利管输油、达混合油等劣质原油时采用三级电脱盐流程。

原油脱盐脱水过程国外许多炼油厂都设置独立装置单元，而在我国一般都设在常减压蒸馏装置内。

1. 原油流程

原油自储罐来经常减压蒸馏装置原油泵提压，首先与装置的热介质进行换热，使原油达到脱盐脱水所需要的温度后进入一级电脱盐罐。在进入电脱盐罐前原油与注入的破乳剂、洗涤水通过静态混合器和混合阀组成的混合系统进行混合，使破乳剂、洗涤水与原油中的盐分进行充分接触，原油中的盐分就被转移到洗涤水中。同时在这个过程中，也形成了原油与水的乳化液，然后进入一级电脱盐罐，在高压电场的作用下，进行油水分离脱盐脱水。

经过一级脱盐脱水后的原油再一次与注入的洗涤水进行混合，通过静态混合器和混合阀组成的混合系统，经洗涤水对一级脱后原油进行第二次“洗涤”，进一步将原油中的盐溶解到洗涤水中，然后再进入第二级电脱盐罐，在高压电场的作用下，进行第二次油水分离，原油从二级脱盐罐顶部出来再次换热，完成两级脱盐过程。

2. 注水流程

在电脱盐工艺流程中为了节省注水量，一般采用循环注水方案，即洗涤水注入二级电脱盐罐前，对经过第二级脱盐的原油进行“洗涤”，二级脱盐罐的排水经注水泵升压后，注入到第一级电脱盐罐前，对原油进行第一级“洗涤”；有时将部分洗涤水注入到换热器前，一方面使通过若干台换热器和管道输送原油中的盐分与洗涤水充分接触，促进盐溶解到洗涤水中。另一方面将部分水注入到换热器有助于洗涤换热器中形成的积垢，防止换热器堵塞。为增加装置对高含盐原油的处理效果，也往往考虑两级电脱盐都注水的方法。

对于装置的减压塔顶污油、采样污油在本装置进行回炼，选择通过泵提压后注在电脱盐一级注水泵入口进电脱盐回炼，流程简单，操作安全，利于减少装置加工损失。

3. 注破乳剂流程

目前高效油溶性破乳剂因其环保性能好，已经在中国炼油厂广泛应用。油溶性破乳剂按原剂注入，水溶性破乳剂一般在破乳剂罐内用水配制成1%~5%的溶液。为提高破乳效果和增加装置的操作灵活性，在流程中应设计多个破乳剂注入点，如原油泵入口处，换热器前，第一级混合系统前，第二级混合系统前等。加注油溶性破乳剂，注入点可选在原油泵入口处注入，这样通过原油泵叶轮的转动，使油溶性破乳剂与原油达到初步混合，然后经过在原油泵到脱盐罐之间的管道输送，可以使破乳剂与原油进行更进一步的混合。由于油溶性破乳剂与原油具有亲和性，不会像水溶性破乳剂一样经过一级脱盐罐后就溶解到水中排出系统，经过一级脱盐罐后有部分油溶性破乳剂还会进入二级脱盐罐后继续起破乳作用。但是由于油溶性破乳剂加入量都很少，通常在二级混合系统前预留一个破乳剂注入口，以便在加工性质较差原油发生乳化的情况下，采取应急措施，增加设备操作灵活性。图 3-2-6 为二级脱盐流程。

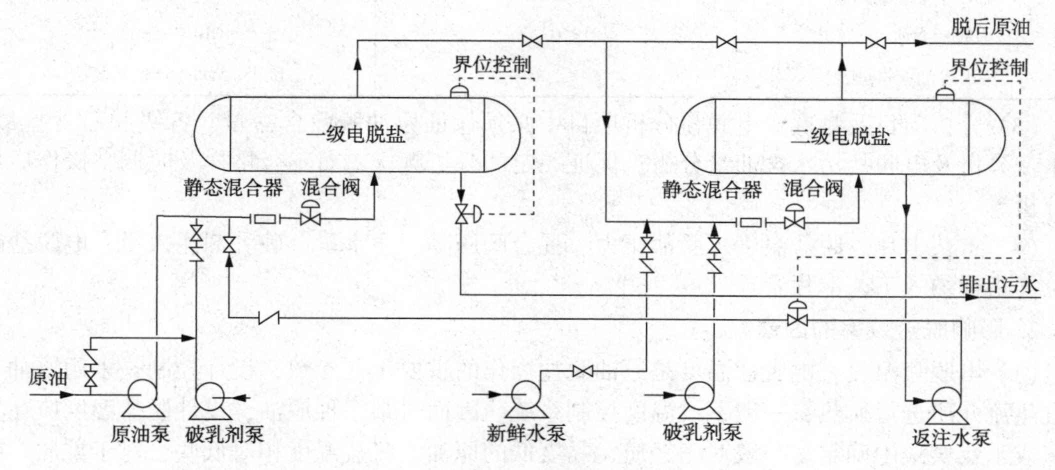

图 3-2-6　二级脱盐流程

三级电脱盐的原油流程和破乳剂流程与二级电脱盐类似，注水流程通常为注入三级罐入口，然后三级罐切水回注二级，二级罐切水回注一级，一级切水经换热、冷却后排入污水处理装置。图 3-2-7 为三级脱盐流程。

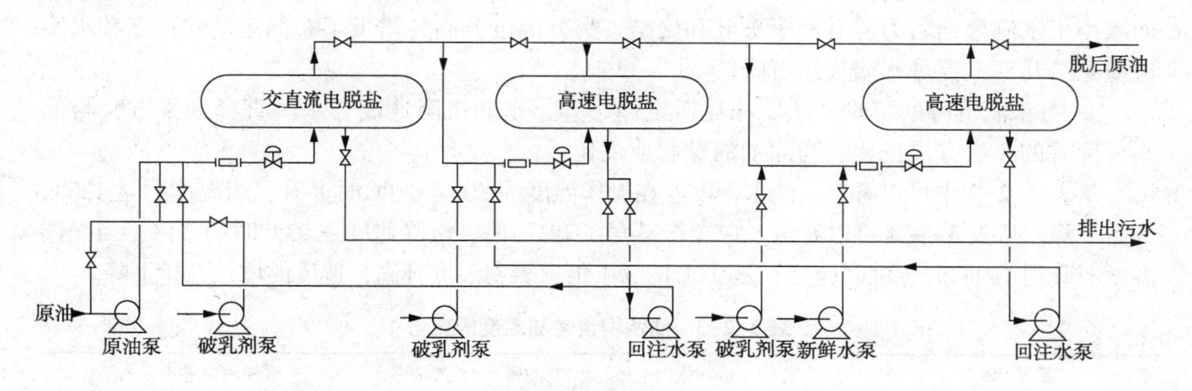

图 3-2-7　三级脱盐流程

（二）原油电脱盐工艺参数

1. 工艺卡片管理

（1）脱前原油指标见表 3-2-1。

表 3-2-1 脱前原油指标

项目名称	指标	测定方法
脱前含水/%	≤1.0	GB/T-260
回炼污油含水/%	≤5.0	GB/T-260

（2）脱后原油和切水含油指标见表 3-2-2。

表 3-2-2 脱后原油和切水含油指标

项目名称	指标	测定方法
脱后含盐/(mg/L)	≤3	SY/T-0536
脱后含水/%	≤0.3	GB/T-260
污水含油/(mg/L)	≤200	红外(紫外)分光光度法

（3）分析项目及频次。电脱盐分析项目中必须保证原油脱前含盐量、各级脱后含盐量、含水量分析及电脱盐污水含油量分析。保证一定的分析频次，对不合格样及时调整操作后加样分析。

（4）工艺卡片。脱盐温度、脱盐压力、混合阀压降、注水量、破乳剂注入量、电脱盐罐界位等指标纳入工艺卡片管理。

2. 影响脱盐效率的因素

（1）电脱盐温度。电脱盐温度是原油脱盐操作的重要工艺参数，设计控制是采用原油与装置热流介质进行换热，一般不设温度控制系统。因而对某一种原油，设计脱盐温度应在实验室或工业实践中确定。一般对于轻质、黏度低的原油，脱盐温度相对低些，对于重质、黏度大的原油，脱盐温度相对高些。脱盐温度一般控制在 110 ~150℃，最高温度要不能超过电极棒的使用安全温度。

提高脱盐温度有利于乳化液的破乳和提高水滴的沉降速度，从而提高脱盐率。

① 对水滴聚结和分散的影响。脱盐温度升高，原油的黏度下降，减小水滴运动的阻力，加快了水滴运动的速度，同时降低了油水界面张力，水滴受热膨胀，减弱了乳化膜强度，从而减小了水滴聚结阻力，有利于破乳和聚结。另外温度升高，增大了布朗运动的速度和水滴碰撞聚结几率，促进水滴聚结沉降。

② 对水滴沉降的影响。从斯托克斯定律可知，水滴沉降速度与水滴直径的平方，与油水密度差的一次方成正比，与原油的黏度成反比。

从表 3-2-3 中可以看出，油水密度差在操作温度为 100~130℃时上升，当温度到达 150℃开始下降。从表 3-2-4 可以看出，在操作温度在 121℃时，沉降速度是 93℃时的 2 倍，当操作温度上升到 149℃时，沉降速度只是 93℃的 3.1 倍，表明温度升高，速度的增长开始下降。

表 3-2-3 油水密度差随温度的变化

温度/℃	水密度/(g/cm^3)	油密度/(g/cm^3)	水油密度差/(g/cm^3)
100	0.958	0.810	0.148
110	0.950	0.800	0.150

续表

温度/℃	水密度/(g/cm³)	油密度/(g/cm³)	水油密度差/(g/cm³)
120	0.942	0.790	0.152
130	0.935	0.780	0.155
150	0.915	0.775	0.141

表 3-2-4 沉降速度与温度的关系

温度/℃	密度差/(g/cm³)	黏度/(mm²/s)	相对沉降速度
93	0.040	28	V
121	0.037	13	$2V$
149	0.032	7.2	$3.1V$

对于重质高黏度原油必须进行脱盐温度选择实验。因在较高温度下，重质原油的水和油密度差会出现负值。在电脱盐罐内出现油沉在罐体底部，水在罐体上部，导致电场短路，脱后原油带水，切水带油，严重时造成事故。

③ 对电耗的影响。原油乳化液电导率随温度升高而增加，且电耗也随电导率增加而增大。一般来说在温度小于120℃时，电耗因温度而变化的幅度较小；大于120℃时电耗增加。但对不同的原油，其变化的曲线有所不同。

脱盐温度过高，也会带来一些负面效应，如油水密度差反而减少，不利于脱水；电导率大，电流过高造成跳闸；水溶性破乳剂达到浊点温度时，破乳作用急剧下降等。

（2）电场强度。电场强度是指单位距离的电压，电场强度是影响电脱盐效率的一个重要工艺参数。

电场强度取决于变压器的输出电压与极板间距，电脱盐罐极板间距固定，调节电场强度只有通过改变变压器的输出电压。对于平行平板电极之间的电场，各点的电场强度完全相同，这种电场叫做均匀电场。

原油含盐脱除率在很大程度上取决于原油与洗涤水和破乳剂的混合程度，充分的混合能够保证洗涤水、破乳剂与原油中的含盐水滴良好的接触，使原油中的含盐水滴得到有效的稀释，混合强度小很难保证脱盐效果，但应注意如混合强度太大易使乳化层太稳定而不易破乳，造成油水乳化严重，脱后原油含水量高。图 3-2-8 给出了原油脱盐率、注水量与混合强度的关系，从图 3-2-8 中可以看出，随着混合强度的增加，原油脱盐率提高，适当提高注水量，脱盐率也提高。增大混合阀压差，有利于原油脱盐；但当混合阀压差超过适合加工原油的最优差压后，继续增大混合强度，由于破乳效果的减弱使得脱后原油盐含量和含水量均急剧增加，因此过高的混合强度也会恶化原油电脱盐效果。当然电脱盐注水量也不是越大越好，注水过多也会影响电场的稳定，不利于电脱盐的操作。

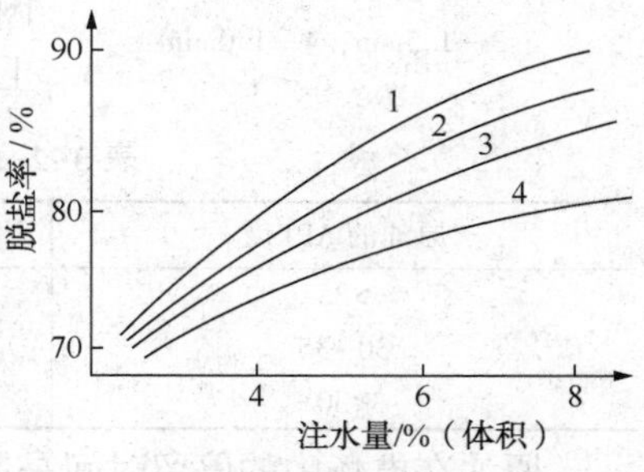

图 3-2-8 原油脱盐率、注水量与混合强度的关系

1—$P=2$；2—$\Delta P=1.5$；3—$\Delta P=1.0$；4—$\Delta P=0.5$

电脱盐的强电场强度一般为700～1000V/cm，弱电场强度一般为300～500V/cm。在含水量较高和原油乳化严重的情况下，往往将弱电场的电场强度设计的更低。

根据斯托克斯定律，两个小水滴间的聚结力 F 与电场强度的平方成正比，提高电场强度，可提高两个水滴间的聚结力，有利于提高脱盐率。

提高电场强度可以促进小水滴的聚结，同时也会促进电分散。

$$d_{CA} = C \times \sigma / E^2 \qquad (3-2-3)$$

式中　d_{CA}——分散的临界直径，cm；

C——常数；

σ——油水介面张力，N/cm；

E——电场强度，V/cm。

从式(3-2-3)中看到水滴开始分散的临界直径与电场强度 E 的平方成反比。

随着电场强度的提高脱盐率也会提高，但当电场强度提高到一定值后再提高电场强度，对提高脱盐效果不大。因此电场强度一般在操作中是相对稳定的。

为达到深度脱盐的目的，宜采用不同梯度的电场强度，利用弱电场脱除大量的大水滴，用中、强电场脱除细小水滴。工业应用实践证明，采用不同梯度电场强度进行脱盐脱水时，能取得较好的脱盐效果，如交直流电脱盐技术中弱电场、中电场、强电场的设计。

① 原油在强电场的停留时间。强电场的停留时间是影响水滴聚结的重要参数，与原油性质、水滴特性和电位梯度等密切相关。但停留时间过长将产生电分散作用，增大电耗量。根据胜利炼油厂工业试验结果分析及国外资料介绍，原油在强电场的停留时间可采用2min较为经济合理。正确地选用停留时间和电位梯度，应综合分析其与脱盐率和电耗之间的关系。原油脱盐率与电场强度、停留时间的关系见图3-2-9所示。

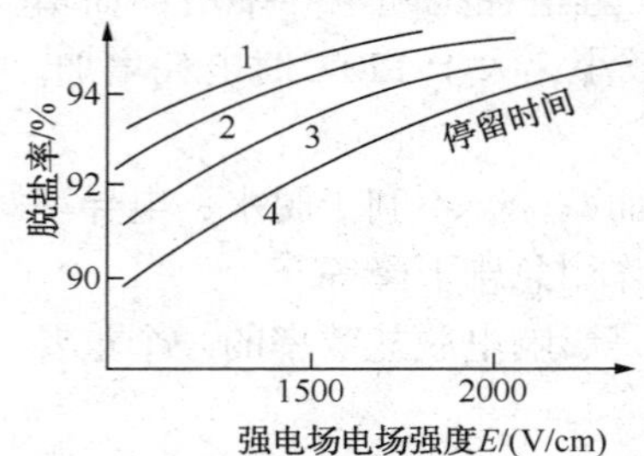

图3-2-9　原油脱盐率与电场强度、停留时间的关系

1—2.45min；2—2min；3—1.5min；4—1.0min

原油和水在罐中的停留时间决定了电脱盐罐的生产效率，并且影响原油脱盐脱水的效果和排水含油的多少。按照原油在强电场的上升速度和停留时间，可以计算电极板间距。美国豪-贝克公司推荐的不同密度原油的截面流率和折算的原油上升速度见表3-2-5。

表3-2-5　不同密度原油的截面流率和上升速度

原油的API度	截面流率/[$m^3/(m^2/d)$]	原油上升速率/(cm/min)
>35	213.92	14.8
30～35	188.25	13.1
<30	150.02	10.4

原油在电场中的停留时间是影响水滴聚结的一个重要参数，从图3-2-9中可看出，停留时间 $t<2$min 时，增加停留时间(t)对提高脱盐效率比较明显，当停留时间 $t>2$min 以上时，增加停留时间(t)脱盐效果变化不大，过长的停留时间还增加电耗。一般认为原油在电场中的停留时间2min左右比较合适。美国豪-贝克公司推荐的不同罐径的电脱盐罐油水停留时间见表3-2-6。

表3-2-6　不同罐径的电脱盐罐中的油水停留时间

罐径/m	停留时间/min		折合在强电场停留时间/min	水油停留时间比
	油	水		
3.05	13.0	81.0	1.53	6.23
3.66	19.0	96.0	1.86	5.05
4.23	22.5	110.2	1.89	4.95

原油在强电场的停留时间为2min左右。电极板层数在很大程度上决定了强电场的体积，

在同一脱盐罐内，当处理量不变时，减少电极板层数意味着减少了强电场中原油停留时间，降低了单位电耗。因此，国内外均趋向从多层改为两层水平式电极板结构，极板之间的距离较大，对处理含盐、含水量高的原油时适应性较好，操作比较稳定。强电场中原油停留时间国外多采用1~2min，较长的为2.5~6min；国内原为5~9min。但某些炼油厂的电脱盐罐改为两层电极板后，原油在强电场的停留时间约为2min。

② 强电场范围和电极电压。

两电极板间的电压：

$$U=E\cdot b \tag{3-2-4}$$

式中　U——两电极板间电压，V；

E——电位梯度，V/cm；

b——两极板间距，cm。

而且

$$b=W_s\cdot t$$

式中　W_s——原油通过水平极板上升速度，cm/min；

t——原油通过水平极板停留时间，min。

对卧式水平两层电极板脱盐罐，其强电场容积$V(m^3)$可近似按下式计算。

$$V=\frac{F\cdot b}{100}$$

原油通过强电场停留时间$t(min)$：

$$t=\frac{G}{60V}$$

式中　t——原油通过强电场停留时间，min；

F——罐体最大横截面积，m^2；

V——强电场容积，m^3；

G——每台脱盐罐处理量，m^3/h。

③ 弱电场设计。从下层电极板至水层上的油层区为弱电场区。但该区下段存在一乳化层，因其含水量相当高，它的电导和介电常数与原油乳化液相差较大，以致使该乳化层无法保持较高的电场。在该乳化层以上至下层电极板间为含水量较小的油层，水滴聚结作用主要在这里发生，实际的弱电场强度E'可按式(3-2-5)计算。

$$E'=\frac{U_2}{b'} \tag{3-2-5}$$

式中　E'——实际弱电场强度，V/cm；

U_2——下电极板电压，V；

b'——实际弱电场高度，即弱电场区高度减去乳化层高度，cm。

根据工业装置的操作经验，推荐实际弱电场强度E'为$500\sim\frac{E}{2}$(V/cm)。而实验证明，当E'为200V/cm时便开始产生水滴聚结作用。

当已知E'和U_2值后，便可由式(3-2-5)计算出b'的近似值。但是上述乳化层高度受原油性质、注水量、原油处理量、电压、操作温度和破乳剂注入量等因素的影响，波动范围较大，难以确定其恒定值。因此上述弱电场区的高度只能根据经验值确定。对直径为3~4m的卧式罐，弱电场区高度可采用0.6~0.8m；对直径较小的卧式罐可采用较小值，如直径为

1.6m 的卧式罐，采用 0.5m 高度就可取得良好的弱电场。

当界面高度一定时，因乳化层的变化使实际弱电场 b' 随之波动。乳化层增高，b' 值相应地减小，原油在弱电场区停留时间缩短，但弱电场强度 E' 却增加（因为 b' 值减小），因而部分补偿了原油在弱电场停留时间缩短的效应。但乳化层高度超过一定范围后，这种补偿效应就不足以避免操作状态的恶化。此时就需要调整油水界面高度，以保证实际弱电场水滴的聚结作用。

（3）破乳剂。破乳剂通过破坏原油乳化液中油和水的界面膜达到其破乳作用。原油脱盐脱水需要打破原油的乳化状态，这需要破乳剂来实现。破乳剂的作用机理是由于破乳剂相具有比原油中的乳化剂更强的表面活性，能在油水界面上吸附及部分置换界面上的天然乳化剂，使其能够破坏原有乳化液牢固的吸附膜，并且与原油中的成膜物质形成比原来界面膜更低的混合膜，导致油水界面强度减弱，使界面膜寿命变短，厚度变薄，当变薄到一定极限时，界面膜破裂，将膜内包裹的水释放出来，水滴互相聚结形成大水滴沉降到底部，油水两相发生分离，达到破乳的目的。良好的破乳剂具有较强的表面活性，良好的润湿性能，足够的絮凝能力，很高的聚结能力。

① 水溶性和油溶性破乳剂。根据破乳剂的溶解性能，可将其分为水溶性和油溶性。国内炼油厂电脱盐单元使用的破乳剂基本上是为水溶性破乳剂。水溶性破乳剂有其制约因素，a. 水溶性破乳剂适应性较差；b. 难以保证破乳剂配制的浓度和注入量，而且排放后的污水会对环境造成污染；c. 在实际生产操作中需要人工配制，劳动强度大。今后开发油溶性破乳剂是发展方向，因为装置加工原油品种多，性质差别大，脱前原油含盐、含水量高，油溶性破乳剂由于是溶于原油中，能随着原油发生作用，能延长破乳时间，提高破乳效果。此外油溶性破乳剂具有用量少、不污染环境、适应性强等优点。但有的油溶性破乳剂残留在原油中的 N、P 会对后续加工装置造成危害。

② 破乳剂的筛选。破乳剂的用量和类型对脱盐效果影响很大，由于不同原油所需破乳剂的成分不同，要破坏不同原油的乳化状态，必须使破乳剂能够适应原油品种的变化。但破乳剂很难做到这一点，现在还没有真正能够做到广普性的破乳剂，因而要对破乳剂进行筛选。破乳剂的类型和用量必须经过实验室筛选，并通过工业实践确定。原油组成与性质、乳化液稳定程度甚至开采过程都会影响破乳剂的选用类型。即使同种原油在不同地区、不同时段开采，乳化液的稳定情况也有差别。因此到目前为止，尚未有对破乳剂类型的选用及注入量量化的科学结论和严格规范，只是根据原油性质、破乳剂评选仪对破乳剂进行相对优化的筛选结果及生产操作经验而选定破乳剂类型及注入量。

③ 破乳剂注入量。破乳剂注入量应根据不同原油脱盐的难易程度选择不同的注入量，对于一些脱盐难度大的原油，适当增大破乳剂注入量以提高破乳效果。但破乳剂的用量也不是越多越好，它有一个临界聚结浓度，在达到临界聚结浓度前，破乳剂脱水效果随着破乳剂用量的增加而提高，但超过了临界聚结浓度时，破乳效果下降或几乎不变。破乳剂的用量由原油的性质、处理方法、脱盐要求和工艺条件等决定。一般来说国产水溶性的破乳剂注入量相当于原油量的 20~40μg/g，通常为 20~30μg/g，且浓度为 1%~3% 的水溶液，油溶性破乳剂注入量大致相当于原油量的 3~12μg/g，通常为 3~6μg/g。

生产中是根据原油的盐含量和原油的乳化程度来确定加入量。流量控制一般采用玻璃板浮子流量计或计量泵，两种方法各有利弊。浮子流量计直观、易调节，但量不容易固定，经常离开设定值；计量泵流量比较稳定，但流量不直观，不容易控制破乳剂的注入量。为加强破乳剂注入量监控，将破乳剂罐液面指示指入DCS，这样可通过观察液面趋势变化情况监控注入量和核算注入量，并能及时发现注入故障等。

④ 破乳剂注入位置。水溶性破乳剂可注在原油泵入口和注水泵入口，各级脱盐罐分开注。油溶性破乳剂可注在原油泵入口，其他级脱盐罐可根据脱盐情况少注或不注。

（4）混合强度。原油电脱盐工艺中，原油、水和破乳剂的混合程度一般用混合强度来表示。混合强度与混合系统（静态混合器+混合阀）的压差直接相关，因此混合系统压差是电脱盐系统中的重要操作参数，直接影响到洗涤效率和油水分离效果。如果混合阀压差太低，洗涤水和原油间的接触不充分，不能有效完成盐和固体杂质的脱除；如果混合阀压差太高，会使原油中的水滴直径变小，水和油乳化严重，油水乳化层厚，油水分离困难，切水含油量高。通常混合压差可在30~150kPa进行调整。对不同的原油，混合强度有一个最佳值，需要通过调优确定。图3-2-10为混合法压降与原油脱后含盐、乳化液和水含量的关系图。从脱后原油含盐量和含水量分析来看，一般脱后含盐量高，但脱后含水量低及切水含油量低，则判断混合强度不够，适当提高混合强度，以降低脱后含盐量。混合强度因原油品种和脱盐罐内部结构的不同而各异，较重原油（API15~API24）的混合阀压差 ΔP 采用30~80kPa；较轻原油（API25~API45）的混合阀压差 ΔP 采用50~150kPa。

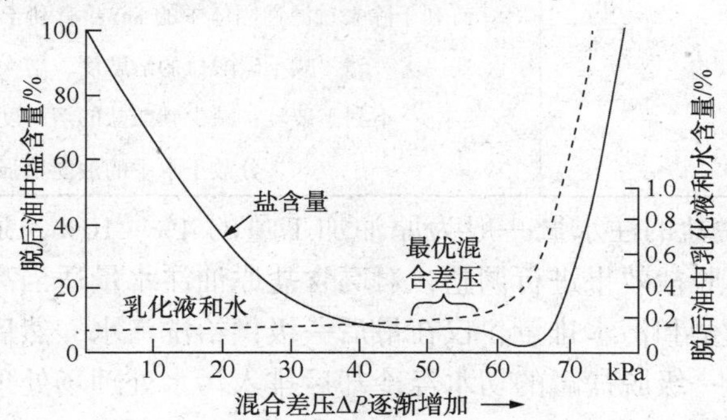

图3-2-10　混合阀压降与原油脱后含盐、乳化液和水含量的关系图

根据装置加工能力和洗涤水性质，混合系统压差最优范围不仅对于不同的电脱盐单元有所不同，而且对同一电脱盐单元也有变化，最优压差设置需根据实际操作来确定。当工艺条件变化时必须重新建立最优混合系统压差 ΔP。通常步骤为：全开混合阀，将 ΔP 降到最小，两小时后对脱后油取样，检测盐、水含量并检测排水情况；然后以5kPa为基准，逐步调整混合系统压差 ΔP，每一个混合压差至少保持2h以上，且每一个混合压差都需要重新检测脱后油和污水的主要控制指标，从而找到最优混合压差范围。

（5）注水。保持油水乳化液中适当的含水量是使细小水滴聚结，原油电脱盐脱水的必要条件。电脱盐注水的作用是洗涤原油中悬浮的盐和稀释原油中的含盐水滴。原油中注入水经充分混合后形成细小的水滴，水滴的间距减小，聚结力会急剧增加，聚结成大水滴从原油中脱除。

① 注水水质。电脱盐注水水质对脱盐效果有较大的影响，其含盐、含氧及酸碱性物质含量均应有一定要求。含盐量高将增加脱后原油的含盐量或增大注水量，含氧时会在脱盐温度下腐蚀金属，大量氧带入加工系统以后会氧化硫化物，影响蒸馏产品质量，造成装置设备腐蚀。含酸碱性物质会改变原油乳化液的pH值，并与乳化液中的有机酸等物质形成具有表面活性的乳化剂，加剧乳化作用或排水带油现象。

注水的含盐量应不大于300mg/L，太高会影响深度脱盐难度；注水pH值一般应控制在6~8，大于8时会加剧乳化和使排水含油增加；NH_3含量应不大于150mg/L，H_2S含量小于20mg/L。

水质对脱盐效果的影响见表3-2-7。

目前电脱盐注水水质有脱硫净化水、新鲜水和软化水等。软化水水质好成本高，增加了电脱盐能耗。目前许多装置使用脱硫净化水回用电脱盐注水，能满足深度脱盐要求，同时达到污水回用，降低水耗的环保要求。以8Mt/a电脱盐单元，注水量按5%计算，年消耗软化水达0.4Mt，折合能耗为0.115kg标油/t。在能满足脱盐效果的情况下，回用工艺过程废水作脱盐注水是较好的选择。

表3-2-7　注水性质对原油脱盐的影响

性质	影　响
CO_3^{2-}/HCO_3^-含量低	减少结垢
$CaCO_3$含量低	减少结垢
悬浮固体含量低	减少形成稳定乳化液的机会
pH=5.0~5.5	有利于除去过滤性固体中的FeS；有利于环烷酸盐转化为环烷酸
pH>8.0	减小碳酸盐的溶解度，增大结垢倾向
氨含量高	不利于破乳；减少碳酸盐的溶解度，结垢倾向增大
油含量高	分散于水中的油能增强乳化

② 注入水量。电脱盐的注水量一般为原油加工量的4%~10%，通常为5%左右；具体根据不同原油的性质及脱盐效果进行调整，对高含盐原油注水量适当高些。

为了减少洗涤水用量和污水排量，仅在最后一级供给洗涤水，然后利用后一级的排水洗涤前一级的原油。最后一级脱盐罐的切水经冷却后排入污水处理场处理。

如果注水量过大，经过混合系统后形成的乳化液导电率增加，引起极板间电流升高，导致电压梯度降低，水滴在电场中受到的电场力变小，从而不能充分聚集沉降，降低脱盐效率。增加脱前注入的洗涤水量可以降低脱后原油含水中的盐浓度，从而提高脱盐效率。但是注入过多容易产生电击穿即跳闸现象，影响电脱盐的操作，同时占用了电脱盐罐大量的体积，也降低设备生产能力，并且还要增加水费、动力消耗、污水处理费等费用。

③ 注水位置。洗涤水通常在混合系统前注入原油中，在某些特定情况下，一级洗涤水选择注入原油换热器前。因为水注入在换热系统前，由于延长了水和原油接触时间，达到充分混合的目的，有利于提高脱盐效果。另外原油含有具有相反溶解性的可溶性碳酸钙和其他盐类，在原油换热器中，随着原油温度升高，这些盐类可以从溶液中沉淀出来，在换热器中形成一层厚厚的污垢，这种垢层影响了换热器的传热，增加了换热器清扫费用。此时在换热系统前注入部分洗涤水，可以溶解部分垢层，减少了这些垢层沉积量，同时有助于脱除部分可能堵塞换热器的固体颗粒。

一级洗涤水不选择注入到原油泵入口，因为油水乳化液经过离心泵的剪切，会形成非常微妙的乳化液，很难破乳，影响电脱盐设备的脱盐脱水效果。

④ 注水温度。电脱盐注水与电脱盐切水换热，提高注水温度，降低电脱盐排水温度，电脱盐注水温度一般≮80℃。

（6）油水界面。通常根据工程经验确定电脱盐罐体内最佳油水界面高度，电脱盐界位控制在30%~80%，一般控制在50%上下。实际控制时为降低脱盐污水含油量，一般一级脱盐罐界位适当控制稍高，二三级脱盐罐界位适当控制低些，以充分发挥弱电场的作用。

对于交流和交直流电脱盐罐，水位通常宜控制在进油分配系统上方约100~300mm；对于高速电脱盐罐，水位宜控制在最下层极板下500~800mm。相对来说高速电脱盐罐体内部的水位比交流和交直流电脱盐罐体要高，这也有利于增加水相停留时间，减少排出污水含油量。

电脱盐水位的控制非常重要。因为在电脱盐罐内部，水位可以与罐内极板的最下端形成弱电场，用来脱除原油中较大的水滴。水位过低，一方面会造成弱电场强度太低，无法脱除较小水滴，另一方面会减少水相在电脱盐罐体内部的停留时间，导致排水含油量过高。水位过高，则会导致电脱盐罐体运行电流升高，如果水层进入电极板之间，会导致电脱盐设备完全短路，无法建立电场。

（7）操作压力。操作压力对脱盐过程不产生直接影响，脱盐罐的压力决定于原油的饱和蒸气压、每一级的压力降和脱盐后的工艺流程的流体阻力，主要是用来防止水和轻油在电脱盐罐体内汽化而引起装置操作波动。通常要求电脱盐罐内最小压力应至少比脱盐温度下油水饱和蒸气压高约0.148MPa。一般规定为0.15~0.2MPa，以防止因原油、水开始汽化而影响脱盐过程。如果系统后部压力因某种原因减少，罐内可能发生“冒气”，在电脱盐罐顶部形成汽化区。过量“冒气”现象预示脱后原油含水量过多，且脱盐效果差。系统背压的正常操作值应能避免发生“冒气”现象。

如果电脱盐罐内原油发生汽化，在电脱盐罐体顶部形成汽化区，则安装在罐体顶部的液位开关会自动切断变压器的一次供电回路，使电脱盐罐体内部解除高压电场。

电脱盐罐内最大压力不能超过电脱盐罐的设备设计压力。

（8）沉渣冲洗。原油中的泥沙和机械杂质部分沉积在电脱盐罐底，如大量沉积，会造成罐体有效容积减小，缩短脱除水在罐体内的停留时间，导致排水含油量上升。若要控制排水含油达标，保证油水分离时间，则需要提高油水界位，界位过高会导致电极板间电导率增大或短路，影响装置的正常稳定运行，因此必须要对沉积在罐体底部的泥沙进行定期冲洗。

冲洗压力和冲洗水量应作为水冲洗系统的基础设计条件。冲洗水的压力一般要比电脱盐罐操作压力高0.3~0.6MPa，否则很难提供足够的能量将沉积的泥沙冲起。冲洗水量则根据罐体大小、水冲洗喷嘴大小、数量和形式而不同。冲洗频率和冲洗时间则需要根据原油含沙量及泥沙在罐体内的沉降情况确定，建议为每周冲洗一次或两次，每次冲洗至切水干净。

沉渣冲洗一般作为日常工作固定时间冲洗，在加工原油乳化严重、切水带油的情况，不宜沉渣冲洗。

（9）电脱盐罐区域划分。电脱盐罐从下往上划分为水区、油、水乳化区、强电场区、油区，见图3-2-11所示。由下层板板至油水界面为弱电场区，原油从分配管进入这一区域，在水平截面上匀速上升，在电场的作用下小水滴聚结成大水滴。

3. 电脱盐操作优化方案举例

（1）加工达混原油电脱盐优化方案。达混原油为高酸值原油，评价酸值为3.67mgKOH/g，密度（20℃）为903.5kg/m^3，盐含量为25.1mg/L，水含量为4.0%。实际加工时采用与低硫油混炼加工，出现油水分离困难，电脱盐切水含油量高，电脱盐操作难度大等现象。采取措施：

① 采用与低硫原油混炼加工，初期达混油带炼量为15%~20%，稳定后达到50%，最

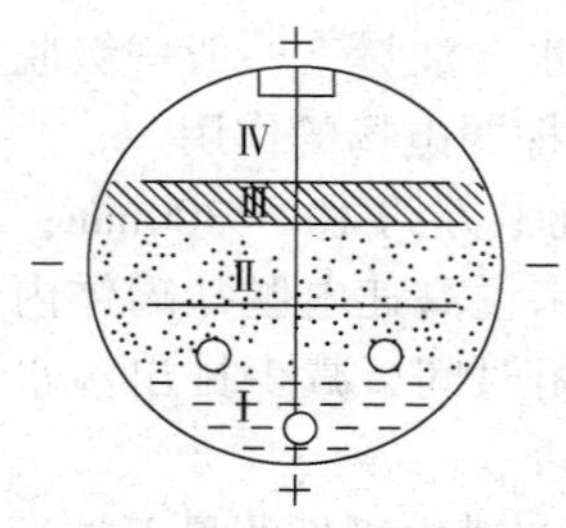

图 3-2-11　电脱盐罐内油水分区示意图

Ⅰ—水区；Ⅱ—油、水乳化区；Ⅲ—强电场区；Ⅳ—油区

高达70%。

② 原油罐区预处理脱水。破乳剂注入量为3～5mg/kg原油。

③ 筛选破乳剂。针对加工达混油筛选破乳剂，水溶性破乳剂能满足生产需要，但由于药剂耗量大，成本高，后改用油溶性破乳剂。

④ 电脱盐由二级高速电脱盐改为三级电脱盐，新增一级为交直流电脱盐。

（2）加工塔河稠油电脱盐优化方案。某常减压蒸馏装置加工塔河稠油，因原油中添加了强碱性固硫剂，造成电脱盐变压器跳闸，甚至配电线配件烧坏，脱后含盐、含水超标，造成蒸馏过程中冲塔。另外常压塔出现塔盘堵塞现象，常二线抽出量大幅减少，影响塔的正常操作。电脱盐切水含油量、COD含量高。强碱性固硫剂主要为无机强碱NaOH，脱前原油含固硫剂高达557mg/L，平均固流剂含量达200mg/L。采取措施：

① 油田原油固硫剂筛选和更换，降低原油碱性，使原油酸值恢复。

② 破乳剂筛选，试用了LPED-SD4和RUN-131破乳剂。

③ 改变注水水质，提高注水量。脱硫净化水改为新鲜水，注入量由5%～6%提高到8%～10%。

④ 电脱盐界位由30%～50%提高到50%～80%，降低脱水含油。

⑤ 保证脱盐温度。脱盐温度大于135℃。

⑥ 调整电脱盐电场强度。电脱盐电压从16kV提高到22kV。

⑦ 提高原油进装置温度。原油进装置温度由40～50℃提高到55～65℃。

通过采取以上措施，脱后含盐达到小于5mg/L，脱后含水量达到指标要求。

（3）加工鲁宁管输油脱盐优化方案。某常减压蒸馏装置加工鲁宁管输油，密度为925.5kg/cm^3，脱前水含量高，通过电脱盐改造，脱后含盐和含水量达到指标要求。采取措施：

① 设计采用二级电脱盐，为交直流电脱盐。

② 电脱盐设计温度为130～140℃。

③ 电脱盐增设沉渣冲洗。每班冲洗一次。

④ 利用旧电脱盐罐作为一级沉降罐，脱除原油中杂质，增加原油沉降时间。

⑤ 增设电脱盐切水分离罐，降低污水含油。

⑥ 筛选合适的破乳剂，采用OA-3破乳剂。

通过改造，在原油脱前含水1.4%～10%，脱前含盐量20～80mg/L的情况下，脱后含盐和含水达到指标要求。

（4）加工蓬莱原油脱盐优化方案。某减压蒸馏装置所加工的原油具有高密度、高酸值、高含盐、脱盐难度大、腐蚀性强等特点。装置采用三级电脱盐串联操作，高低速电脱盐设施组合式应用。其中一级罐为高速电脱盐，二级罐、三级罐为低速交直流电脱盐，三个罐均设有副线可以切除。

蓬莱油酸值为3.2mgKOH/g，密度(20℃)为927.6kg/m^3，盐含量为130mg/L，水含量为0.3%。

电脱盐主要操作数据：

一级脱盐温度：135~145℃；

注水量：8%，一三级注水，三级切水回注二级；

电脱盐罐界位：50%~60%；

混合压强：一级为20~40kPa，二三级为30~50kPa；

一级脱盐压力：0.9~1.2MPa；

破乳剂注入量：一级为4~6mg/kg，二三级为8~10mg/kg。

四、几种典型的原油电脱盐技术

电脱盐罐是电脱盐单元的主体设备，罐体形式一般采用卧式罐，罐体材质通常采用16MnR。罐体尺寸依据原油的处理量及原油在罐内强电场的停留时间确定，壁厚依据罐体的耐压指标确定，一般都在30mm以上。

现在的电脱盐形式根据电场结构的不同可分为交流电脱盐、交直流电脱盐、高速电脱盐和脉冲电脱盐等几种形式。

我国应用交流电脱盐，脱后含盐能达到防腐要求；随着重油催化裂化技术的发展，为防止催化剂中毒，脱后含盐要达到小于3mg/L，研究开发了交直流电脱盐技术；为适应装置大型化建设，引进了美国Petreco公司的高速电脱盐技术。在此基础上开发了国产化高速电脱盐成套技术，达到了国际先进技术水平。

（一）交流电脱盐

交流电脱盐技术是在水平电极板之间施加交流高电压，形成交流高压电场。原油在电场的作用下，水滴两端感应产生相反的电荷，并在交变电场中产生震荡，引起水滴的形状和电荷极性的相应变化，再加上水滴在运动中的相互碰撞，使得小水滴破裂而合并为大水滴，在重力的作用下，最后从原油中沉降下来。原油从电脱盐罐顶部集液管排出，水滴沉降到脱盐罐底部排出。

根据原油加工量及罐体大小，交流电脱盐电极板一般有二层、三层和四层，分为带电极板和接地极板。对于二层极板，下层极板接电、上层极板接地。对于三层极板，中间极板接电，其他两层接地；通过不同极板组成，形成交流强电场和交流弱电场，提高脱水效率。

交流高压电源设备是电脱盐最常用的供电设备。它是一种专用的防爆全阻抗式变压器，对各种工况的原油处理都有一定的效果，是最早应用在电脱盐中的一种电源设备。由于电脱盐电场应用的特殊性，电脱盐设备专用变压器需要适应设备在运行过程中经常发生电极板间短路情况下而不能损坏变压器，并保证设备可以连续运行。为此电脱盐变压器采用全阻抗式，阻抗值为100%。将变压器二次侧短路，在一次侧通过调压器逐步提高变压器的输入电压，当一次电流达到额定值时，此时输入电压即为阻抗电压，表示为与变压器额定电压的比值，即我们在电脱盐电源应用中要求达到100%的阻抗值。变压器初级串联了高阻抗器线圈，即使在电脱盐罐体内发生严重乳化，甚至负载出现短路，也不会损坏电源设备，在保护电源和安全生产方面起到重要作用，保证了电脱盐设备的安全、平稳和长周期运行；脱盐、脱水率大大提高，脱后技术指标基本能满足工艺要求(脱后含盐<5mg/L)。

交流电脱盐水平极板的特点：

(1) 容器内设计两层或三层电极形成两个或三个电场。

（2）结构简单，稳定性、可靠性好。

（3）脱盐脱水率能满足要求不高的工艺要求。

（4）电耗较高。

（二）交直流电脱盐

交直流高压电源是在交流高压电源的基础上研制开发出来的，在变压器上配置了一个大功率整流箱，将交流电变为直流电，向电脱盐罐体内的电场输出正负高压直流电，是与交直流电脱盐技术配套使用的电源设备。

交直流电脱盐罐内的极板分布为垂挂式正负相间，电场分布是自下而上分为交流弱电场、直流弱电场和直流强电场。交直流电脱盐极板安装示意图见图 3-2-12，电场分布见图 3-2-13。

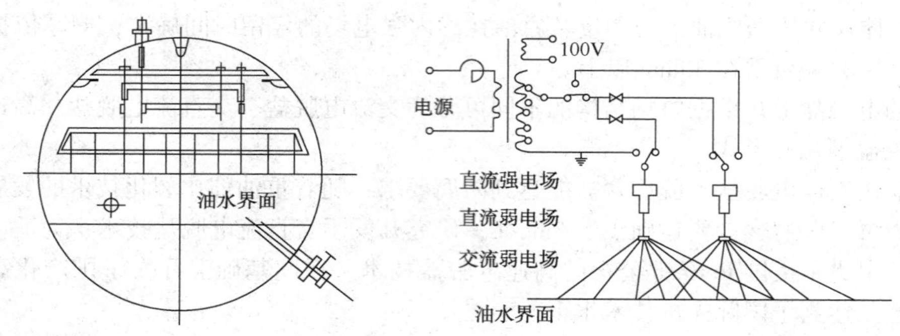

图 3-2-12　交直流电脱盐极板安装示意图　图 3-2-13　交直流电脱盐的电场分布图

含水原油通过直流电场时，原油中的微小水滴在电场的作用下同样产生偶极性，相互吸引复合，只是电场不交变。由于电极板为垂直布置，产生偶极化的水滴处在电场中的位置不平衡，或者在原油输送过程中由于摩擦作用，水滴本身已带一定的正负电荷时，水滴产生了不平衡电场力使水滴向正负极板移动，即产生了电泳现象，而原油和水滴沉降是上下运动，这就大大增加了水滴复合的机率。电泳使更小的水滴在接触极板时带上相同电荷又迅速反向移动，这就是交直流电脱盐脱水率比交流电脱盐高的主要原因之一。另外直流电场垂直布置还有利于增加电场强度和改变电极距来取得合适的原油在电场中的停留时间和电场强度，从而提高脱盐脱水率。电极距的改变是因为垂直极板的上下厚度尺寸不一样形成的，极板是上厚下薄。这种变极距结构使电场形成梯度电场，原油在上升过程中先经过弱电场脱去粒度较大的水滴，再经强电场脱去粒度较小的水滴，这样可提高电脱盐的脱除率。

交直流电脱盐的特点：

（1）在罐体内设计多种不同电场强度的电场；

（2）具有较高的脱盐效率；

（3）大大降低了电耗；

（4）对油品的适应性强。

（三）高速电脱盐

高速电脱盐技术最早是由美国 Petreco 公司 20 世纪 90 年代开发的一种电脱盐技术，主要是为了提高电脱盐单元的处理量，适应炼油厂大型化的发展和需要。低速是指传统的倒槽式进料分配器侧面上的小孔流出时速度较慢，而在高速电脱盐中，原油乳化液经过水平喷嘴直接喷入电场，缩短了油流路径，提高了进油速度，从而实现较小罐体处理量提高的目标。

进料口位置升高在强电场区，油水在强电场区瞬间分离，无油水逆流状况，有利于油水分离。原油高速电脱盐与低速电脱盐设计参数对比见表3-2-8。

表3-2-8　5.0Mt/a原油高速电脱盐与低速电脱盐设计参数对比

项　目	低速电脱盐(交直流电脱盐)	高速电脱盐
电脱盐罐尺寸/mm	4000×26000	3600×1400
进料位置	罐体底部水层中	罐体中央高压电场中
进料部件形式	进油分配器，倒槽式进料分配器	双层喷嘴
极板形式	垂挂式	水平
极板层数(水平)	2层或3层	3层或4层
供电形式	交直流	交流或交直流
变压器数量/台	3	1
相对处理能力	1	2
油流在罐体内上升速度/(mm/s)	1.8	3.6
脱后原油含盐/(mg/L)	3	3
脱后原油含水/%	0.1	0.3
切水含油量/(mg/L)	200	100~150

高速电脱盐采用水平电极，与专门设计的电源组合下形成水平直流电场，同时也产生交流电场。国内高速电脱盐罐体内布置四层电极板，电场的设计按照喷嘴喷出速度和喷出面积进行设计，设计四层电场结构，形成弱电场、强电场和高强电场三种不同电场强度的梯度电场。高速电脱盐进油分配在大处理量的情况下，保证原油乳化液在罐体内均匀分布，平稳上升不仅对油水界位的稳定起到重要作用，同时对保证电场对乳化液做功的均衡性，保证电场均匀负荷具有重要作用。高速电脱盐的进油分配器采用了等惯性设计原理和喷出原油区域与电场设计相吻合的设计思路，一方面确保喷出的原油全部经过电场，同时也不能使原油在电场中有太长的停留时间，以免增大电脱盐电源设备的负荷。

油水乳化液在经过交流电场和直流电场后能够被充分分离。在这种设计的基础上，处理轻质原油理论上可提高处理量1.75~2倍，重质原油处理量比轻质原油处理量略微减少。

高速电脱盐技术的适应性和缺点：从高速电脱盐高效喷头的设计原理看，高效喷头的分配效果与原油API度有直接关系，原油的轻重会影响高效喷头的分配效果。高速电脱盐，原油在罐内的停留时间短，一般为低速电脱盐的1/3~1/2倍，原油中的杂质分离不及时，部分杂质带入下游设备，易沉积在换热器、塔盘上，影响传热和分离效果。

高速电脱盐的特点：

(1) 容器内设计三层或四层电极形成两个或三个电场梯度。

(2) 油相进油，原油乳化液通过喷嘴直接进入到强电场中。

(3) 罐体小处理量大。

(4) 脱盐脱水率高，污水含油量低。

(5) 电耗较低，比交直流电脱盐低10%~15%。

(6) 适用于轻质、中质原油。

(四) 脉冲电脱盐

脉冲供电可获得很大的瞬间电场力，通常是普通电场力的3~5倍，乳化液水滴间的聚集力可提高9~25倍。

脉冲电场的破乳机理：脉冲电脱盐输出到极板上的电场波形不同于交流电脱盐和交直流电脱盐，它采用脉冲供电方式，脉冲宽度为30~1000μs，脉冲间隙为30~10000μs，脉冲频率为 50~2000Hz，在电脱盐罐体内形成脉冲电场，场电压波形为单向脉冲方波。在极板上施加单向脉冲电压时，因单向脉冲电压可分解为直流电压与交流电压的叠加，即原油中的水滴既受到直流电场的偶极力聚结作用，又受到交流电场的振荡聚结作用，同时电脉冲可使原油中电场峰值提高很多，使脉冲电脱盐具有较好的破乳效果。

脉冲电脱盐与常规的电脱盐相比较，其优势主要表现在：

（1）避免短路。在原油含水量过高或乳化严重的情况下，脉冲电源可以实现在极板间短路前使高压电进入脉冲间歇期，避免短路的形成。

（2）提高脱水率。在相同条件下，脉冲电场强度可以较交流、直流电场强度高 2~5 倍，由于原油乳化液中水滴之间的聚结力与电场强度的平方成正比，因而脉冲电场中水滴间的聚结力较传统的交流、交直流电场的聚结力可以提高 4~25 倍，更加有利于破乳。

（3）节省电耗。脉冲电源为间歇供电，缩短通电时间，具有明显的节电效果。

（4）稳定操作。脉冲电源采用微电脑控制，实现电压补偿，由可控硅控制输出脉冲电压有效避免因电流增大而产生电压的降低，提高了电脱盐单元运行的稳定性。

第三节　电脱盐污水、污油的处置

加工原油性质的劣质化，严重影响着炼油厂的安全平稳生产，特别是电脱盐的污水含油不仅关系到装置的环保，也关系到装置的加工损失。原油电脱盐切水含油量，应用旋流分离除油技术，实现污水含油量达标。

原油电脱盐污水如果达到含油量不大于 200mg/L 的技术指标，直接进入到炼油污水处理系统。图 3-3-1 为污水处理场流程示意图。

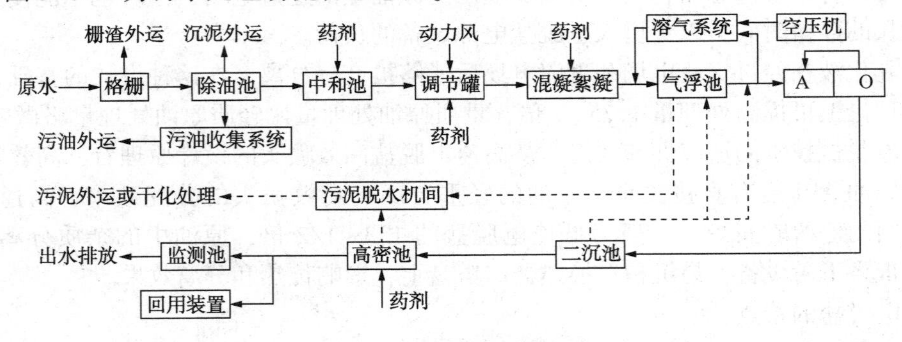

图 3-3-1　污水处理场流程示意图

一、电脱盐污水

1. 旋流分离除油

旋流分离罐简称旋流器，是一种利用离心沉降原理将非均相混合物中具有不同密度的相进行分离的机械分离设备。

2. 旋流分离原理

液-液旋流器是利用两种液体的密度差，在旋流管内高速旋转产生不同离心力，从而实现油-水分离。污水在一定压力下从旋流器进口沿切线进入旋流器的内部，液流由直线运动转变为高速旋转运动，经分离后因流道截面的逐渐缩小，液流速度则逐渐增大并形成螺旋流态，在旋流器的内部形成了一个稳定的离心力场。油相受到的离心力小，聚结在旋流器中心区，从油相出口排出；水相受到的离心力大，聚集在旋流器四壁区，从尾管排除。

3. 旋流分离流程

旋流分离流程见图 3-3-2 所示。

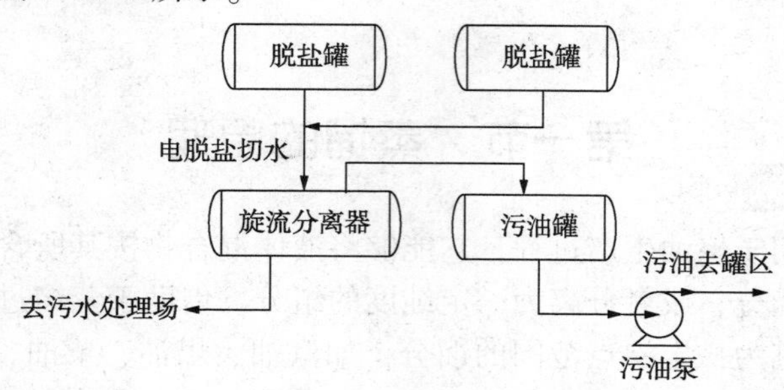

图 3-3-2　电脱盐污水旋流分离流程示意图

4. 分离效果

某电脱盐单元应用旋流分离罐除油，效率较高，入口含油量 738mg/L，除油后污水含油 86mg/L，脱除率高达 88.35%，脱后电脱盐污水含油量达到指标要求。

二、电脱盐污油

电脱盐污油从污水处理场回收，一般采用进储运污油罐后进常减压蒸馏装置回炼，但由于该原油乳化严重，对电脱盐运行冲击大，经常导致电脱盐污水带油严重的恶性循环，为此电脱盐污油进焦化回炼。旋流分离罐油相可注入初馏塔进料线处理或去罐区等。

参　考　文　献

1　康万利，董喜贵．表面活性剂在油田中的应用．北京：化学工业出版社，2005

2　刘香兰，贺斌．电脱盐装置的运行分析及工艺优化．化工生产与技术，2014，21(1)：53~56

3　沈伟．电脱盐装置应对高含水原油加工的措施及建议．石油炼制与化工，2013，44(11)：75~80

4　史伟，王纪刚，田一兵．高速电脱盐工艺操作条件的优化和探讨．炼油技术与工程，2008，38(9)：16~18

5　李庆梅，马红杰，崔轲龙，高绍华．哈油破乳剂评定及电脱盐工艺优化．石油化工设计，2011，28(1)：30~33

6　陈明燕，邓艳，刘宇程．炼油厂电脱盐用破乳剂的研究进展．精细石油化工进展，2011，12(9)：51~54

7　张凤华，张永生，娄世松，李飞．原油电脱盐技术研究进展．化工科技，2013，21(1)：71~74

8　陈士军，黄费喜．常减压蒸馏装置扩能改造新途径．石油炼制与化工，2004，35(7)：27~30

9　石油工业标准化技术委员会石油工程建设专标委．SY 0045—2008 原油电脱水设计规范[S]．北京：石油工业出版社，2005

10　严忠，孙文东．乳液液膜分离原理及应用．北京：化学工业出版社，2005

第四章　常减压蒸馏工艺

第一节　蒸馏的原理

蒸馏操作广泛应用于炼油生产过程，它能够将液体混合物按其所含组分的沸点或蒸气压的不同而分离为各种馏分，或者分离为一定纯度的组分。借助于蒸馏过程，可以将原油根据指定的产品方案，分割为一定沸点范围的馏分，如汽油、煤油、柴油、二次加工原料(如裂化原料)以及各种润滑油组分等。

一、蒸馏

1. 饱和蒸气压

任何物质(气态、液态和固态)的分子都在不停地运动，都具有向周围挥发逃逸的本领，液体表面的分子由于挥发由液态变为气态的现象称之为蒸发。挥发到周围空间的气相分子由于分子间的作用力以及分子与器壁之间的作用，使一部分气体分子又返回到液体中，这种现象称之为冷凝。在某一温度下，当液体的挥发量与它的蒸气冷凝量在同一时间内相等时，那么液体与它液面上的蒸气就建立了一种动态平衡，这种动态平衡称为气液相平衡。当气液相达到平衡时，液面上的蒸气压称为饱和蒸气压，简称为蒸气压。蒸气压的高低表明了液体中的分子离开液体汽化或蒸发的能力，蒸气压越高，就说明液体越容易汽化。

在炼油工艺中，经常要用到蒸气压的数据。例如，计算平衡状态下烃类气相和液相组成，以及在不同压力下烃类及其混合物的沸点换算或计算烃类液化条件等，都以烃类蒸气压数据为基础。

蒸气压的大小首先与物质的本性如相对分子质量大小、化学结构等有关，同时也和体系的温度有关。在低于0.3MPa的压力条件下，有机化合物常采用安托因(Antoine)方程式来求取蒸气压，其公式如下：

$$\ln p_i^0 = A_i - B_i/(T + C_i) \qquad (4-1-1)$$

式中　p_i^0——i组分的蒸气压，Pa；

A_i、B_i、C_i——安托因常数；

T——系统温度，K。

安托因常数A_i、B_i、C_i可由有关的热力学手册中查到。同一物质其饱和蒸气压的大小主要与系统的温度T有关，温度越高、饱和蒸气压也越大。

2. 泡点和露点

在常压平衡状态时的温度，也就是当液体的饱和蒸气压等于一个大气压，液体出现沸腾时的温度，称为液体的沸点，纯物质在一定压力下它的沸点是一定的。而原油和石油馏分由于是复杂的混合物，在加热过程中随着轻组分的不断挥发，液相的组成也在不断变化，轻组分不断减少和重组分不断富集，因此液相的沸点不断上升。

在一定压力下将油品加热至刚刚开始汽化，即油品开始汽化出现第一个气泡的温度，称为该油品的泡点温度，也称油品平衡汽化0%的温度，简称泡点。继续加热直至油品全部汽化，或者气态油品在一定压力下冷凝出现第一个液滴的温度，称为露点温度，或平衡汽化100%的温度，简称露点。

泡点、露点与混合物的组成有关，也和系统压力大小有关。在恒温条件下逐步降低系统压力，当液体混合物开始汽化出现第一个气泡的压力称力泡点压力，而在恒温条件下，增加系统压力，当气体混台物开始冷凝出现第一个液滴的压力称为露点压力。在常压操作中侧线抽出温度则可近似看作为侧线产品抽出塔板油气分压下的泡点温度，塔顶温度则可以近似看作塔顶产品在塔顶油气分压下的露点温度。

泡点方程是表征液体混合物组成与操作温度、压力条件关系的数学表达式，其算式如下：

$$\sum_{i=1}^{c} k_i x_i = 1 \tag{4-1-2}$$

露点方程式是代表气体混合物组成与操作温度、压力条件关系的数学表达式，其算式如下：

$$\sum_{i=1}^{c} y_i / k_i = 1 \tag{4-1-3}$$

其中 x_i 、y_i 分别代表 i 组分在液相或气体的摩尔分率，c 代表系统中的组分数目。

3. 气液相平衡

处于密闭容器中的液体，在一定温度和压力的条件下，当从液面挥发到空间的分子数目与同一时间内从空间返回液体分子数目相等时，就与液面上的蒸气建立了一种动态平衡，称为气液平衡。气液平衡是两相传质的极限状态。气液两相从不平衡到平衡的原理，是汽化、冷凝、吸收和解吸过程的基础。例如，蒸馏的最基本过程就是气液两相充分接触，通过两相组分浓度差和温度差进行传质传热，使系统趋近于动态平衡，这样经过塔板多级接触，就能达到混合物组分的最大限度分离。

气液相平衡常数 k_i 是指气液两相达到平衡时，在系统温度、压力条件下，系统中某一组分 i 在气相中的摩尔分率 y_i 与液相中的摩尔分率 x_i 的比值。即

$$k_i = y_i / x_i \tag{4-1-4}$$

相平衡常数是由蒸馏过程中相平衡计算时最重要的参数，对于压力低于0.3MPa的理想溶液，相平衡常数可以用下式计算：

$$K_i = p_i^0 / p \tag{4-1-5}$$

式中　p_i^0——i 组分在系统温度下的饱和蒸气压，Pa；

　　　p——系统压力，Pa。

石油或石油馏分，可用实沸点蒸馏的方法切割成为沸程在10~30℃的若干个窄馏分，把窄馏分看成为一个组分——假组分，借助于多元系统气液相平衡计算的方法进行石油蒸馏过程气液相平衡的计算。

4. 拉乌尔定律和道尔顿定律

拉乌尔(Raoult)研究稀溶液的性质，归纳了很多实验的结果，于1887年发表了拉乌尔定律：在定温定压下的稀溶液中，溶剂在气相的蒸气压力等于纯溶剂的蒸气压乘以溶剂在溶液中的摩尔分率。其数学表达式如下：

$$p_A = p_A^0 \cdot x_A \tag{4-1-6}$$

式中　p_A ——溶剂 A 在气相的蒸气压，Pa；

p_A^0 ——在定温条件下纯溶剂 A 的蒸气压，Pa；

x_A ——溶剂中 A 的摩尔分率。

大量科学研究实践证明，拉乌尔定律不仅适用于稀溶液，而且也适用于化学结构相似、相对分子质量相近的不同组分所形成的理想溶液。

道尔顿(Dalton)根据大量实验结果，归纳为“系统的总压等于该系统中各组分分压之和”，通常称之为道尔顿定律。

道尔顿定律有两种数学表达式：

$$p = p_1 + p_2 + \cdots\cdots + p_n$$

$$p_i = p \cdot y_i$$

式中　p_1、p_2、…、p_n——代表下标组分的分压；

y_i——任意组分 i 在气相中的摩尔分率。

经以后的大量科学研究证实，道尔顿定律能准确地用于压力低于 0.3MPa 的气体混合物。

当把这两个定律进行联解时很容易得到以下算式：

$$y_i = p_i^0 / p x_i$$

根据此算式很容易由某一相的组成，求取其相平衡的另一项组成。

5. 挥发度和相对挥发度

液体混合物中任一组分汽化倾向的大小可以用挥发度 v_i 来表示，其数值是相平衡常数与压力的乘积，即：

$$v_i = K_i \cdot p = (y_i / x_i) p_i \qquad (4-1-7)$$

对于理想体系 $K_i = (p_i^0 / p)$，液体混合物中 i 组分的挥发度显然就等于它的饱和蒸气压，即 $v_i = p_i^0$。

相对挥发度是指系统中，任一组分 i 与对比组分 j 挥发度之比值，即

$$a_{ij} = v_i / v_j = K_i / K_j$$

对于理想体系：

$$a_{ij} = p_i^0 / p_j^0$$

对于低压非理想溶液物系：

$$a_{ij} = r_i p_i^0 / r_j p_j^0$$

式中　r_i、r_j —— i、j 组分在系统组成及温度条件下的活度系数。

二、蒸馏的原理

蒸馏塔是整个常减压装置工艺过程的核心。蒸馏是炼油工业中一种最基本、最常用的分离方法，它是分离(传质)过程中最重要的单元操作之一。不仅常减压装置有蒸馏过程，几乎每种加工装置都要用到，例如催化裂化装置的分馏塔、气体分馏装置的分馏塔、重整装置的预分馏塔等。它们的操作条件不同、介质不同、产品数目不同、分离程度的不同，但其原理是一致的。

化工生产中经常要处理由若干组分所组成的混合物。为了满足储存、运输、加工和使用的要求，时常需要将这些混合物分离成较纯净或几乎纯态的物质或组分。

蒸馏是分离液体混合物的典型单元操作。这种操作是将液体混合物加热使之部分汽化，在蒸馏塔内利用混合物各组分的挥发度不同的特性实现分离的目的，或者通俗地说是利用其中各组分沸点不同的特性来实现分离。

原油是不同沸点的组分组成的复杂混合物，我们所说的常减压蒸馏就是指在常压状态下和真空状态下，根据原油中各组分的沸点不同，将原油切割成不同馏出物的过程。不同沸点范围的馏出物称之为馏分，在一定温度下蒸馏出来的馏分也是混合物，例如，<200℃的石脑油馏分、200~350℃的柴油馏分等。在实验室里将馏分油加热，将馏分油开始汽化的温度称为初馏点，蒸出总体积的10%时的温度称之为10%点，同样确定30%、50%、70%、90%、95%(98%)点，直至混合物全部蒸干，只剩下不可汽化的物质，此时温度称为终馏点或终馏点。从初馏点到终馏点这一温度范围叫馏程。

（一）蒸馏操作的三种基本类型

1. 闪蒸

在闪蒸过程中，气液两相有足够的时间密切接触，达到了平衡状态，则称为平衡汽化。气相产物中含较多的低沸点组分，液相产物中含较多的高沸点组分。但所有组分都同时存在于气液相中，平衡汽化的逆过程称为平衡冷凝。

平衡汽化和平衡冷凝时，气相产物中含有较多低沸组分，液相产物中含有较多高沸组分，因此都能使液体混合物得到一定程度的分离。

在平衡状态下所有组分都同时存在于气液两相中，而两相中的每一个组分都处于平衡状态，因此这种分离是比较粗略的。

2. 简单蒸馏

液体混合物在蒸馏釜中被加热，在一定压力下当温度达到混合物的泡点温度时，液体开始汽化，生成微量蒸气。生成的蒸气当即被引出并冷凝冷却后收集起来，同时液体继续加热，继续生成蒸气并被引出，这种蒸馏方式称作简单蒸馏或微分蒸馏。

在整个简单蒸馏过程中，所产生的一系列微量蒸气的组成是不断变化的。从本质上看，简单蒸馏过程是由无数次平衡汽化所组成的，是渐次气化过程。简单蒸馏所剩下的残液是与最后一个轻组分含量不高的微量蒸气相平衡的液相，所得的液体中的轻组分含量会低于平衡汽化所得的液体的轻组分含量 。简单蒸馏是一种间歇过程，基本上无精馏效果，分离程度也还不高，一般只是在实验室中使用。

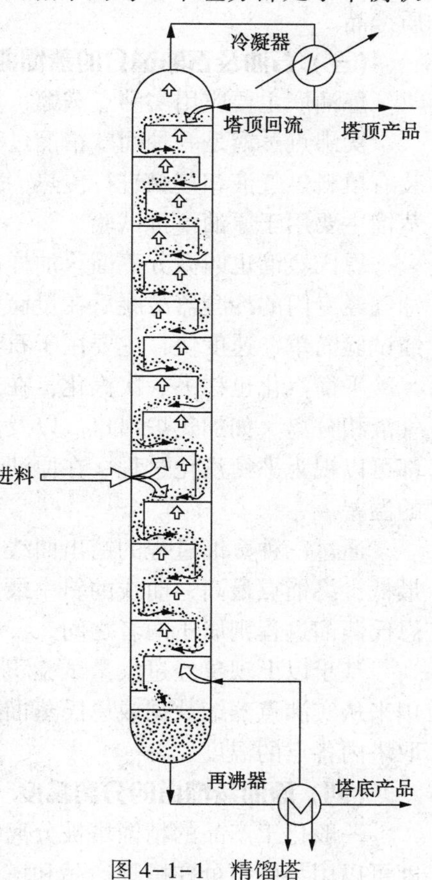

图 4-1-1　精馏塔

3. 精馏

精馏是分离混合物的有效手段，精馏有连续式和间歇式两种，石油加工装置中都采用连续式精馏，而间歇式一般用于小型装置和实验室。

连续式精馏塔一般分为两段：进料段以上是精馏段，进料段以下是提馏段，如图 4-1-1 精馏塔内装提供气液两相接触的塔板或填料。塔顶送入轻组分浓度很高的液体，成为塔顶回流。塔底有再沸器，加热塔底馏出的液体以产生一定量的气相回流。塔底的气相回流是轻组分含量很低而温度较高的气体。气相和液相在每层塔板或填料上进行传质和传热，每一次气液相接触即产生一次新的气液相平衡。使气体中的轻组分和液相中的重组分分别得到提浓，最后在塔顶得到较纯的轻组分，在塔底得到较纯的重组分。借助于精馏，可以得到纯度很高的产品。

精馏是气液两相进行连续多次的平衡汽化和平衡冷凝的过程，精馏的分离效果要远远优于平衡汽化和简单蒸馏。

（二）精馏过程的必要条件

（1）精馏过程是依靠多次汽化及多次冷凝的方法，实现对液体混合物的分离。因此，液体混合物中各组分的相对挥发度有明显差异是实现精馏过程的首要条件。混合物挥发度十分接近(如 C_4馏分混合物)的条件下，可以加入溶剂形成非理想溶液，以恒沸精馏或萃取精馏的方法来进行分离，此时所形成非理想溶液中各组分的相对挥发度已有显著的差异。

（2）塔顶加入轻组分浓度很高的回流液体，塔底用加热或汽提的方法产生热的蒸气。

（3）塔内要装有塔板或填料，使下部上升的温度较高、重组分含量较多的蒸气与上部下降的温度较低、轻组分含量较多的液体相接触，同时进行传热和传质过程。蒸气中的重组分被液体冷凝下来，其释放出的热量使液体中的轻组分得以汽化。塔内的气流自下而上经过多次冷凝过程，使轻组分浓度越来越高，在塔顶可以得到高浓度的轻质馏出物，液体在自上而下的流动过程中，轻质组分不断被汽化，轻组分含量越来越低，在塔底可以得到高浓度的重质产品。

（三）石油及石油馏分的蒸馏曲线

炼油厂主要应用实沸点蒸馏、恩氏蒸馏、平衡汽化三种蒸馏过程。

实沸点蒸馏是一种间歇精馏过程。塔釜加入油样加热汽化，上部冷凝器提供回流，塔内装有填料供气液相接触进行传热、传质，塔顶按沸点高低依次切割出轻重不同馏分。实沸点蒸馏主要用于原油评价试验。

恩氏蒸馏也叫微分蒸馏。油样放在标准的蒸馏烧瓶中，严格控制加热速度、蒸发出来的油气经专门的冷凝器冷凝后在量筒中收集，以确定不同馏出体积所对应的馏出温度。恩氏蒸馏试验简单、速度快，主要用于石油产品质量的考核及控制。

平衡汽化也称为一次汽化，在加热的过程中油品紧密接触处于相平衡状态，加热终了使气液相分离。如加热炉出口、以及应用“理论塔板”概念进行精馏过程设计时的理论塔板，都可以视为平衡汽化过程。在原油蒸馏过程设计时还用它来求取进料段、抽出侧线以及塔顶的温差。

通过三种蒸馏过程的馏出曲线进行比较(见图 4-1-2)，很容易看出实沸点蒸馏初馏点最低，终馏点最高，曲线的斜率最大。平衡汽化初馏点最高、终馏点最低，曲线斜率最小。恩氏蒸馏过程则居于两者之间。

基于以上现象经过大量试验积累丰富的数据，经处理得到三种蒸馏曲线换算图表。主要用来从实沸点蒸馏数据或恩氏蒸馏数据出发，求取平衡汽化数据，再在原油蒸馏塔设计时求取塔内各点的温度。

（四）原油蒸馏塔的分离精度

一般化工产品的精馏塔被分离物系是由若干个确定组成的组分构成的，该塔的分离精确度可以用某些组分在塔顶产品和塔底产品中的含量来表示，换而言之是用塔顶产品和塔底产品中的含量来表示。原油蒸馏产品不是具体的组分，而是较宽的馏分，上述分离精确度表示的方法不能用在石油系统的蒸馏过程中。原油蒸馏过程两相邻馏分之间的分离精确度，通常用该两个馏分的蒸馏曲线(一般是恩氏蒸馏曲线)的相互关系来表示，如图 4-1-3 所示。

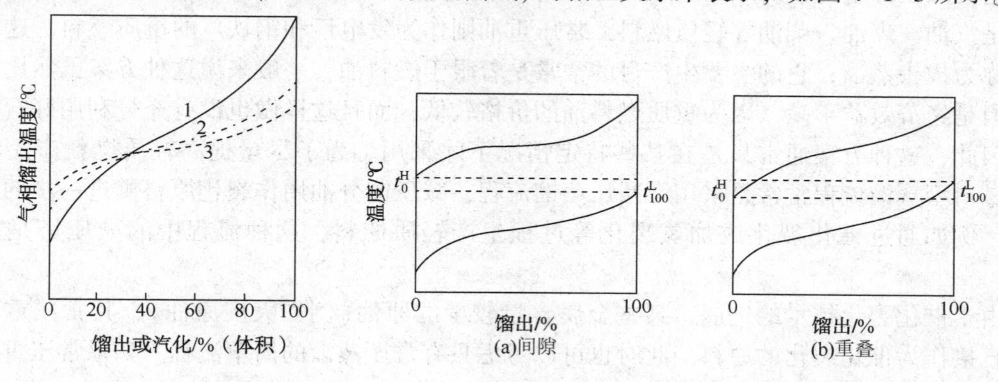

图 4-1-2　三种蒸馏曲线的比较

1—实沸点蒸馏；2—恩氏蒸馏 ；3—平衡汽化

图 4-1-3　相邻馏分的间隙与重叠度

倘若较重馏分的初馏点高于较轻馏分的终馏点，则这两个馏分之间有些脱空，炼油工业的术语称这两个馏分之间有一定的间隙。间隙可以用较重馏分的初馏点与较轻馏分的终馏点之间的温差来表示：

$$恩氏蒸馏(0\sim100)间隙 = t_0^H - t_{300}^L$$

对于一些重质馏分油也可以用较重馏分的 5%点 t_5^H 与较轻馏分的 95%点 t_{95}^L 之间的差值来表示：

$$恩氏蒸馏(5\sim95)间隙 = t_5^H - t_{95}^L$$

假如较重馏分的初馏点 t_0^H 低于较轻馏分的终馏点 t_{100}^L 则称为重叠，重叠意味着一部分轻馏分进入到重馏分当中，其结果既降低了馏分的收率，又有损于质量，显然是分馏精确度差所造成的。而间隙意味着较高的分离精确度，间隙越大说明分离精确度越高。不论相邻两个馏分的恩氏蒸馏曲线是间隙或重叠，如果以实沸点蒸馏曲线来表示两相邻馏分的相互关系，那就只会出现重叠而不可能发生间隙。

第二节　蒸馏装置的类型

所谓原油蒸馏的流程方案，是指根据原油的特性和任务要求所制定的产品生产方案，也即原油加工方案在工艺流程中的体现。

为了最有效地利用石油资源，在制定原油加工方案时应充分考虑所加工原油的特性。例如大庆原油的高沸馏分制备润滑油时质量好、收率高，生产润滑油时得到的石蜡质量也很好。但是从大庆原油的减压渣油制沥青时则很难得到高质量的沥青产品。因此对大庆原油的加工方案，应优先考虑生产润滑油和石蜡，并同时生产燃料。至于孤岛原油及某些重质原油则正好情况相反；用这种油生产润滑油必然是事倍功半，而其减压渣油却是制沥青的优良原料，甚至不必进一步加工如氧化就可以达到一些沥青产品的质量要求。因此，考虑这类原油的加工方案时不应考虑生产润滑油。

原油的加工方案可以分为以下几种基本类型。

一、燃料油型

这类加工方案的目的产品基本都是燃料。最简单的燃料型蒸馏流程就是常压蒸馏流程，产品是汽油、煤油、柴油等轻质燃料，常压重油则作为发电厂和钢铁厂的重质燃料。这种方案常称为拔头蒸馏；它的主要生产目的常常是着眼于燃料油。一般来说这种方案虽然比较简单，但是经济效益不高，因为重质燃料油的价格较低，而且这样做也没有充分利用好石油资源。因此，这种方案通常只是在某些特定情况下才采用。为了尽量提高轻质燃料产品的收率，燃料型蒸馏流程常常是采用常减压蒸馏流程，减压馏分油用作裂化原料供进一步的二次加工，例如通过催化裂化或加氢裂化等过程生产轻质燃料，这种流程中的减压塔是燃料型的。

由于催化裂化技术的进展，某些金属含量较少的原油(例如大庆原油)，其常压重油也可以直接作为催化裂化的原料，此时也可以考虑只有常压蒸馏的简单流程。如果常压重油不是全部用作裂化原料，则往往还需要有减压蒸馏。

二、燃料-润滑油型

当原油的性质适于制取润滑油而且又有此必要时，产品方案可以是生产轻重质燃料和各种品种的润滑油。这种加工方案所要求的蒸馏流程无例外地是常减压蒸馏流程。其中的减压塔也必然是润滑油型减压塔。采用这种流程方案的炼油厂也称之谓完整型炼油厂。

除了以上三种基本类型之外，还可以有一些其他的加工方案。例如，燃料-润滑油化工型加工方案等，但是这些加工方案的蒸馏流程都属于以上三种基本的流程方案中的某一种，无非是在产品分割中略有特点罢了。

三、燃料-化工型

这类方案的目的产品除了轻重质燃料以外，还提供石油化工原料。如果只要求取得直馏轻质油供裂解制取烯烃，那么拔头蒸馏可能是个合理的流程方案。如果所要求的石油化工原料比较广泛，并且也要求多产轻质燃料，例如大型石油化工联合企业中的炼油厂蒸馏装置，通常采用常减压蒸馏流程方案。其产品方案可以是以常压80~160℃馏分作为重整原料制取芳烃，轻质油的一部分作轻质燃料，一部分裂解制烯烃，重质馏分油用作催化裂化原料以提高轻质燃料的产率，而裂化气又可以作有机合成的原料，这种流程中的减压塔也是燃料型的。

第三节　常减压蒸馏工艺流程

一、常压蒸馏流程

常压蒸馏装置流程简单，设备、管线及建筑用钢材耗量较低，基建投资少，消耗指标低，适宜在特殊条件下选用。只有常压没有减压，意味着渣油馏分少或者渣油馏分有其他用途。例如，某套常减压蒸馏装置用来直接加工凝析油，石脑油控制终馏点后作为重整原油或乙烯裂解原料，剩余的作为柴油组分。有些炼油厂不设计减压，主要是考虑其加工原油性质和与其整体加工流程配套，例如如果原油重金属含量、硫含量较低，常压渣油可全部或部分作催化裂化或加氢裂化装置原料，就没有必要设计减压。还有些炼油厂总体流程配有渣油加氢(ARDS)，那么常压渣油可以直接作为渣油加氢原料，也没有必要设计减压。在以上这些条件下，能合理利用常压渣油时，选用常压蒸馏流程是经济合理的。

目前，大的炼油厂单独选择常压蒸馏流程的已经比较少，主要是由于要应对多变的原油种类和逐步劣质化的原油性质，另外常减压装置也正在逐步向多馏分清晰切割的方向发展，这样有利于发挥炼油厂的整体效益。

常压蒸馏可分为单塔和双塔流程，其示意流程如图 4-3-1 和图 4-3-2 所示。

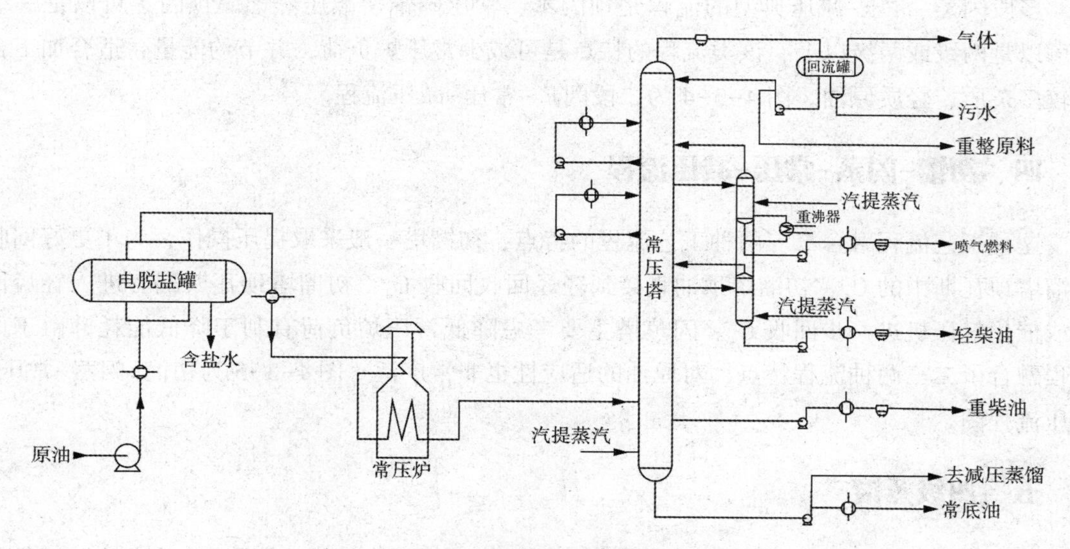

图 4-3-1　常压蒸馏(单塔)流程示意图

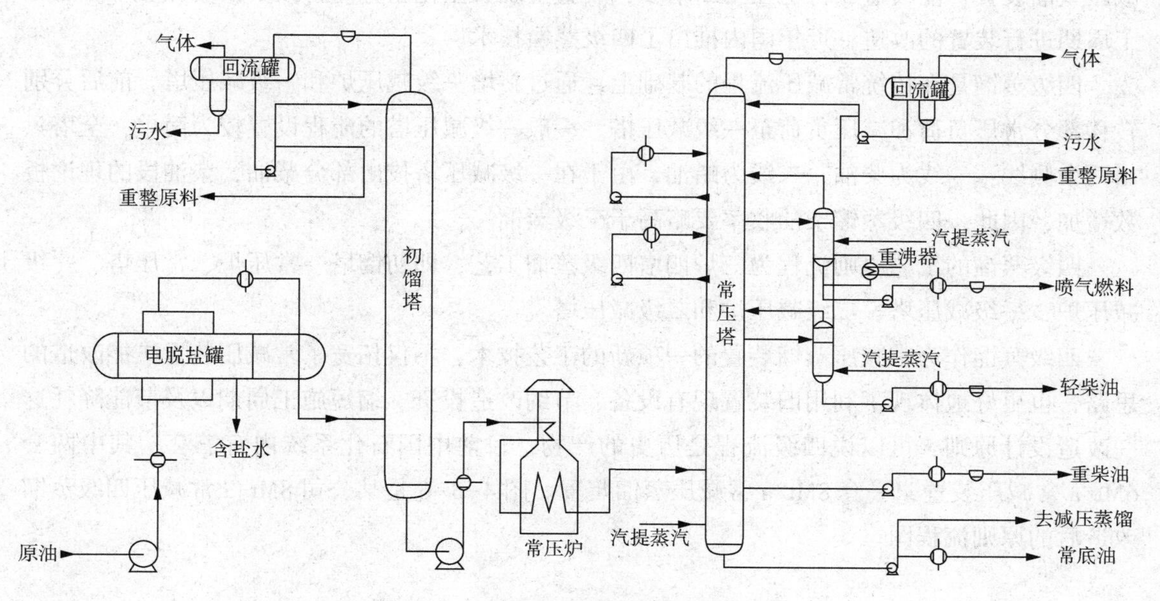

图 4-3-2　常压蒸馏(双塔)流程示意图

二、初馏-常压-减压

初馏-常压-减压蒸馏工艺是二炉三塔工艺流程最典型也是最传统的常减压蒸馏流程，特点是流程简单、原油适应性较强、设备设施少，图 4-3-3 为原则流程图。

三、多段闪蒸-常压-减压

多段闪蒸-常压-减压典型的流程是预闪蒸、常压蒸馏、减压蒸馏。预闪蒸可以是一级也可以是两级或两级以上，该类流程的特点是可减少常压炉负荷，并节约能量，适合加工含有较多杂质、轻质原油。图 4-3-4 为二段闪蒸-常压-减压流程。

四、初馏-闪蒸-常压-减压流程

这种工艺流程融合二三两种工艺流程的特点，初馏塔一般采取提压操作，为了更好回收初馏塔顶瓦斯中的 C_4，初馏塔顶油直接到轻烃回收回收 C_4，初馏塔顶瓦斯配套进入轻烃回收或催化气压机进一步回收 C_4。闪蒸塔主要考虑降低常压炉负荷有利于降低能耗。由于此流程融合了二三两种流程特点，对原油的适应性也非常广泛。图 4-3-5 为初馏-闪蒸-常压-减压流程图。

五、四级蒸馏

随着原油加工能力的不断提高，千万吨级大型石化企业的陆续建设，作为龙头装置的常减压蒸馏装置扩能改造项目也在不断增多，装置呈现大型化趋势。为减少投资并在较短的施工周期进行装置的改造，近年国内推出了四级蒸馏技术。

四级蒸馏是在传统常减压流程的基础上，通过新增一级减压炉和一级减压塔，前后分别转移部分常压负荷和减压负荷至一级减压塔。一般一级减压塔的流程设置较为简单，全塔只出两个侧线：一线为柴油，二线为蜡油，由于在一级减压塔拔出部分柴油，柴油段的理论板数增加，因此，四级蒸馏柴油收率要略高于三级蒸馏。

四级蒸馏的工艺原则流程为三炉四塔四级蒸馏工艺，即初馏塔、常压炉、常压塔、一级减压炉、一级减压塔、二级减压炉和二级减压塔。

四级蒸馏作为常减压蒸馏装置的一项新的工艺技术，不仅拓宽了常减压装置扩能改造的思路，也更好地体现了利用旧装置现有设备、节约改造投资、缩短施工周期以及节能降耗这一改造设计原则，可以说四级流程是历史的产物，目前中国石化系统内有三套，其中两套 6Mt/a 常减压装置，一套 8Mt/a 常减压蒸馏装置。图 4-3-6 是某公司 8Mt/a 常减压四级蒸馏改造后的原则流程图。

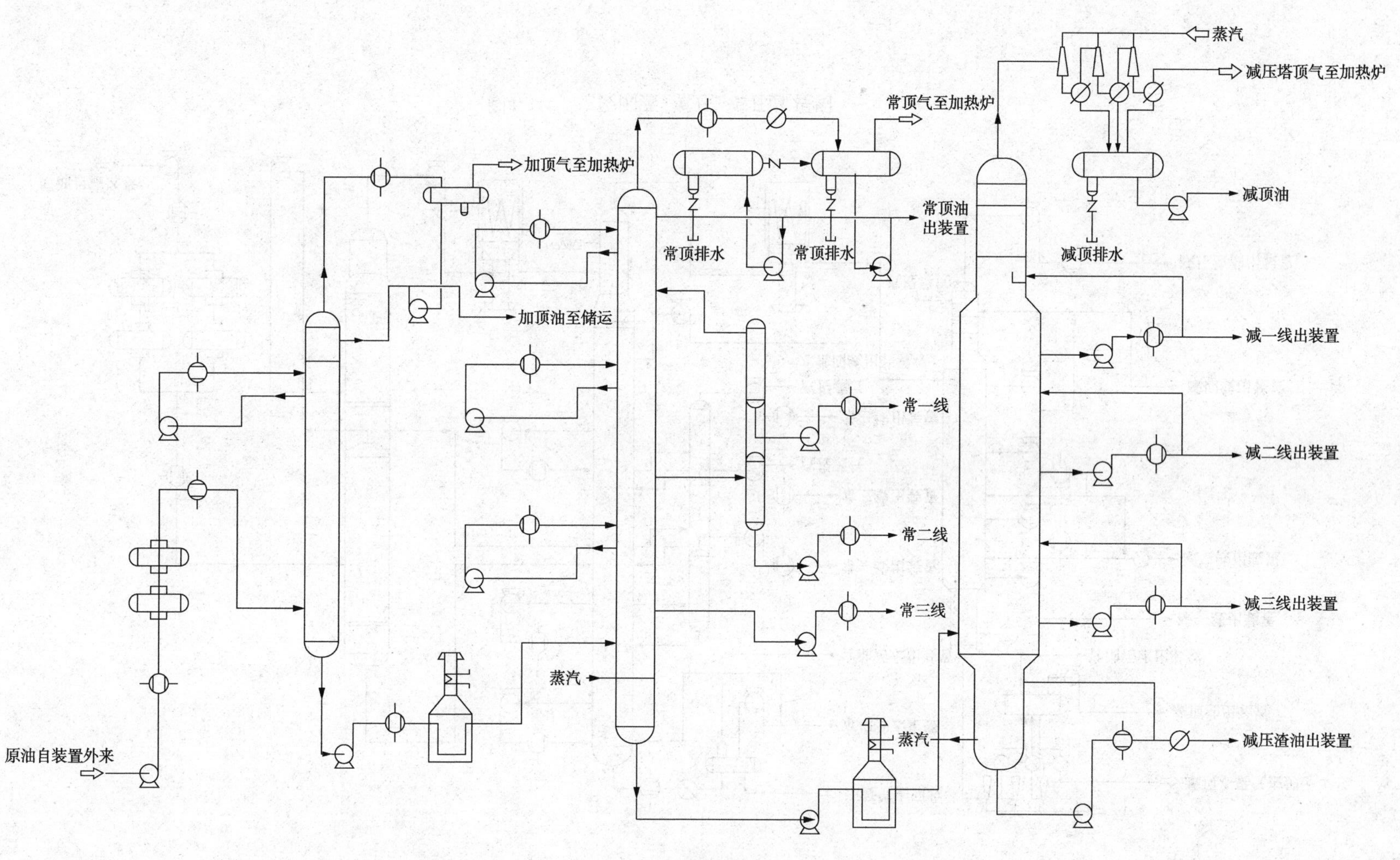

加顶气至加热炉
加顶油至储运
常顶油
出装置
常顶气至加热炉
常顶排水
常顶排水
蒸汽
减压塔顶气至加热炉
减顶油
减顶排水
常一线
常二线
常三线
减一线出装置
减二线出装置
减三线出装置
原油自装置外来
蒸汽
蒸汽
减压渣油出装置

图4-3-3　原则流程图

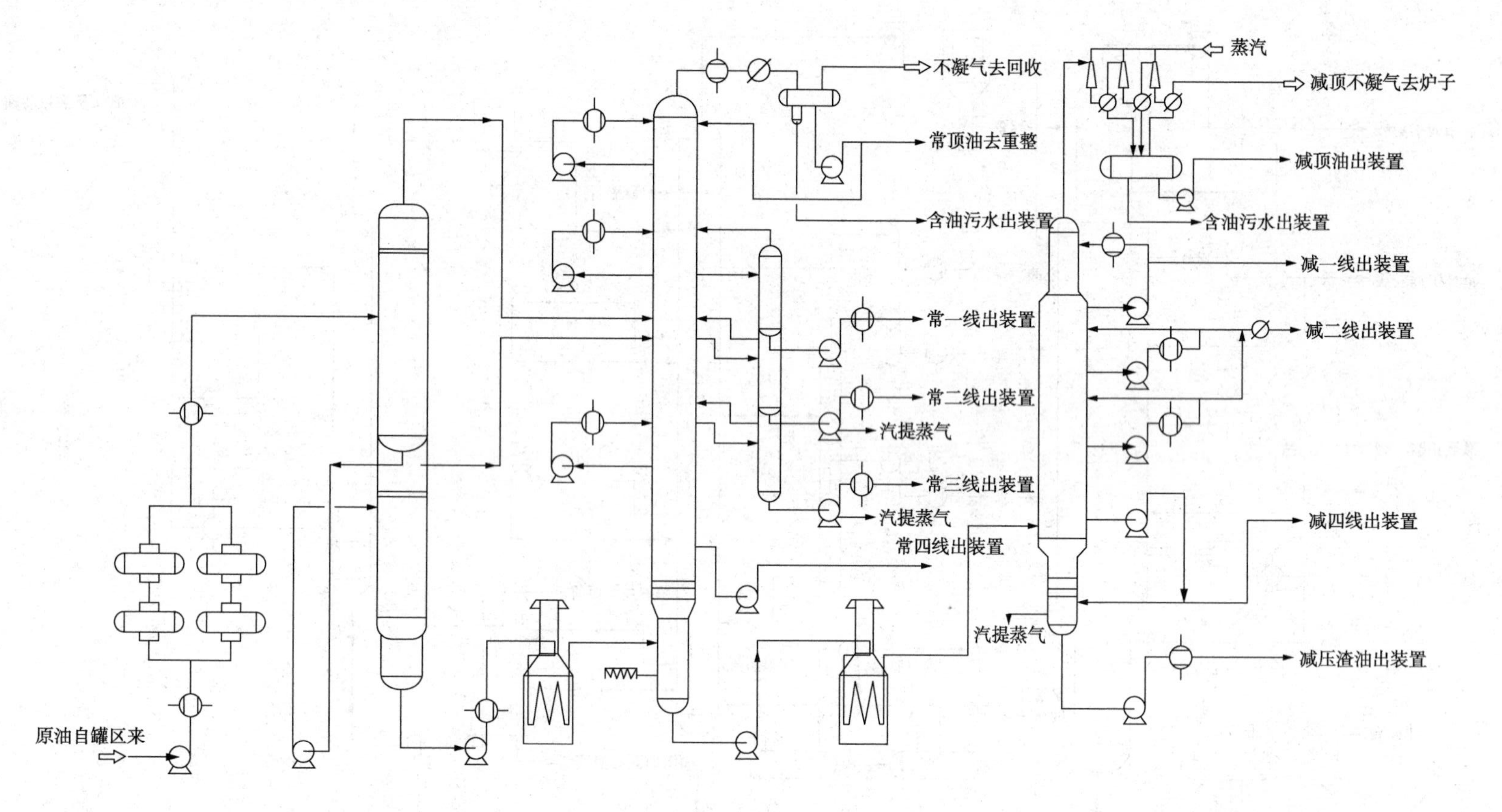

图4-3-4　二段闪蒸–常压–减压流程图

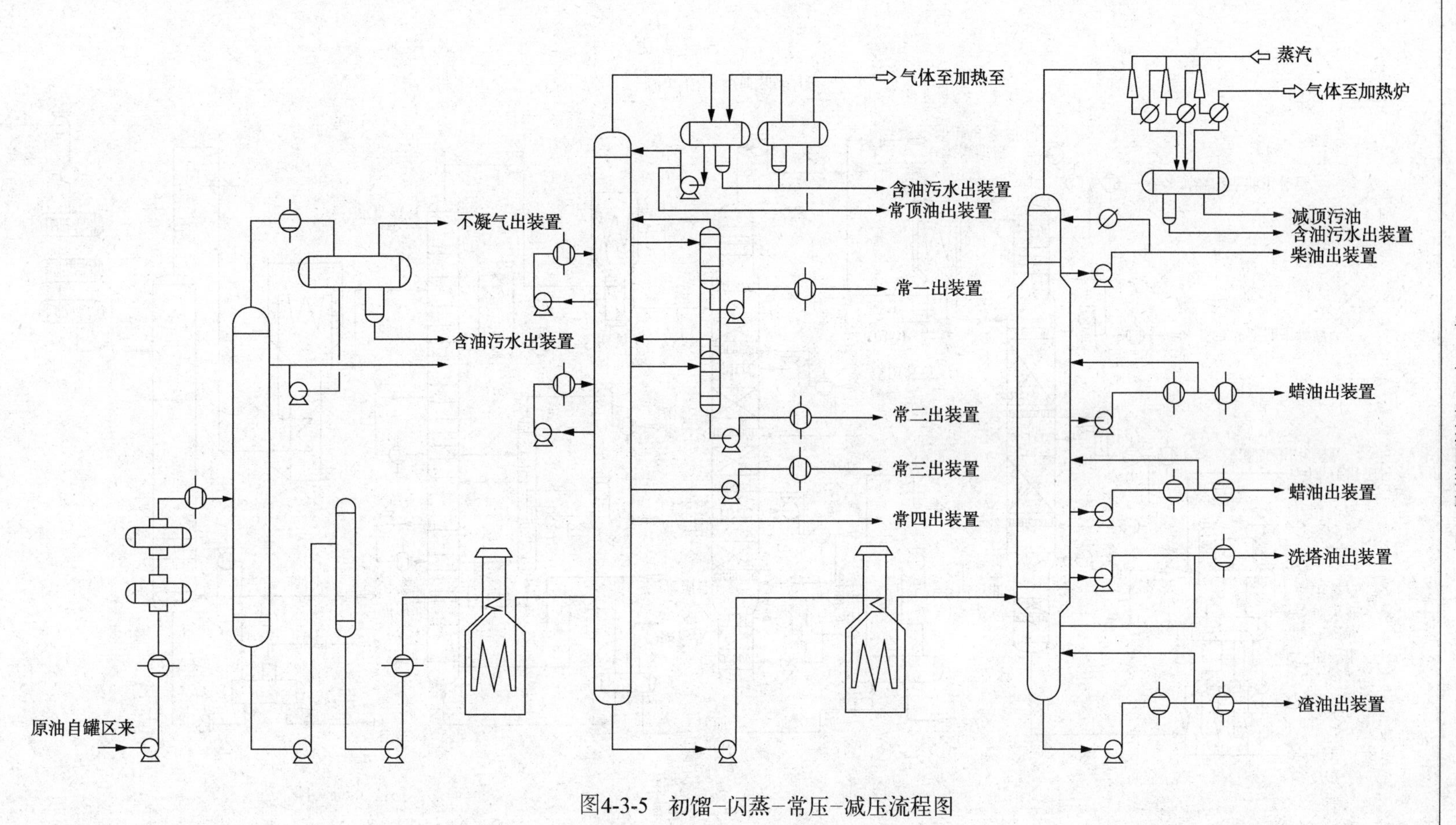

图4-3-5 初馏–闪蒸–常压–减压流程图

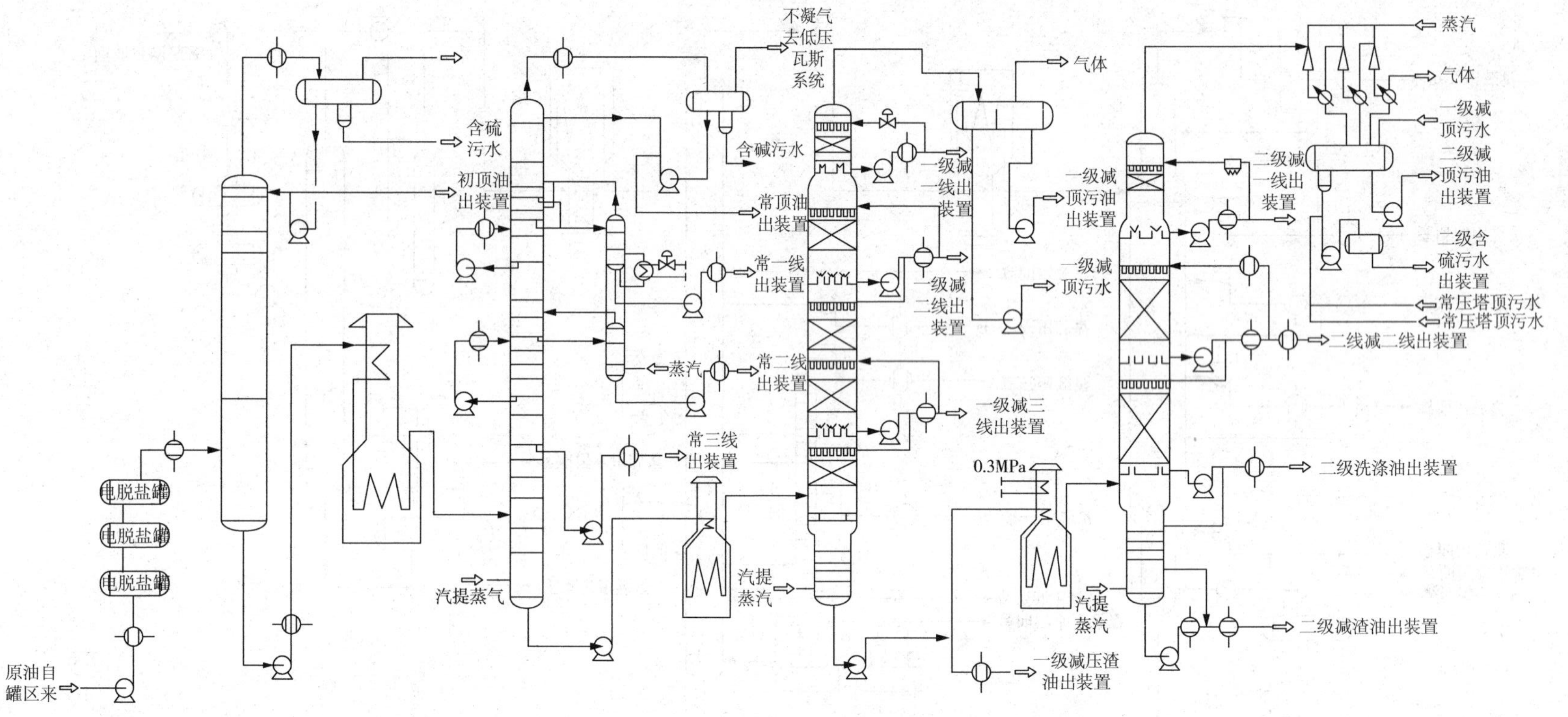
原油自罐区来
电脱盐罐
电脱盐罐
电脱盐罐
含硫污水
初顶油出装置
汽提蒸气
常顶油出装置
常一线出装置
蒸汽
常二线出装置
常三线出装置
含碱污水
不凝气去低压瓦斯系统
汽提蒸汽
一级减一线出装置
一级减二线出装置
一级减三线出装置
0.3MPa
一级减压渣油出装置
气体
一级减顶污油出装置
一级减顶污水
汽提蒸汽
二级减一线出装置
二线减二线出装置
二级洗涤油出装置
二级减渣油出装置
蒸汽
气体
一级减顶污水
二级减顶污油出装置
二级含硫污水出装置
常压塔顶污水
常压塔顶污水

图4-3-6 原则流程图

第四节 初馏与闪蒸

一、工艺特征

1. 初馏塔的工艺特点

由于国内绝大多数原油的轻馏分含量低，初馏塔拔出数量小，因此在初馏塔汽提段的液相流量很大，初馏塔的塔径主要由汽提段降液管的负荷来确定，精馏段相应的负荷偏低，在正常操作条件下，雾沫夹带量很小，而且也不容易产生淹塔。

原油经过电脱盐脱水脱盐后继续换热，一般加热到220~240℃进入初馏塔，在这样低的温度下设置初馏塔的目的：

(1) 提高装置处理量。尤其是加工轻质原油时，将220~240℃的原油送入初馏塔，这样部分汽化的轻组分可以分离出来，降低了原油换热系统和常压炉的压降，降低了常压炉的负荷。一般来说原油中含汽油组分(实沸点小于180℃)小于20%，在条件许可的情况下，可以选择闪蒸流程；原油中含汽油组分(实沸点小于180℃)等于或大于20%时，宜采用初馏塔流程。

(2) 转移塔顶低温腐蚀。设置初馏塔可以将一部分“$HCl-H_2O-H_2S$”腐蚀转移到初馏塔顶，减轻常压塔顶的腐蚀，这样做在经济上较为合理。

(3) 增加产品品种。可以将较轻的石脑油组分从初馏塔顶分离出来，作为乙烯裂解原料，重整原料等产品，也可以从初馏塔的侧线生产溶剂油。

(4) 缓解原油带水对常压塔的影响，稳定常压塔操作。当原油来源不稳定或需要适应多种不同原油时，采用初馏塔流程可以调整初馏塔的参数，从而稳定常压塔的操作，以确保常压产品的质量。

由于初馏塔进料温度比较低，塔内的气相负荷并不大，绝大部分是液相。根据原油轻重的不同，初馏塔的产品量(不考虑侧线抽出)大约占原油的3%~7%。大部分的原油是以液体状态流到塔底，这部分油称之为拔头油或初底油。由于原油汽化会造成温降，初底油温度会低于进料温度4~5℃。初底油经泵加压后再和高温重油换热至260~320℃，经加热炉加热后进入常压塔。由于初底油的量较大，提馏段的液相超负荷，汽提效果几乎没有，而且易造成冲塔，故初馏塔底不设置汽提蒸汽。

2. 闪蒸塔工艺特点

(1) 闪蒸塔流程简单，省去了初馏塔流程的塔顶冷凝冷却系统及回流系统，初馏塔顶不出产品。

(2) 由于闪蒸塔顶温度较高，故闪蒸塔不用考虑塔顶段的低温腐蚀。

(3) 由于只是一次平衡闪蒸，没有过汽化油，故在同样进料温度下，与初馏塔相比，可在塔顶闪蒸出更多的物料进入常压塔的适当部位，减少常压炉的进料量。

二、回流的方式

回流的目的首先是取出进入塔内多余的热量，使分馏塔达到热量平衡。其次是在传热的同时使各塔板上的气液相充分接触，实现传质的目的。另外打入液相回流还可以起到平衡塔内气体负荷的作用。

初馏塔一般只有塔顶回流，均属于冷回流。塔顶气相馏出物在冷凝器中被全部冷凝以后，再将其冷却至泡点温度以下得到冷液体。将该过冷液体送回塔顶以取走回流热的做法称为塔顶冷回流，冷回流对控制塔顶温度较为灵敏，由于回流温度较低的原因，对同样的回流热，其回流量较小。

对于塔顶冷凝冷却系统有一次冷凝和二次冷凝两种形式。塔顶油气直接被冷却到常温，回流和外送产品的温度是相同的，这种方式为一次冷凝。先将塔顶油气和水蒸气冷却到基本全部冷凝，再将冷凝液部分送回塔顶作回流，剩下的产品再进行二次冷却至常温出装置，这种方式为二次冷凝方式。采用油气二级冷却冷凝回流，主要是为了减少塔顶冷却面积。首先将塔顶油气冷凝到55~90℃，回流打入塔内，在较大温差的条件下取出大部分热量，然后再将产品冷却到安全温度(40℃左右)以下。

采用二级冷凝冷却方案的好处：由于油气和水蒸气在第一级基础上全部冷凝，故集中了绝大部分热负荷，而此时的传热温差较大，单位传热负荷需要的传热面积可以减小；到第二级冷却时，虽然传热温差较小，但其热负荷只占总热负荷的很小一部分。总之，二级冷凝冷却方案所需的总传热面积要比一级冷凝冷却方案小得多。应该指出无论是哪一种方案，回流热是相同的，在采用二级冷凝冷却方案时回到塔顶的是热回流，因此回流量要比冷回流量多，输送回流所需的能耗也相应增加。此外在采用二级冷凝冷却方案时，流程也比较复杂些。对于是否采用二级冷凝冷却方案应当作具体的、全面的分析，一般来说对于大型装置，采用此方案会比较有利。

因此，对于初馏塔顶其气相负荷相对较小，一般采用一次冷凝冷却的回流较多。

三、气液相负荷的特点

由于进料温度低，初馏塔内的气相负荷不是很大，绝大部分是液相，并且一般初馏塔侧线少，一般只有一条，没有中段回流。在不设中段循环回流的情况下，回流热全部由塔顶回流取出，回流进入第一板后变成了热回流(即处于饱和状态)，液相回流量有较大幅度的增加，达到最大值。在这以后自上而下，由于温度逐板上升，液相回流量逐板减小。每经过一层侧线抽出板时，一部分回流液作为侧线产品抽出，侧线下方的内回流量必然有所减少，减少的数量近似等于侧线产品抽出量。到了汽化段，通常原油入精馏塔时都有一定的过汽化度，则在汽化段会有少量液相回流，其数量与过汽化量相等。

初馏塔气相负荷的分布，在精馏段自下而上，由于温度逐渐降低。根据热量平衡，产品带出热量减少，内回流带出热量以及内回流量必然会有所增加，气相负荷也不断增大，到塔顶第一层、第二层塔板之间，气相负荷达到最大值，经过第一板后气相负荷显著减小。初馏塔精馏段气液相负荷分布如图 4-4-1 所示。

四、影响操作的主要参数

1. 原油密度

当原油密度变小时，则轻油产量会增加，重油产量减少。相应地脱前原油和轻油换热时，脱前温度会升高。脱后原油和重油换热时，初馏塔进料段温度会降低。另外由于初馏塔进料的汽化率增加，塔内气相负荷上升，塔顶压力将升高，不凝气量、汽油量增加，汽油终馏点降低，冷后温度升高；侧线馏出温度升高；初馏塔塔底液位下降。

因此，原油变轻后应提高初馏塔的塔顶温度和侧线的馏出量，以提高终馏点，保证产品

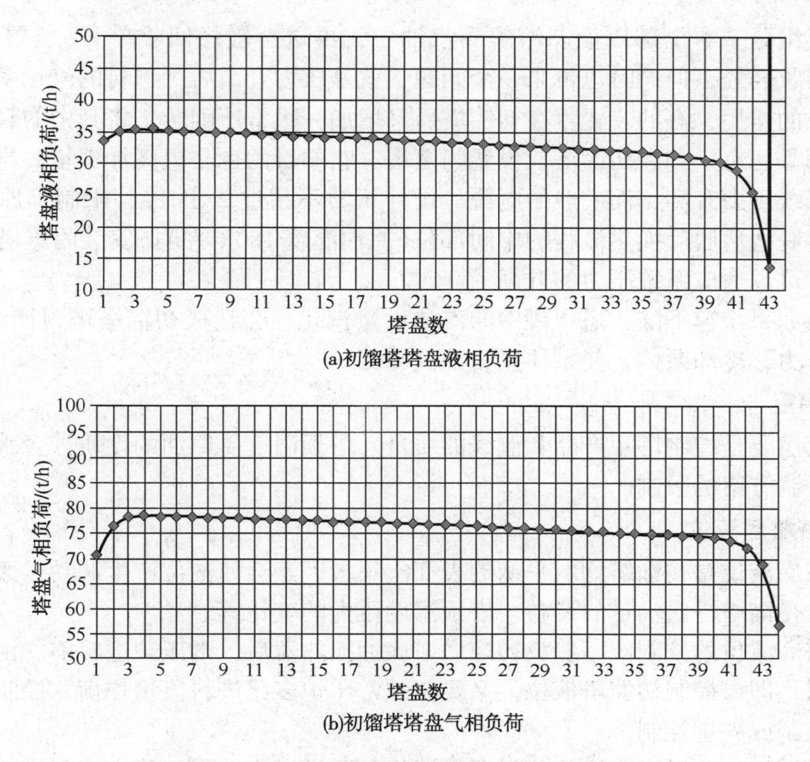

图4-4-1　初馏塔精馏段的气液相负荷分布图

质量。适当提高中段回流量，并稳定塔底液位和流量。如果原油量变化太剧烈，应采取降负荷处理。

2. 进料温度

初馏塔的进料温度主要靠和常压塔、减压塔的侧线产品和中段回流换热获得。进料温度主要影响进料的汽化率、初馏塔内的气液相分布，造成产品分布的变化。与原油换热的热源流量或温度的变化，都会影响进料的换热温度，这可以看出初馏塔的进料温度是很难稳定的。

3. 进料带水量

在换热过程中原油中的水被加热汽化，会吸收大量的热量，造成初馏塔进料温度下降。另外，水蒸气进入初馏塔会使塔内气相负荷大幅增加，塔顶压力上升，石脑油冷后温度升高，塔顶罐界位迅速上升。带水严重时会造成冲塔，塔顶产品变黑，安全阀启跳。操作中要随时注意初馏塔的进料温度、塔顶压力、塔顶罐界位和初馏塔塔底液位等参数的变化，同时参照电脱盐压力、界位的变化来判断进料带水量的变化。

4. 塔顶压力

初馏塔塔顶压力同样受进料的轻重、含水量、流量大小的影响。初馏塔塔顶瓦斯的后路如果憋压会使塔顶压力迅速上升，同样初馏塔塔顶汽油罐送不出去，液位满也会使塔顶压力上升，如果空冷皮带坏、电机故障，或者冷却器气阻、循环水中断都会造成塔顶压力升高。

初馏塔塔顶压力的高低影响到塔上部气相负荷的大小，由于进料温度低，汽化率小，初馏塔的塔顶压力变化对石脑油终馏点的影响比较小。

初馏塔塔顶压力主要影响塔顶轻烃的挥发度。如果塔顶压力提高至 0.35MPa 以上，轻烃里的液化气组分基本全部以液态溶解到汽油中，再送至轻烃回收单元(装置)进行分离。提压有利于回收轻烃，但同时也带来一个问题，就是压力升高后，进料的汽化率很低，起不到提高加工量的作用，有的装置就在初馏塔后又增加一级常压闪蒸，将其中的轻组分蒸出送至常压塔中部。还有一种在初馏塔前设置闪蒸塔，它的目的也是提高加工量。当装置改造扩能后，原油系统压力升高，而一般的电脱盐设计压力不超过 2. 5MPa，限制了原油泵出口压力。因此在电脱盐后脱后换热流程的中间部位(原油温度 180℃左右)安装闪蒸塔，将电脱盐的背压降低就可以适应系统压力的升高了。

塔顶压力如果快速下降，塔顶罐中的汽油大量汽化，会造成初馏塔塔顶回流泵的抽空。这时应稳定压力，冷却泵体，使泵体里的油气冷凝。

5. 塔顶温度

塔顶温度主要是控制塔顶产品和侧线的质量。塔顶温度受原油的性质、含水量和温度的影响，还受控制方案的限制。

6. 初馏塔塔底液位

初馏塔塔底液位是初馏塔物料平衡的表征。很多因素会使液位产生波动，原油轻重的变化、原油量、初馏塔塔底油量的调整、塔顶温度压力的变化等。

初馏塔塔底液位的控制阀一般放初馏塔塔底油换热器后，常压炉进料前。由于常压炉通常有多路进料，即要控制初馏塔液位，又要兼顾常压炉多路进料流量均衡，控制难度大，通常采用串级控制或先进控制。

操作中控制好初馏塔塔底液位，更要保持好初馏塔塔底油量的稳定，因为这关系着以后流程的平稳运行。

由于闪蒸塔流程较初馏塔简单，操作也更为容易，影响闪蒸塔的操作因素与初馏塔大同小异。重点是操作闪蒸塔时，要特别注意原油性质及进料温度的变化，防止闪蒸量太大时对常压塔侧线产品的质量造成影响。

第五节　常压蒸馏

一、原油分馏塔的工艺特征

常压塔全塔气液相负荷相对比较均匀，最大气液相负荷往往是在最下面的中段循环回流抽出板的下方，在充分利用塔内中段循环回流热源的情况下，塔上部气相负荷往往偏低容易产生漏液。为使全塔具有较高的操作弹性，在上部塔板可采用较小的开孔率。

工艺特点：初馏塔塔底油用泵加压后与高温位的中段回流、产品、减渣进行换热，如果换热流程优化，换后温度可达到 310℃左右。初馏塔塔底油再进入常压炉进一步加热至 365℃(各装置设定的炉出口温度随所炼不同原油的组成性质而差异，一般都在 360～370℃)，最后初馏塔塔底油进入常压塔进行分离。

常压塔是常减压装置的核心设备，蒸馏产品主要是从常压塔获得的。常压塔塔顶可分离出较轻的石脑油组分，塔底生产重质油品，侧线生产介乎这两者之间的煤油、柴油或蜡油组分。常压塔一般设 3～5 个侧线，侧线数的多少主要是根据产品种类的多少来确定的，等于常压塔的产品种类 n 减去塔顶和塔底这两种产品，即 $n-2$，不仅常压塔遵循这种规律，一般减压塔也遵循这种规律。实际上为了尽可能均匀地分布全塔气液相负荷，需将一种产品从 2

个或3个侧线中抽出，以减小塔径。为有利于优化整个装置的换热网络，燃料型的减压塔的产品虽只有一种，即为催化裂化装置和加氢裂化装置提供的原料——蜡油，但是设计中往往也采用从2个或3个侧线中抽出。

初馏塔、常压塔一般都采用板式塔，这是因为压力变化对常压蒸馏的分离效果影响不大，而常压蒸馏追求的是较大的分离效率、较高的处理能力，这些都是板式塔所擅长的。

二、回流的方式

常压塔塔顶回流如同初馏塔一样属于冷回流方式，不同于初馏塔的是常压塔塔顶的气相负荷要远高于初馏塔，根据塔顶一次和二次冷凝的优缺点，大型常减压装置选择二次冷凝回流方式为宜。

中间部分采用循环回流方式，循环回流的作用首先是可以从下部高温位取出回流热，这部分回流热几乎可以全部用于满足装置本身加热的需求。如果不是采用循环回流取热，那么这些热量将在塔顶全部以冷回流的形式取出。由于塔顶取热温位很低，这部分热量很难回收，还需要耗用较多的能量去把它们冷却取热，因此，采用循环回流对装置的节能起了重要的作用。

根据循环回流在常压塔的分布位置，又分为塔顶循环回流和中段循环回流。循环回流除了回收热量，降低装置能耗以外，采用塔顶循环回流还可以减少塔顶的冷凝冷却负荷，降低塔顶馏出线和冷凝冷却系统的流动压降。

关于中段循环回流的数目，一般而言中段循环回流的数目越多，气液负荷越均衡，可回收的热量也越多，但一次投资也相应提高，且扩大处理量的弹性越小，对产品质量也会有影响。因此，应有一定的适宜数目。对有3~4个侧线的常压塔，一般采用两个中段回流；对有两个侧线的常压塔一般采用1个中段回流为宜。通常认为采用3个以上中段循环回流的价值不大。理论上中段回流数愈多，对换热越有利。当然采用循环回流后，将随之减少抽出点上方各塔板的内回流量，在塔板数不变的情况下，对塔的分离效果会有一定的影响。

在实际操作中，为稳定常压塔的气液相负荷的分配平衡，不应频繁地对中段回流进行调整，也不宜使用中段回流的大幅度的变化来调节产品质量。实际生产中只有当处理量大幅度调整或原油油性发生大的变化或产品方案改变时，才考虑调整中段回流。

三、常压气液相负荷的特点

相比于初馏塔，常压塔增加了若干条抽出侧线和若干条中段回流，由于工艺流程的差异，使得常压塔的气液相负荷分布有异于初馏塔。以某炼油厂三条抽出侧线、两条中段回流的常压塔为例：常压塔从第44块板进料，逐板往上气相负荷逐渐增加，至常二中回流抽出塔盘前，气相负荷达到最大，经中段回流取热后，气相负荷第一次大幅下降，然后经常一中回流和塔顶冷却系统取热之后，至常顶回流罐气相负荷降至最低。从常压塔塔盘液相负荷分布曲线看，进料段以下液相负荷最大，其次是中段回流处。被两个中段回流间隔的三段曲线中，塔顶至第17块塔盘曲线变化最平缓，常一中回流和常二中回流中间部分次之，常二中回流后曲线变化相对较大。而且从三段曲线中各塔盘上液气比来看，自塔顶向下逐渐降低，在蒸馏塔的适宜操作区中，稳定的内回流量和高的液气比有利于提高轻重组分的分离效果；而且常压侧线之间的塔盘数不同，常压塔塔顶与常一线回流最多，常一线回流和常二线回流次之，常二线回流和常三线回流最少，因此侧线之间的分离效果自上往下逐渐降低。常压塔塔盘的气液相负荷分布情况如图 4-5-1 所示。

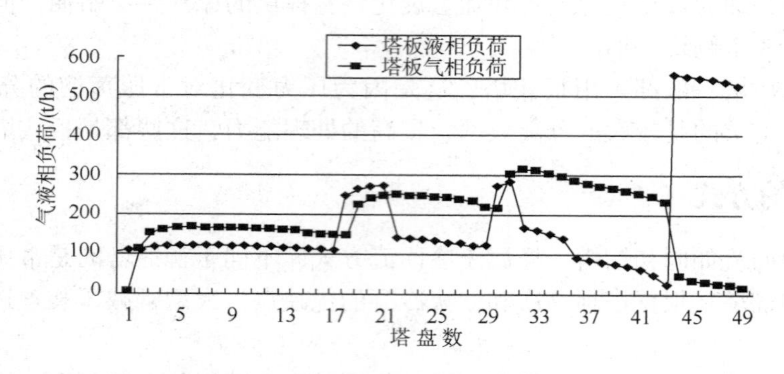

图 4-5-1　常压精馏塔气液相负荷分布图

——一无中段循环回流；……—有中段循环回流(不包括循环量在内)

1. 无中段回流时气液相负荷的变化

沿塔高自下而上液相负荷先缓慢增加，到抽出板有一个突增，然后再缓慢增加，到抽出板又突增，至塔顶第二块板达最大，到第一块板又突然减小；而气相负荷一直是缓慢增加的，到第二块板达到最大，到第一块板又突然减小。

2. 有中段回流时气液相负荷的变化

在塔内设置有中段循环回流时，中段回流输入塔内是处于过冷状态，与上升的蒸气接触，大量的内回流蒸气被循环回流所冷凝，在设中段回流时，其相应位置液相和气相的量均有突减，所减少的量与中段取热比例有关。

在汽提段由于塔底吹入水蒸气，自下而上与液体接触，通过降低油气分压的作用，使液相中所携带的轻质油料汽化，因此，在汽提段从上而下液相和气相的负荷愈来愈小，其变化大小视流入的液相携带的轻组分的多少而定。轻质油料汽化所需的潜热主要靠液相本身来提供，因此液体向下流动时温度逐板有所下降。

四、常压分馏的精度

常减压装置是增产柴油的主要装置之一。我国加工的大部分原油直馏柴油收率偏低，许多装置的常三线和减一线中有 50%是轻柴油组分，常压渣油中 5%~7%是轻柴油组分，在常压拔出率和馏分质量上普遍存在着较大的改进余地，操作中应优化常减压蒸馏装置的操作，提高各侧线的分离精度和产品收率，对全厂的经济效益有重大的影响。常压塔塔顶油作重整料时，常压塔塔顶油与常一线保持较高的分馏精度，可以避免重整进料有过多重组分，减轻重整催化剂的积炭，使催化剂保持较高的活性。直馏柴油十六烷值高，加工费用低，对于低硫低酸值原油，直馏柴油不需要任何精制就是优质柴油组分，当常三线作为加氢裂化、催化裂化装置原料时，较高的常二线与常三线分馏精度，无论是从增产柴油方面，还是降低加工费用方面都是有利的。提高常压拔出率，降低常压塔塔底重油 350℃前的馏分含量，对提高减压真空度和减压拔出深度都有利。

从今后国内油品市场和需求发展趋势看，石脑油和柴油资源仍显紧张。石蜡基原油石脑油是生产乙烯的良好原料，环烷基或中间基原油石脑油则是重整的好原料；直馏柴油无论是直接调和成品柴油，还是经浅度加氢处理，都是最低成本的柴油调和组分。所以提高常压分馏精度，增产石脑油和直馏柴油具有重要的经济意义，其主要措施：

1. 提高理论塔板数

在规定的塔盘形式、产品纯度和操作压力下，分馏塔能达到的分离效率是塔盘数与回流比的函数。因此在塔盘效率相似的情况下，只有增加塔盘数，才能降低回流比，达到节能的目的。对新建或扩改建的常减压蒸馏装置应增加常压塔的塔板数，特别是常压塔下部的塔板数，以改善常压塔的分馏精度。目前常压塔的发展趋势是塔板数不断憎加，塔板效率不断提高。新设计的常压塔，其精馏段的塔板数不应少于 50 层。适当增加塔板数投资增加不多，得到的效益却非常显著。

2. 保持必要的常压塔过汽化率

为了给常压塔下部的分馏创造条件，常压塔应保持必要的过汽化率，不能单纯强调节能而减少必要的常压塔过汽化率。为了提高全厂柴汽比和全厂优质柴油，保持必要的常压塔过汽化率往往是代价较小的措施之一。

3. 改进常压塔汽提段的设计和操作

常压塔汽提段的设计和操作对提高常压拔出率，改善轻重馏分的分割起着重要的作用。从水力学条件上看，常压塔汽提段和精馏段有重大差别，汽提段的液相负荷大而气相负荷很小，尤其是常压拔出率低的重质原油，气液相负荷的差别更为特殊，需要针对不同的原油精心设计。从流程模拟的结果可以看出，增加汽提段的理论板数，可以使常压拔出率和直馏柴油的收率提高 1%~3%。

适当增加常压汽提段的汽提蒸汽量，可以降低塔底的油气分压，改善汽提段的水力学条件，有利于提高常压拔出率和改善轻重馏分的分割精度。常压塔汽提段汽提效果直接影响到常压塔塔底重油的 350℃前馏分含量；侧线产品汽提塔的汽提效果，则直接影响到该侧线产品的轻组分携带量，操作中要及时根据原油品种和产品方案的变化，调整优化汽提蒸汽用量，提高汽提效果。

五、影响常压塔操作的主要参数

常压分馏塔操作其塔顶压力、进料温度、塔顶及侧线抽出温度是主要控制参数。

1. 压力

常压塔塔顶产品通常是重整原料、石脑油和乙烯原料。当用水作为冷却介质、产品冷至 40℃左右，回流罐在 0.11~0.3MPa 压力下操作时油品基本全部冷凝。因此原油蒸馏一般在稍高于常压的压力条件下操作，常压塔的名称由此而来。

塔顶压力高，常压塔塔顶油中的不凝气含量较多，如直接进罐区，易造成不凝气损失大，同时造成环境污染和安全风险。适当升高塔压可以提高塔的处理能力，当塔的操作压力从 0.11MPa 提高到 0.3MPa 时，生产能力可以增长 70%。塔的压力提高以后整个塔的操作温度也上升，有利于侧线馏分以及中段循环回流与原油的换热。不利的因素是随着压力的升高，相对挥发度降低，分离困难，轻油收率降低。为达到相同的分离精确度则必须加大塔顶的回流比，增加了塔顶冷凝器的负荷。此外由于炉出口温度不能任意提高，当压力上升以后常压拔出率会有所下降。对于轻油组分较小的原油，为保证常压拔出率和轻油收率，通常选择较低的操作压力。当处理轻质馏分油含量很高的原油时，提压操作有利于提高常压塔的处理能力。

2. 进料温度

常压塔进料段(汽化段)的操作压力是一定的，根据该塔的总拔出量、选定的过汽化量很容易确定进料油品的汽化分率，在一定的塔底汽提蒸汽用量的条件下很容易求取进料段的油气分压，根据进料的常压平衡汽化数据、焦点温度、焦点压力等性质数据，借助于平衡汽化坐标纸在进料段油气分压、进料汽化分率一定的前提下很容易求得进料段的温度。

自炉出口到进料段如果忽略转油线的热损失，可以把它看成一个绝热闪蒸过程，炉出口油的焓应和进料油的焓值相等，可利用等焓过程计算的方法，求得炉出口温度。如果炉出口温度太高，则可适当增加塔底汽提蒸汽用量，使进料温度降低，这样就可以使炉出口温度降下来。生产喷气燃料时，原油的最高加热温度一般为360~365℃，而生产一般石油产品时可放宽至370℃。

以上确定进料段温度的方法主要是用在常压塔设计中，了解此计算原理可有利于现场的核算和塔的操作分析。

3. 塔顶温度

塔顶温度应该是塔顶产品在其本身油气分压下的露点温度。塔顶馏出物包括塔顶产品、塔顶回流油气、以及不凝气和水蒸气。如果能准确知道不凝气数量，在塔顶压力一定的条件下很容易求得塔顶产品及回流总和的油气分压，进一步求得塔顶温度。当塔顶不凝气很少时，可忽略不计。忽略不凝气以后求得塔顶温度较实际塔顶温度高出约3%，可将计算所得塔顶温度乘以系数0.97，作为采用的塔顶温度。

在确定塔顶温度时，应同时检验塔顶水蒸气是否会冷凝。若水蒸气分压高于塔顶温度下水的饱和蒸气压，则水蒸气就会冷凝，否则会造成塔顶、顶部塔板和塔顶挥发线的露点腐蚀，并且容易产生上部塔板上的水暴沸，造成冲塔、液泛，此时应考虑减少汽提水蒸气量或降低塔的操作压力。

4. 侧线抽出温度

严格地说侧线抽出温度应该是未经汽提产品在该处油气分压下的泡点温度。而绝大多数侧线都设置汽提塔，根据原油评价得到的数据以及现场采样的数据相当于汽提以后的数据，为此求取侧线抽出温度不得不采用一些半经验的方法。它是选取自塔底至抽出侧线上方作为隔离体，通过热量平衡求得抽出板上方的内回流量。以内回流在油气、水蒸气混合物中的分压，再根据该侧线产品平衡汽化数据求得该分压下的0%点即侧线的抽出温度。实际上除内回流蒸气可液化参加该板的气液平衡之外，上一侧线由于沸程差别不太大，也可能有一部分液化而参加该板的气液平衡，也就是以内回流计算所得的油气分压低于实际的油气分压，用汽提后较高的泡点温度代替汽提前较低的泡点温度，用这样的方法计算的结果与生产现场的数据比较接近。

对于下设汽提塔的抽出侧线，产品平衡汽化数据是准确的，考虑到以内回流在混合气体中真正的分压作为油气分压其数据偏低，为接近实际情况，在求取内回流蒸气在气相中摩尔分率时，气体的总摩尔数将相邻上一侧线忽略，内回流计算出来的分压比较接近塔内的油气分压，所求得的泡点温度与现场侧线抽出温度比较接近。

5. 过汽化量

为了保证石油蒸馏塔的拔出率和各线产品的收率，进料在汽化段必需有足够的汽化分率。为了使最低一个侧线以下几层塔板有一定量的液相回流，原料油进塔后的汽化率应该比塔上部各种产品的总收率略高一些。高出的部分称为过汽化量，过汽化量占进料量的百分数称为过汽化度。石油精馏塔的过汽化度一般为进料的2%~5%，过汽化度过高是不适宜的，这是因为在实际生产过程中，加热炉出口温度是受到限制的，在炉出口温度和进料段压力都保持一定的条件下，原油的总的汽化率已被决定了。因此如果选择了过高的过汽化度，势必意味着最低一个侧线的收率和总拔出率都要降低。如果在条件允许时可以适当增高炉出口温度来提高进料的总汽化率，但必然会导致生产能耗的上升。过汽化度太低时，随同上部产品蒸发上去的过重的馏分，有可能因为最低一个抽出侧线下方内回流不够而带到最低的一个侧线中去，导致最低侧线产品的馏分变宽，残炭及重金属含量上升，影响到产品的质量。

6. 汽提蒸汽用量

侧线产品汽提主要是为了蒸出轻组分，提高产品的闪点、初馏点和10%点，常压塔底汽提主要是为了降低塔底重油中350℃以前馏分的含量，提高轻质油品的收率，并减轻减压塔的负荷。对减压塔来说，塔底汽提的目的主要用于降低汽化段的油气分压，在所能允许的温度和真空度条件下尽量捉高进料的汽化分率。

汽提蒸汽用量与需要提馏出来的轻馏分含量有关，国内一般采用汽提蒸汽量为被汽提油品量的2%~4%，侧线产品汽提馏出量约为油品的3%~4.5%，塔底重残油的汽提馏出量约为1%~2%。如果需要提馏出的数量多达6%~10%的话，则应该由调整蒸馏塔的操作来解决。过多的汽提蒸汽将会增加精馏塔的气相负荷，并且增加产生过热蒸汽以及用于塔顶冷凝的能耗。炼油厂采用的汽提蒸汽是压力在0.3~0.4MPa、温度为380~450℃的过热蒸汽。

第六节　减压蒸馏

减压塔尤其是燃料型减压塔在精馏段自上而下负荷迅速减低，导致一线上方必须采用缩径的方式才能正常操作，甚至在同一分馏段上部的气液相负荷也要比下部低的多。

一、减压塔的工艺特点

减压塔顾名思义是在负压下操作，目的就是降低油品的沸点。常压渣油自常压塔底抽出，经泵加压后进入减压炉加热，一般加热到390℃进入减压塔。常压渣油的初馏点一般是260℃以上，5%点一般超过350℃，而要得到的蜡油组分的切割点应在530℃以上，减压深拔切割点达到565℃，但是由于在高温下会发生裂解反应，所以在常压蒸馏的操作条件下不能获得这些馏分。从表4-6-1可以看出，随着压力(绝对压力)的下降，油品的沸点大幅降低。根据油品的这种特性，通过减压蒸馏可以从常压重油中蒸馏出约530℃以前的馏分油。

表4-6-1　压力与沸点关系

压力/kPa	101.325	13.33	2.67	0.4
沸点/℃	500	407	353	300

减压塔塔顶油气被抽真空系统不断地抽走冷却，使塔内形成负压，常压渣油大量汽化，分离成蜡油组分或润滑油组分和减压渣油。蜡油可以作催化裂化、加氢裂化装置的原料，润滑油基础油经过其他加工工艺精制成润滑油，减压渣油是沥青、延迟焦化的好原料，也可送到重油催化裂化、溶剂脱沥青装置，还可以作为商品燃料油外销。

与初馏塔、常压塔相比，减压塔在结构和工艺上有明显的不同。

（1）减压塔分馏精度比常压塔低。

（2）减压塔的外型一般都是两头细中间粗，这是因为塔顶的气相负荷较小，只剩下不凝气、汽提蒸汽(湿式)和携带上来的少量油气，故塔径较小。塔底减压渣油是最重的物料，如果在高温下停留时间过长，则其分解、缩合等反应会进行得比较显著，其结果一方面生成较多的不凝气使减压塔的真空度下降；另一方面会造成塔内结焦，因此减压塔底部的直径常常缩小以缩短渣油在塔内的停留时间。

（3）减压塔的结构和工艺要求尽量提高收率同时还要避免发生裂化反应。减压塔进料段真空度是提高收率和避免裂化的关键。为了提高进料段的真空度，减压塔塔顶需使用高效稳定的抽真空设备，提高塔顶真空度。另外塔内都使用压降较小的塔盘或者填料，尽量减少进料段到塔顶的压降。

（4）在减压下，油气、水蒸气、不凝气的比体积大，比常压塔中油气的比体积要高出十余倍。尽管减压蒸馏时允许采用比常压塔高得多(通常约 2 倍)的空塔线速，但为了降低气速防止气相夹带液相，减压塔的直径和板间距要比常压塔大。在设计减压塔时需要更多地考虑如何使沿塔高的气相负荷均匀以减小塔径，为此减压塔一般采用多个中段循环回流，常常是在每两个侧线之间都设中段循环回流，这样做也有利于回收利用回流热。

（5）由于塔内是负压，为保证减底泵入口有足够的灌注压头，避免减压塔塔底泵抽空，故减压塔塔底离地面需有一定的高度。

（6）填料型减压塔的内回流不是从塔顶流到进料段，是分段的。在每个填料段上部，中段回流通过喷嘴或重力分布器均匀地喷淋到填料上，与气相进行传质传热，进行完传质传热的液相被集油箱收集抽出，换完热后再打回流。

（7）减压塔处理的油料比较重、黏度比较高，而且还可能含有一些表面活性物质。加之塔内的蒸气速度又相当高，因此蒸气穿过塔板上的液层时形成泡沫的倾向比较严重。为了减少携带泡沫，减压塔内的板间距比常压塔大，加大板间距同时也是为了减少塔板数。此外，在塔的进料段和塔顶都设计了很大的气相破沫空间，并常设有破沫网等设施。

（8）减压塔汽化段温度并不是常压重油在减压蒸馏系统中所经受的最高温度，此最高温的部位是在减压炉出口。为了避免油品分解，对减压炉出口温度要加以限制，在生产润滑油时不得超过 398℃，在生产裂化原料时不超过 400~420℃，同时在高温炉管内采用较高的油气流速以减少停留时间。如果减压炉到减压塔的转油线压降过大，则炉出口压力高，使该处的汽化率降低而造成重油在减压塔汽化段中由于热量不足而不能充分汽化；从而降低了减压塔的拔出率。降低转油线压降的办法是降低转油线中的油气流速。以往采用的转油线中流速为 300m/s，近年来转油线多采用低流速。在减压炉出口之后，油气先经一段不长的转油线过渡段后进入低速段。在低速段采用的流速约为 35~50m/s，国内则多采用较低值。

（9）为了降低馏出油的残炭值和重金属含量，在汽化段上面设有洗涤段。所用的回流油可以是最下一个侧线馏出油，也可以设循环回流。循环回流的流程比较复杂，而且目前多倾向于认为在这里气相内存在的杂质主要并不是被气流夹带上去的雾沫或液滴，而是从闪蒸段汽化上去的馏分。因此使用上一层的液相回流通过蒸馏作用除去杂质的效果比使用冷循环回流的效果要更好一些。为了保证最低侧线抽出板下有一定的回流量，通常应有 1%~2%的过汽化度，对裂化原料要求严格时，过汽化度可高达 4%，一般来说过汽化度不要过高。

（10）在减压深拔时为防止减压塔塔底渣油裂解，通常采取打急冷油的措施，即在减压塔塔底打入冷渣油，以降低减压塔塔底渣油的温度，通常控制不大于 360℃。

二、回流的方式

减压蒸馏塔中使用的回流方式为内回流和中段循环回流，为降低塔顶气相流量和减轻塔顶抽真空系统的负荷，塔顶一般不出产品，塔顶管线只供抽真空设备抽出不凝气之用，以减少通过塔顶馏出管线的气体量，因为塔顶没有产品馏出，不采用塔顶冷回流。

1. 内回流

内回流是精馏的必要条件，它提供塔盘上的液相回流，创造气液相充分接触的条件，达到传质、传热的目的。减压蒸馏对产品质量有严格要求的地方，需设置内回流。如减一线生产柴油时，需从减一线向塔内打内回流；生产润滑油料时，其侧线之间也需有内回流来保证侧线润滑油料的质量；对于减压塔洗涤段，需以最下一条侧线产品作为回流即洗涤油，打入洗涤段上部以保证减压最下一条侧线产品质量合格。这些内回流的量，需根据产品质量要求及分馏要求确定。但对于部分燃料型减压蒸馏，由于减压馏分油基本没有严格的分馏质量要求，因此可尽量减少或基本上无内回流。

2. 循环回流

与常压塔一样，循环回流的目的就是取走热量，但循环回流不能盲目调大，因为过大的液相回流会增加压降，影响真空度。使用填料的目的就是减少压降，压降主要损失在填料上，压降越小越好。

三、减压塔气液相负荷的特点

在减压塔内除了强制内回流以外，其余塔段基本上没有内回流。因此它的气液相负荷分布无须借助于热平衡和猜算，而可以通过分析直接算出，现以图 4-6-1 为例进行分析。

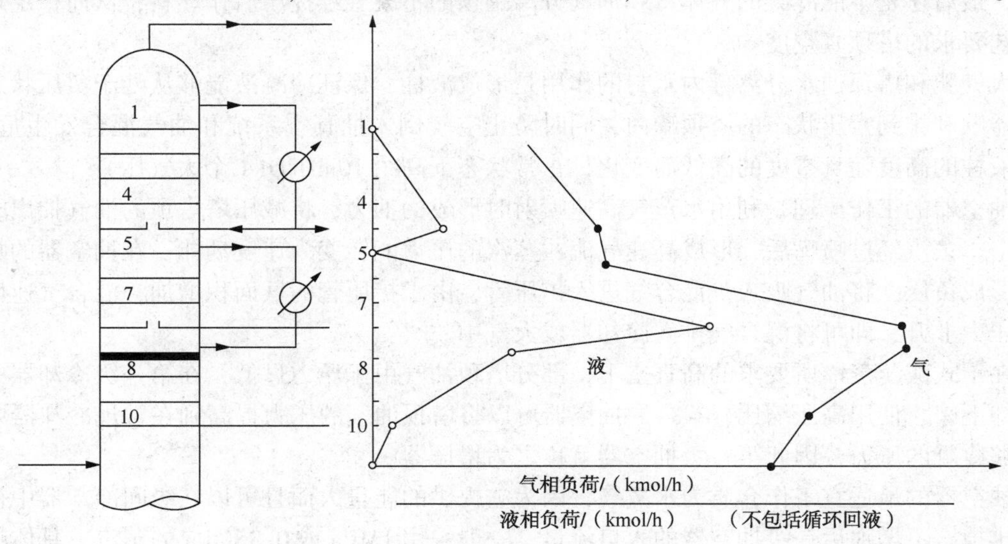

图 4-6-1　燃料型减压塔内的气液相负荷分布图

1. 气相负荷

进料在塔的汽化段中生成的气相，往上进入到第二侧线产品冷凝段，气相量等于所有侧线产品的量加上不凝气和汽提蒸汽以及回流。这些气体与过冷的循环回流相接触，温度逐步下降，其中的二线产品蒸气不断被冷凝，因此气相负荷由下而上逐板下降，在上升入一线产品冷凝段时就只剩下减一线产品蒸汽、不凝汽和水蒸气。进入减一线产品冷凝段后，气相负荷也同样是逐板下降，直至塔顶时只剩下不凝气、水蒸气以及它们所携带的少量油气。

2. 液相负荷

在减一线和减二线冷凝段的顶部塔板上，液相负荷就是进塔的循环回流量。如果不考虑循环回流，则每个冷凝段顶部上的液相负荷为零。往下流动时，由于侧线产品逐板冷凝而使液相负荷逐板增大，至第一侧线抽出板上，液相负荷等于该侧线产品流量加上该塔段的循环回流量，这部分液相在抽出板上全部被抽走而不流到下一个冷凝段中去，在下一个塔段中又重现这样的过程。第二侧线抽出板上液相负荷等于该侧线产品的流量加上该塔段的循环回流量及送入洗涤段(过汽化油冷凝段)的回流。图 4-6-1 的液相负荷中不包括循环回流。

四、减压塔的抽真空

1. 真空度

减压塔控制的关键点就是减压塔塔顶真空度，真空度的高低直接影响着全塔的气液相负荷的变化。在其他条件不变的情况下，如果真空度降低，打破了塔内油品的油气分压和温度的平衡关系，油品的沸点会升高，汽化率下降，收率也下降。

真空度是靠抽真空系统实现的。这个系统包括蒸汽喷射器(抽空器)、冷却器、大气腿、油气分离罐、放空线等。抽真空系统的作用是连续不断地将减压塔塔顶馏出的气体抽出，使塔内保持一定的真空度。塔顶油气被增压器抽吸，然后进入一级冷却器，把其中的可冷凝组分冷却成液体通过大气腿流入油水分离罐加以回收，不能冷凝的气体组分自冷却器中部被二级真空泵抽出来，进入二级冷却器继续冷却，残余的不凝气进入三级真空泵，再进入三级冷却器，最后还是不能冷凝的气体可和油气分离罐顶的不凝气经提压后作燃料，从而稳定地保持工艺要求的塔顶真空度。

大气腿和塔顶油水分离罐内水封的作用是形成液柱，保证冷凝液能够从处于负压状态的冷却器顺利排到常压状态的塔顶罐内，同时防止空气倒入抽真空系统和油气混合发生危险。这个液柱的高度随真空度的高低而变化，正常状态下高约 $10mH_2O$(1 个大气压)。

抽空器的工作原理是利用水蒸气高速喷射时形成的抽力，将减压塔塔顶的油气抽出，形成真空。蒸汽经过喷嘴后，形成高速气流，蒸汽的压力能转变为速度动能，在抽空器的喉管部分形成负压，将油气吸入。混合气进入扩压管，由于扩压管的截面积增加，混合气速度下降，压力上升，即可将混合气排入冷却器或大气中。

在干式减压蒸馏所要求的高真空下，部分塔顶油气由于压力过低，在第一级冷却器中不能冷却下来。使用高压缩比(6~8)的抽空器可以将塔顶油气的压力提高到在常规冷却器中油气能够冷凝的压力，因此第一级抽空器就称之为增压器。

抽空器的最适宜工作介质为水蒸气，因为它提供的能量大而且可以在级间冷却器中被冷凝、排掉，不增加后一级抽空器的入口流量。一般采用 1MPa 或 0. 35MPa 的蒸汽，具体哪一种压力视炼油厂哪种蒸汽过剩而选择，一般很少采用 0. 35MPa 的压力级的蒸汽。如果采用 1MPa 的蒸汽，较好的耗量指标为 7~8kg/t 原油。

2. 蒸汽压力

当蒸汽压力下降到一定程度时，蒸汽经过喷嘴后的动能下降。抽空器混合室的负压会降低，造成抽真空能力不足。另外蒸汽压力过高，如果冷却器冷凝能力不足，也会导致真空度下降或产生波动。正常生产中蒸汽管网经常波动，因此最易影响真空度的波动。同时生产中要加强蒸汽的排凝，避免蒸汽带水造成抽空能力下降。

3. 冷却设备的冷却能力

冷却能力对真空度的影响也非常大。冷却深度大，不凝气量少，下级抽空器负荷降低。影响冷却能力的因素有很多方面，冷却器结垢，冷却水压力低，循环量会减小，或冷却水上水温度高，热量带不出去；冷却器腐蚀严重，折流板被腐蚀掉，不凝气走短路，换热效果变差；空气冷却器运行不良等都会降低冷却能力。

冷却方法主要是采用冷却器和空气冷却器。有的装置为了提高冷却能力，采用新鲜水代替循环水。空气冷却器既可以减少装置用水量，不产生含油含硫污水，又可保持较高的真空度。

抽空器"喘"的不正常状态，很多时候都是由于冷却能力不足造成的。抽空器"喘"时，DCS上可以看到真空度来回波动，剧烈时会波动6~7kPa，现场可以听到明显不均匀的声音。

这时可以进行减压塔塔顶冷却器的反冲洗，提高冷却效果，一般可以解决"喘"的问题。

4. 抽空器的运行状况

抽空器长时间运行，喷嘴易受蒸汽的磨损，影响抽空能力。喷嘴的内表面加工很精细，如果蒸汽结盐会造成划痕，抽吸能力减小。

抽空器的安装也有要求，最好是垂直安装，如果水平安装应有一定的往下倾斜角度，避免泵体内积存冷凝液。

五、减压深拔

（一）减压深拔的意义

由于油品性质和操作条件的限制，传统上减压蒸馏通常只能够将原油拔到切割点520~540℃（TBP）。随着焦化等重油深加工工艺技术的发展，使得其可以加工更劣质的减压渣油。因而减压蒸馏可以合理地提高拔出率，以降低减压渣油的产率，这样不仅可以有效地提高原油的利用率，同时还能增加炼油厂的经济效益。

减压深拔的定义是原油切割至565℃（TBP）以上，并且所拔出的重质蜡油与塔底渣油的质量能满足下游二次加工装置对原料的质量要求，同时减压渣油中 < 538℃的轻组分含量不超过5%。

通过减压蒸馏，把原油切割到565℃（TBP）以上，并具有一定的过汽化油量，同时对减压重质蜡油的终馏点（TBP或ASTM D1160 95%点）具有一定的控制，通常不高于切割点（或等）需给予必要的控制，一般略高于通过原油分析得到的该馏分中这些物质的含量，减压渣油中轻组分的含量也需要给予必要的控制。原油切割点见图4-6-2所示。

原油蒸馏是一个物理过程，是利用原油中各种组分的沸点不同且随压力而变化的特性，通过蒸馏的办法将其分离开来。进料温度越高或烃分压越低，则进料段的汽化率越大，总拔出率越高。因此提高减压拔出率的根本做法只有两种，一种是提高减压塔进料段的真空度，另一种是提高减压塔进料段的温度。

提高减压塔进料段的真空度，首先要降低减压塔的残压，通过减压塔塔顶抽真空系统的优化设计，采用三级、四级甚至更多级的抽真空系统，可进一步降低减压塔塔顶的残压；通

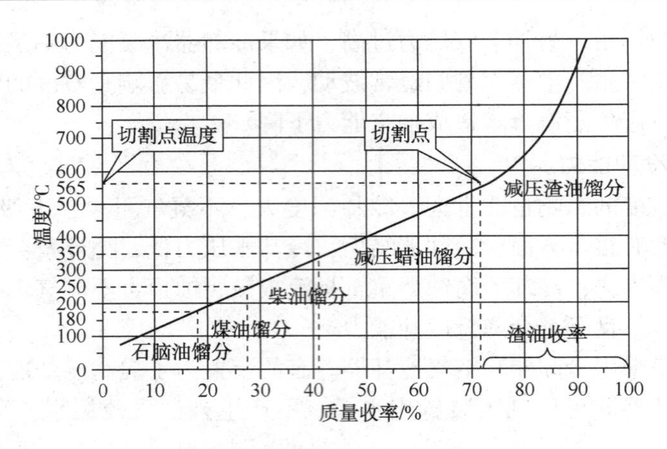

图 4-6-2 原油 TBP 切割点

过恰当选择减压塔的内构件，简化减压塔的结构可进一步降低全塔压力降。此外还可以在减压塔的底部吹入一定的水蒸气，起到降低减压塔进料阶段油气分压的作用。

提高减压塔进料段的温度，首先要提高减压炉出口温度，通过优化减压炉设计，增加加热炉负荷，可进一步提高减压炉出口温度；通过恰当选择转油线结构，可进一步降低转油线温降，但常压重油在减压加热炉加热的过程中会产生一定的裂解和缩合，随着温度的提高裂解和缩合会更严重。因此温度不是越高越好，应在提高减压蜡油的收率、保证产品质量、保证加热炉与减压塔的长周期运行的前提下提高减压炉出口温度。此外在减压炉的进料中吹入一定的水蒸气，可提高炉管内油流速，减少结焦。

减压蒸馏深拔技术主要包括在深拔条件下的减压加热炉技术、减压转油线技术、减压塔技术及减压塔塔顶抽真空技术。

（二）国内外减压深拔技术的基本状况

减压深拔技术也是近些年逐步发展起来的，主要将原油深拔到 565℃（TBP）左右，所拔出的重质减压蜡油主要用于加氢处理、加氢裂化及调和燃料油，减压渣油主要用于焦化原料。

减压空塔喷淋深拔技术主要有以下特点：

（1）较高的减压拔出率，减压渣油切割点可达到 575℃，相对国内常规的减压拔出率，可提高 5%左右的蜡油收率。

（2）各中段回流取热段采用了空塔喷淋取热技术，大大降低了全塔压降。

（3）较高的加热炉出口温度和较大的转油线温降，减压炉出口温度为 408℃，减压塔汽化段的温度为 384℃。

（4）在减一线和减二线之间设置柴油分馏段，减一线可以生产柴油，提高柴油收率。

（5）洗涤油由泵抽出后送入减压炉入口循环，保证减压塔最下一条侧线的质量能够满足下游加氢裂化的要求，同时又能提高减压拔出率，获得更高的蜡油收率。

（6）改进优化减压炉和减压炉转油线的减压深拔情况下，减压炉的不烧焦连续运转周期可达 5 年。

（三）减压深拔条件下的加热炉

1. 油品在炉管中的流动状态

油品在炉管内因受热体积膨胀流速加快，达到汽化点之后开始汽化，形成两相流态。加热炉管内油品的最高温度主要出现在汽化点之后加热炉出口之前的贴近炉管内壁处。在此处因气体的导热系数低，传热速率下降，炉管壁温升高，使贴近管壁的介质温度升高。当介质温度升高至油品裂解温度时，就会发生裂解。根据对两相流的流动状态研究结果，当炉管内产生稳定的环雾流态时，在炉管的内壁会形成一层稳定的液膜，此时炉管中心部位是雾化状态，从炉管壁到管内介质的传热速率相对较高，而炉管壁温度相对较低，炉管内壁液膜的温度相对较低。这说明在相同的加热炉热负荷和相同的加热炉出口温度下，炉管内介质的最高温度是不同的，炉管的壁温也是不同的，关键因素是炉管内流体的型态。所以通过选择恰当的操作条件和炉管不同的管径，使炉管内两相流维持在环雾流状态下。在这种条件下，加热炉炉管内介质的最高温度可以维持在较低的水平。

2. 油品在加热炉炉管内的停留时间

油品的裂解和结焦除与油品的热裂解性质、受热温度有关外，还有一个重要的影响因素，那就是油品在高温下的停留时间。毫无疑问降低油品在高温下的停留时间是减压深拔技术的重要手段，对于减压深拔条件下的减压加热炉，提高炉管内介质的流速一方面可以提高介质的传热速率，降低油膜温度，另一方面还可以降低介质在炉管内的停留时间。但提高介质在炉管内的流速将受到加热炉允许压力降的限制，也受到介质在炉管内的流速小于声速的限制，还受到流态的限制。

（四）减压深拔条件下的减压塔

为了控制好产品质量，将蜡油和渣油较好地分离，一般在减压塔进料段之上设有一洗涤段，抽出作为洗涤油。

1. 洗涤段分布器的选择

液体分布器的选择，主要原则是使填料表面能够充分润湿。

（1）动力式液体分布器。洗涤段的特点是操作温度高，液体喷淋密度低，喷嘴的选择主要考虑避免过度雾化和提高抗堵塞、抗结焦能力。为保证填料表面的充分润湿，分布器的设计要采用较大的覆盖重叠度，通常应不小于100%。因此对于动力式分布器，宜选择较大的喷淋夹角，避免分布器的安装高度过高。同时为防止堵塞，喷嘴个数和喷嘴通量应优化配置。

（2）重力式分布器。重力式分布器的最大特点是，液体在重力作用下通过小孔流动均匀分布在填料的表面上。由于是小孔流动，孔径过小易发生堵塞，加大孔径会形成单位面积内孔分布过少而导致液体不能够很好地在填料床层内分布，造成填料表面出现不能被液体润湿而结焦的现象。

因此必须综合所有因素，统筹考虑。此外因液体温度较高，需避免在分布器内停留时间过长而发生结焦现象，同时液体在窄槽内的流速也不可过高而产生液位梯度，影响液体分布效果。

2. 洗涤油填料床层的选择

洗涤段填料床层操作温度高，因液体喷淋密度小，易出现局部填料表面没有液体润湿现象，易发生结焦。因此应选择抗结焦能力强的填料，特别是填料床层的中下部，必须采用通量大、表面光滑的填料，一般在此处采用复合填料床层。

3. 洗涤油集油箱的选择

集油箱的主要任务是收集来自填料床层的液体，同时也要对经过集油箱上升的气体有一个较好的分布。一般采用方形或圆形升气筒，近些年来也有采用长槽式升气筒的。集油箱对气体的分布取决于单个升气筒的形式、截面积的大小和布置情况。对气体分布要求严格的集油箱，可采用较小截面结构的升气筒并均匀布置在塔截面上，同时保持必要的气体通过压力降。

洗涤段的集油箱设置在进料段的上方，操作温度通常在370℃以上。集油箱内的液体介质重，焦质、沥青质含量高，常有沉积物产生并造成垢下腐蚀。集油箱内由于液体的存在，使集油箱的壁温较通过集油筒上升的气流温度低，也由于该集油箱设置在进料段的上方，使得上升气流中的重质馏分接触集油箱的冷壁面冷凝聚结成大的液滴落下，降低了进料段的汽化率。

为解决上述问题，多采用一种底板倾斜结构的集油箱，俗称热壁式集油箱。这种集油箱可以加速底板上的液体流动，通常集油箱内没有液体停留。若需要通过机泵将集油箱内的液体抽出，一种办法是特殊结构的抽出斗加循环的办法；另一种办法是采用塔外设置过汽化油罐，过汽化油罐的设置需要考虑高温操作，为防止介质的裂解、结焦，应采用急冷油设施。

（五）减压深拔条件下的减压转油线

减压转油线由过渡段和低速段所组成。管道内的介质呈气液两相混合状态，管道的直径和布置必须满足高温、低压、气液混相的技术要求，必须满足热应力补偿要求，还必须满足流态的稳定并防止出现振动（晃动）的要求。常规减压转油线在满足上述技术要求的前提下，追求较低的压力降以达到较低的温度降要求。使油品的汽化尽可能发生在加热炉之内，以降低加热炉的出口温度，达到减少油品的热裂解和热缩合的目的。因此，常规减压转油线在稳定流态的基础上，需要适当降低管道内介质的流速，并尽可能地减少拐弯弯头。减压深拔转油线同样也需要满足上述技术要求，但追求的不仅是低压降，而是要同时满足减压加热炉出口必须保持一定压力的要求。通常这个压力要高于常规减压加热炉的出口压力，以保证炉管内介质流型在环雾流状态。由于减压深拔条件下的转油线总管道内的混相流速较高，通常在满足稳定流态要求的前提下，其流速可达到接近极限流速的80%。此时加热炉出口分支管道（过渡段）转弯弯头的设置，除需要满足应力补偿的要求外，还需要满足加热炉出口压力的要求。

（六）减压塔的主要操作参数

1. 操作压力

（1）塔顶真空度。减压塔塔顶真空度是由减压塔塔顶抽真空系统来得到的，减压塔塔顶压力越低真空度越高，减压塔塔顶抽真空系统所消耗的能量应越大，而减压塔塔顶真空度越低，同样的减压产品拔出率需高的减压炉出口温度，同样也要消耗能量。

减压塔的塔顶真空度是汽化段温度、塔顶冷却介质温度及水蒸气总消耗量的函数。定性地说对于相同的拔出率，闪蒸段的烃分压越低，平衡汽化温度应越低，这就不仅可以减少加热炉的负荷，还有利于提高馏分油的产品质量。其次系统总压越低，为达到一定的汽化率所需的蒸汽量就越少，但抽空器的蒸汽用量却会越大。

（2）进料段压力。进料段压力是塔顶压力加上塔分馏段压降而得出的，闪蒸段压力和闪蒸段温度决定了进料在闪蒸段汽化上去的产品量。实际装置生产中，在可能的条件下，应尽可能地降低进料段压力，从而降低进料段进料温度和加热炉出口温度。

2. 操作温度

（1）减压塔顶温度。减压塔塔顶温度是减压塔热平衡的表征，也是塔顶气相负荷变化的表征。它受进料温度、进料量、中段回流的取热量、汽提蒸汽等的影响。实际操作中可以通过减压塔塔顶回流来控制，也可以通过中段回流量进行调整。

（2）侧线抽出温度。侧线抽出温度是产品在抽出口所在集油箱处油气分压下的泡点温度。在进料温度及原油性质稳定的情况下，侧线抽出温度的高低与塔内气液相负荷的大小相关。实际操作中根据侧线抽出产品温度可以判断产品质量的变化情况。

（3）进料段温度。在减压蒸馏塔内产品分离的依据是各种产品的沸点不同，需要由加热炉提供热量使常压重油的温度升高、汽化，以保证减压塔的拔出率和各个侧线的收率。

进料段温度是常压重油在进料段汽化时的气相温度，它有常压重油在进料段进一步汽化吸热和塔内的过汽化油换热共同决定的，是真正决定产品收率的参数。由于减压加热炉出口温度有所限制，实际生产中进料段温度在很大程度上就由转油线的温降来决定。转油线压降、温降越大，其实际所能达到的塔进料段温度就越低。在生产操作中，加热炉出口温度及塔进料段温度均为装置的关键控制点。

（4）塔底温度。塔底温度指减压渣油从减压塔底抽出的温度，此温度由于汽提段的作用，要比进料段的温度低。对于减压深拔装置，为防止减压渣油温度过高、在底部停留时间过长造成裂解，还需从塔外部打入减压渣油作为急冷油，控制减压塔底温度在360℃左右。

3. 回流

减压蒸馏中使用的回流方式为内回流和中段循环回流，不采用塔顶冷回流。

（1）内回流。内回流是精馏的必要条件，它提供塔板上端液相回流，创造气液两相充分接触的条件，达到传质、传热的目的。减压蒸馏设置内回流的地方，就是对产品质量有严格要求的地方。如减一线生产柴油时，需从减一线向塔内打入内回流；生产润滑油料时，其侧线之间也需有内回流来保证侧线润滑油料的质量；对于减压塔洗涤段，需以最下一条侧线产品作为回流即洗涤油，打入洗涤段上部以保证减压最下一条侧线产品的质量合格。这些内回流的量需根据产品质量要求及分馏要求，根据模拟计算确定。

（2）循环回流。对润滑油型减压塔，中段循环回流的作用与流程同常压塔中段回流。但对于燃料型减压塔则不同，因为其主要矛盾是如何提高拔出率。而在一定的温度下，提高拔出率的主要手段是提高真空度。因而，为了最大限度地提高真空度，除了采用新型低压降塔内件外，主要是减少气相负荷。例如，采用顶循环回流使得减压塔顶逸出的气体只是塔顶产品、水蒸气及不凝气，从而使塔顶压降减至最小。其次对于燃料型或化工型减压蒸馏，由于减压馏分油基本上没有严格的分馏质量要求，因此可尽量减少或甚至基本上无内回流，所以减压塔的侧线抽出塔板采用只带升气管而不让上部液体下流的“盲塔板”。为了尽量减少蒸汽负荷，并有利于热回收，中段回流取热量应尽量大。

4. 过汽化率及过汽化循环

过汽化量是超过物料平衡中进料段以上各产品总量所需要的附加汽化量。其主要作用是保证在闪蒸段与最低侧线产品抽出层之间的各层塔板上有足够的回流，以改善最后一个侧线的质量，防止和减少在塔内的这些部位产生结垢或结焦。过汽化率通常以进塔原料的百分数表示。

对于减压蒸馏来说，一般在减压塔进料段上部设置全抽出集油箱，将减压过汽化油全部抽出。减压过汽化油的最小量必须保证能够润湿减压洗涤段的填料，防止在这段填料中形成干区而结焦，这样就需要满足最小的填料喷淋密度要求。

减压过汽化油抽出后，根据全厂流程的不同，可以有不同的处理办法。对于生产加氢裂化原料和润滑油料的减压蒸馏装置，减压过汽化油可采用循环回减压炉或进入减压塔汽提段以回收其中的轻馏分。对于减压深拔操作，由于减压拔出程度很深，减压过汽化油性质更加恶劣，宜采用直接进入减压塔汽提段汽提回收其中的轻馏分，改善减压侧线产品的质量。

第七节　装置大型化

一、装置大型化的优缺点

大型化优点及技术特征：装置的大型化使得每吨油人工生产成本大幅度降低，使得轻烃回收、污油回收和回炼变得更有意义，降低了吨油加工损耗和三废的排放，降低了加工吨油的建设费用和装置占地，降低了加工单位原料的能耗等。

二、装置大型化带来的问题

装置大型化的缺点：

（1）全厂生产的灵活性、稳定性和对原油加工的适应性都会相应有所下降，安全防范要求更高。

（2）装置大型化后设备现场施工难度大，质量控制困难；塔内件的安装精度难控制；随着装置能力变大，设备管线随之变大，高塔的附塔管线及劳动平台安装需要使用大型吊装机具，若随塔整体吊装，其附塔管线因管径较大，安装十分困难。设备大型化后导致检修工作量和检修时间大幅增加，尤其是大型塔器，装填填料或拆装塔盘等内件的工作量非常大，高处作业也非常困难。

第八节　相关工艺

一、轻烃回收

当加工含硫原油时，尤其是中东高含硫轻质原油，原油中的 C_5 以下轻烃含量达到2%～3%。从常压蒸馏中得到的轻烃组成看，C_1、C_2 占轻烃总量的20%左右，C_3、C_4 占轻烃总量的60%左右，而且大都是以饱和烃为主。大量的轻烃如果不加以回收，作为低压燃料气供加热炉作燃料，所含轻烃瓦斯气在炼油厂就没有很好地被利用。同时如果不设轻烃回收设施，在经济上不合理，还会造成常减压蒸馏装置塔压力的波动，影响装置的平稳生产。

（一）塔顶气的组成

塔顶气是原油加工过程中的副产气体，大多是塔顶气经冷凝、冷却后在塔顶回流罐或塔顶产品罐中排出的。炼油厂各产气装置所产生的气体率和组成，随着装置加工原料、加工方案及工艺技术条件的不同而改变。其组成包括：氢气、C_1～C_4 烷烃、C_2～C_4 烯烃及少量 C_5，还伴随着 H_2S、CO、CO_2、NH_3、N_2、O_2 等杂质。常减压蒸馏装置中的塔顶气，由于初馏塔塔顶气、常压塔塔顶气中含有较多的轻烃（C_3、C_4 组分），因而是轻烃回收部分的主要对象。而减压塔塔顶气是常压塔底重油经减压炉加热升温过程中产生的裂解气，与初馏塔塔顶气、常压塔塔顶气相比，不仅其量小，而且含 C_3、C_4 的组分也很少，大都是由空气、H_2、CO_2、CH_4、C_2H_6、H_2S 等组成。

进口原油与国产原油相比，一般来说具有密度低、轻烃组成含量高的特点，轻烃($C_3 \sim C_4$)的含量要比国产原油高得多。国产原油轻烃组成见表4-8-1，中东等进口原油轻烃含量见表4-8-2。

表4-8-1　国产原油轻烃组成

项目	20℃密度/(g/ cm^3)	硫含量/%	轻烃含量/%					
			C_2	C_3	$i-C_4$	$n-C_4$	C_5	合计
大庆油	0.8611	0.09	0.01	0.07	0.08	0.19	0	0.35
胜利油	0.9082	1.0	0.01	0.06	0.06	0.15	0	0.28
长庆油	0.8511	0.11	0.05	0.26	0.12	0.21	0.10	0.74
青海油	0.8506	0.24	0.02	0.10	0.05	0.08	0.03	0.28
南疆油	0.8740	0.83	0.03	0.20	0.10	0.18	0.09	0.6
北疆油	0.8962	0.14	0.01	0.05	0.03	0.05	0.02	0.16

表4-8-2　中东等进口原油轻烃组成

项　目	20℃密度/(g/ cm^3)	硫含量/%	轻烃含量/%					
			C_2	C_3	$i-C_4$	$n-C_4$	C_5	合计
阿曼油	0.8518	1.15	0	0.10	0.20	0.60	0	0.90
沙特(轻)油	0.8565	2.07	0	0.20	0.10	0.70	0	1.00
沙特(中)油	0.8664	2.64	0	0.30	0.20	0.7	0	1.20
沙特(重)油	0.8871	2.85	0.08	0.46	0.19	0.86	0	1.59
伊朗(轻)油	0.8498	1.56	0	0.40	0.90	0	0	1.30
伊朗(重)油	0.8699	1.95	0	0.40	0.20	0.8	0	1.4

(二)初馏塔塔顶气、常压塔塔顶气、减压塔塔顶气组成

常减压蒸馏装置中的塔顶气大都是一些饱和烷烃，其中含少量的甲烷、乙烷，大量为丙烷、丁烷等组分；由于加工过程中会有少部分裂解，故含有极少量的不饱和烯烃；同时由于原油中溶入少量的空气，塔顶气中还含有此部分非烃类的组成；另外塔顶气中还含有非烃类化合物，主要包括含硫气体，如硫化氢气体等。

1. 初馏塔塔顶气组成

常减压蒸馏装置加工中东混合原油初馏塔塔顶气的组成见表4-8-3。

表4-8-3　加工中东混合原油初馏塔顶气的组成

原油 \ 组成/%(体积)	CO_2	H_2	N_2	O_2	空气	CH_4	C_2H_6	C_2H_4	C_3H_8	C_3H_6	$i-C_4H_{10}$	$n-C_4H_{10}$	C_4H_8	C_5H_{12}	H_2S
沙特等混合油	2.28	9.52			5.42	4.10	11.48	0.04	39.95	0.06	11.74	19.40	0.04	3.87	1.61
阿曼等混合油	3.39	0.19	7.18			10.66	13.03		29.93		11.61	17.85		6.17	0.56
科威特等混合油	3.68	0.40			11.17	7.35	9.25	0.43	25.44	0.02	7.17	21.60		11.18	2.12
沙中油	0.48		1.12	0.24		1.44	5.67		26.88		9.44	27.32		20.96	0.73
沙中、沙重混合油	0.5				2.50	0.50	1.30		44.50		15.00	35.10			0.60
伊轻等混合油	0.02		2.10	0.50		0.99	11.88		34.78		8.36	21.48		17.65	0.47
沙轻、沙重油	6.01	0.03	23.72	3.02		14.64	7.35		14.71	0.11	4.88	9.41		5.14	6.5
卡宾达等混合油	3.73		22.41	5.00		12.99	9.19		21.61	0.04	5.96			0.97	0.08

从表4-8-3可见，初馏塔塔顶气组成中以丙烷、丁烷组分为主。

2. 常压塔塔顶气组成

加工中东混合原油常压塔塔顶气的组成见表 4-8-4。

表 4-8-4　加工中东等进口混合原油常压塔塔顶气的组成

原油 \ 组成/%(体积)	CO_2	H_2	N_2	O_2	空气	CH_4	C_2H_6	C_2H_4	C_3H_8	C_3H_6	$i-C_4H_{10}$	$n-C_4H_{10}$	C_4H_8	C_5H_{12}	H_2S
沙特等混合油	2.87	7.72			0.24	11.27	9.34	0.92	24.28	0.38	7.42	13.80	0.02	6.23	5.53
阿曼等混合油	4.46	11.03	4.88			19.58	6.62	1.06	12.04	0.52	4.27	13.16	0.24	4.64	12.40
科威特等混合油	0.99	0.98			1.08	5.11	5.47	0.51	24.08	0.33	8.51	29.25	0.06	17.95	5.68
古拉索等混合油	1.47	0.38	2.49			2.71	9.97		36.21		11.82	22.93		11.13	0.86
伊轻油	0.60	0.04			6.99	1.15	14.66		43.00		18.26	8.96		5.97	0.36
沙特等混合油	1.55	13.55			16.17	10.80	6.02	0.69	19.04	0.18	4.78	13.53		3.75	6.71
管混、进口混合油		0.72	2.03	0.27		16.19	8.77	0.45	25.28	0.19	9.39	18.95		10.10	0.33
沙中油	1.15	9.41	10.23	0.39		11.42	8.58	0.24	18.55	0.11	5.02	12.37		8.06	4.86

从表 4-8-4 可见，常压塔塔顶气组成也是以丙烷、丁烷组分为主。

3. 减压塔塔顶气组成

加工中东混合原油减压塔塔顶气的一般组成见表 4-8-5。

表 4-8-5　加工中东等进口混合原油减压塔塔顶气的组成

原油 \ 组成/%(体积)	CO_2	H_2	N_2	O_2	空气	CH_4	C_2H_6	C_2H_4	C_3H_8	C_3H_6	$i-C_4H_{10}$	$n-C_4H_{10}$	C_4H_8	C_5H_{12}	H_2S
古拉索等混合油	1.82	4.75			13.28	24.53	8.89	1.84	9.39	2.85	2.03	3.37	1.79	1.80	17.22
阿曼等混合油	0.98	8.63		3.57		19.87	10.65	2.25	8.77	4.41	0.72	4.74	0.32	3.56	25.36
科威特等混合油	0.85	7.63			4.60	18.94	6.80	1.14	5.83	2.40	0.67	3.75	2.99	3.90	29.66
古拉索等混合油	0.91	6.38	0.63			24.54	11.08	1.80	9.11	3.96	0.86	5.15	3.93	7.80	23.85
伊轻	0.19	3.62			11.30	20.84	17.99	2.44	9.79	5.29	2.90	1.12	2.23	2.48	17.89
马希拉等混合油	1.82	4.75			13.28	24.53	8.89	1.84	9.39	2.85	2.03	3.37	0.42	1.80	17.22

从表 4-8-5 可见，减压塔顶气组成以空气、硫化氢、甲烷、乙烷为主，而丙烷、丁烷组分含量不大。

从初馏塔塔顶气、常压塔塔顶气、减压塔塔顶气的组成可以看出：初馏塔塔顶气、常压塔塔顶气中轻烃(C_3、C_4)组分含量较高，具有回收价值。

炼油厂中加氢精制、加氢裂化及渣油加氢原料预处理等装置中的部分塔顶气往往含有较高的C_3、C_4组分，$C_3 \sim C_4$组分大多数是饱和烷烃，如果常减压蒸馏装置的初馏塔塔顶气、常压塔塔顶气进行混合，可便于集中回收气相中的轻烃，有利于提高轻烃产量和方便统一管理。

(三) 轻烃回收方案选择

在过去一段时间内，由于受到诸如压缩机制造技术的限制，环保意识不强，在我国开始较大规模的加工进口含硫原油的初期，对轻烃回收认识不足等因素的制约，轻烃回收仅限于采用稳定工艺，即对塔顶液相产品中的轻烃进行回收。而要对气相中的轻烃组分同时进行回收，由于受常减压蒸馏装置常压操作特点的制约，必须首先要提压，这就需要设置气体压缩机等后续吸收系统的设备，因而投资大、操作费用高。同时受炼油厂燃料系统和产品价格差的影响，回收气相中轻烃的经济效益不明显，致使塔顶气一般均得不到回收。之后为了减少塔顶气中所含轻烃的损失，回收轻烃组分已迫在眉睫，从而出现了不设塔顶气压缩，只有单塔稳定回收塔顶油中轻烃的初馏塔加压回收轻烃的简单流程。

随着环保意识的加强，特别是国内压缩机制造技术的提高，对造成压缩机湿硫化氢腐蚀问题的解决，压缩机的维护也变得相对简单，压缩机的投资费用大为减少。目前，装置的规模在不断增大，加工中东进口油的炼油厂日渐增多，常减压蒸馏装置中的含硫塔顶气的绝对量也增大很多，即使不回收塔顶气中的轻烃，也必须要进行加压脱硫。另一方面尽管初馏塔采用加压操作，并不能保证初馏塔顶不产生塔顶气，因此含硫塔顶气必须进行提压回收轻烃或送下游装置回收轻烃。初馏塔加压回收轻烃不设压缩机只是个过渡流程，目前大中型常减压蒸馏装置中所设置的轻烃回收部分，在初馏塔采用加压操作的同时，仍然设置有塔顶气的压缩机系统，以确保轻烃的充分回收。

（四）闪蒸塔加压缩机的轻烃回收

当原油蒸馏采用闪蒸→常压蒸馏→减压蒸馏流程时，闪蒸塔塔顶油气直接进入常压塔。要增大闪蒸量，可通过低压操作来实现，而闪蒸塔若要采用提压操作，则必须同时提高常压塔的操作压力，常压塔的操作压力一旦提高很多，全塔的分馏效果会明显下降，塔的各侧线产品之间的重叠度加大，产品质量变差。因而，为了保证常压产品的质量，不宜把操作压力提高太多，这样在原油蒸馏采用闪蒸流程时就不能以初馏塔加压的方法回收轻烃，而只能采用压缩机将常压塔顶气加压的方法来实现塔顶气中轻烃的回收。

随着压缩机的使用日益广泛，在常减压蒸馏装置中设置塔顶气压缩机系统，将常压塔顶不凝气进行升压，常压塔顶油送稳定塔回收轻烃是现今加工中东含硫轻质油常见的、较为完整的轻烃回收流程。

闪蒸塔加压缩机的轻烃回收流程简单，能耗低，轻烃回收部分的干气可去脱硫处理，环境友好。但其特点是要设置塔顶气压缩机，而且压缩机的气量要比初馏塔加压时的塔顶气压缩机量大。

二、电精制

原油常压蒸馏得到的石脑油、柴油、喷气燃料、灯用煤油均不同程度地含有硫化物、氮化物以及有机酸、酚、胶质和烯烃、二烯烃等，因此造成油品性质不安定、质量差，需要通过精制工艺将这些有害物质不同程度地从燃料中除去。碱精制是最早出现的精制方法，这种精制工艺简单、设备投资和操作费用较低。随着环保要求的提高，该方法逐渐被加氢精制等工艺所替代。而电精制就是碱精制方法的改进，它是将碱精制与高压电场加速沉降分离相结合的方法。

（一）碱精制的原理

碱洗。用质量分数10%~30%的氢氧化钠水溶液与油品混合，碱液与油品中的烃类几乎不反应，它只与酸性的非烃类化合物起反应，生成相应的盐类。这些盐类大部分溶于碱液而从油品中除去。因此碱洗可以除去油品中的含氧化物（如环烷酸、酚类）和某些硫化物（如硫化氢、低分子硫醇等）以及中和酸之后的残余酸性产物（如硫酸、硫酸酯等）。

硫化氢与氢氧化钠的反应如下：

$$H_2S+2NaOH \longrightarrow Na_2S+2H_2O$$

$$H_2S+NaOH \longrightarrow NaSH+H_2O$$

$$Na_2S+H_2S \longrightarrow 2NaSH$$

当碱用量大时生成 Na_2S，用量小时生成 NaSH。NaS 和 NaSH 均溶于水中，因此 H_2S 可以用碱洗除去。

环烷酸、酚及低分子硫醇等与碱液的反应是一个可逆反应，生成的盐类可在很大程度上发生水解反应。随着它们的相对分子质量的增大，其盐类的水解度也加大，而它们本身在油品中的溶解度则相对地增加，在水中的溶解度相对地下降。因此用碱洗的办法，并不能将它们完全从油品中清洗出去。

环烷酸、硫醇与碱液的反应如下：

$$RCOOH+NaOH \rightleftharpoons RCOONa+H_2O$$

$$RSH+NaOH \rightleftharpoons RSNa+H_2O$$

这些盐类的水解程度随碱浓度加大及温度降低而下降，所以如果要用碱洗较彻底地除去环烷酸及硫醇等非烃类化合物，就必须采用较低的温度和较高的碱液浓度。

由于碱液的作用仅能除去硫化物及大部分环烷酸、酚类和硫醇，所以碱洗过程有时不单独应用，而是与硫酸洗涤联合应用，称为酸碱精制。在硫酸精制之前的碱洗称为预碱洗，主要是除去硫化氢。硫化氢如不先除去，它在酸洗时很容易氧化生成单质硫，而单质硫是很难除去的。在硫酸精制后的碱洗，其目的是除去酸洗后油品中残余的酸渣。由于上述两类反应可以进行的相当完全，因此在实际生产中为了降低操作费用，采用稀碱液及常温作为碱洗条件。

（二）碱精制过程的工艺流程

碱精制的工艺流程一般由预碱洗、水洗、碱洗、水洗等顺序步骤组成。依原料(需精制的油品)的种类、杂质的含量和精制产品的要求，决定某一步骤是否必需。例如，碱洗前的预碱洗并非都需要，只有当原料中含有很多的硫化氢时才能进行预碱洗；对直流汽油和催化裂化汽油及柴油则通常也只采用碱洗。

原料(需精制的油品)经原料泵首先与碱液在文氏管和混合柱中进行混合、反应。混合物进入电分离罐，电分离罐通入 20kV 左右的高压交流电或直流电，碱在高压电场下进行凝聚、分离。一般电场梯度为 1.6～3.0kV/cm。酸渣自电分离罐的底部排出，顶部流出精制油品。

三、减压塔塔顶瓦斯脱硫

1. 升压后并入焦化后脱硫

由于减压塔塔顶瓦斯硫含量高，没有经过脱硫燃烧后产生了大量含硫气体污染环境不利于清洁生产。为了合理利用低压瓦斯气，通过罗茨机升压后至焦化装置压缩机将减压塔塔顶瓦斯气并入焦化吸收稳定系统。减压塔塔顶瓦斯气中的 C_3、C_4组分经过焦化装置的吸收稳定系统后被分离到液化气中，C_1、C_2组分进入干气，干气经过脱硫后再进入干气管网。

2. 低压湿法脱硫

在减压塔塔顶瓦斯升压进气柜前增加低压胺法脱硫设施，用 *N*-甲基二乙醇胺吸收减压塔塔顶瓦斯中的硫化氢，以达到脱硫的目的。该技术在低压下实现瓦斯脱硫，与常规高压脱硫一样，脱硫剂也采用 *N*-甲基二乙醇胺，其浓度为 23%，H_2S 含量 1.5mg/L，硫脱除率达到 99%以上，使回收的瓦斯 H_2S 含量降低到 20mg/kg 以下。

四、3 号喷气燃料生产

由直馏煤油生产喷气燃料的精制方法可分为两大类：一类是传统的非加氢工艺，另一类是常规加氢工艺。

非加氢的传统工艺有：碱精制、酸/碱精制、碱/白土精制、铜X-分子筛精制、氧化锌精制、CaY分子筛精制等。这些工艺的基本作用是脱出原料馏分中的无机硫、活性硫、酸/碱物质、生色物质、氮化物、少量芳烃，改善油品的颜色、安定性、腐蚀性、洁净性。这些方法的优点：加工装置固定资产投资少，操作费用低，生产成本低。它们共同的缺点：存在不同程度上的环境污染，加工中生产的废料不易处置；对原料油变化的适应性差，缺乏应付市场变化的灵活性。

加氢精制是脱除烃类物料中非烃组分和少量污染杂质的有效方法。当原料没有馏分质量较好时，可以采用很缓和的工艺条件进行加氢精制处理，此时加氢装置的投资和消耗可显著降低。当原料油质量欠佳，其中的硫、氮、烯烃、芳烃含量较高时，可改变设计条件或在可能的情况下改变操作条件、更换催化剂，以提高加氢深度，从而显著改善油品性能，使之符合规格要求。可见加氢工艺对原料油的适应性要强得多，而且加氢进精制装置易于操作和实现先进控制及清洁生产；但是加氢精制方法也有不足，如装置投资仍相对较高。当加氢深度较深时，由于燃料中的天然抗氧，抗磨等极性物质被完全脱除，因而油品的抗氧化安定性、润滑性变差，为此必须在生产装置的产品流出口及时加入适当的添加剂，才能确保产品质量。

五、直馏沥青

1. 原油的选择

几乎大部分原油都含有胶质和沥青质，从技术上讲都可以作为生产沥青的原料。但是从产品性能要求和最佳经济效益出发，则必须合理选择原油和生产方案，尤其是道路沥青和专用沥青的质量对油源的依赖性最大。

石油沥青的组成和性质的差异，归根到底是原油的组成和性质的差异。不同油源生产的沥青即使常规指标相同或相近，其化学组成和使用性能也有差异，因此必须了解原油的组成、性质和分类。但是原油的组成极为复杂，并且随产地、井深、开采时间的不同而变化，对原油的确切分类十分因难，目前比较通用的原油选择法有特性因素法、经验法及原油评价三种方法。

(1) 特性因素(K)分类：由于K值与原油或馏分的沸点和密度关联，可在一定程度上反映石油组成中烃类的分布。

环烷基原油也称沥青基原油，这类原油密度大，环烷~芳烃和胶质-沥青质含量高，最适宜生产道路沥青，并且可用最简单的蒸馏法制取。

石蜡基原油密度小，富含烷烃，蜡含量高，通常难于用简单的蒸馏法取合格的沥青产品，可以说不适合生产沥青。

中间基原油也称混合基原油，这类原油的组成与性质介于环烷基和石蜡基之间。经过详细评价和试验可以选出适于生产沥青的油种。

(2) 经验法：通过测定原油中沥青质、胶质和蜡含量，计算出沥青质与胶质的和，然后除以蜡含量，根据该比值判断是否适合生产沥青，具体经验见表4-8-6。

(3) 原油评价法：将原油在实沸点蒸馏装置上进行常压和减压蒸馏，可得到不同的窄馏分以及釜底残渣(减压渣油)。并计算收率、测试各馏分的性质。

由渣油的针入度、软化点、延度、蜡含量、组成等数据可初步判断原油生产沥青的适宜性；必要时也可采用其他方法进一步加以评价，比如氧化、溶剂脱沥青等手段。

表 4-8-6　经验法判断原油生产沥青

公式	结果	判断
$(A+R)/W$	<0.5	不适合生产沥青
$(A+R)/W$	0.5~1.5	可生产普通道路沥青
$(A+R)/W$	>1.5	可生产重交通道路沥青

注：A—沥青质；R—胶质；W—蜡。

2. 直馏沥青的生产

直馏法是将原抽经常压蒸馏分出汽油、煤油、柴油等轻质馏分，再经减压蒸馏分出减压馏分油，余下的残渣符合道路沥青规格时就可以直接生产出沥青产品，所得沥青也称直馏沥青，是生产道路沥青的主要方法。选择合适的原油，用蒸馏法制取道路沥青是最经济的生产方法。

在原油一定的情况下，影响沥青质量的主要操作参数主要有两个，减压塔进料温度和减压塔真空度。同一种原油在不同蒸馏温度下，可以得到不同针入度级别和性质的道路沥青。提高蒸馏温度，沥青的收率下降，可以得到较硬的沥青，即针入度下降，软化点上升，沥青中饱和组分含量也相应减少。调节减压系统真空度也能改变减压塔的拔出深度，从而调节沥青针入度。此外提高减压塔进料温度，加大塔底和炉管注汽量，保持塔底高液面操作，都可以达到降低沥青针入度的目的。由于温度过高容易造成渣油裂解，破坏沥青的质量，因此尽可能采取低炉温、高真空的方法生产沥青。

此外常减压直馏生产优质沥青还要做到以下几点：

（1）原油专罐储存(罐底油要进行置换)。

（2）原油加工前系统要置换，原油要专炼。

（3）沥青产品专罐储存。

（4）常减压生产装置减底泵封油要采用自封。

六、润滑油基础油的生产

润滑油生产无论在加工过程，产品质量控制，还是储运包装上，比燃料油生产都要复杂的多，对原料的要求也相对苛刻。

（一）原油的选择

不是所有的原油都适于生产润滑油，石蜡基原油作为制备基础油的首选原油，由于石蜡基原油的基础油馏分中，特性因数 K 值较高的烷烃和长侧链环烷烃含量较高，K 值较小的芳香烃和非烃类含量较少，精制收率高，黏温性好。其次是环烷基原油，虽然 K 值较低，黏温性能不佳，但因含量很少，无需脱蜡，加工成本低，是制备某些要求倾点很低而不要求黏温性能的专用润滑油的良好原油。中间基原油以往人们认为不宜用来制备润滑油，可以因地制宜的来生产那些对黏温性能要求不高或无要求的润滑油产品。由于加氢技术的发展，中间基原油可以用来加工加氢基础油。

相同沸点范围基础油馏分的烃类组成中，石蜡基基础油链烷烃的含量远高于环烷基油；环烷基原油芳香烃的含量远高于石蜡基油，中间基原油的基础油馏分烃类组成介于两者之间。石蜡基原油的基础油馏分链烷基烷基侧链的碳原子含量比环烷基油高，平均分子环数比环烷基油少。相同黏度的基础油色度石蜡基油最小，环烷基油次之，芳香基油色度最大，与族组成有关。

（二）基础油性能指标

1. 基础油性能指标与油品性能的关系

基础油性能与油品性能的关系见图 4-8-1。

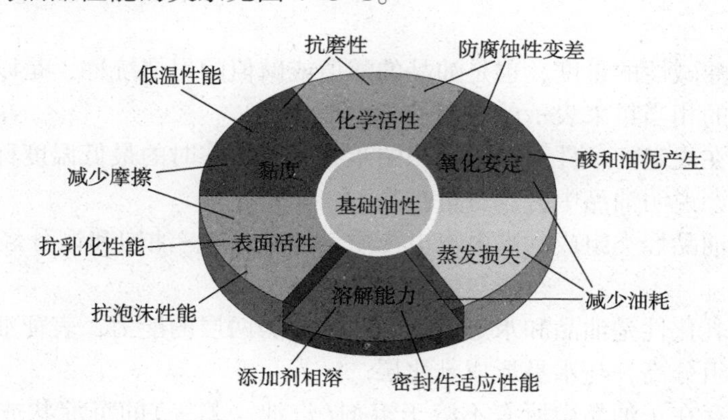

图 4-8-1　基础油性能与油品性能的关系

2. 基础油指标

运动黏度：流动物质内部阻力的量度叫黏度，黏度值随温度的升高而降低，大参数润滑油是根据黏度来分牌号的。表示液体在重力作用下流动时内部阻力的量度，其值为相同温度下液体的动力黏度与其密度之比。在某一恒定温度下，测定一定体积的液体在重力作用下流过一个标定好的玻璃毛细管黏度计的时间，黏度计的毛细管常数与流动时间的乘积即为该温度下所测定液体的运动黏度。

黏度指数：黏度指数是表示油品黏度随温度变化这个特性的一个约定量值。黏度指数高表示油品的黏度随温度变化较小，反之亦然。

蒸发损失：是油品在规定条件下蒸发后其损失量所占的质量百分数。

闪点：在规定的条件下，将油品加热，随油温的升高，油蒸气在空气中的浓度也随之增加，当升到某一温度时，油蒸气和空气组成的混合物中，油蒸气含量达到可燃浓度，若把火焰拿近这种混合物，它就会闪火，把产生这种现象的最低温度称为石油产品的闪点。

倾点：指在规定条件下，被冷却了的试油开始连续流动时的最低温度，以℃表示。倾点和凝点一样都是用来表示石油产品低温流动性能的指标。由于倾点比凝点更能反映在低温下的流动性，因此我国也和许多国家和国际标准化组织一样用倾点来表示其低温流动性。不同原油基所属的油品其倾点与凝点差值不一样，一般倾点要比疑点高 3~5℃。

色度：色度是在规定条件下，油品的颜色最接近某一号标准色板的颜色时所测得的结果。色度是用来初步鉴别油品精制深度和使用过程中氧化变质程度的标志。

密度是指在规定温度下，单位体积内所含物质的质量数，以 g/cm^3 或 g/mL 表示。密度是石油及其产品最基本的物理性质，石油产品的密度取决于组成它的相对分子质量和分子结构。碳原子数相同的烃类其密度大小的顺序为：芳烃>环烷烃>烷烃，异构烷烃>正构烷烃。

旋转氧弹：表征油品氧化安定性的一种方法。

硫、氮、碱性氮：用来判定油品精制深度。

残炭：油品放入残炭测定器中，在隔绝空气的情况下加热会蒸发、裂解和缩合，排出燃烧的气体后，生成的焦黑色残留物即残炭。残炭用残留物占油品的质量百分含量来表示。残炭是评价油品在高温条件下生成焦炭倾向的指标。主要由油中的胶质、沥青质、多环芳烃的叠合物及灰分形成。根据残炭的大小，可以大致判定油品在发动机中结炭的倾向。

灰分：在规定条件下油品被煅烧后所剩下的残留物叫做灰分，以质量百分数表示。灰分主要是油品中含有的环烷酸盐类，在润滑油中加入某些高灰分添加刑后，油品的灰分含量会增大。

中和值：油品酸碱性的量度，也是油品的酸值或碱值的习惯统称，是以中和一定质量的油品所需的碱或酸的相当量来表示的数值。

苯胺点：油品在规定的条件下和等体积的苯胺完全混溶时的最低温度称为苯胺点，以℃表示。苯胺点越低，说明油品中芳烃含量越高。

族组成：测定油品烃类组成。高电离电压质谱法分析气-油饱和馏分烃类型的试验方法（ASTM D2786）。

抗乳化性：抗乳化性是油品和水形成的乳化液分为两层的能力，表征油品精制深度。精制深度不高，极性组分高，与水易形成乳化层。

机械杂质：指存在于油品中所有不溶于溶剂（汽油、苯等）的沉淀状或悬浮状物质。这些杂质多由砂子、黏土、铁屑和矿物盐（如 Fe_2O_3）及炭青质和炭化物等组成。机械杂质的来源大部分是开采原油时带入的，少部分是石油加工、储存、运输和使用过程中以及加入某些有机金属盐类添加剂时混入的。某些重油中的炭青质也被作为机械杂质。润滑油中的机械杂质，会增大发动机零件的磨损和堵塞滤油器。

3. 基础油性能对润滑油产品质量的影响

润滑油产品的某些性质完全取决于基础油的性质，如蒸发损失、闪点、对添加剂的溶解性能等。

基础油的黏度、黏温性能、倾点则决定了可调配润滑油产品的品种。

常规溶剂精制 I 类油已难以满足新推出的内燃机油产品的要求。

运动黏度对产品调和的影响：基础油的黏度不合格，一般通过掺合部分轻质或重质组分来达到产品的指标要求，但由于产品基础油组分发生了变化使得其馏程变宽，可能会对产品的其他性能造成影响，如抗乳化性、空气释放值指标、挥发性能等无法满足使用要求。

中和值对润滑油产品生产的影响：基础油的中和值超标，将影响对酸值有控制要求的油品如汽轮机油等的生产。由于没有合适的基础油，只能采用加氢基础油，导致生产成本增加；另外中和值偏大也容易造成成品油的锈蚀和腐蚀试验不合格，对油品自身抗氧化性能也有不利的影响。油品中的酸性物质主要为无机酸、有机酸、分类化合物、酯类、内酯、树脂以及重金属盐类、铵盐和其他弱碱的盐类等。油品中的有机酸主要为环烷酸和脂肪酸。有机酸的相对分子质量越小，酸值越大，其腐蚀性越强。当有水存在时，低分子的有机酸会产生强烈的电化腐蚀。经腐蚀生产的金属盐类聚集在油品中成为沉淀物，会堵塞油路影响发动机。

倾点对润滑油产品生产的影响：倾点是产品低温性能的重要指标，基础油的倾点不合格，势必对产品的低温性能造成一定影响。通常加入适量的降凝剂解决该问题，一方面产品的成本将会有所增加；另一方面加入降凝剂对降低产品的倾点的幅度也是有限的，对倾点要求较严的产品难以生产出来。

基础油旋转氧弹对润滑油生产的影响：基础油的旋转氧弹反映的是基础油的氧化安定性

指标好坏，是基础油的一项很重要的指标。基础油的旋转氧弹不合格，将对产品的内在质量产生较大的影响，使得在生产时对基础油选择余地缩小，润滑油在生产时必须考虑基础油的抗氧化性能。油品氧化安定性与油品中含有的碱性氮有关。

基础油的溶解能力与化学组成的关系：在油品严重氧化时，环烷基油的天然溶解作用在一定程度上有助于清净剂发挥作用。溶解能力通常以苯胺点来表征，烃类的苯胺点高低顺序：烷烃>环烷烃>芳烃。

基础油的硫含量对氧化安定性的影响：并不是随着硫含量的按比例增加，油品的抗氧化安定性就会呈线性或按一定规律增加，而是同样地出现了不规律性。基础油中的硫化物对油品的抗氧化安定性具有一定的天然添加剂的作用，但是由于油品中的硫化物形态多种多样，在油品使用的过程中也会发生变化，其对油品的理化和使用性能不尽相同，呈现出的规律性亦都不强。

基础油饱和烃含量对内燃机油清净性的影响：对柴油机油来讲，高温清净性是其关键性能之一，随着饱和烃含量的增加，油品在发动机台架上的高温清净性变好(WTD 缺点评分减小)，当超过某一值时，随着饱和烃含量的增加，油品在发动机台架上的高温清净性又有所下降。

饱和烃含量对内燃机油分散性能的影响：汽油机油对油泥的分散能力，柴油机油对烟炱的分散能力，都是高档内燃机油不可或缺关键性能，饱和烃含量越高，油品对油泥和烟炱的分散能力越好。

（三）润滑油基础油分类及标准

1. API 基础油分类

国际化标准组织(ISO)尚未制定润滑油基础油标准。API 于 1993 年将基础油分为五类(API-1509)，并将其并入 API 发动机油发照认证系统中。API 按照基础油的饱和烃含量、硫含量和黏度指数，把基础油分为Ⅰ类、Ⅱ类、Ⅲ类，还包括Ⅳ类(PAO 合成油)和Ⅴ类(其他合成基础油，如聚醚、磷酸酯等)。API 基础油分类见表 4-8-7。

表 4-8-7　API 基础油分类

基础油类别	硫含量	饱和烃含量	黏度指数
类别Ⅰ(溶剂精制)	>0.03%	<90%	80~119
类别Ⅱ(加氢异构)	<0.03%	>90%	80~119
类别Ⅲ(加氢裂化)	<0.03%	>90%	≥120
类别Ⅳ(聚合)	聚 α-烯烃(PAO)合成油		
类别Ⅴ(POE/PAG/PEG)	不包括在Ⅰ~Ⅳ类的其他基础油		

2. 中国石化基础油分类

矿物润滑油基础油又称中性油。中性油黏度等级以 37.8℃(100℉)的赛氏黏度(秒)表示，标以 100N、150N、500N 等；而把取自残渣油制得的高黏度油则称作光亮油(bright oil)，以 98.9(210℉)赛氏黏度(秒)表示，如 150BS、120BS 等。我国于 20 世纪 70 年代起，制定出三种中性油标准，即石蜡基中性油、中间基中性油和环烷基中性油三大标准，分别以 SN、ZN 和 DN 加以标志。例如，75SN、100SN、150SN、200SN、350SN、500SN、650SN 和 150BS。SN 油的黏度以 40℃的运动黏度划分，BS 则以 100℃运动黏度划分。

中国石化总公司提出了 Q/SHR001—95，根据黏度指数和适用范围划分，见表 4-8-8。

中国石化协议标准分类见表 4-8-9。

表 4-8-8　中国石化 Q/SHR001-95 基础油分类

黏度指数(*VI*)		*VI*≥140	120≤*VI*<140	90≤*VI*<120	40≤*VI*<90	*VI*<40
通用基础油		UHVI	VHVI	HVI	MVI	LVI
专用基础油	低凝	UHVI W	VHVI W	HVI W	MVI W	
	深度精制	UHVI S	VHVI S	HVI S	MVI S	

表 4-8-9　中国石化协议标准分类

类别	0	Ⅰ			Ⅱ		Ⅲ	Ⅳ	Ⅴ
类型	溶剂精制基础油				加氢基础油			PAO	其他合成油
符号	MVI	HVI Ⅰa	HVI Ⅰb	HVI Ⅰc	HVIⅡ	HVIⅡ+	HVIⅢ		
饱和烃/%	≤90				≥90				
硫含量/%	≥0.03				<0.03				
黏度指数	≥60	≥80	≥90	≥95	90≤*VI*<110	110≤*VI*<120	≥120		

(四) 润滑油基础油生产工艺

1. 我国润滑油基础油生产工艺的发展

(1) 20 世纪 60 年代以前采用老三套技术(溶剂精制、溶剂脱蜡、白土精制)。

(2) 20 世纪 60 年代采用二段加氢技术生产基础油和加氢精制生产基础油，80 年代发了润滑油高压催化脱蜡催化剂并实现了工业应用。

(3) 20 世纪 90 年代完成了以溶剂精制和加氢技术相结合为特点的润滑油中压加氢处理 RLT 技术和润滑油催化脱蜡技术 RDW 的工业应用，1997 年引进了 IFP 润滑油高压加氢技术生产基础油。1999 年引进 Chevron 润滑油异构脱蜡投产。

(4) 2000 年推出了全氢法润滑油高压加氢 RHW 技术，在克拉马依投产。2001 年老三套与加氢组合 RLT 工艺在荆门投产。2000 年开发了异构脱蜡催化剂，完成中试寿命试验。2004 年引进 Chevron 异构脱蜡技术投产运行。

2. 生产工艺流程

通过原油常减压蒸馏，切取不同黏度的常减压馏分和减压渣油，作为润滑油生产原料，而后通过溶剂脱沥青、溶剂精制、溶剂脱蜡、白土补充精制将润滑油基础油中的非理想组分脱除，这是物理方法将理想组分与非理想组分分离。化学方法是将润滑油中的非理想组分转化为理想组分并除去杂质，如加氢精制、加氢处理、加氢裂化、催化脱蜡、异构脱蜡和加氢饱和。加氢反应能使多环芳烃饱和、开环，转变为少环多侧链的环烷烃，可提高黏度指数，同时通过加氢将氧、氮、硫分别以 H_2O、NH_3、SO_2 方式除去；异构脱蜡可以将正构烷烃异构成为润滑油的理想组分异构烷烃，所以其脱蜡油收率及黏度指数都比催化脱蜡高。

溶剂精制原理：润滑油溶剂精制的目的是从润滑油料中，除去所含的大部分多环短侧链的芳香烃、胶质以及含氧、氮、硫的非烃化合物(统称为非理想组分)，而保留其理想组分链烷烃、少环长侧链环烷烃、少环长侧链芳香烃，从而改善基础油的黏温特性、抗氧化安定性、抗乳化性和颜色等。润滑油溶剂精制是物理分离过程，所选用的溶剂对润滑油中非理想组分能选择性溶解，而对油中的理想组分溶解度很小，从而通过萃取把非理想组分抽出，理想组分则留在精制液中，然后分别蒸出溶剂，即可得到精制润滑油和副产物抽出油，蒸出的溶剂在系统中循环使用。由于润滑油中非理想组分绝大部分是通过溶剂精制除去的，所以溶剂精制效果的好坏与润滑油产品质量及收率有很大的关系。

溶剂脱蜡原理：蜡在温度降低时从油中析出，形成结晶进而结成网状结构，阻碍油品流动，甚至使油品凝固。脱蜡使润滑油在低温下不凝固，保证润滑油基础油的低温流动性和低温泵送性能。在润滑油料中加入选择性溶剂，使油料与溶剂混合物冷却结晶，然后通过过滤达到油料分离的目的。

补充精制原理：经过溶剂精制及溶剂脱蜡的润滑油料中，残留有微量溶剂、水分、有机酸、氮化物及胶质等杂质，这些物质的存在影响油品的颜色、氧化安定性、抗乳化性和绝缘性等，因此还需进行补充精制。通常用白土进行精制，在较高温度下把润滑油中的有害物质吸附在活性白土上，以改善润滑油的上述性能。白土精制属于物理吸附过程，残留在润滑油中的非理想组分大部分为极性物质，活性白土对它们的吸附能力较强，而对理想组分的吸附能力很弱。因此能比较有效地除去这些杂质，活性白土对润滑油中不同物质的吸附能力各不相同，其选择吸附能力的顺序为：沥青质和胶质>芳香烃>环烷烃>链烷烃。芳香烃和环烷烃的环数越多，越易被吸附。

溶剂脱沥青生产基本原理：减压塔塔底渣油中的烃类和非烃类，在非极性溶剂(丙烷等)中有差异非常明显的溶解度，在一定温度范围内，溶剂对烷烃、环烷烃、少环的芳烃溶剂能力强，对胶质、沥青几乎不溶解，在抽提塔中利用两种物质的密度差，逆流接触，并在抽提塔中控制一定的温度差，生产出质量合格的脱沥青油。润滑油型溶剂脱沥青工艺，几乎都是采用丙烷脱沥青工艺。

燃料-润滑油型常减压蒸馏工艺流程、溶剂精制润滑油的生产流程图和三段加氢润滑油生产流程图分别见图4-8-2、图4-8-3和图4-8-4所示。

3. 减压蒸馏基本要求

生产润滑油基础油原料时，对减压蒸馏操作要求：

(1) 低炉温：减少油品裂化，保证油品氧化性能。

(2) 高真空：组分之间的相对挥发度大，不同沸点馏分更容易分离，实现一定分离任务所需接触单元较少，系统总压力降可以较小，可以在相对较低温度下分馏。

(3) 窄馏分：窄馏分有利于溶剂精制和溶剂脱蜡操作，相同黏度范围窄馏分蒸发损失小。

(4) 浅颜色：浅颜色意味着分离精度高，油品中杂质含量低，烯烃含量少，油品氧化性能好。高真空、低炉温和高效分离设施有利于保证浅颜色。

生产优质润滑油基础油原料的减压蒸馏技术措施见表4-8-10，润滑油型和燃料油型减压蒸馏比较见表4-8-11。

表4-8-10　生产优质润滑油基础油原料的减压蒸馏技术措施

要求	技术措施
低炉温	炉管扩径、低压降转油线
高真空	提高减压塔塔顶真空度、低压降塔盘、改进换冷段设计
浅颜色	加大蒸发空间、新型进料分布器、高效洗涤段设计
窄馏分	改进汽提操作、增加侧线间塔板数

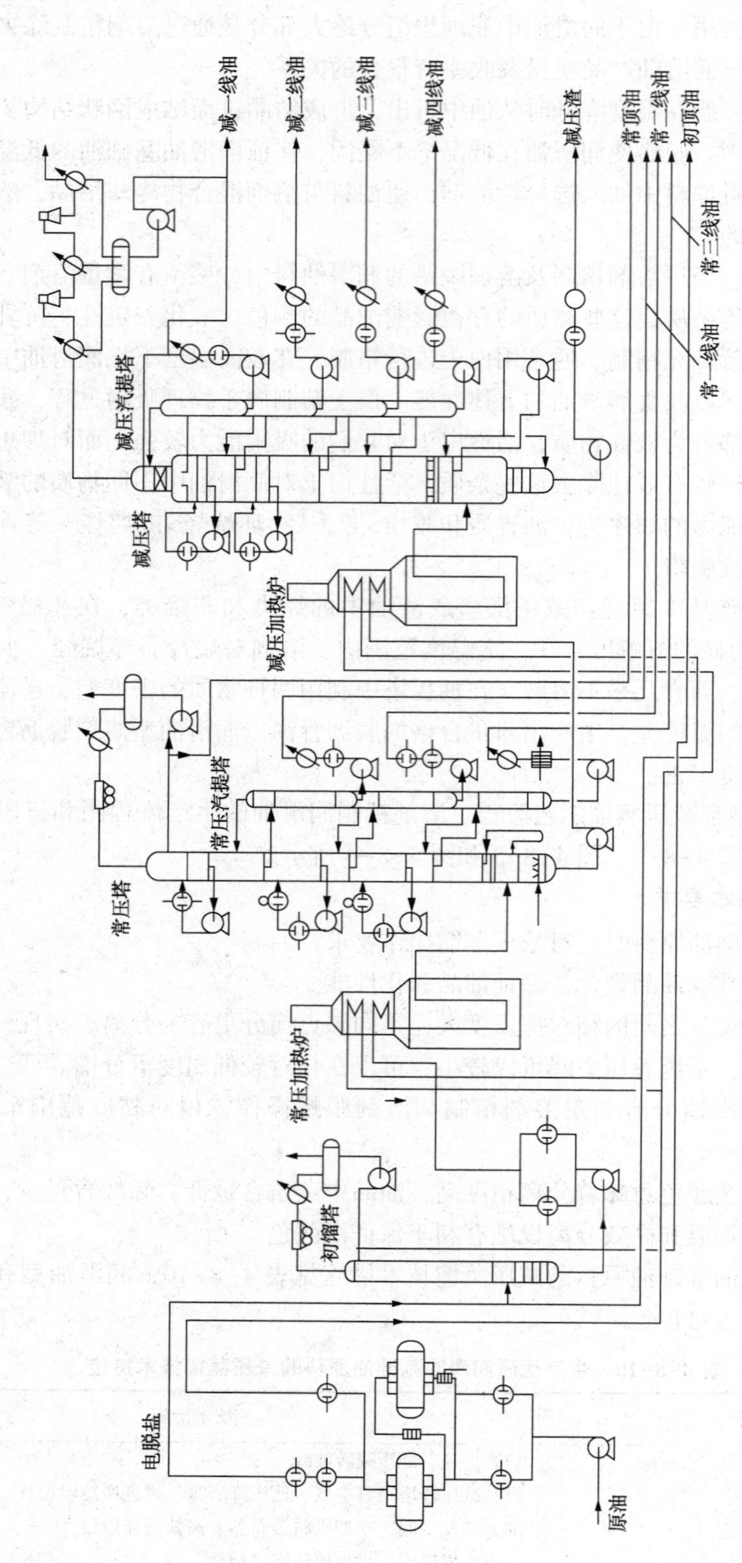

图4-8-2　燃料–润滑油型常减压蒸馏工艺流程图

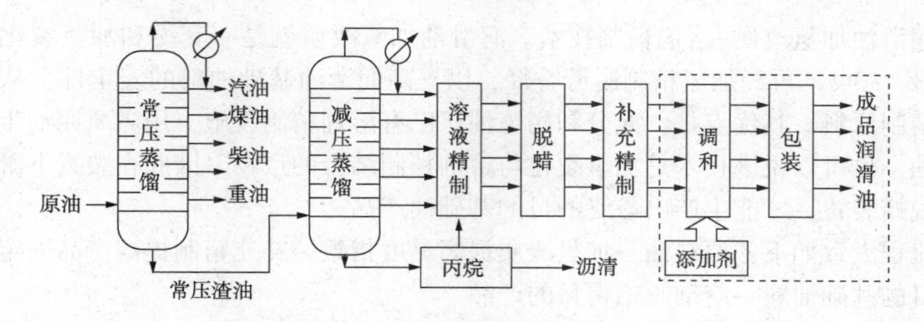

图 4-8-3　溶剂精制润滑油的生产流程图

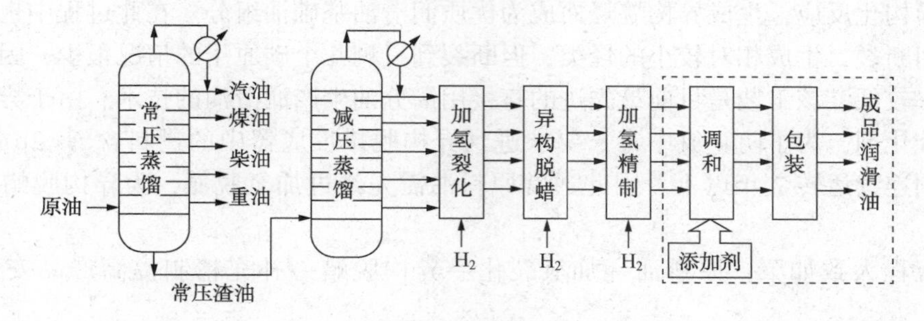

图 4-8-4　三段加氢润滑油生产流程图

表 4-8-11　润滑油型和燃料油型减压蒸馏比较

比较项目	润滑油型	燃料型
蒸馏目标	要求分馏精确度高	要求出率高
加热炉温度	380~400℃不允许有裂化	390~420℃可以有部分裂化
切割深度	530℃左右，不要求深度切割	560℃或更高，希望深度切割
侧线数目	4~5 个	2~3 个
汽提	设汽提段以控制闪点及馏程宽度	不设汽提塔
洗涤段设计	设计复杂，要求高	要求不很严格

4. 国外润滑油加氢技术的发展

20 世纪 60 年代以前，世界上生产润滑油基本都是采用糠醛精制→溶剂脱蜡→白土精制方法，统称“老三套”。70 年代有了先经加氢改质提高润滑油原料的黏度指数，然后进行溶剂脱蜡生产基础油的工艺，典型的是法国石油研究院 IFP 技术。1981 年美国 Mobil 公司开发出的催化脱蜡(MLDW)生产润滑油技术。1993 年由美国 Chevron 公司推出的异构脱蜡(IDW)工艺在美国里奇蒙炼油厂一次投产成功。至此形成了加氢改质→溶剂脱蜡、催化脱蜡、异构脱蜡三大加氢法生产润滑油技术系列。

(1) 催化脱蜡工艺。通过选择性分子筛催化剂使润滑油中的正构烷烃和短侧链烷烃进行选择性裂化，以降低润滑油倾点。核心是用催化剂将蜡油裂化成小分子烃类，所以其副产品是低价值的气体、液化气和少量石脑油。

因催化剂耐氮能力较差，失活快，所以要求进到催化脱蜡反应器中的进料氮含量<50μg/g，并且在蜡含量为 50%左右时，每 2~3 个月需进行一次氢活化，每一次氢活化需 7 天。

工艺流程大致如下：原料油→加氢改质提高黏度指数→临氢降凝→补充精制提高产品安定性→基础油。

（2）润滑油加氢改质-溶剂精制技术。润滑油加氢改质就是一套缓和加氢裂化，转化率一般为10%~50%，再经加氢精制脱芳香烃，以提高润滑油基础油料的安定性，从而生产出好的溶剂精制原料。其优点是：充分利用炼油厂已有溶剂精制设施，用劣质原油生产优质润滑油基础油，也可以说该技术是加氢裂化与溶剂精制结合的产物。因此在装置下游，尚须配套有溶剂脱蜡装置，才能生产出最终的目的基础油产品。

工艺流程大致如下：原料油→加氢改质提高黏度指数→补充精制提高产品安定性→产品分馏得到目的基础油料→溶剂脱蜡得目的产品。

（3）异构脱蜡工艺。原料油在氢气环境中，在贵金属催化剂的作用下，使原料中的正构烷烃发生异构化反应，生成异构烷烃而成为优质润滑油基础油组分。在此过程中也有部分碳链发生中间断裂，生成相对较小的烃类，但断裂到只剩几个碳原子的情况很少，因此气体和石脑油产率较低。该工艺是目前最先进的直接用馏分油生产润滑油的技术。由于异构脱蜡采用贵金属催化剂，为了防止氮中毒，要求进到异构脱蜡反应器中的进料含 $N<2\mu g/g$，方可保证催化剂连续运转2年以上。因此通常原料油需先经过加氢脱氮，为异构脱蜡生产合格原料。

工艺流程大致如下：原料油→加氢裂化→异构脱蜡→补充精制提高产品安定性→基础油。

异构脱蜡主要技术特点：原料适用范围广，无论是石蜡基原料油还是环烷基原油的加氢改质尾油都可以生产出高黏度指数的润滑油基础油。

润滑油基础油产品综合收率高，可达到VGO原料的50%以上，产品质量好，黏度指数（Ⅵ）可达到80~150；氧化安定性（RBOT）可达到300min以上；倾点可灵活调整，最低可达<-45℃。副产品附加值高，主要副产品为喷气燃料和柴油，石脑油和气体产率小副产品质量好，喷气燃料烟点>30mm，冰点<-50℃，柴油十六烷值>70，倾点<-40℃。异构脱蜡主要技术优点是原料适应性高、收率高和黏度指数高，加氢异构脱蜡是目前最先进的润滑油加氢技术。

参 考 文 献

1 陈士军，黄费喜. 常减压蒸馏装置扩能改造新途径. 石油炼制与化工，2004，35(7)：27~30

2 林世雄. 石油炼制工程(第三版). 北京：石油工业出版社，2007

3 李鑫钢，刘春杰，罗铭芳，李洪. 常减压梯级蒸馏节能装置的模拟与优化. 化工进展，2009，28：360~363

4 康明艳，李继友，王蕾，李磊. 常减压蒸馏装置的常压系统流程模拟. 天津化工，2013，27(4)：38~40

5 中国石油化工集团公司. GB/T 50441—2007，石油化工设计能耗计算标准[S]. 北京：中国计划出版社，2007

6 吴莉莉，顾海成. 常减压蒸馏装置减压深拔技术初探. 中国科技信息，2009，22：127~128

7 王如强，何小荣，陈丙珍. 常减压蒸馏装置生产计划与过程操作的优化集成. 清华大学学报(自然科学版)，2008，48(3)：399~402

8 田兴龙. 常减压装置原油适应性改造分析. 安徽化工，2014，40(5)：65~67

9 董晓杨，赵浩，冯毅萍，荣冈. 基于流程模拟的常减压装置过程操作与生产计划集成优化. 化工学报，2015，66(1)：237~243

10 陶勇，熊佐松，刘海燕等. 基于原油TBP曲线校正的常减压装置操作的多目标优化. 计算机与应用化学，2014，31(3)：311~315

11　冯洪庆，龙凤乐，张强，杨肖曦．炼油厂常减压蒸馏装置能量平衡分析．石油炼制与化工，2010，41(8)：47~49
12　杨旭，韩良．浅谈UOP常减压设计特点．化工技术与开发，2013，42(5)：60~61
13　王松汉．石油化工设计手册(第一版)．北京：化学工业出版社，2002
14　时钧，汪家鼎，余国琮等．化学工程手册(上卷)，第二版．北京：化学工业出版社，1996

第五章　常减压蒸馏设备

第一节　电脱盐设备

电脱盐设备常用于常减压蒸馏装置的原油预处理，使原油经过脱盐脱水后减轻对本身设备的腐蚀，满足后续装置的产品质量要求。电脱盐设备主要由主体设备——电脱盐罐和其他配套设备——专用电源、高压电引入棒、电极板、高压绝缘吊挂及电联接器、低液位开关和油水界面仪、现场防爆控制柜、混合设备、进料分配器、出油收集器、水冲洗系统等构成。

一、电脱盐罐

电脱盐罐的主要作用是沉降分离原料中的水和杂质，通常设计成卧式容器，特殊情况下如占地受限制或处理量较小也可设计为立式设备。

电脱盐罐的设计取决于原油的性质、处理量和操作参数。罐内的主要介质为原油和水，操作温度为90~150℃，具体由原油性质和工艺过程(原油换热)确定，一般设计温度小于200℃(考虑到绝缘吊挂材质主要为聚四氟乙烯，耐热温度不大于200℃)；操作压力1.0~1.6MPa，一般规定比原油操作温度下的饱和蒸气压大0.15~0.2MPa，通常的设计压力为1.5~2.2MPa。电脱盐罐的材质一般采用Q345R。

图5-1-1为典型的电脱盐罐结构图。

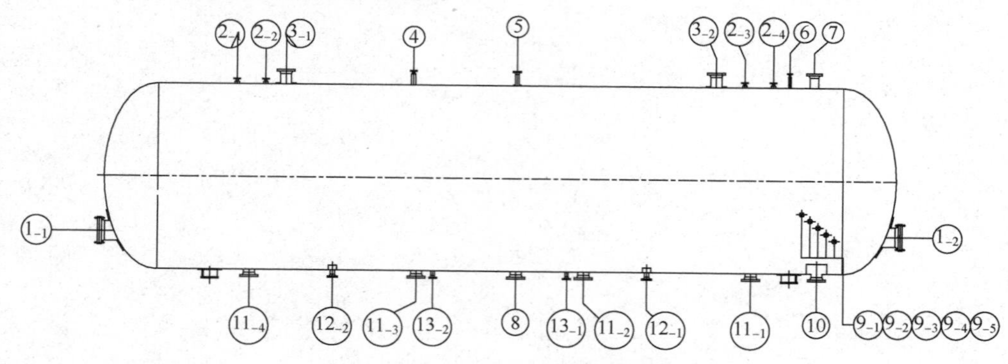

图5-1-1　典型的电脱盐罐结构图

1—人孔；2—高压电引入口；3—原油出口；4—低液位开关口；5—油水界面仪口；6—压力表口；7—放空口；8—排污口；9—固定放样口；10—退油口；11—原油入口；12—排水口；13—反冲洗口

二、主要配套设备

(一) 专用电源

目前在电脱盐系统中主要使用的电源有：交流高压电源、交直流高压电源、智能响应高压电源、可调式可控硅高压电源和变频脉冲高压电源等。

1. 交流高压电源

图 5-1-2　交流高压电源

交流高压电源是电脱盐最常用的供电设备，它是一种专用的防爆全阻抗式变压器，它的阻抗值为100%。

考虑到它使用场合的特殊性，一般采用油浸式冷却方式与绝缘，主体部分为充油型防爆结构，接线箱为增安型防爆结构。由于电脱盐罐一般处于防爆区域Ⅱ区，所以变压器的防爆等级不低于ⅡB级，为ExOeⅡBT5，防护等级不低于IP56。图5-1-2为交流高压电源。

2. 交直流高压电源

交直流高压电源是在交流高压电源的基础上在变压器上配置一个大功率整流箱，将交流电变成直流电，是给交直流电脱盐技术配套的专用电源设备。交直流电脱盐高压电源及形成高压电场示意图见图5-1-3。

对于容量较小的交直流高压电源，一般将变压器与整流器整体安装，对于容量较大的交直流高压电源，变压器与整流器采用分体安装，具体结构见图5-1-4。

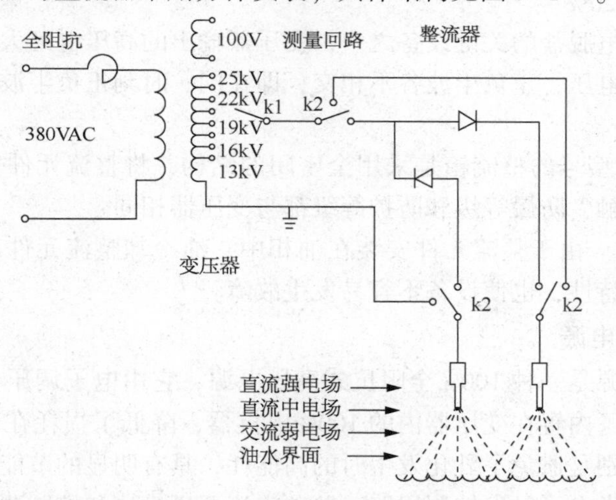

图 5-1-3　交直流电脱盐高压电源及形成高压电场示意图
k1—高压档位切换开关；k2—交直流切换开关

分体式交直流高压电源设备的主要特点：

(1) 由高阻抗全密闭防爆变压器组成，内部设计100%电抗器，能在大处理量高含水状态下稳定运行。

(2) 电源设备主体和高压接线部分采用充油防爆形式，高压接线盒也为充油型结构，防爆等级为ExOeⅡBT5，低压接线盒为增安型防爆结构，防护等级为IP56，能满足石油化工易燃易爆环境场所要求。

(3) 输出电压可调。在设备的运行时可根据不同原油特性和工艺状况调节变压器的输出电压，调节电压可分为五档，即13kV、16kV、19kV、22kV、25kV；只要在无负载状态下就可以任意调节，操作极其简单。

(4) 低能耗。变压器与电抗器同时设计，采用共轭整体芯，选用优级硅钢芯片，空载电

图 5-1-4　分体式交直流高压电源

流与同类产品相比低 20%。

整流箱是交直流电脱盐的关键设备之一，变压器输出的高压电经大功率整流箱后将交流电压整流成半波脉冲电压，正负半波各不相交，即在同一时刻正负半波之间无电压差，整流箱有如下的特点：

① 安全可靠。此型号的整流箱是采用全密闭的结构，将整流元件安装在油相中，保证电器元件不与空气接触，防爆等级和防护等级都与变压器相同。

② 设备稳定可靠。由于整流元件安装在油相中，油冷却整流元件产生的热量，可使整流元件保持稳定运行特性，也使设备不容易发生故障。

3. 智能调压高压电源

智能调压高压电源是一种 100%全阻抗式高压电源，它由电子调压器和油浸式防爆变压器组成。由于它取消了内置在变压器内的 100%电抗器，降低了损耗在电抗器上的电压，减少了无用功消耗，特别是避免了乳化发生时的高能耗，具有明显的节能效果。

电子调压系统是由电子触发控制回路、单项交流调压模块和控制测量显示仪表组成。电子触发控制回路是由电压反馈回路、电流反馈回路和控制输出回路构成，主要功能是通过接收反馈回路的电流、电压信号进行系统预设程序的运算，输出控制信号控制单相交流调压模块的电压、电流输出，实现对变压器高压输出的控制调节。同时还可预设电流和电压值，以确保变压器的最大电流不超过设定值。

（二）高压电场结构

电脱盐罐内高压电场结构为罐内电极板，它主要有固定支架、框架梁、高压绝缘吊挂、紧固件及各种连接件组成。

电极板一般有水平结构和垂挂式结构两种形式，水平电极板通常由二层、三层或多层极板组成，垂挂式电极板由正负交替排列的极板组成，在罐内沿轴线方向依次排列，电极的安装水平度与板间距离的均匀度，均能影响高压电场的均衡性。因此在电场设计时，要求电场设计均匀，避免出现畸形电场，发生电场局部短路，导致整个电场的崩溃。

在大型化电脱盐罐体内，由于处理量的增加，油流在罐体内的上升速度加快，高压电场和变压器的负荷增大，通过改变电极板的设计可降低变压器的负荷，主要包括下面几个技术特点：

（1）要求电场设计均匀，防止出现局部畸形电场或边壁电场；

（2）采用电场强度逐渐增强的梯度电场，首先将大部分水通过弱电场沉降下来，降低强电场的负荷，然后利用高压电场和高强电场将小或细小水滴在更强的电场中聚积沉降下来；

（3）改变电极板传统钢结构的设计，消除电极板在原油导电率高的情况下容易发生的尖端放电现象；

（4）降低变压器负荷和电极板的改型设计；

（5）通过高压静电分离实验，特别是在高压静电分离过程中电流和电压变化曲线可为电场的设计和变压器的选型奠定重要的实验基础。

（三）高压电引入棒和增强复合型聚乙氟乙烯绝缘吊挂

电脱盐罐内的高压电源是通过高压电引入棒及其保护装置将变压器的高压输出端与罐进行相连。一般高压电引入棒与罐体的连接为法兰或螺纹结构，如果一旦出现原油渗漏，外表可直接看出，使其不会渗漏到高压电软连接装置中污染干燥变压器绝缘油，大大提高了电源设备安全性能和使用寿命。

高压电引入棒采用国标 GB 7136 规定的一级品要求的聚四氟乙烯树脂压制，通常采用进口原料。制造时要求高压电引入棒的表面粗糙度 R_a 低于 0.8μm，表面不能有斑点、油污。

每根高压电引入棒在出厂前均做过耐高压电性能测试和高压力下不泄漏的密封测试。耐高压电性能测试将根据所采用的变压器最高档位电压进行，试验压力为最高档位电压的 2 倍，试验时间为 5min，不能发生击穿和爬电。高压力下不泄漏的密封测试将根据罐体的设计压力进行，测试压力为设计压力的 1.5 倍，实验时间 30min，不能发生泄漏。高压电引入棒检验合格后应在棒体上端联座上打制钢印序列号，并做好登记和存档工作，以便进行质量跟踪。典型的高压电引入棒见图 5-1-5。

增强复合型聚乙氟乙烯绝缘吊挂是为了确保极板之间的电气绝缘，该吊挂采用复合材料制成，保证其拉伸强度达到 1200MPa 以上，且具有优异的绝缘性，在较高的温度下也不会发生塑性蠕变。绝缘吊挂的表面喷涂了一层特殊材料，使其具有更好的抗污染性能，原油中的导电杂质很难吸附在吊挂表面，最大限度地增强了其绝缘性能。常见的绝缘吊挂见图 5-1-6。

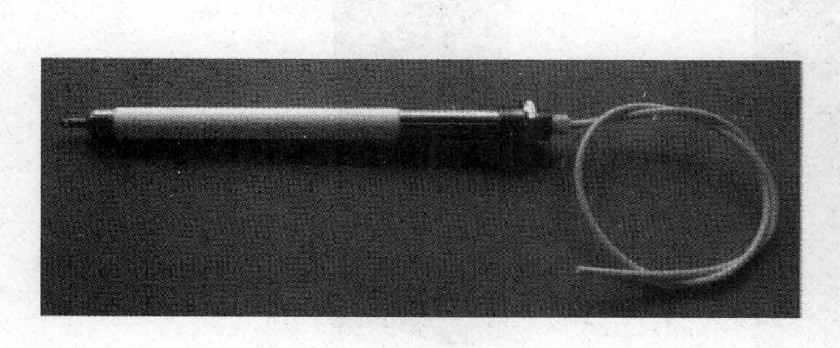

图 5-1-5　典型的高压电引入棒

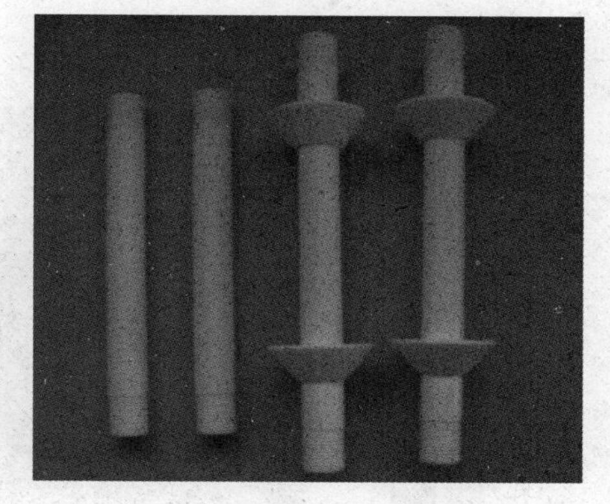

图 5-1-6　常见的绝缘吊挂

（四）低液位开关和油水界面仪

当电脱盐设备开工时，若电脱盐罐内没有充满原油，此时罐内可能存在可燃气体，若对

图 5-1-7　低液位安全开关外型

电极板输入高压电，极板之间可能产生电火花，造成事故。为此在电脱盐罐体顶部设置浮球液位开关，当电脱盐罐内没有充满液体时，可保证变压器的供电主回路是断开的，此时无论怎样都不可能将高压电引入电脱盐罐内的电极板上，保证了设备的运行安全。

油水界位控制在电脱盐运行过程中非常重要，油水界位过高会引起罐内弱电场强度的提高，高电压会击穿水滴出现电分散现象，影响脱盐效果。油水界位过低会引起罐内弱电场强度的减弱，也会影响脱盐效果。目前一般采用射频导纳油水界位仪和调节阀联合控制方式(图 5-1-7)，射频导纳仪表是通过测量介质的介电常数的变化来测定电脱盐罐内的油水界面的变化的。通过测量探头测得信号在传感器上将物位信号转换为 4~20mA 的传送信号，再经变送器进行显示和控制。除射频导纳油水界位仪外，其他还有双法兰微压差式油水界位仪，磁致伸缩油水界位仪等，见图 5-1-8 和图 5-1-9 所示。

图 5-1-8　射频导纳油水界位仪外型图

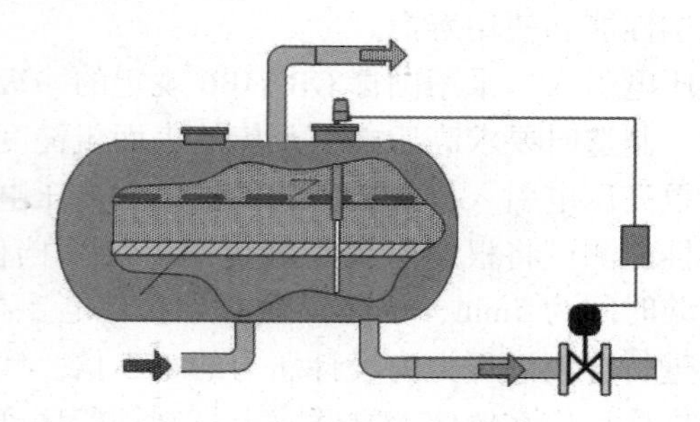

图 5-1-9　射频导纳油水界位仪控制方式

(五) 进油分配器和出油收集器

电脱盐罐原油进料方式一般有三种：水相进料、油相进料和水平进料。水相进料主要用于交流和交直流电脱盐过程。见图 5-1-10。油相进料主要用于高速电脱盐或提速型交直流电脱盐设备，见图 5-1-11 所示。

图 5-1-10　水相进料分配器

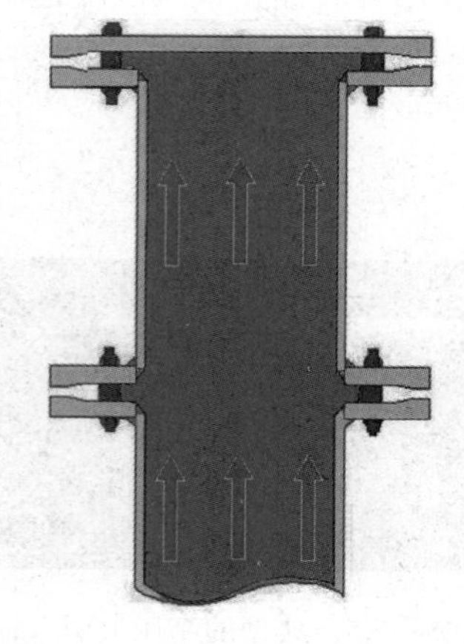

图 5-1-11　油相进料分配器

在大处理量的情况下，进油分配的好坏将会直接影响脱盐脱水的效果，保证原油乳化液在罐体内均匀分布，平稳上升是大型化电脱盐设备的一个技术关键之一。罐体直径增大以及原油加工量提高的情况下，在进油分配器和出油收集器的设计时主要考虑下面的设计原则，一方面要充分利用整个罐体的空间，避免在罐体内局部出现“沟流”或“死区”，另一方面确保原油在电场中以及水在罐体内有足够的停留时间。

进油喷嘴设计时应考虑与出油收集器相配合，使油流在罐体最大横截面上均匀分布和缓慢平稳上升，充分利用整个罐体的空间。

在高速电脱盐罐内设计进油喷嘴的开度和面积时要求喷出原油区域与电场设计相吻合，一方面确保喷出的原油全部经过电场，另一方面不能使原油在电场中有太长的停留时间，乳化液在高压电场中完成破乳后应尽快离开电场，以免因脱水后原油自身的导电率下降而增大电脱盐电源设备的负荷。

在大型化高效交直流电脱盐罐内含水的乳化液，通过设计在电脱盐罐水层的双排进油分配管进入到电脱盐罐的水层，分配器上出油孔的大小和数量根据原油性质和处理量进行合理设计，能够使乳化液在罐体内横向和纵向有一个均匀的分布，保证乳化液在罐体内均匀地平稳上升确保油水界面相对稳定具有重要意义。

出油收集器安装在电脱盐罐的顶部，沿罐体轴线方向单排或双排布置。

（六）混合系统

设置混合系统的主要目的是提供充分的剪切力，克服油、水的表面张力，从而保证油与洗涤水和破乳剂充分混合，达到脱盐的目的。

大型化电脱盐单元的混合系统都由高效静态混合器和大型双座混合阀组成。静态混合器由传统的叶片式结构，改为由若干不锈钢混合单元组成的填料式结构结构，以提高混合效果，见图 5-1-12。混合阀的外形和普通调节阀相似，其内部为半球形阀体结构，通过上部的阀门定位器调整半球的角度，使原油在其内部的流通面积发生变化从而达到混合目的，见图 5-1-13。

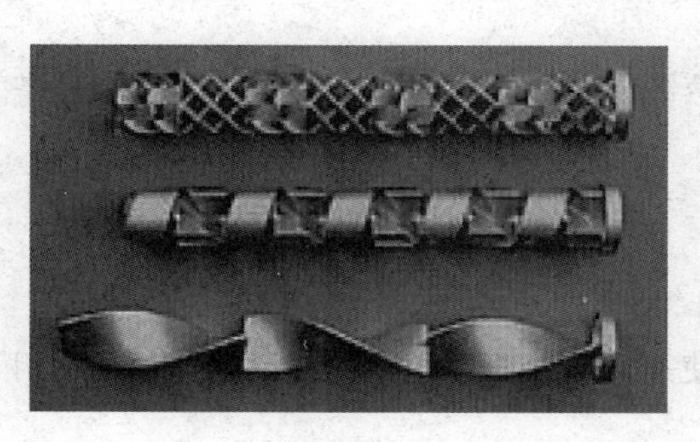

图 5-1-12　静态混合器的几种混合单元

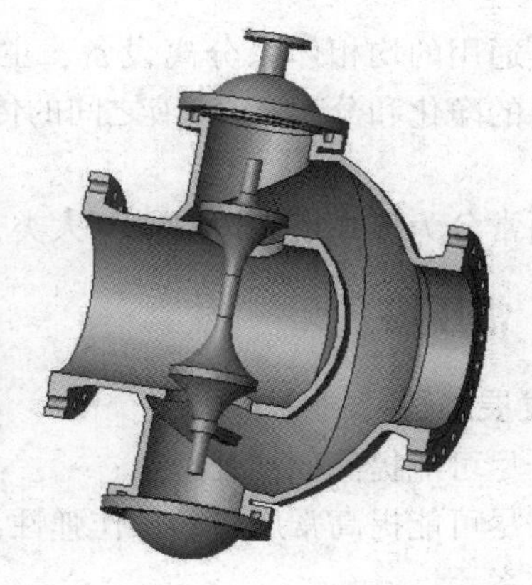

图 5-1-13　半球形混合结构

（七）水冲洗系统

电脱盐罐内底部配有水冲洗装置，左右两排，冲洗喷嘴朝向罐壁，使污泥向排水口冲刷，经排水口排出，及时排出沉积在罐底的泥沙、污泥等固体杂质，保持油水界位的稳定并确保所排污水在罐体内有足够的停留时间，以减少污水的含油，见图 5-1-14。

根据原油含污泥量的多少确定冲洗频率，通常情况下每周进行一次冲洗，每次冲洗时间不少于20min。水冲洗时喷嘴冲洗所形成的最大冲刷距离 R_m 与射流流速(V_j)的2/3次方及喷嘴直径(D)的5/6次方成正比，水冲洗的能量由射流流速表现出来，该射流流速是水冲洗泵的扬程和流量的集中反映，因此也有的资料将 $I=V_j^{2/3}D^{5/6}$ 作为射流强度的技术指标。水冲洗设计时，不能使喷嘴喷出射流的方向沿罐体切线方向，因为这样没有与罐壁形成冲击，射流只会将喷嘴前沉降的泥沙冲掉，只形成一个水冲洗通道，而不会得到较大的冲洗面积。同时在罐体轴线方向上，喷嘴喷出射流的方向与罐体最大轴截面呈一个较小的夹角，这个夹角主要为冲起的泥沙向前流动提供能量，避免冲起的泥沙在水冲洗后不发生罐体长度方向上位移的运动。

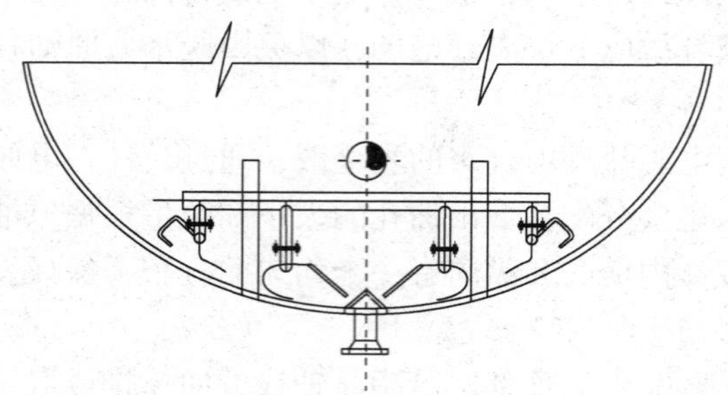

图5-1-14　水冲洗系统布置示意图

(八) 现场防爆控制柜

现场防爆控制柜是现场控制的电气设备，可现场监视电脱盐罐的运行状况，通过内联可实现就地操作和远程控制。现场防爆控制柜的额定电压等级为220~400V，额定电流为5~300A；适用场所为防爆Ⅰ区、Ⅱ区。

第二节　塔设备

塔是通用的均相体系分离设备，主要用来处理流体(气体或液体)之间的传质和传热，实现物料的净化和分离。气-液之间的传质过程如蒸馏、吸收、解吸、汽提等一般均在塔器中进行。

塔通常分为板式塔和填料塔两大类，蒸馏装置中的主要塔设备为常压塔和减压塔。

一、常压塔

1. 发展趋势

(1) 尽可能提高原油处理量；

(2) 尽可能提高常压塔的操作弹性，使其适于处理轻质与重质原油，同时也适用于不同的产品方案；

(3) 尽可能提高轻油拔出率；

(4) 尽可能降低能量消耗。

2. 设计思路

(1) 采用规整填料；

(2) 采用新型高性能塔盘。

3. 全填料常压塔的优点

(1) 填料塔处理能力大，比一般的板式塔处理能力可增加50%；

(2) 填料塔分离效率高，每米填料的理论板数>1.5；

(3) 填料塔压降很低，0.05~0.7mmHg/理论板(1mmHg=133.322Pa)；

(4) 填料塔弹性大，填料塔的弹性主要取决于气体/液体分布器的弹性。

4. 设计填料常压塔主要考虑的问题

(1) 填料腐蚀及设备结垢——使用寿命；

(2) 闪蒸段气体分布——产品分离；

(3) 洗涤段的分离效率——轻油拔出率。

5. 引起设备腐蚀的主要杂质

(1) 硫化物；

(2) 环烷酸；

(3) 盐类；

(4) 有机氯化物。

6. 填料常压塔的构成

(1) 闪蒸段。闪蒸段设计是否合理，直接影响常压塔的运行效果，如果气液分离不彻底，雾沫夹带将会影响柴油质量。如果气体分布不均，将直接影响闪蒸段的分离效率，降低轻油收率并增加能耗。因此进料采用高性能气体进料分布器，它可以有效地降低雾沫夹带，优化气体分布，提高洗涤段的分离效率。

(2) 洗涤段。洗涤段的效率直接影响常压塔的轻油收率，因此采用高效规整填料和设计合理的液体分布器是非常合适的。洗涤段的气体分布直接受闪蒸段设计的影响，因此只有闪蒸段设计合理才能保证洗涤段有较高的效率。同时洗涤段的液体分布器也非常重要，因为洗涤段的液体负荷很小，对液体分布器的设计要求很高，对洗涤段分布器的安装要求也很高。如果洗涤段分布器设计和安装不合理，极其容易引起液体的分布不均，因此洗涤段的设计对填料常压塔来说是非常重要的。

(3) 分馏段。常压塔对侧线产品的分离要求较高，因此要求各分馏段有较高的分馏效率。如果分布器设计合理，可有效提高填料的传质效率，减少填料的用量，降低塔高。

(4) 中段回流。由于中段回流以传热为主要目的，同时中段回流往往具有较大的液体通量，因此中段回流常采用高处理量的规整填料。液体的高通量使液体分布器相对容易设计，而集油箱的设计则要保证液体有一定的停留时间。

7. 填料及塔内件的腐蚀

常压塔的腐蚀常出现在塔顶和洗涤段，因此在这两处常采用高规格材质的填料和塔内件。有些情况下也可选用陶瓷规整填料以防止腐蚀。如果原油的硫含量、酸值都较高，常压塔的腐蚀问题就成为设计考虑最主要的问题之一。设备腐蚀不仅影响设备使用寿命，也会影响设备的有效运行，因为设备腐蚀的残渣有可能堵塞液体分布器。

8. 常压塔的结焦

(1) 结焦常出现于温位较高的洗涤段。结焦的主要原因是因为填料出现干板现象。引起干板现象的原因有：① 气体分布不均；② 液体分布不均；③ 洗涤油量过小或过轻；④ 洗涤段理论板数不合适。

（2）洗涤段的结焦是填料型常减压塔的主要问题之一，综合考虑洗涤段结焦的原因，提出洗涤段的设计要求如下：① 液体分布器操作弹性大，防堵性能强；② 气体分布力求均匀；③ 洗涤段理论板数不必太多；④ 集油箱内不能出现液体滞留，且液体停留时间应适当缩短。

（3）由于常压塔闪蒸段的设计决定了洗涤段的气体分布，因此闪蒸段的设计对洗涤段的结焦倾向有很大的影响。如果闪蒸段设计不合理，洗涤段气体即会出现偏流，从而增加洗涤段填料结焦的可能性。

（4）填料结焦往往从填料床中间开始，因此在检修时很难从外观上发现初始结焦的现象。所以在常压塔运行过程中应监测洗涤段的压降。

（5）汽提段一般采用高性能浮阀塔板。

9. 常压塔采用塔板和填料的比较

常压塔采用塔板和填料的比较见表 5-2-1。

表 5-2-1　常压塔采用塔板和填料的比较

项目	填料设计	塔板设计
处理量及分离效率	√	
压降及轻油拔出率	√	
处理原油范围	√	
操作弹性	√	
调整产品方案	√	√
多侧线		√
投资		√
安装		√
检修与维护	√	√
抗腐蚀与结垢		√

二、减压塔

1. 设计思路

（1）采用减压深拔，提高产品收率；

（2）提高侧线产品质量；

（3）产品馏分窄，重叠小；

（4）操作弹性大；

（5）全塔压力降最小。

根据以上设计思路，显然全填料设计是减压塔的最好选择。

2. 减压塔主要问题

（1）侧线产品的质量问题(颜色、CCR、金属含量附合指标要求)；

（2）结焦、腐蚀、堵塞；

（3）机械设计；

（4）设备热膨胀；

（5）减压塔的停车检修。

3. 设计考虑

（1）闪蒸段设计。

① 闪蒸段主要功能：

a. 气液彻底分离，降低雾沫夹带；

b. 气体均匀分布；

c. 消除进料动能。

② 高性能气体进料分布器是减压塔闪蒸段最合理的设计，它的主要优点：

a. 提供均匀气体分布，提高整塔分离效率；

b. 气液彻底分离，有效防止雾沫夹带；

c. 防止黑油，残炭、重金属污染侧线产品；

d. 适用于径向和切向进料。

（2）洗涤段的设计。

①洗涤段主要功能：

a. 去除过热蒸汽；

b. 除雾沫夹带；

c. 制侧线质量(金属含量、残炭含量、颜色)；

d. 制侧线终馏点。

② 洗涤段的最大问题：填料结焦。

③ 洗涤段填料床设计：合适的高度和理论板数。

④ 洗涤油量设计：重油分析，塔上段分离情况。

⑤ 集油箱设计：保证液体畅流，缩短液体停留时间。

⑥ 液体分布器设计：弹性大，防堵，可处理小流量液体。

⑦ 控制设计：监测洗涤油流量及洗涤段压降。

（3）防止结焦。

结焦是填料型减压塔设计时需要考虑的主要问题，结焦主要发生在减压塔的高温段，如洗涤段。燃料型减压塔更易发生结焦现象，因为燃料型减压塔的进料温度高，洗涤油量小，且多为干式操作。填料结焦以后填料重量大大增加，填料床压降迅速提高，影响减压塔的正常运行，严重时减压塔不得不停车更换填料。因此对减压塔洗涤段的设计是非常关键的。

减压塔与常压塔一样，结焦的主要原因也是气液分布不均和洗涤油量不合适。与常压塔相比，减压塔结焦的可能性更大，因为减压塔的操作温度更高。同时减压塔直径较大，对气液分布器的设计要求也会更高。

由此可见减压塔洗涤段的结焦往往和闪蒸段的设计有关。如果闪蒸段设计不合理，减压塔内气体发生偏流，则容易引起洗涤段的结焦。由于高性能的气体进料分布器可保证气体分布均匀，因此它还可以有效防止闪蒸段的结焦。

（4）洗涤油与过气化率。

（5）基于经验的塔内件选择。

4. 避免停车检修时填料燃烧

填料塔从 20 世纪 80 年代开始广泛应用于石化行业的减压塔，由于填料塔的塔内结构与板式塔完全不同，对填料塔的停车检修过程与板式塔也完全不同。在过去由于对填料塔的特点缺乏足够的认识，在填料塔的停车检修期间常发生填料燃烧的严重事故。多数情况下填料燃烧的开始阶段具有很强的隐蔽性，所以填料的燃烧往往造成非常严重的后果，最严重的事故甚至将塔体完全破坏。

填料燃烧的起因有两个。一个是在停车时在填料塔没有完全冷却之前就打开人孔，空气和高温的填料接触，在残留的石油馏分的作用下引起燃烧。也有人认为填料和石油馏分可形成可燃化合物(FeS)，这些化合物是引起填料燃烧的主要原因，然而填料燃烧最直接的原因还是填料床内温度较高。因此在填料塔完全冷却之前，一定不能打开人孔，然而对大型的填料塔来讲，要想掌握填料床中心的温度是非常困难的，因为所有的温度测量点只能安装在塔壁附近。

另外一个引起填料燃烧的原因是在填料塔检修期间人为地引进了高温热源，如焊渣等不小心掉入填料床中。

随着对填料塔性能的不断认识，人们已经获得了许多办法来防止填料燃烧事故的发生，因此只要措施适当，填料塔的这些问题是完全可以避免的。

对填料塔的停车检修，一般并不需要将填料从塔中取出，只需对塔内件进行清理即可。

5. 减压塔的最大处理量

减压塔的最大处理能力往往取决于减压塔洗涤段的处理能力，因为减压塔内以洗涤段的气体通量最大，气速最高。但由于洗涤段的液体负荷很小，洗涤段填料床内的液泛百分数一般不会很高。而高速上升的气体往往会吹散离开分布器的液滴，破坏液体的分布，从而使洗涤段无法正常运行，因此在减压塔内，往往是气速过高限制了处理量。

6. 液体分布器比较

液体分布器一般分为重力式和压力式两种，重力式以槽式分布器为主，而压力式则是所谓的喷头液体分布器。一般认为喷头式分布器弹性小易堵，需经常更换喷头，易产生液沫夹带且液体分布带有一定的不均匀性，所以多数用户更希望采用槽式分布器。但喷头式液体分布器也有其特殊的优点，即它可以百分之百地覆盖填料表面，且安装方便，价格也相对低一些。同时喷头液体分布器本身具有一定的传质、传热性能，因此喷头分布器经常用在常减压塔的中段回流段。考虑到中段回流段一般液体流量大，气体流量小，传热为其主要目的，因此在中段回流段使用喷头分布器有较大的优点。在有些工艺流程下，中段回流采用喷头分布器还可省去集油箱。

国内目前的喷头在性能和质量上尚有一定的问题，这使喷头分布器的使用受到较大的限制。

槽式液体分布器是目前填料塔广泛使用的液体分布器。槽式分布器可将液滴均匀地分布在填料表面，但不能立即完全润湿填料，降低了填料表面利用率。槽式分布器的其他优点则是非常明显的，通过合适的设计，它可以有较强的防堵功能、比较大的操作弹性和相当长的使用寿命。槽式分布器安装时对水平度的控制非常重要，槽式分布器的设计一般采用螺栓调节分布器水平，可充分保证分布器的安装质量。

槽式分布器的设计难点是如何保证分布器在小流量情况下的分布性能。为保证分布器的防堵性能，分布器开孔不能过小，而分布器的开孔数也需满足设计要求。在这种情况下如果液体流量很小，分布器的水平度必须很高，分布器内的液位必须平稳，才能保证液体很好地分布。因此液体在进入分布器后必须尽快消除其动能并立即将其分散，主槽与副槽之间也要有相应的液体分散设备。

7. 填料

(1) 规整填料。20 世纪 80 年代以来，规整填料作为一种高效传质设备已被普遍接受，其应用领域也越来越广。虽然规整填料无法完全代替散堆填料和塔盘，但其优点非常突出：

① 规整填料孔隙率很大，因此气体通过能力大，在这方面规整填料的优点非常明显。

② 在许多情况下，规整填料的传质效率比较高，一般规整填料的每米理论板数可达 2~8 块。

③ 规整填料压降小，每个理论板的压降一般不会超过 0.7mmHg（1mmHg=133.322Pa），因此规整填料在真空蒸馏方面具有很大的优势。

④ 规整填料结构固定，因此填料本身的放大效应很小。

⑤ 规整填料本身具有非常好的操作弹性。

然而规整填料在许多方面也存在着不足，主要包括以下几点：

① 规整填料对气体和液体的均匀分布有较高的要求。如果气液分布不均，规整填料的效能就无法发挥。

② 规整填料被堵塞和腐蚀的可能性比较大。

③ 填料塔的造价比板式塔高。

④ 在有些体系或工况下，规整填料的效率很低。

因此在设计填料塔时，与填料相配套的塔内件，尤其是气体与液体分布器的设计才是最重要的。

（2）散堆填料。散堆填料在炼油和化工装置上很早以前就开始使用了，在很多领域里散堆填料的实际运用是非常成功的，已经成为一种主要的传质设备。特别是在高液相负荷和高操作压力的工况与其他内件相比，散堆填料具有极大的优势，如中段换热。

8. 气液混合进料分布器

大型精馏塔在应用规整填料或散堆填料时，塔内气体的均匀分布，尤其是进料口（或再沸器气液混合物返回口）气流的初始分布，对精馏塔的分离效率和产品质量有重大影响。主要原因是填料阻力降很小，因而很难自我修正气体的分布。例如炼油厂常减压蒸馏装置中的减压塔，直径 6~16m，油气混合物以 40~60m/s 的速度喷入塔内，由于塔径大，填料床高径比较小，气体入口速度又很高，如果没有适宜的气体分布器，就会引起如下问题：

（1）气体偏流，大大降低填料的分离效果。

（2）上升气流中夹带渣油液滴，降低侧线产品质量。

（3）气体分布不均，使局部气速过高，引起填料干板现象，引起填料结焦和堵塞。

因此对大型填料塔来讲，气液混合进料分布器的设计是非常重要的。

如图 5-2-1 所示，该分布器其结构能保证气液混合流流道截面逐步扩大，无突变部分，因而能量损失少、气流阻力小。由于气流由水平径向流经过平滑转向，先向下后向上，所以其中液体得以较好分离，液沫夹带少。由于减速后的气流折向向上，四周对称，并在内筒向上流的过程中进一步均化，故气流分布的均匀性较好。又因塔底反射转而向上，该过程中液体分离，夹带率为千分之一，气流在塔内均匀分布，因逐渐减速，故压降小于 2mmH_2O。

9. 槽式液体分布器

对于填料塔来讲，最重要的塔内件设备当属液体分布器，如图 5-2-2 所示。任何一层填料床，都要有与之相匹配的液体分布器。如果液体分布器出现问题，整段填料床的效率就会受到极大的影响。由于填料本身的操作弹性很大，而填料床的操作弹性往往是取决于其液体分布器的操作弹性，因此液体分布器的设计是填料塔设计的关键与核心。

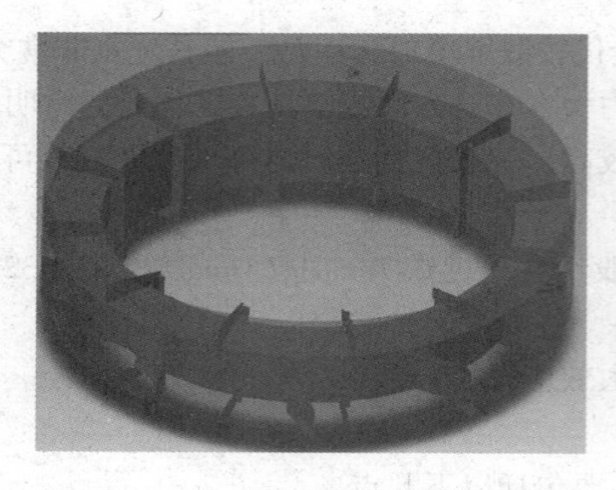

图 5-2-1　气液混合进料分布器示意图

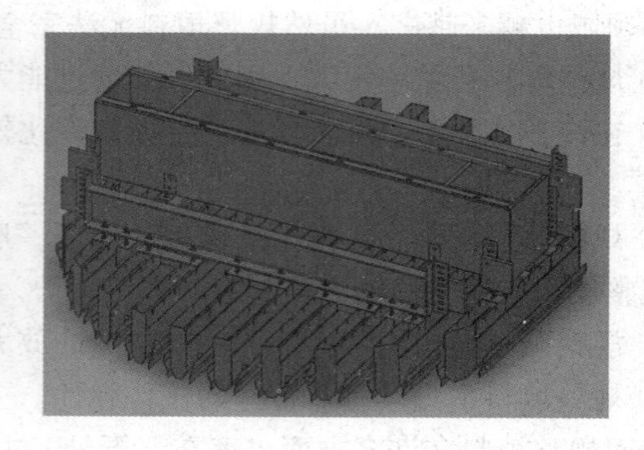

图 5-2-2　槽式液体分布器分布器示意图

设计槽式液体分布器时主要考虑以下几点因素：

（1）槽式分布器必须易于安装和易于调节水平，水平度对槽式液体分布器来讲是至关重要的。

（2）槽式分布器必须具有防堵的性能，分布器的堵塞会使填料塔性能急剧下降。

（3）槽式液体分布器的操作弹性，主要取决于分布器的最小设计流量。

（4）槽式液体分布器的气体阻力不能过大，否则引起液体分布器分布不均，引起液沫夹带，因此要求槽式液体分布器有较大的自由截面积。

图 5-2-3　液体收集器示意图

10. 液体收集器(集油箱)

液体收集器主要功能是液体收集与气体再分布，如图 5-2-3 所示。

液体收集器的设计主要考虑以下几点因素：

（1）缩短液体停留时间，防止液体局部滞留。

（2）促进气体均匀分布，气体阻力小。

（3）设计结构：强度大，抗热胀冷缩。

（4）现场焊接量小。

根据以上设计思想，液体收集器一般采用如下设计形式：

（1）采用条形升气孔，开孔率较大，气体阻力较小，同时易于现场安装。

（2）主槽抽出设计，减小液体的停留时间。

（3）支槽向中心倾斜，促进液体流动，消除液体滞留。

（4）结构合理，抗气体冲击，抗热胀冷缩。

11. 填料支撑

填料支撑特点如下：

（1）立式支撑圈，减少塔截面积占用率。

（2）工字形支撑梁，气体可在支撑梁两侧自由流通。

（3）如塔高受限，支撑梁可嵌入到集油箱槽中。

填料支撑结构如图 5-2-4 所示。

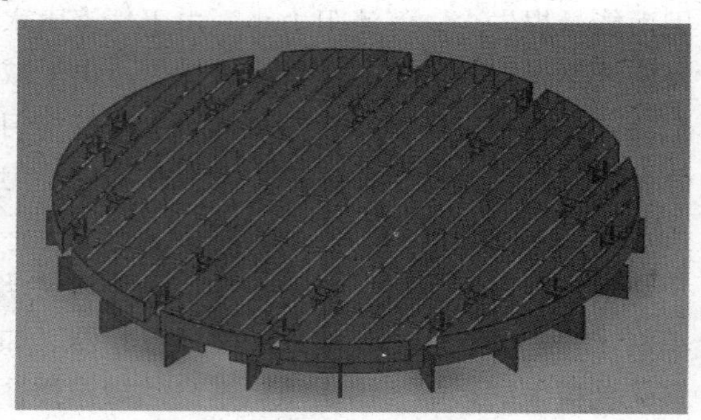

图 5-2-4　填料支撑结构示意图

第三节　加热炉

管式加热炉最初是为了取代炼油工业早期的“釜式蒸锅”而发明的，它的诞生标志着炼油工业摆脱了落后的间歇操作模式，正式进入现代大工业装置连续生产时代。管式加热炉与常减压蒸馏装置相伴诞生，共同发展，是常减压蒸馏装置中不可或缺的加热设备，为常减压蒸馏装置油品蒸馏分离提供需要的能量，对整个装置的产品质量、收率、能耗和操作周期等起着重要作用。

一、加热炉炉型

炼油装置用加热炉的类型通常根据其结构外形、辐射盘管形式和燃烧器的布置来划分。按结构外形分类，有圆筒炉、箱式炉、立式炉和多室箱形炉等。按辐射盘管形式分类，有立管式、卧管式、螺旋管式和U形管式等。按照燃烧器的布置方式有底烧、顶烧、侧烧和梯级燃烧几种型式。

图5-3-1为几种典型的加热炉炉型。图5-3-2为典型的燃烧器布置方式。

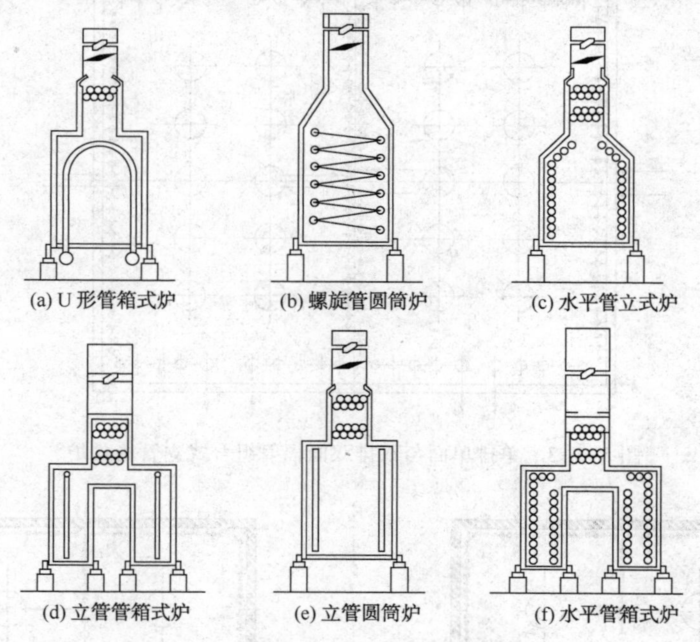

图5-3-1　典型的加热炉炉型

管式炉炉型应根据工艺操作要求、长周期运转、便于检修、投资少的原则，并结合场地条件及余热回收系统类别进行选择。对常减压蒸馏装置而言，其炉型随装置规模而变化。装置规模小于0.1Mt/a时，加热炉设计热负荷小于1MW，通常采用螺旋管圆筒炉或立管纯辐射炉。装置规模在0.1~3.5Mt/a时，加热炉设计负荷在1~30MW，一般选用辐射-对流型圆筒炉。装置规模大于3.5Mt/a时，加热炉设计负荷大于30MW，通常选用炉膛中间排管的圆筒炉、立式炉、箱式或其他炉型。图5-3-3与图5-3-4是两种大型常减压蒸馏装置常见的加热炉炉型辐射室排管方式。

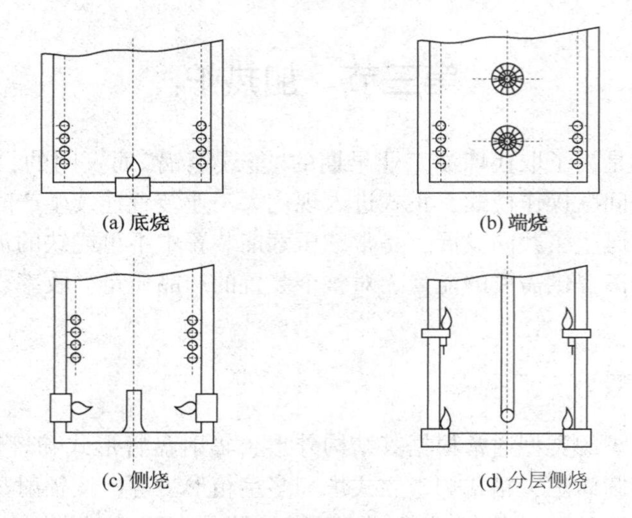

图 5-3-2　典型的燃烧器布置(立面投影)

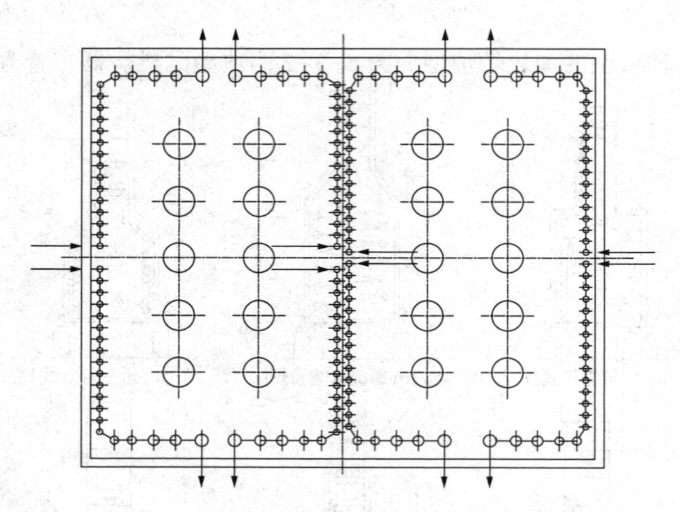

图 5-3-3　单排单面与双排双面辐射组合式立管箱式炉

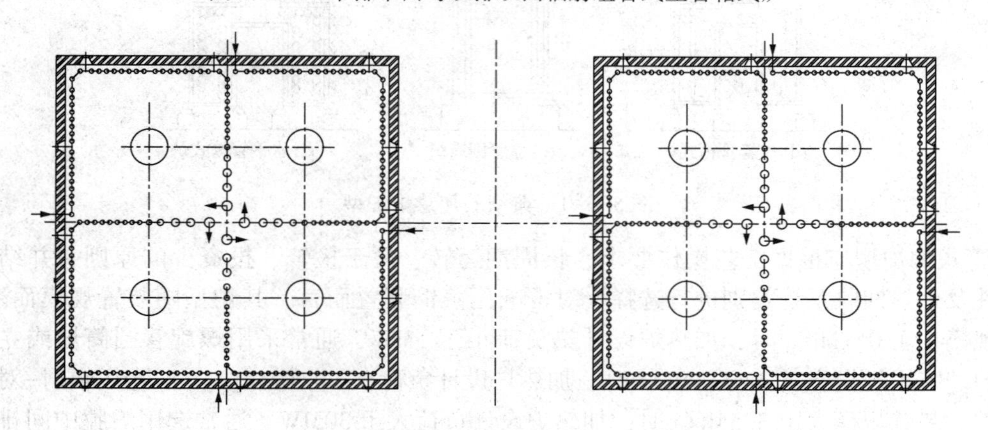

图 5-3-4　单排单面与单排双面辐射组合式多炉膛立管箱式炉

二、加热炉的构造

通常管式加热炉由炉管管系、炉管支撑、燃烧器、炉墙、钢结构以及余热回收系统构成，图 5-3-5 所示为典型加热炉结构示意图。

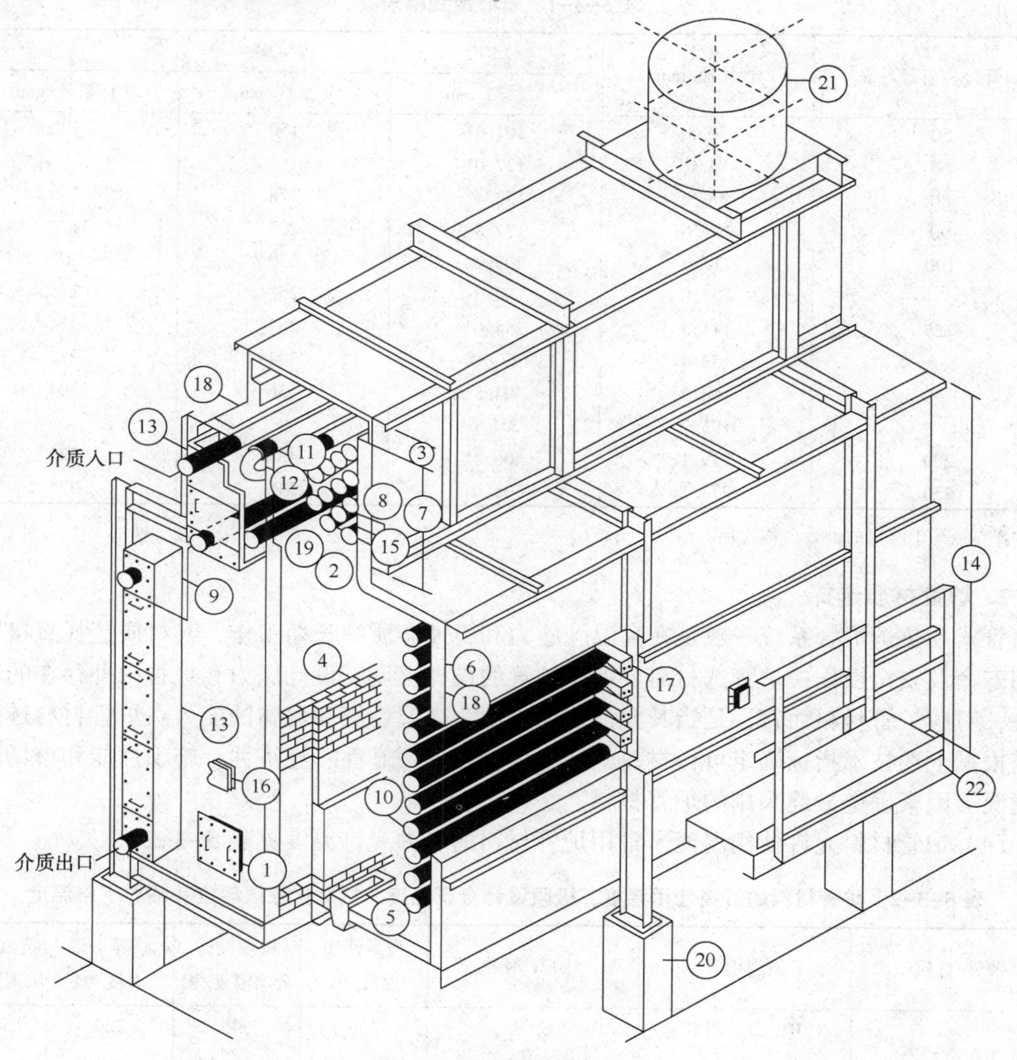

图 5-3-5　加热炉结构

1—人孔门；2—炉顶；3—尾部烟道；4—中间火墙；5—燃烧器；6—钢结构壳体；7—对流段；8—折流砖；9—转油线；10—炉管；11—对流扩面管；12—急弯弯管；13—弯头箱；14—辐射段；15—遮蔽段；16—看火门；17—管架；18—耐火衬里；19—管板；20—基础墩；21—烟囱；22—平台

（一）炉管管系

炉管管系在管式加热炉中起受热面的作用，工艺介质在炉管内流动的同时被管外烟气加热。炉管管系是管式加热炉的重要组成部分，炉管管系包括炉管、扩面管(钉头管、翅片管等)、急弯弯管和炉管支承件。

1. 炉管和急弯弯管规格

炉管外径一般按以下尺寸(mm)选取：60.3、73、88.9、101.6、114.3、127、141.3、

152.4、168.3、193.7、219.1、273.1，只有在特殊要求时才采用其他炉管尺寸。

急弯弯管管心距可按表5-3-1选用，设计宜优先选用A系列，特殊情况也可采用表格以外的管心距。

表5-3-1　管心距规格表

炉管公称直径/mm	管外径/mm	管心距		
		A系列/mm	B系列/mm	C系列/mm
50	60.3	101.6[a]	150	120
60	73.0	127.0[a]		
80	88.9	152.4[a]	178	150
90	101.6	177.8[a]	203	172
100	114.3	203.2[a]	230	203
	127.0	228.6	250	215
125	141.3	254.0[a]	282	254
	152.4	279.4	304	275
150	168.3	304.8[a]	336	304
	193.7	355.6		
200	219.1	406.4[a]	438	372
250	273.1	508.0[a]	546	478

[a]管心距等于两倍的炉管公称直径。

2. 炉管材质选择

管式加热炉炉管系统一般是在高温、应力和腐蚀介质中长期工作，其材质选择直接影响使用寿命及安全操作。炉管选材需要考虑炉管的设计温度、设计压力和炉管内外存在的腐蚀条件，对应炉管材料而言，是指其允许使用温度、高温性能和耐腐蚀能力。炉管材料选择首先需根据上述技术指标确定可行材料，然后综合考虑可靠性、经济性、施工性能和市场的货源情况等因素确定最终采用的炉管材料。

（1）炉管材料允许使用温度。常用炉管材料的各种允许温度见表5-3-2。

表5-3-2　炉管材料的最高使用温度、极限设计金属温度、抗氧化极限温度和临界下限温度

炉管材质	国内钢号	ASTM 钢号	最高使用温度/℃	极限设计金属温度/℃	临界下限温度/℃	抗氧化极限温度/℃
碳钢	10，20，20G	Gr B	450	540	720	565
C-½Mo	20MoG	T1或P1	520	595	720	
1¼Cr-½Mo	15CrMoG	T11或P11	550	595	775	590
2¼Cr-1Mo	12Cr2MoG	T22或P22	600	650	805	635
5Cr-½Mo	12Cr5Mo	T5或P5	600	650	820	650
5Cr-½Mo-Si		T5b或P5b		705	845	
7Cr-½Mo		T7或P7		705	825	
9Cr-1Mo		T9或P9	650	705	825	705
9Cr-1Mo-V		T91或P91		650	830	
18Cr-8Ni	07Cr19Ni10	304或304H	815	815		
16Cr-12Ni-2	07Cr17Ni12Mo2	316或316H	815	815		

续表

炉管材质	国内钢号	ASTM 钢号	最高使用温度/℃	极限设计金属温度/℃	临界下限温度/℃	抗氧化极限温度/℃
16Cr-12Ni-2	022Cr17Ni12Mo	316L	815	815		
18Cr-10Ni-Ti	07Cr19Ni11Ti	321 或 321H	815	815		
18Cr-10Ni-N	07Cr18Ni11Nb	347 或 347H	815	815		
Ni-Fe-Cr		Alloy800H/800	985	985		
25Cr-20Ni	20Cr25Ni20	TP310	1000	1010		1050~1100

注：(1) 炉管的设计温度一般情况下应小于最高使用温度。

(2) 极限设计金属温度为断裂强度数据可靠值的上限，只有在高温操作、内压很低，炉管取用壁厚远大于断裂设计计算壁厚时，才可按此温度选材。

(3) 抗氧化极限温度是指金属氧化速率急剧上升开始时的温度。

(4) 只允许在临界温度下限以下 30℃ 的高温下短时间操作，例如蒸汽-空气清焦或再生等工况，在更高温度下操作时会导致合金显微结构的变化。

(2) 炉管材料的高温性能及炉管壁厚计算。炉管材料的高温性能是指其在高温时具有的机械性能，随着温度的升高，材料的屈服强度、拉伸强度等机械性能相应下降，但使用温度的高低对炉管机械性能有不同的影响，在 300℃ 下工作的碳钢管子的工作状态与在 600℃ 下工作的铬钼钢管子的工作状态是有根本区别的。在较高温度下工作的钢材，即使应力低于屈服强度也会发生蠕变或永久变形。管子金属温度越高，蠕变越显著，管子最终会由于蠕变断裂而失效。对于在较低温度下工作的钢材，蠕变效果不存在或可忽略。经验表明在这种情况下，如果不存在腐蚀或氧化作用，管子将可长期使用下去。

因为在这两种温度下材料的性能有着根本区别，所以炉管有两种不同的设计考虑方法：即“弹性设计”和“蠕变-断裂设计”。弹性设计是在较低温度下的弹性范围内的设计，其许用应力是根据屈服强度确定的。蠕变-断裂设计是在较高温度下的蠕变-断裂范围内的设计，其许用应力是根据断裂强度确定的。区分炉管弹性范围和蠕变-断裂范围的温度不是单一的数值，而是一个温度范围，对碳钢该温度范围的下限约为 425℃，对 347 型不锈钢，该温度范围的下限约为 590℃。

常减压蒸馏装置的常压炉和减压炉出口均为气液两相流，炉管壁温通常还没有达到蠕变-断裂设计，所以常减压蒸馏装置的加热炉一般均按弹性设计。弹性设计基础为：设计寿命末期腐蚀裕量用尽之后，防止在最高压力状态下因破裂而损坏。在弹性设计中，炉管壁厚按下列公式计算，见式(5-3-1)、式(5-3-2)。

$$\delta_\sigma = \frac{p_{el} D_o}{2\sigma_{el} + p_{el}} \quad 或 \quad \delta_\sigma = \frac{p_{el} D_i^*}{2\sigma_{el} - p_{el}}$$

$$\delta_{min} = \delta_\sigma + \delta_{CA} \qquad (5-3-1)$$

式中　δ_σ——应力计算厚度，mm；

δ_{min}——最小厚度，mm；

p_{el}——弹性设计压力，MPa；

D_o——炉管外径，mm；

D_i^*——去掉管内腐蚀裕量后的内径，mm；

σ_{el}——设计金属温度下的弹性许用应力，MPa；

δ_{CA} ——腐蚀裕量[应根据所选炉管材料的腐蚀速率和设计寿命，按式(5-3-2)计算]，mm。

$$\delta_{CA} = \varphi_{corr} t_{DL} \quad (5-3-2)$$

式中 φ_{corr} ——腐蚀速率，mm/a；

t_{DL} ——设计寿命，a。

各种炉管材料的高温性能及炉管壁厚详细计算方法见中国石油化工行业标准 SH/T 3037《炼油厂加热炉炉管壁厚计算》和美国石油学会标准 API 530《炼油厂加热炉炉管壁厚计算》。

(3) 炉管材料的腐蚀及腐蚀裕量。常减压蒸馏装置加热炉炉管的腐蚀类型很多，在炉管壁厚设计时应充分考虑到这些腐蚀因素的影响，腐蚀从形态上分可分为腐蚀减薄和腐蚀开裂。腐蚀减薄是炉管材料在各种腐蚀介质的长期作用下造成的炉管壁厚减薄过程。腐蚀开裂常见的情况为晶间腐蚀及应力腐蚀开裂，这种腐蚀一般没有常见的壁厚减薄出现，而是一些晶间腐蚀或应力腐蚀开裂敏感性的材料(如奥氏体不锈钢)在腐蚀性介质作用下或在应力和腐蚀性介质共同作用下的脆性开裂过程。

无论腐蚀减薄还是腐蚀开裂，都可能发生在管内或管外。炉管管内介质的腐蚀有很多种，腐蚀情况十分复杂。对常减压蒸馏装置加热炉来说，炉管内的腐蚀主要有硫腐蚀、环烷酸腐蚀和连多硫酸应力腐蚀，特别是对一些高硫、高酸原油，腐蚀情况非常严重。炉管管外腐蚀主要是高温氧化腐蚀、高温钒腐蚀和低温部位的露点腐蚀。

对腐蚀减薄过程，在炉管设计时应充分考虑到腐蚀速率的影响，并根据腐蚀速率计算腐蚀裕量，以此确定炉管壁厚。对腐蚀开裂过程，应从避免腐蚀环境、降低炉管应力水平、合理选材三方面入手进行炉管设计。

各种腐蚀介质在不同浓度、不同温度下的腐蚀速率差别很大，炉管选材设计时应仔细分析腐蚀速率的数据，以获得合理的腐蚀裕量。不同腐蚀介质的腐蚀速率可以根据实际装置腐蚀情况积累获得，也可以从国内外文献中获取。目前可用于常减压蒸馏装置加热炉炉管选材及确定各种材质在不同腐蚀介质下腐蚀速率的标准主要有中国石油化工行业标准 SH/T 3096《加工高硫原油重点装置主要设备设计选材导则》、美国石油学会标准 API 939-C《避免炼油厂硫腐蚀失效导则》、API 581《基于风险的检验技术》、以及美国腐蚀工程师协会的多种标准及出版物(如 NACE PUB 34103、NACE RP 0170、NACE LA 96037 等)。

炉管选材应以正常操作条件下管内介质中的含硫量和酸值为依据，并考虑最苛刻操作条件下可能达到最大含硫量与最高酸值组合时对炉管造成的腐蚀。一般情况下应以管内介质中总硫的含量、酸值以及炉管内膜温度为参数，从上文这些标准及文献的腐蚀曲线(如 McConomy 曲线等)及图表中查取腐蚀速率，并根据设计使用寿命、腐蚀速率确定腐蚀裕量，所确定的设计寿命(一般为 10×10^4h)下的炉管腐蚀裕量最大不宜超过 6.0mm，否则应选用耐蚀性更好的炉管材料。应充分考虑介质的流速、流态及相变等因素对材料腐蚀的影响，当可预见发生严重的冲刷腐蚀时，可采取改变炉管排列方式、加大急弯弯管壁厚等有效措施。对于高温硫和环烷酸共同存在的介质的炉管，应根据操作条件和同类装置炉管腐蚀情况，从 T5 (P5)、T9(P9)、TP304 或 TP316L 中选用合适的材料。当介质流速大于或等于 30m/s 时，应选用 TP316L。铬钼钢只能抗低环烷酸腐蚀，铬镍不锈钢可以抗高环烷酸腐蚀。

(二) 燃烧器

燃烧器是用于燃料燃烧的设备，在炼油厂管式加热炉中起到重要的能量输入作用。燃烧器通常包括燃料喷嘴、配风器和燃烧道三个部分。燃料喷嘴供给燃料并使燃料达到完全燃烧的条件，配风器引入空气，使空气与燃料良好混合并形成需要的火焰现状，燃烧道可使燃烧稳定，约束火焰，建立理想流场。

燃烧器分类方法很多，按燃料种类可分为燃气燃烧器、燃油燃烧器和油-气联合燃烧器；按供风方式可分为自然通风燃烧器和强制通风燃烧器；按烟气排放指标可分为传统燃烧器和低 NO_x 燃烧器等。

常减压蒸馏装置由于是炼油厂的一次加工装置，一般要先于其他装置开工，此时炼油厂尚没有管网瓦斯，所以常减压蒸馏装置的加热炉一般不单独配置燃气燃烧器，通常都采用油-气联合燃烧器。另外由于减压塔顶气压力较低，不能并入燃料气管网，只能在本装置加热炉内烧掉，需对减压塔塔顶瓦斯单独设置引射燃烧器或在油-气联合燃烧器上设置引射燃料气枪。

1. 燃气燃烧器

燃气燃烧器是指燃料为炼油厂管网瓦斯或装置低压废气（如减顶瓦斯）的燃烧器。燃气燃烧器分为外混式燃烧器、预混式燃烧器和半预混式燃烧器。

外混式燃烧器的燃料气和空气在喷嘴外一边混合一边燃烧，其燃烧速度和燃尽程度取决于燃料和空气之间的扩散混合过程。

预混式燃烧器的燃料气和空气在喷嘴内已预先混合均匀，燃烧过程主要取决于燃烧反应的化学动力学因素。

半预混式燃烧器的燃料气在喷嘴内同一部分燃烧空气预先混合，另一部分燃烧空气靠外部供给，外部供给的燃烧空气称为二次空气，其燃烧过程介于预混燃烧和扩散燃烧之间。

图 5-3-6 为外混式燃烧器，图 5-3-7 为半预混式燃烧器。

2. 燃油燃烧器及油-气联合燃烧器

炼油厂用燃油燃烧器都采用燃料油蒸汽雾化燃烧方式，即采用 1.0MPa 过热蒸汽作为雾化介质，将燃料油喷散成雾状微粒，每个微粒在与空气混合的情况下受热、汽化、燃烧。雾化粒度越细，与空气接触面积越大，燃烧越快越完全。所以雾化粒度大小、雾化粒度分布、雾化剂消耗量及配风混合效果可以作为评价燃油燃烧器的参数。

油-气联合燃烧器设置有油喷嘴和燃料气喷嘴，能单独烧油或单独烧燃料气，也可以油气混烧。

图 5-3-8 为内混式蒸汽雾化油喷嘴，图 5-3-9 为油-气联合燃烧器。

3. 低 NO_x 燃烧器

烟气中氮氧化物的生成过程主要有三种，即燃料型、热力型和快速型。燃料型主要是由燃料自身含有的氮化合物在燃烧中氧化而成，和燃料中氮化合物浓度有关；热力型是燃烧时，空气中氮在高温下氧化产生，和燃烧温度有关；快速型是燃料挥发物中碳氢化合物高温分解生成的 CH 自由基和空气中氮气反应生成 HCN 和 N，再进一步与氧气作用以极快的速度生成氮氧化物，其形成时间非常快故称快速型，快速型和炉膛压力及燃烧区燃料浓度有关。

石化行业加热炉的燃料主要是燃料气和燃料油。当采用燃料气时，氮氧化物主要由热力型和快速型生成，采用燃料油时，氮氧化物来源于三种型式，但以燃料型为主。

通常采用控制燃烧措施的方法来控制烟气中的 NO_x 排放，控制燃烧措施是指在燃烧过程中采用各种适当的方法，减缓燃烧速率、控制燃烧强度、降低燃烧区温度、降低氧气分压

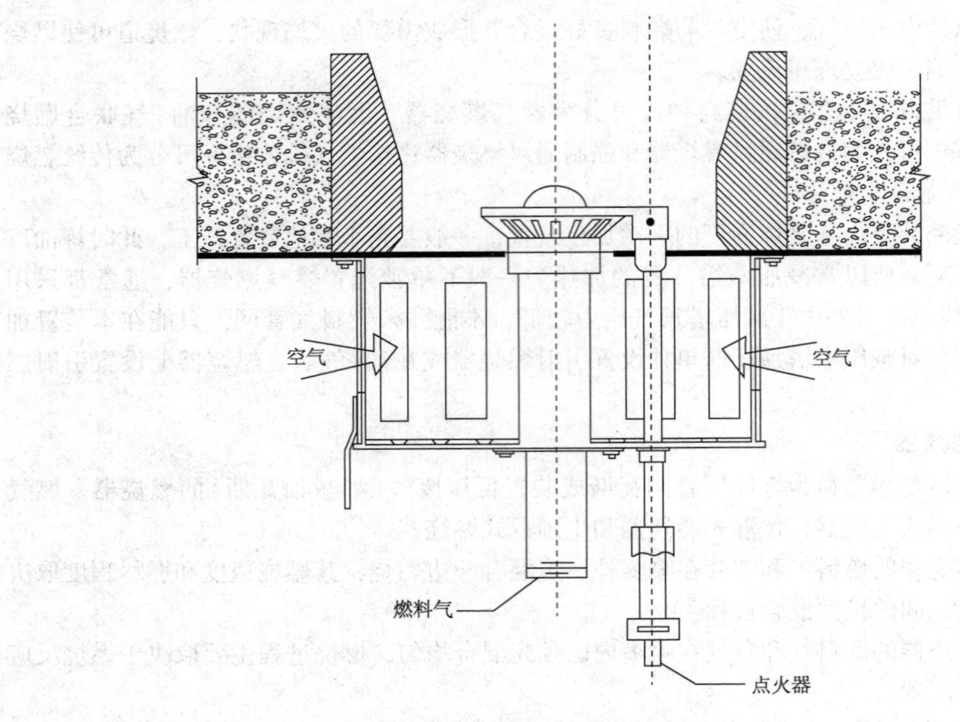

图 5-3-6　外混式燃烧器

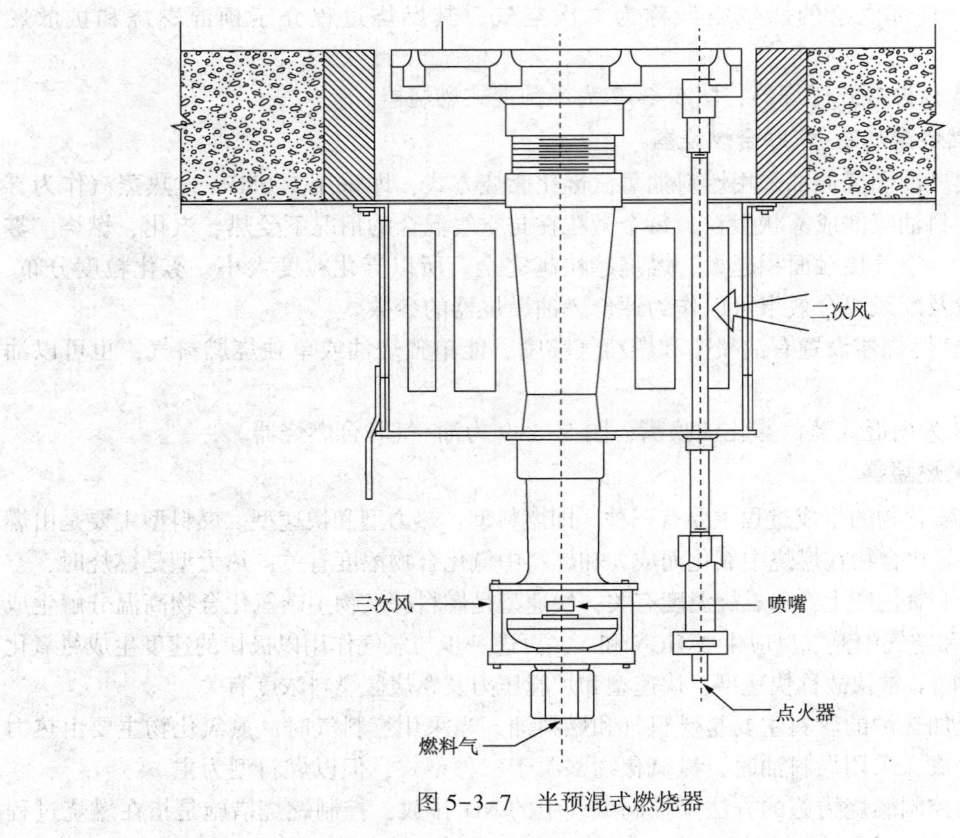

图 5-3-7　半预混式燃烧器

等，从而减少氮氧化物生成，这些主要通过低 NO_x 燃烧器来实现。

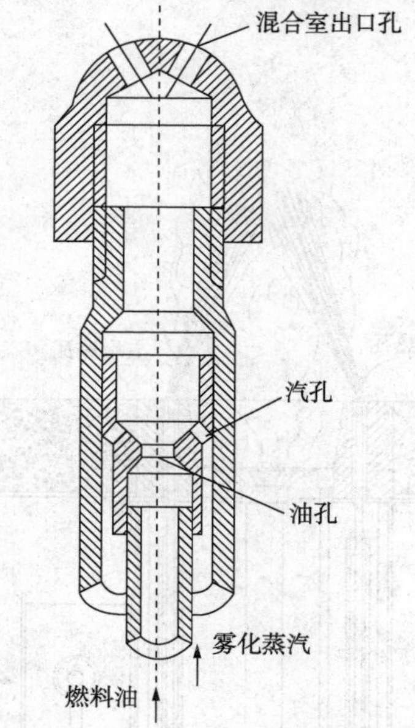

图 5-3-8　内混式蒸汽雾化油喷嘴

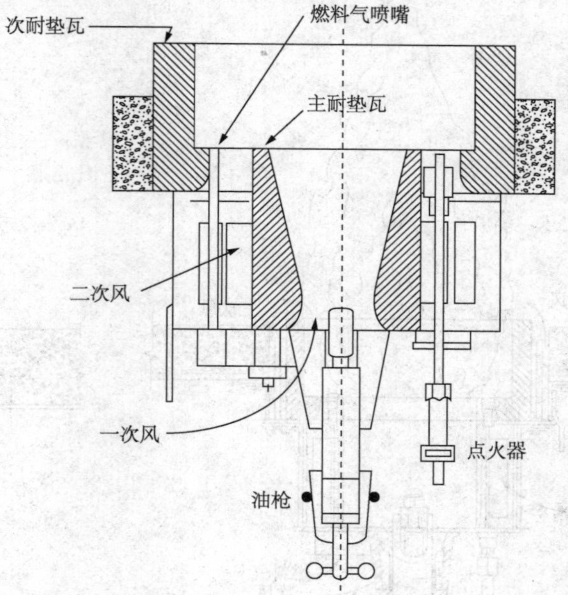

图 5-3-9　油-气联合燃烧器

石化行业常规气体燃烧器烟气中 NO_x 浓度一般为 240mg/m³（折算到干基体积分数 3%氧，下同），第一代低 NO_x 气体燃烧器为分级配风燃烧器，烟气中 NO_x 浓度降到 140mg/m³ 左右；第二代低 NO_x 气体燃烧器为分级配燃料燃烧器，烟气中 NO_x 浓度降到 80mg/m³ 左右；第三代低 NO_x 气体燃烧器为烟气内循环燃烧器，烟气中 NO_x 浓度降到 50mg/m³ 左右；最新推出的强化烟气内循环低 NO_x 气体燃烧器可以将烟气中 NO_x 浓度降到 35mg/m³ 左右；所以仅从浓度而言石化行业中燃气加热炉烟气氮氧化物目前尚能达到排放标准。但通常是 NO_x 排放越低，燃烧器燃烧效果越差，往往要求燃烧器离炉管的距离越远，这就使得炉体结构变大，投资增加，散热损失加大。

低 NO_x 重油燃烧器一直发展缓慢，主要是分级配风型式，可以将氮氧化物排放降低 20%~30%，燃料中氮质量分数含量 0.3%时，常规燃烧器烟气中 NO_x 浓度在 600mg/m³ 以上，如燃烧渣油，由于氮含量更高，则烟气中 NO_x 浓度更远远超过 600mg/m³。采用低 NO_x 重油燃烧器烟气中 NO_x 浓度为 400~500mg/m³。由于低 NO_x 重油燃烧器不可能降低燃料型氮氧化物，所以如果燃料油中氮化物不降低，低 NO_x 重油燃烧器难以使燃油加热炉烟气氮氧化物浓度达到排放标准。

图 5-3-10 为分级配风低 NO_x 油-气联合燃烧器，图 5-3-11 为分级配燃料低 NO_x 燃气燃烧器。

三、常减压蒸馏装置加热炉设计特点

1. 加热炉主要工艺参数

常减压蒸馏装置的加热炉包括常压炉及减压炉。常减压蒸馏装置是炼油厂的一次加工装置，由于原油来源不同，装置建成后在不同阶段加工的原油可能变化较大，而原油性质直接影响加热炉热负荷，轻质原油的拔出率高，汽化率大，加热炉热负荷需相应增大。加热炉设计时应充分考虑这种原油变化情况，预留适当的加热炉设计裕量。

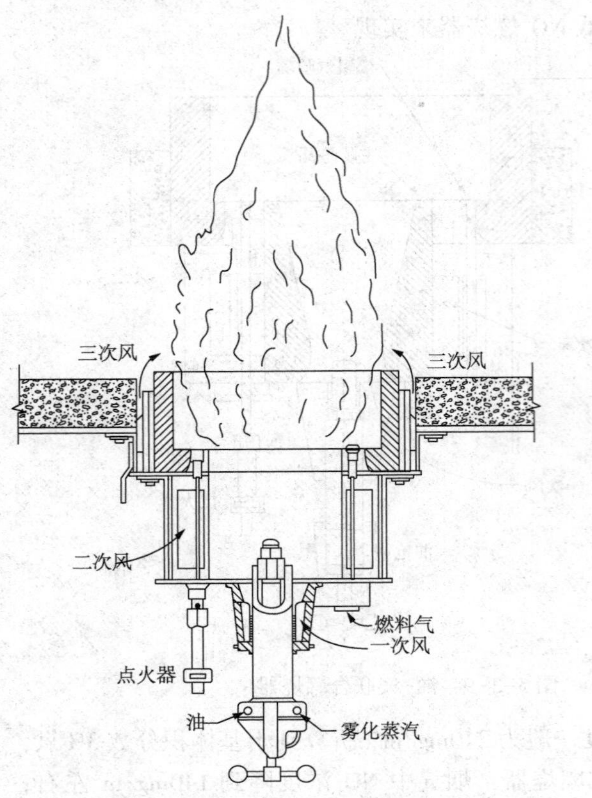

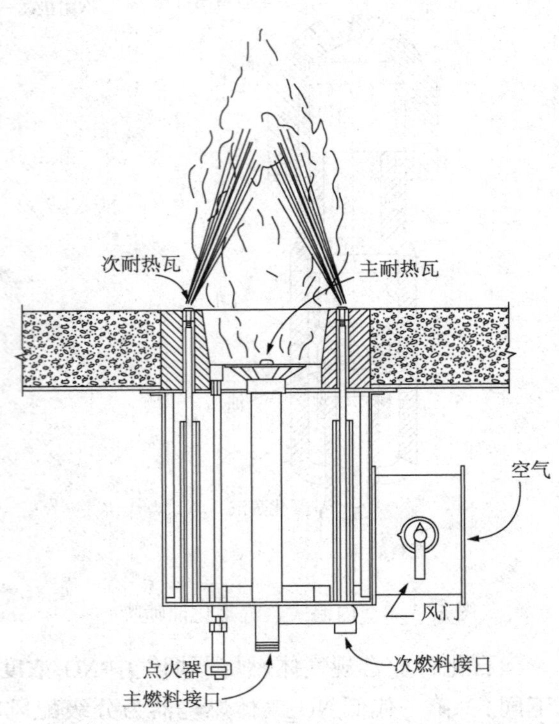

图 5-3-10　分级配风低 NO_x 油-气联合燃烧器　　　图 5-3-11　分级配燃料低 NO_x 燃气燃烧器

加热炉主要工艺参数包括辐射管外表面平均设计热强度和管内流速。一般常压炉的辐射管外表面平均设计热强度为 30000~37000W/m²，减压炉的辐射管外表面平均设计热强度为 24000~32000W/m²，常压炉及减压炉的炉管入口质量流速为 1000~1500kg/(m²·s)。

2. 深拔型减压炉的特点

深拔用减压炉和常规加热炉不同，除考虑炉型、排管布置、平均热强度、体积热强度、质量流速、油品压降、炉膛烟气温度等外，更要考虑油品的特性、汽化段两相流的流型和流速、最高内膜温度和在高温汽化段的停留时间等因素。

为了满足油品深度拔出的需要，必然要求减压炉提供更多的热量供油品汽化，如果这部分热量仅靠增加减压炉出口油品温度的方式来获得，则会使减压炉管内油品内膜温度远远超过结焦允许温度，造成管内深度结焦。如何在不提高炉管内膜温度的情况下使油品在炉内吸收尽可能多的热量，是深拔型减压炉需要解决的问题。

油品的油气分压越低、温度越高，汽化率越大，控制了闪蒸处的压力和温度，就控制了拔出率。对减压蒸馏来说，此控制点在减压转油线入减压塔闪蒸处，只有尽可能降低该处的压力，提高该处的温度，才能保证深拔的需要。该处的压力由塔顶抽真空度及此处至塔顶的压降确定，该处的温度由减压炉出口温度及减压转油线温降决定。为保证减压炉出口温度不超温，必须保证减压转油线的温降和压降尽可能小，要实现此目标，除了转油线长度尽可能短，尺寸尽可能大外，必须保证油品尽可能多地在减压炉汽化。可以假定一个极端情况，如果油品在减压炉内还没汽化就进入减压转油线，在转油线内因为压力逐渐降低而汽化，则会因汽化潜热原因使其温度大大降低，为了保证转油线入塔闪蒸处的温度，就必须相应显著提高减压炉出口温度，使炉管内膜温度超标。

如果减压炉管内压力太高，油品不能汽化，油品在受热后温度不断上升，会使炉管内膜温度显著超标。为了使油品达到在减压炉内吸收更多的热量，汽化率更高，内膜温度又不超温的目标，必须仔细设计减压炉的管路系统，增大减压炉出口炉管处的管径，降低管内压力，使油品尽早汽化。汽化开始后传递给炉管的热量就主要用来汽化而不是升温。通过合理地逐级扩径，油品在汽化段应实现等温汽化的目标，且各种管径出口处混合物的计算流速要控制在临界速度的90%以下。

对于深拔加热炉，高温汽化段采用单排管双面辐射的排管方式是适宜的，此种方式汽化段压降较小，可以提供更多的热量供油品汽化。

3. 润滑油型减压炉特点

润滑油型减压炉的特点与深拔型减压炉基本相同。由于减压馏分油用来生产润滑油基础油，所以对品质的要求很高，产品中不允许出现裂解烯烃及碳粒。这就要求减压炉在运行时要严格控制炉管内膜温度，不允许超温情况发生。润滑油型减压炉选取的辐射管外表面平均运行热强度比燃料型减压炉要低，一般为24000~29000W/m²。炉管入口质量流速比燃料型减压炉要高，根据国外工程公司的经验，甚至可以采用2000~3000kg/(m²·s)的流速选择管径，当然也可采用辐射管出口合理扩径的方法来降低炉管内膜温度。

四、燃料燃烧计算

1. 燃料的种类、组成和发热值

加热炉的基本过程是利用燃料燃烧所放出的热量，加热在炉管内高速流动的介质，热源即是燃料燃烧时产生的炽热火焰与高温烟气。

燃料分为气体燃料(瓦斯)和液体燃料(燃料油)两种。气体燃料的来源比较繁杂，有催化裂化干气、焦化干气、不凝缩气、液态烃等，其主要成分是H_2和C_1~C_5的烃类，液体燃料的来源十分广泛，大都是炼油厂自产的重质油，如常压重油、减压渣油、裂化渣油等。

燃料气的主要理化性质：密度、比热容、平均相对分子质量等。这些性质都按燃料气中各组分的体积分数和各组分的性质计算得到。燃料油的理化性质：密度、黏度、比热容、导热系数、闪点、燃点、自然点和凝点等。

燃料的发热值是指单位质量或单位体积的燃料完全燃烧时所放出的热量，即最大反应热。按照燃烧产物中水蒸气所处的相态(液态还是汽态)，燃料的发热值分高发热值和低发热值。高发热值是指燃料完全燃烧，并当燃烧产物中的水蒸气(包括燃料中所含水分和氢燃烧生成的水蒸气)凝结为水时所放出的热量。其值由测量得到，低发热值是指燃料完全燃烧，其燃烧产物中的水分仍以气态存在时所发出的热量。高发热值和低发热值之差等于燃烧产物中水的汽化潜热。由于在加热炉中水总是以蒸汽状态存在，所以计算中总是用低发热值。

气体燃料的发热值用一标准立方米燃料完全燃烧时放出的热量来表示，单位为kJ/Nm³，可由其组成和各组成的发热值计算。

高发热值：$Q_h = \Sigma y_i q_{hi}$

低发热值：$Q_l = \Sigma y_i q_{li}$

式中　y_i——气体燃料中的i组分的体积分率；

q_{hi}，q_{li}——i气体组分的高发热值和低发热值，kJ/Nm³。

燃料油的发热值是指1kg燃料完全燃烧时所放出的热量，单位kJ/kg，一般燃料油相对密度越小，发热值越高。组分的高发热值和低发热值见表 5-3-3。

表 5-3-3　组分的高发热值和低发热值

气体组分的高、低发热值				
气体组分	质量发热值/(kJ/kg)		体积发热值/(kJ/Nm^3)	
	高发热值	低发热值	高发热值	低发热值
甲烷	55687	50051	39777	35711
乙烷	51500	47522	68667	63584
丙烷	50244	46388	96301	91034
异丁烷		45655	118492	109281
正丁烷	49407	45772	125610	118413
异戊烷	48988	45274		134821
正戊烷	48569	45387		145783
正己烷	48151	45136		176273
正庚烷		44956	197626	182972
正辛烷		44822	226098	209350
乙烯	50563	47196		59472
丙烯	494407	45814		86411
异丁烯	48490	45081		114724
乙炔	50244	48569		56453
氢气	144452	123307		11096
一氧化碳		10133		12636
硫化氢	16539	15282	25407	23384

2. 理论空气量与过剩空气系数

理论空气量：1kg 燃料完全燃烧时所需要的最低限度的空气量称为理论燃烧空气量也叫理论空气量。

1kg 燃料实际燃烧时所需要的空气量称为实际空气量。

过剩空气系数：过剩空气系数=实际燃烧空气量/理论燃烧空气量。

不同燃烧器的过剩空气系数见表 5-3-4 和表 5-3-5。

表 5-3-4　气体燃烧器的过剩空气系数

燃烧器类型	操作	过剩空气系数/%	
		单个燃烧器	多个燃烧器
外混式气体燃烧器	自然通风	10~15	15~20
	强制通风	5~10	10~15
预混式	自然通风和强制通风	5~10	10~20

表 5-3-5　燃油燃烧器的过剩空气系数

操作工况	燃料名称	过剩空气系数/%	
		单台燃烧器系统	多台燃烧器系统
自然通风	石脑油	10~15	15~20
	重　油	20~35	25~30
	渣　油	25~30	30~35

续表

操作工况	燃料名称	过剩空气系数/%	
		单台燃烧器系统	多台燃烧器系统
强制通风	石脑油	10~12	10~15
	重　油	10~15	15~25
	渣　油	15~20	20~25

五、热效率

1. 加热炉的热平衡

（1）供给热量 Q_{in}：

$$Q_{in} = Q_l + Q_f + Q_a + Q_s$$

式中　Q_l——燃料气的发热值；

Q_f——燃料气入炉显热；

Q_a——空气入炉显热；

Q_s——雾化蒸汽入炉显热。

（2）支出热量 Q_{out}：

$$Q_{out} = Q_e + Q_1 + Q_2 + Q_3 + Q_4$$

式中　Q_1——烟气带出热量；

Q_2——燃料的化学不完全燃烧损失热量；

Q_3——燃料的机械不完全燃烧损失热量；

Q_4——炉壁散热损失热量。

$$Q_{in} = Q_{out}$$

$$Q_e = Q_{in} - \Sigma Q_i$$

2. 加热炉热效率

加热炉热效率 η 由下式计算：

$$\eta = \left(1 - \frac{Q_1}{Q_M} + \frac{Q_2}{Q_M} + \frac{Q_3}{Q_M} + \frac{Q_4}{Q_M}\right) \times 100\%$$

式中　Q_M——燃料燃烧所发出的热量及其他供热之和。

六、余热回收系统

目前管式加热炉最常用的是采用空气预热系统的方法来回收烟气余热。

（一）空气预热系统的形式

空气预热系统的形式通常采用以下两种分类：介质流动形式和预热器形式。空气预热系统按空气和烟气通过系统的流动形式可分成三种类型：

1. 平衡通风式空气预热系统

这是常用的的型式，系统具有鼓风机和引风机。这种系统由鼓风机供给燃烧空气，燃烧生成的烟气被引风机抽走，系统处于平衡状态。鼓风机可根据加热炉的热负荷来控制，其设定值由加热炉的氧气分析仪确定，引风机根据辐射室炉顶压力控制。

2. 鼓风式空气预热系统

这是一种相对简单的系统，只有鼓风机给加热炉燃烧供风，全部烟气靠烟囱抽力抽出。

由于烟气温度低，烟囱抽力较小，预热器烟气侧的压力降应尽量低，由此会增加空气预热器的尺寸和费用。

3. 引风式空气预热系统

该系统仅用引风机从加热炉中排出烟气并保持适当的系统抽力，燃烧用空气靠加热炉的负压吸入，在这种情况下，预热器设计应特别注意在满足必需传热性能的同时要减小空气侧压力降。

空气预热系统按预热器形式划分为三种：

(1) 直接式空气预热系统。这是常用的形式，系统采用一个蓄热式、间壁式或热管式预热器，将热量直接从排出的烟气传给外来的燃烧用空气。大多数直接式系统都是平衡通风式，鼓风式系统及引风式系统也不少见。图 5-3-12 所示为一个典型的平衡通风直接空气预热系统。

(2) 间接式空气预热系统。系统采用一种导热介质在烟气换热器和空气换热器之间循环，烟气换热器从高温烟气中吸收热量，通过导热介质将热量传给空气换热器，空气换热器再将热量释放给冷空气。这种系统需要一个导热介质循环回路才能完成一个独立的直接式预热器的工作。绝大多数间接式系统都是强制循环(即导热介质靠泵进行循环)；也有自然循环，自然循环是由于导热介质在预热器热端部分汽化形成密度差而推动流动。图 5-3-13 所示为一个典型的平衡通风间接空气预热系统。

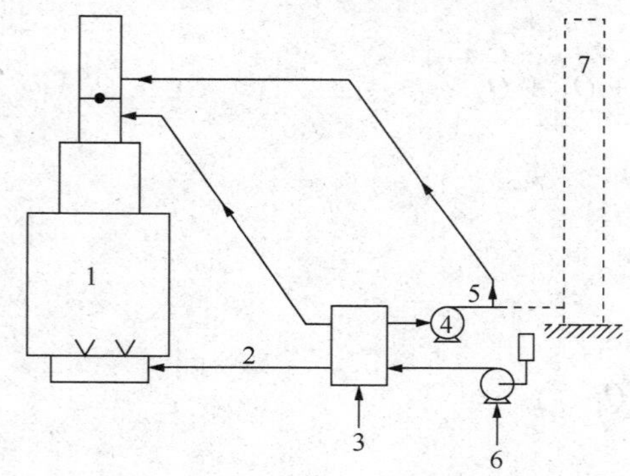

图 5-3-12　平衡通风直接空气预热系统

1—加热炉；2—风道；3—空气预热器；4—引风机；5—烟道；6—鼓风机；7—烟囱

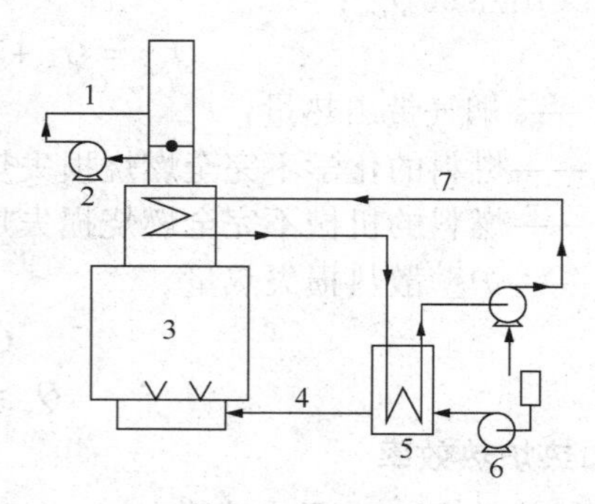

图 5-3-13　平衡通风间接空气预热系统

1—烟道；2—引风机；3—加热炉；4—风道；5—空气预热器；6—鼓风机；7—导热介质管道

(3) 外界热源式空气预热系统。系统采用一个外部热源(例如低压蒸汽)加热燃烧用空气，不采用烟气加热空气。该系统通常用于加热温度较低的空气，它可以减少空气管道外部结冰和下游空气预热器的冷端露点腐蚀。图 5-3-14 所示为一个典型的鼓风式外界热源空气预热系统。

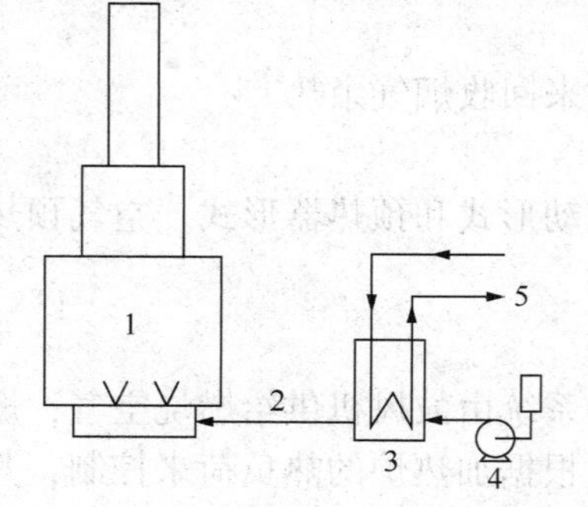

图 5-3-14　鼓风式外界热源空气预热系统

1—加热炉；2—风道；3—空气预热器；4—引风机；5—外部热源

(二) 常用空气预热器简介

1. 直接式空气预热器

直接式空气预热器包括蓄热式空气预热器、间壁换热式空气预热器和热管式空气预热器。

蓄热式空气预热器包括一系列金属或非金属蓄热元件(可以是固定的或活动的)，这些蓄热元件吸收热烟气的热量并将之传给冷空气。加热炉用蓄热式空气预热器的蓄热元件通常是放置在转动的框格内，该元件先转入烟气中加热，然后转入空气中冷却。常见的是回转式空气预热器。

间壁换热式空气预热器的烟气通道和空气通道是分开的，热烟气的热量通过预热器的通道壁传给冷空气。其典型形式是管束式、板式或铸铁板式预热器，预热器的传热通道是固定在外壳内的管子、板或管、板组合体。

热管式空气预热器包括一组密闭的热管管束，管内有传热介质，传热介质在管子的热端（在烟气流中）汽化，并在管子的冷端（在空气流中）冷凝，将热量从热烟气传递给冷空气。

2. 间接式空气预热器

如水热媒式空气预热器，通过水循环将热量从烟气换热器传给空气换热器，空气换热器再将热量释放给冷空气。

第四节　换热设备

换热设备是常减压蒸馏装置中应用数量最多的工艺设备，因此换热设备的选型是否合理将直接影响装置的能耗、长周期安全生产、维修和投资。

一、换热器选型

（一）换热器的分类和选择

1. 换热器的分类

（1）按用途分。换热器按用途分可分为：预热器、加热器、过热器、蒸发器、再沸器、冷却器、冷凝器、深冷器和冷却冷凝器等

（2）按结构型式分。换热器按结构型式分可分为管壳式换热器、套管式换热器、螺旋板式换热器、板翅式换热器、绕管式换热器、板式换热器、夹套式换热器、空冷器等。

2. 换热器的选择原则

根据工艺条件，采用图5-4-1进行初步的换热器选型。

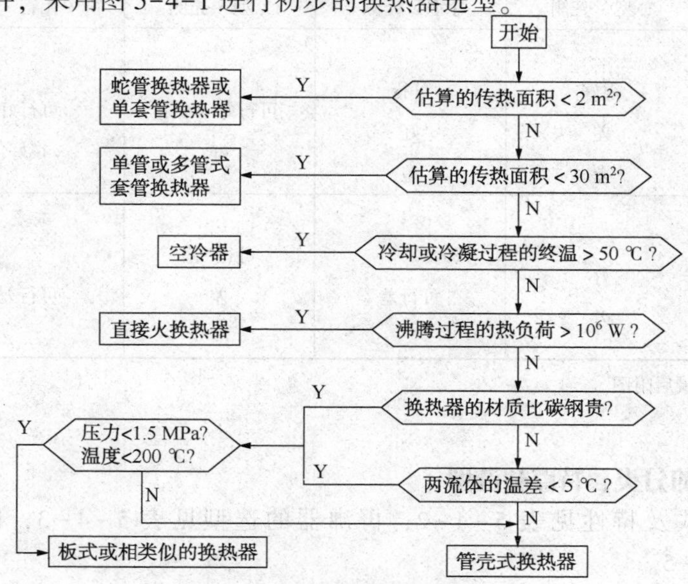

图5-4-1　换热器型式初选图

注：图中的压力均指绝压。

（二）无相变管壳式换热器的分类和选择

1. 分类

常用的有以下三类：

（1）固定管板换热器（管侧可以清洗）；

（2）U 形管换热器（壳侧可以清洗）；

（3）浮头式换热器（管侧、壳侧均可以清洗）。

2. 管壳式换热器中流体位置的确定

（1）易结垢的流体在管内，便于清洗，如冷凝器的冷却水一般走管内；

（2）流量小的流体在管内，可以采用多管程，以便选择理想流速；

（3）腐蚀性强的流体，尽可能在管内；

（4）压力高的流体在管内；

（5）膜传热系数大的流体在管间，以减小管壁和壳体壁间的温差；

（6）与外界温差大的流体在管内；

（7）饱和蒸汽的冷凝在壳侧，因为冷凝过程对流速和结垢无要求，且便于冷凝液的排放；

（8）黏度大的流体一般在壳侧，因为雷诺谁数低时，壳侧的膜传热系数比管内高；

（9）膜传热系数低的流体在壳侧，可采用低翅片管强化传热。

3. 选择

表 5-4-1 无相变换热器的选型，图 5-4-2 无相变换热器的选择。

表 5-4-1　无相变换热器的选型

工艺条件	换热器型式				
	E 型 · 壳侧	J 型 · 壳侧	X 型 · 壳侧	窗中无管 · 壳侧	管侧
压降： 中等压降 低压降 很低压降	 很好 差 差	 可行 好 差	可行好-尚可 好	可行好 很好	 好 好 好
结垢： 低-中等结垢 严重结垢	 好 差	可行差	可行-差 差	可行差	 很好 很好

注：换热器型式见最后附图。

（三）再沸器的分类、特点和选型

再沸器的型式及特性见表 5-4-2，再沸器的选型见表 5-4-3，再沸器的选择见图 5-4-3～图 5-4-5。

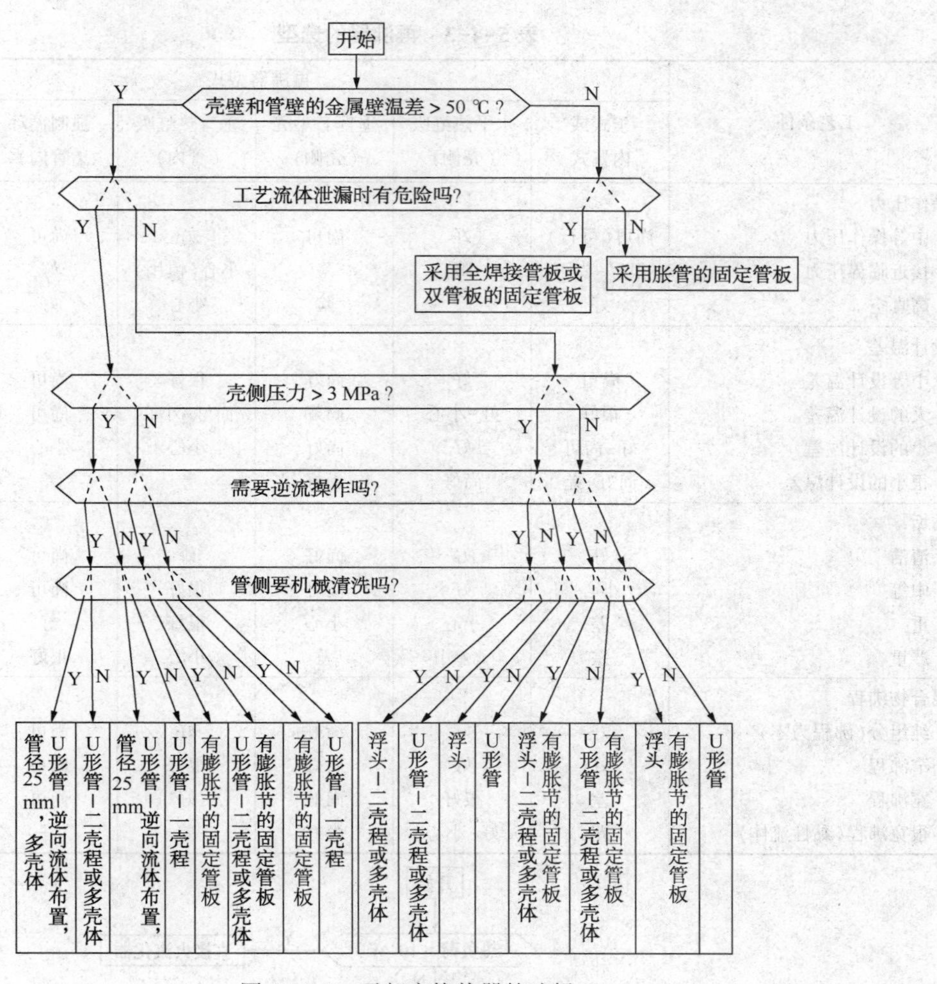

图 5-4-2　无相变换热器的选择

表 5-4-2　再沸器的型式及特性

	类型	优点	缺点
池沸	釜式	容易维护和清洗 有气液分离空间 相当于一块理论板(传热面积可以大)	需要较多的管线和空间 易结垢 由于壳体较大，相对费用较贵
	内置式	没有壳体，费用低 需要的管线少和空间小，本身有气液分离空间 容易维护和清洗	易结垢 因塔径一定，大小有限制
	水平热虹吸	不易结垢，(传热面积可以大)	需要较多的管线和空间 只有在高循环量时，相当于一块理论板
流动沸腾	立式热虹吸	配管简单，紧凑 不易结垢	需要高的塔裙 只有在高循环量时，相当于一块理论板 清洗困难，管子有冲蚀
	强制循环	适用于高黏度液体和含有少量颗粒的液体 可控制循环量	泵的投资和操作费用较高， 泵处有潜在的泄漏可能 管子有冲蚀

表 5-4-3　再沸器的选型

工艺条件	再沸器型式					
	釜式或内置式	水平热虹吸（壳侧）	垂直 E 型壳（壳侧）	垂直热虹吸（管内）	强制循环（管内）	降膜蒸发（垂直管内）
操作压力						
中等操作压力	尚可(可行)	好	尚可	好	尚可	尚可
接近临界压力	很好-尚可	险	险	小心(慎用)	好	险
高真空	好	险	险	小心	好	很好
设计温差						
中等设计温差	尚可	好	尚好	很好	尚可	尚可
大的设计温差	很好	好-小心	尚好	尚好-小心	尚可	差
小的设计温差	好-尚可	好	尚好	小心	小心	好
很小的设计温差	尚好-差	尚好	尚好	差	差	很好
结垢						
清洁	好	好	尚好	好	尚可	尚可
中等	小心	好	尚好	很好	尚可	好
重	差	小心	小心	很好	好	好
严重	差	差	差	小心	很好	好-小心
混合物沸程						
纯组分(沸程为零)	好	好	尚好	好	尚可	好
窄沸程	好	好	尚好	很好	尚可	好
宽沸程	差	很好	尚好	好	尚可	好
很宽沸程(黏性流体)	差	好-小心	尚好	差	好	好-小心

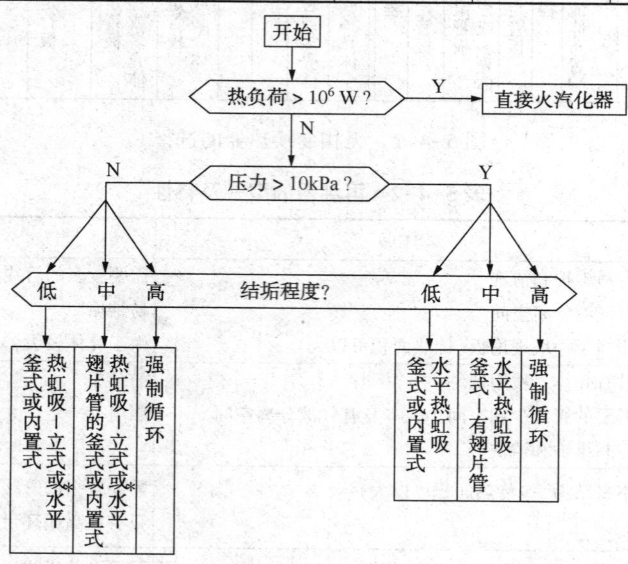

图 5-4-3　再沸器的选择(一)

*—大热负荷时选用。

(四) 冷凝器的型式、特点和选型

表 5-4-4 列出了冷凝器的型式和特点，冷凝器的选择见图 5-4-6。

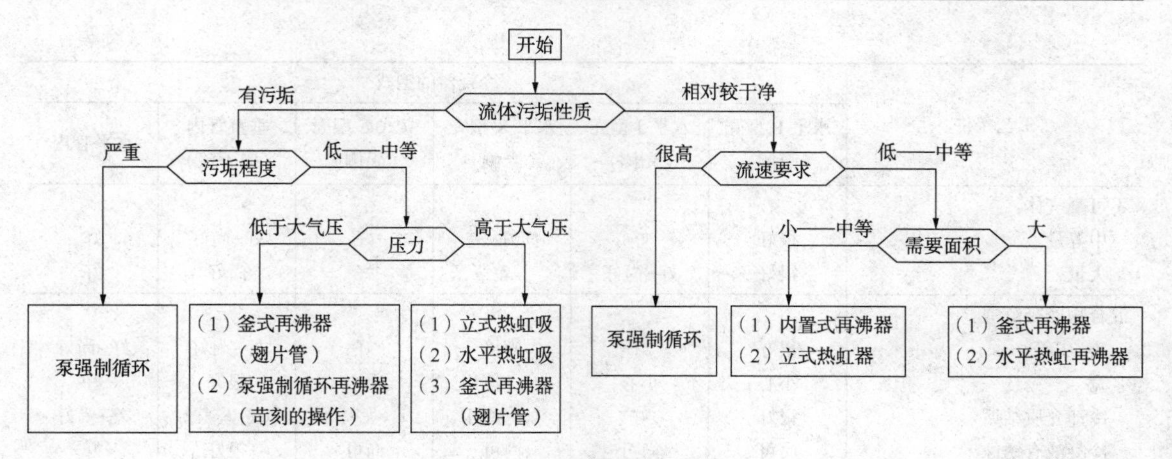

图 5-4-4　再沸器的选择(二)

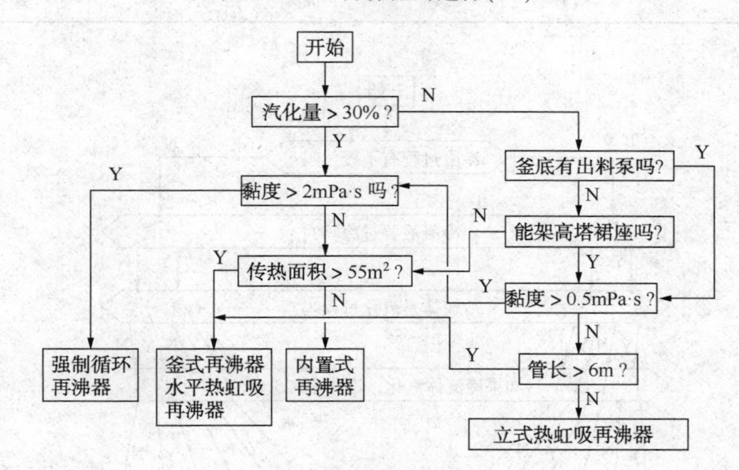

图 5-4-5　再沸器的选择(三)

表 5-4-4　冷凝器的型式和特点

工艺条件	冷凝器的型式					
	水平 E 型壳（壳侧）	水平 J 型壳（壳侧）	水平 X 型壳（壳侧）	立式 E 型壳（壳侧）	垂直管内（向下流）	水平管内
操作压力：						
中等	很好	尚可	尚可	好	好	好
接近临界压力	尚可	尚可	尚可	尚可	好	很好
低	尚好-差	很好	好-尚可	尚好-差	好	好
高真空	差	尚好-差	好-很好	差	好-很好	尚好
过冷/过热降温：						
中等过冷	尚好-好	尚好-好	好	好	好	尚好
大的过冷	差	差	好	好	很好	差
大的过热降温	很好	尚好	差	好	尚好	尚好
宽的冷凝范围	很好	好	尚好-好	好	尚好	尚好

续表

工艺条件	冷凝器的型式					
	水平 E 型壳（壳侧）	水平 J 型壳（壳侧）	水平 X 型壳（壳侧）	立式 E 型壳（壳侧）	垂直管内（向下流）	水平管内
不可凝气体：						
中等量	很好	好	尚好-差	好	好-尚好	好
大量	很好	好-尚好	差	好	尚好	好
混合物冷凝范围：						
小-中等	很好	好	尚可	好	好-尚好	好-尚好
宽	小心	小心	小心(慎用)	小心	很好	好
冷却介质结垢	很好	好	好-尚可	好	差	差-尚好
冷凝液有锈蚀	尚可	尚可	尚可	尚可	很好	好
冷凝液有结冻	很好	好	尚好	好	差	差

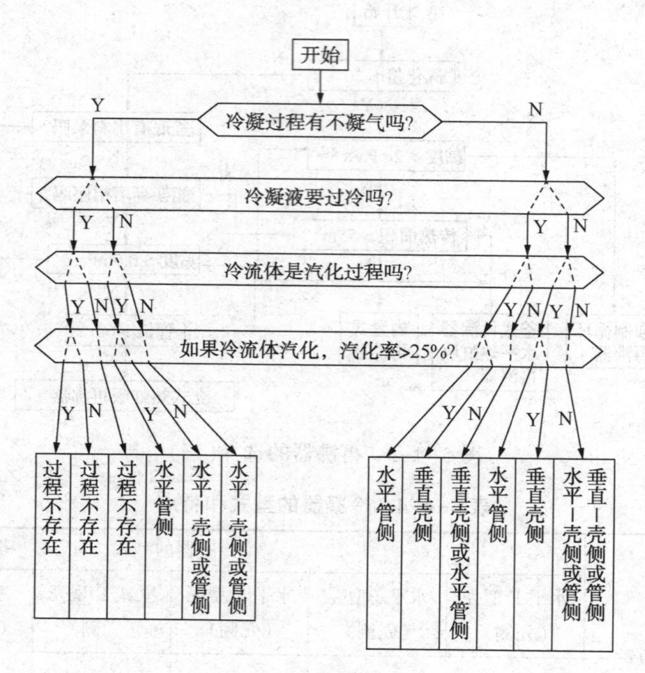

图 5-4-6　冷凝器的选择

（五）高效换热器的特点及选型

高效换热器是指换热效率比普通换热器要高的换热设备，它的特点是热强度高，尤其在温差低、*Re* 数低时更具优越性，可实现小设备大生产的目的。下面介绍几种强化传热的方法。

1. 强化传热的主要途径

（1）改变流体的传热机理或流态，如采用增加扰动，减薄层流边界层等手段，达到提高给热系数较低一侧流体的传热，或同时提高两侧流体的给热系数(均较低时)；

（2）通过扩展表面，增加传热表面积(如翅片管，螺纹管等)；

(3)减轻结垢程度，如弹簧在线清洗，加防垢涂层或增加流动冲刷，减少死区。

2. 无相变传热时的强化

（1）换热器的外管采用螺旋槽管、翅片管(包括横翅和纵翅)；

（2）换热器的内管加内插物(湍流促进器)、内波纹管和纵翅管；

（3）管内、管外同时强化采用缩放管、螺旋扁管及外螺纹内波纹管；

（4）管间支撑物采用如折流杆；

（5）改变流道的几何形状，如采用板式换热器、板翅式换热器、螺旋板换热器等。

3. 沸腾传热时的强化

（1）高热通量管沸腾表面采用喷涂多孔表面；

（2）T 形翅片管采用改变沸腾状态，增加汽化核心和传热面积等。

4. 冷凝传热时的强化

（1）改变冷凝表面的物理性质，采用由于表面张力的作用使冷凝过程呈滴状冷凝；

（2）低翅片管(或螺纹管等)，采用增加传热面积和改变冷凝液的分布强化传热。

二、管壳式换热器的主要结构型式及适用条件

管壳式换热器是一种最常用最普遍使用的换热器，常减压蒸馏装置中应用最多的就是管壳式换热器。管壳式换热器主要有：

（1）固定管板式换热器；

（2）浮头式换热器；

（3）U 形管式换热器；

（4）釜式重沸器；

（5）填料函式换热器。

不属于这五种型式的换热器：双管板换热器、折流杆换热器、螺旋折流扳换热器、绕管式换热器(但管板计算的支撑条件不同)等。

（一）固定管板换热器

固定管板换热器的型式见图 5-4-7 所示。

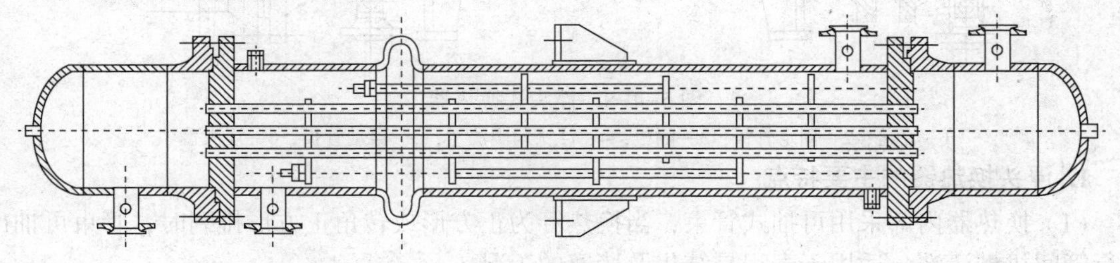

图 5-4-7　固定管板换热器

1. 固定管板换热器的主要特点

该换热器的特点是结构简单、紧凑、没有壳程密封的问题，而且往往是管板兼作法兰。其适用于：

（1）管壳程温差较大，但压力不高的场合(因为温差大，要加膨胀节，而膨胀节耐压能力差)；

（2）管壳程温差不大，而压力较高的场合；

（3）壳程无法机械清洗，故要求壳程介质干净；或虽会结垢，但通过化学清洗能去除污

垢的场合；

（4）布管多，锻件少，一次性投资低；但不可更换管束，整台设备往往由换热管损坏而更换，故设备运行周期短。

2. 使用压力和温度的限制

由于换热管、管板和壳体焊在一起，故换热管与壳体间的金属壁温差引起的温差应力是其致命的弱点，因为在固定管板换热器的管板温差应力计算中，要校核以下三个方面的应力和力：

（1）按有温差的各种工况算出的壳体轴向应力 σ_c；

（2）换热管轴向应力 σ_t；

（3）换热管与管板之间连接拉脱力 q。

三项中有一项不能满足强度要求时，就需设置膨胀节；根据工程经验，当壳体与换热管金属温差(注意不是介质温差)高于 50℃时一般应设置膨胀节，而 GB 16749《压力容器用波形膨胀节》规定最高使用压力为 6.4MPa，再高要用带加强装置的 Ω 形膨胀节。故带膨胀节的固定管板换热器使用压力不高，而且结构设计和制造也趋于复杂。

在壁温差很小无需考虑温差应力时，固定管板式换热器也有使用在很高压力的场合，此时往往管板与管箱或管板与壳体做成整体型式，或者管板、管箱(头盖)和壳体三者成为一个整体，如大化肥中的高压甲铵冷凝器的管程压力为 15.8MPa，但一般高压用得比较少，而低压力、大直径固定管板式换热器用得很广泛。

（二）浮头式换热器

浮头式换热器的型式见图 5-4-8 所示。

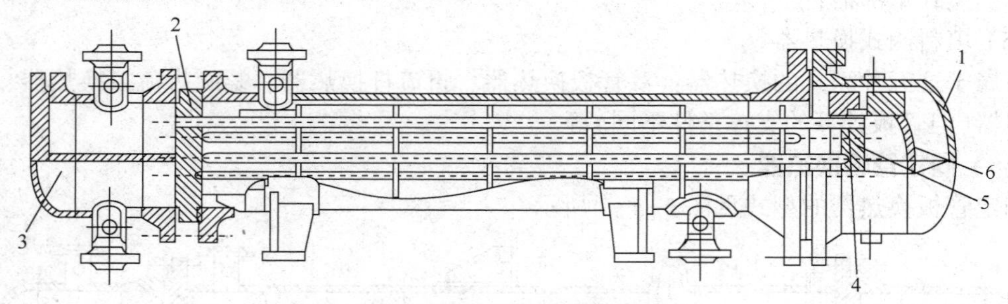

图 5-4-8　浮头式换热器

1—壳盖；2—固定管板；3—隔板；4—浮头勾圈法兰；5—浮动管板；6—浮头盖

1. 浮头换热器的主要特点

（1）换热器内部采用可抽式管束，当换热管为正方形或转角正方形排列时，管束可抽出进行管间机械清洗，适用于壳程易结焦及堵塞的工况；

（2）一端管板夹持，另一端内浮头可自由浮动，故无需考虑温差应力，可用于大温差的场合；

（3）浮头结构复杂，影响排管数，加之处于壳程介质内的浮头密封面操作中发生泄漏时很难采取措施；

（4）压力试验时的试压胎具复杂。

2. 使用压力和温度的限制

浮头换热器用于炼油行业中较多，在乙稀工业中应用相对较少，但内浮头结构限制了使用压力和温度，故一般情况其使用限制为 P_{max} ≤6.4MPa，T_{max} ≤400℃(或 450℃)。

大直径($DN \geqslant 1200$mm)而压力又较高的浮头换热器，浮头端密封结构的设计和制造尤其是浮头内螺柱热松弛始终是个难题，壳程为加热介质时更为突出。

目前可考虑的应对措施：

(1) 增大外头盖尺寸，以增加螺栓压紧力；

(2) 探讨采用波齿垫或浮头螺栓增加防热应力松弛的蝶簧垫片；

(3) 浮头螺柱的安装因操作时无法热紧，要给予特别的注意。

(三) U 形管式换热器

U 形管式换热器的型式见图 5-4-9 所示。

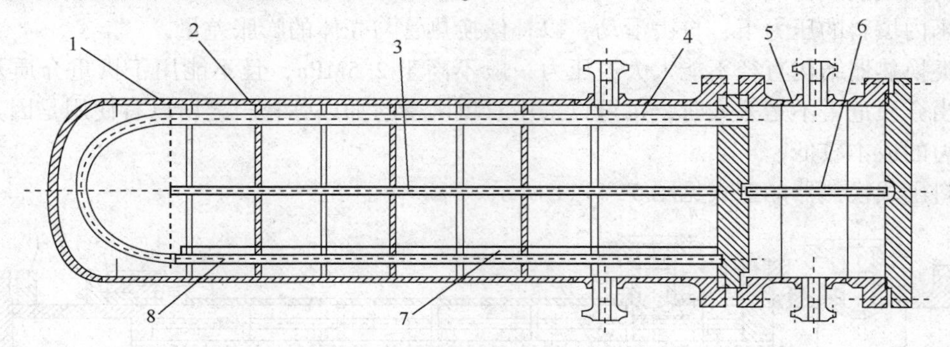

图 5-4-9 U 形管式换热器

1—盘环形折流板环板；2—盘环形折流板盘板；3—纵向隔板；4—换热管；5—管箱；6—分程隔板；7—定距管；8—拉杆

U 形管式换热器的特点：

(1) 以 U 形换热管尾端的自由浮动解决温差应力，可用于高温差；

(2) 只有一块管板，加之法兰的数量也少，故结构简单而且泄漏点少；

(3) 可以进行抽芯清洗；

(4) 由于弯管最小半径(R_{mim})的限制，分程间距宽，故比固定管板换热器排管略少；

(5) 管程流速太高时，将会对 U 形弯管段产生严重的冲蚀，影响寿命，尤其半径小的管子；

(6) 换热管泄漏时，除外圈 U 形管外，不能更换，只能堵管。

因此 U 形管换热器在换热器中是唯一适用于高温、高压和高温差的换热器。

(四) 釜式重沸器

釜式重沸器的型式见图 5-4-10 所示。

釜式重沸器的管程采用 U 形或浮头管束(管头试压时，要另配试压壳体)，壳程为单(或双)斜锥具有蒸发空间的壳体，一般为管程介质加热壳程介质，故管程的温度和压力比壳体的高。釜式重沸器适用的场合：

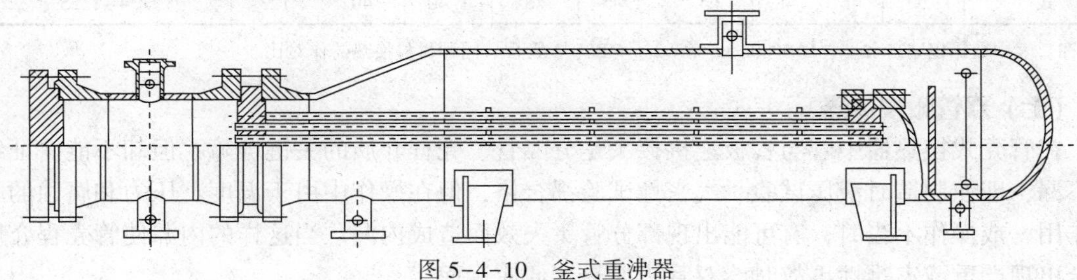

图 5-4-10 釜式重沸器

(1) 管壳程温差大的场合；

(2) 一般管程压力比壳程高，可采用T形翅片或表面多孔强化传热管；

(3) 塔底空间较小的场合；

(4) 汽化率较高的场合(30%~80%)；

(5) 重沸工艺介质的液相作为产品或分离要求高的场合；

(6) 用作蒸汽发生器，对蒸汽品质要求不高，安装空间受限制的场合。

(五) 填料函式换热器

填料函式换热器是另一种浮头式换热器，它的浮动端采用填料密封浮动管板(裙)，可在填料函内填料的压力下，自由滑动，以补偿换热管与壳体的膨胀差量。

这类换热器结构直径不能太大，压力一般不高于2.5MPa，且不能用于贵重介质及危害介质，当介质危害不是太大时，也可以采用双填函密封加以弥补，之所以有使用是因其解决温差应力的成本较低。

填料函式换热器的型式见图5-4-11所示。

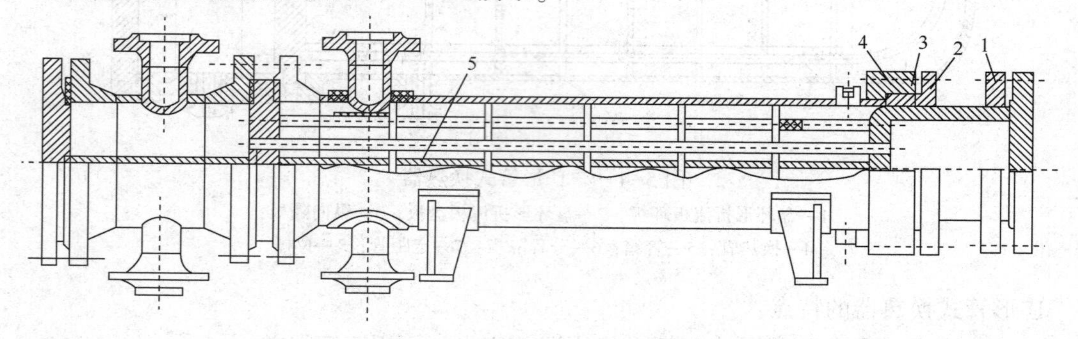

图5-4-11 填料函式换热器

1—活动管板；2—填料压盖；3—填料；4—填料函；5—纵向隔板

(六) 固定管板式、U形管式、浮头式换热器综合对比

固定管板式、U形管式、浮头式换热器综合对比见表5-4-5。

表5-4-5 固定管板式、U形管式、浮头式换热器综合对比

项目	紧凑性/(m^2/m^3)			经济性/(kg/m^2)						价格比/(元/t)(相同材料)
DN	400	800	1200	400		800		1200		
				kg/m^2	质量比	kg/m^2	质量比	kg/m^2	质量比	
固定管板式	45	53	58	44	1.00	32	1.00	31	1.00	1.0
U形管式	32	43	47	50	1.20	40	1.17	37	1.14	1.2~1.1
浮头式	37	45	48	64	1.45	48	1.40	40	1.3	1.4~1.25

注：表中数据以$\phi25\times2.5$、*LN*6000mm、*PN* 2.5 MPa、2管程、同种材料换热器作对比。

(七) 双管板换热器

在管壳式换热器中管与管板连接接头是分隔管、壳程介质的关键屏障，但却不能保证绝对不漏，即使制造时液压试验、气密性试验都合格，但在操作中由于温度、压力和腐蚀的联合作用，或操作不当时，有可能出现部分管头失效而造成内漏。当这样的内漏使管壳程介质混合出现严重或灾难性事故时，双管板换热器便应运而生。

双管板换热器一般形式：双管板固定管板换热器、双管板U形管式换热器和釜式重沸器(U形管束)三种形式，见图5-4-12、图5-4-13所示。

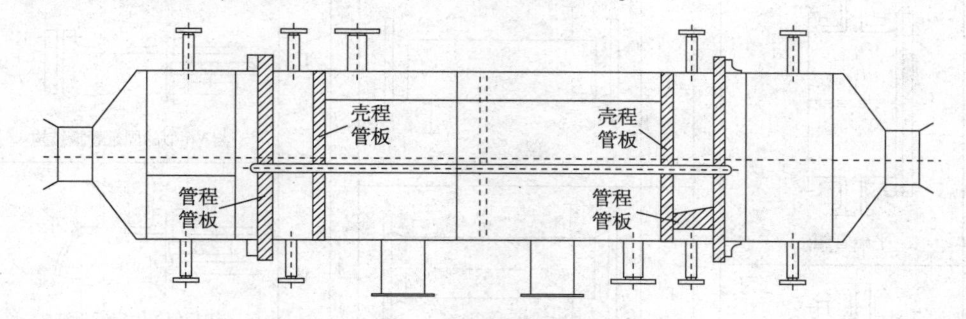

图5-4-12　双管板固定管板换热器

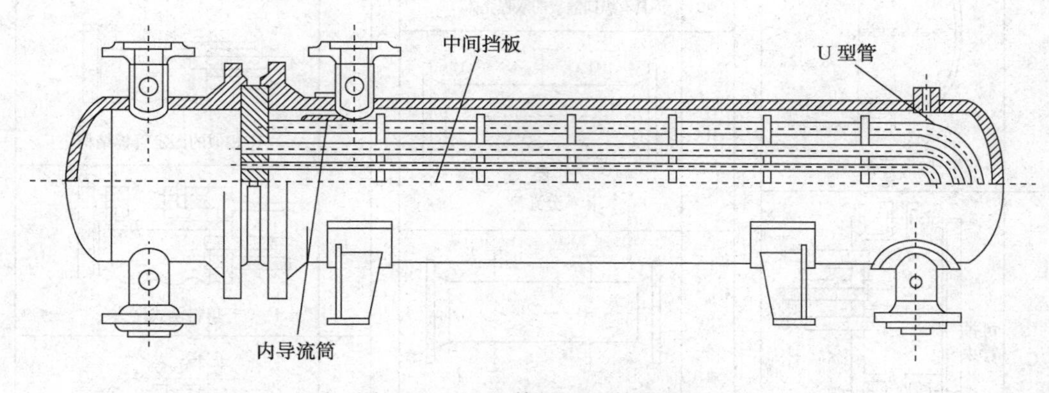

图5-4-13　双管板U形管换热器

特点：

(1) 内管板与换热管必须采用强度胀连接，所以壳程适用的压力、温度不高；

(2) 内管板强度胀是关键，换热管应采用高精度管，并尽量减小管与管孔的径向间隙；

(3) 管板隔腔间可视为常压、常温；外管板强度焊后一般无需贴胀；

(4) 管板数量多一倍，管板刚性好，U形管换热器管板都兼作法兰；

(5) 换热管有效长度减少，造价略高。

(八) 换热器的结构选型

换热器的结构选型见图5-4-14所示。

第五节　流体输送设备

流体输送设备在石油化工装置中占有重要的地位，装置中的原料、半成品和成品大多是液体或气体，而将原料制成半成品和成品，需要经过复杂的工艺过程，在这个过程中需要输送这些液体或气体，为工艺过程提供所需的压力和流量，输送液体的动设备习惯上称之为泵；输送气体的动设备习惯上称之为压缩机。

泵与压缩机有很多的种类，按照泵与压缩机的工作原理可以分为速度式与容积式；在速度式中，又可以分为叶片式与喷射式；叶片式又可以分为离心式、混流式、轴流式和旋涡式，最常见的是离心式；容积式可以分为转子式与往复式，往复式泵可以分为活塞式与隔膜式。

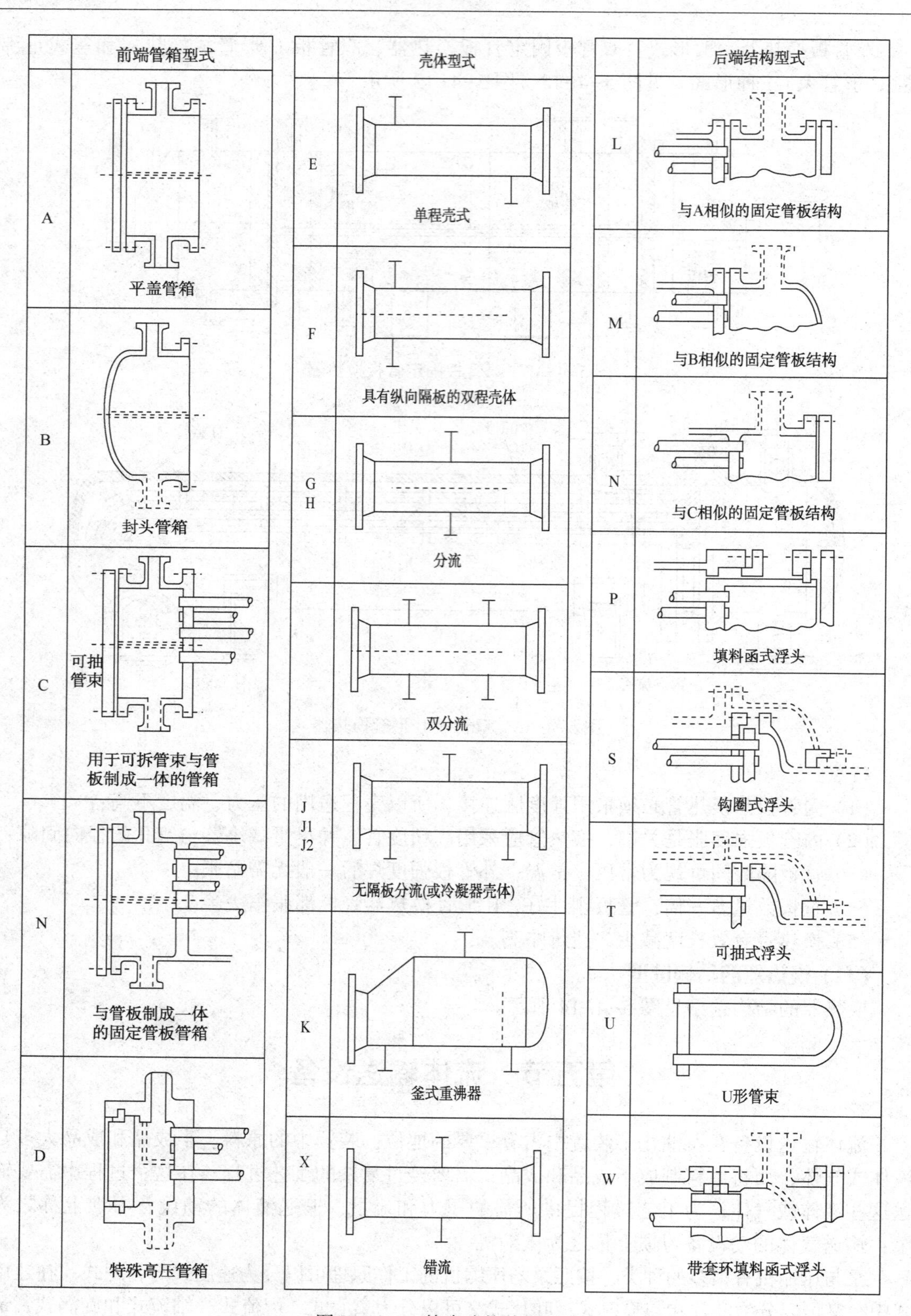

图 5-4-14　管壳式换热器型式

常减压蒸馏装置中的介质均为液体或气体，相应的输送设备为泵或压缩机。其中泵主要为离心泵且以一级泵和二级泵为主，其他还有在注入化学药剂时使用的计量泵或气动隔膜泵，在减压塔顶抽真空系统中使用喷射泵或液环式真空泵。装置中产生的气体主要是常压塔塔顶和减压塔塔顶不凝气，为了回收主要气体，常用压缩机加压，采用的往复式、离心式和螺杆式三种形式的压缩机。

一、泵

（一）离心泵

1. 离心泵的工作原理

图 5-5-1 为离心泵工作原理图。叶轮安装在泵壳 2 内，并紧固在泵轴 3 上，泵轴由电机直接带动。泵壳中央有一液体吸入管 4 与吸入管 5 连接。液体经底阀 6 和吸入管进入泵内，泵壳上的液体排出口 8 与排出管 9 连接。

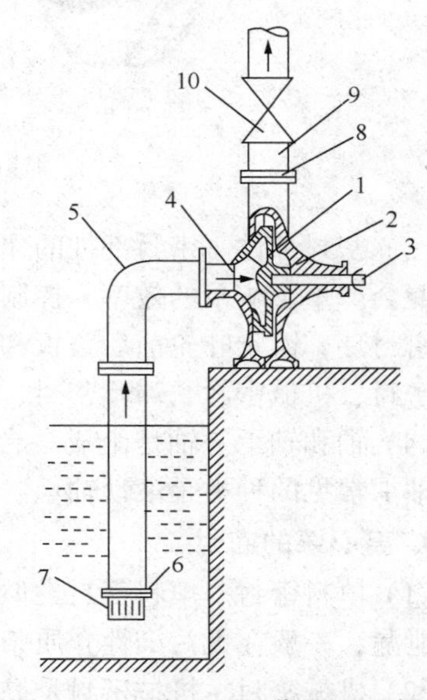

图 5-5-1　离心泵工作原理示意图

1—叶轮；2—泵壳；3—泵轴；4—吸入口；5—吸入管；6—单项底阀；7—滤网；8—排出口；9—排出管；10—调节阀

在泵启动前，泵壳内灌满被输送的液体；启动后叶轮由轴带动高速转动，叶片间的液体也必须随着转动。在离心力的作用下，液体从叶轮中心被抛向外缘并获得能量，以高速离开叶轮外缘进入蜗形泵壳。在蜗壳中液体由于流道的逐渐扩大而减速，又将部分动能转变为静压能，最后以较高的压力流入排出管道，送至需要场所。液体由叶轮中心流向外缘时，在叶轮中心形成了一定的真空，由于储槽液面上方的压力大于泵入口处的压力，液体便被连续压入叶轮中。可见只要叶轮不断地转动，液体便会不断地被吸入和排出。

2. 气缚现象

当泵壳内存有空气，因空气的密度比液体的密度小得多而产生较小的离心力，储槽液面上方与泵吸入口处之压力差不足以将储槽内液体压入泵内(即离心泵无自吸能力)，此时离心泵不能输送液体，这种现象称为气缚现象。为了使泵内充满液体，通常在吸入管底部安装一带滤网的底阀，该底阀为止逆阀，滤网的作用是防止固体物质进入泵内损坏叶轮或妨碍泵的正常操作。

3. 离心泵的结构

(1) 泵壳。泵壳有轴向剖分式和径向剖分式两种，大多数单级泵的壳体都是蜗壳式的，多级泵径向剖分壳体一般为环形壳体或圆形壳体。一般蜗壳式泵壳内腔呈螺旋形液道，用以收集从叶轮中甩出的液体，并引向扩散管至泵出口。泵壳承受全部的工作压力和液体的热负荷。

(2) 叶轮。叶轮是惟一的做功部件，泵通过叶轮对液体作功。叶轮的形式有闭式、开式、半开式三种；闭式叶轮由叶片、前盖板、后盖板组成。半开式叶轮由叶片和后盖板组成；开式叶轮只有叶片，无前后盖板；闭式叶轮效率较高，开式叶轮效率较低，见图 5-5-2 所示。

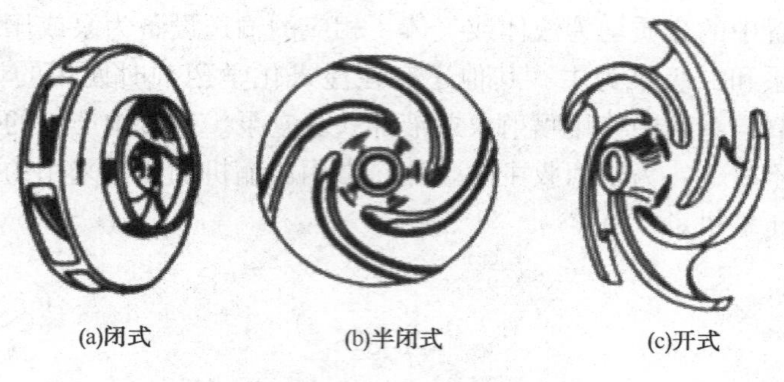

图 5-5-2　离心泵叶轮形式

(3) 密封部件。密封部件的作用是防止泵的内泄漏和外泄漏，对于多级离心泵而言，级间内漏会严重影响泵的效率，控制泵的内泄漏的密封部件称作密封环或口环，由耐磨材料制成的密封环，镶于叶轮前后盖板和泵壳上，磨损后可以更换。控制泵的外泄漏的密封部件有填料密封、机械密封、浮环密封、干气密封。

(4) 轴和轴承。轴是组成一台泵转动的基础部件，轴承是提供泵旋转及支撑泵轴的部件，轴承常见的种类是滚动轴承、滑动轴承。

4. 离心泵的密封

(1) 填料密封。填料密封类似于阀门的压兰，由于需要适当的松紧度，因此会有一定程度的泄漏，一般在无污染性介质条件下使用。

(2) 机械密封。机械密封是靠一对或数对垂直于轴作相对滑动的端面，在流体压力和补偿机构的弹力(或磁力)作用下，保持贴合并配以辅助密封而达到阻漏的轴封装置。动环与静环之间的密封是靠弹性元件(弹簧、波纹管等)和密封液体压力，在相对运动的动环和静环的接触面(端面)上产生一适当的压紧力(比压)，使两个光洁、平直的端面紧密贴合；端面间维持一层极薄的液体膜而达到密封的作用。这层膜具有液体动压力与静压力，它起着平衡压力和润滑端面的作用。两端面之所以必须高度光洁平直是为了给端面创造完美贴合和使比压均匀的条件。离心泵的机械密封见图 5-5-3 所示。

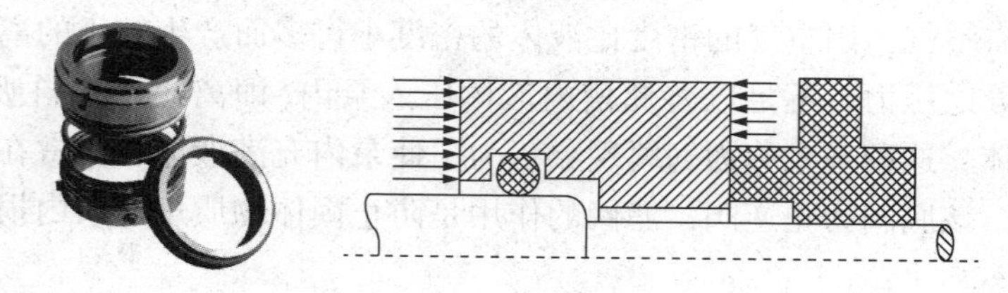

图 5-5-3　离心泵机械密封

机械密封安装使用的注意事项：

① 设备转轴的径向跳动应≤0.04mm，轴向窜动量不允许大于 0.1mm；

② 设备的密封部位在安装时应保持清洁，密封零件应进行清洗，密封端面完好无损，防止杂质和灰尘带入密封部位；

③ 在安装过程中严禁碰击、敲打，以免使机械密封摩擦破损而密封失效；

④ 安装静环压盖时，拧紧螺丝必须使压盖受力均匀，保证静环端面与轴心线的垂直要求；

⑤ 安装后用手推动动环，能使动环在轴上灵活移动，并有一定弹性；

⑥ 安装后用手盘动转轴，转轴应无负重感觉；

⑦ 设备在运转前必须充满介质，以防止干摩擦而使密封失效；

⑧ 对易结晶、有颗粒的介质，介质温度>80℃时，应采取相应的冲洗、过滤、冷却措施，各种辅助装置请参照机械密封有关标准。

⑨ 安装时在与密封相接触的表面应涂一层清洁的机械油，要特别注意机械油的选择对于不同的辅助密封材质，避免造成O形圈浸油膨胀或加速老化，造成密封提前失效。

(3) 干气密封。一般典型的干气密封结构包含有静环、动环组件(旋转环)、副密封O形圈、静密封、弹簧和弹簧座(腔体)等零部件。静环位于不锈钢弹簧座内，用副密封O形圈密封。弹簧在密封无负荷状态下使静环与固定在转子上的动环组件配合，如图5-5-4所示。

在动环组件和静环配合表面处的气体径向密封有其先进独特的方法。配合表面平面度和光洁度很高，动环组件配合表面上有一系列的螺旋槽，如图5-5-5所示。

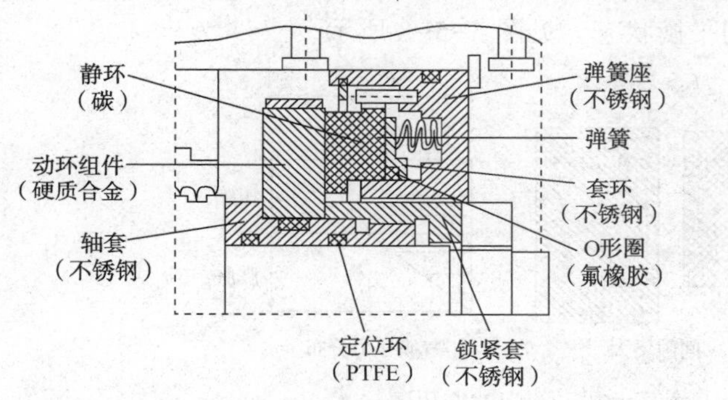

图5-5-4　典型的干气密封结构

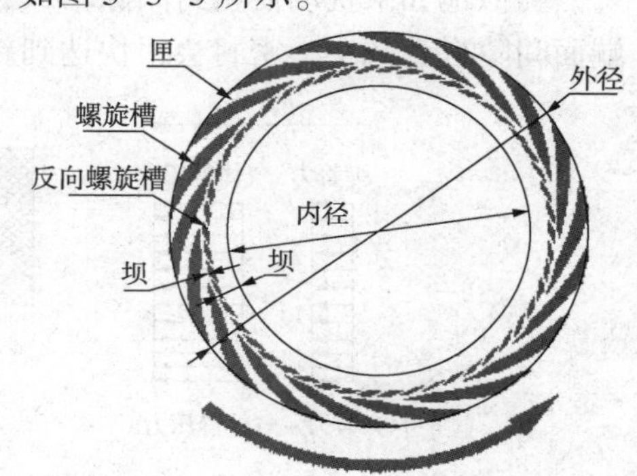

图5-5-5　动环组件

随着转子转动，气体被向内泵送到螺旋槽的根部，根部以外的一段无槽区称为密封坝。密封坝对气体流动产生阻力作用，增加气体膜压力。该密封坝的内侧还有一系列的反向螺旋槽，这些反向螺旋槽起着反向泵送、改善配合表面压力分布的作用，从而加大开启静环与动环组件间气隙的能力。反向螺旋槽的内侧还有一段密封坝，对气体流动产生阻力作用，增加气体膜压力。配合表面间的压力使静环表面与动环组件脱离，保持一个很小的间隙，一般为3μm左右。当由气体压力和弹簧力产生的闭合压力与气体膜的开启压力相等时，便建立了稳定的平衡间隙。

在动力平衡条件下，作用在密封上的力如图5-5-6所示。

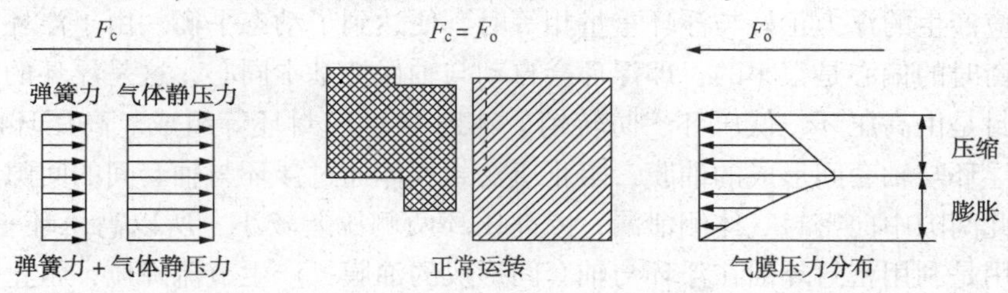

图5-5-6　干气密封上的受力与平衡间隙变化图(1)

闭合力 F_c 是气体压力和弹簧力的总和。开启力 F_o 是由端面间的压力分布对端面面积积分而形成的。在平衡条件下 $F_c=F_o$，运行间隙大约为3μm。

如果由于某种干扰使密封间隙减小，则端面间的压力就会升高，这时开启力 F_o 大于闭合力 F_c，端面间隙自动加大，直至平衡为止。如图 5-5-7 所示。

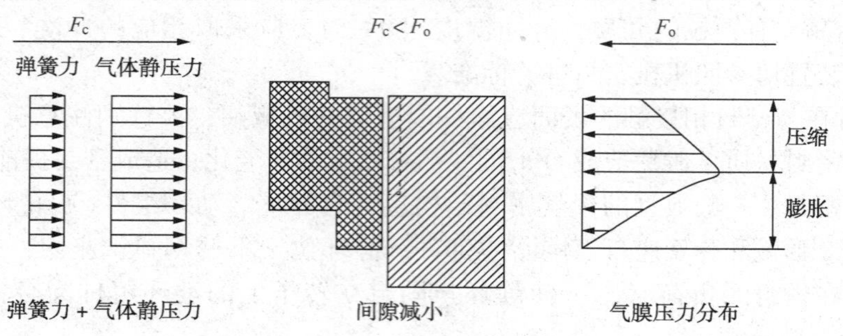

图 5-5-7　干气密封上的受力与平衡间隙变化图(2)

类似地如果扰动使密封间隙增大，端面间的压力就会降低，闭合力 F_c 大于开启力 F_o，端面间隙自动减小，密封会很快达到新的平衡状态，见图 5-5-8 所示。

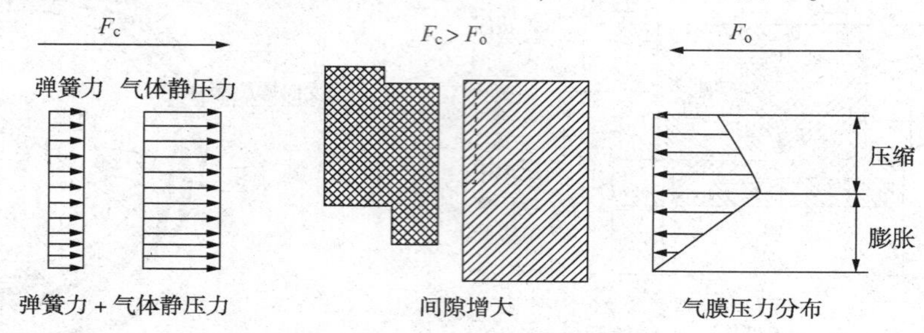

图 5-5-8　干气密封上的受力与平衡间隙变化图(3)

干气密封的使用要点：密封面之间的气源必须保证，转动情况下失去气源肯定导致密封损坏。

（4）浮环密封。动环密封的原理是靠高压密封油在浮环与轴套间形成油膜，节流降压，阻止高压侧气体流向低压侧，将气体封住。因为主要是油膜起作用，故又称为油膜密封。在工作时浮环受力情况与轴承相似，所不同的是轴承浮起的是轴，对浮环密封而言，由于浮环重量很小，故轴转动而在浮环与轴间隙中产生油膜浮力时，浮起的将是浮环，轴是相对固定的。根据轴承油膜原理知道，如浮环与轴完全同心，则不会产生油膜浮力，如浮环与轴偏心，则轴转动时将会产生油膜浮力，这种浮力使浮环浮起而使偏心减小。当偏心减小到一定程度，即对应产生的浮力正好与浮环重量相等时，便达到了动态平衡。由于浮环很轻，因此这个动态平衡时的偏心是很小的，即浮环会自动与轴保持基本同心，这是浮环的特点。

浮环密封是由高压环、低压环、防转销、辅助 O 形密封环等组成。高压环的作用是利用密封油在浮环与轴套间形成的油膜，阻止所密封气体通过浮环与轴套间的间隙外漏，但会有少量油从此间隙中向密封气体侧泄漏，因高压环两侧压差较小，所以高压环一般为一道。低压环的作用是利用密封环油在浮环与轴套间形成的油膜，产生节流降压，阻止密封油流向低压侧，起减少密封油消耗、使密封油保压的作用，因低压环两侧压差较大(低压环外侧一般与大气连通)，为防止泄油量过大，视情况低压环可选用多道。防转销的作用是防止浮环随轴转动，但同时防转销又不影响浮环正常浮起。O 形密封环的作用是防止密封油从浮环和壳体间的接触面处泄漏，为辅助密封。

从浮环的结构图 5-5-9 来看，目前采用较多的是L形环。用L形环可以缩短密封轴向尺寸，但端面密封面难于研磨，不能直接接触密封油，而常用O形密封圈密封，这样就增加了端面摩擦力，对浮环的浮动不利。另外由于浮环壁薄，加工时容易出现椭圆度，而且运转时受力不均，容易产生偏斜。用矩形环可以克服上述缺点，但要增加密封的轴向尺寸。

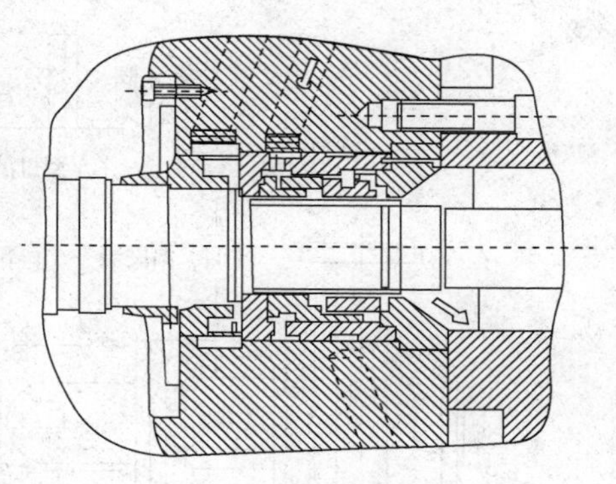

图 5-5-9　浮环密封

从工作条件来看，高压侧浮环工作条件要恶劣得多。(1)浮环的两侧压差很小，一般为约 0.06MPa；(2)为提高密封效果，间隙一般尽可能减少，因此，高压侧的漏油量比低压侧要小得多，一般要少 1000～2000 倍。高压浮环运转时产生的大量的热量不能被油及时带走，使高压环和油的温度很高，容易引起抱轴等现象，使浮环损坏(为了解决这个问题，必须加强高压侧浮环的冷却。例如，在高压环上钻一些冷却孔，让油先冲刷高压环的外壁，然后绝大部分油经过冷却孔从高压侧环流过，加强了冷却效果，试验证明对提高浮环的运转可靠性和减小污油耗量都是有利的。为加强高压环冷却，也可以在高压环上开径向沟槽和采取其他措施。为了提高密封处轴的耐磨性，一般在轴上加轴套，并在轴套上涂一层耐磨材料)。

(5) 高温泵密封的整改。为确保高温泵安全运行，高温泵密封材质升级(波纹管材质由原来的 316 升级为 Inconel718)与应用 plan32(以下简称 P32)密封冲洗方案相结合；密封改型与应用 plan32+53A(以下简称 P32+53A)密封冲洗方案相结合。

① P32 密封冲洗：

a. 工作原理。来自外部的、清洁的冲洗液注入到密封腔内，这部分液体从密封腔内流入到泵输送的工艺介质中。P32 系统总是与小间隙狭口衬圈一起使用，狭口衬圈用作节流设备以在密封腔中维持适当的压力或作为阻封机构，并把输送介质与密封腔相隔离开。P32 主要应用在高温、有固体颗粒、含有杂质的介质中。

b. 系统作用。P32 系统实现了密封腔内流体替代，采用 P32、密封腔内泵输送的介质被外来的清洁冲洗液替代，改善了密封工作环境，提高了密封的使用寿命，密封的可靠性增强。P32 系统冲洗液不断流动，端面产生的摩擦热、密封产生的搅拌热被随时带走，密封工作的环境温度得到有效控制，避免了密封腔内气体积聚。P32 系统能耗非常高，使用该系统会降低泵输送介质的浓度，冲洗液选择不恰当也会对泵输送的介质产生污染，冲洗液易蒸发。plan32 的密封情况如图 5-5-10～图 5-5-12 所示。

c. 系统组成部件。系统的主要硬件配置：止回阀、Y 形过滤器、浮子流量计、截止阀、压力表、温度表。

d. 使用说明：

(a) 对所有高温油泵机械密封外冲洗加流量计改造(主要是对外冲洗有一个监控)，可利用关闭外冲洗切断阀查看压力表显示值即为泵实际密封腔压力。

(b) 检查系统管线是否有松动及泄漏疑点，如无泄露点即可调节阀门，调节阀门直到流量计的显示流量数值、压力表显示的压力值满足工艺设定值为止。

冲洗量：≥8L/min(与轴径有关，大于 60mm 轴颈的机泵流量可适当大一点)。

冲洗压力：高于密封腔 0.1～0.2MPa。

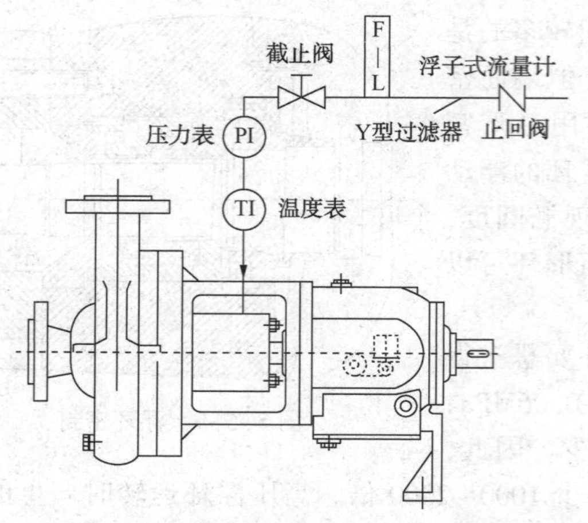

图 5-5-10　plan32 系统管道及仪表流程 PID 图

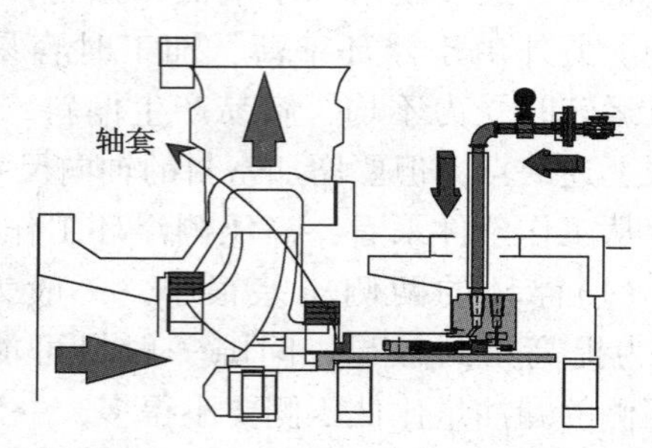

图 5-5-11　plan32 密封形式

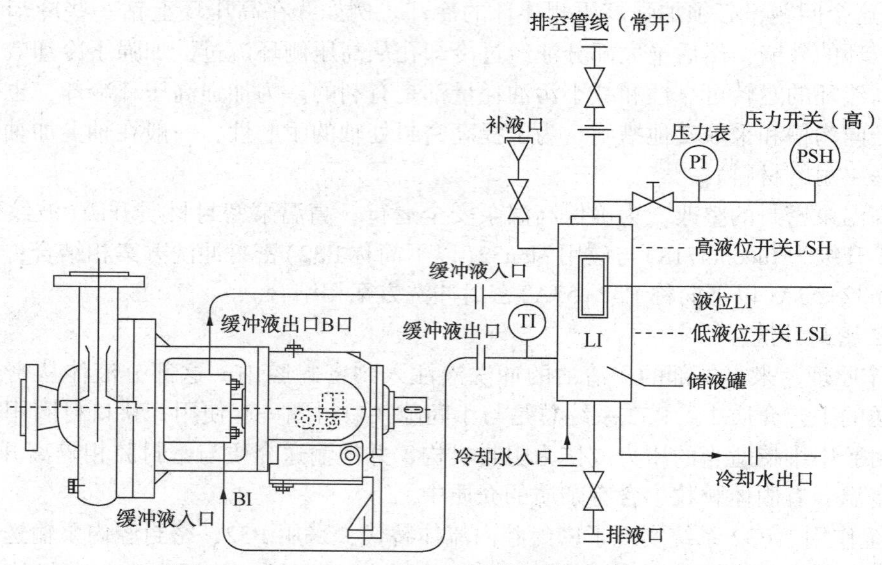

图 5-5-12　plan53A//CR 系统管道及仪表流程 PID 图

② 53A 密封冲洗：

a. 工作原理。外部容器（通常为储液罐）为大气侧密封腔提供阻封液，泵正常运行时，阻封液通过密封处泵送环维持循环。阻封液充满大气侧密封腔、罐与密封腔连接管路及储液罐的部分空间。阻封液压力高于密封腔介质压力 0.14～0.41MPa，压力由外接气源（通常是氮气）提供。密封正常工作时阻封液会向密封腔内微量泄露，当液位、压力超过开关设定的低液位、低压设定值时，开关会发出信号。P53A//CR 系列系统实现了泵输送工艺介质向大气环境的零排放，主要应用在高温、危险、有毒有害、聚合、易结晶、脏物介质中。

b. 系统作用。为大气侧密封提供缓冲液，控制密封正常工作所需的压力，带走密封运转时产生的摩擦热，改善密封端面的润滑条件，为密封建立了一个理想的工作环境，进而大大提高机械密封的使用寿命及可靠性。对泵输送的工艺介质进行封堵，实现向大气侧零排放。通过压力、液位等参数对密封的运行状态进行分析、监控。

c. 系统组成部件。主要由储液罐、测量单元、检测控制部件、管路及控制阀等构成。

d. 储液罐的型号、参数及选用：轴径≤60mm 时，可选用 CR5012 系列；轴径>60mm 时，可选用 CR5020 系列。见表 5-5-1。

表 5-5-1　储液罐的型号与参数

型　号	换热面积/m^2	使用压力/MPa	使用温度/℃	总容积/L	工作容积/L
CR5012	0.3	0~5	-60~400	16.6	12(3 美加仑)
CR5020	0.4	0~5	-60~400	27.8	20(5 美加仑)

③ plan32+53A 密封形式及示意图见图 5-5-13、图 5-5-14。plan32+53A 密封冲洗方案特点：

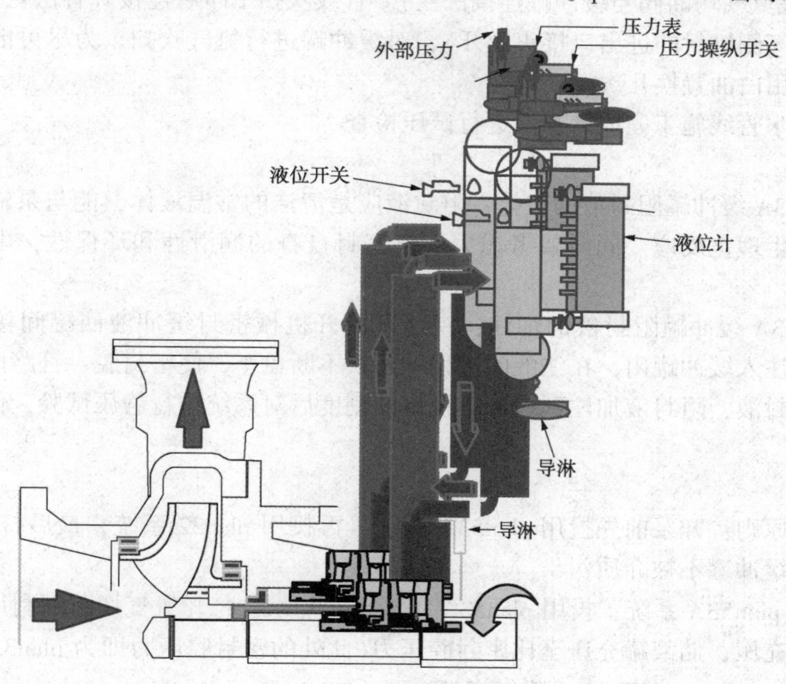

图 5-5-13　plan32+53A 密封形式

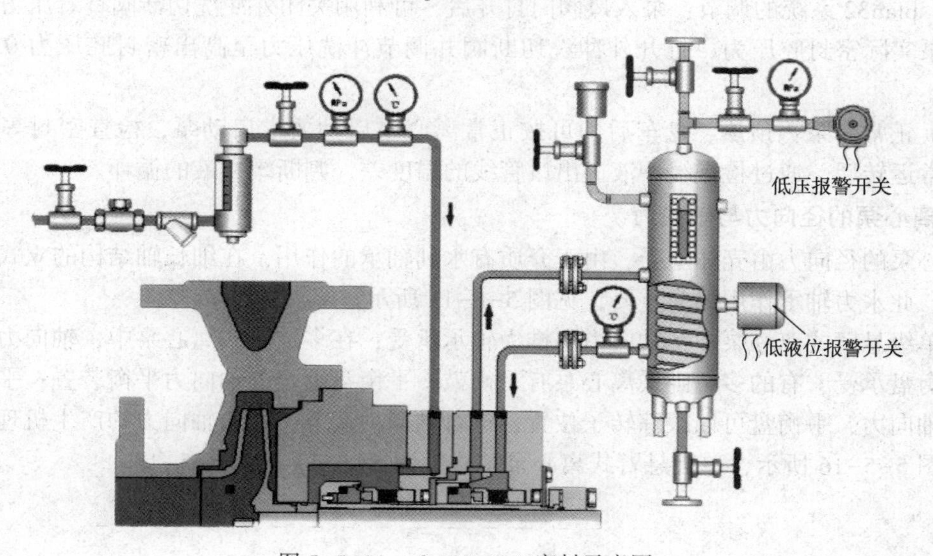

图 5-5-14　plan32+53A 密封示意图

a. 封液压力高于工作介质压力，保证高温工作介质零逸出。

b. 储液罐配置液位及压力报警开关，可实时监控机封运转情况，提高了安全等级。

c. 机封为串连波纹管密封，在一级密封失效时二级密封实现主密封功能，提高设备安全运行等级。

④ 密封冲洗系统的投运准备：

a. 系统管线吹扫及试压：

(a) 串级改造泵缓冲罐氮气加压线安装后，建议利用调压阀付线对氮气管线进行吹扫(脱开各缓冲罐氮气切断阀与缓冲罐连接法兰)。管线吹扫干净后连接好各法兰及活接头(保证隔离液进大气侧机封的进出口接头脱开)，对缓冲罐进行氮气吹扫。为尽可能保证缓冲罐干净，最好再用白油置换几次。

(b) 循环水管线施工完成后马上进行试压检查。

b. 阻封液：

(a) plan53A 缓冲罐阻封液的选择：阻封液应是清洁的常温液体，能与泵输送的工艺介质相容，不产生理化反应。同时要考虑大气侧密封自身的润滑性和环保性，本次统一使用白油。

(b) plan53A 缓冲罐阻封液的加注：视情况脱开机械密封缓冲液回罐间接头以利于排气，通过漏斗注入缓冲罐内，在注液的过程中建议不断盘车，使密封腔、管路内的气体能够排除并充满阻封液，阻封液加注到缓冲罐视窗的刻度后对系统进行静压试验，保证各处接头处密封良好。

c. 投用：

(a) 投用原则：开泵前先投用 plan53A 系统，再投用 plan32 系统，最后打开泵入口阀，确保密封腔、缓冲罐不被介质污染。

(b) 投用 plan53A 系统：投用 plan53A 缓冲罐冷却水，打开氮气切断阀利用缓冲罐自带的减压阀进行充压，储液罐充压至比密封腔压力(此处的密封腔压力即为 plan32 系统压力表显示压力)高 0.14~0.41MPa(一般取 0.2MPa)。

(c) plan32 系统的调节：泵入口阀门打开后，可利用关闭外冲洗切断阀查看压力表显示值即为泵实际密封腔压力，打开外冲洗切断阀并调节冲洗压力至高出密封腔压力 0.05MPa 即可。

(d) 正常启泵：预热、盘车后即可按正常离心泵启动要求启动泵，检查密封等泄漏状况，正常运转后，通过检查缓冲液进出口管线的温度差，判断缓冲液的循环。

5. 离心泵的径向力与轴向力

离心泵的径向力由壳体承受，由于介质有水利轴承的作用，在细长轴结构的立式多级离心泵中，此水力轴承作用尤为重要，见图 5-5-15 所示。

在单级悬臂式离心泵中，轴向力由推力轴承承受；在多级卧式离心泵中，轴向力由平衡鼓、平衡盘承受，有的多级卧式离心泵有平衡鼓、平衡盘组合的轴向力平衡装置；平衡鼓不能调节轴向力，平衡盘可以跟踪转子位置，进行轴向力调节，叶轮轴向力的产生机理及平衡原理见图 5-5-16 所示，单级悬臂式离心泵结构见图 5-5-17 和图 5-5-18。

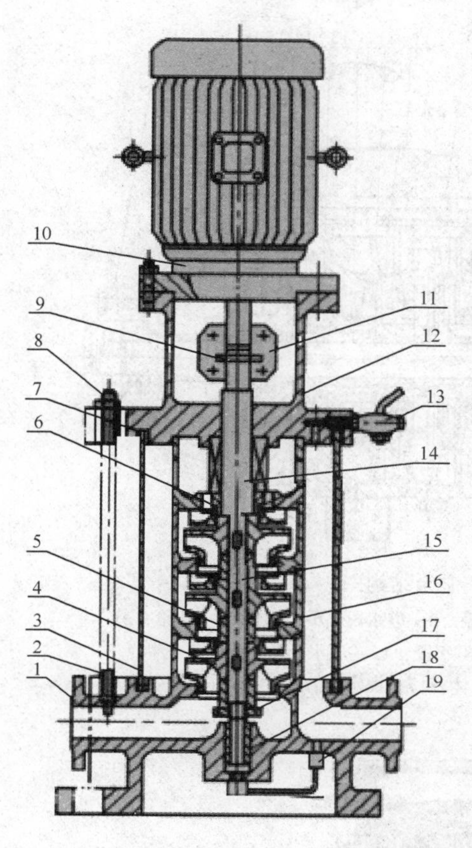

1—泵体；2—拉紧螺栓；3—外筒；4—叶轮；
5—叶轮挡套；6—轴套；7—密封垫；8—螺母；
9—销；10—电机；11—联轴器；12—联接座；
13—气嘴；14—机械密封；15—轴；16—中段；
17—轴套螺母；18—轴瓦；19—回水管部件

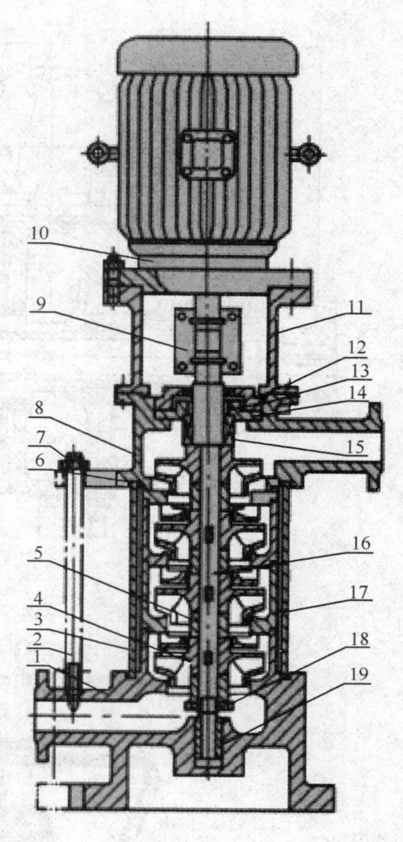

1—吸入段；2—拉紧螺栓；3—外筒；4—叶轮；
5—叶轮挡套；6—密封垫；7—螺母；8—出水段；
9—联轴器；10—电机；11—联接座；12—密封座；
13—复合轴承；14—轴承座；15—机械密封；16—轴；
17—中段；18—轴套螺母；19—轴瓦

图 5-5-15　立式多级离心泵结构图

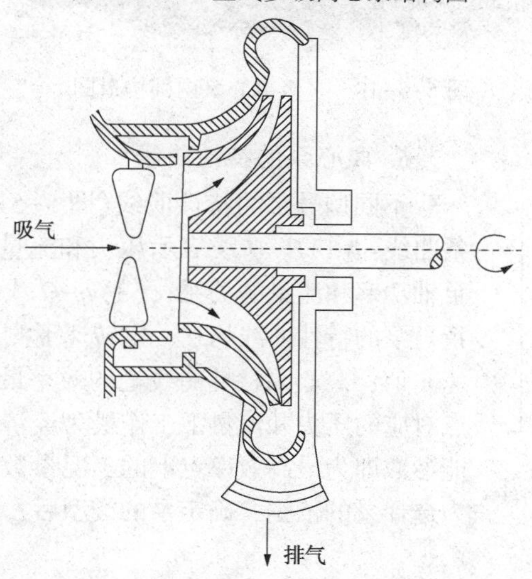

图 5-5-16　叶轮轴向力示意图

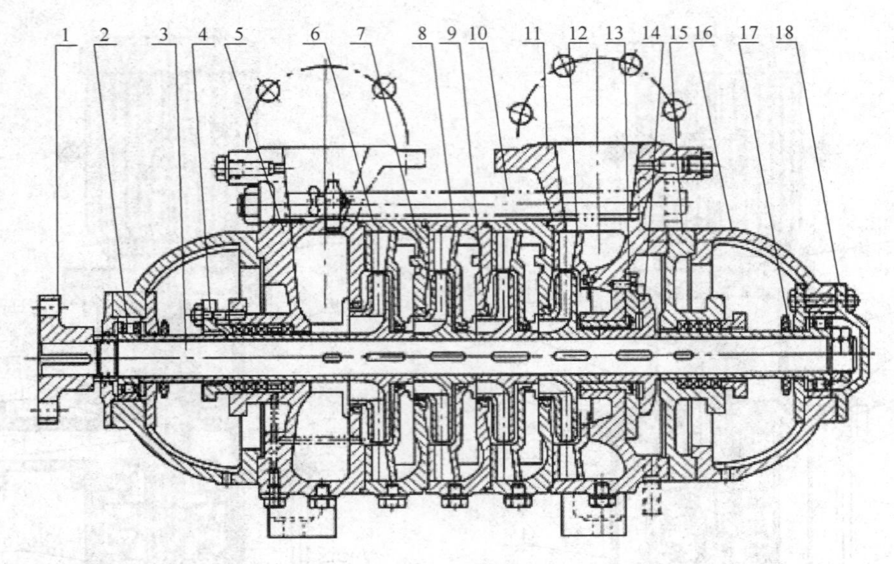

图 5-5-17　多级离心泵结构图

1—联轴器；2—轴承；3—轴；4—填料压盖；5—进水段；6—中段；7—叶轮；8—导叶；9—密封环；10—拉紧螺栓；11—出水段；12—出水导叶；13—平衡板；14—平衡盘；15—填料函体；16—轴承体；17—挡水圈；18—轴承压盖

图 5-5-18　多级离心泵内部构造图

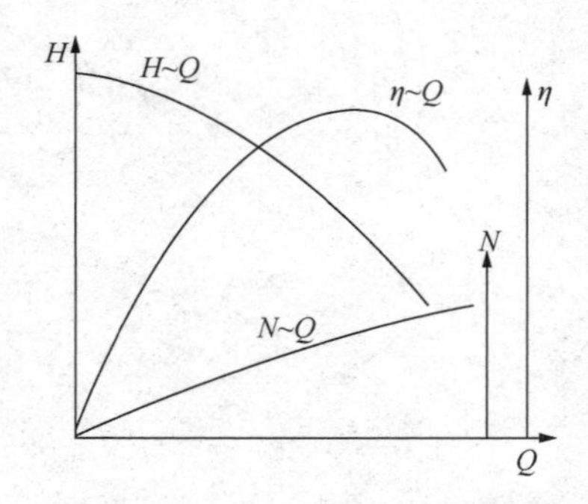

图 5-5-19　离心泵的特性曲线

6. 离心泵的特性曲线

不同型号泵的特性曲线(图 5-5-19)不同，但均有以下三条曲线：(1)$H-Q$ 线表示压头和流量的关系；(2)$N-Q$ 线表示泵轴功率和流量的关系；(3)$\eta-Q$ 线表示泵的效率和流量的关系。泵的特性曲线均在一定转速下测定故特性曲线图上注出转速 n 值；离心泵特性曲线上的效率最高点称为设计点，泵在该点对应的压头和流量下工作最为经济，离心泵铭牌上标出的性能参数即为最高效率点上的工况参数。离心泵的性能曲线可作为选择泵的依据，确定泵的类型后，再依流量和压头选泵。

(二) 隔膜泵

隔膜泵(图 5-5-20)一般分为电动隔膜泵和气动隔膜泵。下面以气动隔膜泵说明其工作原理：在泵的两个对称工作腔中，各装有一块有弹性的隔膜6，联杆将两块隔膜结成一体，压缩空气从泵的进气接头1进入配气阀3后，推动两个工作腔内的隔膜，驱使联杆联接的两块隔膜同步运动。与此同时另一工作腔中的气体则从隔膜的背后排出泵外。一旦到达行程终点，配气机构则自动地将压缩空气引入另一个工作腔，推动隔膜朝相反方向运动，这样就形成了两个隔膜的同步往复运动。每个工作腔中设置有两个单向球阀4，隔膜的往复运动，造成工作腔内容积的改变，迫使两个单向球阀交替地开启和关闭，从而将液体连续地吸入和排出。

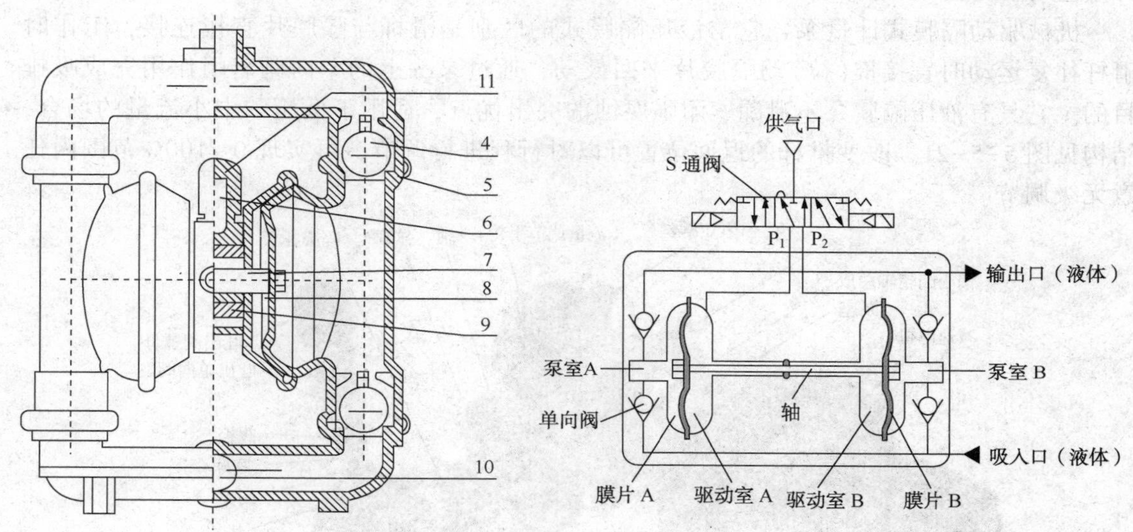

图5-5-20　隔膜泵

1—进气口；2—配气阀体改革；3—配气阀；4—圆球；5—球座；6—隔膜；7—连杆；8—连杆铜套；9—中间支架；10—泵进口；11—排气口

使用特点：气动隔膜泵是一种输送机械，采用压缩空气为动力源，对于各种腐蚀性液体，带颗粒的液体，高黏度、易挥发、易燃、剧毒的液体，均能予以自动抽吸及输送。气动隔膜泵一般由以下四种材质制造：塑料、铝合金、铸铁、不锈钢。泵的隔膜可根据不同液体介质分别采用丁腈橡胶、氯丁橡胶、氟橡胶、聚四氟乙烯、聚四氯乙烯，以满足不同的需要。可以安置在各种特殊场合，用来输送常规泵不能抽吸的介质。

（三）计量泵

计量泵主要分为柱塞式计量泵、液压隔膜式计量泵、机械驱动隔膜式计量泵三种。计量泵适用于要求输液量十分准确而又便于调整的场合，如向化工厂的反应器输送液体。有时可通过用一台电机带动几台计量泵的方法，使每股液体流量稳定，且各股液体量的比例也固定。

柱塞式计量泵：柱塞在往复直线运动中，直接与所输送的介质接触，在进出口单向阀的作用下完成吸排液体。适用各种高压、低压(使用压力0~60MPa)、强腐蚀性场合，计量精度小于0.5%。柱塞式计量泵是通过偏心轮把电机的旋转运动变成柱塞的往复运动，偏心轮的偏心距可以调整，使柱塞的冲程随之改变。当单位时间内柱塞的往复次数不变时，泵的流量与柱塞的冲程成正比，所以可通过调节冲程而达到比较严格地控制和调节流量的目的，柱塞式计量泵可以理解成单级柱塞泵，精密的加工精度保证了每次泵出量进而实现被输送介质的精密计量。柱塞式计量泵在高防污染要求的流体计量应用中受到很多限制，因而使用范围不是十分宽广。

液压隔膜式计量泵：借助柱塞在油缸内的往复运动，使腔内油液产生脉动力，推动隔膜片来回鼓动，在进出口阀的作用下完成吸排液体的目的。由于隔膜片将柱塞与输送的介质完全隔开，因而能防止液体向外渗漏，它的压力使用范围为 0~35MPa。液压隔膜式计量泵具备计量精确、耐高压、耐强腐蚀且完全不泄漏的显著优点，隔膜式计量泵目前已经成为流体计量应用中的主力泵型。泵的核心部件是膜片，可以说膜片决定了其使用寿命。

机械驱动隔膜式计量泵：它与液压隔膜式的区别是滑杆与隔膜片直接连接，工作时滑杆往复运动时直接推(拉)动隔膜片来回鼓动，通过泵头上的单向阀启闭作用完成吸排目的。它具有液压隔膜泵不泄漏、耐强腐蚀的突出优点，适用于低压和中小流量的场合，结构见图 5-5-21。改变推杆的返回位置可以对行程进行调节，可实现 0~100%范围内任意无级调节。

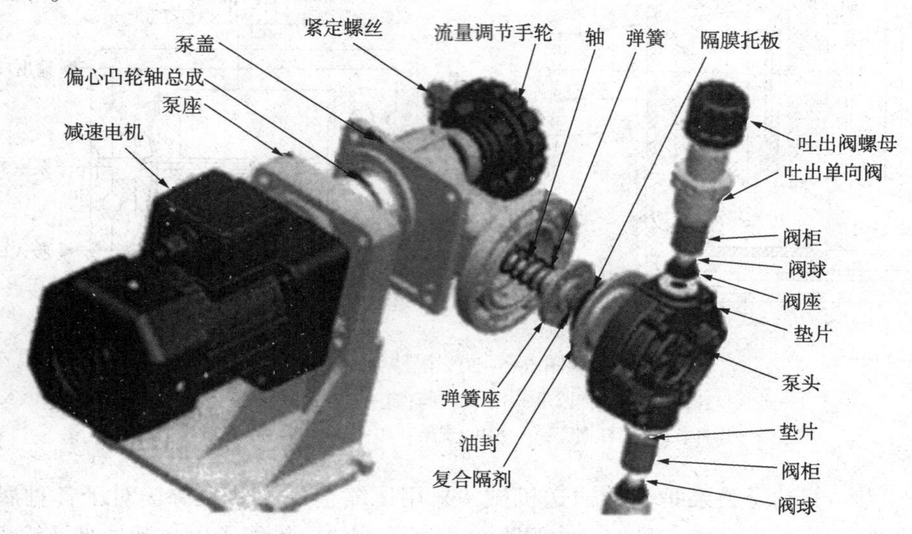

图 5-5-21　机械驱动隔膜式计量泵

二、压缩机

压缩机从工作方式上可分为两大类：容积式和速度式；活塞式压缩机、螺杆式压缩机属于容积式压缩机；而离心式压缩机属于速度式压缩机。

(一) 离心式压缩机

离心式压缩机是通过高速旋转的叶轮对气体做功，将机械能转化为气体的速度能，再利用扩压器将气体的速度能转换为压力能，从而实现气体压力的上升。其结构类似于多级离心式泵，见图 5-5-22 所示。

吸入室：吸入室的作用是将气体均匀地引导至叶轮的进口，以减少气流的扰动和分离损失。

叶轮：叶轮是一个最重要的部件，通过叶轮将能量传递给气体，使气体的速度及压力都得到提高。叶轮是高速旋转的部件，要求材料具有足够的强度，一般用碳钢或合金钢制成。为了减少振动，叶轮和轴必须经过动平衡试验，以达到规定的动平衡要求。

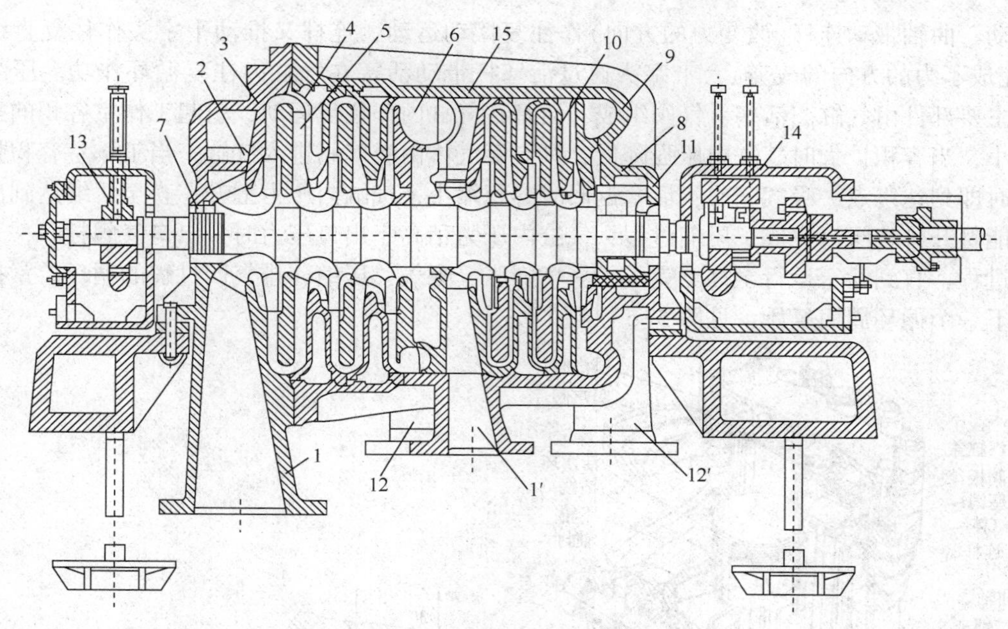

图 5-5-22　离心式压缩机

1，1′—吸入室；2—叶轮；3—扩压器；4—弯道；5—回流器；6—蜗壳；
7，8—前、后轴封；9—级间密封；10—叶轮进口密封；11—平衡盘；
12，12′—排出管；13—径向轴封；14—径向推力轴承；15—机壳

扩压器：扩压器是固定部件中最重要的一个部件。它的作用是将叶轮出口的高速气体的速度能转化为压力能。扩压器通常是由两个和叶轮轴相垂直的平行壁面组成。如果在两平行壁面之间不装叶片，称为无叶扩压器；如果设置叶片，则称为叶片扩压器。扩压器内环形通道截面是逐渐扩大的，当气体流过时，速度逐渐降低，压力逐渐升高。

弯道和回流器：在多级离心式制冷压缩机中，弯道回流器是为了把由扩压器流出的气体导至下一级叶轮。气体在弯道和回流器的流动，可以认为压力和速度不变，仅改变气体的流动方向。弯道的作用是将扩压器出口的气流引导至回流器进口，使气流的方向从离开轴心变为向轴心方向，沿轴向进入下一级工作轮。

密封：凡是转动元件与固定元件之间均需要留有一定的间隙，若间隙两边压力不相等，则会产生泄漏。为了防止隔板处的级间内泄漏，各级隔板设有例如梳齿等型式的级间密封；轴端密封的结构形式有机械密封、浮环密封、干气密封等(压缩比是指压缩机排气和进气的绝对压力之比)。

离心式压缩机的喘振现象：离心式压缩机在工作过程中，当进入叶轮的气体流量小于机组该工况下的最小流量(即喘振流量)时，管网气体会倒流至压缩机，当压缩机的出口压力大于管网压力时，压缩机又开始排出气体，气流会在系统中产生周期性的振荡，具体体现在机组连同它的外围管道一起会作周期性大幅度的振动，这种现象工程上称之为喘振。喘振是离心式压缩机的固有特性，当发生喘振时需采取措施降低出口压力或增大入口流量，尽量降低喘振时间。为了确保压缩机稳定可靠地工作，防止流量波动发生喘振，离心式压缩机设有防喘振设施。

（二）活塞式压缩机

活塞式压缩机(图 5-5-23)由电机驱动，电动机通过联轴器或齿轮、皮带带动曲轴做圆

周运动，曲轴带动连杆(改变力的方向)作往复摆动运动，连杆又推动十字头作往复直线运动(完成了力的方向的改变)，十字头通过活塞杆带动活塞在气缸内往复循环作功。压缩气体的主要部件由气缸、活塞、气阀组成，活塞在气缸内作往复运动，引起工作室容积的扩大和缩小，当容积扩大时气缸内压强降低，进口管气体由吸气阀进入气缸，当工作室容积扩至最大时即到达终点，吸气完成；活塞返回时容积缩小，气缸内压力上升，直至压缩达到出口压力能打开排气阀后完成了压缩过程，气缸内压力稍高于出口压力时，出口气阀打开，开始排气过程，直到活塞运行至终点完成了一个膨胀、吸气、压缩、排气四过程的循环。紧接着进行下一个循环周而复始，见图 5-5-24 所示。

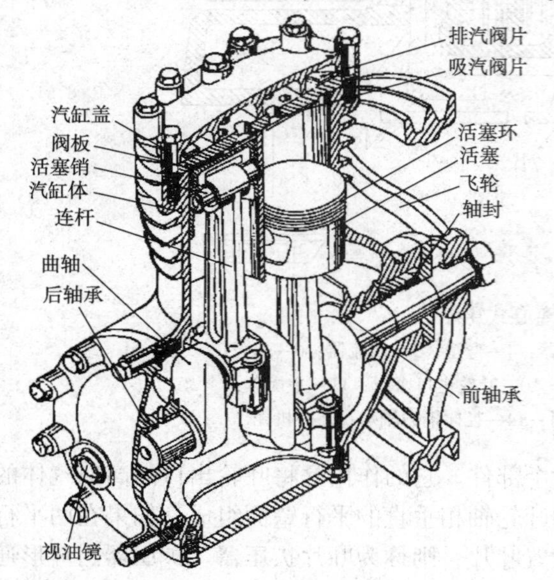

图 5-5-23　活塞式压缩机

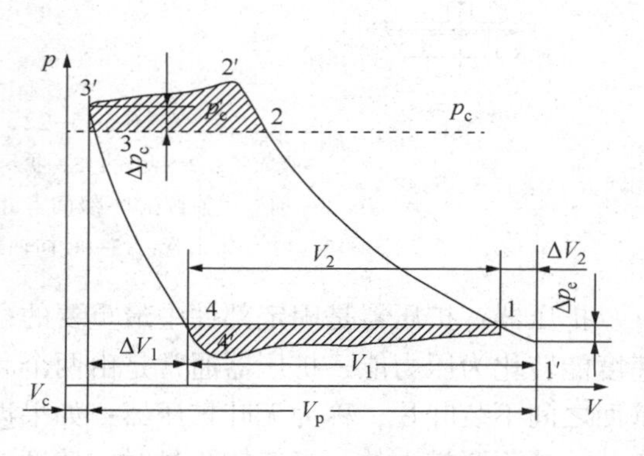

图 5-5-24　活塞式压缩的循环过程

图中 3-4 为膨胀过程，活塞缸内残余气体膨胀，此时排气阀关闭，吸气阀尚不能打开；4-1 为吸气过程，此时排气阀关闭，吸气阀打开；1-2 为压缩过程，此时吸气阀关闭，活塞压缩至 2 点附近时，排气阀打开；2-3 为排气过程，此时吸气阀关闭，排气阀打开，当排气压力低于排气管道压力时即 3 点附近排气阀关闭，活塞缸内残余气体膨胀，活塞由 3-4 开始下一个膨胀过程。往复式压缩机的常见故障大多发生在气阀、弹簧、活塞环及气缸等几个易损部件上。

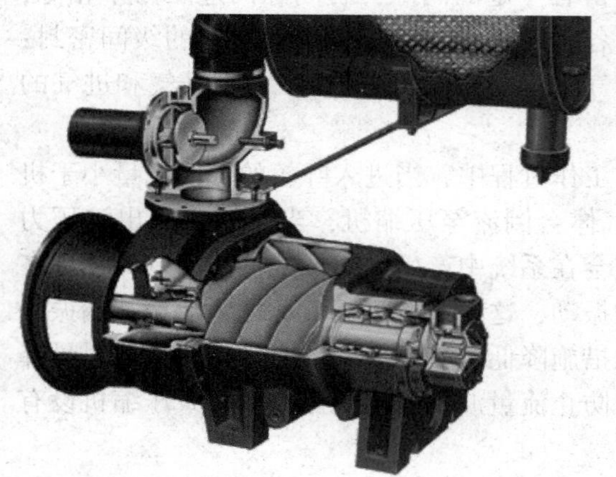

图 5-5-25　螺杆式压缩机

(三) 螺杆式压缩机

螺杆式压缩机结构见图 5-5-25 所示。

螺杆式空压机的工作原理大致可以分为吸气过程、封闭及输送过程、排气过程三个阶段。

吸气过程：螺杆式压缩机的进气侧吸气口，设计得使压缩室可以充分吸气，而螺杆式压缩机并无进气与排气阀组，进气只靠入口调节阀的开启、关闭调节，当转子转动时，主副转子的齿沟空间在转至进气端壁开口时，其空间最大，此时转子的齿沟空间与进气口之自由气体相通，因在排气时齿沟之气体被全数排出，排气结束时，齿沟乃处于真空状态，当转到进气口时，外界气体即被吸入，沿轴向流入主副转子的齿沟内。当气体充满整个齿沟时，转子之进气侧端面转离了机壳之进气口，在齿沟间的气体即被封闭，开始进入封闭及输送过程。

封闭及输送过程：主副两转子在吸气结束时，其主副转子齿峰会与机壳闭封，此时气体在齿沟内闭封不再外流，即封闭过程。两转子继续转动，其齿峰与齿沟在吸气端吻合，吻合面逐渐向排气端移动。在输送过程中，啮合面逐渐向排气端移动，亦即啮合面与排气口间的齿沟间渐渐减小，齿沟内之气体逐渐被压缩，压力提高，此过程又可以称之为压缩过程。

排气过程：当转子的啮合端面转到与机壳排气相通时(此时压缩气体之压力最高)，被压缩之气体开始排出，直至齿峰与齿沟的啮合面移至排气端面，此时两转子啮合面与机壳排气口的齿沟空间为零，即完成排气过程，在此同时转子啮合面与机壳进气口之间的齿沟长度又达到最长，开始其下一个吸气过程。

三、常减压蒸馏装置泵的选用

(一) 泵的特点和选用要求

常减压蒸馏装置的泵按用途可分为进料泵、回流泵、塔底泵、循环泵、产品泵、注入泵、冲洗泵、排污泵、燃料油泵和封油泵等。每种泵的特点和选用要求见表 5-5-2。

表 5-5-2　泵的特点和选用要求

泵名称	特点	选用要求
进料泵	(1) 流量稳定 (2) 一般扬程较高 (3) 有些原料黏度较大或含固体颗粒 (4) 泵入口温度一般为常温，工作时不能停车	(1) 一般选用离心泵 (2) 扬程很高时，可考虑用容积式泵或高速泵 (3) 泵的备用率为 50%~100%
回流泵	(1) 流量及变动范围大，扬程较低 (2) 泵入口温度不太高，一般为 30~60℃ (3) 工作可靠性要求高	(1) 一般选用单级离心泵 (2) 泵的备用率为 50%~100%
塔底泵	(1) 流量变动范围大 (2) 流量较大 (3) 泵入口温度较高，一般大于 200℃ (4) 液体一般处于饱和状态，$NPSH_a$ 小 (5) 工作可靠性要求高 (6) 工作条件苛刻，一般有污垢沉淀	(1) 一般选单级离心泵，流量大时，可选用双吸泵 (2) 选用低汽蚀余量泵，并采用必要的灌注头 (3) 泵的备用率为 50%~100%
循环泵	(1) 流量稳定，扬程较低 (2) 介质种类繁多	(1) 选用单级离心泵 (2) 按介质选用泵的型号和材料 (3) 泵的备用率为 50%~100%
产品泵	(1) 流量较小 (2) 扬程较低 (3) 泵入口温度低(塔顶产品一般为常温，中间抽出和塔底产品温度稍高) (4) 某些产品泵间断操作	(1) 宜选用单级离心泵 (2) 备用率为 50%~100%。对间断操作的产品泵，一般不设备用泵
注入泵	(1) 流量很小，计量要求严格 (2) 常温下工作 (3) 排压较高 (4) 注入介质为化学药品，往往有腐蚀性颗粒	(1) 选用柱塞泵或隔膜计量泵 (2) 对有腐蚀性介质，泵的过流元件通常采用耐腐蚀材料

续表

泵名称	特　点	选用要求
排污泵	(1) 流量较小，扬程较低 (2) 污水中往往有腐蚀性介质和磨蚀性颗粒 (3) 连续输送时要求控制流量	(1) 选用污水泵 (2) 泵备用率为100% (3) 常需采用耐腐蚀材料
燃料油泵	(1) 流量较小，泵出口压力稳定(一般为1.0~1.2MPa) (2) 黏度较高 (3) 泵入口温度一般不高	(1) 一般可选用转子泵或离心泵 (2) 由于黏度较高，一般需加温输送 (3) 泵的备用率为100%
封油泵	(1) 流量较小，扬程较高 (2) 机械密封液压力一般比密封腔压力高0.05~0.15MPa	(1) 一般选用多级离心泵 (2) 泵的备用率为100%

(二) 离心泵的型式选择

(1) 要根据工艺所需泵的流量、扬程、温度、介质黏度、介质的腐蚀性等经综合考虑，最后确定泵的类型。

(2) 型式选择：

① 根据现场安装条件选择卧式泵还是立式泵(含液下泵、管道泵)；

② 根据流量大小选用单吸泵、双吸泵或小流量离心泵；

③ 根据扬程高低选用单级泵、多级泵，或高速离心泵等；

④ 根据固体含量、固体颗粒粒径及性质选用相应的闭式泵、开式泵或半开式泵。

(3) 对安装在有腐蚀性气体存在的场合的泵，要求采取防大气腐蚀的措施；对安装在室外环境温度低于-20℃以下的泵，要求考虑泵的冷脆现象，采用耐低温材料。

(4) 根据工艺要求、液体物性、泵的质量及价格、操作周期以及故障所招致的后果等因素，进行综合权衡来确定泵的备用率，一般可参考表5-5-3来确定泵的备用率。当两种液体的性质相近，操作条件的差异不大，而又允许少量液体互混时，才可以公用一台备用泵，公用泵的条件应选取较苛刻者。

表5-5-3　泵备用原则

序　号	项　目	备用率/%	典型实例
1	停泵较大地降低装置处理量	100	常减压回流泵
2	停泵较大地降低产品的产量	50	常减压侧线泵
3	质量要求严格的产品泵	100	喷气燃料油泵
4	中段循环回流泵	50	中段循环泵
5	机泵封油泵	100	油封泵
6	燃料油泵	100	燃料油泵
7	装置自设冷却水泵	100	塔顶冷凝器冷水泵
8	间断操作泵	0	污油抽出泵
9	联合装置各部分间有关联的泵	100	减压馏分供催化裂化作原料的泵

(5) 泵的类型、系列、材料和数量确定后，就可以根据泵厂提供的样本及有关资料确定泵的型号。

(三) 离心泵有关参数的确定

离心泵的工艺计算首先要确定泵输送系统的工艺设计所要求的流量、扬程、输入系统所提供的有效汽蚀余量($NPSH_a$)、压力和温度等各项基本参数。

1. 离心泵有关参数的确定

(1) 泵的性能曲线。离心泵的性能曲线是反映泵在恒速下流量与扬程($Q-H$)、流量与轴功率($Q-N$)、流量与效率($Q-\eta$)、流量与必需汽蚀余量($Q-NPSH_r$)关系的曲线。这些曲线是泵制造厂用20℃的清水试验得出的。

(2) 流量。

① 工艺流量。由工艺物料平衡所决定的流量称为泵的工艺流量。设计中有正常、最小及最大流量，还有运转初期、终期的流量，选择的泵为了能满足这些要求，应按最大流量来选择，在无最大流量数据时，宜按正常流量的1.1~1.15倍考虑。

② 泵的额定流量。泵的额定流量是由制造厂实测给出的，泵样本上常给的泵性能曲线中就有$H-Q$曲线，表明该台泵在一定转速下运转时，各个扬程对应的流量。

泵的额定流量不是泵性能曲线$H-Q$给出的最大流量。

泵样本上使用范围规定的最小流量约为额定流量的一半，这是考虑到低于该流量操作时，泵效率低，长期运转不经济。

③ 防止泵发生汽蚀的最小流量。泵在小流量下操作时，一般把出口阀关小，泵叶轮出口的液体部分返回叶轮吸入口，液体温度将会上升，从而使吸入液体的饱和蒸气压升高，相对地使泵的输入系统所提供的有效汽蚀余量降低。当操作状态下泵所需的必需汽蚀余量等于输入系统所提供的有效汽蚀余量时，泵发生汽蚀。

(3) 扬程和管路系统特性曲线。

① 液体输送系统所需泵的扬程。泵的扬程是用来克服输送系统的能量损失：

a. 两端容器液面间的位差；

b. 两端容器液面上压力作用的压头差；

c. 泵进出口管线、管件、阀件、仪表组件和设备的阻力损失；

d. 两端液体出口和进口的速度头差。

上述液体输送系统所需的扬程H可用式(5-5-1)计算。

$$H=\frac{EP_d-EP_s}{\rho g}+H_d+H_i+h_{Ld}+h_{Ls}+\frac{v_d^2-v_s^2}{2g} \tag{5-5-1}$$

式中　H——泵输送系统所需的扬程，m液柱；

EP_s、EP_d——吸入侧、排出侧容器液面上的压力，Pa；

H_d——排出侧(最高)液面至泵中心几何高度，m液柱；

H_i——吸入侧(最低)液面到泵中心几何高度，m液柱[当液面低于泵中心(吸上)时，H_i取正值；当液面高于泵中心(灌注)时，H_i取负值]；

h_{Ld}、h_{Ls}——排出侧、吸入侧管系阻力头，m液柱；

v_d、v_s——排出侧、吸入侧管内液体的流速，m/s；

g——重力加速度，$g=9.81m/s^2$；

ρ——输送温度下的液体密度，kg/m^3。

在工艺设计计算过程中可能会遇到管路系统的数据不完全具备，加上生产过程的条件也会改变，如随着操作时间的增长，结垢、结焦等原因，系统的阻力也会增加。因此计算出的扬程不够准确，设计上应留有余地。一般情况下选用泵的扬程应是计算出的需要扬程的1.05~1.1倍。

② 泵的扬程。泵样本或铭牌上注明的泵的扬程是用水试验出来的值，当输送液体的黏度不超过水的黏度时，恒转速下泵的扬程与液体的密度无关(请注意泵的轴功率与密度有关)。

③ 管路系统特性曲线。从式(5-5-1)可以看出，泵输送系统所需的扬程其中液位差($H_g=H_d+H_s$)及液面上的压力差($H_p=\frac{EP_d-EP_s}{\rho g}$)，在工艺条件确定后，不因流量 Q 而变；阻力头($h_L=h_{Ld}+h_{Ls}$)及速度头差($\frac{v_d^2-v_s^2}{2g}$)则随流量 Q 而变：流量增大，所需扬程亦增加；流量减小，所需扬程亦减小，通常为一抛物线关系，称为管路系统特性曲线。

管路系统特性曲线，与泵的性能曲线 $H-Q$ 配合，用以确定一台泵输送系统的工作点，一般尽可能使工作点选在高效率区内，可以节省能量，因此选泵时效率 η 必须大于60%。

(4) 泵的汽蚀参数。

① 汽蚀余量 $NPSH$。泵吸入口处单位质量液体超出液体汽化压力的富余能量，称汽蚀余量。其值为：

$$NPSH=\frac{P_s}{\rho g}+\frac{u_s^2}{2g}-\frac{P_v}{\rho g} \tag{5-5-2}$$

式中 P_s——从基准面算起的泵吸入口压力(绝压)，Pa；

P_v——液体在该温度下的饱和蒸气压(绝压)，Pa；

u_s——泵吸入口的平均流速，m/s；

ρ——液体密度，kg/m³。

基准面按以下两种原则确定：

a. ISO标准，GB标准规定：基准面为通过叶轮叶片进口边的外端所描绘的圆的中心的水平面。对于多级泵以第一级叶轮为基准，对于立式双吸泵以上部叶片为基准。

b. API标准规定：对卧式泵，其基准面是泵轴中心线；对立式管道泵，其基准面是泵吸入口中心线；对其他立式泵，其基准面是基础的顶面。

c. 本导则基准面规定：以API标准规定确定。

② 必需汽蚀余量($NPSH_r$)。$NPSH_r$ 可以理解为泵结构本身所要求的防止发生汽蚀的入口的最小压头。要使泵正常操作，泵的入口处流体的压力不仅不能低于泵在吸入温度下液体的汽化压力，而且要高出汽化压力一个指定的最小值，这样才能保证泵安全运行。这个高出汽化压力的最小值，即为泵在操作状态下的 $NPSH_r$。此值与泵的类型和泵的结构设计有关，该数据是由泵的制造厂提供的，或由制造厂表示在性能曲线中。

在石油化工装置中，泵输送的物料往往是黏性液体，它比水的黏度大得多，而且操作条件也与测试时不同。当离心泵输送液体的运动黏度大于 $20\times10^{-6}m^2/s$(即20cSt时)，要修正泵样本上查出的 $NPSH_r(H_2O)$。

注意：计算中黏度单位是动力黏度 μ(Pa·s 即 1000cp)；泵样本用的是运动黏度 $\upsilon(10^{-6}m^2/s)$，要单位一致。

动力黏度与运动黏度可按式(5-5-3)换算：

$$\mu=\rho\nu \tag{5-5-3}$$

式中 ρ——密度，kg/m³。

有的样本上是用恩氏黏度(°E)，恩氏黏度与运动黏度 ν 换算关系也可按公式(5-5-4)

换算:

$$\nu=(7.31°E-\frac{6.31}{°E})\times10^{-6}(m^2/s) \quad (5-5-4)$$

式中 ν——运动黏度，m^2/s;

°E——恩氏黏度，°E。

③ 有效汽蚀余量 $NPSH_a$。有效汽蚀余量的大小由吸液管路系统的参数和管路中的流量所决定，而与泵的结构无关。

泵输入系统提供的有效汽蚀余量可按式(5-5-5)计算:

$$NPSH_a=\frac{EP_s-V_p}{\rho g}+H_i-h_f \quad (5-5-5)$$

式中 $NPSH_a$——装置泵输入系统提供的有效汽蚀余量，m液柱;

EP_s——泵吸入侧的容器中，被输送液体的液面上的压力，Pa;

V_p——泵入口处液体的蒸气压力(计算温度为输入系统操作条件下的温度)，如果液体是烃类混合物，V_p 必须用泡点法测量，但在设计过程中，往往用输送温度下介质的饱和蒸气压数据;

H_i——吸入侧容器中被输送液体的液面至泵中心线间的液体位差，灌注时取正值，吸上时取负值，m液柱;

h_f——容器与泵入口间吸入管路的各种摩擦阻力头的总和，m液柱;

ρ——输送温度下液体的密度，kg/m^3。

泵输入系统所提供的 $NPSH_a$ 应大于选用泵所需的必需汽蚀余量 $NPSH_r$，才能保证泵安全、稳定的运行。

当输入系统所提供的 $NPSH_a$ 较小，不能满足泵所需要的 $NPSH_r$ 的要求时，通常采用的方法是增加液位差。例如，抬高吸入侧容器的液面，或降低泵的安装高度等。总之必须保证 $NPSH_a$ 大于 $NPSH_r$。

在计算泵输入系统所提供的有效汽蚀余量时，吸入端容器的液面应取该容器的最低液面，液面上(或界面上)的压力取最低值，温度取最高温度。在输出端处的液面和压力取最高值。

在计算泵输送系统的管路阻力时，物料的黏度取最低温度时的黏度。

④ 离心泵 $NPSH_a$ 的安全裕量 S。为确保不发生汽蚀，离心泵的 $NPSH_a$ 必须有一个安全裕量 S，满足:

$$NPSH_a-NPSH_r\geqslant S$$

对于一般的离心泵，S 取 0.6~1.0m，但是对于一些特殊用途或特殊条件下使用的离心泵，S 取值需增加，如减压塔底泵的 S 应取 2.1~3.0m。

(5) 泵的功率和效率:

① 泵的有效功率:

$$N_e=\frac{Q\cdot H\cdot\rho}{367\times1000} \quad (5-5-6)$$

式中 N_e——泵的有效功率，kW;

Q——在输送温度下泵的流量，m^3/h;

H——扬程，m液柱;

ρ——输送温度下液体的密度，kg/m^3。

② 泵的轴功率：

$$N=\frac{Q\cdot H\cdot\rho}{367\eta\cdot 1000} \tag{5-5-7}$$

式中　η——泵的效率，%。

③ 泵的效率：

$$\eta=\frac{N_e}{N}\times 100\% \tag{5-5-8}$$

泵的效率与泵的类型和泵的能力大小有关，泵输送黏稠液体时，效率会有所下降。表 5-5-4 列出不同泵的效率近似值。

表 5-5-4　泵的效率

泵的类型		泵的效率 η/%
动力式泵	离心泵	
	大型	85
	中型	75
	小型	70
	旋涡泵	30~40
容积式泵	往复泵	
	电动往复泵	65~85
	蒸气往复泵	80~90
	活塞泵大型	85~90
	小型	75~85
	齿轮泵	60~75
	三螺杆泵	55~80

④ 电动机功率 N_m：

$$N_m=K\cdot\frac{N}{\eta_t} \tag{5-5-9}$$

式中　η_t——电动机传动效率；当泵联轴器与轴直接传动时，$\eta_t=1$；当用皮带传动时，$\eta_t=0.95$；

K——电动机额定功率安全系数，与轴功率大小有关，按表 5-5-5 选取。

表 5-5-5　电动机额定功率安全系数

轴功率 N/kW	安全系数 K
<22	1.25
22~75	1.15
≥75	1.10

选用的电动机的额定功率必须大于或等于 N_m。泵样本中电动机功率一般是以水为介质选配的。

当工艺物料用泵需要考虑装置开工前的水冲洗和试运等输水的工况时，一般应按泵输水时最小流量要求的功率进行核算（包括压差可能不同），若此值超过了按正常运转条件下的轴功率，则应按增大后的轴功率来选用电动机。

（6）泵的比转速：

石油化工装置中，由于输送介质绝大部分并非是清水，有时不得不需要改变泵的转数、叶轮直径以适应工艺条件，因此引入了比转速的概念。比转速是泵的一个综合性参数，比转速的大小与叶轮形状和泵性能曲线形状有密切的关系。

$$n_s = \frac{C \cdot n \cdot \sqrt{Q}}{H^{\frac{3}{4}}} \tag{5-5-10}$$

式中　C——比例系数，一般情况下 $C=3.56$，不同的资料，C 值有所不同，公式的形式也有差别；

n——泵轴转数，r/min；

Q——泵额定流量，m^3/s，对于双吸式叶轮应为 $Q/2$；

H——泵的额定扬程，m 液柱，对于多级泵应为 H/i，m 液柱；

i——级数。

泵的比转速的大小反映了泵性能的特点，泵流量的增加，允许吸上的真空度减少，同时比转速小的离心泵其允许吸上真空高度大，抗汽蚀性能好。

泵的比转速大小也反映了泵的效率高低，即泵经常运转的经济性。

单级泵的效率与 n_s 和 Q 的关系：

比转速低，效率低；

比转速过高，效率也低；

在 $n_s=90\sim300$ 时效率较高。

大流量，效率高；小流量，效率低。

选泵时应尽可能使比转速在高效率区内。

2. 离心泵的性能换算

（1）当泵的转数、叶轮直径和输送介质密度改变时，可利用相似原理来换算特性。

叶轮泵的相似三定律：当叶轮泵流通部分几何相似时，则其相似工况点的流量 Q、轴功率 N 与叶轮直径 D、转速 n 的关系如下：

$$\frac{Q_1}{Q_2} = \left(\frac{D_1}{D_2}\right)^3 \cdot \frac{n_1}{n_2} \tag{5-5-11}$$

$$\frac{H_1}{H_2} = \left(\frac{D_1}{D_2}\right)^2 \left(\frac{n_1}{n_2}\right)^2 \tag{5-5-12}$$

$$\frac{N_1}{N_2} = \frac{\rho_1}{\rho_2}\left(\frac{D_1}{D_2}\right)^5 \left(\frac{n_1}{n_2}\right)^3 \tag{5-5-13}$$

式中　下标 1 和 2 分别为两台相似泵代号；

ρ——液体密度，kg/m^3。

适用范围：相似泵叶轮直径尺寸比<(2~3)；转速比<20%。

（2）泵的转速和叶轮直径变化。

① 转数变化的特性换算。实际生产中如果改变泵的转数，而泵内流动状况仍然保持相似(泵的效率保持不变)，则特性的各对应点可近似换算，见表 5-5-6。

表 5-5-6　泵的特性换算

项　　目	转速变化 $n_1 \to n_2$	叶轮外径车小 $D_1 \to D_2$
流量	$\frac{Q_1}{Q_2}=\frac{n_1}{n_2}$	$\frac{Q_1}{Q_2}=\frac{D_1}{D_2}$
扬程	$\frac{H_1}{H_2}=\left(\frac{n_1}{n_2}\right)^2$	$\frac{H_1}{H_2}=\left(\frac{D_1}{D_2}\right)^2$
必需汽蚀余量	$\frac{NPSH_{\gamma 1}}{NPSH_{\gamma 2}}=\left(\frac{n_1}{n_2}\right)^2$	
轴功率	$\frac{H_1}{H_2}=\left(\frac{n_1}{n_2}\right)^3$	$\frac{H_1}{H_2}=\left(\frac{D_1}{D_2}\right)^3$

② 叶轮外径改变时的特性换算。为了减少泵的品种，扩大泵的使用范围，提高泵的通用程度，往往利用同一台泵车小叶轮外径来满足另外一些参数需要。如果将叶轮外径车小，在泵的效率不变的前提下，泵特性换算见表 5-5-6。叶轮外圆的最大切割量见表 5-5-7。

表 5-5-7　叶轮外圆允许的最大切割量

比转速 n_s	≤60	60~120	120~200	200~300	300~350	350 以上
允许切割量$\frac{D_1-D_2}{D_1}$	20%	15%	11%		7%	0
效率下降	每车小 10%，下降 1%		每车小 4%，下降 1%		—	

注：① 旋涡泵和轴流泵叶轮不允许切割。

② 叶轮外圆的切割一般不允许超过表 5-5-7 规定的数值，以免泵的效率下降过多。

（3）输送介质变化。泵样本上给出的特性是用水测得的，若物料性质与水不同，就应考虑介质性质对泵性能的影响，需要对泵特性进行换算。

对泵特性有影响的液体性质主要有：密度、黏度、饱和蒸气压和含固体颗粒浓度等。

① 输送液体的密度与常温清水的密度不同时，泵的扬程、流量、效率不变，只有泵的轴功率 N 随输送介质的密度变化。

$$N'=N\frac{\rho'}{\rho} \tag{5-5-14}$$

式中　N'——输送介质的轴功率，kW；

N——常温清水的轴功率，kW；

ρ'——输送介质的密度，kg/m^3；

ρ——常温清水的密度，kg/m^3。

② 输送介质的黏度对泵的性能是有影响的。

a. 黏度对泵性能参数的影响。离心泵输送黏液时，泵性能参数变化如下：

（a）泵流量。由于液体黏度增大，切向黏滞力的阻滞作用逐渐扩散到叶片间的液流中，叶轮内液体流速降低，使泵流量减少。

（b）泵扬程。黏度大使克服黏性摩擦力所需要的能量增加，从而使泵产生的扬程降低。

（c）泵的轴功率。输送黏液时，叶轮外盘面与液体摩擦引起的功率损失增大，而且液体与内盘面摩擦的水力损失亦增大，引起轴功率的增加。

（d）泵的效率。虽然黏度增加后漏损减少，提高了泵的容积效率，但泵的水力损失和盘面积损失的增大使泵的水力效率和机械效率降低，使泵的总效率下降。

(e) 泵的必需汽蚀余量。由于泵进口至叶轮入口的动压降随黏度增加而增加，因而泵的 $NPSH_r$ 增大。

综上所述在输送黏液时，泵性能发生变化。根据试验离心泵输送物料黏度 $<20\times10^{-6}(m^2/s)$，黏度对泵性能影响不大(主要是效率)，不必进行性能特性换算，如果黏度大于 $20\times10^{-6}(m^2/s)$，则应进行特性换算。用输水泵的特性乘上修正系数，得出离心泵输送黏液的特性。

b. 根据泵的流量、扬程等性能参数求修正系数。

c. 根据泵叶轮尺寸和性能参数求修正系数。

d. 小流量离心泵用修正系数图表。

③ 当输送非黏性烃类时，泵所需要的必需汽蚀余量 $NPSH_r$ 减小，这与烃的饱和蒸气压和输送温度下烃的密度有关。

④ 泵在操作状态下所需的必需汽蚀余量应经综合校正。

泵在输送黏液、非黏烃时，要校正泵样本上所给出的所需必需汽蚀余量，得到泵实际上所需的最小必需汽蚀余量 $[NPSH_{min}=NPSH_{r水}-0.3]$，再采用汽蚀安全系数 $\Phi(\Phi=1.1\sim1.4)$ 计算出操作状态下泵所需的必需汽蚀余量 $NPSH_r$。

$$NPSH_r(介质)=(NPSH_{r水}-0.3)\cdot K_{\Delta h}'\cdot\Phi \quad (5-5-15)$$

式中　$NPSH_r$(介质)——操作状态下泵所需的必需汽蚀余量，m 液柱；

$K_{\Delta h}'$——黏性液体校正系数；

Φ——汽蚀安全系数；

$NPSH_{r水}$——泵样本上查出水的 $NPSH_r$，m 液柱。

若泵样本上查出是泵的允许吸上真空高度 H_s，式(5-5-15)即为：

$$NPSH_r=(10-H_S-0.3)\cdot K_{\Delta h}\cdot\Phi \quad (5-5-16)$$

例如，离心泵介质为 NaOH 溶液，温度 60℃，密度 $1182.5kg/m^3$，流量 $67m^3/h$，物料蒸气压 0.017MPa，吸入侧压力 0.1MPa，排出侧压力 0.55MPa，$H_D=13.2m$，$H_I=-0.1m$，入口管径 0.2m，出口管径 0.15m，吸入侧阻力降忽略，排出侧阻力为 15m，泵效率为 65%，求扬程、$NPSH_a$ 和轴功率。

解：入口流速：$v_s=\dfrac{4Q}{\pi d^2}=\dfrac{4\times67/3600}{3.14\times0.2^2}=0.59m/s$

出口流速：$v_d=\dfrac{4\times67/3600}{3.14\times0.15^2}=1.05m/s$

$$H=\frac{E_{\rho d}-E_{\rho S}}{eg}+H_d+H_i+h_{Ld}+h_{Ls}+\frac{{v_d}^2-{v_s}^2}{2g}$$

$$=\frac{0.55-0.1}{1182.5\times9.8}\times10^6+13.2-0.1+15+0+\frac{1.05^2-0.59^2}{2\times9.8}$$

$$=62.7(m 液柱)$$

$$NPSH_a=\frac{E_{\rho s}-v_p}{\rho g}+H_i-h_f=\frac{0.1-0.017}{1182.5\times9.8}\times10^6-0.1=7.06(m 液柱)$$

$$N_e=\frac{QH\rho}{367000\eta}=\frac{67\times62.7\times1182.5}{367000\times0.65}=20.8(kW)$$

四、离心泵的操作与管理

1. 离心泵的操作

（1）正常启动操作：

① 启动前的主要检查试验工作：

加润滑油至视油窗中线，或油杯内至少存有1/3~2/3油液位，检查泵的机械、仪表、电气设备完好。

灌泵：关闭入口阀、打开出口阀和放气阀、见液后关闭排气阀；灌泵后进行盘车。

点动：检查旋转方向是否正确（泵转子的转向必须与悬架上的箭头方向一致）。

② 启动操作：

打开入口阀至完全开启位置、确认出口阀全关；

确认所有的冷却、加热和冲洗管线均启动并稳定；

启动电动机，定速后立即慢慢打开出口阀，调节直至得到所需的流量（流量的最小值不可小于最小流量限值）；

检查并确认泵运转的声音、振动情况、轴承座和电机的温度，确认无异常泄漏和异味；

确认各压力表指示稳定。

（2）离心泵的切换：

检查备用泵并盘车，确认机械、仪表、电器、冷却和润滑油系统完好，设备具备开启条件；

打开备用泵入口阀，启动备用泵电机；缓慢打开备用泵的出口阀；

逐渐关小运转泵的出口阀，确认运转泵的出口阀全关，备用泵的出口阀开至合适位置；停运转泵的电机，关闭入口阀；

检查并确认运转泵运转的声音、振动及轴承座的和电机的温度正常，确认无异常泄漏和异味。

（3）操作要点：

泵空转会造成泵的损坏；

调节流量必须由出口阀进行，不可用入口阀来调节泵的流量；

启动电机后必须短时间打开泵的出口阀，否则可能引起热量积累，造成泵的损坏；

在泵停止运行后，必须等到泵完全冷却后才能停止供给冷却水；

出现下列情况立即停泵：严重泄漏、异常振动、异味、火花、烟气、撞击、电流持续超高。

2. 常见问题及处理方法

常见问题及处理方法见表5-5-8。

表5-5-8　常见问题及处理方法

常见问题现象	故障原因	处理方法
离心泵抽空：(1)出口压力表大幅度变化，电流表读数波动；(2)泵体及管线内有噼啪作响声音；(3)出口流量减小许多；(4)泵出口压力不足	泵吸入管线漏气	排净机泵内的气体
	入口管线堵塞或阀门开度太小	开大入口阀或疏通管线
	入口压头不够	提高入口压头
	介质温度高，含水气化	降低介质温度
	介质温度低，黏度过大	适当降低介质黏度
	泵腔进出口、叶轮堵塞	联系钳工打开清理

续表

常见问题现象	故障原因	处理方法
离心泵轴承温度升高	润滑油(脂)不足或过多	加注润滑油(脂)或调整润滑油液位至1/2~2/3
	轴承箱进水，润滑油乳化、变质、有杂物	更换润滑油
	泵负荷过大	根据工艺要求适当降低负荷
离心泵振动	泵内或吸入管内有气体	重新灌泵，排净泵内或管线内气体
	吸入管内压力小或接近汽化压力	提高吸入压力
	叶轮松动	检查叶轮并紧固
	入口管、叶轮内、泵内有杂物	清除杂物
	平衡不良	修正动平衡
	轴弯曲	更换传动轴
	轴承损坏或间隙过大	更换轴承或调整间隙
	泵座与基础共振	消除共振
泵出口压力超标	出口管线堵	处理出口管线
	出口阀开度太小或阀板(芯)脱落	开大出口阀或检查修理出口阀门
	泵入口压力过高	查找原因降低入口压力
	出口压力表损坏	更换出口压力表
密封泄漏	机械密封损坏	联系钳工修理机械密封
	填料磨损或压盖松	更换填料或压紧压盖

3. 日常维护与保养

检查轴封及各接合密封面是否有泄漏；检查冷却系统、密封润滑系统是否畅通，压力、温度是否在合理范围；

检查运转的平稳性(是否有振动)；检查联轴器、安全罩、机座螺栓是否松动；

长时间停车应排净系统中的物料，气温较低时检查防冻防凝情况。

4. 定期检查

每周检查轴承箱润滑油或润滑脂油位情况；

每月检查振动情况，并判断轴承磨损情况；

根据换油周期进行定期换油，换油时目测箱体内部是否有沉积物或残留物，并决定是否清洗。

第六节　转　油　线

常减压蒸馏装置的转油线是指加热炉出口至常压、减压分馏塔之间的管线，输送的介质由气液两相组成，是常减压蒸馏装置最重要的管线，转油线的设计好坏直接影响到装置的能耗、产品收率、安全和长周期运行。

一、管径的选择

（一）转油线气液两相流的允许流速

1. 常压转油线

常压炉出口转油线内气液两相流的允许流速：一般设计取值25~40m/s，如果加工高酸原油(酸值大于0.5mgKOH/g)取20~30m/s，以避免因流速过高加速转油线的腐蚀。

2. 减压转油线

减压炉出口转油线内气液两相流的允许流速：一般设计取值不大于80m/s，如果加工高酸原油(酸值大于0.5mgKOH/g)取值不大于60m/s。

流速的计算：

$$V_s = 256\sqrt{\frac{(C_m/C_v)\times P_m}{V_m}} \tag{5-6-1}$$

式中 V_s——允许线速度，m/s；

C_m/C_v——介质绝热指数；

P_m——系统平均压力，大气压(绝)；

V_m——气液混合物平均密度，kg/m^3。

（二）转油线内油品的允许温降

加热炉出口至转油线末端油品的温度降一般控制小于10℃。如果温降太大，应分析其原因并采取相应措施；如果是由于转油线内油品压力降过大，导致油品在管内绝热蒸发量增大，就应扩大管径或改善布置，以减少压力降，如果是由于保温结构不良，则应改善保温结构或材质以减小热损失。

简单的估算可按式(5-6-2)进行：

$$T_2/T_1 = (P_2/P_1)^m \tag{5-6-2}$$

$$m = 0.01899 + 0.0006330P_m + 0.0001223t_m - 0.0002188H_m$$

式中 T_2——炉出口油品温度，°K；

T_1——转油线末端油品的温度，°K；

P_2——炉出口压力，kgf/cm^2(绝)，$1kgf/cm^2 = 98.066kPa$；

P_1——塔蒸发段压力kgf/cm^2(绝)；

P_m——$(P_1+P_2)/2$，kgf/cm^2(绝)；

t_m——平均温度，℃；

H_m——平均温度和平均压力下气液两相混合焓值，kcal/kg。

二、布置设计

常减压蒸馏装置的常压、减压转油线(以下简称转油线)是设计难度较大的重要工艺管道，整个设计过程要考虑到两相流介质在管内的流速、允许压降、温降、热位移、防振等因素。

转油线设计宜采用低速度转油线的新工艺，将转油线分过渡段与蒸发段两部分，同时采用炉管最大限度地吸收转油线热膨胀量的新技术，以尽可能降低过渡段的压力降。

转油线的走向在进行设备平面布置时应重点考虑，在保证入塔前蒸发段直管不小于15m

的情况下，转油线长度能尽可能缩短。为了不使液体介质在蒸发段上集存，蒸发段应保证热态塔接口上升后，仍有2‰至3‰的顺坡。当蒸发段管道口径≥800mm，应设置*DN*500标准人孔，其耐压等级不低于2.5MPa，人孔应远离塔端，并根据需要设置梯子与操作平台。

为减少转油线对设备接口与支架的水平推力，蒸发段管道与支架之间宜采用滚动摩擦或采用无油润滑来减少相对运动的摩擦力。当由于蒸发段管道过长造成设备接口推力过大时，蒸发段管道可采用冷紧，当蒸发段管道过高时(净空≥10m)，其支架可考虑设计成柔性结构，柔性支架可有效的吸收管道热位移且能节省钢材。蒸发段管道应考虑防止管道横向滑离支架的安全保护措施。

过渡段管道应尽可能对称布置，以减少介质不均匀流动与偏流可能造成的结焦和振动。过渡段和蒸发段的连接应采用裤状三通或45°斜接，以减少介质流动阻力。裤状三通是整个低速转油线的关键部件，技术要求很高，其制造应委托技术考证合格的专业厂家生产。为减少过渡段管道介质流动阻力及因小半径弯头应力过于集中造成的应力超限问题，过渡段弯头宜采用$R=4DN\sim6DN$的大半径煨弯弯头。

工艺安装应与加热炉专业合作，充分利用加热炉炉管允许的位移，补偿转油线的热胀量。当管道有较大竖向位移时，应采用弹簧支吊架。但整条转油线不宜全部用弹簧支吊，以避免造成不稳定晃动。转油线支吊架结构荷重应按充水考虑，并需对弹簧采取保护措施。

转油线的保温宜采用轻型保温材料(容重≤250kg/m³)。

三、应力和强度计算

转油线为压力管道，应按国家标准GB 150《钢制压力容器》中的各项要求与计算方法对转油线的壁厚、加强圈、开口补强和支座等进行必要的强度计算。

转油线应用电算程序作详细的应力分析，分析计算要注意以下问题：

(1) 准确计算出管道各个端点各个方向的位移。

(2) 当利用加热炉炉管补偿转油线的热胀量时，进行应力分析计算，应将部分炉管包括在内。炉管端点的各项推力应不大于API-560第五章表7的规定(见表5-6-1)。

当炉管端点的各项推力大于表5-6-1的规定，或炉管与其支吊架的相对位移大于10mm时，需与加热炉专业协商解决。

表5-6-1 最高许用力和力矩

管子规格		F_x		F_y		F_z		M_x		M_y		M_z	
in	*DN*	Ib	N	Ib	N	Ib	N	ft-Ib	N-m	ft-Ib	N-m	ft-Ib	N-m
2	50	100	445	200	889	200	889	350	426	250	339	250	339
3	80	150	667	300	1335	300	1335	450	610	350	475	350	475
4	100	200	889	400	1779	400	1779	600	814	450	610	450	610
5	125	225	1000	450	2002	450	2002	660	895	500	678	500	678
6	150	250	1112	500	2224	500	2224	730	989	550	745	550	745
8	200	300	1335	600	2668	600	2668	860	1166	650	882	650	882
10	250	350	1556	650	2891	650	2891	930	1261	700	929	700	929
12	300	400	1779	700	3114	700	3114	1000	1356	750	1017	750	1017

注：F_x、F_y、F_z——*x*、*y*、*z*方向的力，N；

M_x、M_y、M_z——*x*、*y*、*z*方向的力矩，N·m。

（3）转油线对塔的作用力应进行设备专业分析，必要时应进行局部应力分析。

（4）弹簧支吊架所选弹簧应尽可能缩小安装状态与冷态之间的荷重变化。

（5）当转油线蒸发段口径大于或等于1m，高度大于或等于10m时，转油线应做风荷载计算。若风荷载计算不具备条件时也可使静力计算留有>20%许用应力的余量，以适应可能的临时性荷载需要。

（6）计算所需弹簧除特殊要求外，应以JB/T 8130.1(2)弹簧系列为主。

（7）裤状三通是非定型三通，其应力加强系数按一般未加强三通处理，但施工图应进行补强。

（8）法兰连接处的应力不应超过70MPa。

第七节　减压抽真空设备

一、蒸汽喷射器抽真空系统

（一）蒸汽喷射器抽真空系统的作用

蒸汽喷射器是一种用蒸汽流体作为抽气介质来获得真空的装置。

在蒸汽喷射器内，蒸汽由喷嘴喷射出，产生湍流状态的高速气流，在湍流的条件下依靠蒸汽流表面大量的漩涡与被抽气体相互掺合而卷带气体。在此过程中，被抽气体分子在射流的方向上获得蒸汽分子给予的冲量。除了湍流卷带气体以外，还有微弱的黏滞携带气体和扩散携带气体的作用。

蒸汽喷射真空器的工作范围很宽($1×10^5$~10^{-2}Pa)，抽气量很大，对被抽介质无严格要求，不怕被抽介质的污染，不论被抽介质的温度高低，也不论被抽介质有无尘埃杂质和腐蚀性都可以使用，工作安全可靠，运行费用低廉，操作维护方便。

由于蒸汽喷射器具有以上优点，蒸汽喷射器被广泛地应用到真空冶金、真空脱氧、真空浸渍、真空干燥、真空浓缩、真空蒸馏、真空制冷、真空输送以及航天航空事业上。

石油加工的分馏分为常压分馏和减压分馏。石油经过常压分馏后剩下的一些重油中的各种成分的沸点很高，为了减小经济支出，常采用减压分馏。通过降低分馏塔内的压强，使重油在较低沸点沸腾，这种过程称为减压分馏。其原理是利用外界压强对物质沸点的影响，因为外界压强越大，物质的沸点就越高，外界压强越小，物质的沸点就越低，通过这种方法来达到减压分馏的目的。

在减压蒸馏装置中，蒸汽喷射器抽真空系统是降低和保持减压分馏塔的真空度的，减压蒸馏一般需要在减压塔塔顶保证1.33~26.6kPa真空度。在减压蒸馏过程中，减压塔内原油的热分解产物和注入塔内的水蒸气需要采用蒸汽喷射器抽真空系统抽吸，并通过多级蒸汽喷射器增压到大于大气压的条件下排放。

因蒸汽喷射器系统运行稳定、易操作及维护工作量少，因此减压蒸馏装置的抽真空系统广泛采用蒸汽喷射真空系统。

（二）蒸汽喷射器抽真空系统的结构

蒸汽喷射器抽真空系统是由蒸汽喷射式抽空器和冷凝器、消音冷凝器等组成。

根据减压蒸馏工艺的需要，蒸汽喷射器抽真空系统按抽空器的级数划分，可分为二级抽真空系统和三级抽真空系统。

减压塔塔顶蒸汽喷射抽真空系统按形式划分，可分为全蒸汽喷射式抽空器真空系统和蒸汽喷射式抽空器+液环泵抽真空系统。

对于全蒸汽喷射式抽空器真空系统工作时，来自减压塔塔顶的空气、瓦斯气、水蒸气及可凝油气由增压器增压后进入第一级冷凝器，大部分水蒸气和可凝油气被冷却，冷凝液经大气腿排至液封罐，未冷凝的水蒸气和可凝油气、空气及瓦斯气等被第一级抽空器抽走，增压排至中间冷凝器，经冷凝冷却后，空气、瓦斯气及未冷凝的蒸汽继续由第二级抽空器抽走增压，使混合器达到排放压力，经后冷凝器冷凝后，排至尾气处理装置或燃烧炉。

对于蒸汽喷射式抽空器+液环泵抽真空系统，在中间冷凝器后，空气、瓦斯气及未冷凝的蒸汽采用由液环真空泵抽走，然后经油水分离罐分离之后排至尾气处理装置或燃烧炉。减顶蒸汽喷射抽真空系统主要由以下形式组成：

二级蒸汽喷射式抽空器真空系统(图 5-7-1)；

三级蒸汽喷射式抽空器真空系统(图 5-7-2)；

一级蒸汽喷射式抽空器+液环泵真空系统(图 5-7-3)；

二级蒸汽喷射式抽空器+液环泵真空系统(图 5-7-4)。

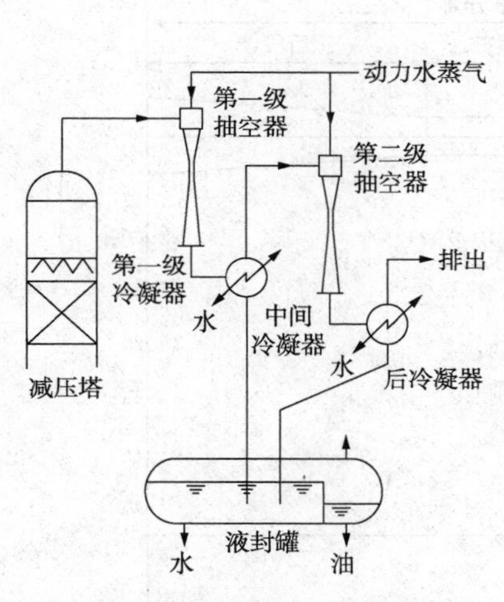

图 5-7-1　二级蒸汽喷射式抽空器真空系统

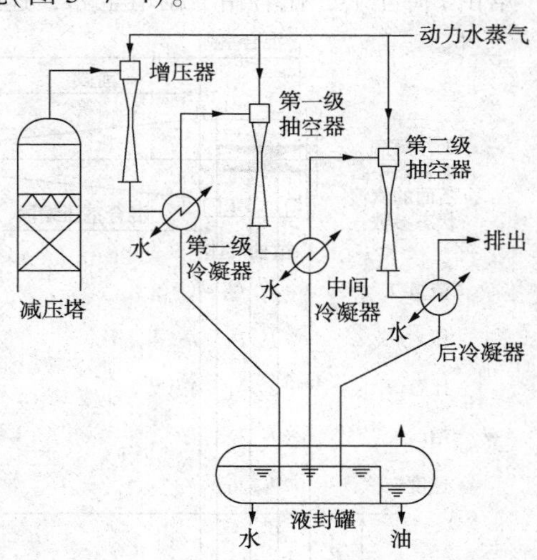

图 5-7-2　三级蒸汽喷射式抽空器真空系统

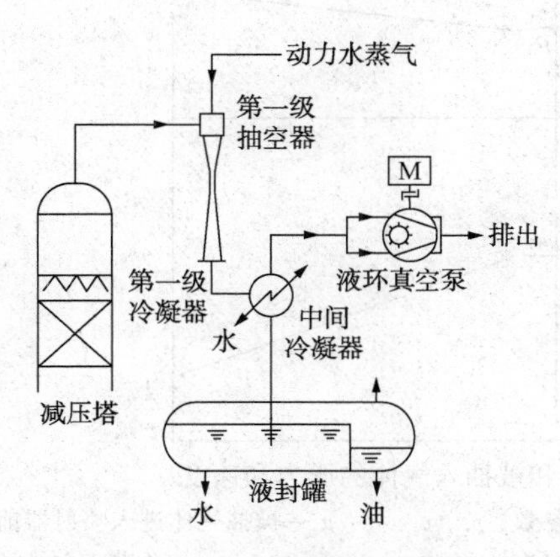

图 5-7-3　一级蒸汽喷射式抽空器+液环泵真空系统

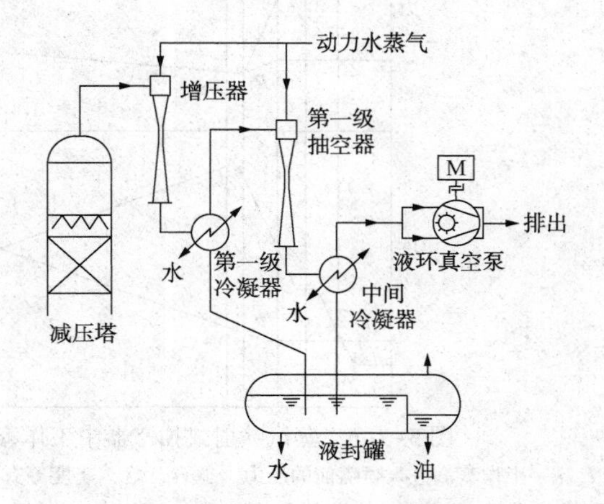

图 5-7-4　二级蒸汽喷射式抽空器+液环泵真空系统

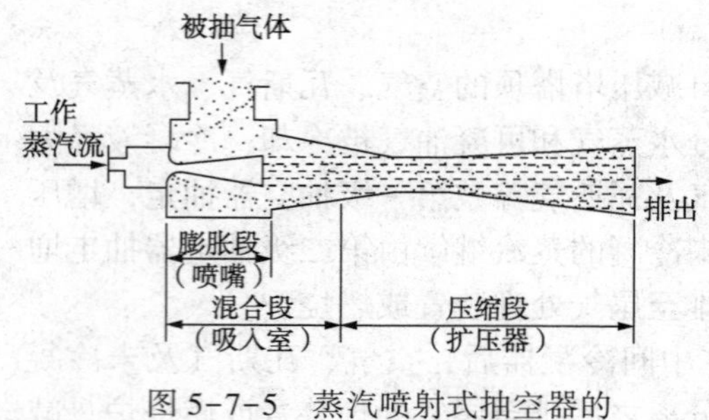

图 5-7-5 蒸汽喷射式抽空器的构造和抽气机理

二、蒸汽喷射式抽空器

（一）蒸汽喷射式抽空器基本结构型式和工作原理

蒸汽喷射式抽空器是由喷嘴、吸入室和扩压器三部分组成。

图 5-7-5 表示蒸汽喷射式抽空器的构造和抽气机理；图 5-7-6 表示工作蒸汽和被抽气体在抽空器的压力和速度的转变。

蒸汽喷射式抽空器的工作过程可分为三个阶段：

第一阶段为绝热膨胀阶段，即工作蒸汽通过喷嘴绝热膨胀（等熵膨胀）的过程，将压力能（势能）通过喷嘴转化为速度能（动能），压力蒸汽通过喷嘴以高速喷射出，蒸汽压力由 p 降至 p_1，焓由 i 降至 i_1，比容由 v 剧增至 v_1，速度 u 剧增至 u_1（超音速）。

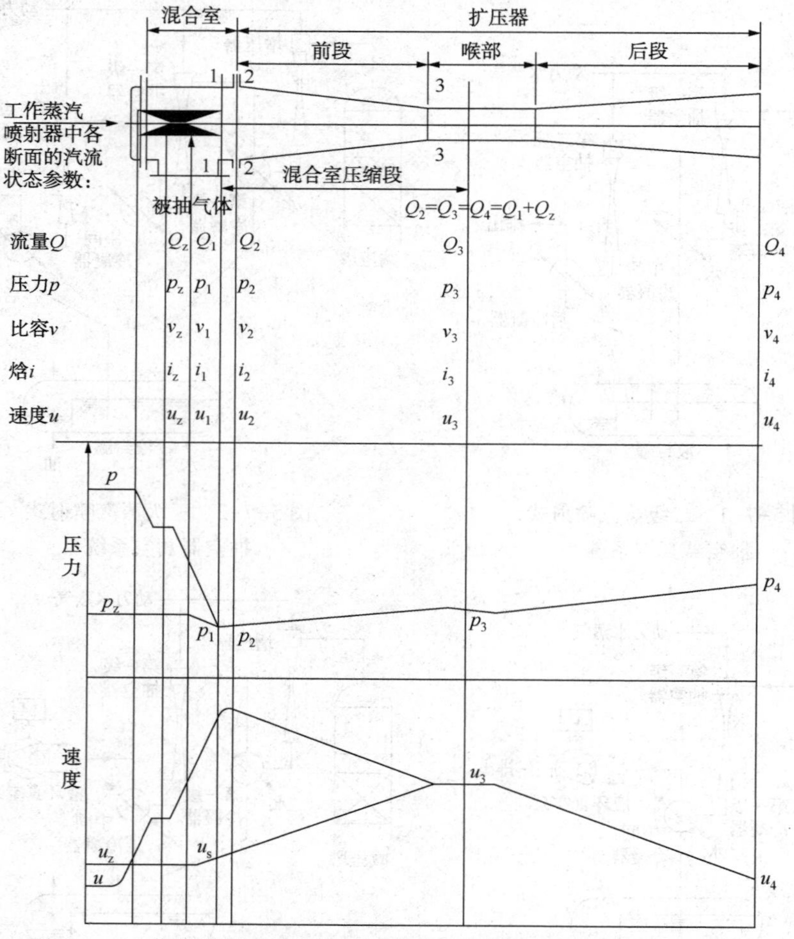

图 5-7-6 蒸汽喷射式抽空器中工作蒸汽和被抽入气体的压力和速度

p、v、i、u—工作蒸汽进入喷嘴前的压力、比容、焓、速度等有关参数；p_z、v_z、i_z、u_z—被抽气体进入喷射器前的各有关系数；p_1、v_1、i_1、u_1—工作蒸汽在喷嘴出口处（1—1 断面）的各有关参数；p_2、v_2、i_2、u_2—工作蒸汽和被抽气体相混合后在扩压器 2—2 断面上的各有关参数；p_3、v_3、i_3、u_3—工作蒸汽和被抽气体混合达到同一速度时在扩压器喉部 3—3 断面处混合气体的参数；p_4、v_4、i_4、u_4—扩压器出口 4—4 断面处混合气体的有关参数。

第二阶段为混合阶段，工作蒸汽与被抽气体在吸入室进行混合——两股气流进行能量交换，被抽气体的速度由 u_z 增至 u_2，工作气流携带被抽气体进入扩压器。

第三阶段为压缩阶段，在扩压器中气体与蒸汽一边继续进行能量交换，一边逐渐压缩，动能又转化为势能，到扩压管的喉管部完成了混合过程，两股气流达到同一速度 u_3（音速），压力也由 p_2 上升至 p_3，再经过扩散段速度减至 u_4（亚音速），压力进一步由 p_3 提升 p_4，从而将被抽气体排出抽空器。

（二）蒸汽喷射式抽空器设计要点

（1）工作蒸汽压力。一般工作蒸汽压力越高，工作蒸汽耗量越少，但当工作蒸汽压力过高时，会导致膨胀增加，喷嘴长度增加，引起喷嘴损失增加。而且蒸汽压力越高，蒸汽的生产费用和设备投资费用就会越多。因此蒸汽喷射式抽空器的工作蒸汽压力一般选择在0.4~1.6MPa。

（2）工作蒸汽干度及温度。蒸汽喷射式抽空器使用的工作蒸汽要求是过热蒸汽或饱和蒸汽，过热蒸汽或饱和蒸气对抽空器的性能都无太大影响。但是当蒸汽管道的散热及工作蒸汽在喷嘴中膨胀而变湿，会造成抽空器工作性能不稳定。因此一般选择工作蒸汽时蒸汽过热度为10~20℃，蒸汽干度为96%以上。工作蒸汽过热度太大，不仅浪费能源，还会使抽空器的性能不稳定。

（3）冷却水。冷凝器的冷却水入口温度越低，冷却水进出口温差可以取大些，冷却水的消耗量越少。循环用水一般选择温度≤32℃。

（4）抽空器的级数与压缩比。抽空器的级数一般根据减压塔塔顶工作真空度来选择，多级抽空器的技术与工作压力关系见表5-7-1。

表5-7-1　减压塔塔顶抽真空系统的抽空器级数和工作压力的关系

级　数	一　级	二　级	三　级
减顶真空度/kPa	100~13.3	6.67~13.3	0.67~8.0

（三）材料选择

在抽空器的拉瓦尔喷嘴内，因喷嘴喉口的蒸汽流速达到了音速，对喷嘴内壁的冲刷较严重，所以喷嘴的制造材料必须采用抗耐磨的不锈钢，扩压器的材料根据减压蒸馏塔处理的油品选择不同的制造材料，表5-7-2抽空器各部件的常用制造材料，供工程技术人员参考。

表5-7-2　抽空器部件制造材料选用表

序　号	部件名称	材　料					
1	喷嘴蒸汽导管	20#	S30408	S30403	S31608	S316L03	S322053
2	喷嘴	S30408	S30408	S30403	S31608	S316L03	S322053
3	吸入室	245R、345R	S30408	S30403	S31608	S316L03	S322053
4	扩压器	245R、345R	S30408	S30403	S31608	S316L03	S322053
5	连接法兰	20#	S30408或20#	S30403或20#	S31608或20#	S316L03或20#	S322053或20#

抽空器的强度主要是抽空器本体的强度计算与校验，由于抽空器均为圆筒体或圆锥筒体，可以按照《GB150压力容器》内的外压圆筒强度计算方法进行计算。

强度计算要求如下：

动力蒸汽连接管：设计压力1.25P_0，设计温度250℃。

抽空器本体：设计压力FV/0.2MPa（G），设计温度150℃，进出口连接法兰一般按

1. 6MPa 设计，或按用户要求设计。

（四）影响蒸汽喷射式抽空器的运行因素

影响蒸汽喷射式抽空器的运行因素比较多，但主要体现以下几个方面：

1. 抽空器的设计质量

抽空器的设计质量直接影响抽空器的运行效果，主要包括以下因素：

（1）抽空器抽气量参数的准确性：如果设计的抽气量参数比实际抽气量小，抽空器工作真空度将无法满足工艺需要。如果设计的抽气量参数比实际抽气量大，将造成抽空器蒸汽能源浪费。

（2）抽空器工作真空参数的准确性：如果设计的工作真空参数比实际工作真空低，抽空器工作真空度将无法满足工艺需要。如果设计的工作真空参数比实际工作真空高，将造成抽空器蒸汽能源浪费。

（3）设计数学计算模型的选择：抽空器设计计算模型的选择直接影响抽空器的运行效果，计算数学模型的选择需要抽空器设计者长期的设计经验积累，不同工作真空度的抽空器需要选择不同的数学计算模型，好的数学计算模型设计的抽空器的运行能耗低、工作稳定、噪声小。

2. 抽空器制造质量

抽空器的制造质量直接影响抽空器的运行效果，如果抽空器制造质量达不到设计要求，会造成抽空器的工作真空度达不到要求或真空度不稳定、工作噪声大、使用寿命短。制造质量主要体现以下方面：

（1）抽空器的喷嘴和扩压管加工精度：主要是喷嘴和扩压管喉管的精度、扩压管的圆度、扩压管的同心度、扩压管与喷嘴的同心度。

（2）扩压管的焊接质量：扩压管的焊缝必须焊透，环焊缝和丛焊缝必须采用 X 射线探伤检验，焊缝Ⅱ级为合格。角焊缝进行 100%渗透探伤检验。

（3）抽空器制造材料的选择：抽空器制造材料必须根据减压蒸馏装置加工的油品进行选择，如果选择的制造材料满足不了工艺要求，将会降低抽空器的使用寿命。

3. 能源介质的质量

抽空器能源介质如果满足不了设计参数的要求，将直接影响抽空器的使用效果，主要体现以下方面：

（1）工作蒸汽压力：工作蒸汽压力不能小于设计压力的要求，如果小于设计压力，抽空器的工作真空度将会受到影响。但工作蒸汽压力不能高于设计太大，否则也会影响抽空器的正常工作。

（2）工作蒸汽温度：工作蒸汽温度不能小于设计温度的要求，如果小于设计温度，抽空器的工作真空度将会受到影响。但工作蒸汽温度不能高于设计太大，否则也会影响抽空器的正常工作。

（3）冷却水温度：冷却温度不能大于设计温度的要求，如果大于设计温度，将会影响冷凝器的冷凝效果，增加冷凝器后面抽空器的抽气负荷，造成抽空器无法正常工作，影响整个抽空器系统的工作真空度。

（4）冷却水流量：冷却流量不能小于设计流量的要求，如果小于设计流量，将会影响冷凝器的冷凝效果，增加冷凝器后面抽空器的抽气负荷，造成抽空器无法正常工作，影响整个抽空器系统的工作真空度。

（五）蒸汽喷射抽空器的故障原因及故障修理

蒸汽喷射抽空器的故障原因及故障修理见表5-7-3。

表5-7-3　蒸汽喷射抽空器的故障原因及故障修理

故　障	原　因	处理方法
减顶真空达不到设计要求	1. 蒸汽喷射抽空器抽气量偏小 2. 蒸汽喷嘴堵塞 3. 系统泄漏 4. 蒸汽阀门未打开或未全部打开 5. 工作蒸汽压力达不到设计压力 6. 工作蒸汽温度达不到设计温度 7. 冷凝器换热面积不够 8. 冷却水进水温度大于设计温度 9. 冷却水出口温度大于设计温度 10. 冷凝器结垢 11. 冷凝器冷凝管破损	1. 修改蒸汽喷射抽空器或更换蒸汽喷射抽空器 2. 拆开蒸汽喷射抽空器检查喷嘴 3. 重新检查系统，找到泄漏点 4. 检查蒸汽开关阀 5. 改善蒸汽压力 6. 改善蒸汽温度 7. 更换冷凝器 8. 降低冷却水供水温度 9. 增加冷却水供应量 10. 清洗冷凝器 11. 维修冷凝器
减顶真空度波动	1. 蒸汽喷射抽空器抽气量偏小 2. 工作蒸汽压力波动 3. 工作蒸汽温度波动 4. 冷却水进水温度波动 5. 冷却水出口温度波动	1. 修改蒸汽喷射抽空器或更换蒸汽喷射抽空器 2. 改善蒸汽供汽条件 3. 改善蒸汽供汽条件 4. 降低冷却水供水温度 5. 增加冷却水供应量

（六）蒸汽喷射式抽空器的技术进展

目前蒸汽喷射式抽空器技术越来越广泛的应用在石油、化工、制药、冶金等行业的减压蒸发、结晶、蒸馏、升华、干燥、负压浓缩、脱水、化学反应吸收及真空输送物料等工艺，各种加工过程应用真空技术后可以节能降耗、加快反应速度、提高产品质量、增加经济效益也逐步形成共识。我国科技人员经过多年的艰苦攻关，使蒸汽喷射式抽空器设计和制造于20世纪80年代初达到了国际先进水平，6级串联的抽空器的极限真空度达到国际公认的0.13Pa水平。随着计算机工业的发展，20世纪80年末期，又发展了计算机优化设计，抽空器的设计水平又有了新的突破，并且设计出低架式抽真空系统和可自动调节的抽空器，抽空器的能耗比刚开始设计的能耗降低了20%~30%。发展到现在，抽空器实现高度自动化控制，蒸汽能耗可以根据真空度需要进行自动调节，并建立了规格齐全的抽空器产品系列。经过50多年的发展，目前我国设计、制造的抽空器系统其蒸汽耗量、工作真空度等技术指标完全可以与进口产品媲美，目前国内90%的真空装置上使用抽空器采用的多是我国自行设计、制造的抽空器真空系统。

三、液环式真空泵及系统

液环式真空泵主要用于粗抽真空、抽气量大的工艺过程中，在石油、化工、制药、冶金等行业的减压蒸发、结晶、蒸馏、升华、干燥、负压浓缩、脱水、化学反应吸收及真空输送物料等工艺。这种泵的优点是结构简单、工作可靠、运行成本低、使用方便、耐久性强，可以抽吸腐蚀性气体、含灰尘的气体和气水混合物。介于上述优点，从2001年开始，在常减压抽真空系统中的末级泵开始使用液环式真空泵。

目前我国液环式真空泵主要型号有 SK 型、2SK 型、2BV 型、SKA 型、SZ 型、SZB 型、CBF 型、2BE1 型。

（一）液环式真空泵的工作原理及运行特点

1. 液环式真空泵的工作原理

液环式真空泵是带有多叶片的转子偏心装在泵壳内，当它旋转时，把液体抛向泵壳并形成于泵壳同心的液环，液环同转子叶片形成了容积周期变化的旋转变容积真空泵。如果工作也采用水，该泵便被称为水环式真空泵。

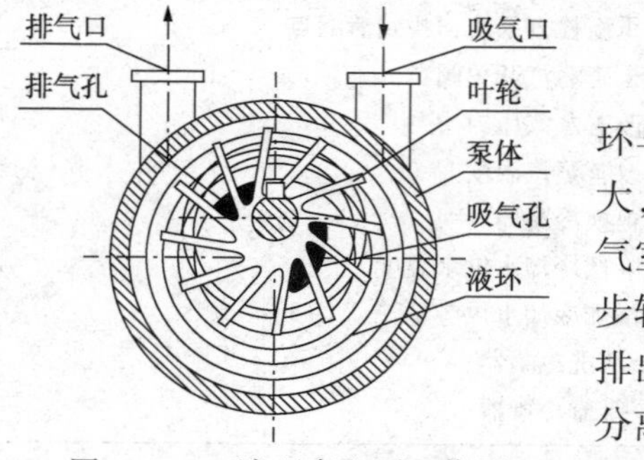

图 5-7-7　液环真空泵工作原理

液环式真空泵工作原理见图 5-7-7。

液环泵转子在泵体内旋转时形成液体环和工作室，液环与工作轮形成月牙形空间。右边半个月牙形容积由小变大，形成吸气室，左边半个月牙形容积由大变小，构成排气室。被抽气体从进气管和吸气孔进入吸气室，转子进一步转动，气体被压缩，经过排气孔和排气管排出。排气管排出的气体和液体进入气液分离罐内，此时气体从液体中分离出来，气体由气液分离罐的排气管排出。液体经冷却器冷却后再进入泵中工作。

2. 液环式真空泵的运行特点

（1）结构简单，制造精度要求不高，维修方便；

（2）运行成本低、使用方便、耐久性强；

（3）可以抽吸腐蚀性气体、含灰尘的气体和气水混合物；

（4）结构紧凑，泵的转数较高，故用小的结构尺寸，可以获得大的排气量，占地面积也小；

（5）压缩气体基本是等温的，即压缩气体过程，温度变化很小；

（6）腔内无金属摩擦表面，无须对泵内进行润滑，而且磨损很小，转动件与固定件之间的间隙可由液体来密封；

（7）吸气均匀，工作平稳可靠，操作简单，维修方便。

（二）液环真空泵的应用

液环真空泵在常减压抽真空系统中作为抽真空系统的末级泵，代替蒸汽式抽空器的末级泵。因蒸汽喷射泵在初真空状态下引射系数小，所以能耗高，而水环作为体积泵，在初真空状态下，抽气能力大，能耗低。在常减压抽真空系统中末级泵使用液环真空泵，可以大大降低常减压抽真空系统的能耗，降低生产成本，详细见图 5-7-3 和图 5-7-4。

（三）液环真空泵系统及附件

液环真空泵抽真空系统如图 5-7-8 所示。

1. 液环真空泵抽真空系统主机组成

真空泵 1 套、电机 1 套、联轴器或减速机组 1 套、工作液换热器 1 套、卧式气液分离罐 1 套、公用底座组成 1 套。

2. 液环真空泵抽真空系统附件组成

机组内部手动阀门、管件 1 套、仪表及自动阀门 1 套。包括压力表、温度计、温度传感器、石英管液位计、液位变送器、液位开关、排液调节阀、补水电磁阀、入口压力气动调节阀、孔板流量计、绝压变送器、压力变送器。就地盘、仪表接线盒 1 套。

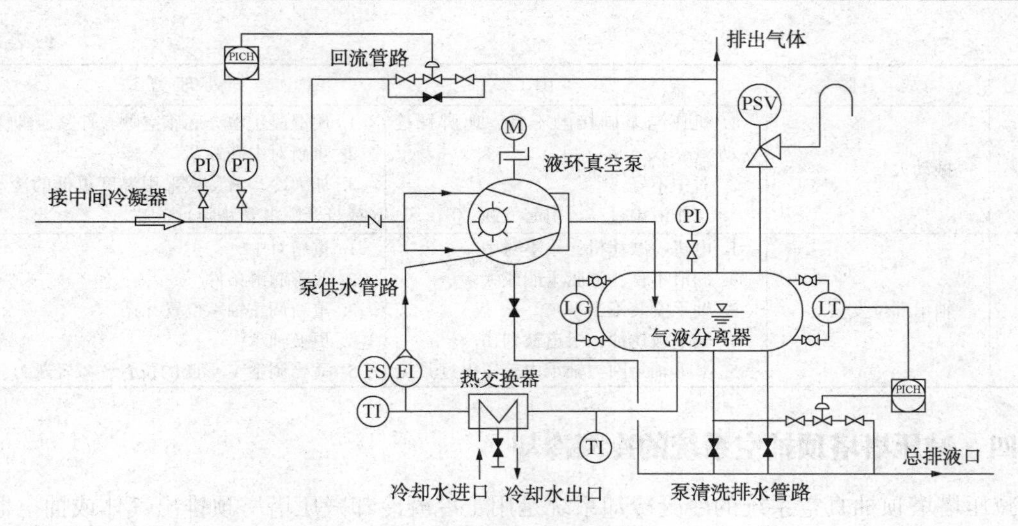

图 5-7-8　液环真空泵系统

（四）影响液环真空泵的操作因素

影响液环真空泵的操作因素很多，影响液环泵工作的因素及处理方法见表 5-7-4。

表 5-7-4　影响液环泵的操作因素及处理方法

序号	故障	原因	处理方法
1	真空达不到设计要求、排气压力偏低。	1. 液环泵选型偏小，抽气能力足 2. 选择的液环泵排压偏低	1. 更换液环泵 2. 重新选择更换
2	起动困难；电机跳闸或机组在正常负载下超电流	1. 起动时泵体内液位过高 2. 填料压盖上得太紧 3. 内部机件生锈 4. 电屏电流保护调整不当 5. 填料太干、太硬 6. 吸入侧吸入固体颗粒 7. 排气压力增高	1. 按规定液位起动（液位计中线以下） 2. 放松填料压盖 3. 用力扳动转子，并供液清洗 4. 调整热继电器至电流额定值 5. 松开填料，注入石墨润滑脂或更换填料 6. 定期清洗泵，必要时在吸入管路中增设滤网 7. 调整排出压力（可通过调节回流管路阀）
3	试车过程中出现卡死现象	1. 管路有焊渣铁屑等异物被气体带入泵体内 2. 结垢严重	1. 可松开前、后盖螺栓，转动叶轮并用液清洗，待转动灵活后才紧固螺栓 2. 拆卸清除或酸洗
4	吸气量或真空度明显下降 排压不够	1. 工作液过少或温度过高 2. 真空系统有泄漏 3. 介质有腐蚀或带入物料磨蚀，使内部机件间隙加大 4. 填料密封泄漏 5. 泵内结垢严重 6. 内部泄漏	1. 加液至规定液位，检查循环管路是否堵塞 2. 检查管路连接的密封性 3. 净化介质，防止固体物料吸入泵体内；更换磨损零件 4. 稍拧紧填料压盖 5. 清除水垢 6. 拆开泵检查密封面及密封材料的稳定性
5	真空泵运转声音异常	1. 气体冲擦或喷射 2. 吸排气管壁太薄 3. 工作液温过高，引起气蚀	1. 排气口引出室外 2. 采用管壁较厚的气管 3. 加大冷却水量或采用温度更低的冷却水（或打开喷淋管路阀）

续表

序号	故障	原因	处理方法
6	振动大	1. 机座与基础接触不良，地脚螺栓松动 2. 对中不好 3. 工作液温过高，引起气蚀	1. 用混凝土填充底座空隙，拧紧地脚螺栓 2. 重新对中和锁紧 3. 加大冷却液量或采用温度更低的冷却液（或打开喷淋管路阀）
7	轴承部位发热	1. 电机、减速机、泵不对中 2. 润滑不良，油脂干涸或太多 3. 轴承安装不当 4. 轴承被锈蚀，滚道被划伤 5. V形轴封圈与轴承内盖压得过紧	1. 重新对中 2. 改善润滑条件 3. 重新调整轴承位置 4. 更换轴承 5. 适当调整V形圈的位置，减轻压力

四、减压塔塔顶抽空系统的冷凝冷却

减压塔塔顶抽真空系统的冷凝冷却系统是用于冷凝冷却减压塔塔顶排出气体或抽空器排出的气体，其作用是减少抽空器或液环真空泵的抽气负荷，降低抽空器或液环真空泵能耗，从而降低减压塔塔顶真空精馏的运行成本。

（一）冷凝冷却系统的特点

减压塔塔顶抽空系统物系的特殊性：

真空状态：除后置冷凝器接近常压操作外，预冷凝器和中间冷凝器都在真空状态下操作。

介质：含有大量的水蒸气，将介质中的大量水蒸气冷凝下来是设置冷凝器的目的。除水蒸气外还含有可凝油气、不凝油气和空气。随着冷凝器级数的增加，介质中的可凝油气的含量迅速降低，而不凝油气和空气的含量却不变。

在抽真空系统使用的冷凝器分为两种，一种是接触式冷凝器，另一种是非接触式冷凝器。接触式冷凝器主要使用在被抽气体是无毒、无污染条件下的抽真空系统中，其优点是冷却效果好、阻力降小、设备体积小、投资费用小，缺点循环冷却水多少还是会被污染。非接触式冷凝器主要用于被抽气体中有毒、有污染条件下的抽真空系统中，其优点循环冷却水没有污染、排污量小，缺点是冷却效果差、设备体积大、阻力降大、设备投资费用高。

在减压塔塔顶抽真空系统使用的冷凝器因被抽塔顶气中含有大量的可凝油气，所以塔顶抽真空系统使用的冷凝器采用的是非接触式冷凝器，目前比较常用的冷凝器是采用管壳式换热器和板式空冷器。而管壳式换热器主要使用的是浮头式换热器、U形管换热器，近几年国内外专业的抽空器制造公司相继开发了自主知识产权适应真空状态下的高效管式冷凝器，并已在国内很多常减压装置的抽真空系统中使用，取得非常好的效果。在减顶抽真空系统中使用的板式空冷器为了提高冷却效果，大部分采用的是湿式板式空冷器。

管壳式换热器与板式空冷器各有优缺点见表5-7-5。

表5-7-5　管壳式换热器与板式空冷器比较

序号	内容	管壳式换热器	湿式板式空冷器
1	冷却水耗量	大	小
2	设备占地面积	小	很大
3	设备运行噪声	无噪声	大
4	设备投资费用	小	大
5	冷却水水质	普通水	软化水
7	冷却水配套设备	大	小
6	总体运行费用	少	高

通过表 5-7-6 设备的优缺点比较，现在的常减压装置中减压塔塔顶抽真空系统使用冷凝器大部分是管壳式换热器。

（二）冷凝冷却器的选型设计与材料选择

根据抽真空冷凝冷却系统物系的特点和冷凝器的作用，冷却器的选择必须满足：

（1）低压力降的要求。介质在冷凝器中流动，任何压力降的上升，都会带来抽真空系统动力的增加，低压力降是选择冷凝器的第一要素。

（2）低的冷后温度要求。由于冷凝器在真空状态下操作，冷后温度的高低决定着水蒸气的冷凝量，同时也直接关系到下一级抽真空调和的负荷。

1. 冷凝冷却器的设计

（1）减压塔塔顶抽真空系统冷凝器的设计是由抽真空系统制造商负责设计，或者由抽真空制造商提供技术参数由设计院负责设计，抽真空系统冷凝器设计需遵循以下原则：

① 首先需要选择冷凝器的形式；

② 根据加工的油品，确定冷凝器的材料；

③ 由抽空器制造商提供冷凝器的入口条件和出口条件；

④ 计算换热面积；

⑤ 根据换热面积选择冷凝器直径和长度及型号；

⑥ 设计冷凝器的制造图。

（2）冷凝器计算的输入条件：

① 冷却水的进水温度；

② 入口真空度；

③ 入口气体温度；

④ 入口气体流量；

⑤ 入口气体组分。

（3）冷凝器计算的输出条件：

① 冷却水的流量；

② 冷却水出口温度；

③ 计算换热面积；

④ 出口气体温度；

⑤ 出口气体流量；

⑥ 出口气体组分；

⑦ 冷凝器的阻力降。

2. 冷凝冷却器的选型

（1）冷凝器的选型原则。抽空器制造商或设计院根据用户的要求，选择最适合加工油品的抽真空系统冷凝器，冷凝器的选型遵循以下原则：

① 冷却效果好；

② 设备投资与使用年限性价比高；

③ 运行成本低；

④ 维护方便。

（2）减压塔塔顶抽真空系统常用冷凝器。目前常用的水冷却器有管壳式冷凝器和表面冷凝冷凝器。

①浮头式冷凝器。浮头式冷凝器如图5-7-9所示。一端管板与壳体固定，而另一端的管板可以在壳体内自由浮动。壳体和管束对膨胀是自由的，所以当两种介质的温差较大时，管束与壳体之间不产生温差应力。浮头端设计成可拆结构，使管束可以容易地插入或抽出，这样为检修、清洗提供了方便。其缺点结构复杂，浮头端小盖在使用时无法知道泄漏情况。

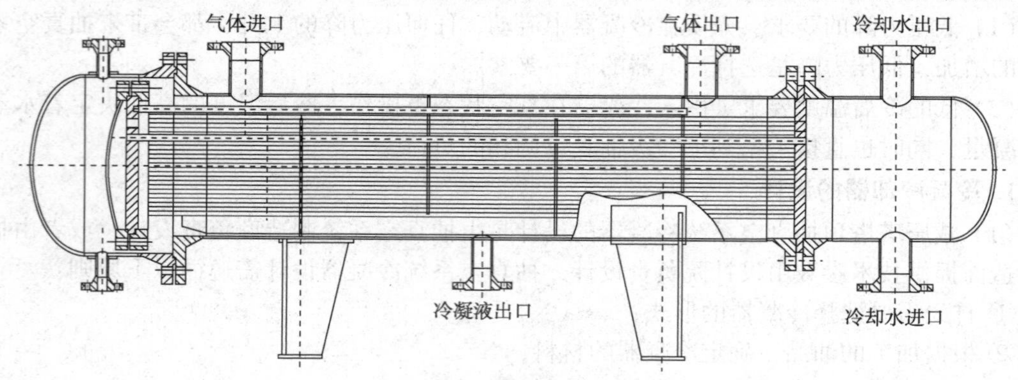

图5-7-9　浮头式冷凝器

②U形管式冷凝器。U形管式冷凝器如图5-7-10所示，将管子弯成U形，管子两端固定在同一块管板上。由于壳体与管子分开，所以不考虑热膨胀。因U形管式冷凝器仅有一块管板，且无浮头，所以结构简单，管束可以从壳体内抽出，管外便于清洗，但管内清洗困难。由于换热管的结构形式关系，管子更换除外侧一层外，内部大部分管子不可更换，管子中心部分存在空隙，所以气体容易走短路，影响冷却效果。而且管板上排列的管子较少，结构不紧凑。因管子无法更换，管子因泄漏而堵死，将造成冷却面积的损失。

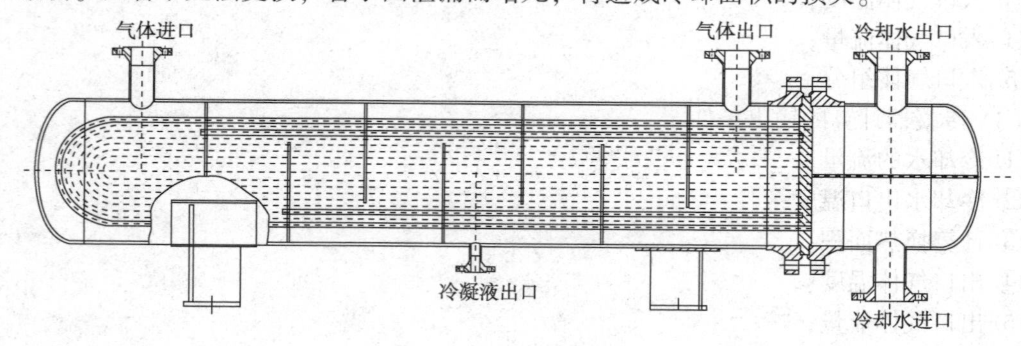

图5-7-10　U形管式冷凝器

③高效冷凝器。高效冷凝器是一种具有特殊结构冷凝器。专门用于减压塔塔顶抽真空系统的冷凝冷却过程。该冷凝器改变了传统浮头式冷凝器的布管方式和折流板布置方式，改变气体的行走流程，减少滞流区域，当气体从进气口进入壳体后被蒸汽分配器分配到冷凝器的每个部位，气体流动方向与换热管垂直，经折流板折流后穿过另一边的管束，在这过程中，可凝气体被换热管内的冷却介质冷凝，不可凝的气体从出气口排出。通过上述设计，克服了传统冷凝器存在的缺点，提高冷凝器的换热效率，降低气体压力损失，尤其是在真空状态下使用可以大大降低冷凝器的换热面积、降低气体的压力损失，减少抽真空系统的动力能源耗量，为用户节约设备费用和真空泵的运行费用。

a. 小型冷凝器。常用于减压塔塔顶三级的冷凝冷却器见图5-7-11所示。

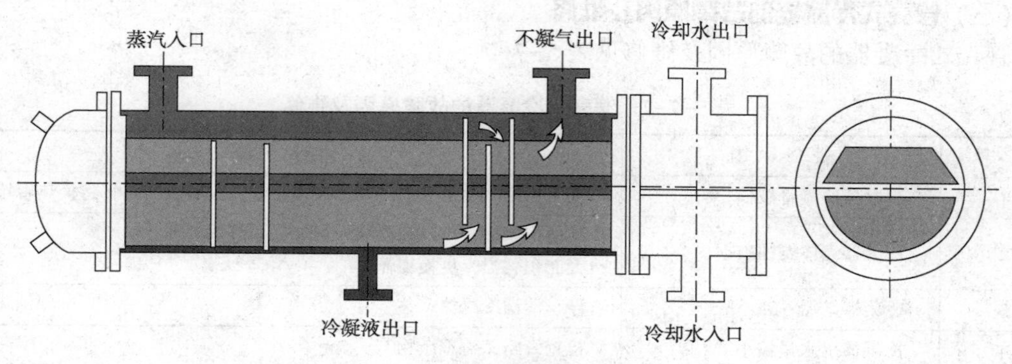

图 5-7-11　减压塔塔顶三级冷凝器

b. 大型冷凝器。常用于减压塔塔顶一级和二级的冷凝冷却，见图 5-7-12。

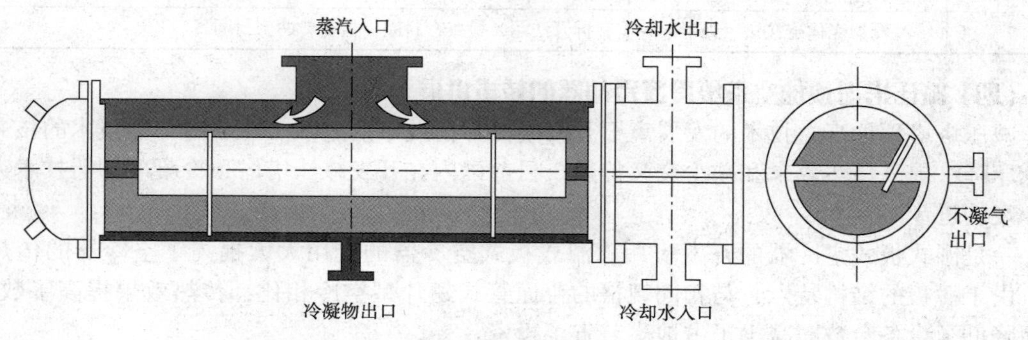

图 5-7-12　减压塔塔顶的一级和二级冷凝器

c. 预冷凝器。预冷凝器的应用环境常常是物料流量大的场合，有更低的压力降要求，如润滑油型减压塔塔顶常设有预冷器，见图 5-7-13。

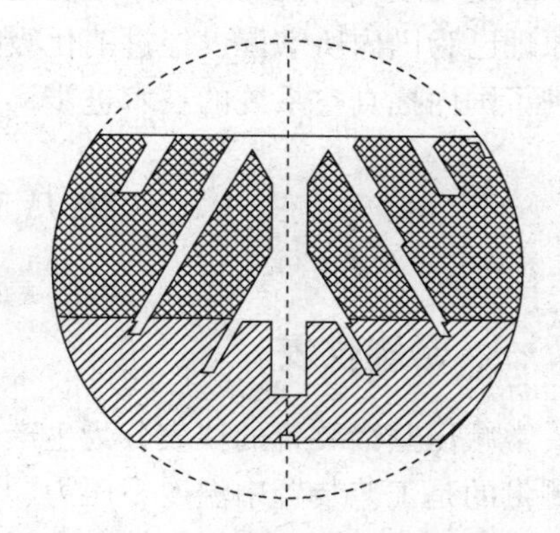

图 5-7-13　润滑油型减压塔塔顶预冷器

3. 冷凝冷却器的材料选择

（1）管壳式换热器的材料选择。管壳式换热器选用的材料是根据减压蒸馏塔处理的油品温度来选择的，并结合项目投资费用总和考虑，表 5-7-6 是管壳式换热器各部件的常用材料，供工程技术人员参考。

（2）板式空冷器的材料选择。板式空冷器选用的材料主要有 S30408、S30403、S31608、S316L03、S322053。

表 5-7-6　管壳式换热器部件制造材料选用表

序　号	部 件 名 称	选 用 材 料
1	壳体	Q245R、Q345R、304 复合钢板、S322053 复合板
2	换热管	08Cr2AlMoE、09Cr2AlMoRE、S30408、S30403、S31608、S316L03、S322053
3	管板	S30408、S30403、S31608、S316L03、S322053、S31608 复合板、S316L03 复合板、S322053 复合板
4	折流板	Q245R、Q345R、S30408、S30403、S31608、S316L03、S322053

（三）管壳式冷凝器的故障原因及维修

管壳式冷凝器的故障原因及维修见表5-7-7。

表 5-7-7 管壳式冷凝器的故障原因及维修

序号	故障原因	处理方法
1	冷凝器冷凝管破损	停车检修，大量破损需要更换换热管；少量破损可将将换热管堵死
2	冷凝器壳体腐蚀破损	小面积破损，可以在壳体外面加复板焊接补漏； 大面积破损，更换壳体
3	冷凝器结垢	停车清洗冷凝器
4	冷凝器出水量偏小	检查管路，清理杂物
5	蒸汽喷射抽空器未使用而排液口有水排出	拆开冷凝器检查，将管束重新进行水压试验，找到泄漏点进行维修
6	冷凝器浮头部分泄漏	拆开检查，更换新的密封圈
7	冷凝器壳体连接法兰处泄漏	拆开法兰，检查密封圈，检查新的密封圈

（四）减压塔塔顶抽空系统冷凝冷却器的技术进展

减压塔塔顶抽真空技术的发展离不开冷凝冷却器技术的进步。冷凝冷却器技术的核心是降低压降、提高传热效果和减少交叉传热。目前国内在开发减压塔塔顶冷凝冷却器技术方面有一定的进步。

一是湿式板式空冷器的开发应用。湿式板式空冷器的应用大大提高了空冷器的传热效率，由于薄板的结构特点，与相同规格的普通管式翅片型空冷相比，传热效果提高了数倍，从而降低了设备台数，减少了占地，节省了投资。

二是高效冷凝器的开发。随着近年来引进国外大型减压塔塔顶抽真空系统，表面冷凝器的原理已为国内所掌握，经过消化吸收和技术改进，新的国产表面冷凝器已开始应用，大大促进了国内抽真空系统的技术进步。

第八节 仪表及自动化

一、常规仪表

常减压蒸馏装置的仪表分为生产过程检测仪表和安全环保仪表两大类，生产过程检测仪表测量的是工艺装置中温度、压力、流量、液位等过程变量，直接与生产操作密切相关。安全环保仪表用于保证工厂在发生火灾、可燃气体和毒性气体泄漏时能及时发现，采取措施，防止事故蔓延。还有一些在线分析类仪表，除了参与监控工艺过程，还要保证工厂的各项排放指标满足国家和行业的相应排放标准，所以这类仪表还有环保方面的意义。

装置现场电子仪表的防爆等级根据危险区域划分为若干等级，一般选用本安型或隔爆型，并具有相应的防爆认证。装置所有现场安装的电子设备防护等级不低于IP65。

1. 温度仪表

（1）就地温度指示采用万向型双金属温度计，外配法兰式温度计套管。

（2）远传温度测量采用热电偶或热电阻，热电偶一般选用“K”型铠装式固定法兰连接，加热炉管表面热电偶采用铠装刀刃式。

2. 压力仪表

（1）就地压力指示均采用不锈钢弹簧管压力表或真空表。

（2）加热炉微压测量选用膜盒式压力表。

（3）远传压力测量选用智能型压力变送器或差压变送器。

（4）远传差压测量选用智能型差压变送器。

3. 流量仪表

（1）装置内流量检测或流量控制一般采用不带上下直管段的法兰取压节流装置；特殊情况和用节流装置不适用的场合采用其他型式的流量仪表，如高黏度介质选用楔式流量计，直管段不足位置流量测量选用锥形流量计。

（2）进出装置的原料、产品采用质量流量计或超声波流量计。

（3）进出装置的物料、新鲜水、循环水、仪表风、蒸汽等公用工程的计量仪表，根据具体情况采用节流装置加差压变送器型式、电磁流量计或超声波流量计等。

（4）小流量测量采用转子流量计。

4. 液位仪表

（1）就地液(界)位指示一般采用玻璃板液位计，地下罐采用磁性浮球液位计。

（2）测量范围比较大的远传液(界)位检测，根据具体工况采用单/双法兰差压液位变送器，或差压变送器。

（3）测量范围比较小的远传液(界)位检测，采用电浮筒液位变送器，或内浮球液位变送器。

（4）电脱盐罐界位检测采用射频导纳液位计。

5. 安全环保仪表和分析仪表

（1）装置区易泄漏和积聚可燃有毒气体区域，分别设置带声光报警功能的可燃气体和有毒气体检测报警器，可燃气体检测报警器采用催化燃烧式，毒性气体检测器采用电化学式或半导体式。根据工艺介质易燃易爆特性及毒性，配备便携式可燃和有毒气体检测报警器。

（2）炉子氧含量检测采用氧化锆分析仪。

（3）根据工艺需要配置蜡油比色仪检测蜡油的色度；配置喷气燃料密度仪用来检测出装置喷气燃料的密度。

（4）根据相关标准规定，在生产现场设置火灾检测和火灾监视视频探头，实时监测报警。这项内容通常是通讯专业的设计范围。

6. 气动执行机构

（1）调节阀根据具体工况要求，采用气动薄膜单座、双座调节阀、偏芯旋转阀或蝶阀，泄漏等级不低于Ⅳ级，并配置电气阀门定位器。

（2）自保系统用切断阀根据口径大小和泄漏等级要求，采用气动球阀、气动闸阀或气动蝶阀，泄漏等级不低于Ⅴ级，阀位开关、限位开关、电磁阀、空气过滤减压阀等应随阀成套，电磁阀应综合考虑供电电压、现场距离等因素，确定选用本安型还是隔爆型。

7. 控制方案

常减压蒸馏装置在炼油厂中占有重要的地位，是石油炼制的第一道加工过程，保证装置的安全、平稳、长周期、满负荷和高质量运行，不仅是装置本身的目标要求，而且对下游的其他石油化工装置以至于对整个工厂的运行和管理都是举足轻重的，而设计高水准的过程自动控制及仪表系统是实现这一目标的基础保证。

常减压蒸馏装置的工艺比较成熟，过程自动控制多年来已经形成了成熟的控制方案，随着自动控制设备的智能化、数字化的发展，装置的过程自动控制及仪表的总体技术水平也在不断提高。主要的控制方案仍然是经典的温度、压力、流量、液位等单变量定值或串级控制，同时根据工艺流程的不同要求，还采用一些复杂控制。常减压蒸馏装置是先进控制应用最早、最广泛的装置，也是控制效果、经济效益最为明显的装置。

常减压蒸馏装置的工艺过程主要包括原油预处理系统、初馏或闪蒸系统、常压蒸馏系统、减压蒸馏系统、加热炉系统以及公用工程等系统。装置过程控制主要是加热炉和精馏塔的控制等。常减压蒸馏装置常压塔的控制主要是控制馏分组分，即控制常压塔塔顶温度、各侧线的分馏点温度等。主要控制目标是提高分馏精确度，提高常压塔拔出率，降低加热炉热负荷，提高处理能力，为减压塔操作打好基础。扰动主要来自进料流量、进料温度、回流量，加热蒸汽温度和流量，过热蒸汽温度和压力等的波动。

减压塔的控制对馏分要求不高，主要要求在馏出油残炭合格前提下提高拨出率，减少渣油量。即提高减压塔汽化段真空度，提高拔出率。主要控制塔压、塔顶温度、液位、原料和过热蒸汽。

原油加热炉因处理量大，通常用多个支路，由于加热炉燃烧的不均匀，造成各支路出口温度不同，为使出口温度平稳，保证各支路流量差不大于约束值，通过调节支路流量，使支路出口温度差最小。

本节将结合典型的工艺过程，介绍主要的自动控制方案。

1. 原油预处理系统

原油预处理系统包括了原油换热升温部分和电脱盐部分，主要包括以下控制：

（1）为了稳定进料和保证初馏塔的良好操作，原油换热系统采用了初馏塔塔底液位为主回路，进入换热网络的原油流量为副回路的串级均匀控制方案。

（2）为了保证原油混合器的良好工作，在混合器后设置了一个自力式差压调节阀，通过阀前后的差压来调节混合阀的开度。

（3）电脱盐罐压力控制脱盐脱水后的原油出罐流量，这是压力与流量的串级控制回路，主回路可以根据操作，切换选择一级和二级电脱盐罐罐顶压力，副回路是原油流量。

（4）电脱盐罐的上部设有液位控制和报警，当液位高度影响到高压电极的正常工作时发出报警信号，并送到电气专业的控制系统，及时切断电脱盐罐高压电极的电源。

2. 初馏或闪蒸系统

（1）初馏塔重要的控制变量是塔底液位，采用了塔底液位与装置进料流量串级均匀的控制方案，并且设有高低液位报警。因为初馏塔塔底油是常压炉的进料，为了使常压炉进料基本稳定，塔底液位允许有一定范围的波动。

（2）初馏塔塔顶设有塔顶油气温度与回流入塔流量组成串级控制回路。

（3）初馏塔塔顶回流罐设有液位与塔顶油出装置流量的串级控制回路。

（4）闪蒸系统的控制比较简单，重要的控制变量是塔底液位。

3. 常压蒸馏系统

常压蒸馏系统包括常压塔、回流罐、产品罐和常压汽提塔等，主要对常压塔进行控制。常压蒸馏系统主要包括以下控制：

（1）常压塔塔顶油气温度是控制塔顶馏出物的重要变量，采用了塔顶温度作为主回路，切换串级控制返回塔顶的回流量或返回塔项的循环流量。选中的作为副回路，没选中的一路流量采用单回路控制。

（2）在常压塔中段，设置常压一中段循环回流和常压二中段循环回流，通过三通调节阀调节循环流量的冷、热流量比例，实现循环流量的温度调节。在侧线抽出管道上均设有单回路温度控制。

（3）常压塔塔顶回流罐压力是决定常压塔操作压力的重要参数，控制常压塔塔顶罐的不凝气出装置的排放量可以控制常压塔塔顶回流罐的压力。如同时设置了常压塔塔顶回流罐和产品罐，压力的控制检测点就设置在常压塔塔顶产品罐的顶部。

（4）常压塔塔底液位是常压系统最重要的液位。常压塔塔底液位作为主回路，设置了可切换控制两个副回路的串级均匀控制方案。根据操作可以与塔底的过热蒸汽的汽提流量串级，也可以作为主回路均匀控制减压炉的各分支流量。常用的是与减压炉分支流量串级控制。

（5）常压汽提塔设置了液位单回路控制；塔顶回流罐设有一个液位控制和一个界位控制，液位串级控制常压塔塔顶油出装置流量。如同时设置了常压塔塔顶回流罐和产品罐时，回流罐不设液位控制，产品罐设有液位控制常压塔塔顶油出装置回路，一般在两个罐的脱水包上都设置了油水界位自动控制。

4. 减压蒸馏系统

减压蒸馏是炼油工艺中较特殊的工艺过程，其主要设备是在接近真空的条件下操作，系统包括了减压塔系统、减压塔塔顶抽真空系统及分水罐系统。减压塔也具有和常压塔相同的特点，也是单流路进料和多侧线出料的分馏过程。根据工艺要求在一些减压蒸馏系统中，还设置了减压汽提塔，减压汽提塔的控制方案与常压汽提塔相似。

减压蒸馏系统的过程自动控制包括温度、压力、流量、液位等过程变量的控制。主要控制方案如下：

（1）减压塔塔顶温度控制。减压塔塔顶的温度是减压塔操作的重要参数，塔顶温度控制是通过调节返回塔顶的回流量来实现，采用温度与流量串级控制的方案。

（2）减一中温度控制是通过调节减一中循环油返塔的流量，也是采用温度与流量串级控制来实现的。减二中温度控制方案也相似。

（3）减压塔下部和底部温度控制。减压塔塔底温度是采用调节经换热冷却后的少部分减压塔塔底渣油返塔量来进行控制的，流量采用单回路控制方案。对向减压塔底注入急冷油的工艺流程，可采用减压塔塔底减压渣油温度与急冷油流量串级控制方案。

（4）由于减压塔必须在一定的真空状态下操作，因而减压塔的操作压力是非常重要的工艺参数，其真空度是由多级抽空器来保持的。减压塔在不同高度和部位设置了多处压力检测点，作为远传和就地指示。

（5）减压塔的入塔物料流量一般在减压炉的入口控制；其他流量控制一般采用单回路控制。

（6）对于不设汽提塔的减压塔，应在减压塔的各侧线液态抽出口设液位测量，以保证侧线物料在抽出口处维持一定的液位，防止液位过低造成泵抽空，过高造成淹塔。主要包括：减一线抽出口液位为主回路与减压塔一线出装置流量组成串级控制；减二线抽出口液位为主回路与减二线出装置流量组成串级控制；减三线抽出口液位为主回路与减三线出装置流量组成串级控制。

（7）减压塔塔底液位控制采用塔底液位为主回路，与减压塔塔底油出装置流量组成串级控制。减压塔塔底液位很重要，在塔底需设置入塔的流量控制，来保证减压塔操作的正常和稳定。一路是汽提蒸汽的流量，另一路是返回塔底渣油的流量，这个流量虽然受塔底温度直接控制，但也是塔底液位的间接调节参数。

（8）减压塔塔顶分水罐设液位和界位控制；塔顶气脱硫塔塔底液位控制塔底胺液的抽出量。

5. 加热炉系统

常减压蒸馏装置一般有两台加热炉，一台为常压加热炉，另一台为减压加热炉。常压加热炉加热介质为初馏塔塔底油，加热后的初馏塔塔底油进入常压塔进行常压分馏；减压加热炉加热介质为常压塔塔底油，加热后进入减压塔进行减压分馏。加热炉燃烧过程中须向外界排放大量高温烟气，因而需要设置能量回收系统，此能量回收是两炉联合的，利用热烟气预热炉子燃烧所需的常温空气，提高进入加热炉燃烧用空气的温度，进而提高加热炉热效率。所以加热炉烟气能量回收系统的控制和安全联锁也是加热炉系统自动控制的重要部分。减压加热炉和常压加热炉的控制方案基本相同，主要包括以下控制方案：

（1）加热炉出口总管温度控制：炉出口总管温度是被加热介质出加热炉的最终温度，是生产操作中必须严格控制的关键指标。用炉出口总管温度与炉膛温度串级调节进入加热炉的燃料量来控制炉出口总管温度，这种调节方法只能将加热炉总出口温度保持在规定的范围内，对于有多分支的和炉结构比较复杂的常压炉及减压炉，因为各支路的出口温度有差异，致使总出口温度不稳定，不容易控制。由于各支路流量是相互耦合的关系，常常发生各支路流量严重不平衡，甚至可能一路炉管局部过热发生结焦等不良情况。为了防止这种情况，对于多流路、易结焦的常压炉和减压炉，出口总管温度采用了支路均衡的复杂控制，其控制思路是在保持加热总量的情况下，小范围自动调节各支路流量，使各支路流量均衡，克服因支路偏流引起的问题，同时使各支路的出口温度均衡，减少各路间的温差。最终使炉出口总管温度严格控制在工艺要求的范围内。为控制好炉出口总管温度，DCS 控制系统设计了加热炉支路均衡计算控制模块，模块的输入变量包括入加热炉总管流量、各支路流量、炉出口各支路温度、炉出口总管温度，计算控制模块的输出变量送到各支路流量调节单元作为设定值。

（2）炉膛温度控制。炉膛温度包括辐射段和对流段的温度，炉出口总管温度控制为主回路，辐射段炉膛温度控制为副回路组成串级控制系统，其调节参数是燃料油或燃料气的流量。

（3）空气预热器温度：常压炉和减压炉均产生大量的高温烟气，所以都设置了可以利用余热的烟气能量回收系统。对于空气预热器的有关温度还设置了安全联锁和报警。

（4）炉膛压力控制：炉膛压力控制系统要避免炉膛超压，对于大处理量的常压炉和减压炉，一般都设有四个压力检测点，其中两个的测量值采用高选方式参与控制。压力控制一般可通过调节烟道挡板的开度以改变烟气的排放量来实现。对于设有余热回收系统的炉膛压力控制，则也可通过采用炉膛压力自动控制引风机的调节挡板保持炉膛压力。对于采用变频调速控制的引风机，炉膛压力自动控制可以通过直接调节引风机的转速来实现。从安全角度考虑，当预热器、引风机出现故障或停用时，炉膛压力控制应能自动或手动切换到调节烟道挡板的方案。

（5）炉子进料流量控制：常压炉和减压炉入口需设总流量计和分支流量自动控制。为了防止被加热介质的流量过低引起炉管超温结焦，每路上的流量调节阀都要有最小流量限位的保护措施。

（6）燃烧控制系统的燃料流量/空气流量控制：进入加热炉的燃料流量/空气流量必须控制，以保证加热炉的安全和节能。保持适当的燃料流量/空气流量比例，是为了有足够的空气来保证完全燃烧，燃料组分变化时能安全操作。同时也要限制过量空气以避免降低加热炉热效率。当燃料组分变化时，测量烟气中的氧含量，对调节燃料/空气比例十分重要。不管是一种燃料还是多种燃料，在加热炉的整个操作中都需要控制燃料/空气比。

（7）燃料油和蒸汽的差压控制：为了提高燃烧效果，在燃料油进入加热炉的燃烧器前用蒸汽使其雾化，雾化过程中不仅要保持稳定的蒸汽压力，而且要控制蒸汽与燃料油间的差压，此控制回路取燃烧器前的雾化蒸汽和燃料油的差压，调节阀设在雾化蒸汽管道上。

（8）烟道气组分分析：通过烟道气组分分析，来控制加热炉的燃烧效率和监测烟道气的组成。加热炉顶部的氧含量控制可以控制进入加热炉的空气流量，可以直接调节烟气管道上的大型蝶阀，在设有燃料/空气比值复杂控制时，氧含量控制参与空气流量控制的修正计算，并且控制模块的输出需设上限和下限，一旦氧分仪出现故障时，控制输出要确保加热炉安全燃烧所需要的空气流量。烟气的一氧化碳含量分析主要是用来监测和控制燃烧情况。有时根据环保要求，还需检测烟气混浊度、硫氧化物、氮氧化物等含量。

6. 先进控制技术

常减压蒸馏装置是先进控制应用最早、最广泛的装置，也是控制效果、经济效益最为明显的装置。先进控制主要包括六个部分：原油调和/混合控制、原油预热优化控制、常压炉的先进控制、常压塔的先进控制、减压炉的先进控制、减压塔的先进控制。以下主要介绍常压炉和减压炉的先进控制。

常压炉和减压炉在常减压蒸馏装置的安全稳定操作中起重要作用，对后续的常压塔和减压塔的影响也较大，根据国内外加热炉先进控制多年的经验，以下的先进控制已成为装置操作必不可少的模块：炉出口温度的先进控制，加热炉支路均衡的控制与原油加工总流量的控制，加热炉的过剩氧含量的控制与节能优化。先进控制的目标是实现平稳、安全以及节能三个操作目标。

（1）炉出口温度的先进控制：炉出口温度先进控制的目标是出口温度的波动减少；在燃料气压力波动，燃料油或燃料气性质波动和原油进料量调整等情况下，尽量控制出口温度的波动最小；需要调整进油/进气量时，及时调整进风量，保证充分燃烧，保证炉不冒黑烟，满足环保的要求。加热炉的先进控制属于多进单出的传统的先进控制，通常采用三级串级的控制技术。第一级采用出口温度控制；第二级采用热值 QC 控制；第三级采用燃料气、燃料油压力或流量控制。

通过实施以上的先进控制，可以使出口温度的波动大大减少，保证了加热炉的安全平稳操作。

（2）加热炉支路均衡和原油加工总流量的控制：该控制模块的操作控制目标是对原油总进料量进行自动控制，操作只需要输入目标加工量，控制模块就会自动地将总流量分配给各支路的流量，在分配各支路的流量时，还要保证各支路的出口温度间的偏差控制在一定的范围内，使各炉管的结焦基本平衡，从而提高了运行周期内加热炉的总体热效率，对炉管的管壁温度等炉内的热点温度进行监测，如有超温的现象及时对相关支路的流量进行调整，从而保证加热炉的安全操作。通常采用以下技术中的一种实现上述功能，采用通用的多变量预估控制器，或采用专用的支路均衡控制模块。通过实施支路均衡控制模块，实现各支路和总路流量控制的自动化，大大降低操作工的工作强度，根据实际应用情况，支路均衡的控制是最受操作工欢迎的，投用率最高的先进控制应用模块，各支路间的温度偏差可以控制在所要求的范围内。

二、DCS 分散控制系统

近年来过程控制技术和过程控制仪表的发展非常快，新建石油化工厂和炼油厂的生产过程控制设备一般都采用分散控制系统 DCS。

DCS 将过程检测、监视、控制、操作、数据处理等功能都集中在一个计算机网络内，实现了集中控制、平稳操作、安全生产、统一管理，充分发挥了工艺装置的生产加工能力，为企业获取最大经济效益起到了关键的作用，也为全厂计算机信息管理和生产调度建立了基础。DCS 的应用，也为先进控制 APC 创造了条件。

常减压蒸馏装置采用 DCS 进行集中监视、控制和管理，以满足工艺装置长周期安全运行的需要。配置主要由操作站、控制站、工程师站、辅助操作台、网络接口设备、辅助机柜及相应软件等组成。DCS 应具备以下主要功能及冗余要求：

（1）控制器应具备连续控制、顺序控制和批量控制等功能。

（2）PID 参数自整定功能。

（3）数据存储功能。

（4）过程接口及数据传输功能。

（5）通讯接口（RS485）及符合 ISO/IEEE 标准，具有开放系统的通讯功能。

（6）冗余设备必须具备在线自诊断、故障报警、无差错切换功能。

（7）系统必须具备完善的硬件、软件故障诊断，故障报警及故障报警自动记录功能。

（8）工程师站应具备软件组态、在线修改、在线下装功能。

（9）系统控制单元的 CPU、通讯接口及电源应冗余配置，通信总线包括接口控制设备和电缆必须冗余配置，过程接口单元的控制回路应冗余配置。

三、联锁及紧急切断系统

常减压蒸馏装置主要安全联锁由加热炉的安全联锁保护系统、紧急切断隔离阀并停相应机泵联锁、切断加热炉热源、电气设备的辅助联锁等组成，目的是确保装置的安全运行。常减压蒸馏装置联锁系统相对比较简单，一般不单独设置 SIS 系统，逻辑组态在 DCS 内完成。安全联锁的设计原则为故障安全型，就是当安全仪表系统的元件、设备和能源发生故障或失效时，系统设计应使工艺过程处于安全状态。常减压蒸馏装置主要常用联锁回路说明如下：

（1）引风机联锁保护：当引风机故障或空气预热器压力过大时，自动打开烟道旁路蝶阀。

（2）快开门联锁保护：当鼓风机故障或风道压力过低时，自动打开所有快开风门以确保炉子安全运行。

（3）当装置出现突发性紧急情况如火灾时，控制室内紧急关闭相关隔离阀门，并联锁停相应机泵。紧急隔离阀的设置应根据工艺和安全专业的规范确定。常减压蒸馏装置一般在初馏塔与初馏塔塔底泵、常压塔与常压塔底泵、常二线汽提塔底与常二线泵、常三线汽提塔与常三线泵、常压塔顶回流产品罐与常压塔顶罐脱水泵、减压塔底与减压渣油泵、减压塔过汽化段与减压过汽化油泵、减二中段油与减二中泵、减三中段油与减三中泵、减压塔顶罐与减压塔项罐脱水泵、减压塔塔顶气脱硫塔底与塔底泵、原油进装置入口处等处都设有紧急隔离阀。另外根据工艺流程，设有炉区的两炉燃料油和燃料油回油隔断阀、高压燃料气隔断阀等。

（4）电气设备的安全联锁：当电脱盐罐液位达到高限时，就要联锁切断电脱盐罐高压电极的电源；当炉子上部压力过高、火嘴操作不正常，需要停止强制通风用的鼓风机、引风机时，必须同时触发相应的联锁逻辑，以保护炉子的安全运行。另外当地下污油罐液位高时启动污油泵，低时停污油泵。

参　考　文　献

1　史伟，王纪刚，田一兵. 高速电脱盐工艺操作条件的优化和探讨. 炼油技术与工程，2008，38(9)：16~18

2　兰州石油机械研究所. 现代塔器技术. 北京：中国石化出版社，2005

3　刘艳升，沈复. 全指标精馏塔全塔负荷性能图分析新方法. 化学工程，2004，32(6)：1~5

4　刘艳升. 板式塔负荷性能图方法的若干拓展. 化工学报，2005，56(6)：1150~1155

5　胡晓峰，齐志辉，张军等. 初馏塔设备负载安全仪表技术研究. 科技通报，2012，28(10)：88~90

6　牛筑萍，伍孝茂. 常压塔制造的关键环节. 设备维修，2006(9)：45~47

7　钱家麟主编. 管式加热炉. 北京：中国石化出版社，2005

8　SHT 3037—2002《炼油厂加热炉炉管壁厚计算》. 2002

9　李财先，孟祥彬，金守奇等. 管式加热炉热工工艺计算程序的编写与应用. 工业炉，2011，33(6)：36~38

10　罗国民. 不同类型加热炉的蓄热式燃烧设计. 工业炉，2008，30(3)：19~21

11　钱颂文著. 换热器设计手册. 北京：化学工业出版社，2002

12　GB151 管壳式换热器

13　张景卫，朱冬生. 蒸发式冷凝器及其传热分析. 化工机械，2007，34(2)：110~114

14　崔海亭，彭培英. 强化传热新技术及其应用. 北京：化学工业出版社，2005

15　文键，杨辉著，杜冬冬等. 螺旋折流板换热器换热强化的数值研究. 西安交通大学学报，2014，48(9)：43~48

16　王元文，陈连. 管式换热器的优化设计. 贵州化工，2005，30(1)：27~29

17　宋天民. 炼油厂动设备. 北京：中国石化出版社，2006

18　郁永章. 容积式压缩机手册. 北京：机械工业出版社，2000

19　赵伟国，盛建萍，杨军虎等. 离心泵叶轮主要几何参数与反作用度之间的关系研究. 流体机械，2014，42(12)：17~21

20　都基环，宫雪. 常减压蒸馏装置转油线管道设计. 化学工业与工程技术，20105，31(1)：58~60

21　王桂华. 大型常减压蒸馏装置的减压转油线设计. 炼油技术与工程，2009，39(5)：47~50

22　谷峥. 减压转油线的设计. 石油化工设备技术，2001，22(4)：18~20

23　冯武文，孟令岩，赵军. 减压转油线的应力分析. 北京化工大学学报，2004，31(3)：90~93

24　达道安主编. 真空设计手册(第三版). 北京：国防工业出版社，2004

25　徐成海主编. 真空工程技术. 北京：化学工业出版社，2006

26　唐孟海，胡兆灵编著. 常减压蒸馏装置技术问答. 北京：中国石化出版社，2007

27　王红，李成相等. 蒸馏减压抽真空系统技术改造. 内蒙古石油化工，2005，3：140~141

28　李凤，王耀全等. 液环式真空泵在常减压抽真空系统的应用. 甘肃联合大学学报(自然科学版)，2012，

26(3)：61~62
29　帕尔哈提，邓乃文，买买江. 减压抽真空系统设备防腐对策. 石油化工安全技术，2006，22(1)：42~45
30　陶兴文. 先进控制成功应用的四大要素. 世界仪表与自动化，2006，(5)
31　陈德民主编. 石油化工自动控制设计手册. 北京：化学工业出版社，2000
32　黄德先等. 化工过程控制. 北京：化学工业出版社，2006
33　范明新. 自动在线定点测厚系统在常减压装置中的应用. 化工自动化及仪表，2013，40(5)：670~673
34　王长明，雷荣孝. 鲁棒多变量预估技术在常减压装置的应用. 石化技术与应用，2002，20(5)：321~324
35　韩正伟. 轻烃原料常减压蒸馏装置自动化应用技术研究. 中国科技信息，2012，(11)：142

第六章　常减压蒸馏装置防腐技术

原油中除存在碳、氢元素外，还存在硫、氮、氧、氯以及重金属和杂质等，正是原油中存在的非碳氢元素在石油加工过程中的高温、高压、催化剂作用下转化为各种各样的腐蚀性介质，并与石油加工过程中加入的化学物质一起形成复杂多变的腐蚀环境。

原油中的含硫化合物包括活性硫和非活性硫，在原油加工过程中，非活性硫可向活性硫转变。常减压蒸馏装置的硫腐蚀类型包括低温湿硫化氢腐蚀、高温硫腐蚀、连多硫酸腐蚀、烟气硫酸露点腐蚀等。

原油中的部分含氧化合物以环烷酸的形式存在，在原油加工过程中，对常减压蒸馏装置产生严重的高温环烷酸腐蚀。

原油中的无机氯和有机氯经过水解或分解作用，在常减压蒸馏装置的低温部位形成盐酸复合腐蚀环境，造成低温部位的严重腐蚀。腐蚀类型包括均匀腐蚀和不锈钢材料的氯离子应力腐蚀开裂。

所以影响常减压蒸馏装置腐蚀的主要是原油中的盐类、含硫化合物及酸性物质，当这些腐蚀物质浓度提高时，腐蚀就会相对加剧。

第一节　常减压蒸馏装置的腐蚀特点

一、低温部位的腐蚀

常减压低温部位的腐蚀主要是 $H_2S-HCl-H_2O$ 系统的腐蚀。其腐蚀原理为：

$$Fe+2HCl \longrightarrow FeCl_2+H_2 \qquad FeCl_2+H_2S \longrightarrow FeS\downarrow +HCl$$

$$Fe+H_2S \longrightarrow FeS\downarrow +H_2 \qquad FeS+2HCl \longrightarrow FeCl_2+H_2S$$

以上反应形成循环，使系统腐蚀加剧。

腐蚀环境中的 HCl 主要来自于两方面，一方面是原油中的无机盐(主要是氯化镁和氯化钙)在一定温度下水解生成。一般认为，氯化镁、氯化钙被加热到 120℃以上遇水可以分解生成 HCl。另一方面原油开采过程中人为加入的一些药剂(如清蜡剂)中含有有机氯化物，这些氯化物在一定温度下分解生成 HCl。

$$MgCl_2+2H_2O \longrightarrow Mg(OH)_2+2HCl \qquad CaCl_2+2H_2O \longrightarrow Ca(OH)_2+2HCl$$

H_2S 来源于原油中的硫化物分解。水来自原油中含有的水以及电脱盐注水加热后汽化和塔底吹汽，随油气上升，在塔顶低温部位冷凝，形成液态水，另一方面塔顶三注工艺防腐时注入一部分液态水。

氯化氢和硫化氢的沸点都非常低，其标准沸点分别为-84.95℃和-60.2℃，因此在石油的加工过程中形成的氯化氢和硫化氢均伴随着分馏塔中的油气集聚在塔顶或下游的冷凝器。在 110℃以下遇到蒸汽冷凝水会形成 pH 值达 1~1.3 的强酸性腐蚀介质。该腐蚀环境主要存在于常减压蒸馏装置塔顶及其冷凝冷却系统、温度低于 120℃的部位，如常压塔、初馏塔、减压塔顶部塔体、塔盘或填料、塔顶冷凝冷却系统。一般气相部位腐蚀较轻，液相部位腐蚀较重，气液相变部位即露点部位最为严重。对于碳钢为均匀腐蚀，对于0Cr13钢为点蚀，对于奥氏体不锈钢则为氯化物应力腐蚀开裂。空冷器出口低温腐蚀见图6-1-1所示。

图6-1-1　空冷器出口低温腐蚀(开工后一个多月)

二、高温部位的腐蚀

(一) 高温硫腐蚀

在高温条件下，活性硫与金属直接反应，这个反应出现在与物流接触的各个部位，表现为均匀腐蚀，其中硫化氢的腐蚀性很强。化学反应如下：

$$H_2S+Fe \longrightarrow FeS+H_2 \qquad S+Fe \longrightarrow FeS \qquad RSH+Fe \longrightarrow FeS+\text{不饱和烃}$$

高温硫腐蚀速度的大小取决于原油中活性硫的多少，但是与总硫量也有关系。当温度升高时，一方面促进活性硫化物与金属的化学反应，同时又促进非活性硫的分解。温度高于240℃时，随温度的升高，硫腐蚀逐渐加剧，特别是硫化氢在350～400℃时，能分解出S和H_2，分解出来的单质S比H_2S的腐蚀更剧烈，到430℃时腐蚀达到最高值，到480℃时腐蚀开始下降。高温硫腐蚀，开始时速度很快，一定时间后腐蚀速度会恒定下来，这是因为生成了硫化铁保护膜的缘故。而介质的流速越高，保护膜就容易脱落，腐蚀将重新开始。

高温硫化物腐蚀环境存在于常减压蒸馏装置常压塔、减压塔的下部及塔底管线，常压重油和减压渣油换热器等。

(二) 高温环烷酸腐蚀

环烷酸为原油中各种酸的混合物，其腐蚀能力受温度的影响。220℃以下时不发生腐蚀，以后随温度上升腐蚀逐渐增加。环烷酸腐蚀有两个峰值，第一个在270～280℃时腐蚀最大，温度再提高腐蚀又下降。然而温度升高到345℃时腐蚀率又随温度升高而急骤增加，出现第二个峰值，400℃以上就没有腐蚀了。环烷酸腐蚀发生在液相，其反应式为：

$$2RCOOH+Fe \longrightarrow Fe(RCOO)_2+H_2 \qquad 2RCOOH+FeS \longrightarrow Fe(RCOO)_2+H_2S$$

生成的环烷酸铁溶于油中而被冲走，游离出的H_2S又与无保护膜的金属表面再起反应生成FeS，使反应不断进行而加剧设备的腐蚀。在原油的高温高流速区域，环烷酸腐蚀呈顺流向产生的锐缘的流线沟槽，在低流速区域，则呈边缘锐利的凹坑状，见图6-1-2所示。

一般以原油中的酸值来判断环烷酸的含量，若酸值大于0.5mgKOH/g时，即能引起腐蚀。

图 6-1-2　高温环烷酸腐蚀

（三）高温硫和高温环烷酸复合体系的腐蚀

高温环烷酸的腐蚀形成可溶性的腐蚀产物，腐蚀形态为带锐角边的蚀坑和蚀槽，在高温区随温度升高有两个腐蚀高峰(270～280℃和350～400℃)，物流的流速对腐蚀影响更大，环烷酸的腐蚀部位都是在流速高的地方，流速增加，腐蚀率也增加。而硫化氢的腐蚀产物是不溶于油的，多为均匀腐蚀，随温度的升高而加重。当两者的腐蚀作用同时进行，若含硫量低于某一临界值，其腐蚀情况加重。亦即环烷酸破坏了硫化氢腐蚀产物，生成可溶于油的环烷酸铁和硫化氢，使腐蚀继续进行。若硫含量高于临界值时，硫化氢在金属表面生成稳定的FeS保护膜，则减缓了环烷酸的腐蚀作用。也就是我们平常所说的，低硫高酸比高硫高酸腐蚀还严重。

（四）其他类型的硫腐蚀

1. 连多硫酸的腐蚀

连多硫酸对奥氏体不锈钢产生的应力腐蚀是在停车和检修期间发生的，正常操作期间是不会发生的。奥氏体不锈钢特别是经过焊接，或者427～816℃区域附近“敏化”过的材料最易发生。产生连多硫酸应力腐蚀开裂往往与奥氏体不锈钢的晶间腐蚀密切相关，这是应力腐蚀断裂的特殊形式。实际上是晶间腐蚀的加速形式，当敏化不锈钢暴露在室温或稍高一点温度的连多硫酸中时，会产生这种断裂，这种应力腐蚀断裂仅需中等张应力便可发生。一般说来，连多硫酸中的应力腐蚀是晶间的，除非采取了适当预防措施，否则曾暴露在427～816℃敏化温度范围的奥氏体不锈钢易发生这种断裂。如果奥氏体不锈钢仅是因为焊接或热处理而敏化，则连续暴露于427℃以下的工作环境，它们就易于产生连多硫酸应力腐蚀断裂，在这种情况下，通过使用低碳的或稳定化钢种，就可防止断裂发生。对于工作温度高于427℃以上的情况，如果长时间在这种环境下工作，就应仔细地选择耐苛刻使用条件的材料。美国腐蚀工程师协会(NACE)为防止连多硫酸应力腐蚀开裂，专门颁布了RP01标准“炼油厂停车期间奥氏体不锈钢设备连多硫酸应力腐蚀开裂的预防”。该标准推荐采用下列预防方法：

(1) 采用干燥氮气吹扫和封闭工艺设备，使其与氧(空气)隔绝。

(2) 采用碱液清洗所有设备表面，中和各处可能生成的连多硫酸。应选用带稳定性元素的不锈钢。

2. 烟气露点腐蚀

烟气露点温度腐蚀是由于燃料含硫元素，在燃烧中经氧化生产SO_2和SO_3，在加热炉的低温部位(烟气回收部位和冷烟道部位等)，SO_3与水分共同在露点部位冷凝生成硫酸，产生硫酸露点腐蚀，严重腐蚀设备。烟气的露点腐蚀除与烟气中的氧含量和燃料中的硫含量有关外，还随烟气中的水蒸气含量增多而升高。为减缓露点腐蚀，燃料气含硫量应小于100mg/m^3，燃料油含硫量应小于0.5%。常压塔塔顶气、减压塔塔顶气不得未经脱硫处理直接作为加热炉燃料。排烟温度要高于烟气露点温度排放。

3. 停工期间硫化亚铁自燃

随着加工原油的高硫化，在装置停工检修期间打开设备人孔后，往往会发生硫化亚铁自燃，有的甚至出现火灾。硫化亚铁自燃一般会出现在换热器管束、污水罐，塔盘和填料上，特别是填料最易出现硫化亚铁自燃。硫化亚铁自燃原因是由于硫化亚铁接触空气后，与氧气发生反应，不断放出热量，引起残油燃烧，引起火灾事故。对易发生硫化亚铁自燃的设备，停工时选用钝化剂清洗，温度降至40℃以下后打开设备可避免硫化亚铁自燃。

4. NH_4Cl+NH_4HS 腐蚀

塔顶注氨水中和残留的HCl，反应生产氯化铵；同时在有硫化氢存在时，与氨水反应生产NH_4HS，铵盐穿孔在管内结晶，堵塞管子，形成电化学垢下腐蚀，最终导致设备穿孔。控制NH_4Cl腐蚀的方法包括：控制氯化物含量和氨的来源(比如优化电脱盐以及限制控制pH值，即控制注氨量)，水洗，提高操作温度。常压塔塔顶空冷器垢下腐蚀见图6-1-3。

图6-1-3 常压塔塔顶空冷器垢下腐蚀

第二节 常减压蒸馏装置的防护对策

常减压蒸馏装置的防护措施按腐蚀类型和部位可分为两类，即低温部位的工艺防护和高温硫、环烷酸腐蚀部位选用耐蚀金属材料。

一、工艺防腐

低温$HCl-H_2S-H_2O$腐蚀系统的防护主要从工艺防护入手，采用“一脱四注”工艺，即原油深度电脱盐、脱后原油注碱、塔顶馏出线注氨(或胺)、注缓蚀剂、注水。这些防腐措施的防腐原理是除去原油中的杂质，中和已生成的酸性腐蚀介质，改变腐蚀环境和在设备表面形成防护屏障。

1. 原油电脱盐

原油电脱盐是控制腐蚀的关键一步，充分脱除水解后产生氯化氢的盐类是防腐蚀的治本办法，通过有效的脱盐，实现脱后原油含盐在3mg/L以下，即可对低温部位腐蚀进行有效的控制；此外它还可脱除钠阳离子以防止后序加工装置催化剂的中毒，且有脱除水分，保证操作和节约能耗的作用。

2. 原油注碱

原油注碱的目的主要是使脱盐后残留在原油中的$MgCl_2$和$CaCl_2$变为不易水解的NaCl，从而进一步减少HCl的生成量，以便更有效地控制腐蚀。原油在加热过程中已生成的HCl也能被注入的碱中和。注碱还能中和原油中促进盐水解的酸性物质和部分硫化物。

注碱的效果是十分显著的，通常可使氯化氢发生量减少99%左右。原油注碱后常压塔塔顶冷凝水Cl^-、Fe^{2+}和Fe^{3+}浓度大幅度降低。由于原油注碱后塔顶氯化氢浓度大幅度下降，因而挥发线注氨(胺)量也减少了。除节省氨(胺)用量外，还减少了氯化铵堵塞塔盘和冷凝器的现象，从而减轻了垢下腐蚀。原油注碱可注NaOH，但要控制注入量，避免碱脆的危害。

3. 塔顶注水

常减压蒸馏装置的“三顶”的注水有以下三方面的目的：(1)通过注水来控制和调节初凝区的位置；(2)注水可以抑制氨盐结垢，避免垢下腐蚀的产生；(3)注水稀释初凝区的酸液，提高初凝区的pH值。

塔顶注水时需要考虑注水点的结构以及注入水与油料的混合。避免在注水点附近产生局部的露点，造成露点腐蚀。

4. 注中和剂

塔顶注中和剂(注氨或胺)的主要作用是中和塔顶的腐蚀性酸液，提高冷凝液的pH值，塔顶中和剂的选择对初凝区的腐蚀程度起决定性作用。由于氨水的初凝点低，在塔顶的初凝区NH_3的溶解量非常少，难以中和初凝区高浓度的盐酸，造成初凝区设备的腐蚀，甚至穿孔。有机胺的初凝点相对比氨水高，在初凝区与HCl一同溶解于水中，迅速中和盐酸，使得初凝区的pH值迅速升高，随着HCl的进一步冷凝，pH值逐渐降低，通过调整中和剂的注入量，控制排除水的pH值为6.5~7.5，从而避免塔顶冷凝冷却系统处于酸性条件下，可有效减缓设备的腐蚀。另一方面有机胺中和剂与HCl中和的产物为液体，且易溶于水，可避免由于注氨造成的垢下腐蚀。在现场的具体操作中，一般采用氨水和有机胺混合使用。

5. 注缓蚀剂

常减压蒸馏装置塔顶冷凝冷却系统的缓蚀剂采用成膜性缓蚀剂，主要成分包括烷基吡啶季铵盐、烷基酰胺、烷基咪唑啉季铵盐、成膜剂和添加剂。烷基酰胺季铵盐和烷基咪唑啉季铵盐水溶性好，其分子式中含有氮原子的孤对电子，而金属表面的金属原子存在空的d轨道，氮原子的孤对电子与金属表面的金属原子空的d轨道形成配位键，使得缓蚀剂分子吸附在金属表面，长链烷基在金属表面做定向排列，形成一层疏水性的保护膜，割断了腐蚀介质与金属的接触途径，从而达到减缓腐蚀的目的。由于吸附和解吸平衡的存在，造成烷基酰胺季铵盐和烷基咪唑啉季铵盐在金属表面的吸附膜是不完整的，因此需要保持一定浓度的成膜剂来不断修复防护膜，使膜趋于完整，从而达到最佳的防护效果。

6. 操作条件对工艺防腐的影响

原油加工方案的变化、操作条件的波动等因素有可能对装置的腐蚀位置和腐蚀程度产生影响，因而在生产过程中，应考虑加工方案的变化、操作条件波动带来的腐蚀问题。

对于加工重质原油的常减压蒸馏装置，如果加工方案调整后加工轻质原油，则由于轻质原油的轻组分多，造成塔顶负荷增加，流速升高，加速塔顶的腐蚀。

常减压蒸馏装置塔顶温度的波动，也会对装置的腐蚀产生影响。由于加工方案和操作条件的变化，会引起塔顶温度发生变化，塔顶温度的变化会导致冷凝水初凝区位置的迁移，造成腐蚀部位的漂移，对塔顶的腐蚀控制产生不利的影响。

对加工高酸原油的装置，高温部位注高温缓蚀剂，减缓腐蚀。中国石化炼油工艺防腐蚀管理规定加工高酸原油(酸值≥1.5mgKOH/g)，如设备、管线材质低于316类不锈钢，或减压塔填料低于317类不锈钢、或油相中铁含量>1μg/g，应加注高温缓蚀剂。根据装置实际腐蚀监测情况，在以下部位加注高温缓蚀剂：常三线、常底重油线、减二线、减三线、减四线抽出泵入口处。加注无磷高温缓蚀剂，注入量为1~10μg/g(相对于侧线抽出量，连续注入)。

二、合理选材

高温硫、环烷酸腐蚀部位需选用耐蚀金属材料来进行设备的防护。

1. 高温硫腐蚀控制

对于高温硫腐蚀，主要采用材料防腐，相当多的现场经验表明，常减压蒸馏装置塔体高温部位可选用碳钢+0Cr13或0Cr13Al(SUS405)之类的铁素体不锈钢复合板。0Cr13的铬含量大于11.7%，其合金设计符合n/8规律，有较好的耐蚀性。这种钢与碳钢膨胀系数相近，容易用于复合板的制造，不但较好地抗高温硫腐蚀，而且价格便宜。塔内件则可选用0Cr13、碳钢渗铝等，换热器的管束可选用铬钼钢和0Cr18Ni9Ti。

塔体材料也可选择碳钢+0Cr18Ni10Ti复合板，其耐硫腐蚀和环烷酸腐蚀性要优于0Cr13或0Cr13Al，且加工性好。但0Cr18Ni10Ti抗SCC能力不如0Cr13或0Cr13Al。

管线使用Cr5Mo防腐是适宜的，但如果硫腐蚀比较厉害，宜选用321，对于转油线弯头等冲刷腐蚀严重的部位，可选用316L。

2. 高温环烷酸腐蚀控制

高温环烷酸腐蚀控制主要从选材入手，材料的成分对环烷酸腐蚀的作用影响很大，碳含量高易腐蚀，而Cr、Ni、Mo含量的增加对耐蚀性能有利，所以碳钢耐腐蚀性能低于含Cr、Mo、Ni的钢材，低合金钢耐腐蚀性能要低于高合金钢，因此选材的顺序应为：碳钢→Cr-Mo钢(Cr5Mo→Cr9Mo)→1Cr13→0Cr18Ni9Ti→316L→317L。目前国外采用AISI316SS较多。

对于酸值较高腐蚀性较强的原油来说，在高温腐蚀部位可选用1Cr18Ni10Ti或316L等；在工艺上可以投加高温缓蚀剂；在设计上可加大转油线管径，降低流速；在施工时对管道及设备内壁焊缝磨平，防止产生涡流。

3. 高温硫和高温环烷酸的复合体系的防护

一般按高酸原油的防护措施来考虑，即选用1Cr18Ni10Ti或316L来进行防护，腐蚀部位集中在减压炉、减压转油线及减压塔进料段下部、常压炉、常压炉转油线和常压塔进料段下部。减二、减三线由于酸值最高，环烷酸腐蚀在侧线油中腐蚀最为严重，对这些部位进行材质升级考虑。

三、防腐蚀设计

用碳钢制作的空冷器及冷却器，当入口处为二相流动时，入口流速不得大于6m/s。常顶空冷器“露点”部位加保护套，一般空冷器腐蚀位于距入口端约200mm处，此处冲蚀最严重，因此在空冷器入口端插入厚0.7mm的翻边钛套管，为防止缝隙腐蚀，需涂刷胶黏剂。当加工高酸原油时，高温部位特别是转油线上在设计上可加大转油线管径，降低流速。减压塔切向进料应径向进料，以减缓对塔壁的冲蚀。

四、制造安装时的防腐措施

对低温部位相对硫化氢浓度较高的设备和管线，为避免湿硫化氢应力腐蚀开裂，宜采用热处理工艺。对高温环烷酸腐蚀部位进行施工时，将管道及设备内壁焊缝磨平，防止产生涡流。

第三节　腐蚀监测技术

腐蚀监测技术种类繁多，按腐蚀结果是否直接获得可以分为直接监测和间接监测两种。可直接得到一个腐蚀结果(如腐蚀失重、腐蚀电流等)的腐蚀监测称为直接监测，反之为间接监测。直接腐蚀监测技术包括腐蚀挂片、电阻探针、挂片探针、线性极化电阻探针、交流阻抗探针、电化学噪声探针等，间接腐蚀监测技术包括超声波检测(测厚)、射线照片、红外线温度分布图等。常减压蒸馏装置的腐蚀监测技术主要有以下几种：

一、腐蚀挂片

腐蚀挂片监测作为腐蚀监测最基本的方法之一，具有操作简单、数据可靠性高等特点，可作为设备和管道选材的重要依据。腐蚀挂片监测腐蚀速度的计算公式如下：

$$V_{corr}=8.76\times10^{4}\times\frac{W_0-W_1}{S\times\rho\times t} \tag{6-3-1}$$

式中　V_{corr}——腐蚀速度，mm/y；

W_0、W_1——挂片试验前后重量，g；

S——挂片表面面积，cm^2；

ρ——金属材料的密度，g/cm^3；

t——挂入时间，h。

腐蚀挂片监测操作周期比较长，所测得的数据为装置设备在一段时间内的平均腐蚀速度，不能反映设备在某一点的腐蚀速度，因此无法用于实时在线分析。但由于其代表了设备在一个周期内的真实腐蚀状况，因此腐蚀挂片监测数据主要用于设备选材和监测工艺防腐措施的应用效果，也可作为其他腐蚀监测数据比较的基础。

二、电阻探针腐蚀监测

电阻探针腐蚀监测是通过测量金属元件(称探头)在工艺介质中腐蚀后的电阻值变化，计算金属在工艺介质中的腐蚀速度。电阻探针测量腐蚀速度计算公式如下：

$$V=8760\times\frac{\Delta h}{\Delta T} \tag{6-3-2}$$

式中　V——腐蚀速度，mm/y；

Δh——两次测量值的差值，mm；

ΔT——两次测量时间的间隔值，y。

电阻探针在炼油厂主要用于常减压蒸馏装置常减压塔塔顶低温系统腐蚀监测、工艺防腐试验的腐蚀监控等方面。

定点测厚监测主要用于监测管道腐蚀速度，通常采用超声波测厚的方法。定点测厚分为在线定点、定期测厚和检修期间定点测厚。管道的普查测厚应结合压力容器和工业管道的检验工作进行，普查测厚点应包括全部定点测厚点。

测厚监测主要针对设备、管道的均匀腐蚀和冲刷腐蚀，在高温硫腐蚀环境下，应重点对碳钢、铬钼合金钢制设备、管道进行测厚监测。

三、塔顶冷凝水分析

冷凝水分析主要用于监测装置低温部位腐蚀情况，常规分析项目有 Fe^{2+} 和 Fe^{3+}、Cl^-、pH 值、S^{2-} 四项，对于常减压蒸馏装置三顶冷凝水，前三个分析项目有控制指标，用于考核装置“一脱三注”防腐措施运行情况，其中 pH 值要求控制在 5.5~7.5(注有机胺时)、7.0~9.0(注氨水时)、6.5~8.0(有机胺+氨水)，Cl^- 要求小于 60mg/L，Fe^{2+} 和 Fe^{3+} 要求小于 3mg/L。根据冷凝水分析结果，可以分析出被监测部位总的腐蚀情况，以便于车间及时采取措施减缓腐蚀，保证装置安全平稳运行。此外冷凝水分析还可以用于监测评价工艺防腐措施的使用效果。

四、其他

腐蚀监测技术向着便捷、智能的方向发展，如不拆保温的涡流监测，管道积水检测移动式传感器，高温超声波探伤，红外成像监测等。同时向着实时、在线的多种监测技术综合的方向发展，如今集合多种监测技术的综合在线腐蚀监测技术，已能够实时地监测腐蚀的进行，而且即可评估均匀腐蚀也可评估局部腐蚀。

参 考 文 献

1 刘香兰，王颖，王世颖等. 常减压蒸馏装置的腐蚀分析及防护措施. 腐蚀与防腐，2009，30(2)：142~144

2 吴荫顺，李久青，曹备等译. 腐蚀工程手册. 北京：中国石化出版社，2004

3 王伟. 常减压蒸馏装置防腐蚀措施及效果分析. 炼油技术与工程，2011，41(11)：8~11

4 马东明，张百军. 常减压蒸馏装置硫腐蚀与防腐. 石油化工腐蚀与防腐，2008，25(4)：25~27

5 黄本生，伊文锋，王小红等. 常减压装置常用钢材在高温原油馏分中的腐蚀研究. 中国腐蚀与防腐学报，2013，33(5)：377~382

6 马江宁. 常减压装置的腐蚀与防腐. 石油化工腐蚀与防腐，2006，23(3)：26~29

7 曹东学. 常减压装置腐蚀及应对措施. 腐蚀与防腐，2005，26(4)：36~40

8 由忠徽，洪运武，刘耀芳. 常减压装置腐蚀原因分析及防护措施. 炼油与化工，2013，(5)：50~51

9 张浩，潘从锦. 腐蚀在线监测系统在常减压蒸馏装置的应用. 石油化工腐蚀与防护，2014，31(3)：55~59

10 闫丙辉. 腐蚀在线监测系统在青岛石化常减压装置的应用. 腐蚀科学与防护技术，2009，21(3)：350~351

11 梁春雷，孙丽丽，张立金等. 加工高酸原油常减压装置的腐蚀与防护. 石油化工腐蚀与防护，2013，30(4)：26~29

12 梁曹林. 高硫原油加工. 北京：中国石化出版社，2001

13 华畅. 石油系统防腐工程设计与防腐施工新工艺新技术实用手册. 北京：当代中国音像出版社，2005

第七章　常减压蒸馏节能与优化

进入21世纪，随着能源资源的日益紧缺以及对企业能评、环保要求越来越高，作为石油加工的龙头装置，常减压蒸馏装置的能耗占炼油总能耗的比例达到10%~30%，在炼油五大类装置中仅次于催化裂化装置排在第二位。由于常减压蒸馏装置加工量大，其装置能耗的高低直接关系到整个炼油能耗水平和企业经济效益，节能工作显得更加重要。

第一节　能耗计算

常减压蒸馏装置一般由原料换热、电脱盐、初馏(闪蒸)、加热炉、常压蒸馏、减压蒸馏等部分组成，在加工过程中主要消耗燃料、电、蒸汽和水。因此能耗的组成由蒸汽、电、燃料、水、热输入与热输出等组成。

各种能源及耗能工质折算标准油系数见表7-1-1，标准油(41868kJ/kg)。

表7-1-1　各种能源及耗能工质折算标准油系数

能源和耗能工质	数量和单位	折算为标准油系数/kg	能源和耗能工质	数量和单位	折算为标准油系数/kg
电	kW·h	0.26	燃料气	t	950
新鲜水	t	0.17	催化烧焦	t	950
循环水	t	0.10	工业焦炭	t	800
软化水	t	0.25	10.0MPa级蒸汽	t	92
除盐水	t	2.30	3.5MPa级蒸汽	t	88
除氧水	t	9.20	1.0MPa级蒸汽	t	76
凝汽式蒸汽轮机凝结水	t	3.65	0.3MPa级蒸汽	t	66
加热设备凝结水	t	7.65	<0.3MPa级蒸汽	t	55
燃料油	t	1000			

装置与界位交换的有效热量的取值规定如下：装置热进料或热出料只计算高出规定温度的热量。

汽油的规定温度为60℃；

柴油的规定温度为80℃；

蜡油的规定温度为90℃；

渣油的规定温度为130℃；

装置输出热量计为负值，输入热量计为正值。

另外各企业在实际运行中可根据实际情况，对能源折算系数及物料热进出温度进行调整，以达到最优的能耗平衡。例如，0.3MPa的蒸汽折算系数过大，可能会造成企业内部相关装置为提高0.3MPa级蒸汽的输出量，增加了本装置的其他能耗，尽管本装置最后折算下来能耗未增加，却可能会导致整个公司的能耗增加，因此需根据实际情况制定合适的能源折算系数。

表7-1-2为6Mt/a燃料型常减压蒸馏装置的月能耗表。

表 7-1-2 6Mt/a 燃料型常减压蒸馏装置的月能耗表

介质名称	实物消耗	转换系数/(kg 标油/t)	原油加工量/t	实际能耗	能耗比例/%
新鲜水/t	318	0.17	516993.0	0	0
循环水/t	916594	0.1	516993.0	0.177	2.108
除氧水/t	2541	9.2	516993.0	0.045	0.538
电/(kW·h)	2691879	0.23	516993.0	1.198	14.242
1.0MPa 蒸汽/t	5202	76.0	516993.0	0.765	9.094
燃料油/t		1000	516993.0		
燃料气/t	3387	950	516993.0	6.224	74.016
热联合/t		1000	516993.0		
合计				8.409	100

从表 7-1-2 可以看出，在常减压蒸馏装置能耗构成中，燃料能耗占 74%，电能耗占 14%，蒸汽占 9%，而水的能耗只有 2.5%左右。因此从节能角度出发，怎样降低燃料、电、蒸汽消耗是装置节能的关键。

第二节 能量平衡及用能评价

一、常减压蒸馏装置的用能特点

原油蒸馏主要涉及物理变化，装置主要加工过程包括换热-加热-分馏-换热与冷却等，即原油经过换热、加热后通过精馏分割出不同馏分的产品，再经过换热、冷却，完成整个生产过程。

常减压蒸馏装置的用能有三大特点：

(1) 过程用能的主要形式是热、流动功和蒸汽；而热、功和蒸汽又是由电和燃料转化而来的。一般是通过转换设备，如加热炉、机泵等实现的，称为能量转换环节。

(2) 转换设备提供的热、流动功和蒸汽等形式的能量除进入分馏塔，连同回收循环能量一起推动完成从原油到常压塔、减压塔侧线产品的分馏过程，除小部分转入到产品，大部分则进入能量回收子系统。

(3) 能量在核心的分馏部分完成其使命后，质量下降，但仍具有一定温度和压力，可以通过换热设备等回收利用。但仍有一部分由于无法彻底回收，只能通过冷却、散热等方式排弃到环境中，连同转换环节的损失能一起构成了装置的能耗。

石油化工过程用能存在三大环节，即为能量的转换和传输、工艺利用和能量回收三个环节。三环节模型从宏观上指出了能量使用的平衡和制约关系。装置使用能量贯穿于整个过程中，能量品位降低，达不到工程利用的时候，损失于环境，形成能量数量上的消耗。根据三环节理论模型，装置节能是有规律可循。对装置进行节能改进时，首先应选用或改进工艺过程，减少工艺用能；其次是经济合理的回收；不足部分再由转换设备提供。

1. 企业开展能量平衡的主要目的

通过开展能量平衡，摸清企业的用能现状，分析企业及产品的用能水平，摸清主要用能设备和工艺装置的效率指标、企业的能源利用率、能量利用率，查清企业余热资源和回收利用情况，找出能量损失的原因，明确节能途径，为节能规划和节能改造提供依据。

2. 企业开展能量平衡的主要目的

能量平衡工作一般分为以下六个步骤。

（1）组织准备工作；

（2）制定能量平衡测试方案；

（3）能量平衡测试实施；

（4）能量平衡数据的整理与计算；

（5）能量平衡分析；

（6）提出节能措施。

3. 某蒸馏装置能量平衡应用

2004年5月对某装置进行了全面标定，标定结果见表7-2-1。与设计值相比，标定时的原油较轻，脱盐温度上升，换热终温略有下降；两炉效率均低于设计值，装置综合能耗相当。为了便于分析装置能量利用的效果，以标定数据为基础进行能量平衡和㶲平衡计算，结果见表7-2-2、图7-2-1。

表7-2-1　标定结果

项　目	数据		项　目	数据	
	设　计	标　定		设　计	标　定
处理量/(kg/h)	628000	628491	换热终温/℃	305	303
常压收率/%	44.08	47.72	常压炉效率/%	92	88.03
减压收率/%	32.47	30.95	减压炉效率/%	92	90.25
进装置原油温度/℃	35	35	吨原油电耗/(kW·h/t)	6.07	5.86
电脱盐温度/℃	130	142	吨原油蒸汽消耗/(t/t)	0.027	0.013
初馏塔进料温度/℃	235	235	装置能耗/(MJ/t)	433.75	434.59

表7-2-2　装置能量平衡和㶲平衡

项　目	能量平衡	数　据	项　目	㶲平衡	数　据
供入能/(MJ/t)	电能	69.04	供入㶲/(MJ/t)	电	69.40
	水蒸气	46.40		水蒸气	17.06
	高压燃料气	372.63		高压燃料气	354.78
	低压燃料气	13.82		低压燃料气	13.13
	累计	507.25		累计	454.37
能量转换与传输/(MJ/t)	加热炉散热损失	14.82	能量转换与传输/(MJ/t)	加热炉散热㶲损失	2.96
	排烟损失	28.73		排烟㶲损失	5.28
	无效动力	8.83		无效动力	8.83
				转换过程㶲损失	191.50
	累计	52.38		累计	208.57
工艺利用/(MJ/t)	有效供入能	449.87	工艺利用/(MJ/t)	有效供入㶲	262.87
	回收循环能	657.04		回收循环㶲	200.34
	工艺总用能	1106.91		工艺总用㶲	463.21
	设备散热损失	6.10		设备散热㶲	4.48
	热力学能耗	170.82		热力学㶲损失	22.99

续表

项　　目	能量平衡	数　　据	项　　目	㶲平衡	数　　据
能量回收/(MJ/t)	待回收能	935.68	能量回收/(MJ/t)	待回收㶲	351.68
	热输出			输出㶲	16.56
	冷却排弃能	112.45		冷却排弃㶲	40.97
	设备散热损失			设备散热㶲损失	93.81
评价结果/%	能量转换效率	88.69	评价结果/%	㶲转换效率	57.85
	能量回收利用率	82.24		㶲回收利用率	61.68
	转换与传输过程能量损失率	54.85		转换与传输过程㶲损失率	42.15
	冷却排弃能损失率	16.86		冷却排弃能㶲率	11.65
	热力学能耗损失	15.43		㶲过程回收损失率	26.67

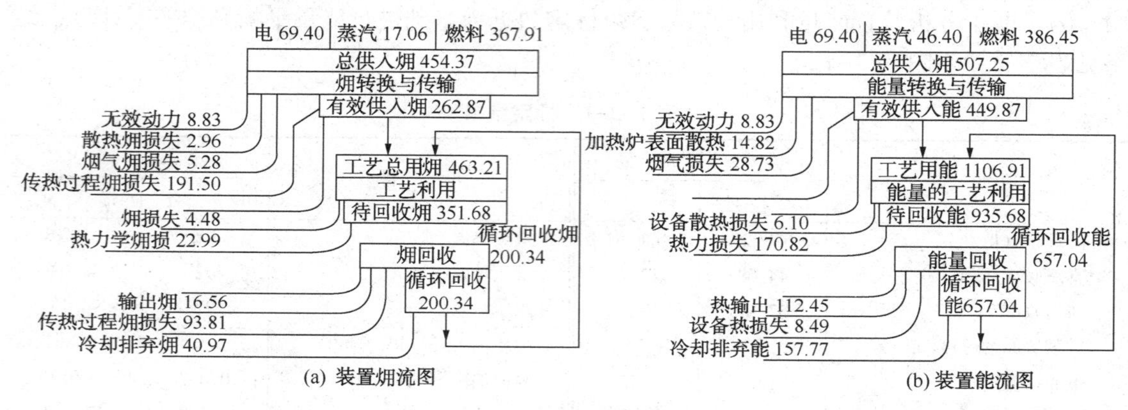

(a) 装置㶲流图　　(b) 装置能流图

图 7-2-1　装置㶲流图和能流图

(1) 能量转换和传输。从表 7-2-2 看燃料和电是装置主要的被转换能源，加热炉和机泵是装置能量转换和传输的主要设备，能量转换效率为 88.69%。能量转换过程损失主要为加热炉排烟损失，占能量转换损失的 54.85%。主要原因是常压炉对流室设计为采用 0.35MPa 饱和蒸汽，蒸汽入炉温度相差较大，排烟温度高达 200℃，加热炉热效率为 88.03%。电转换效率较高为 87.28%，主要是优化选用机泵和部分电机采用调频技术的结果，因此在回流泵和加热炉风机电机上采用调频技术，可适应原油性质、操作条件等因素的变化，降低电耗。

从㶲平衡结果看，㶲转换率为 57.85%，和能量转换率相差较大，主要㶲过程为不可逆损失，是加热炉烟气与被加热介质温差太大造成的，占㶲转换损失的 91.82%。

减压塔二级抽真空采用机械形式，电耗 93kW·h，但同时节约蒸汽 1.5t/h，能耗降低 5.86MJ/t，由此可见在用能形式上的改进也可以节能。

在能量转换与传输环节，燃料占被转换能量的 76.18%，加热炉热效率为 88.03% 和 90.54%，能耗为 434.59MJ/t，例如，某炼油厂常减压装置加热炉热效率为 94%，装置能耗 418.87MJ/t。从能量平衡看，常压炉需要进一步改进，降低排烟温度，例如运用“窄点”技术改进烟气余热回收系统，提高空气入炉温度。从㶲平衡的角度分析，需要改善燃烧和传热过程，提高加热炉热效率。还应该看到，需要进一步提高加热炉设计、制造水平。

(2) 能量利用。某装置总工艺用能为 1106.91MJ/t，与基准能耗 1126.7MJ/t 相比降低

19.79MJ/t，其中循环回收能为657.04MJ/h，占59.36%。常压塔、减压塔取热分布得到了优化，高温位热源利用情况好，初馏塔设有采用塔顶循环回流取热，塔顶冷回流取热㶲损失达到84%。经分析认为由于原油较轻，初馏塔负荷较大，需要增设塔顶循环回流流程，以降低初馏塔㶲损失。

原油温升268℃(从35℃升温至303℃)，平均传热温差31℃，从热平衡和㶲平衡的角度分析，热量和㶲的循环利用率都比较高。

装置低温热回收率占待回收热量的12.24%，但是仍然存在157.77MJ/t的排弃能，占待回收能的16.86%，主要原因是与设计相比原油变轻，常一线、常二线、减顶油、减二线出装置温度较高，分别达到135℃、142℃、125℃和130℃，因此需要进一步加强余热回收，减少排弃能。

热回收过程㶲损失率为26.67%，为冷热传热介质温差造成的不可逆㶲损失，减小传热温差是降低㶲损失的关键。经济的传热温差目前已达20~30℃。

5Mt/a常减压装置能耗434.59MJ/t，是国内同类装置能耗的先进水平，但需要完善常压炉烟气余热回收系统，提高加热炉热效率；同时需要加强低温热量回收，减少物流冷却排弃能。

二、用能评价

1. 概况

基准能耗是根据现阶段的经济条件和技术水平制定的，处于先进用能水平的装置能耗，是生产装置经过努力可以达到的能耗。装置实际能耗与基准能耗的差异，是装置总的节能潜力，通常采用能耗因数评价装置的用能水平。

作为炼油厂的第一道原油加工工序，常减压装置的能耗一般占到整个炼油装置15%左右。其用能水平的高低直接关系到整个炼油厂能耗水平和经济效益，因此抓好常减压装置的节能降耗工作有着重要的意义，常减压装置的基准能耗可以较好地评价和检查常减压装置的能耗水平，对提高设计水平、评价用能水平、挖掘节能(改造)潜力和提高能量管理水平等均有一定的实用价值。

影响装置能耗的因素很多，各因素之间关系错综复杂，并且各装置组成、原油品种和产品方案各异，难以找出一个各种装置普遍适用的具体的基准能耗指标。基准能耗立足于共性，选择具有一定代表性的国外原油和国内原油，通过流程模拟(优化)和"窄点"技术等，获得一种具有普遍意义的装置基准能耗。

基准能耗为通过努力可望达到的先进指标，可作为今后各设计和炼油厂生产调优的目标。同时基准能耗具有提出装置基准能耗的基础工艺条件；将计算的基准能耗与实际能耗比较，找出装置进一步节能的潜力所在；作为新装置设计的参考性指标。

基准能耗所用能耗折算指标按照2002年出版的中华人民共和国行业标准《石油化工设计能量消耗计算方法》(SH/T 3110—2001)执行。

2. 基准能耗的基础条件

基准能耗计算以沙特轻质原油和中质原油按混合比例为1∶1的原油为基准原油；装置由电脱盐、初馏、常压蒸馏、减压蒸馏和轻烃回收五部分组成；装置处理规模按5Mt/a，年开工时数按8400h考虑。主要工艺技术方案为：设两级交流电脱盐；采用无压缩机-初馏提压操作方案回收轻烃；减压一线考虑拔出柴油技术；当减压深拔时采用微湿式技术。

基准能耗的适应范围是2.5Mt/a及以上规模的新建和改扩建的常减压蒸馏装置，它的计算基础条件为：

（1）原油进入装置温度按40℃考虑。超过或低于40℃时，基准能耗均可不作修正，因为当温度低于40℃时，可充分利用装置低温余热予以抵偿，故对能耗影响甚微。

（2）电脱盐后原油含水质量分数按0.2%考虑。

（3）原油换热分为三段。第一段在脱盐罐前换热，由40℃加热到135℃；第二段在脱盐罐后换热，由132℃加热到合适的温度进入初馏塔温度；第三段是初馏塔底油换热，由初馏塔底温度同装置内热流换热至优化的经济合理换热终温，再由加热炉加热至合适的温度进常压塔。作为装置基准能耗，不考虑初馏塔塔底油与装置外热流（如催化油浆等）换热。

（4）产品方案及性质：

初馏塔塔顶油：ASTM　D86终馏点≤180℃。

常压塔塔顶油：ASTM　D86终馏点≤180℃。

轻烃回收脱丁烷塔塔顶（必要时脱乙烷）液化石油气：蒸气压≯1380kPa，C_5≯3%（摩尔）。

轻烃回收脱戊烷塔塔顶轻石脑油：ASTM　D86终馏点≤80℃。

常一线油（作为喷气燃料）：ASTM D86　终馏点≤250℃。

常二线油（作为柴油）：ASTM D86　95%点≤365℃。

常三线油（作为柴油）：ASTM D86　95%点≤365℃。

常四线油（作为蜡油）：ASTM D1160　95%点≤650℃。

减一线油（作为柴油）：ASTM D86　95%点≤365℃。

减二线油（作为蜡油）：ASTM D1160　95%点≤575℃。

减三线油（作为蜡油）：ASTM D1160　95%点≤575℃。

（5）产品质量（脱空度）：

石脑油与喷气燃料的脱空度：ASTM D86（5%~95%）≥12℃

喷气燃料与轻柴油的脱空度：ASTM D86（5%~95%）≥8℃。

轻柴油与重柴油的脱空度：ASTM D86（5%~95%）≥-20℃。

产品脱空度是作为基准能耗的直接指标，是结合国内外先进指标选定的。脱空度概念指R. N. 沃特金斯对原油常压蒸馏推荐经验方法：以（5%~95%）脱空作为相邻馏分之间的相对分馏精度，即相邻两组分间重馏分的5%（体积）ASTM温度减去轻馏分的95%（体积）ASTM温度。

（6）初馏塔、常压塔塔顶油气热量回收。回收热量中因传输热损失，需扣除3%热损失。

（7）各塔侧线产品的回收热量均按出塔温度换热至下述换后终温后去冷却。

石脑油	40℃
常压各侧线油	70℃
减压各侧线油	90℃
减压渣油	110℃

（8）回收热量中因传输热损失，需扣除3%热损失。

（9）各塔剩余热（即回流热）的热量回收，因传输热损失，也需扣除热3%损失。

（10）换热网络以“窄点”技术为基础，采用最佳窄点温差。参加换热的冷流和热流组成吸热和放热两个区域，避免跨过窄点换热。

(11) 各塔的汽提蒸汽量：

初馏塔　0

常压塔　相当于常压渣油的1.5%(质量)(包括侧线汽提蒸汽)；

减压塔　燃料型的为减压渣油的0.5%(质量)，减压采用“微湿式”操作时；

润滑油型的为减压渣油的3.0%(质量)(包括侧线汽提蒸汽)。

(12) 加热炉的热效率大于或等于90%。

(13) 装置用汽量规定。汽提蒸汽量一般采用0.3MPa，经加热炉过热至400℃；雾化蒸汽量一般采用1.0MPa蒸汽，相当于所用燃料的20%(质量)；抽空用蒸汽量一般采用1.0MPa蒸汽，温度为250℃。湿式或微湿式减压抽真空蒸汽用量为8.0kg/t原油，干式减压抽真空蒸汽用量为10.0kg/t原油。

(14) 压力为0.3MPa及1.0MPa的蒸汽分别到加热炉对流室过热到400℃及250℃，计入加热炉有效热负荷内。

(15) 装置用电折算成热量后为65MJ/t原油(包括电脱盐)，如不设电脱盐则需扣除6.0MJ/t原油。

(16) 装置用水：

① 润滑油型　　13.40MJ/t原油

② 燃料型　　10.50MJ/t原油(湿式，不含微湿式)

9.20MJ/t原油(干式，含微湿式)

本基准能耗未将原油换热后终温作为一个定数指标，是考虑到常减压蒸馏装置加工原油品种轻重差别较大，产品方案也各不相同，同时尚需考虑经济合理等因素，故装置原油换热后终温应根据具体情况综合优化而定。

本基准能耗未将闪蒸段的温度、闪蒸段温度和塔底油温度的温差列为基础条件，是考虑到产品收率和质量是装置所直接要求的，上述指标仅为间接结果。因此在满足产品收率和质量的前提下应尽量使这些指标最优。

过汽化油的流量是衡量过汽化率的主要间接指标，不作硬性规定，在保证产品质量的条件下应尽量小。据报道每降低1%过汽化率，可节约的热量为加热炉热负荷的2%左右，可见过汽化率的大小对能耗影响很大。

3. 基准能耗的工艺计算举例

基准：本基准能耗以沙特轻油：沙特中油=1：1作为计算基准。

方法：

(1) 基于原油评价及生产总流程的安排，或根据生产实际确定装置的产品方案，采用工艺流程模拟软件(PROII、ASPEN和HYSES等)计算装置主要操作条件、物料平衡及热量平衡。本基准能耗的计算以满足基础条件为依据。

(2) 采用“窄点换热网络技术”进行热量传递系统网络热量回收工况分析，再根据网络最小温差与年总费用关系等，计算经济网络窄点温差(HRAT)=22℃，初馏塔塔底油换热至终温298℃。

(3) 计算加热炉有效负荷及燃料消耗(表7-2-3)。

说明：

① 该沙特轻油和沙特中油混合原油总拔为78.11%(质量)，是以切割至530℃为基准的。

② 有时装置的窄点温差与网络平均传热温差相差不大，窄点温差较大的变化范围内，网络热量回收率变化不大，那么应考虑平均传热温差在25~35℃选取。

表 7-2-3　加热炉有效负荷及燃料消耗

序　号	项　目	单　位	常压炉	减压炉
1	介质名称		初底油	常底油
2	油品入/出炉温度	℃	298/363	357/393
3	油品入炉流量	k/h	541345	297370
4	炉加热油品有效热负荷 Q	kW	38260	13430
5	需过热蒸汽流量	kg/h	—	5060
6	蒸汽入/出炉温度	℃	—	150/400
7	炉过热蒸汽热负荷 $Q_{汽}$	kW	—	730
8	炉总热负荷 $Q=Q+Q_{汽}$	kW	38260	14160
9	炉热效率 η	%	90	90
10	炉燃料用量 B	kg/h	3655	1286+70
11	装置燃料总耗量	kg/h	5011	
12	装置燃料单位耗量	kg/t	8.42	
13	装置燃料总耗量	MJ/t	352.46	

(4) 计算蒸汽消耗。

1.0MPa 雾化蒸汽用量=5011×20%=1002(kg/h)；

1.0MPa 抽空蒸汽用量按8kg/t原油考虑，则抽空蒸汽用量为4760(kg/h)；

0.3MPa 汽提蒸汽用量=297370×1.5%+120760×0.5%=5060(kg/h)；

装置0.3MPa蒸汽总用量=5060kg/h，折合0.00850(t/t原油)；

装置1.0MPa蒸汽总用量=5762kg/h，折合0.00969(t/t原油)；

装置0.3MPa蒸汽总能耗=0.0085×2763=23.49(MJ/t原油)；

装置1.0MPa蒸汽总能耗=0.00969×3182=30.83(MJ/t原油)；

装置蒸汽总能耗=23.49+30.83=54.32(MJ/t原油)。

(5) 计算软化水消耗。软化水作为电脱盐注水，按5%注水量考虑，用量为595.24×5%=29.76t/h，即0.050(t/t原油)。

软化水能耗=0.050×10.47=0.52(MJ/t原油)。

(6) 计算冷却用水消耗。装置蜡油及渣油考虑采用水冷，其他较轻油品一般考虑采用空冷，在优化的换热流程的基础上，根据装置冷却负荷，算出各类型装置循环水用量为1250kg/h，即2.10t/t原油。冷却用循环水能耗=2.10×4.19=8.80(MJ/t原油)。

(7) 计算用电消耗。一律按65MJ/t原油计算。装置用电能耗按65MJ/t原油计算是综合考虑了装置普遍大型化、机泵效率综合水平提高、变频调速技术的广泛使用，以及交直流电脱盐和高速电脱盐的大量应用，同时另一方面也考虑了装置组成的增加所带来电的增加。采用65MJ/t原油为较先进指标。

(8) 计算各种用能消耗之和。装置基准能耗为481.10MJ/t原油(11.49×10^4kcal/t)。

4. 影响基准能耗的客观因素及校正办法

(1) 原油性质影响。原油性质对蒸馏装置能耗的影响是比较复杂的。表征原油性质主要有原油的特性因数、密度(或比重指数API度)、轻质油收率、总拔出率、原油硫含量和酸含量等。

① 原油的特性因数的影响。原油的特性因数对能耗有一定的影响，但基本可以忽略不计。因为冷热流吸放热量随特性因数变化基本一致，基本可以抵消因原油特性因数差异而对能耗的影响。同时进口和国产原油及其产品的特性因数绝大多数都在11.8~12.3，因此原油的特性因数对蒸馏装置的基准能耗影响较小，可基本不加校正。

② 原油密度及拔出率的影响。一般地原油密度越小，比重指数API度越大，原油越轻，汽化率也越大，拔出率越高，装置工艺用能也就越多，工艺总用能多，可回收的绝对热量也大。

表7-2-4列出了典型的进口和国内原油相对密度、特性因数及减压拔至530℃的总拔出率。同时根据基准能耗的假定基准条件，由第三部分所述的方法计算出基准能耗同时列于表7-2-4。

表7-2-4　典型的进口和国内原油的基准能耗

序　号	原油名称	相对密度 d_4^{20}	总拔出率/%(质量)	基准能耗/(MJ/t)	kg标油/t
1	俄罗斯油	0.8379	85.37	503.67	(12.03)
2	利比亚油	0.8614	80.26	495.30	(11.83)
3	伊朗轻油	0.8560	78.47	479.39	(11.45)
4	沙特轻油	0.8565	76.90	484.83	(11.58)
5	伊拉克轻油	0.8511	76.44	474.78	(11.34)
6	卡宾达轻油	0.8706	72.46	455.94	(10.89)
7	沙特中油	0.8664	72.40	454.26	(10.85)
8	阿曼油	0.8518	71.90	456.78	(10.91)
9	大庆原油	0.8563	63.29	431.66	(10.31)
10	胜利原油	0.8808	61.99	424.96	(10.15)

由表7-2-4我们可绘出基准能耗和总拔出率的关系曲线，见图7-2-2。

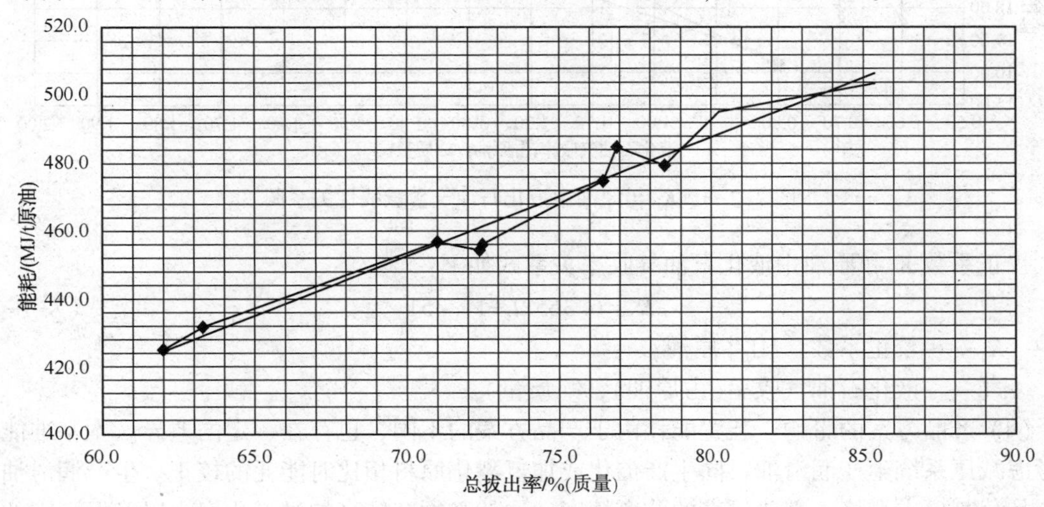

图7-2-2　能耗和总拔出率的关系

由曲线看出，常减压蒸馏装置的能耗和总拔出率存在较好的线性关系。

据此回归出如下以校正原油因相对密度、总拔出率变化对基准能耗影响的关联式(公式适用于燃料型)。

$$E=3.5132C+206.68 \tag{7-1-1}$$

式中 E——能耗，MJ/t 原油；

C——总拔出率,%(质量)。

③ 原油硫含量或酸含量的影响。虽然原油中硫含量或酸含量并不直接对装置能耗产生影响，但是加工高硫原油(主要是进口原油)，或高酸原油，或高硫高酸原油，装置热回收率和装置换热设备的一次投资及其投资回收期密切相关，考虑投资因素的条件下，换热终温将有所降低，从而能耗也将提高。由于本部分的影响涉及因素较多，装置加工原油含硫含酸的影响可另题讨论。

(2) 减压拔出深度的影响。基准能耗按减压实沸点切割至 530℃ 考虑，国外一些常减压蒸馏装置实沸点切割至 565℃ 作为标准操作条件。拔出深度的增加，工艺用能相应增加，当然可回收热量也会随之增加，这部分热量不能 100%回收，使得装置总能耗有所增加。但其能耗的增加最终仍体现在总拔出率的增加上面，因此当考虑深拔时，式(7-1-1)仍适用。

(3) 回收轻烃的影响。进口原油轻烃含量普遍很高，加工规模较大的常减压蒸馏装置对进口原油中的轻烃予以回收是非常必要的，常采用无压缩机三塔流程，即脱丁烷-脱乙烷-脱戊烷路线。本基准能耗已包含轻烃回收部分，如装置不设轻烃回收，式(7-1-1)修订为：

$$E=3.5132C+206.68-K_1 \tag{7-1-2}$$

K_1 与原油中液化石油气含量存在关系如图 7-2-3 所示。

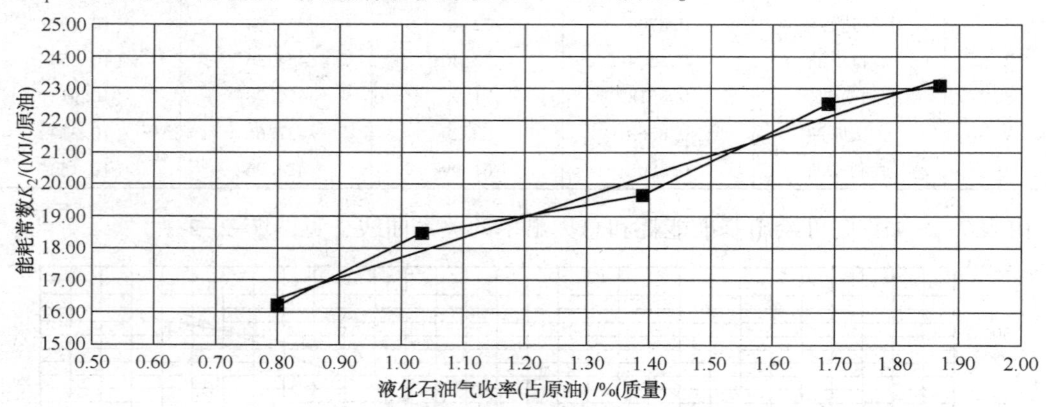

图 7-2-3 K_1 与原油中液化石油气含量线性关系图

校正系数 K_1 和原油中液化石油气收率关系式如下：

$$K_1=6.3652L+11.351 \tag{7-1-3}$$

式中 K_1——校正系数，MJ/t 原油；

L——液化石油气收率(占原油),%(质量)。

(4) 产品方案的影响。装置能耗由于产品方案的不同，也存在一定的差异。本基准能耗仅考虑减压系统生产润滑油料同生产催化或加氢裂化原料相比时能耗的校正。生产润滑油料对产品分割要求严格，需要较高的分离精度，这就必须有较高的过汽化率，以确保一定的塔内回流量。此外还必须增加保证产品质量所需的汽提蒸汽和减顶冷凝冷却系统的冷却负荷，所以减压蒸馏系统的能耗就较大。减压蒸馏考虑生产润滑油方案时，式(7-1-1)增加常数 K_2，即：

$$E=3.5132C+206.68+K_2 \qquad (7-1-4)$$

一般 K_2 取 20.0MJ/t。(0.48×10^4kcal/t)

(5) 装置负荷率的影响。装置负荷率为加工量相对于设计满负荷时为100%时的相对百分数，通常规定负荷率的上限为120%，下限为60%。装置负荷率愈低单位能耗就愈高。

装置的能耗用两个概念“可变能耗”和“固定能耗”来分析，所谓“可变能耗”是指随负荷的变化成正比例变化；所谓“固定能耗”是指基本不随负荷的变化而变化，或是变化甚微。

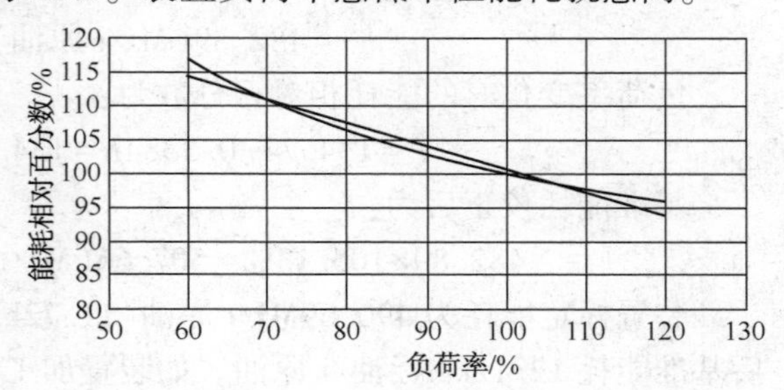

图 7-2-4　负荷率变化与基准能耗相对百分数关系

负荷率变化与基准能耗相对百分数关系如图 7-2-4 所示。

关系式：

$$F=134.74-0.3384R \qquad (7-1-5)$$

式中　F——负荷率变化时能耗相对百分数,%；

R——负荷率,%。

(6) 其他因素：诸如季节、气温条件，公用工程条件、同其他装置(或单元)间的互供条件、地区条件、运转周期(初期和末期)、开停工次数等因素，对装置的能耗都产生一定影响，由于这些影响因素的不确定性，本基准能耗对其影响不予考虑。

5. 生产装置基准能耗计算实例及标定校核

(1) 生产实例一：某石油化工股份有限公司第二套常减压蒸馏装置。

某装置第二套常减压蒸馏装置，加工规模 4.5Mt/a，设计加工中东含硫原油(沙特轻质原油和沙特中质原油)。标定原油为卡宾达原油与沙特超轻原油的混合原油，标定处理量为 4.5306Mt/a，总拔出率 $C=78.87\%$(质量)。同时装置未深拔，且含有轻烃回收系统，根据 $E=3.5132C+206.68$，则装置的基准能耗为：$E=3.5132C+206.68=483.77$(MJ/t 原油)。

① 基准能耗中未考虑热输出对降低装置能耗的贡献。

② 装置标定能耗为 484.90MJ/t 原油(11.58kg 标油/t 原油)(含轻烃回收，分子筛方案)，其中热输出为－3062MJ/h，即－19.44MJ/t 原油，不考虑热输出对降低装置能耗的贡献，则某石化第二套常减压蒸馏装置能耗为 484.90+19.44＝504.34(MJ/t 原油)(12.05kg 标油/t 原油)，尚高出基准能耗 20.57MJ/t 原油。

③ 装置设计已应用窄点技术，其标定原油和设计加工原油性质基本接近，其换热网络能够适应标定方案，因此其热回收水平已满足基准能耗要求的水平。

④ 标定生产加工方案为生产分子筛料，即常压塔一线抽出馏分为 190～240℃的分子筛料，同时为保证常顶油的终馏点和分子筛料的初馏点，要求尚需抽出石脑油和分子筛料之间的馏分。为此蒸汽及燃料耗量有所增加。

⑤ 标定生产加工方案为生产分子筛料，即常压塔一线抽出馏分为 190～240℃的分子筛料，同时为保证常顶油的终馏点和分子筛料的初馏点，要求尚需抽出石脑油和分子筛料之间的馏分。为此蒸汽及燃料耗量有所增加。

⑥ 实际加热炉综合热效率未达到 90%。

上述第 2 项和第 3 项的综合影响，实际标定能耗高出基准能耗 20.57MJ/t 原油。

(2) 生产实例二：某石化 8Mt/a 常减压蒸馏装置。

某石化装置 8Mt/a 常减压蒸馏装置(燃料型、干式)标定处理量为 833600kg/h，为 7Mt/a，总拔出率 C=78.62%(质量)。同时装置未深拔，且含有轻烃回收系统，装置的负荷率为 87.5%，则装置的基准能耗为：

$$E=3.5132C+206.68=3.5132\times78.62+206.68$$
$$=482.89(\text{MJ/t 原油})=11.55(\text{kg/t 原油})$$

负荷率变化时的能耗相对百分数为：

$$F=134.74-0.3384R=134.74-0.3384\times87.5=105.13$$

基准能耗校正后为：

$$482.89\times105.13\%=507.66(\text{MJ/t 原油})=12.12(\text{kg 标油/t 原油})$$

装置标定能耗为 490.69MJ/t 原油(11.72kg 标油/t 原油)(不计热输出)，低于负荷校正后基准能耗 12.12kg 标油/t 原油。如装置加工负荷增加，则装置能耗将进一步下降。

第三节　节能的途径和措施

常减压蒸馏装置的加工过程是分馏过程，其工艺过程是物理过程，即加热-分馏-换热-冷却加工过程。其能量的转化过程为燃料与蒸汽转化为热能，电转化为动能，这些能量转化过程通过加热炉、机泵、换热器、冷却器实现。因此关注燃料、蒸汽、电能的转化过程和加热炉、机泵、换热器效率是节能的关键点。

一、节能工艺

工艺过程节能是常减压蒸馏装置节能的核心，采用节能型新工艺改进工艺流程是能量利用环节的重要内容。

(1) 采用预闪蒸等节能型工艺，降低常压炉负荷；

(2) 采用多级蒸馏、强化蒸馏工艺；

(3) 采用干式或微湿式工艺；

(4) 优化过汽化油量；

(5) 优化减压抽真空系统流程；

(6) 采用新型电脱盐技术。

二、换热网络优化(夹点技术)

夹点分析是以热力学原理为基础，以最小能耗为主要目标的换热网络综合方法。夹点的三条基本原则：(1)夹点处不能有热流量穿过，即不允许温度横跨夹点的冷热物流直接换热；(2)夹点上方(热端)不能引入冷公用工程；(3)夹点下方(冷端)不能引入热公用工程。

常减压蒸馏装置是通过加热炉加热原油进行分馏的装置，因此在装置初步设计期间，设计人员会根据装置的加工油种设计换热网络，尽可能回收装置的热量。其中热量回收设计要用到夹点技术。所谓夹点是换热网络中最小允许传热温差，它限制了换热网络最大回收热量，最早由 B. Linnlloff 提出。夹点分析是以化工热力学为基础，以目标经济函数为判据，通过选取适当的夹点温差，达到最小公用工程消耗，热量最经济匹配，以实现节能目的。其主要设计步骤：①给定初始夹点温差，或根据能量回收要求确定相应的夹点温差，确定夹点位置。②划分子网络，在夹点位置将换热网络分成上下两个换热子网络，夹点之上为吸热部分，夹点之下为放热部分。③从夹点开始，应用夹点设计规则(物流数与分支规则和热容CP规则)，分别设计夹点以上的网络和夹点以下的网络。④合并两个子网络。形成总体初始网络，该网络要求完成预定的能量回收目标。⑤采用能量松弛方法，切断回路减少单元数，简化初始网络。⑥通过剩余问题分析和驱动力图，进一步优化网络。⑦改变夹点温度，重复上述操作，直到发现最低费用的换热网络，相应夹点温差称为最佳夹点温差，设计结束。一般来说在常减压装置夹点技术的应用点是努力提高换热终温，降低加热炉燃料的消耗。

三、高效传热、传质设备

设备的选用在常减压装置节能也起着重要作用。在新建装置或装置改造过程中，如在热量回收方面，尽可能选用各类高效换热器，如螺纹管换热器、板式换热器等，提高换热效率，增加热量的回收。在加热炉节能上，可选用高效节能燃烧器，加热炉炉膛内壁涂反辐射涂料，辐射热量效率提高，导热系数小，可使炉外壳温度下降十几度或几十度，从而达到节能效果；在烟气热量回收上，根据加热炉使用的燃料有多种形式的烟气回收设备可以选用，如热管式、搪瓷管式、水热媒式等设备，目的是降低排烟温度，提高炉子热效率。

在传质设备上采用各种高效塔盘和填料，提高分离效果，降低全塔压降，从而降低加热炉出口温度，减少燃料。在节电方面采用高效机泵。在抽真空系统节汽方面，目前主要是采用高效抽空器或机械抽真空。

四、热集成与低温热利用

热集成是指将一个装置的热量输送到另外一个装置作为加热工艺介质的热源，充分利用高温位热量，达到降低燃料消耗的目的。热集成是热联合的一种形式。例如，利用催化装置油浆、回炼油与常减压蒸馏装置初底油换热，提高原油换热终温，降低加热炉燃料消耗。

热供料是热联合的另一种形式，基于装置之间的物料直供，即上游装置的产品物流不经冷却或者不完全冷却，且不进中间罐，直接引至下游装置的原料缓冲罐作为进料。实施热供料可以避免物料的重复冷却和加热，降低过程能耗。例如，常减压蒸馏装置产品渣油、蜡油和柴油等物料的热出料。

五、变频技术

常减压蒸馏装置中，电能耗比例排在第三位，而且从㶲的角度来看，是品质最高的能源，因此装置节电尤其重要。由于市场的因素，常减压蒸馏装置加工原油种类、生产方案经常调整，另一方面加工原油也经常偏离设计油种，因此给如何降低机泵电耗提供了条件。目前装置中节电技术应用较广的有变频调速技术和永磁调速技术等。

变频器原理是利用电力半导体器件的通断作用将工频电源变换为另一频率的电能控制装置。通常把电压和频率固定不变的工频交流电变换为电压或频率可变的交流电的装置称作“变频器”。一般情况下高压变频器适用于电压等级在6000V以上的高压电机，低压变频器一般用于380V的电机。随着现代电力电子技术和微电子技术的迅猛发展，高压大功率变频调速装置不断地成熟起来，原来一直难于解决的高压问题，近年来通过器件串联或单元串联得到了很好的解决。

永磁调速器(PMD)一般由三个部分组成，一是和电机连接的导磁体；二是与负载连接的永磁体，这两个转动体之间有一定的空气间隙；三是一个执行器，执行器包括手动控制和信号电控两种。通过执行器调节两个转体之间空气间隙的大小，通过负载扭矩的调节实现负载输出速度的控制。当PMD接到一个控制信号后，如压力、流量、液面高度等信号传到PMD的执行器，执行器对信号进行识别和转换后，调节导磁体与永磁体之间的间隙大小，从而根据适时的负载输入扭矩的要求，调节PMD输入端的扭矩大小，来最终改变电机输出功率大小，实现电机节能和提高电机工作效率。

永磁调速器与变频器相比：

启动：变频器软起，永磁空载启动；调速：变频范围宽一点，永磁在0~98%，低速效率没变频器高，但不会有变频器低速电机发热的问题；节电：变频器高点；过载能力：永磁传动电机不会出现过载现象，负载侧转速减低直至停转；使用寿命：永磁30年左右基本免维护；还有就是隔离震动，可以安装在环境恶劣的地方，与变频器比没有谐波产生也是个优点。

使用变频技术和永磁技术在节电方面各有特点，节能效果都是非常明显的。如某分公司蒸馏装置大量应用变频技术，其装置2010年装置电耗水平位于集团公司前列。某石油化工股份有限公司在3#常减压鼓风机上应用永磁调速器，风机的耗功率(kW · h/10^4t)由2166.7下降到1701.8~1618.9，节能率为21.4%~25.3%。

六、节能的措施

(一) 影响常减压蒸馏装置能耗的客观因素

影响常减压装置能耗的客观因素较多，主要有以下几个方面：

1. 原油性质对能耗的影响

原油性质对能耗的影响比较复杂。轻质原油汽化率高，工艺总用能多，轻质原油的产品大部分在常压塔蒸出，常压部分的工艺总用能多，但减压部分的加热用能较少，对“湿式”减压塔来说塔底汽提蒸汽用量降低。因此原油的轻重究竟对能耗有多大影响，必须在一定约束条件下才能通过理论计算进行比较。

2. 产品方案对能耗的影响

装置的能耗随产品方案不同而变化，同一装置，相同原料出喷气燃料比出分子筛料需要的分离精度高。因此需要提高塔顶回流量，而不得不降低可回收取热量，使能耗稍高。更明显的例子是减压系统，出润滑油料与出催化原料相比，前者对产品分割有严格的要求，分离精度较高，这就必须有较高的过汽化率，以确保一定的塔内回流量，此外还必须增加保证产品质量所需的汽提蒸汽(塔底吹汽及侧线吹汽)和减压塔塔顶冷凝冷却系统的冷却负荷，所以减压系统的能耗较大。因此润滑油型常压蒸馏装置比燃料油型多耗能耗。

3. 装置处理量对能耗的影响

一般来说，低负荷运转会使装置的能耗上升，这主要有以下几种原因：

(1) 换热器在降低流速后结垢速率增加。

(2) 分馏塔盘在较低的气速下易漏液，从而降低塔板效率。

(3) 当处理量下降时，没有降低加热炉供风量，造成过剩空气量上升。

(4) 电动泵的效率离开最佳点，造成效率下降。

(5) 散热损失并不因处理量减少而减小。

(6) 加热炉降低热负荷时，冷空气漏入量并不因此而降低，致使效率下降。

(7) 分馏塔的中段回流量未加调整，不必要地提高了分馏精度，造成能量浪费。

(8) 抽空蒸汽并不因处理量降低而少用蒸汽。

(9) 燃烧器的雾化蒸汽并不因此而降低。

上述原因可以分成两类，一类包括降低处理量所造成的设备效率降低，以及操作没有及时调整所带来的能量损失。这类原因所影响的能耗称为“可变能耗”，其能耗随负荷的变化而变化，其他原因属于第二类，这类原因所影响的能耗称为“固定能耗”，能耗值不随负荷的变化而变化。据国外统计，常减压蒸馏装置的“固定能耗”约占总能耗的13%。防止装置低负荷运行时单位能耗上升的主要措施就是降低“固定能耗”，具体做法：搞好保温以及减少散热损失；减少或取消较长距离的高温管线；采取调速电机，避免大马拉小车；配置与处理量相适应的动力设备等。

4. 装置规模对能耗的影响

规模小的装置加工能耗较高，其原因除了小设备小机泵可能效率较低外，主要是散热损失大。粗略计算一个年处理能力为0.5Mt/a的常减压蒸馏装置，其单位散热面积一般为年处理能力2.5Mt/a同类装置的2.4倍以上。因此规模小的装置，其“固定能耗”占的比例比大装置大，这是小型炼油厂在技术经济上的致命弱点。

5. 气候条件(或地区差别)对能耗的影响

冬季(或北方)比夏季(或南方)散热损失大，但冷却水消耗及空冷器电耗较小，为防冻防凝所需的伴热蒸汽和采暖蒸汽则纯属因季节(或地区)变化增加的能耗项。总的来说，冬季(或北方)的能耗比夏季(或南方)稍高一些。

6. 运转周期中不同时期的能耗

一般来说常减压装置的能耗在运转末期要比运转初期高，这是因为一些传热设备如加热炉和换热器积灰、结垢，传热效率降低造成的。

(二) 节能的原则

1. 节能的原则

合理用能，按质用能。这是指能量利用上的合理性，应按照能的质量来安排用途，避免品质系数高的能量用于品质系数低的地方。

2. 完全用能减少外部损失

主要是指减少外部损失，即向环境散热和排热。如加强回收和降低消耗等。

3. 充分用能减少内部损失

如防止不必要的降质，多次利用，提高品位和降质利用等。

4. 有效用能

主要指做功和供热两种方式配合不做功能的利用，能的转换、输送和使用等环节的系统综合用能等方面。可采用总能系统、热泵系统和系统工程等方法，实现能的优化利用。

(三) 节能的措施

1. 降低燃料消耗

(1) 提高原油换热终温，降低燃料消耗。在节能降耗中，首要是提高原油的换热终温，降低加热炉燃料消耗。通过采用“窄点”设计法设计和改造换热网络，应用板式等高效换热器使得原油的换热终温进一步提高。

（2）优化中段回流取热。

2. 采用高效换热设备

换热器是实现工艺装置余热回收利用的关键设备，广泛应用于常减压蒸馏装置。随着能源的日益匮乏，强化换热器传热性能，开发新型高效换热器，能获得更为明显的经济和社会效益。目前为降低压降、减少振动，在普通单弓形折流板的基础上，开发并成功应用于装置上的有双弓形、三弓形、盘-环型、螺旋形折流板等以及完全实现纵向流的折流杆。为强化传热，目前已经成功应用于生产装置上的管型有：螺纹管、横纹槽管、螺旋槽管、纵槽管、T形翅片管、表面多孔管、锯齿形翅片管。针对管程的强化传热研究包括内插件和传热管，内插件技术简便易行，内插件是一种扰流子，强化流体扰动、破坏管壁壁面的边界层，从而达到强化传热的目的，并具有防垢、除垢的作用。另外板框式换热器、板焊式换热器和空冷器均可在炼油装置中应用。图7-3-1为波纹管换热器，图7-3-2为板焊式换热器。

图7-3-1　波纹管换热器

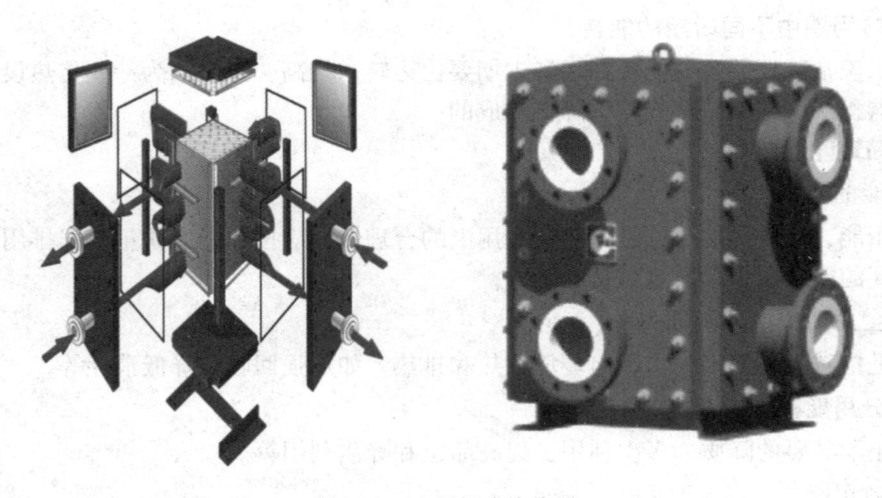

图7-3-2　板焊式换热器

3. 提高加热炉热效率

采用高效空气预热器，尽量降低加热炉排烟温度，使加热炉热效率达92%~94%。

在烟气热量回收方面，根据加热炉使用的燃料不同，有多种形式的烟气回收设备可以选用，如热管式、搪瓷管式、铸铁板式、水热媒式等设备，目的是降低排烟温度，提高炉子热效率。中国石化炼油样板加热炉，采用国内领先的新技术、新设备和新材料进行优化集成，样板炉热效率达到92%，并长周期、安全平稳运行，使加热炉整体技术水平达到国内领先水平。

（1）采用高效、低过剩空气系数、低 NO_x 燃烧器，在保证燃料在较低过剩空气系数下完全燃烧的同时，使噪声和排烟中有害成分含量等环保指标达到或低于国家有关标准规定值。

（2）采用 O_2/CO 串级调节控制燃烧供风量技术，实现燃烧供风量以热效率最优调节控制。

（3）使用国内领先水平的新技术、新材料，对现用的余热回收系统进行“扩能”改造，将排烟温度降低为140℃。新烟气余热回收系统由碳钢-中温热管空气预热器、长效碳钢-水热管空气预热器和搪瓷管-水热管低温空气预热器组成。烟气侧设6台SM-50型声波吹灰器，定时吹灰。搪瓷管-水热管低温空气预热器烟气侧设有在线水冲洗设施，对传热元件定时进行在线水冲洗。

（4）使用国内领先水平的新技术、新材料，将辐射室衬里由全陶瓷纤维喷涂衬里改为改性轻质浇注料与致密型陶纤喷涂复合衬里，保证炉体外壁温度≤70℃（环境温度27.5℃、无风）。采用新的锚固件并在炉体内壁喷涂一层防露点腐蚀专用涂料，防止炉体内壁和保温钉受露点腐蚀，保证衬里最低安全使用寿命达到8~10年。在辐射室陶纤喷涂衬里外部涂刷一层厚度≥3mm的红外辐射节能涂料，改善辐射炉管周向受热不均匀性，进一步降低辐射室散热损失，减缓陶纤喷涂衬里老化、粉化速率。

（5）对流室弯头箱采用全密封结构并更换看火门、人孔、防爆门，提高炉体密封性，减少炉体漏风量。

（6）采用声波+激波联合吹灰器，提高吹灰效果，减缓对流炉管和空气预热器传热元件积灰。并采用“智能加热炉自动控制系统”对加热炉运行、操作调节进行自动控制和调节。提高样板炉操作调节自动化水平，保证长周期高效、平稳运行，提高全运行周期的平均热效率。

（7）按照上述设计指导思想进行设计，使炼油样板炉的热效率≥92%；并长周期、高热效率运行；噪声和排烟中有害成分含量等达到或低于国家有关标准规定值，使炼油样板炉成为节能、环保炼油加热炉。

中国石化系统蒸馏装置加热炉最好水平目前已达到94%以上，烟气排烟温度最低小于100℃，降低燃料消耗。

4. 减少装置用电量的主要措施

（1）合理选用机泵。我国炼油厂常减压蒸馏装置所选用的机泵，由于设计制造上的原因，一般容量较大，效率较低，电力浪费较大。为此可采用以下措施：

① 根据生产实际需要，更换叶轮。

② 按实际处理量换成小泵。

③ 按实际负荷合理选用电动机。

④ 对于负荷变化较大的机泵，可采用变速电机或液力耦合器等。

⑤ 在被压蒸汽有合理用途时，用被压透平代替电动机。

（2）降低电脱盐罐用电量。降低电脱盐罐用电量可以从两方面考虑：一方面是改进电脱盐工艺（如将三层电极板改为两层），选择适宜的罐体尺寸、电极板间距和电极板形式等；另一方面是从工艺操作条件着手，减少注水量，选择适宜的油水界面等。

这里需要指出，上述节电措施必须满足电脱盐工艺要求，即在满足原油脱盐后含盐、含水指标的基础上实施，切不可为节电而降低脱盐指标。还应当指出，应该合理制定原油脱后含盐量的指标，例如下游装置无重油催化加工装置时，硬性要求深度脱盐（脱后含盐<3mg/L）是不

合适的，此时应主要考虑设备防腐对脱后含盐量的要求。

(3) 降低空冷器用电量。

① 采用调校风机，根据介质的冷后温度及时调整风机校度或停止供风，采用自动调校风机约可比常规风机减少用电量的1/3。

② 采用玻璃钢叶片的风扇，可是同型号风扇配套电机功率由40kW降到22kW(轴功率由27kW降为16kW)。

③ 采用增湿空冷。

④ 用引风式空冷器代替送风式空冷器。

⑤ 最先进的方法是采用调速电机，用改变电机转速的方法来调节空冷器冷后温度。

5. 降低水的能耗有哪些主要措施

(1) 减少循环水用量。

① 搞好低温位热量的利用，减少全装置冷凝、冷却的负荷。例如，把侧线产品与原油及其他需要加热的介质换热至出装置的温度，取消相应的循环水冷却。

② 循环水二次利用。减压渣油用其他侧线产品水冷却器排出循环热水冷却，可大大减少装置的循环水用量。

③ 用空气冷却器代替水冷却器。用空气代替循环水做冷却介质，可大幅度降低循环水用量。空气冷却器尤其适用于夏季循环水温高，冬季气温不太低，不必采取热风循环防冻措施的炼油厂。

(2) 减少污水排放量。

① 降低汽提蒸汽及抽空蒸汽用量。这些蒸汽都在塔顶经冷凝冷却，油水分离后排出，是装置含硫含油污水的主要来源。

② 降低机泵冷却水排放量。机泵冷却水应尽可能回收至循环水系统，循环使用，全部排入含油污水系统是不合适的。

③ 降低电脱盐排水量。对有两级电脱盐的装置，应采用第二级电脱盐罐排水作为第一级电脱盐的注水。

④ 减顶不采用直冷。减顶采用直冷，将使含油污水大量增加。目前国内只有个别装置仍沿用直冷。

⑤ 塔顶注水采用塔顶回流罐的排水。

(3) 减少软化水用量。

① 减少电脱盐注水。有两级电脱盐单元，采用二级脱盐罐的排水作为一级脱盐的注水，可使注水量降低一半左右，此外也可采用经污水汽提后的净化水作为电脱盐注水。

② 减少湿式空冷器用水。湿式空冷器用水量一般由工作介质决定，但在选择湿式空冷器时，应合理选定用水量，不宜过多。此外操作中可根据工作要求及季节的变化，能不喷水就尽量不开湿式空冷器的水系统。

③ 机泵冷却水尽可能采用循环水，不用软化水。

6. 降低蒸汽消耗

蒸汽能耗占总能耗的10%以上，也是能耗大户。常减压装置工艺用汽点主要是抽真空用汽、汽提蒸汽、火嘴雾化蒸汽。

较好的蒸汽抽真空系统的汽耗在10kg蒸汽/t原油，很多装置的抽空器汽耗远远高于这个指标。对抽空器喷嘴进行更换或重新选型以降低蒸汽用量，现在大型的常减压装置上多采用蒸汽-机械联合抽真空。即增压器仍使用蒸汽真空泵，二三级抽空器使用机械泵进行抽吸，消耗可以降到4~5kg蒸汽/t原油。

（1）减少汽提蒸汽量。对于初馏塔由于塔底液相负荷相当大，汽提蒸汽基本没有什么效果，应该停掉。

加强对常渣的分析，根据350℃前组分含量来调整塔底吹汽量。充分利用减压深拔技术，减少或不用减压塔底的吹汽量。

对于常二线、常三线，当生产柴油方案时，完全没必要使用汽提蒸汽。

（2）控制好火嘴雾化蒸汽量。使用雾化性能好的燃烧器，雾化蒸汽量可以从0.5kg蒸汽/kg燃料油降到0.2kg蒸汽/kg燃料油。或者在操作中仔细调整雾化蒸汽与燃料的配比，达到雾化良好且蒸汽量不过大。

（3）减少伴热用气。在冬季尤其是北方的冬季，蒸汽消耗会远远大于夏季用气量。这是因为为了克服气温的降低，避免油品和水线冻凝而使用了大量的伴热蒸汽。实际上很多物流在正常生产时是连续流动的，没是有必要使用伴热蒸汽，比如100℃的减渣送焦化线的伴热就没有必要。真正需要冬季伴热的仅仅是低压瓦斯线和一些水线。另外伴热线上疏水器的漏气量也非常巨大，检查、调整疏水器的漏气量也是节能的日常工作之一。

7. 节约用水的消耗

现在各装置的电脱盐注水基本上都是使用双塔汽提处理后的净化水，不再使用软化水作注水。节水工作的主要对象是循环水的节约。

（1）对冷却器实行分台控制，生产中要经常根据每一台冷却器的冷却负荷调整回水阀门，保证上水温度和回水温度最好相差10℃左右。并将冷却器的反冲洗形成制度严格执行。

（2）杜绝机泵冷却水直接排进地沟，将冷却水全部回收到循环水回水管线上。

（3）将80~150℃的需要用冷却器或空冷冷却的物流热量，充分利用到低温余热回收系统中，既回收了热量，又节约了循环水的用量。

8. 控制散热损失

据测算对于保温良好的常减压装置，其散热损失占装置能耗的10%左右。如果保温较差，热损失要大得多。因此努力降低散热损失，可以降低不少能耗。

常减压装置里，管线的热损失占散热损失的重头。一根*DN*200的裸管，内部介质温度300℃，每千米年热损失相当于3700t标油和1100万元，折算成每米年损失为1.1万元。除了管线、塔罐等总表面积较大的设备外，一些不易保温的管件如阀门、法兰、弯头的保温也应重视，*DN*50的阀门的散热面积相当于1.1m的直管段，*DN*200的阀门相当于1.68m直管，即阀门口径越大，其当量散热长度越大，保温价值越大。

第四节　工 艺 优 化

由于常减压蒸馏装置加工的油种、生产方案等变化，实际操作参数往往偏离设计参数，目前在炼油化工中有ASPEN、HYSIS、RSIM等工艺模拟软件，作为广大工艺技术人员的工具，通过对装置模拟计算，为装置优化生产和节能，调整操作提供了方向。

一、流程模拟概况

化工流程模拟（亦称过程模拟）技术是以工艺过程的机理模型为基础，采用数学方法来描述化工过程，通过应用计算机辅助计算手段，进行过程物料衡算、热量衡算、设备尺寸估算和能量分析，作出环境和经济评价。它是化学工程、化工热力学、系统工程、计算方法以及计算机应用技术的结合产物，是近几十年发展起来的一门新技术。石油化工自动化的技术进步，已成为世界石化工业消除瓶颈制约，努力增效创收的主要环节之一。

过程模型是开展流程模拟、先进控制和过程优化的核心技术，通过过程模型可以发展出各种适用于企业不同应用目的的软件产品和技术方案，是国际上大的化工工程公司普遍的做法。在线优化是指综合应用过程建模技术、优化技术、先进控制技术以及计算机技术，在满足生产安全要求及产品质量约束等条件下，不断计算并改变过程的操作条件，使得生产过程始终运行在“最优状态”。

二、流程模拟应用例一

中国石化某炼化分公司 8.0Mt/a 常减压蒸馏装置流程模拟项目，利用建立的模型指导优化装置操作，提高了常压塔塔顶油收率，降低了渣油收率，提升了装置经济效益。

1. 基本工况模拟

采用 Aspen Plus 流程模拟软件，建立了常减压蒸馏装置模型，并对闪蒸塔、常压塔和减压塔的模型进行了开发工作，根据装置需要对上述模型进行了进一步完善。流程模拟中闪蒸塔、常压塔、减压塔均采用 PetroFrac 模型。模型中常压塔进料采用加热炉加热，塔顶采用部分气液冷凝，塔底采用汽提蒸汽，中部设有三个中段回流，常压塔侧设有两个汽提塔，共有四条侧线；减压塔进料采用加热炉加热，塔顶冷凝器有一冷循环，塔底采用汽提蒸汽，塔中部设有两个中段回流。闪蒸塔、常压塔均采用板式塔，减压塔采用填料塔进行模拟计算。见图 7-4-1。

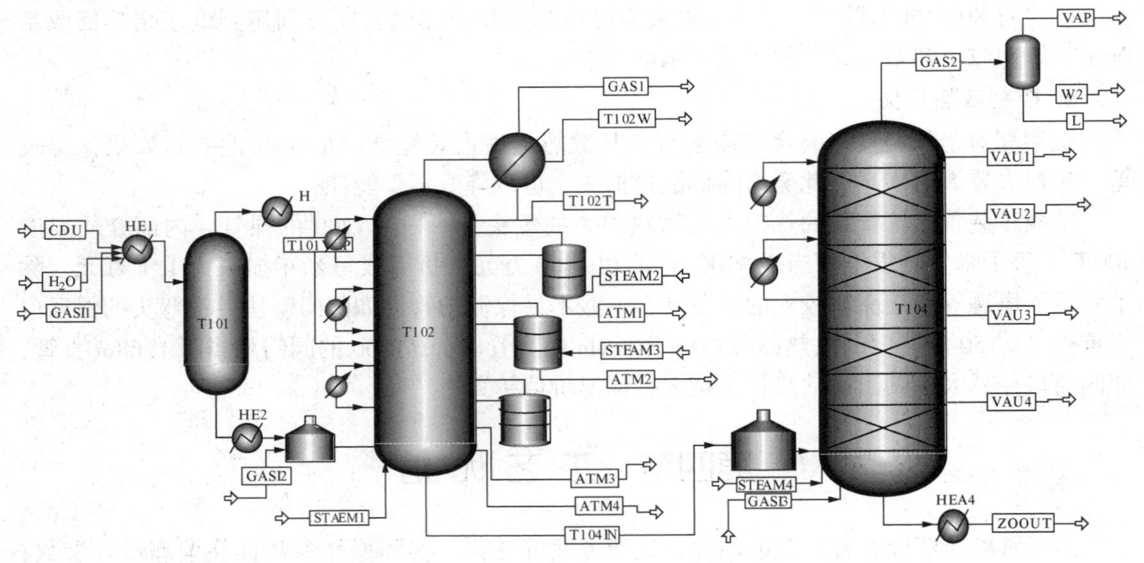

图 7-4-1　常减压装置流程模拟流程图

2. 模型结果

常压塔模型计算数据与分析数据对比见表 7-4-1，减压塔模型计算数据与分析数据对比见表 7-4-2。

表 7-4-1　常压塔模型计算数据与分析数据对比

常压塔计算值				
分析方法	ASTMD86	ASTMD86	ASTMD86	ASTMD86
项　　目	常顶/℃	常一线/℃	常二线/℃	常三线/℃
初馏点/%(体积)	59.1	136.3	195.9	202.4
5	59.8	155.3	216.7	253.2
10	60	163.2	225.3	276.1
30	89.7	179.6	241.1	299.5
50	105.5	189.2	250.3	310.8
70	123.9	199.4	260.1	323.3
90	144.9	212.7	274.7	359.9
95	156.8	224.1	288.8	378.1
100	168.8	235.5	303	396.2
标定分析值				
项　　目	常顶/℃	常一线/℃	常二线/℃	常三线/℃
初馏点/%(体积)	31	143	170	221
5	44	160	219	268
10	55	166	225	281
30	85	180	238	301
50	106	189	247	315
70	124	198	257	331
90	148	214	273	358
95	158	223	282	371
KK	168	236	302	

表 7-4-2　减压塔模型计算数据与分析数据对比

常压塔计算值				
分析方法	ASTMD86	ASTMD1160	ASTMD1160	ASTMD1160
项　　目	减一线/℃	减二线/℃	减三线/℃	减四线/℃
初馏点/%(体积)	278.5	354.9	415.7	445.3
5	293.7	379.2	438.7	493.1
10	299.9	387.8	446.3	513.4
30	315.2	410.2	471.9	554
50	324.7	425.1	490.6	571.8
70	335.7	443.6	513.5	590.1
90	359.3	472	543.2	616.7
95	374.5	485	561.4	639.3
100	389.6	517.3	578.7	702
标定分析值				
项　　目	减一线/℃	减二线/℃	减三线/℃	减四线/℃
初馏点/%(体积)	275	看不见	看不见	看不见
5	299	338	430	481
10	304	350	450	516
30	318	379	474	
50	330	395	495	
70	343	421	511	
90	365	450	540	
95	376	462	560/95.6ml	
100		482		

3. 模型应用

通过灵敏度分析，研究了常压炉出口温度对常压塔塔底渣油350℃含量之间的关系、常一线汽提蒸汽量与常一线5%点温度之间的关系、减压炉出口分支温度对减压塔塔底渣油

530℃含量之间的关系等。在实际生产中，应用提高常一线汽提蒸汽量以提高常压塔塔顶油收率，提高减压炉出口温度以提高总拔，均取得较好的效益。

三、流程模拟应用例二

（一）RSIM 模拟常压塔增加一条侧线产石脑油方案

常减压蒸馏装置原设计常顶重整料按干点(*KK*)≯180℃控制，为了提高重整原料的芳烃潜含量，要求将常压塔塔顶一级油 *KK* 控制在 150~160℃，但与设计偏差太大，对装置常压塔操作影响较大，常压塔一线上部分塔盘气液相负荷高，常压塔塔顶一级油 *KK* 和常一线产喷气燃料时闪点控制难度大。现产重整料是常压塔塔顶一级油 *KK* 控制在 160~170℃。设想在常一线与常压塔塔顶循之间第 9 块塔盘增加一条侧线抽出产石脑油作乙烯原料，常压塔塔顶一级油产重整料 *KK* 控制在 150~160℃，以减少对常压塔上部负荷及产品质量波动。

（二）模拟流程

常压塔模拟流程见图 7-4-2。

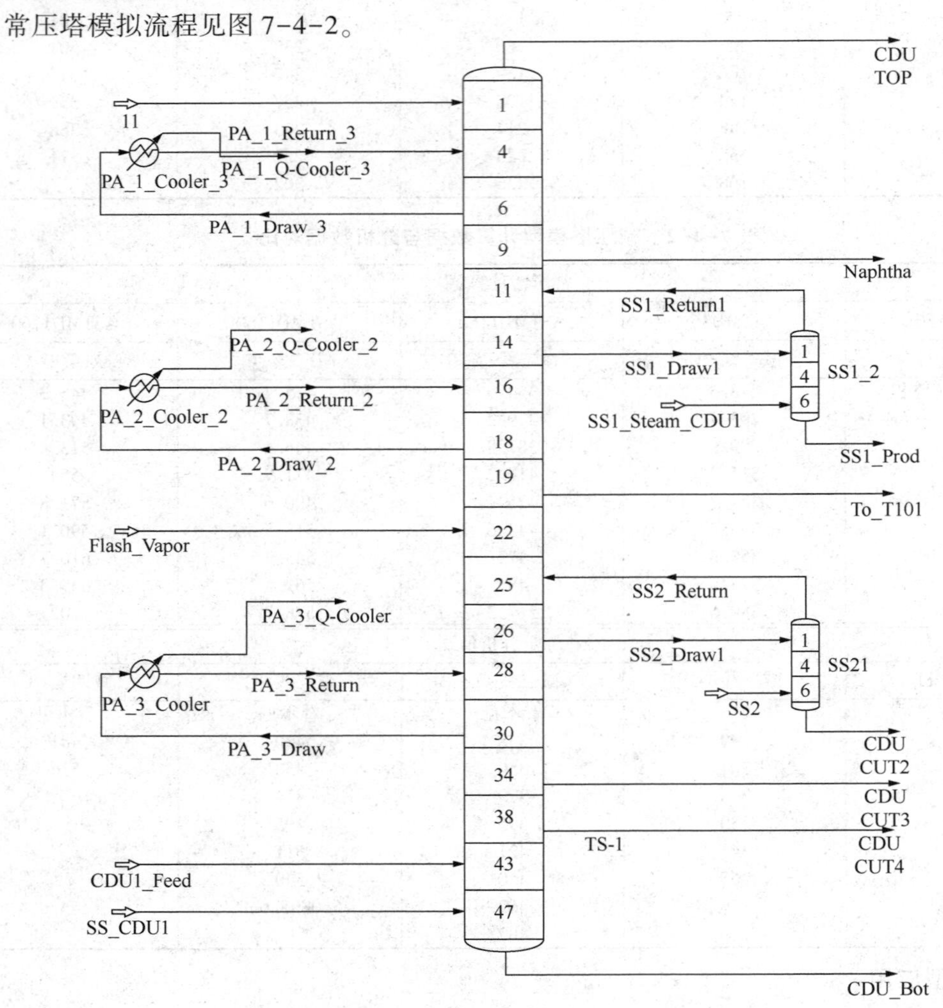

图 7-4-2 常减压装置流程模拟流程图

（三）模拟结果

1. 模拟方案

模拟方案为现产重整料方案、现产石脑油方案、降低重整料 *KK* 方案、增加产石脑油侧线四种方案。见表 7-4-3。

表 7-4-3　模拟方案

项　目	方案 1（现产重整料）	方案 2（现产石脑油）	方案 3（降低重整料 *KK*）	方案 4（增加产石脑油侧线）
原料及加工量	科威特：索鲁士（5：1）792t/h			
常顶一级油	160~170	190~200	150~160	150~160
KK/℃	230~240			
常一线（喷气燃料料）*KK*/℃				
新增石脑油侧线 *KK*/℃				200
常一线（喷气燃料料）闪点/℃	38~48			
常一线（喷气燃料料）冰点/℃	≯-47			
常二线加工方案	柴油加氢料			
常三线 95%点温度/℃	360~370			

2. 模拟结果

（1）模拟物料结果对比。模拟结果对比情况见表 7-4-4。可以看出增加侧线后，常二线、常三线量变化不大，与产重整料的方案 1 和方案 3 相比，常压塔塔顶油量和常一线量均减少，减少的量约等于新增侧线量。而与产石脑油的方案 2 相比，常压塔塔顶油量减少，减少的量约等于新增侧线量和常一线增加的量。在控制常一线闪点合格前体现，常一线汽提塔吹气量大大降低，减少了装置能耗。

表 7-4-4　模拟物料结果对比

项　目	方案 1（现产重整料）	方案 2（现产石脑油）	方案 3（降低重整料 *KK*）	方案 4（增加产石脑油侧线）	方案 4-方案 1	方案 4-方案 2	方案 4-方案 3
常压塔塔顶一级油流量/（t/h）	74. 65	96. 58	63. 95	55. 32			
常压塔塔顶二级油流量/（t/h）	29. 23	43. 05	33. 32	31. 29			
常压塔塔顶油总量/（t/h）	103. 88	139. 63	97. 27	86. 61	-17. 27	-53. 02	-10. 66
新增侧线流量/（t/h）				34. 16	34. 16	34. 16	34. 16
常一线流量/（t/h）	74. 48	35. 6	82. 59	54. 88	-19. 6	19. 28	-27. 71
常二线流量/（t/h）	70	76. 81	68. 51	73. 66	3. 66	-3. 15	5. 15
常三线流量/（t/h）	100	97. 95	100. 5	98. 88	-1. 12	0. 93	-1. 62
常一线吹汽量/（t/h）	2. 5	0. 5	4. 5	1. 4	-1. 1	0. 9	-3. 1
常压塔塔顶温度/℃	119	149. 7	112. 7	110. 1	-8. 9	-39. 6	-2. 6

（2）模拟常压塔塔顶一级油和常一线喷气燃料质量对比

模拟常压塔塔顶一级油和常一线喷气燃料质量对比情况分别见表 7-4-5 和表 7-4-6。

模拟结果可以看出增加侧线后，与降低重整料 *KK* 相比，由于常顶一级油 *KK* 控制相同，芳潜量变化不大，C_9至C_{11}量减少，与现产重整料方案相比，芳潜增加，C_9至C_{11}量减少，提高了重整原料的质量。

增加侧线产喷气燃料后，常一线馏程分布比现产重整料方案和降低重整料 *KK* 方案的常一线馏程重，但比现产石脑油方案的常一线馏程轻，质量可控制在指标范围内。

表 7-4-5 模拟常顶一级油质量对比

项　　目	方案 1（现产重整料）	方案 2（现产石脑油）	方案 3（降低重整料 *KK*）	方案 4（增加产石脑油侧线）	方案 4-方案 1	方案 4-方案 3
1%(体积比)/℃	37.82	50.52	37.63	36.18		
10%(体积比)/℃	75.55	91.37	75.13	70.87		
30%(体积比)/℃	97.9	116.88	96.44	91.48		
50%(体积比)/℃	110.4	136.85	107.28	102.93		
90%(体积比)/℃	142.4	174.89	135.71	132		
99%(体积比)/℃	161.4	194.9	152.25	151.45	-9.95	-0.8
芳潜/%	17.22		18.34	18.24	1.02	0.1
C_9含量/%(体积比)	23.46		22.92	18.03	-5.43	-4.89
C_{10}含量/%(体积比)	3.19		0.47	0.57	-2.62	0.1
C_{11}含量/%(体积比)	0.032		0.001	0.008	-0.024	0.007

表 7-4-6 模拟常一线喷气燃料质量对比

项　　目	方案 1（现产重整料）	方案 2（现产石脑油）	方案 3（降低重整料 *KK*）	方案 4（增加产石脑油侧线）	质量指标
1%(体积比)/℃	147.04	144.42	149.42	147.44	
5%(体积比)/℃	164.85	169.16	164	167.53	
10%(体积比)/℃	171.32	180.16	168.88	175.79	≯203
30%(体积比)/℃	182.2	199.03	178.17	190.07	
50%(体积比)/℃	191.26	207.07	187.96	198.59	≯230
70%(体积比)/℃	202.35	213.5	200.26	207.4	
90%(体积比)/℃	217.65	222.27	217.06	219.27	
95%(体积比)/℃	224.94	228.28	224.69	225.78	
99%(体积比)/℃	237.33	237.33	237.33	237.33	≯298
闪点/℃	38.09	38.15	38.95	39.06	38~48
冰点/℃	-54.82	-49.65	-55.92	-52.51	≯-49
密度/(kg/m³)	784.2	791.2	782.6	787.5	

3. 模拟结论

通过 RSIM 模拟不同工况下物料和质量对比。增加石脑油侧线后常一线喷气燃料质量可控制合格，常压塔塔顶一级油产重整料品质提高，还可增产石脑油。但考虑到此方案比现产石脑油方案常一线量增加，而石脑油加常顶油总量减少，影响公司的乙烯原料。因此建议在公司三套常减压其中一套增上技术改造项目，在常压塔常一线与常压塔塔顶循之间再增加一条侧线产石脑油，以优化重整原料和乙烯原料。

第五节　先进控制 APC

先进控制(Advanced Process Control，简称 APC)是对那些不同于常规控制，并具有比常规 PID 控制更好的控制效果的控制策略的统称。通过实施先进控制，可以改善过程动态控制的性能，减少过程变量的波动幅度，使之能更接近其优化目标值，从而使生产装置在接近其约束边界的条件下运行，最终达到增强装置运行的稳定性和安全性、保证产品质量的均匀性、提高目标产品收率、增加装置处理量、降低运行成本、减少环境污染等目的。经过多年的发展，先进控制技术已从过去单一的多变量控制发展成系列化的技术体系。主要有基本回路整定技术、软仪表技术、多变量预估技术、在线优化技术、智能化的阶跃测试技术、先进控制应用性能监控和系统维护工具等。先进控制的主要特点是基于模型的，并以系统辨识(最小二乘法为基础)、最优控制(极大值原理和动态规划方法等)以及最优估计(卡尔曼滤波理论)等现代控制理论为基础的一种控制方法。必需借助于计算机来实现数据处理与传输、模型辨识、控制规律的计算、控制性能的评价、整体系统的监视(包括统计计算、各种图形显示)等均依赖于计算机。APC 控制在常减压蒸馏装置的应用比较多，事实上国内外过程控制界对原油蒸馏过程的模型化、先进控制与操作优化进行了大量深入细致的研究开发工作。国外自 20 世纪 50 年代末就开始了现代控制理论的应用研究，目前先进控制与实时优化已成为国外炼油企业常减压蒸馏装置自动化的主要形式。自 20 世纪 60 年代国内的专家学者就开始在常减压蒸馏装置进行了高级控制策略应用研究试点，取得了如常压塔、减压塔中段回流热负荷控制、常压塔的解耦控制和自适应前馈控制等一系列研究成果。20 世纪 90 年代国内已在多套常减压蒸馏装置上实施了先进控制，既有成功的经验，也为在我国不同企业实施常减压蒸馏装置先进控制和优化提供了参考。

一、原油蒸馏的优化操作和控制

常减压蒸馏装置是一次加工装置，其控制运行对整个炼油厂的产品、能耗、加工成本及经济效益影响较大。目前常减压蒸馏装置加工原油品种多样化，原油切换频繁，给蒸馏装置的控制带来了挑战。因此，常减压蒸馏装置的先进控制和优化成为国内外先进控制研究开发的一个焦点，同时先进控制系统将是全厂生产优化系统中非常重要的一个执行环节。

常减压蒸馏装置先进控制由原油调和控制、原油预热优化控制、加热炉的先进控制、常压塔和减压塔的先进控制等组成。

1. 原油调和控制

原油调和控制主要做好原油评价数据与选油的优化，并根据优化目标、物料平衡、产品质量和加工负荷等建立计划优化模型，由生产管理部门安排执行。

2. 常压炉和减压炉的先进控制

加热炉先进控制主要为：炉出口温度的先进控制、加热炉支路均衡控制、原油加工总量的控制和加热炉的过剩空气量的控制和节能优化。

3. 常压塔、减压塔的先进控制

在满足产品质量的前提下，平稳操作参数，优化高附加值产品，实行产品质量卡边操作，提高轻油收率，为了实现产品质量的实时控制，进行软仪表变量控制。

二、蒸馏装置先进控制的实施

1. 装置情况

某炼化企业常减压蒸馏装置，原设计负荷为2.5Mt/a，于1989年7月建成投产。2004年底在采用四级蒸馏工艺路线完成装置扩能改造之后，原油处理能力扩大到6Mt/a。

常减压蒸馏装置的四级蒸馏工艺是指初馏塔→常压炉→常压塔→一级减压炉→一级减压塔→二级减压炉→二级减压塔的新工艺。通过新增一级减压炉和一级减压塔，前后分别转移部分常压负荷和减压负荷至一级减压塔。本装置的产品方案：重整料→喷气燃料料→加氢原料→加氢裂化原料→焦化或溶剂脱沥青原料。整个装置由换热部分、电脱盐部分、初馏部分、常压蒸馏部分、一级减压蒸馏部分和二级减压蒸馏部分等组成。

2. 先进控制实施方案

根据常减压蒸馏装置工艺特点，常减压蒸馏装置生产过程先进控制的方案如下：

（1）根据原油蒸馏过程的特点，在技术上先进、经济上合理的DCS控制技术基础上，实施常减压蒸馏装置的基础控制改造和先进控制，为改善产品质量、提高轻油产品收率以及实现生产装置的节能降耗奠定基础。

（2）影响常减压蒸馏装置生产过程的因素较多，充分发挥多变量鲁棒预测控制软件APC-Adcon和软测量软件APC-Sensor的效用，消除工况波动和单元设备之间的相互干扰，确保生产过程的平稳、实现平衡控制和平稳操作。

（3）针对常减压蒸馏装置，采用工艺计算和软测量技术，结合过程模型，实时进行各线产品性质的估算、改善常压各侧线质量控制精度，实现高价值产品切割点卡边控制；针对原油切换过程，建立新的实沸点曲线、估算切割点控制条件，从而缩短原油切换之后装置的平稳时间。重点实施蒸馏塔系工艺计算与软测量、先进控制，加热炉系统和原油换热网络的能量平衡计算、先进控制；为这些过程的离线优化奠定基础。

根据方案常减压蒸馏装置先进控制系统设计了五个先进控制子控制器，包括原油换热（含电脱盐罐）、初馏塔（含常压炉）、常压塔（含一级减压炉）、一级减压塔（含二级减压炉）和二级减压炉等五个先进控制子系统。共包含42个MV和43个CV，生产过程中都基本正常投用，达到APC目标要求。

3. 运行效果

（1）参数控制标准方差降低。投用先进控制后，标定期间先控系统投用后各被控参数的标准偏差有一定程度的降低，关键被控变量的平均标准偏差下降达到了20%的目标。具体见表7-5-1。

表7-5-1 原油处理量及电脱盐部分关键变量稳定性对照表

项 目	状 态	平均值	最大值	最小值	标准方差值	标准方差降低百分率
流量	投运前/(t/h)	691.16	719.13	473.52	32.03	74%
	投运后/(t/h)	721.59	736.87	688.99	8.37	
BLDIC0201（界位）	投运前/(t/h)	40.25	54.85	6.88	6.00	75%
	投运后/(t/h)	41.94	43.73	34.97	1.55	
BLDIC0202（界位）	投运前/(t/h)	37.25	46.32	16.62	4.46	83%
	投运后/(t/h)	39.73	40.34	36.02	0.76	

在常规生产操作中，操作人员通过调节脱前4路换热支路流量控制阀的阀位，达到调节装置处理量的提降操作，这种手动调节阀位的方式，操作人员调节相对较频繁，而且提降处理量的精度不高，对装置负荷的稳定性略差。实施先进控制系统后，操作人员只需设定装置的处理量目标值，先进控制系统通过模型计算，相应调节4个脱前换热支路，实现提降装置处理量目标。

目前，常减压蒸馏装置电脱盐注水流程为先从三级罐注水，其脱水回注二级电脱盐罐，二级电脱盐罐脱水回注一级电脱盐罐，然后脱盐污水排出装置。各电脱盐罐脱水量的大小受控于相应的电脱盐罐的界位。界位控制平稳，则脱水量波动较小，一二级电脱盐罐的注水量平稳，利于电脱盐系统工况的稳定，同时也有利于后续各塔底液位的稳定。由于装置加工原油的油性较重，电脱盐罐油水乳化层较厚，如果界位控制不稳，则脱水量会大幅波动，容易将大量的油水乳化液注入到前一级电脱盐，导致电脱盐罐内油水乳化加剧，进而影响下一级电脱盐罐的工况，导致恶性循环使整个电脱盐系统油水乳化严重，脱后原油大量带水造成装置生产波动。从本次标定的生产数据对比分析可以看出，先进控制系统投用之后，在正常生产工况和换油期间，电脱盐罐界位控制相对平稳，界位调整过程波动较小，对电脱盐系统的平稳操作起到一定的作用。当然电脱盐的平稳运行也有和后期操作经验的积累与操作方案的优化有很大关系。原油电脱盐后温度稳定性对照见表7-5-2、表7-5-3。

表7-5-2　原油脱盐后换热温度稳定性对照表

项　目	状　态	平均值	最大值	最小值	标准方差值	标准方差降低百分率/%
温度平均值/℃	投运前	194.132	209.649	178.303	3.94005	51
	投运后	204.378	209.549	200.081	1.96051	

表7-5-3　原油换热终温稳定性对照表

项　目	状　态	平均值	最大值	最小值	标准方差值	标准方差降低百分率/%
温度平均值/℃	投运前	194.13	209.65	178.30	3.94	64
	投运后	204.38	209.55	200.08	1.96	

原油换热网络部分先进控制系统是通过设计原油换热系统的支路平衡控制系统，协调脱前换热4个支路流量、脱后换热5个支路流量及初底油3个支路流量，优化了换热网络的换热效果，提高热量回用率，一定程度上降低了装置能耗。

初馏塔底液位原先波动较大，依靠操作工直接调节控制阀进行控制，因此生产操作中物料流量波动较大。引起初馏塔塔底液位和常压炉8路进料流量的大幅波动，进料波动导致常压炉负荷波动，炉出口温度不稳，这样增加了常压侧线产品质量控制的难度。常压炉8路进料和初底液位的串级控制投用之后，稳定了初馏塔塔底液位和8路进料流量，进料流量平稳对炉出口温度的平稳控制起到很好的作用。8路进料的支路平衡控制使常压炉的支路温差缩小，有利于提高加热炉的热效率，为降低装置能耗起到一定的作用。具体见表7-5-4。

从统计数据(表7-5-5)分析中可以看出，在常压塔部分先进控制系统中，主要工艺参数稳定性得到了较大提高，尤其一级减压炉6路进料的分支温差有所降低，稳定性有一定的提高。

表 7-5-4　初馏塔部分关键变量稳定性对照表

项　目	状　态	平均值	最大值	最小值	标准方差值	标准方差降低百分率/%
BLIC0302A（液位）	投运前	43.00	47.30	37.66	0.97	59
	投运后	49.04	51.55	47.59	0.40	
BLIC0301A（液位）	投运前	46.56	70.46	22.62	8.39	91
	投运后	45.35	47.43	42.28	0.86	
BTIC0412（炉出口温度）	投运前	340.30	349.30	332.72	1.72	42
	投运后	352.54	355.43	347.40	1.04	
支路最大温差	投运前	18.29	26.22	6.73	4.47	67
	投运后	15.54	19.57	11.41	1.51	

表 7-5-5　常压塔部分关键变量稳定性对照表

项　目	状　态	平均值	最大值	最小值	标准方差值	标准方差降低百分率/%
BLIC0307（液位）/%	投运前	51.00	53.98	47.71	0.71	4
	投运后	50.06	55.33	45.60	0.70	
BFI0311（流量）/（t/h）	投运前	40.68	57.42	10.06	5.43	75
	投运后	54.45	59.23	50.38	1.40	
BTIC0509（炉出口温度）/℃	投运前	350.05	358.99	343.74	1.07	9
	投运后	348.20	352.63	344.74	1.00	
支路最大温差/℃	投运前	9.96	17.53	5.20	1.29	67
	投运后	1.70	3.14	-0.43	0.54	

从运行效果和数据统计（表 7-5-6）分析看，减压部分先进控制系统稳定二级减压炉炉出口温度，提高了真空泵背压系统的可控性，有利于减压系统的稳定操作。

表 7-5-6　减压塔部分关键变量稳定性对照表

项　目	状　态	平均值	最大值	最小值	标准方差值	标准方差降低百分率/%
BTIC0703（炉出口温度）/℃	投运前	378.78	391.51	365.58	2.36	79
	投运后	386.15	388.89	383.65	0.50	
BPI0606（压力）/MPa	投运前	-0.63	5.39	-5.13	1.54	61
	投运后	-1.21	5.30	-6.16	0.60	

从以上统计数据表（表 7-5-7）可以得出：本次标定期间先控系统投用后各被控参数的标准偏差有一定程度的降低，关键被控变量的平均标准偏差下降达到了 20%的目标。

表 7-5-7　主要产品化验分析数据对照表

项　目	状　态	平均值	最大值	最小值	标准方差值	标准方差降低百分率/%
初馏塔塔顶 *KK*/℃	投运前	165.16	171	159	4.143	61
	投运后	165.54	169	163	1.597	

续表

项 目	状 态	平均值	最大值	最小值	标准方差值	标准方差降低百分率/%
常压塔塔顶 *KK*/℃	投运前	165.73	171	160	2.917	28
	投运后	168.37	174	166	2.100	
常一闪点	投运前	49.52	56	42	2.639	27
	投运后	50.64	55	47	1.915	
常三 95	投运前	349.06	367	333	8.513	41
	投运后	353.40	362	345	4.985	
一级减二 95	投运前	369.89	377	364	3.365	32
	投运后	369.56	374	365	2.296	

从先进控制系统投用前后质量波动的对比情况看，先进控制系统投用后主要产品质量的标准方差降低百分率达到了 20%的幅度。见表 7-5-8。

表 7-5-8 产品轻收对比(平均值)

状 态	处理量/(t/h)	轻收量/(t/h)	收率/%	收率变化/%
投用前	691.16	279.94	40.50	0.60
投用后	721.59	296.62	41.10	

从先进控制系统投用前后装置的轻油收率的数据看，先进控制系统投用期间的收率数据比投用前的数据提高了 0.60%。然而先进控制的软测量系统不能很好的反应侧线产品质量，对实际的产品质量控制过程而言没有实际的参考作用，因此也无法实现闭环卡边操作。先进控制系统投用之后轻收的提高主要是内操人员操作上优化的结果。当然先进控制系统投用后关键操作参数稳定性的提高，为操作上的优化提供了一个好的操作条件，为装置轻收的提高也起到很好的作用。因此先进控制系统投用后对提高轻收有一定的作用，但具体能提高多少的轻油收率无法估算。

(2) 软测量系统运行情况。主要软测量模块计算与化验分析数据对比情况见表 7-5-9。

表 7-5-9 主要产品软测量系统计算值与化验分析数据对照表

项 目	平均值/%	最大值/%	最小值/%
初馏塔塔顶 *KK* 相对偏差	2.39	3.69	0.30
常压塔塔顶 *KK* 相对偏差	0.60	9.66	2.09
常一闪点相对偏差	11.81	20.87	4.42
常三 95%点相对偏差	3.18	5.51	0.99
一级减二 95%点相对偏差	0.78	4.28	3.42

由于受装置频繁换油以及油性大幅变化的影响，预测值和化验值的局部偏差还是比较大，软测量并不都能很好的反应侧线产品质量，这对实际的产品质量控制过程而言参考价值不是很明显。

(3) 降低能耗。根据工艺每月的能耗统计分析，对先进控制系统实施前后各月的能耗情况，进行统计对比分析。见表 7-5-10。

表 7-5-10　先进控制系统实施前后装置能耗统计对照表

项　目	日　期	蒸汽/(kgEO/t)	燃料/(kgEO/t)	综合/(kgEO/t)
先进控制系统实施前	2007 年 8 月	1.25	7.16	8.41
	2007 年 9 月	1.23	7.16	8.39
	2007 年 10 月	1.09	7.14	8.23
先进控制系统实施后	2008 年 11 月	1.07	6.62	7.69
	2008 年 12 月	1.05	6.43	7.48
	2009 年 1 月	1.1	6.61	7.71

统计投用先进控制系统前后的 3 个月能耗数据对比分析可以看出：2007 年未实施先进控制系统时，装置的蒸汽和燃料能耗约为 8.34kg 标油/t，2008 年 11 月后，先进控制系统连续运行，装置蒸汽和燃料综合能耗降为 7.63kg 标油/t 左右，这除了先进控制系统的作用之外，主要还是因为 2008 年装置处理量比 2007 年高出很多，经过均摊之后，计算认为先进控制系统对降低蒸汽和燃料能耗的贡献为 0.19ka 标油/t，以此计算下降了 2.29%。以 6Mt/a 的加工量和 1000 元/t 标油的价格计算，产生效益为 112.2×10^4 元/a。

参　考　文　献

1　黄荣. 5.0Mt/a 常减压装置能耗分析及节能措施. 石油化工技术，2011，18(3)：33~35
2　周铁辉. 常减压、催化裂化装置的节能降耗潜力分析. 广州化工，2012，40(2)：115~116
3　李志杰. 利用流程模拟软件降低常减压装置能耗. 中外能源，2011，16：14~16
4　陈安民. 石油化工过程节能方法和技术. 北京：中国石化出版社，1995
5　高维平. 换热网络优化节能技术. 北京：中国石化出版社，2004
6　刘荣博. 常减压蒸馏换热网络节能优化. 山东化工，2014，43(3)：155~158
7　费翔. 常减压装置节能减排措施探讨. 石油化工技术与经济，2014，30(3)：32~35
8　邓爱琴，滕宪忠. 常减压装置节能优化技术综述. 炼油与化工，2010，21(6)：15~17
9　张革松. 四级蒸馏技术在常减压装置扩能改造新途径. 石油炼制与化工，2004，35(7)：27~30
10　王莲静，马昕桐等. APC 控制系统在常减压装置的应用. 炼油与化工，2013，24(3)：24~26
11　刘伟，侯雅晶. 先进控制技术在常减压装置的应用. 炼油化工自动化，2003，(3)：45~47
12　徐立安. 先进控制在常减压蒸馏装置的应用及研讨. 石油化工自动化，2009，(2)：25~27
13　蔡新生. 先进控制技术在常减压装置中的应用. 石油化工自动化，2004，1：82~85

第八章　常减压蒸馏装置操作

第一节　电脱盐操作

一、正常操作

影响电脱盐脱盐效果的操作参数很多，日常生产中应维持电脱盐系统的稳定，根据加工原油油性、脱后原油含盐、含水量的分析数据进行调整，保证电脱盐的脱盐效果。

1. 混合强度

不同性质的原油，适宜的混合强度不同。通常情况下密度大的原油需要的混合强度要比小密度的原油低。原油性质发生变化后，可以通过电脱盐电流的变化情况来判断。电脱盐电流发生较大幅度的上升时，说明在加工油性下的电脱盐混合强度过强，可适当降低混合强度。脱后原油含盐量高，但其含水量低，脱盐效果差，可提高混合阀压降。

2. 界位

油水密度差非常小，如果原油轻重发生变化，界位很容易发生波动，甚至出现假指示。生产中要经常检查界位指示是否正确，通过现场看样口对界位进行核对。乳化层的存在也干扰了界位的正确指示，因此应加强现场电脱盐罐界位的检查，若发现电脱盐罐内原油乳化层比较厚，应适当上下活动电脱盐罐界位，破除乳化层。一般情况下加工重质高黏度原油时容易出现乳化层，日常生产中应特别注意。

稳定控制合适的电脱盐界位非常重要。因为在电脱盐罐内部，水位可以与罐内极板的最下端形成弱电场，用来脱除原油中较大的水滴。电脱盐界位控制过低，一方面会造成弱电场强度太低，无法脱除较小水滴；另一方面会减少水相在电脱盐罐内的停留时间，导致排水含油量过高。电脱盐界位控制过高，则会导致电脱盐罐运行电流升高，如果水层进入电极板之间，会导致电脱盐设备短路，无法建立电场。

3. 破乳剂

破乳剂作用是促进原油乳化液的破乳，破乳剂注入量的多少将直接影响到电脱盐的脱盐效果。日常生产中根据原油的盐含量和原油的乳化程度来确定注入量。破乳剂的加入一般采用计量泵，计量泵流量比较稳定，但流量不直观，不容易控制破乳剂的注入量。因此，在日常生产中要定时对破乳剂注入量进行标定，准确计量破乳剂的注入量，保证脱盐效果。

4. 注水

破乳剂适宜工作环境是弱碱性，如果注水 pH 值过高或过低都会影响破乳剂的破乳效果。日常生产中要加强对注水水质的监测，避免注水水质不合适影响破乳剂的破乳效果。

电脱盐注水量一般为加工原油量的 4%~8%。如果注水量过少，经过混合后的乳化液中水滴彼此间距太大，在电场中碰撞结合的机会降低，脱盐效率会降低；如果注水量过多，经过混合后形成的乳化液电导率将增加，引起极板间电流升高，导致电位梯度降低，水滴在电场中受到的电场力下降，脱盐效率会降低。日常生产中要根据原油加工量的变化稳定电脱盐注水比例。

5. 沉渣冲洗

定期进行沉渣冲洗，可将电脱盐罐底沉积的杂质通过排水线排出电脱盐罐，防止大量的杂质在电脱盐罐内聚积。日常生产中进行水冲洗时应注意以下几点：

（1）目前大多数电脱盐注水采用的都是二级电脱盐罐脱下水回注一级电脱盐罐的流程，因此，应先对二级电脱盐罐进行水冲洗。另外，若一级电脱盐罐注水位置有在换热器前注入的，水冲洗期间应将一级电脱盐罐注水改为混合系统前注入，防止对二级电脱盐罐水冲洗期间造成一级电脱盐罐注水杂质增多而在换热器内积聚，影响换热器的换热效果。

（2）水冲洗时要控制合适的水量，冲洗水量根据罐体大小及水冲洗喷嘴大小、数量和形式而不同。冲洗水量过低，则会降低水冲洗的效果；冲洗水量过高，会造成电脱盐罐界位波动，也会使搅起的杂质被原油带走。

二、开停工操作

（一）电脱盐的开工

经过检修后的电脱盐罐在封人孔前应确认电气设备的状态是否良好，因为绝缘棒、电极板都安装在电脱盐罐内部。

1. 电气试验

（1）进罐检查，保证所有工具、破布等杂物全部拿出罐外；对内部电器设备进行检查，确认没有问题；

（2）进行电脱盐罐空载试验，记录每个变压器电流、电压的变化情况，确认各项指标正常。

2. 工艺、设备检查

（1）检查人孔、法兰是否紧好；

（2）检查自控仪表是否投用；

（3）投用安全阀；

（4）设备、管线进行吹扫、试压。

在电脱盐开工的试压过程、停工的蒸罐操作中，要使用减温减压的蒸汽，严禁蒸汽长时间地加热脱盐罐。这是因为极板间的绝缘棒的材质一般是聚四氟乙烯，它不能长时间耐150℃以上的高温。

3. 投运

电脱盐单元投用的时间有的装置是在常减压开正常以后再开电脱盐，也有的装置是开工过程中途投用电脱盐，还有的装置是开工时即带着电脱盐打循环。一般来说开工中途投用电脱盐最好，因为这样可以尽快地利用电脱盐进行脱水脱盐，缓冲原油带水对蒸馏单元的冲击。如果引原油时即投用电脱盐，这样原油没有经过加热直接进入脱盐罐，很容易形成乳化层，造成界位难以建立，脱后原油带水较多，会波及蒸馏单元的平稳操作。投用电脱盐单元步骤如下：

（1）将电脱盐单元并入系统主流程；

（2）将破乳剂注到原油泵入口线；

(3) 电脱盐送电；
(4) 投用注水，稳定控制电脱盐罐界位；
(5) 联系化验分析脱后原油含盐量、含水量，根据化验数据进行调整。

(二) 电脱盐的停工

日常生产中，电脱盐单元能够将原油中含盐脱除，并稳定原油中的含水，保证后续蒸馏单元的平稳运行。当电脱盐单元出现问题需要切出主系统或者装置停工时，电脱盐单元停运。

1. 停运

(1) 停电脱盐注水；
(2) 将电脱盐单元切出系统主流程；
(3) 电脱盐停电；
(4) 停注破乳剂。

2. 退油、吹扫

(1) 电脱盐罐静置脱水；
(2) 电脱盐罐往主流程或者系统重污油退油；
(3) 管线、设备蒸汽吹扫；
(4) 电脱盐罐蒸罐；
(5) 打开人孔通风。

三、异常操作及处理

常减压蒸馏装置是炼油厂的龙头装置，而电脱盐又是常减压蒸馏装置的龙头处理单元，原油性质发生变化首先体现在电脱盐的各种参数上。例如，原油密度发生变化会引起脱盐压力的变化，这是因为原油的汽化率发生了变化。原油盐含量变化，会引起电流变化。原油含水量的变化可以从脱水量的大小上看出，或从界位控制阀的开度变化看出，因此电脱盐单元很容易发生波动。这时我们要认真分析，查找波动原因并作出相应的调整。

电脱盐异常的直观表征主要是界位变化，电流、电压变化，脱后原油中盐和水含量变化，电脱盐排水带油。下面主要讨论电脱盐异常状态的原因及操作处理。

(一) 脱后原油中含盐量太高

1. 可能原因

(1) 混合压降太低，盐没有充分溶解于水中；
(2) 注水量不足；
(3) 操作温度太低；
(4) 破乳剂不适应加工油性。

2. 处理原则

(1) 提高混合压降；
(2) 提高电脱盐注水量；
(3) 调整换热流程，提高脱前原油的温度；
(4) 进行破乳剂筛选工作，更换破乳剂配方。

(二) 脱后原油中含水量太高

1. 可能原因

(1) 混合压降太大；

（2）电脱盐注水量太大；
（3）脱前原油沉积物及水含量太高，油水分离不足；
（4）电场强度太低；
（5）破乳剂加入量不足或者破乳剂的类型不对；
（6）电脱盐罐界位太高。

2. 处理原则

（1）降低混合压降；
（2）降低注水量；
（3）加强罐区脱水，电脱盐罐进行水冲洗；
（4）检查电气系统是否有运行问题或适当调高电压挡位；
（5）提高破乳剂注入量或者改变破乳剂类型；
（6）核对界位指示仪表是否正常，降低电脱盐罐界位。

（三）脱水带油

1. 可能原因

（1）混合压降太大；
（2）脱盐温度太低，破乳效果不好；
（3）破乳剂加入量不足或者破乳剂的类型不对；
（4）界位太低。

2. 处理原则

（1）降低混合压降；
（2）调整换热流程，提高脱前原油的温度；
（3）提高破乳剂注入量或者改变破乳剂类型；
（4）核对界位指示仪表是否正常，拉低电脱盐罐界位。

（四）电压电流出现大的波动

1. 可能原因

（1）电脱盐界位控制阀运行不正常；
（2）破乳剂加入量不当或破乳剂类型不对；
（3）混合压降太大；
（4）电脱盐罐存在乳化层；
（5）原油油性发生大幅变化。

2. 处理原则

（1）检查控制阀，联系仪表工调校；
（2）调节破乳剂的注入量或改变破乳剂类型；
（3）降低混合压降；
（4）切除乳化层；
（5）平稳原油油性。

（五）送不上电

1. 可能原因

（1）有电器故障；

（2）极板短路。

2. 处理原则

（1）消除电器故障；

（2）极板故障需要将电脱盐单元停工进行进罐处理。如果只单一变压器送不上电或电流高于其他变压器，则说明该变压器的输出端或绝缘棒附着杂质，提高了导电性，造成短路。

（六）脱盐罐超压

1. 可能原因

（1）原油控制阀突然开大或停风(风关阀)；

（2）原油大量带水，水被加热、汽化；

（3）原油脱后换热系统操作不当造成憋压；

（4）原油脱后分支控制阀因故障关闭。

2. 处理原则

（1）迅速关小原油控制阀，若室内不能动作，可现场关控制阀截止阀；

（2）停原油注水，开大电脱盐切水；

（3）检查流程，排除憋压原因；

（4）打开原油脱后分支控制阀。如果一级电脱盐罐压力迅速上升，而二级电脱盐罐压力未有大的变化，此时要检查二级混合阀是否关闭。

（七）电脱盐罐电极棒击穿

1. 可能原因

（1）电极棒质量差或用久老化，绝缘耐压能力下降而击穿；

（2）电脱盐经常跳闸，送电频繁而反复受冲击而击穿，或电流经常大幅度变化而击穿；

（3）电极棒附着水滴或导电杂质而击穿。

2. 处理原则

（1）迅速停电；

（2）切出该电脱盐罐；

（3）电脱盐罐退油，处理后进行检修。

（八）电脱盐罐变压器跳闸

1. 可能原因

（1）混合强度过大，乳化严重，造成原油带水，增加了导电能力引起跳闸；

（2）电脱盐罐界位假指示，实际界位已进入电场；

（3）原油较重，破乳困难，水脱不出来；

（4）电器故障；

（5）原油中重金属含量高，导电率上升。

2. 处理原则

（1）现场检查界位是否正常；

（2）如果界位降下来后依然投不上，检查乳化层的厚度，可以继续降低界位直至乳化层切出；

（3）如果降低原油量后或更换原油品种后，变压器仍投不上，说明电器出现故障；电脱盐罐退油，处理后进行检修。

四、其他相关操作

1. 电脱盐日常操作维护与检查

(1) 检查脱盐罐界位、脱盐罐压力、脱盐温度、混合阀压差是否在工艺指标内，油水乳化情况以及设备、管线等是否有泄漏。

(2) 检查脱盐送电情况，分析送电是否正常。

(3) 检查注水情况是否正常，检查脱盐界位情况，仪表指示与现场是否一致。

(4) 检查破乳剂的注入情况，检查电脱盐罐油水是否严重乳化。

(5) 检查脱盐各注剂容器的液位情况，以及各机泵的运行情况，出口压力是否正常等。

2. 原油电脱盐温度的调整

电脱盐温度是电脱盐操作的重要控制参数，它严重影响着电脱盐单元的平稳运行，以及原油的脱盐效果，因此在日常操作中要加强控制。对电脱盐温度的调整应当缓慢进行，如进料温度上升较快形成“突升”，那么电脱盐罐下部的热油密度变小，容易造成热油置换电脱盐罐上部重的冷油，形成“热搅动”，严重时将影响到正常操作，因此对电脱盐的温度的调整应慢调、稳调，以利于脱盐的平稳生产。

3. 脱盐罐三相电流出现较大差异的原因

(1)变压器本相输出不正常；(2)极板金属丝断头，被油冲浮在电场区；(3)极板吊挂绝缘变差；(4)脱盐罐内三相中某相导线、电器或电极上挂有杂物；(5)加工重质原油，且原油入口分配不均。

4. 电流升高的原因

电流升高是操作中常遇到的问题，归纳其原因有两种，一种是加工原油性质变化所致，另一种是电器问题造成。在操作中要结合生产实际，进行周密的分析，找出问题的关键所在，进而采取相应的措施进行解决。

出现电流升高现象后，首先看是一相升高还是三相同时升高，如果操作条件未发生变化，其中一相升高，说明电器或某个电极板有问题；有时当操作条件未发生变化，也会出现三相电流升高，伴随其中一相上升较高，如果由于原油导电率上升，使电流上升，其中一相上升略高，可以通过沉渣冲洗等操作来解决。如果在三相电流均升高的同时，一相上升特别高，甚至跳闸，可能某一项电极或电器有问题，重点检查电器方面的问题。

第二节 常压操作

一、正常操作

(一) 初馏塔的操作

影响初馏塔操作的主要因素是原油性质、进料温度、塔底液面及脱后原油含水量的变化等。另外还有塔顶温度、压力、回流量及回流温度。同时这些因素又是相互影响、相互制约的，操作时应当抓住主要矛盾针对性地加以调节。

1. 原油性质及进料条件对初馏塔的影响

原油性质变化在初馏塔的各种参数上表现十分明显，然后才影响常压塔、减压塔。

(1) 原油密度。原油密度变小，轻油产量会增加，重油产量减少。由于电脱盐前原油和轻油换热，因而脱前原油温度会升高，脱后原油和重油换热，初馏塔进料段温度会降低。另外由于初馏塔进料的汽化率增加，塔内气相负荷上升，塔顶压力上升，不凝气量、汽油量增加，汽油终馏点可能降低，冷后温度可能升高，初馏塔底液位会下降等。

所以原油变轻后应提高初馏塔的塔顶温度，如果初馏塔设有侧线馏出，还应提高侧线的馏出量，以提高终馏点，保证产品质量。如果初馏塔设置了中段回流，则应适当提高中段回流量，并稳定塔底液位和流量。如果原油变化太剧烈，可采用降量处理。

(2) 进料温度。初馏塔的进料主要是和常压塔、减压塔的侧线产品和中段回流换热。进料温度主要影响进料的汽化率、初馏塔内的汽液相分布，造成产品分布的变化，如果调节不及时，会严重影响产品质量。在这种情况下，通常是先调节塔顶温度以保证产品质量合格。例如，进料温度升高、汽化率增加等原因，导致塔顶温度升高，则初馏塔顶产品终馏点会升高，可以通过增加回流量或降低回流温度来降低塔顶温度；反之相反处理。

与原油换热的热源流量或温度的变化，都会影响进料的换热温度，这可以看出初馏塔的进料温度是很难稳定的。

(3) 进料带水量。在换热过程中原油中的水被加热汽化，会吸收大量的热量，造成初馏塔进料温度下降，同时也会增加常压炉热负荷。另外，水蒸气进入初馏塔会使塔内气相负荷大幅增加，塔顶压力上升，石脑油冷后温度升高，塔顶罐界位迅速上升。带水严重时会造成冲塔，塔顶产品变黑，安全阀启跳。

操作中要随时注意初馏塔的进料温度、塔顶压力、塔顶罐界位和初馏塔底液位等参数的变化，以及初馏塔顶回流及产品罐排水量是否增大等。同时参照电脱盐压力、界位的变化来判断进料带水量的变化，及时发现原油带水超标问题，以避免事故发生。

2. 塔顶压力

初馏塔顶压力同样受进料的轻重、含水量、流量大小的影响。造成初馏塔顶压力升高的主要因素有以下几个方面：

(1) 初馏塔塔顶瓦斯的后路憋压；

(2) 初馏塔塔顶回流及产品罐满液位；

(3) 初馏塔塔顶冷却系统出现故障。

初馏塔塔顶压力的高低影响到塔上部气相负荷的大小，由于进料温度相对较低，汽化率较小，塔顶压力变化对石脑油终馏点的影响比较小。

初馏塔塔顶压力主要影响塔顶轻烃的挥发度。如果塔顶压力提高至 0.35MPa 以上，轻烃里的液化气组分基本可以全部以液态形式溶解到石脑油中，再送至轻烃回收单元进行分离。因此初馏塔提压操作有利于回收轻烃，但同时也带来一个问题，就是压力升高后进料的汽化率降低，起不到提高处理量的作用，有的装置就在初馏塔后面又增加一级常压闪蒸塔，将其中轻组分闪蒸出送至常压塔中部。还有一种工艺是在初馏塔前增设闪蒸塔，其目的也是提高处理量。当装置改造扩能后，原油系统压力可能会升高，而一般的电脱盐设计压力不超过 2.5MPa，限制了原油泵出口压力。因此，在电脱盐后换热流程中间部位(原油温度约180℃左右)设置闪蒸塔，将电脱盐的背压降低，就可以适应系统压力的升高了。

塔顶压力如果快速下降，塔顶罐中的汽油大量汽化，会造成初馏塔顶汽油泵的抽空，这时应稳定压力，冷却泵体，使泵体里的油气冷凝。

3. 塔顶温度

塔顶温度主要是控制塔顶产品和侧线的质量。它不仅受原油的性质、含水量和温度的影响，还受控制方案的限制。塔顶温度是塔顶产品在其本身油气分压下的露点温度。塔顶温度可以灵敏度反映塔内热平衡的变化，温度的变化还反映塔内气液相负荷的变化。

4. 初馏塔塔底液位

因初馏塔直径小，单位体积流率高，所以初馏塔塔底液位是初馏塔物料平衡的重要表征。很多因素会使液位产生波动，原油轻重的变化、原油量、初馏塔塔底油量的调整、塔顶温度压力的变化等。

初馏塔塔底液位的控制阀一般放在原油泵后，电脱盐罐进料换热器前。控制阀到初馏塔塔底的距离太长，而且中间加有电脱盐罐、若干换热器，造成控制比较滞后。操作中控制好初馏塔塔底液位，更要保持好初馏塔塔底油量的稳定，因为这关系着以后流程的平稳运行。

（二）常压塔的操作

常压塔的操作是常减压蒸馏装置最核心的操作环节，掌握着主要产品的质量控制，对全装置的平稳操作起着重要作用，同时其他单元的波动都会影响着常压塔的平稳操作。要使常压塔操作平稳、产品质量合格，必须做到：

（1）稳定进料量和进料性质。当进料发生变化时，及时调整中段回流量和侧线抽出量。

（2）稳定塔顶温度。当塔顶温度发生变化时，侧线抽出温度会呈现放大效果，很容易造成产品不合格。

（3）稳定塔顶压力。当塔顶压力发生变化时，各组分的挥发度发生变化，改变了产品性质，要调整各侧线的抽出温度，以保证产品质量。

（4）稳定塔底液位，稳定塔底吹汽和汽提塔吹汽量。

（5）稳定各回流温度和流量，保持好热量的平衡。

常压塔和初馏塔都是在常压状态下进行蒸馏的，前面所述的初馏塔的控制要点基本适用于常压塔，在这里补充中段回流和侧线抽出对产品质量的影响。

根据热量平衡，如果降低顶循环回流量，减少了顶循环的取热量，则塔顶的热量会增加，为了控制一定的塔顶温度，应提高冷回流量，即提高了回流比，提高了塔顶的分馏效果；降低一中回流量，常顶石脑油、常一线会变重；降低二中回流量，常二线变重，常三线变轻。

中段回流调整原则是适当增加高中温位的中段回流量，稳定塔顶回流量。中段回流量是否恰当则以产品质量合格、轻油收率高、塔顶温度稳定且调节灵敏为原则。对常压塔中段回流取热量一般以占全塔回流热的40%~60%为宜。

常压塔的作用就是将原油分离成各种产品，如何控制产品质量是常压塔操作的重中之重。

1. 石脑油终馏点

石脑油终馏点的指标是根据后续装置对原料的要求而制定的。终馏点主要受塔顶温度和压力、进料的温度和密度、中段回流的流量和抽出返塔温度的变化、侧线抽出量的大小及塔底吹汽量大小等因素的影响。

（1）塔顶温度是调节石脑油终馏点的主要手段，而塔顶温度是用调节顶回流量来控制的。

（2）塔顶压力降低时，进料汽化率升高，石脑油终馏点会升高，这时应降低塔顶温度，但当压力变化不大时，可忽略压力对石脑油终馏点和侧线馏程的影响。

（3）进料性质变轻，石脑油终馏点下降，应提高塔顶温度。

（4）进料温度升高，同样汽化率升高，石脑油终馏点会升高，这时应降低塔顶温度。

（5）中段回流量的减小会使中部热量上移，石脑油终馏点升高。

（6）常一线的馏出量如果过大，常一线抽出板以下的内回流量减少，分离效果下降，石脑油终馏点升高。

（7）塔底汽提蒸汽量增加，会使重组分被携带上去，终馏点就会升高。

（8）原油带水严重，水随初馏塔（闪蒸塔）塔底油进入常压塔，塔顶石脑油的终馏点会提高。

2. 侧线闪点

闪点是油品安全性的指标。油品在特定的标准条件下加热至某一温度，当其由表面逸出的蒸气刚好与周围的空气形成一可燃性混合物，以一标准测试火源与该混合物接触时即会引起瞬时的闪火，此时油品的温度即定义为其闪点。闪点愈低愈危险，通常愈是轻质的油品闪点愈低，反之愈高。只要条件许可，一切操作均宜在低于闪点的温度下进行，但并非所有油品均能满足这一要求，汽油与石油气之所以特别危险，就是因为前者的闪点很低，一般在-40～-30℃，而石油气更远低于汽油。另外值得注意的是原油，因它包括各轻质组分，闪点一般较低。

闪点的高低是由其轻组分的含量决定的。闪点低说明侧线中易挥发的轻组分含量较多，对应着其馏程中初馏点、10%点温度也偏低。

一般来说常二线、常三线的闪点指标要求>55℃，而实际数值都是>80℃，所以要控制的主要是常一线的闪点。

（1）适当提高塔顶温度，可以提高侧线闪点。

（2）增加侧线汽提蒸汽流量，可将其中的轻组分蒸出，提高闪点。

（3）提高该侧线馏出温度，也可提高闪点，但要注意的是终馏点同时也升高了。因此此操作必须在保证终馏点合格的前提下进行。

（4）塔顶压力降低，闪点上升。

3. 侧线终馏点

侧线的终馏点是由油品中重组分的含量决定的。终馏点高说明侧线中的重组分含量较多，对应着其馏程中90%点、95%点温度也偏高。

终馏点温度和该侧线的馏出量有直接联系，提高侧线馏出量，终馏点升高。侧线产品质量之间相互影响，也可通过提高上一侧线的馏出量来提高该侧线终馏点。如果上一侧线（包括常顶石脑油）馏出量增加，馏分变重，则该侧线抽出板以下的内回流量下降，塔内温度高，分馏效果差，侧线产品之间重叠程度增加，降低了下一侧线的馏出量。

4. 常一线的控制

常一线主要用来生产一些特种产品，比如溶剂油、喷气燃料、分子筛脱蜡原料等，即要求控制闪点，又要控制初馏点和终馏点，也就是两头都要兼顾，而且馏程比较窄。在常一线的质量控制上主要掌握以下几个方面：

（1）馏程要求比较窄，馏出量相对较低。

（2）塔顶温度不能过高，以控制常一线的终馏点；也不能过低，以保证常一线的闪点和初馏点，可以用调整常一线的汽提蒸汽量来配合顶温控制。

（3）提高一线的馏出温度可提高闪点、初馏点。而提高一线的馏出量会使馏程变宽，初馏点下降，终馏点提高。这里需要提到馏出温度和馏出量的关系，在其他条件不变的情况下，馏出量提高，馏出温度肯定会升高。但是通过调整其他因素比如提高顶温、降低一中回流，可以做到只提高一线的馏出温度，而馏出量保持不变。

（4）98%点(*KK*)主要是受顶温和馏出量的影响。馏出量增加，98%点上升，反之下降。

（5）可以通过调整常二线的馏出量来影响常一线的终馏点。

常一线生产喷气燃料时还要求控制冰点、结晶点，生产灯煤时要求控制烟点等。常二线、常三线生产柴油时，常二线只控制闪点，常三线控制闪点和95%点或凝点。常二线、常三线的闪点不需要调整一般就能满足指标，凝点的调整和95%点调整方法一致。另外可以利用常四线进行常三线质量的调整，对于有常四线集油箱的常压塔，在进料性质不变的情况下，常四线馏出量的变化能反应出常三线95%变化趋势。

5. 装置拔出率

轻油收率和总拔出率是装置运行技术、操作水平的重要标志，它的高低跟装置原油性质、装置配置、产品结构、设备技术水平及操作水平等因素有关。

轻油收率是指装置所加工的各类原油的轻柴油及以前的馏分的含量；总拔出率是指装置所加工的各类原油的重蜡油及以前的馏分的总含量，主要和原油的性质有关系。

从操作方面看，提高装置拔出率主要有以下措施：

（1）优化产品结构。不同的常减压蒸馏装置的工艺设备状况不同，都有适合于本装置的生产方案和产品结构。如有些装置生产乙烯原料，有些生产喷气燃料，有些生产溶剂油，有些生产直馏柴油。生产方案选择的好，产品结构比较合理，产品收率就高。不能局限于当初设计所定的产品结构，要进行不断地摸索和总结，优化产品的结构。要根据自己装置的工艺和设备特点进行筛选适宜的加工方案，不可盲目照搬别人经验。

（2）合理分配中段回流。合理分配中段回流量就是为了平衡塔内负荷和提高塔的分离精度。调整回流的原则一是要提高高温位的回流取热比，二是要使塔内气液相负荷分布的较为均匀，这样有利于提高全塔的处理能力和分离精度，提高塔的轻油收率。

（3）调整塔底吹汽，提高提馏效果。塔底吹汽量的大小应根据实际操作情况而定，过小起不到提馏效果，过大则装置蒸汽用量上升，塔内气速增大，气相负荷增加，塔顶冷却负荷增加，能耗升高。

观察分析常压塔底吹汽量是否合适主要看以下几个方面：

① 根据常压塔的进料温度和塔底温度差来判断，如果温差在5℃以下，说明提馏效果差，应开大塔底吹汽量。

② 如果常压塔最后一个侧线量少(根据原油评价数据计算)，而减压塔上部侧线馏出量较多，则可以判断塔底吹汽量过小。

③ 如果减压塔进料段真空度下降，减压炉进料量比以往相同条件下，炉膛温度升高(柴油汽化)，也有可能是常压塔底吹汽量小。

④ 根据常压渣油馏程数据，其350℃前馏分含量高，可以确定常压塔塔底吹汽量小。

⑤ 根据侧线馏程数据，如果石脑油终馏点低，而各侧线产品的馏程重叠程度较大，需进行掐头去尾，则应适当开大常压塔塔底吹汽，反之应关小常底吹汽量。

二、开停工操作

（一）开工操作

1. 装置开工具备的条件

（1）装置检修完毕，所属设备、管线、仪表等经检查符合质量要求。

（2）法兰、垫片、螺帽、丝堵、人孔、温度计套管、热电偶套管等按要求全部上好把紧。

（3）对装置全体人员进行了装置改造和检修项目的详细交底，并组织全体人员学习讨论开工方案。

（4）装置安全设施灵活好用，卫生状况符合开工要求。

2. 贯通试压

贯通试压的目的主要有两点：第一是检查流程是否畅通；第二是试漏及扫除管线内脏物。

贯通试压应按操作规程进行。对重点设备或检修过的设备、管线，试压时要详细检查，尤其是接头、焊缝、法兰、阀门等易出问题的部位。对于低温相变，高温重油易腐蚀部位，要重点检查，确定没有泄漏时试压才算合格。

贯通试压应注意以下几点：

（1）对于检修中更换的新设备、工艺管线贯通试压前必须进行水冲洗。水冲洗时机泵入口须加过滤网、控制阀要拆法兰，防止脏物进入机泵、控制阀。

（2）试压时控制阀应改走副线。

（3）炉管贯通时应一路路分段贯通。

（4）对于塔、容器有试压指标要求的设备，试压时人不能离开压力表，密切注意压力上升情况，防止超压损坏设备。

（5）试压时要放尽蒸汽中冷凝水，防止产生水击，水击严重时能损坏设备、管线。

（6）在吹扫流程前联系仪表，不能启用一次表，必须将一次表引压阀关死，防止有杂质堵塞一次阀，而影响仪表投用。

（7）向塔内通汽及试压结束后，进汽或放空要缓缓开阀，防止汽流过大而将塔盘冲坏。

（8）塔、容器有安全阀的，试压时应将安全阀处于投用状态，并在试压时检查安全阀是否泄漏。试压压力以塔顶、容器顶部压力表为准。如果安全阀的定压低于试压压力，则应按操作压力试压。

3. 开工

（1）装油冷循环阶段。这个阶段的主要工作：装置装油顶水并在各塔底低点放空切水；控制好各塔底液面并联系罐区了解装置装油量；加热炉各分支进料要调均匀，向装置外退油顶水至含水<3%建立装置内冷循环；投用冷油循环流程中各仪表；加热炉点火；换热器副线、备用泵顶水。

（2）恒温脱水阶段。这个阶段主要工作：平衡好各塔底液面；按每小时40℃的速度升温到110~130℃；将过热蒸汽引进加热炉并放空，切换各塔底备用泵；视情况投用电脱盐系统；注意各塔顶油水分离罐排水情况，防止跑油；调整好渣油冷却器冷却水，保证渣油冷后温度≯90℃。渣油含水<0.5%时可继续升温。

（3）恒温热紧阶段。这个阶段主要工作：控制好各塔底液面；按每小时50℃的速度升温到250℃；恒温检查各主要设备、管线；将高温部位的法兰、螺栓进行热紧；各塔顶开始打回流；减压塔建立回流循环。

（4）开侧线阶段。这个阶段主要工作：常压炉出口温度按每小时40℃的速度升温到300℃以上；逐步自上而下开常压侧线、中段回流；常压塔底开吹汽、关闭过热蒸汽放空；切换原油；减压炉炉出口温度按每小时50℃的速度升温到360℃时减压塔抽真空；逐步开启减压侧线；投用所有仪表。

开常压侧线的关键是常压炉出口温度，只要炉出口温度按开工方案要求提上去并控制好，常压侧线就比较容易开好。反之如果炉出口温度迟迟提不上去，或者提上去了但波动很大，那么常压侧线就很难开好。

常压侧线泵启动前应在泵入口低点放空阀处，再次排除泵入口线、泵缸内存水和空气，保证泵启动后能正常工作。

（5）调整操作阶段。这个阶段主要工作：常压、减压侧线正常后，投用注氨注缓蚀剂等工艺防腐设备；调整处理量；按工艺卡片及生产方案调整操作，投用电脱盐系统及其他附属设施。

（二）停工操作

1. 原油降量

原油降量应缓慢，以年处理量为10Mt的装置为例：控制进装置原油量以50t/h逐步降量至14000t/d，降量过程保持平稳操作，不超各工艺指标，并要保证产品质量。

2. 降温停侧线

降温停侧线是装置停工过程的关键，注意控制各侧线冷后温度在指标之内。根据常压塔负荷逐渐降低常压中段回流量直至停中段回流。有自发蒸汽的装置，过热蒸汽温度降至320℃时可停自发蒸汽系统。

3. 退油

退油时应及时调节渣油冷却器冷却水，保证渣油冷后温度在指标范围内，防止进罐渣油冷后温度过高，并注意各塔底液面，没有液面及时停止塔底泵，防止机泵抽空。

4. 引柴油清洗

装置退油时有条件的企业可引柴油置换，以方便重油系统的吹扫。引柴油进原油线，流量根据企业具体情况而定，从原油线开始用柴油置换系统，在原油罐进罐前排空检查，见到柴油后(或界区检查全为柴油后半小时后)，打开减压渣油至开工循环线阀，关闭减压渣油出装置界区阀，建立闭路大循环。柴油闭路大循环建立好，控制好各塔底液位至60%~80%，控制一定的循环流量。加热炉增点火嘴，开始以每小时30℃的速度升温至150℃。加热炉出口温度达到150℃后，开始循环清洗，控制循环温度150~200℃。循环清洗结束后退油，调节渣油冷却器循环水量控制退油出装置温度不超过80℃。

5. 扫线蒸塔(罐)、洗塔(罐)

蒸塔给汽要缓慢以免吹翻塔盘，防止超压。洗塔时塔上部缓慢给汽使洗塔水温为65~80℃。

三、异常操作及处理

由于现在原油性质较杂，给蒸馏塔带来很多不稳定因素，容易引发一些操作事故。这些事故有的会非常突然，很难提前作出反应。而有些事故会有这样那样的表现，如果观察细致、操作得当是可以将事故消灭于萌芽状态的。

（一）原油带水

1. 事故现象

（1）电脱盐电流上升，上升速度和原油带水量多少相关联，甚至跳闸。

（2）电脱盐罐压力上升，脱水控制阀开度变大，直至全开。

（3）初馏塔进料温度下降，换热器憋压甚至泄漏，原油量由于憋压而减少。

（4）初馏塔塔顶压力迅速上升，甚至安全阀启跳；塔顶温度下降，塔顶罐界位装高，排水量增大。

（5）初馏塔塔底温度下降。塔底温度如果下降太多，降至150℃以下会发生抽空。

（6）如果水量过大，被初馏塔塔底油带走，在经过换热器、加热炉后，其中的乳化水也会被全部汽化，造成炉管压降升高，初馏塔塔底油泵开始晃量，甚至抽空；初馏塔塔底油换后温度下降，常压炉炉出口温度大幅上升。

（7）常压塔塔顶压力上升，温度下降，塔顶罐界位升高。由于炉出口温度变化，会影响侧线抽出量。

（8）如果原油带水十分严重，初馏塔会出现冲塔事故。而常压塔由于有初馏塔的缓冲，一般不会发生因为带水而造成的冲塔。

2. 原因

（1）罐区切水不彻底或原油在罐内沉降时间过短，造成原油携带大量明水进入装置。

（2）原油性质恶劣，乳化严重，经过电脱盐也不能破乳，乳化水被带入初馏塔，这种水化验分析不出来。

（3）混合压降设置过高，引起原油乳化加剧，乳化水被带入初馏塔。

（4）电脱盐罐液位过高或者假指示，造成水进入初馏塔。

3. 处理原则

发生原油带水后，应迅速查明事故源头。

（1）轻度带水时：

① 原油降量，降注水量，联系生产管理部门换原油罐。

② 电脱盐罐加大切水，降低界位，如果乳化层过厚，将乳化层切掉。稍后送电，尽量维持电脱盐的正常操作。

③ 初馏塔塔顶界位控制阀开副线加强切水，降低顶回流量，平稳塔顶压力。

（2）严重带水时：

① 原油大幅降量，联系生产管理部门换罐。

② 电脱盐停止注水，快速降低界位，降低混合强度。

③ 初馏塔塔顶瓦斯放火炬以降低压力，如果安全阀已经启跳，则须在压力下来后检查安全阀是否复位。加强初馏塔塔顶罐的切水，降低塔顶回流量。

④ 初馏塔塔底油泵泵出口阀关小，如果泵抽空及时调整正常。

⑤ 塔顶汽油视塔顶温度情况和产品外观决定是否改污油；停侧线，避免污染产品，如泵出口处或者采样口处外观不合格，联系生产管理部门改污油。

⑥ 降低常压炉炉出口温度。减少常压塔塔顶回流量，加强切水。

⑦ 等待原油变好，尽快恢复生产。注意检查换热器是否泄漏。

（二）原油中断

1. 事故现象

（1）原油量指示为0，原油控制阀处、电脱盐罐顶处压力迅速下降。

（2）初馏塔塔底液位迅速降低。

2. 原因

（1）油品罐区操作失误，阀门关闭。

（2）原油泵过滤器堵，原油不能通过。

（3）原油流量控制阀、电脱盐混合阀故障，自动关闭。

（4）脱前、脱后换热流程中阀门被误关闭。

（5）原油泵故障。

3. 处理原则

（1）大幅降低初馏塔塔底油量。

（2）迅速查明中断原因，快速排除故障。开启原油泵，恢复生产。

（3）如果原油进料没有恢复，而初馏塔塔底液位已到低限或有抽空迹象，需马上将加热炉灭火，同时停掉常压塔塔底泵、减压塔塔底泵。侧线停止抽出，塔顶汽油外送降量以保持液位，以备恢复操作时打回流用。

（4）如果原油中断还未恢复，按紧急停工处理。

（三）初馏塔冲塔

1. 事故现象

（1）塔顶压力迅速上升，甚至安全阀启跳。

（2）塔顶温度、侧线温度迅速上升。

（3）侧线产品、塔顶汽油外观变深，甚至变黑。

2. 原因

（1）原油大量带水。

（2）塔顶罐界位过高，造成回流带水。

（3）原油量过大，超过设计负荷。

3. 处理原则

（1）迅速降低原油量。

（2）加大初馏塔塔底油流量，减小塔顶回流量。

（3）关闭侧线抽出阀，产品改污油。

如果常压塔发生冲塔，在处理时按照上面原则，同时降低炉出口温度，停塔底吹汽和汽提蒸汽。

（四）塔顶回流带水

1. 事故现象

（1）塔顶回流罐界位装高（现场玻璃板满）。

（2）塔顶压力上升，严重时安全阀启跳，而常顶温度及常一线、常二线等侧线温度下降，顶回流量下降，常一线泵有时抽空。

2. 原因

(1) 塔顶回流罐(初馏塔、常压塔)界位控制过高，或仪表失灵造成油水界位过高，顶回流带水入塔。

(2) 塔顶有水冷却器时，因腐蚀等原因泄漏，由于水的压力超过塔顶压力，水会漏入油气中。

(3) 原油带水量大，而回流罐脱水不及时，顶回流大量带水。

确认方法：顶回流控制阀放空采样，检查是否有水，无水正常，有水即为回流带水。

3. 处理原则

(1) 塔顶回流罐加大切水(开现场直排)，迅速降至正常界位。

(2) 检查仪表控制是否准确，冷却器有无泄漏。

(3) 关小塔底吹汽，视情况调整空冷，控制塔顶压力，防止安全阀启跳。

(4) 适当提高塔顶或常一线温度，加速水分蒸发(赶水)，侧线不合格时改不合格线。

(五) 塔顶罐装满

1. 事故现象

(1) 塔顶罐液面指示满量程，报警或指示假象，现场玻璃板(或浮球)显示液面满。

(2) 塔顶压力突然上升。

(3) 初馏塔、常压塔塔顶油水分离罐液面装高，石脑油会随低压瓦斯送到轻烃回收单元。

2. 原因

(1) 仪表失灵，指示假象而实际液面装高。

(2) 石脑油外送困难，液面上升。

(3) 塔顶油气量突然增加，来不及外排。

3. 处理原则

(1) 如果是初馏塔或常压塔的石脑油罐满，可将塔顶瓦斯改火炬，关去轻烃回收的阀门。

(2) 增加塔上部中段回流量，降低塔顶负荷。

(3) 尽量降低界位，多余出空间。

(4) 处理机泵，如不能马上启动，原油降量，或采取降低炉出口温度的方法。

(5) 如是石脑油后路堵，将石脑油从污油送走。

(六) 吹翻塔盘事故预想及处理

1. 事故现象

(1) 开停工过程中，吹汽流量过大，可听到塔内有金属碰撞声音。

(2) 正常生产过程中，塔盘被吹翻的塔段，产品馏程的间隙与正常产品间隙相比减少许多或产品的重叠增加许多。产品频繁出现不合格，侧线产品收率分布发生大的改变，同时塔盘吹翻的塔段，压降比正常下降许多。

2. 原因

(1) 停工蒸洗塔罐过程中，蒸汽给得太大，再加上塔盘固定螺栓腐蚀，强度减小，造成塔盘吹翻，严重时可造成吹汽分布管以上七八层塔盘吹翻事故。

(2) 在开工吹扫试压过程中，蒸汽试压给汽量过大，造成塔盘吹翻。

（3）正常生产过程中，严重的原油带水、回流带水，可冲掉许多浮阀，或吹翻部分塔盘。或者分馏塔大负荷生产时，塔底吹汽较大，如果忽然大幅降量，液相负荷减小，也可能发生吹翻塔盘事故。

3. 处理原则

（1）停工过程中出现的问题，可以通过检修来处理。

（2）开工及生产过程中出现的塔盘吹翻问题，如果不严重，可以通过调整操作或改变侧线所生产的产品品种，能够使之合格，即可维持操作至下次检修。

（3）多层塔盘被吹翻，必须停工修复塔盘。

（七）塔底泵抽空预想及处理

1. 事故现象

（1）轻微抽空时，泵出口压力、流量波动大，泵体伴有振动，声音异常或间歇式异常，塔底液面上升。

（2）严重抽空时，泵出口压力很低或无压力，流量回零，泵体振动，声音异常，塔底液面迅速上升。

（3）泵抽空时间一长，容易抽坏密封，发生漏油着火。

2. 原因

（1）塔底液面低或液面指示假象而实际液面过低。

（2）塔底油轻组分多，部分在泵体内汽化。

（3）泵入口扫线蒸汽阀内漏蒸汽或凝结水。

（4）备用泵预热时有冷油或预热循环量太大。

（5）封油过轻、含水或注入量过大。

（6）机械故障。

3. 处理原则

（1）轻微抽空时，关泵出口阀蹩压处理。

（2）严重抽空时，关泵出口阀憋压，检查塔底液面，关闭备用泵出入口阀，切断备用泵。如果还不行，启运备用泵，看是否能够上量。若长时间两泵都不上量，应按紧急停工处理。

（3）针对泵抽空的几种原因，全面查找，逐步消除。

第三节 减压操作

一、正常操作

1. 真空度

减压塔控制的关键点就是减压塔塔顶真空度。真空度的高低直接影响着全塔的气液相负荷的变化，在其他条件不变的情况下，如果真空度降低，打破了塔内油品的油气分压和温度的平衡关系，油品的沸点会升高，汽化率下降，收率也下降。

真空度是靠抽真空系统实现的。这个系统包括蒸汽喷射器(真空泵)、冷却器、大气腿、油水分离罐、放空线等。抽真空系统的作用是连续不断地将减压塔塔顶馏出的气体抽出，使塔内保持一定的真空度。

影响真空度的因素：

(1) 塔顶油气量。塔顶油气量的提高，增加了抽真空系统的负荷，会降低真空度。

(2) 蒸汽压力。当蒸汽压力下降到一定程度时，蒸汽经过喷嘴后的动能下降，真空泵混合室的负压会降低，造成抽真空能力不足。另外蒸汽压力过高，如果冷却器冷凝能力不足，也会导致真空度下降或产生波动，现场可以听到明显不均匀的声音。正常生产中蒸汽管网经常波动，因此影响真空度最频繁、最易发生的原因就是蒸汽压力的波动。同时要加强蒸汽的排凝，避免蒸汽带水造成抽空能力下降。

(3) 冷却设备的冷却能力。冷却能力对真空度的影响也非常大，冷却深度大，不凝气量少，下级真空泵负荷降低。

(4) 抽空器的运行状况。抽空器长时间运行，喷嘴易受蒸汽的磨损，影响抽空能力。喷嘴的内表面加工很精细，如果蒸汽结盐会造成划痕，抽吸能力减小。

(5) 减压塔塔顶油水分离罐的运行状况。如果减压塔塔顶油水分离罐的油或水外送困难，造成罐内液位满，会使大气腿里的液柱升高，冷却器里的冷凝液排不下来，影响抽真空。

(6) 减压塔的泄漏。近年来由于原油性质日益变差，硫含量、酸值越来越高，对设备的腐蚀也日益加剧，有时会使减压塔壁腐蚀穿孔或与真空泵筒体穿孔造成空气漏入系统内。由于减压塔是负压，发生小的泄漏很难被发现。如果泄漏较大，会听到尖锐的哨音。减压塔的泄漏量可以通过分析减压塔塔顶瓦斯中的空气含量的大小来判断。

2. 塔顶温度控制

塔顶温度是减压塔热平衡的表征，也是塔顶气相负荷变化的表征。它受进料温度、进料量、中段回流的取热量、汽提蒸汽的影响。调整手段主要是通过减压塔塔顶回流来控制，也可以通过中段回流量进行调整。

3. 中段回流

同常压塔一样，中段回流的目的是取走热量。这里强调的是，对于填料型减压塔，中段回流量不能盲目调大，因为过大的液相回流会增加压降，影响真空度。使用填料的目的就是减少压降，减少进料段到塔顶的压降，这一段的压降就损失在填料上。据资料推荐，减压塔中段回流量的调整以控制侧线集油箱的气相温度比液相温度高 50℃ 为宜。

4. 塔底液位控制

减压塔塔底的渣油相当黏稠，温度也高，操作环境是负压，一般的差压液位测量仪表不能满足要求，因此几乎都是使用浮球液位计来测量液位，而且是两套浮球，不像初馏塔、常压塔采用差压液位计配合浮球液位计。由于减压塔塔底部缩径，塔底渣油流速较大，液面波动较剧烈，因此浮球经常出问题，最常见的是浮球脱落和摇杆弯曲，还有由于高温腐蚀，浮球里漏进液体而失效。

由于减压塔塔底缩径，容积较小，液位变化很大。操作中要注意尽量保持液位的稳定，减少波动。因为减渣换热流程最长，且黏度很大，液位的波动会造成换热器压力的变化，容易发生泄漏着火事故。

二、开停工操作

1. 正压试验

减压塔要关闭各侧线抽出阀门、中断回流返塔阀门、汽提蒸汽进塔阀门、塔底油抽出阀门、水封罐U形管处加盲板。由减压炉入口给汽，当水封罐放空线见汽后，关闭放空阀，当塔顶压力上升到0.12MPa时，关闭给汽阀，蒸汽试压30min，检查减压塔的气密性，如遇紧急情况可由塔顶及水封罐放空泄压。

2. 负压试验

减压系统进行抽真空气密试验时，必须先经蒸汽试压符合要求后进行。一切按开蒸汽喷射器要求做好准备工作，减压塔要关闭各侧线馏出口抽出阀门、中段回流返塔阀门、汽提蒸汽进塔阀门、塔底油抽出阀门和减压炉油进塔阀门，开始抽真空，当减压塔真空度达到96kPa(720mmHg)时，关闭末级放空阀门，关闭蒸汽喷射器蒸汽阀门，注意关闭水封罐顶放空阀门，进行气密试验24h，每小时真空度下降<0.2~0.5kPa(2~4mmHg)为气密试验合格。

3. 蒸汽喷射器启用和停用

启动蒸汽喷射器前要先对减压塔塔顶水封罐加水，保持水封作用，给冷凝冷却器、一级冷却器、二级冷却器通上冷却水，冷却器是空气冷却器的可开风机，末级冷却器排空阀门应打开，待蒸汽喷射器启动后将减压系统的空气不凝气排出。全空冷系统第三级空冷和塔顶水封罐放空管线保持畅通，所有阀门要打开。为使真空度逐渐升高先开二级或三级喷射器蒸汽阀门，使塔内真空度达到80kPa(600mmHg)以上，后开一级喷射器蒸汽阀门使塔内真空度达到93kPa(700mmHg)左右，有增压喷射器的再开增压器蒸汽，使减压塔塔顶真空度逐渐达到最高。

当减压炉出口温度达到330℃准备减压塔抽真空，减压塔塔顶抽真空流程确认正确后，投用抽真空系统，按照蒸汽喷射器的启用步骤投用蒸汽喷射器，将减压塔塔顶瓦斯改去低压瓦斯系统或改去炉子燃烧。当减一线液位在60%以上时打各减压回流，依次开减二线、减三线侧线，减压侧线开正常后对于湿式操作的减压塔可投用塔底吹汽。

停用蒸汽喷射器：

(1) 先关一级增压器蒸汽。

(2) 关闭二级抽空器蒸汽。

(3) 停减压塔塔顶低压瓦斯去加热炉或瓦斯系统，关减压塔塔顶瓦斯引出阀，严防空气倒入，确保罐顶放空和冷却器放空阀全部处于关闭状态。

(4) 关三级抽空器蒸汽。

三、异常操作及处理

1. 减压侧线过重

减压塔的最下一个侧线油很容易出现残炭高、颜色深、终馏点高及重金属含量高。

在干式减压塔中，塔内气速非常高，气相夹带液相相当严重，如果没有洗涤油流程或洗涤效果不佳都可引起油品中重组分进入馏分油中，使残炭升高，颜色变深，重金属含量高。馏分油本身拔得过重、减压炉出口温度升高，中段回流量较小，填料上部气相温度高，真空度太高，塔底液位过高等都可以导致馏分油产品质量变坏。

湿式减压塔中，塔底吹汽量过大或减压塔气相负荷过大时，也会导致馏分油产品质量变坏。

如不是设备原因导致馏分油产品变坏，可以通过调节洗涤油的流量来获得合格的产品，例如提高洗涤油流量即馏分油本身也就是热回流，作用十分明显，但会降低馏分油本身收率。还可以提高中段回流的流量降低填料上部气相温度，使产品变轻。对于没有洗涤油流程的减压塔，可以采取降低减压炉出口温度的方法，改善馏分油的质量。

2. 真空度下降

（1）问题现象：

① 真空度指示下降。

② 减压侧线、回流量降低，严重时侧线泵抽空，无量。

③ 塔底液面上升，渣油量增加。

④ 渣油馏出量增加。

（2）原因：

① 真空度不高且波动的原因。减压塔塔顶温度控制过高；蒸汽量过大；减压炉出口温度波动；塔底液面波动或系统轻微泄漏等。

② 真空度缓慢较大幅度下降的原因。抽真空蒸汽压力不足、减压塔塔顶冷却器汽化、冷却负荷不足、减压炉出口超温、减底液面过高或蒸汽带水等。

③ 真空度直线大幅度下降原因。抽真空蒸汽中断、减压塔塔顶冷却水中断、减压塔塔顶瓦斯线堵塞、水封破坏、某级真空泵堵或设备严重泄漏(倒吸空气)等。

（3）处理原则：

① 真空度不稳或轻微波动时，减压塔操作基本维持，需作适当调整。

② 真空度缓慢较大幅度下降，这时已严重影响减压操作，应迅速处理。

③ 真空度直线大幅度下降，严重影响减压塔操作，这时应立即采取果断措施，严禁空气倒吸入塔。

3. 渣油500℃前馏分含量高

（1）原因：

① 减压炉出口温度低。

② 真空度低。

③ 侧线拔出量少，减三线往下溢流。

④ 换热器漏，含有较多轻组分的原油或拔头油漏入渣油侧线。

⑤ 封油量过大。

（2）处理原则：

① 稍提炉温。

② 努力提高真空度。

③ 甩漏换热器。

④ 减少二中回流量，提高侧线抽出量。

⑤ 减少封油量。

第四节　加热炉操作

加热炉操作的好坏直接关系到整个常减压蒸馏装置的产品质量、处理量和燃料消耗以及开工周期，因此加热炉在日常操作和管理中显得至关重要。在操作过程必须做到勤观察、勤分析、勤调节，确保开停工顺利进行和日常生产的平稳。

一、正常操作

（一）加热炉的正常燃烧

燃料在炉膛内正常燃烧的现象：燃烧完全，炉膛明亮；烧燃料油时，火焰呈黄白色；烧燃料气时，火焰呈蓝白色；烟囱排烟呈无色或淡蓝色。

为了保证正常燃烧，燃料压力必须稳定且不带杂质。燃料气不得带入液相组分；燃料油不得带水、带焦粉及油泥等杂质，温度一般最好保持在130℃以上。雾化蒸汽用量必须适当，且不得带水。供风风压稳定，风量适中。

一般情况下可通过炉子烟囱排烟情况来判断加热炉操作是否正常，判断方法如下：

（1）炉子烟囱排烟以无色或淡蓝色为正常。

（2）间断冒小股黑烟，表明蒸汽量不足，雾化不好，燃烧不完全或个别火嘴油汽配比调节不当，或加热炉负荷过大。

（3）冒大量黑烟是由于燃料突增，仪表失灵，蒸汽压力突然下降或炉管严重烧穿。

（4）冒灰色烟表明瓦斯压力增大或带油。

（5）冒白烟表明雾化蒸汽量过大，过热蒸汽管子破裂，或过热蒸汽往烟道排空。冒黄烟说明操作忙乱，调节不当，造成时而熄火，燃烧不完全。

（二）加热炉出口温度

1. 影响加热炉出口温度的主要原因

（1）入炉原料油的温度、流量、性质变化。

（2）燃料油压力或性质的变化，或燃料气带油。

（3）燃料油雾化蒸汽压力发生变化，燃料油雾化效果不好。

（4）仪表自动控制失灵。

（5）炉膛温度变化。

2. 平稳控制炉出口温度

为了保持炉出口温度平稳，应该随时掌握入炉原料油的温度、流量和压力的变化情况，密切注意炉子各点温度的变化，及时调节。其中以辐射管入口温度和炉膛温度尤为重要，这两个温度的波动，预示着炉出口温度的变化。根据这两个温度的变化及时进行调节，可以实现炉出口温度平稳运行。为了保证出口温度波动在工艺指标范围之内，主要调节的措施如下：

（1）做到四勤：勤看、勤分析、勤检查、勤调节。

（2）及时、严格、准确地进行“三门一板”的调节，做到炉膛内燃烧状况良好。

（3）根据炉子负荷大小、燃烧状况，决定点燃的火嘴数，整个火焰高度不大于炉膛高度的2/3，炉膛各部受热要均匀。

（4）保证燃料油、蒸汽、瓦斯压力平稳，严格要求燃料油的性质稳定。

（5）在处理量不变、气候不变时，一般情况下调整和固定好炉子火嘴风门和烟道挡板，调节时幅度要小，不要过猛。

（6）炉出口温度在自动控制状态下控制良好时，应尽量减少人为调节过多造成的干扰。

（7）进料温度变化时，可根据进料流量情况进行调节。变化较大时，可采用同时或提前1~2min调节出口温度。

（8）提降进料量时，可根据进料流量变化幅度调节。进料量一次变化1%时，一般采取同时调节或提前1~2min调节炉出口温度。进料一次变化2%以上时，必须提前调节。

(9) 炉子切换火嘴时，可根据燃料的发热值，原火焰的长短，原点燃的火嘴数，进行间隔对换火嘴。切不可集中在一个方向对换。对换的方法：先将原火焰缩短，开启对换火嘴的阀门，待对换火嘴点燃后，再关闭原火嘴的阀门。

3. 燃料的切换

正常操作过程中，若燃料油和燃料气切换，或者火嘴需要清理，检修时应先稍开大两旁火嘴，然后再切换或停用中间火嘴，以免炉出口温度发生较大波动。

(1) 气体燃料切换为燃料油：

① 关闭燃料油循环阀，提高管线压力。

② 观察火焰长短以及火嘴的数量。

③ 要间隔切换火嘴，决不要依次向前切换，以免最后被切换火嘴数量太大打乱平稳操作，同时还要观察出口温度和出风风压的变化。

④ 切换大体完毕，将燃料气体总阀关闭，炉子最后 1～2 个火嘴仍继续燃烧存气，直到自动灭火为止，最后关闭小阀门。

⑤ 自控仪表由气路改为油路。

(2) 燃料油切换为气体燃料：

① 燃料气保证有一定的温度和压力，脱净油和水。

② 观察火焰的长短和燃嘴数量，在切换时应注意观察炉出口温度和调节阀风压的变化。

③ 必须间隔距离切换。

④ 切换完毕将燃料油循环阀打开进行燃料油循环。

⑤ 自控仪表应由油路改为气路。

4. 防止流量偏流

多管程的加热炉一旦物料产生偏流，则小流量的炉管极易局部过热而结焦，致使炉管压降增大，流量更小，如此恶性循环直至烧坏炉管。因此，对于多管程的加热炉应尽量避免产生偏流。

防止物料偏流的简单办法是各程进出口管路进行对称安装，进出口加设压力表、流量指示器，并在操作过程中严密监视各程参数的变化，要求严格时，应在各程加设流量控制表。

(三) 加热炉的安全运行与点火

加热炉在运行过程中发生爆炸是由于空气不足，燃料燃烧不完全，当高温炉膛内瓦斯达到一定浓度时可能会发生爆炸事故；另外加热炉在开工阶段，点火前炉膛未进行蒸汽彻底吹扫或者刚点着又熄灭，未进行蒸汽吹扫又接着点火。

为防止加热炉发生爆炸事故需做到以下几点：

(1) 燃烧器在点火前要彻底对炉膛进行蒸汽吹扫，待烟囱见汽后方可进行点火作业。

(2) 燃烧器在点着又熄灭的情况下，应立即关闭燃料阀门，然后向炉膛内吹蒸汽待烟囱见汽后再重新点火。

(3) 在加热炉正常运行中，如发现空气量不足，应立即查明原因及时处理，使燃料充分燃烧。

二、开停工操作

(一) 加热炉的开工点火

1. 加热炉点火前的准备工作

(1) 检查燃烧器尤其是喷枪的安装位置(高度、角度)，保证正确无误。

（2）所有烟、风道挡板的开关和开启方向，保证与设计相符，并将炉子人孔、防爆门和看火孔关闭，同时将烟道挡板调到适当开度，准备好点火棒和柴油。

（3）用蒸汽吹扫炉膛，把残留在炉内的可燃气体赶走，直至烟囱冒白烟(蒸汽)，15min后停止吹汽。

（4）对使用燃料油的加热炉应准备燃料油泵、压力调节系统、油温调节系统、蒸汽雾化调节系统等。

（5）引燃料油及瓦斯前，加热炉各油火嘴及瓦斯火嘴前阀门必须关闭。

2. 点火步骤

（1）用柴油浸透的点火棒点燃长明灯。稍开风门，再打开燃料气阀门点燃燃烧器；如点燃料油时，应先开雾化蒸汽，再开燃料油引燃。

（2）火嘴点着后，适当调节雾化油(气)门、风门和雾化蒸汽阀门开度，并调节烟道挡板，使火焰燃烧正常。火嘴数目应逐个增加，要求对角点火，使热量分布均匀。

（3）点火时不能面对火嘴，以免回火伤人。如未点燃而燃料喷入炉膛内，则应立即关闭阀门，用蒸汽吹扫炉膛方可再点火，否则易发生爆炸事故。

（4）如果一时点不着火，必须重新吹扫炉膛，按首次点火程序进行。

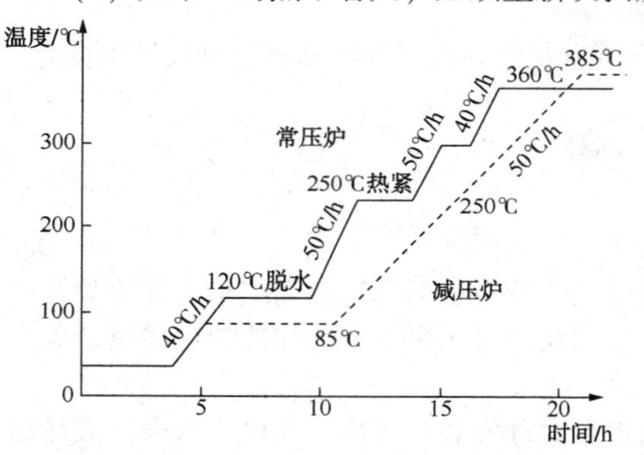

图 8-4-1　加热炉开工升温曲线图

（二）升温调整操作

升温速度视炉子结构和燃烧器种类而定，但一般控制在每小时40℃左右(指炉管内介质的出口温度)。典型常减压加热炉开工升温曲线见图 8-4-1 所示。

当炉温升到 300℃以上，可以投用加热炉温控。当炉温升至 350℃以上时，投用空气预热系统，投用步骤如下：

（1）投用鼓风机；

（2）关闭自然通风门；

（3）投用热源，开引烟机；

（4）运行正常，投用空气预热器联锁系统。

加热炉升温至指标温度时，操作平稳，可投用加热炉系统各调节参数的自控仪表，根据工艺卡片和加工油性、生产方案及节能降耗的要求对加热炉的操作进行调整和优化。

（三）加热炉的停炉操作

1. 正常停炉操作

正常停炉前一般将低压瓦斯、燃料油先停烧，低压瓦斯改放火炬，燃料油线进行蒸汽扫线。

（1）根据停工过程降温要求，逐步停烧火嘴。降温过程不得过快，一般在 20~30℃，要保证火嘴燃烧正常，各分支温度均匀。

（2）温度降至 350℃以下时，停烟气余热回收系统，炉子改自然通风。

（3）熄火停炉后对瓦斯系统进行扫线，瓦斯不得向炉内吹扫。

2. 紧急停炉操作

（1）在生产中遇到下列情况应紧急停炉：

① 装置发生事故，需要快速切断进料，或进料自身突然中断；

② 炉管破裂或炉体设备严重损坏，无法维持生产；

③ 其他需要迅速熄火、降低炉温的情况。

(2) 紧急停炉主要过程：

① 需紧急熄火时，迅速关闭燃料油和燃料气调节阀及其上游阀、副线阀，切断燃料油和燃料气，打开炉膛消防蒸汽，关闭各火嘴前手阀。

② 不须立即熄火时，可迅速将温控调节阀和瓦斯压控改手动并关小，然后逐个关小火嘴燃料油和燃料气阀门，关死的油嘴随即扫线，最后留 1~2 个瓦斯火嘴维持小火燃烧，或保留长明灯以方便再次开工。

③ 炉子改自然通风。

紧急停炉后重新开工，如已熄火，则需按开工点炉步骤点火升温。升温时间视停炉时间长短、炉内温度情况控制升温时间，一般 2~3h 即可恢复正常。

三、加热炉其他操作及异常处理

1. 火嘴的燃烧控制

加热炉的大多数故障是因燃烧控制不当而引起的，必须加强控制、维护和管理，火嘴的燃烧控制应做到以下几点：

(1) 火焰形状应稳定、多火嘴、短火焰、齐火苗。

(2) 火焰不应触及任何管壁。

(3) 燃料压力和温度应适当。

(4) 风箱或炉内不得有漏气。

(5) 烧嘴口不得积炭和堵塞。

(6) 应通过风门调节空气比，以保持最佳燃烧。如果空气比过量，热效率就会低，炉内压力增高，火焰就会熄灭。

(7) 燃料气不能带凝缩油，加强排凝和加热器的操作。

(8) 由于燃料压力和温度会引起不正常燃烧，因此需按燃料烧嘴说明，检查燃料是否符合要求。

2. 火焰的辨别及调节

(1) 跳动明亮的蓝色火焰：正常燃烧。

(2) 拉长的蓝色火焰：不正常，一般是空气过量，关小风门。

(3) 光亮发飘的火焰：不正常，一般是空气量不足，应增加。

(4) 红黑发飘的火焰：不正常，空气量不足，应增加。

(5) 长而尖的火焰：不正常，可能是喷嘴堵塞应清洗。

(6) 熄火：

① 抽力过大，应重新调整负压。

② 瓦斯喷嘴堵塞应清洗。

(7) 回火：

① 抽力不够，重新调整负压。

② 空气量不足，应增加风量。

③ 瓦斯喷头已烧坏，更换瓦斯喷头。

④ 燃烧速度超过了调节范围，应降低燃烧速度。

⑤ 火熄灭后未吹扫即点火。

⑥ 瓦斯压力大幅度波动。

3. 炉出口温度控制

炉出口温度是必须按工艺要求严格控制的工艺参数。炉出口温度的平稳程度，直接体现着炉子操作水平的高低。它是通过插在炉出口管线上的热偶和燃料压控来监测控制的。表 8-4-1 列出影响炉出口温度的主要因素及调节方法。

表 8-4-1　影响炉出口温度的主要因素及调节方法

供热方影响因素	调节方法	供热方影响因素	调节方法
瓦斯压力波动	将各炉瓦斯量稳定在原来的量上	仪表失灵	联系仪表工校表
瓦斯组分变化	根据炉膛温度的变化增加或减少瓦斯量	取热方影响因素	调节方法
炉膛负压变化	调节供风和烟道挡板稳定负压	进料量波动	稳定进料量，调节瓦斯量
燃料燃烧不充分	增大供风量	进料温度变化	稳定进料温度，调节瓦斯量
喷嘴堵塞	清扫火嘴	进料组分变化	依据轻重情况调节瓦斯量
瓦斯带油	加大排凝，严重时可灭掉几个火嘴	进料带水	加强脱水，增加瓦斯量

4. 炉管结焦的原因、现象及防范措施

(1) 炉管结焦原因：

① 炉管受热不均匀，火焰扑炉管，炉管局部过热；

② 进料量波动、偏流，使油温忽高忽低或流量过小油品停留时间过长而裂解；

③ 原料稠环物聚合、分解或含有杂质。

④ 检修时清焦不彻底，开工投产后炉管内的原有焦质起了诱导作用，促进了新焦的形成。

(2) 炉管结焦现象的判断：

① 明亮的炉膛中，看到炉管上有灰暗斑点，说明该处炉管已结焦；

② 处理量未变，而炉膛温度及入炉压力均升高；

③ 炉出口温度反应缓慢，表明热电偶套管处已结焦。

(3) 防范结焦措施：

① 保持炉膛温度均匀，防止炉管局部过热，应采用多火嘴、齐火苗、炉膛明亮的燃烧方法；

② 操作中对炉进料量、压力及炉膛温度等参数加强观察、分析及调节；

③ 搞好停工清扫作业；

④ 严防物料偏流。

5. 蒸汽空气烧焦具体步骤

(1) 准备工作。加热炉停工后将炉管全部用蒸汽吹扫干净，然后加盲板将炉子与其他部分隔离开，再改通空气-蒸汽，清焦系统按流程炉管中通入水蒸气，然后点燃火嘴，用手动控制，逐渐开大火嘴，使炉管出口温度按 60~150℃/h 速度升温，直至温度达到 500~600℃。

(2) 剥离阶段。增大蒸汽量，同时开大火嘴，保持炉出口温度。从气体取样口引出气体，通入水中急冷。根据水的颜色判断焦炭的剥离是否开始，水的颜色应由乳白色变为灰白，最后变为黑色。检查捕集器中炭粒的大小，如果炭粒太小，可适当减少蒸汽量，使焦炭颗粒尽量变大一些，因为小炭粒对弯头磨损很厉害。有时特别是炉管中有盐垢时，剥离不太容易，就应间歇地减少和增加蒸汽流量，或者隔几分钟通入少量空气，或者改变蒸汽流动方向(逆流)，反复进行到不再产生剥离为止。

(3) 烧焦阶段。开始烧焦以前应降低蒸汽流量，然后通入空气，空气量应缓慢增加，调节蒸汽与空气的比例，使烧焦速度保持最大而又不使炉管过热。烧焦正常时，炉管呈暗红色；若呈桃红色，说明温度过高，应适当减少空气量，增加蒸汽量。烧焦速度以同时烧一根至两根管子为好，炉管由红变黑，说明焦已烧完。烧焦的炉管依次由前向后，全部红一遍。烧焦的主要化学反应式如下：

$$C+O_2 \longrightarrow CO_2$$

在这个阶段中，还应定期用大流量的蒸汽吹扫炉管，以除去松散的焦炭和灰渣。烧焦是否完成，可以取样分析气体中 CO_2 的含量，或由冷却废气的水呈浅红色来判断。

(4) 冷却阶段。烧焦结束后立即关小火嘴并停止通入空气，但应继续通蒸汽。要严格控制冷却速度，这一点对采用胀接弯头时尤为重要。冷却时间不得少于3~4h，炉子冷却后可以用水冲炉管，这一点对炉管中有盐垢时特别需要，蒸馏装置的常压炉通常不必烧焦。

6. 新建和大修的炉子烘炉的原因及处理

烘炉可缓慢地除去炉墙在砌筑过程中积存的水分，并使耐火胶泥得到充分脱水和烧结。如果这些水分不去掉，开工时炉温上升很快，水分急剧蒸发，造成砖缝膨胀，产生裂缝，严重时会造成炉墙倒塌，所以新建和大修的炉子必须要进行烘炉。

烘炉的热源是蒸汽和燃料，在未点火前先在炉管内通入蒸汽。用蒸汽暖管子，同时烘烤炉膛，调节蒸汽量控制炉膛升温速度。待蒸汽阀门开至最大而炉膛温度不再继续升高时，再点火继续升温。当炉膛温度达130℃时，恒温98h脱除游离水。320℃时恒温24h脱除结晶水，500℃时恒温24h进行烧结。然后降温，熄火，焖炉，结束烘炉，共需约15天的时间。加热炉烘炉升温曲线见下图8-4-2。

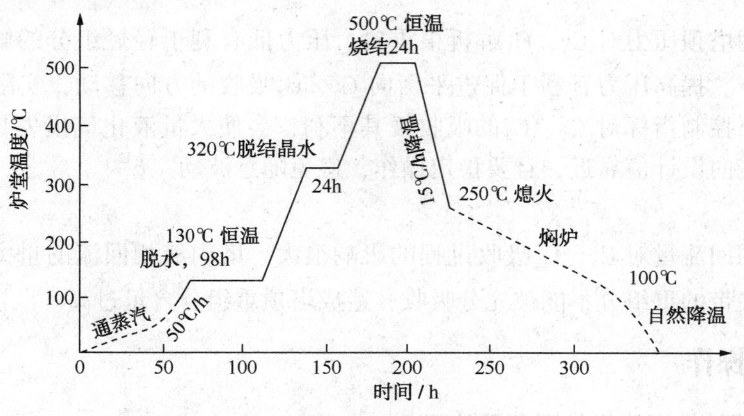

图8-4-2　加热炉烘炉升温曲线

第五节　轻烃回收及其他操作

一、轻烃回收

常减压蒸馏装置通常单独设置轻烃回收单元。常规的轻烃回收系统流程有两种：有压缩机方案和无压缩机方案。对于有压缩机方案，原油蒸馏采用初馏(闪蒸)-常压塔流程，初馏-常压塔塔顶的气体经压缩机升压后，用直馏石脑油进行吸收。吸收了 C_3 及 C_4 轻烃的石脑油进入稳定塔进行分离，塔顶生产液化气产品，塔底为直馏石脑油产品。对于无压缩机的方案，原油蒸馏采用初馏塔-常压塔流程，通过初馏塔提压，将轻烃溶解在初馏塔顶石脑油中。溶解有 C_3 及 C_4 的初馏塔塔顶石脑油进入稳定塔(或称脱丁烷塔)进行分离，塔顶为液化气产品，塔底产品为直馏石脑油。

现今装置规模在不断扩大，原油蒸馏装置中的含硫塔顶气的绝对量也增大很多，即使不回收塔气中的轻烃，也必须要进行加压脱硫。另一方面尽管初馏塔采用加压操作，并不能保证初馏塔塔顶不产塔顶气，因此，含硫塔顶气必须进行提压回收轻烃或送往下游装置回收轻烃。初馏塔加压回收轻烃不设压缩机只是一个过渡流程，目前大中型原油蒸馏装置中所设的轻烃回收部分，在初馏塔采用加压操作的同时，仍然设置塔顶气的压缩机系统，以确保轻烃的充分回收。后续的设置有单塔、双塔、三塔和四塔流程，这些流程的选择取决于目标轻烃回收率的要求和全厂总流程的配套，其中带有压缩、吸收-再吸收-脱吸-稳定四塔流程的轻烃回收系统是设置最完善的轻烃回收系统。

某套常减压蒸馏装置采用初馏塔在升压下操作的措施，因初馏塔塔顶压力比较高，可直接进入催化气压机(中间设缓冲罐)入口，升压后经吸收稳定系统回收气体中的轻烃。溶解在塔顶石脑油中的轻烃则通过设置脱丁烷塔、脱戊烷塔的双塔流程回收。

1. 脱丁烷塔进料温度

进料温度对进料中 C_3、C_4 的解吸有重要意义，进料温度低于控制指标，塔底石脑油中 C_4 超工艺指标，部分轻烃未解析，液化气产量减少影响经济效益。进料温度过高液化气中 C_5 含量超标，液化气质量得不到保证。所以对于塔底有重沸器的解析稳定塔要勤于调节重沸器的取热量，控制好石脑油进塔温度。

2. 塔顶压力

控制合适的塔顶压力对 C_3、C_4 解析很重要。压力低有利于轻烃组分的解析，反之不利于轻组分的解析。提高压力有利于促进平衡向 C_3、C_4 吸收的方向移动，实际操作中对压力参数的控制偏离控制指标对 C_3、C_4 的吸收极其不利，会使大量液化气损失。因此，必须将塔顶压力尽可能向设计值靠近，且要稳定操作，避免随意波动。

3. 回流量

脱丁烷塔的回流量对 C_3、C_4 吸收过程的影响很大。塔内液相回流的量太小，向塔顶流动的轻组分所夹带的重组分不能被充分吸收，造成塔顶重组分含量过高。

二、其他操作

1. 分馏塔板结盐垢堵塔的现象及处理

原油中含的盐类(主要是氯化物)经过电脱盐装置处理，仍有少量残存盐进入分馏塔内，为防止氯盐水解对设备的腐蚀，采用注碱、注氨工艺防腐蚀措施。原油中注入过量碱(Na_2CO_3、NaOH)可形成碱垢，沉积在塔底板上。塔顶注氨以后生成铵盐，随塔顶回流油返回塔内，可沉积在降液管中。原油中的含氮化合物，在高温下分解生成铵盐。原油中混入泥沙杂物，也可沉积在分馏塔板上。鉴于上述原因，生产操作中原油分馏塔板容易出现结盐垢堵塔的情况。

(1) 分馏塔板结盐垢堵塞塔板的现象：

① 结盐垢使塔板开孔率降低，油品气液相传质传热作用变差，塔顶温度侧线馏出温度易出现规律性波动，用回流调节塔顶温度作用迟缓，塔顶压力波动，由于气相负荷分布不均，塔顶压力经常发生突然变化。

② 塔的分馏效果变差，各侧线油质量变重，馏程重迭，产品质量不合格，严重时出黑油。

③ 分馏塔板压降增大，测定压降增大的位置，可以判断分馏塔板结垢的大体位置。

(2) 不停工正常处理方法：

塔板上结的盐垢一般都溶于水，所以正常生产中，可以采用塔顶回流泵抽新鲜水的方法将盐溶于水后洗掉。新鲜水进入塔内，盐即溶于水中，含盐的水，可经某一侧线馏出口进入该侧线，或用泵送至不合格油管线抽出。

① 确定塔内结盐部位。

② 降低原油处理量为正常处理量60%~80%。

③ 提高中断回流流量及塔顶回流流量。将塔顶温度降低，使顶回流量调节温度不起作用，用顶回流泵抽水往塔内打水时塔顶温度一定降至100℃，防止水汽化使塔顶压力超高。水流量不得过大，水量过大会将温度压得过低，水向下流动到没结盐的塔板上，影响正常操作。

④ 水进入塔顶后，在侧线泵排污水放空口放样观察洗塔板来水情况，用塔顶泵给水量大小严格控制侧线馏出口温度为合适的温度。温度过高水汽化，排不出水，洗不掉盐；温度过低，水向下流到抽出口以下的塔板上，污染其他塔板。

⑤ 侧线泵放空口放样见到水，观察外观变化，也可开始分析水中的Cl^-含量，直到水样中的Cl^-不再明显降低，排水清洁，水洗塔板完毕。

⑥ 水洗塔板完毕后可以恢复正常操作，将水缓慢停止并逐步扩大回流流量，使塔内温度逐渐上升，升温速度不要过快。然后将其他操作条件逐渐按正常工艺指标控制，恢复正常生产。

2. 减压系统泄漏的判断

由于减压塔内压力低于大气压，因此减压系统有泄漏较难发现。一旦设备或工艺管线有泄漏，看不见有漏油痕迹，空气被吸入塔内，漏入的少量空气一般不会对减压系统产生影响，但大量空气漏入时，会使真空度下降，应认真仔细查找泄漏点。

一般泄漏点很小时，听不到空气通过泄漏点振动的尖叫声，当泄漏量增大时，可以听到大量空气通过泄漏处高速流通引起的振动噪声，因此可以通过泄漏点空气流通噪声判断，寻找泄漏处。

还可以通过减压塔塔顶瓦斯气体分析数据推断是否有泄漏，通过瓦斯组成分析，如空气含量大幅增加，可判断有泄漏。正常情况减压塔塔顶瓦斯气体中N_2含量较低，各装置情况不一样会有所差异，一般为3%~5%，有时会更高达10%以上。当减压系统有泄漏时，例如转油线处有一长约10mm、宽约1~5mm泄漏孔，漏进许多空气，能听到刺耳的尖叫声，分析减压塔塔顶瓦斯气体中N_2含量明显增高，达到35%~36%，将漏处堵好，减压塔塔顶瓦斯气体中N_2含量恢复正常。

3. 减压塔底浮球式仪表液位计故障的处理

减压塔塔底油温度高，处于负压，只能安装浮球式仪表液位计，一旦液位计故障不能使用，一般应停工处理。为了不停工继续生产，可以采用在减压渣油泵入口处安装一块真空表，参考其真空度维持生产。也可利用塔底抽出线上引出线(如吹扫蒸汽线引出线等)安装临时双法兰液位计。

正常生产时，塔底泵入口压力可以通过塔底液位与油泵入口油柱高度计算出来，如液位高度为10m时，忽略管线阻力真空度约为30kPa(220mmHg)。液面每升高1m，真空度约下降7.2kPa(54mmHg)，真空度下降值可以初步判断液位高度。

减压渣油泵入口一般无法安装真空表，可将备用泵出口阀门关闭，入口阀打开，出口压力表改为真空压力表，并搞好备用泵的预热，防止指示失灵。

4. 蒸汽喷射器串气现象的原因和处理

正常使用的蒸汽喷射器抽力足，响声均匀无噪声，当蒸汽喷射器工作不正常时，蒸汽喷射器发生串气现象，声音不均匀有较大噪声，抽力下降真空度降低。

引起蒸汽喷射器发生串气的原因如下：

(1) 同级几台蒸汽喷射器并联操作抽力不同，抽力高的喷射器吸入口压力低，抽力低的喷射器压力高，气体由高压向低压流动，产生互相撞击，会引起不均匀的串气现象。

(2) 冷凝冷却器冷却后温度升高，蒸汽喷射器入口负荷过大，真空度下降，超过蒸汽喷射器设计的压缩比时，也可引起不均匀的串气现象。

(3) 喷射器末级冷却器不凝气体排放管线不畅通，使喷射器后部压力升高并出现串气现象。

操作中应根据产生串气原因进行调整。

5. 离心泵的启动步骤

(1) 启动前的准备：

① 认真检查泵的入口管线、阀门、法兰、压力表接头是否安装齐全，符合要求，冷却水是否畅通，地脚螺栓及其他连接部分有无松动。

② 向轴承箱加入润滑油(或润滑脂)，油面处于轴承箱液面计的2/3。

③ 盘车检查转子是否轻松灵活，检查泵体内是否有金属碰击声或摩擦声。

④ 装好靠背轮防护罩，严禁护罩和靠背轮接触。

⑤ 清理泵体机座，搞好清洁卫生。

⑥ 开启入口阀，使液体充满泵体，打开放空阀，将空气驱赶干净后关闭，若是热油泵，则不允许放空阀赶空气，防止窜出自燃(如有专门放空管线及油罐可以向放空管线赶空气和冷油)。

⑦ 热油泵在启动前，要缓慢预热，特别在冬天应使泵体与管道同时预热，使泵体与输送介质的温度在50℃以下。

⑧ 封油引入油泵前必须充分脱水。

(2) 离心泵的启动：

① 泵入口阀全开出口阀全关，启动电机全面检查机泵的运转情况。

② 当泵出口压力高于操作压力时逐步开出口阀门，控制泵的流量、压力。

③ 检查电机电流是否在额定值以内。如泵在额定流量运转而电机超负荷时，应停泵检查。

④ 热油泵正常时，应打入封油。

(3) 注意事项：

① 离心泵在任何情况下都不允许无液体空转，以免零件损坏。

② 热油离心泵一定要预热，以免冷热温差太大，造成事故。

③ 离心泵启动后，在出口阀未开的情况下，不允许长时间运行(小于1~2min)。

④ 在正常情况下，离心泵不允许用入口阀来调节流量，以免抽空，而应用出口阀来调节流量。

6. 离心泵的切换和停运

(1) 离心泵的切换：

① 备用泵启动前应该做好全面检查及启动前的准备工作。热油泵应处于完全预热状态。

② 开泵入口阀，使泵内充满介质并用放空排净空气。

③ 启动电机，然后检查各部的振动情况和轴承的温度，确认正常，电流稳定，泵体压力高于正常操作压力，逐步将出口阀门开大，同时相应将运行泵出口阀门关小直至关死并停泵。如热油泵应做好预热工作。

(2) 离心泵的停运：

① 先把泵出口阀关闭再停泵，防止泵倒转，倒转对泵有危害，会使泵体温度很快升高，造成某些零件松动。

② 停泵注意轴的减速情况，如时间过短，要检查泵内是否有磨、卡等现象。

③ 如是热油泵，停泵后再停冲洗油或封油，打开进出口管线平衡阀或流通阀，防止进出口管线冻凝。

④ 如该泵要修理，就必须用蒸汽扫线，拆泵前要注意泵体压力，如有压力，可能进出口阀关闭不严。

7. 热油泵预热的原因和步骤

(1) 泵如不预热泵体内冷油或冷凝水，与温度高达200~350℃的热油混合，就会发生汽化，引起该泵抽空。

热油进入泵体后，泵体各部位不均匀受热发生不均匀膨胀，引起泄漏、裂缝等，还会引起轴拱腰现象，产生振动。

热油泵输送介质的黏度大，在常温和低温下的流动性差，甚至会凝固，造成泵不能启动或启动时间过长，引起跳闸。

(2) 预热步骤：

① 先用蒸汽将泵内存油或存水吹扫尽；

② 开出口阀门将热油引进泵内，通过放空不断排出，并不断盘车，泵发烫后关闭出口阀；

③ 缓慢开进口阀(此时最易抽空)，不断盘车通过放空不断排出；

④ 逐渐开启出口阀，进出口循环流通。

8. 泵抽空的判断和处理

(1) 下列情况下可能出现泵抽空：

① 仪表流量指示大幅度波动或流量指示为零；

② 压力、电流指示大幅度波动或流量指示为零；

③ 泵振动较大并有杂音出现；

④ 管线内有异常声音。

(2) 原因：

① 封油密度小，封油带水；
② 封油量过大；
③ 塔、容器液面过低；
④ 填料压盖太松，冷却水流入泵体；
⑤ 介质温度过高，饱和蒸气压过大，产生气阻现象；
⑥ 泵进口扫线蒸汽阀没关严或有泄漏现象；
⑦ 泵内有空气或被抽介质内混有不凝气(吸入口漏气)；
⑧ 进口管线堵，进口阀未开或开得过小或阀芯脱落。
(3) 处理方法：
① 严格控制封油质量，封油罐充分脱水；
② 适当调整封油注入量；
③ 严格控制塔、容器液面；
④ 拧紧填料压盖或冷却水外淋；
⑤ 降低介质温度，将泵内汽化的气体往放空管线赶尽；
⑥ 关严蒸汽阀或更换蒸汽阀门；
⑦ 赶尽泵内空气，查出漏气位置，并设法解决；
⑧ 进口管线扫线、弄通管线、开大进口阀门、检查更换阀门。

9. 离心泵振动原因及消除方法

(1) 原因：
① 地脚螺栓或垫铁松动；
② 泵与电动机中心不对，或对轮螺丝尺寸不符合要求；
③ 转子平衡不对，叶轮损坏，流道堵塞，平衡管堵塞；
④ 泵进口管线配制不良，固定不良；
⑤ 轴承损坏，滑动轴承没有紧力，或轴承间隙过大；
⑥ 汽蚀、抽空、大泵打小流量；
⑦ 转子与定子部件发生摩擦；
⑧ 泵内部构件松动。
(2) 消除方法：
① 拧紧螺栓，点焊垫铁；
② 重新校中心，更换对轮螺丝；
③ 校动平衡，更换叶轮，疏通流道等；
④ 重新配置管线并固定好；
⑤ 更换轴承，锉削轴承中分面，中分面调整紧力，加铜片调整间隙；
⑥ 提高进口压力，开大进口阀，必要时稍开进口阀连通阀；
⑦ 修理、调整；
⑧ 解体并紧固。

10. 热油泵和冷油泵的区别

(1) 以介质温度来区别，200℃以下为冷油泵(20～200℃)，200℃以上为热油泵(200～400℃)。

(2) 以封油来区别，一般的热油泵都打封油，而冷油泵不用打封油。

(3) 以材质来区别，热油泵以碳钢、合金钢为材料，泵支座用循环水冷却，而冷油泵用铸铁为材料即可，泵支座也无需冷却。

(4) 泵的型号中热油泵用字母 R 表示，冷油泵用 J 表示。

(5) 备用状态时，热油泵需预热，冷油泵不用预热。

11. 电动机运行中应注意的问题

为保证电动机的安全运行，日常的监视、维护工作很重要。电动机的运行状况会通过表计指示、温度高低、声响变化等方面的特征表现出来。因此只要注意监视，异常情况是可以及时发现的。除了规程所规定的监视、维护项目外，这里还要注意以下几点：

(1) 电流、电压。正常运行时电流不应超过允许值，一般电动机只在一相装电流表，对低压电动机，如有必要，可用钳形电流表分别测三相电流。电流的最大不对称度允许为10%，检查电压，一般借用电动机所接的母线电压表监测。电压可以在额定电压的(-5%~10%)的范围内变动，电压的最大不对称度允许为5%。

(2) 温度。除了电动机本身有毛病如绕组短路，铁芯片间短路等可能引起局部高温之外，由于负载过大、通风不良、环境温度过高等原因，也会引起电动机各部分温度升高。

绕组的温度可以用电阻测温外，可用电动机制造时预先埋入的热电偶来测定。铁芯、轴承和滑环等部分的温度可以用酒精温度计测量。运行中有必要时可在电动机外壳贴温度计监视温度，但控制温度应低于电动机的最高温度允许值。温升的允许值，应参照有关规程规定或厂规定。

(3) 音响、振动、气味。电动机正常运转时，声音应该是均匀的，无杂音。

振动应根据电动机转速控制在规程规定的允许之内。凡用手触摸轴承部位觉得发麻，说明振动已很厉害，应进一步用振动表测量。

如电动机附近有焦臭味或冒烟，则应立即查明原因，采取措施。

(4) 轴承工作情况。主要是注意轴承的润滑情况，检查温度是否过高，有无杂音。大型电动机要特别注意润滑油系统和冷却水系统的正常运行。

(5) 其他情况。绕线式电动机还应注意滑环上电刷的运行情况。

12. 感应电动机振动和产生噪声的原因

电动机正常运转时也是有响声的，这声音由两个方面引起：铁芯硅钢片通过交变磁通后因电磁力的作用发生振动，以及转子的鼓风作用，但是这些声音应该是均匀的。如果发生异常的噪声或振动，这就说明存在问题。引起振动和噪声的原因如下。

(1) 电磁方面原因：

① 接线错误。如一相绕组反接，各并联电路的绕组匝数不等的情形等。

② 绕组短路。

③ 多路绕组中个别支路断路。

④ 转子断条。

⑤ 铁芯硅钢片松弛。

⑥ 电源电压不对称。

⑦ 磁路不对称。

(2) 机械方面原因：

① 基础固定不牢。

② 电动机和被带机械轴心不在一条直线上(中心找得不正或靠背轮垫圈松等)。

③ 转子偏心或定子槽楔凸出使定子、转子相擦（扫膛）。

④ 轴承缺油，滚动轴承钢珠损坏，轴承和轴套摩擦、轴瓦位移。

⑤ 转子上风扇叶损坏或平衡破坏。

⑥ 所带的机械不正常振动引起电动机振动。

13. 电机自启动

所谓电机自启动就是正常运转中的电动机，其电源瞬时断电或低电压发生后电机还能自发地正常启动，就称自启动。

电机启动电流是额定电流的4~7倍，如果一个装置的所有电机都装自启动，当失电后恢复电源的瞬间所有电机在同一时间内启动，强大的启动电流对变压器和整个网络造成很大的冲击，引起整个供电网络波动，会造成非常严重的后果，所以在装电机自启动保护时，要经过严格的计算，只是对少数的关键设备才考虑自启动保护。

14. 电机线圈烧坏的原因

通常电动机都有短路保护和过负荷保护，均属于过电流保护。前者一般采用熔断器保护，后者采用热继电器或过电流继电器保护。虽然装设了这些保护设备，但烧毁电动机的现象还是不能避免。

（1）电动机保护设备是在电机已经产生过电流后才开始动作，如电机内部产生短路，强大的短路电流使熔断器熔断，但电机已被大电流烧毁。

（2）电机的保护设备既要躲过大于额定电流的4~7倍的启动电流，又要满足电流超过额定值能使保护设备动作，故电机的保护设备具有反时限特性——电流越大，动作事件越短，电流越小，动作时间越长。当电机电流已超过额定值，但动作时间还没有到，保护设备还没有动作，这时电机绕组已过热，绝缘已烧毁，如轴承咬死，电机二相运转等都可能使电机烧毁。

（3）保护设备选择不当，整定值计算误差或保护设备失灵都会引起电机烧毁。

15. 油品腐蚀不合格的原因和处理

（1）腐蚀不合格的主要原因：

① 加酸量不足或不稳，引起硫腐蚀；

② 加碱量不足或不稳，碱浓度低或碱渣使用循环时间过长，引起酸腐蚀；

③ 加碱量过大或碱渣液面过高，反应强碱性引起碱腐蚀；

④ 送电不稳，脱渣不干净；

⑤ 加水量不足或不稳；

⑥ 混合器混合强度不足或过大。

（2）处理方法：

① 提高加酸量，平稳操作；

② 提高加碱量、碱浓度、换新鲜碱液；

③ 调整加碱量和碱渣液面；

④ 解决送电系统问题；

⑤ 调整水量或水温，平稳操作；

⑥ 检查混合器是否出故障。

16. 油品呈碱性的原因

（1）电离器未送电或送电不正常；

（2）水洗中断或水量不足；

（3）加碱量过大或碱浓度过高；

（4）碱渣液面高；

（5）水洗乳化；

（6）原油性质变化影响馏分油性质，操作条件调整跟不上；

（7）原料处理量变化。

17. 精制油品酸度不合格的原因

（1）加碱量不足或不稳，这是最常见的原因；

（2）原料来量不稳或性质变化；

（3）电分离罐送电不正常或送不上电；

（4）碱渣液面过高；

（5）碱渣乳化，分层不好；

（6）混合器故障，碱液与油品混合不好；

（7）油品温度过低反应不完全，碱渣沉降不好。

18. 柴油精制时乳化的原因

（1）油温过低；

（2）碱渣液面高携带严重；

（3）油品、碱液、水之间的温差大；

（4）原料油环烷酸含量增高；

（5）送电不正常；

（6）混合强度过大；

（7）碱液浓度过大；

（8）循环次数过多；

（9）原料油馏分过重，酸度高；

（10）原料油量过大，电离罐超负荷。

19. 电离器送电困难的原因和避免措施

（1）送电困难的主要原因：

① 电器故障；

② 油品含水过多；

③ 处理量过大，携带碱渣；

④ 油品温度过高或过低。

（2）避免措施：

① 在正常生产情况下，联系电工定期检查电器设备；

② 停工检修时仔细检查电器设备，送不上电时，首先检查是电气故障还是电离器故障，电气故障联系电工处理，电离器问题可按下述步骤处理：

a. 检查安全门是否好用，电极棒导线是否接好；

b. 检查各界面情况，检查油品是否乳化；

c. 如果不是上述原因，停止加碱从文氏管向电离器内吹蒸汽，吹走电极棒上附着的杂物；

d. 如仍送不上电，需退油放空检查。

20. 文氏管混合器堵塞的判断、原因和处理

（1）判断：如果各控制阀及泵的工作正常，加碱量、加水量提不起来甚至回零，电离器前压力升高甚至前部憋压，即可认为文氏管堵塞。

（2）原因：碱与油品中的酸性物质反应生成盐，将文氏管喷头与扩散管间的间隙堵塞。

（3）处理：停止加碱通入蒸汽将盐溶解冲洗掉，严重时需将油品改出拆卸文氏管混合器进行清理。

21. 堵抽盲板要注意的问题

堵抽盲板的工作是十分重要的，工作量较大，漏加漏抽都会威胁检修安全作业，影响正常生产。必须对堵抽盲板加强管理，在堵抽盲板中要注意以下几点：

（1）堵抽盲板的工作要安排专人负责。

（2）盲板要有统一编号，堵抽盲板必须做好记录，绘出堵抽盲板图表。

（3）每一次堵抽盲板的工作人员要相对稳定，一般情况下，谁加的盲板由谁负责拆除，防止遗漏。堵抽盲板时，工作人员必须要在堵抽盲板图表上签字，注明堵抽盲板情况。

（4）对堵抽盲板作业的职工要进行安全教育，交代安全技术措施。高处作业要搭设脚手架，系安全带。有毒气区要佩戴防毒面具，在室内作业，要有良好的通风设施。拆除法兰螺栓时，要预先卸去残压，要逐步松开，防止管道内剩有余压或残余物料，造成意外事故。

（5）盲板位置，应在来料阀门的后部法兰处，盲板两侧一般应加垫片，并用螺栓紧固，保护法兰密封面及严密性。

（6）盲板应具有一定的强度，加强盲板的材料及厚度要符合技术要求，不准随意代用。

（7）堵抽盲板时要做好与有关装置、部门的联系工作。

22. 压力容器常见的破坏形式和特征

压力容器常见的破坏形式共五种。

（1）塑性破坏。容器因压力过高，超过材料强度极限，发生了较大的塑性变形而破裂，叫塑性破坏。其特征：

①产生较大的塑性变形，对圆筒形的容器，破裂后一般呈两头小、中间大的纺梭形，容积变形率（或叫增大率）可达10%～20%；②断口呈撕裂状、多与轴平行，一般呈暗灰色的纤维状，断口不齐平，与主应力方向成45°角，将断口拼合时，沿断口间有间隙；③破裂时一般不产生碎片或只有少量碎片；④爆破口的大小随容器的膨胀能量而定，膨胀能量大（如气体特别是液化气），裂口也大。

发生塑性破坏事故的主要原因：①过量充装，超压运行；②磨损、腐蚀使壁厚减薄；③温度过高或受热。

（2）脆性破坏。容器承受较低的压力，且无较大的变形，但由于有裂纹等原因而突然发生破裂，这种破坏与生铁、陶瓷等脆性材料的破坏相似，叫脆性破坏或低应力破坏。其特征：①没有或只有很小的塑性变形，如将碎片拼合，其周长和容积与爆破前无明显差别；②破坏时常裂成碎片；③断口齐平，断面有晶粒状的光亮，常出现人字形纹路，其尖端指向始裂点。而始裂点往往是有缺陷处或形状突变处；④大多发生在较低温度部位；⑤破坏在一瞬间发生，断裂的速度极快。

发生脆性破坏事故的主要原因：①材料在低温下其韧性会下降，因而发生所谓“冷脆”，即低温冷脆；②焊接或裂纹会使应力高度集中，使材料的塑性下降而引起脆裂；③其他如加载速率过大，外力冲击和震动，钢材中含磷、硫量过高等。

(3) 疲劳破坏。疲劳破坏是金属材料在反复的交变载荷(如频繁的开停车运行中压力温度大幅度变化等)作用下，在较低的应力状态下，没有经过明显的塑性变形而突然发生的破坏。通过试验发现，当材料收到的交变应力大于一定数值，并且交变次数达到一定值后，就会在有缺陷或应力集中的地方出现裂缝。这种由于交变应力而出现裂缝的现象，叫做材料的疲劳。当裂缝逐渐扩大，到一定时候就突然破坏，即疲劳破坏。其特征：①破坏时应力一般低于材料的抗拉强度极限；②最易发生在接管处；③断口有两个明显区域，一个呈贝纹状花纹，光亮得如细瓷断口，叫做疲劳裂纹扩展区；另一个是最后断裂区，一般和脆性断口相同；④一般使容器开裂，泄漏失效，而不会发出碎片。

发生疲劳破坏的主要原因：①频繁地反复加压和卸压；②操作压力波动幅度较大，常超出设计压力20%以上；③容器的使用温度发生周期性变化；或由于结构、安装等原因，在正常的温度变化中，容器或其部件不能自由地膨胀或收缩。

(4) 蠕变破坏。容器材料在高于一定温度下(如碳钢温度超过300~350℃，低合金钢温度超过350~400℃，即应力较小，也会因为时间增长而缓慢的产生塑性变形，使截面变小，而产生破坏，此种破坏叫蠕变破坏(一般来说，如果材料的使用温度小于他的融化温度的25%~35%，则可以不考虑他的蠕变)，其特征：①破坏时具有明显的塑形形变；②破坏后对材料进行金相分析，可发现金相组织有明显变化(如晶粒长大，钢中碳化物分解为石墨，出现蠕变晶间裂纹等)。发生蠕变破坏的主要原因是由于设计时选材不当或与运行时局部过热。

(5) 腐蚀破坏。腐蚀破坏指金属表面在周围介质化学(或电化学)作用的结果产生的破坏。腐蚀破坏产生的方式大致分为四种类型：均匀腐蚀、局部腐蚀、晶间腐蚀和断裂腐蚀。影响腐蚀速度的因素很多，如溶液的酸碱性、氧气、二氧化碳、水分含量、温度、介质流速、金属加工状况、材料表面光洁度、热负荷等。由于腐蚀类型不同，造成破坏的特征各异，一般是：①均匀腐蚀破坏使壁厚减薄，导致强度不够而发生塑性破坏；②局部腐蚀会使容器穿孔或造成腐蚀处应力集中，在交变负荷下，成为疲劳破坏的始裂处；也有因腐蚀造成强度不足而发生塑性破坏；③晶间腐蚀与断裂腐蚀属低压力破坏，晶间腐蚀会使材料强度降低，金属材料失去原有的金属响声，可经验查发现；④腐蚀破坏和介质物化性质、应力状态、工作条件等有关，需根据具体情况具体分析。在各种腐蚀中以晶间腐蚀和断裂腐蚀最危险，因为它不易引起金属表面的变化，同时又主要是应力腐蚀所造成的，不易察觉。

23. 装置检修时塔和容器人孔开启顺序

塔和容器检修开启人孔时，需预先用泵倒尽物料，进行蒸汽吹扫后(有的还需要水洗)待设备内压力完全放空，温度下降到安全温度，并且应排净残存物料凝液，详细反复认真检查后，方可开启塔和容器人孔。

蒸馏装置检修时，开启人孔的顺序是自上而下，即应先打开设备(塔或容器)最上的人孔，而后自上而下依次打开其余人孔。以便有利于自然通风，防止设备内残存可燃气体，使可燃气体很快逸出，避免爆炸事故，并为人员入塔(器)逐步创造条件，有的厂是自上而下打开上中下三个人孔，也是便于自然通风，为人员入塔创造条件。

在打开设备(塔或容器)底部人孔前，还必须检查低点放空阀是否确实打开，设备底部残留物料彻底排净后方可打开底部人孔，这样可以避免设备底部可能有温度较高的残存液而造成开人孔时的灼伤事故。

塔(器)必须经自然通风，化验分析合格后，办理入塔(器)工作票，方可入塔(器)工作。塔(器)采样化验分析是为了防止入塔窒息中毒和有残剩油气动火时发生爆炸着火，确保动火工作安全。总之设备人孔的开启工作具有一定的危险性，要求检修和操作人员，一定要头脑清醒，注意力集中，谨慎从事这项工作。

24. 停工检修中填料型减压塔内着火原因及预防

装置停工时，填料型的减压塔各集油箱和塔底油抽完后，虽然进行了规定的蒸塔和水洗，但在减压塔壁，塔内填料上的少量残油，胶质和硫化亚铁不能完全清扫干净。在打开人孔进行检修的过程中，由于硫化亚铁自燃造成填料着火，或塔内动火时引燃着火造成事故，有的甚至造成局部填料被迫更换。

为解决这一问题，可装配减压塔消防专用线，用脱盐注水泵作消防水泵，在每层平台和人孔均可接胶皮管，定期向塔内填料喷水，可使填料降温。一旦发生火情监护人员立即用水扑灭；也可以保证塔内检修人员的安全，即所谓“湿式检修”。而塔内蒸汽消防，可解决塔内临时灭火，但不能使塔内降温，而且在检修时塔内有人干活是绝对禁止向塔内吹蒸汽的。否则容易造成人身事故。所以一般采用消防冷水灭火降温为宜。目前国内有的蒸馏装置为预防填料着火，在打开人孔之前还用装置内油品精制剩余的碱液加以稀释，用注水泵经不合格线转入减压塔内各段回流打入塔内，冲洗填料、油污和硫化亚铁，有效地减少填料着火的可能性。为确保停工检修中填料型减压塔安全，目前很多装置停工吹扫后使用防 FeS 自燃钝化剂处理减压塔，清除塔内的 FeS，效果良好。

25. 装置动火的安全措施

(1) 装置动火的安全措施都是为了破坏产生燃烧和爆炸的条件。它主要是在动火处排除可燃物，使其浓度降到动火安全的范围，常用的方法：

① 置换法：用蒸汽、氮气或者其他惰性气体将管道设备内的易燃易爆气体置换出来，分析合格后才允许动火，蒸馏装置常用蒸汽扫线合格后进行动火。

② 清洗法：用水清洗动火设备及管道，必要时还要清除沉淀物，分析合格后才能动火，为了提高冲洗效率常采用热水冲洗。

③ 隔离法：对易燃易爆介质进行隔离，尽量减少置换范围。如设备动火时，把与生产装置相连管线拆开堵盲板，清除地面易燃物，用石棉布盖好下水井，都属于此法。

(2) 动火分析必须及时正确，不能擅自扩大安全动火范围与延长动火时间。

(3) 现场不准吸烟，动火工具不准乱拖乱拉。

(4) 正压动火，必须经设备总工程师和有丰富经验技师确认，必要时报请安全厂长或总工程师批准办理火票。作为特殊动火，由有经验的焊工动火。

(5) 用火处必须准备泡沫、蒸汽灭火器材进行掩护，要严格执行“三不动火”的原则。即没有有效的火票不动火，没有落实防火措施不动火，没有监护人或监护人不到现场不动火。

26. 常压塔的分离效率

对常减压装置来说，提高塔的分离效率，可以有效地降低保证产品质量所必须的塔内回流量，一方面可以降低过汽化率，另一方面可以提高高温位热源的取热比例，两者对节能都十分有利。提高塔的分离效率主要有以下几种方法：

(1) 提高塔盘效率。提高塔盘效率的措施除了采用高效塔盘外，主要是对现有塔盘进行小的改进。提高塔盘效率的另一个切实可行的技术措施，是设法增加塔盘上气液两相间的接触面积和液相停留时间，这可以通过以下三项措施任意组合来实现：a. 增加塔盘上的液流长度；b. 减少液流宽度；c. 增加出口堰的高度。近几年国内开发了几种新型高效塔盘，新建装置或老装置大改造时可以考虑采用，但对大多数蒸馏装置来说，较经济的做法是对现有塔盘进行改进。

（2）提高理论塔板数。在规定的塔盘形式、产品纯度和操作压力下，分馏塔能达到的分离效率是塔盘数与回流比的函数。因此在塔盘效率相似的情况下，只有增加塔盘数才能降低回流比，达到节能的目的。对新建或扩改建的常减压蒸馏装置应增加常压塔的塔板数，特别是常压塔下部的塔板数，以改善常压塔的分馏精度。目前常压塔的分馏趋势是塔板数不断增加，塔板效率不断提高。新设计的常压塔，其精馏段的塔板数不少于50层。适当增加塔板数投资增加不多，得到的效益却非常显著。

（3）降低塔的操作压力。由于低压能够改善分馏塔内所分离组分的相对挥发度，因此降低塔内操作压力可以减少回流比，也能达到相同的分离效率。另外，降低塔压还能在较低的炉出口温度下达到相同的汽化分率，但在实际上，降低塔压可能受到各种因素的限制，如常压塔有可能受到塔顶冷凝系统（例如空冷器）能力的限制，而减压系统则可能受到抽空器的能力和效率以及塔盘压降的限制。

（4）提高汽提段和侧线汽提段的汽提效率。常压塔汽提段汽提效果直接影响到常压塔塔底重油的350℃前馏分含量；侧线产品汽提塔的汽提效果，则直接影响到该侧线产品的轻组分携带量，要及时根据原油品种和产品方案的变化，调整优化汽提蒸汽用量，提高汽提效果。

（5）应用先进控制（APC）技术。在生产运行中，不同的班组和操作人员，有不同的分馏精度和产品收率，反映出工艺操作的重要影响，应用以多变量的预估控制技术为主要内容的APC技术，可有效提高操作水平。

27. 减压塔的拔出率

减压塔拔出率的提高，常减压蒸馏装置的能耗也增加，所以根据减压渣油的加工流向，合理确定减压拔出率。减压渣油和最低侧线产品全部进催化裂化加工，实施深拔在经济上的不合理，减压生产润滑油料时，深拔受侧线产品质量的限制；减压渣油生产沥青，特别是高等级道路沥青时，拔出深度要考虑沥青质量的要求；当减压渣油进入燃料型沥青装置、延迟焦化装置、渣油加氢处理装置或直接调燃料油时，提高减压拔出率无论在加工方案优化上，还是在经济上都有重大影响。

① 提高减压塔的真空度。提高抽真空系统效率，减少减压系统泄漏、降低减压进料的过程裂化、减少常压重油中350℃前馏分含量，都可以提高减压塔真空度。

② 降低汽化段压力。在塔顶真空度不变的情况下，汽化段到塔顶的总压降越小，汽化段的压力越低，越有利于提高减压的拔出率。分离段采用高效低压降规整填料，取热段采用空塔喷淋取热技术，可以有效地降低总压降。合理的减压炉和转油线设计，对汽化段压力有极大的影响。

③ 提高汽化段温度。国外通过改进减压炉和转油线设计，燃料型减压塔汽化温度可以达415℃，而减压炉的不烧焦连续运行周期可达5~6年，操作中要以不结焦和不过热裂化为上限，尽可能提高炉出口温度和汽化段温度。

④ 采用强化蒸馏技术。强化蒸馏技术是通过在原料中加入强化剂来改变造成蜡油滞留

在渣油中的物质的极性。并降低蜡油逸出的表面张力，阻止自由基链聚合，消除物沫夹带，提高减压拔出率。

⑤ 应用减压塔分段抽真空技术。

⑥ 除去封油和冲洗油的影响。有些企业减压渣油500℃前馏出高是由于减渣系统使用轻质蜡油作封油和冲洗油，减少减渣中的轻馏分含量。

28. 串联式机械密封高温泵操作

串联式机械密封高温泵是指蒸馏装置采用 plan32+53A 密封冲洗方案的部分高温油泵，该部分泵除需遵照上述离心泵各种操作步骤及注意事项外，还需注意以下事项：

（1）开泵前的准备：

① 确认阻封液缓冲罐已吹扫干净，冲洗油系统试漏合格。

② 确认阻封液已加注到规定液位，现场玻璃板液位计不低于80%液位，阻封液采用 L-TSA46 汽轮机油。

③ 对于新检修完毕泵，脱开机封格兰阻封液出口活接头，盘车直至阻封液从接头内溢出，置换出机封内部空气后复位。

④ 打开缓冲罐冷却水系统。

⑤ 调节氮气控制阀后压力 0.8MPa。

⑥ 调节缓冲罐顶部氮气减压阀，阀后压力高于泵密封腔压力 0.1~0.15MPa。

⑦ 确认缓冲罐上压力、液位仪表准确好用。

⑧ 泵预热前略微打开 plan32 系统封油线阀门，封油流量计有指示值即可，防止泵内介质倒窜入封油管线。

（2）开泵运行后的调整：

① 开泵前确保先投用 plan53A 系统，再投用 plan32 系统，最后打开泵入口阀，确保密封腔、缓冲罐不被介质污染。

② 实时检查并调节 plan32 系统管线冲洗油注入量，原则上冲洗量不小于 8L/min（与轴径有关，大于 60mm 轴颈的机泵注入量可适当大一点），调节时需缓慢操作，在不造成泵抽空的前提下，提高冲洗油注入量有利于机封运行，确保冲洗油压力高于密封腔压力 0.1~0.2MPa。

③ 确认缓冲罐冷却效果，缓冲罐底部温度略低于中上部温度，利于阻封液循环流动。

④ 工作中保持阻封液的液面或总量的稳定，定时观察压力罐的视镜液面位置，液位过低时应通过手动补液泵及时补给。

⑤ 泵运行中密切关注缓冲罐压力及液位变化，发现问题及时联系检查。

⑥ 注意阻封液的清洁及管路畅通。

⑦ 注意整个密封系统的温度压力变化。当液位低报警时外操应及时到现场确认，如液位下降速度很快（管路与密封面未出现泄漏），机封可能已损坏，应即刻切换泵，并关闭氮气阀门，防止氮气大量冲入系统后引起运行泵抽空。

（3）停泵后的调整：

① 停泵后根据后续工作关小或切断 plan32 系统冲洗油。

② 泵如需检修则关闭缓冲罐氮气减压阀前切断阀，缓慢卸掉罐内压力，再排尽罐内阻封液。

（4）故障判断：机械密封安装所致故障见表 8-5-1。

表 8-5-1　机械密封安装所致故障

现　象	可能的故障原因	处理措施
压盖过热	压缩量过大 静止部件与转动部件接触 辅助系统性能不良 泵抽空、汽蚀	按密封装配图尺寸要求调整压缩量 检验泵轴与泵盖之间的相对精度 保持足够的安装精度，保证辅助系统工作良好 严格按装配要求检验相关部件的精度
端面渗漏	端面变形较大 螺丝拧力不均匀 压缩量偏小 密封端面有异物	按密封装配图尺寸要求调整压缩量 重新安装，按要求步骤均匀拧紧螺丝 重新研磨密封端面，达到要求的平面度 保持端面洁净
冒烟或端面发声	密封腔抽空 静止部件与转动部件接触 安装对中不良 介质不足，操作不稳定 运行密封腔没有排气 压缩量大	避免抽空，装配密封前检查密封各安装尺寸 保证冲洗和冷却等密封辅助系统工作良好 检验泵轴与泵盖之间的相对位置精度，保证足够的安装精度 避免装置操作不稳定 开泵前排出密封腔内气体
不正常振动	密封装配后没有紧固 安装对中不良，精度不够	重新安装密封，注意螺纹联结的紧固 仔细调整，保证较高的安装精度
密封泄漏严重	安装过程中，密封件损坏 密封没有压缩量 静密封点密封不良 密封端面变形严重 安装时端面没有处理干净，有异物	拆卸密封，仔细检查各零部件，确定泄漏部位，检查研磨端面达到要求的平面度，注意静密点，保证密封性能良好更换损坏的密封部件，按密封装配图尺寸要求，检测安装尺寸，保证正确的压缩量，仔细安装密封

29. 蒸馏装置简单工艺计算

（1）流体力学计算：

① 某一原油管线体积流量为 $200m^3/h$，密度为 $857.0kg/m^3$，则质量流量为多少 t/h？

解：质量流量 = 200×857.0 = 171.4(t/h)

② 已知某油品在管路中稳定连续流动，其排量 $200m^3/h$，管内径为 150mm，则油品在管路中的流速为多少。

解：已知体积流量 $=200m^3/h=0.056m^3/s$

内管截面积 $=0.785\times0.152=0.018m^2$

则油品在管路中的流速 = 0.056÷0.018 = 3.1(m/s)

③ 已知某水泵的吸入管路管径为 $\phi108mm\times4mm$，压出管路管径为 $\phi76mm\times2.5mm$，水在吸入管路中的流速为 1.5m/s，流动属连续稳定流动。试求水在压出管路中的流速。

解：已知吸入管内径　$d_1=108-2\times4=100(mm)$

压出管内径　$d_2=76-2\times2.5=71(mm)$

吸入管流速　$v_1=1.5m/s$

故压出管流速　$v_2=v_1\times(d_1/d_2)^2=1.5\times(100/71)^2=2.98(m/s)$

④ 某减压塔塔顶真空度为 720mmHg（1mmHg = 133.322Pa），当地当时大气压为 760mmHg，试求以 kgf/cm^2 和 MPa 表示的该塔残压值。

解：$1kgf/cm^2=735.6mmHg$

残压 $=(760-720)/735.6=0.054kgf/cm^2=0.0054(MPa)$

该塔残压值为 0.0054MPa。

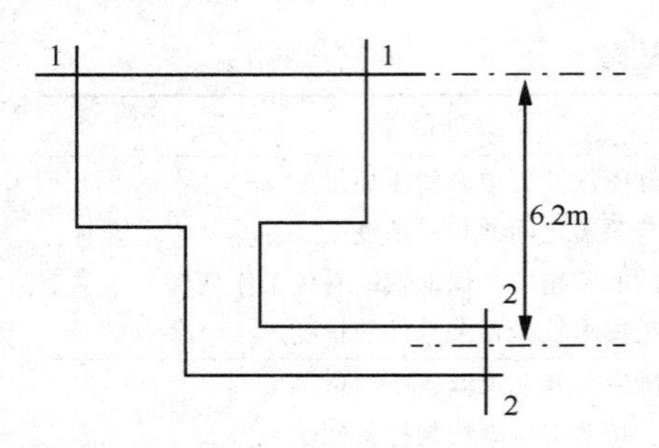

图 8-5-1 油品输送管路

⑤ 如图 8-5-1 所示的一条管路，油槽液面至油出口垂直距离为 6.2m，管路全长 330m，管径为 ϕ114mm×7mm，如果在此流动系统压头损失为 $6mH_2O$。试求油在管路中的流速和体积流量是多少？

解：设油面为 1—1 截面，出口为 2—2 截面。

油面与油流出口与大气相同，油的静压 $P_1=P_2=0$(以表压计)，1—1 截面和 2—2 截面相比，$u_1=0$、$Z_2=0$。

由柏努力方程 $Z_1+P_1/r_{油}+u_1{}^2/2g=Z_2+P_2/r_{油}+u_2{}^2/2g+\sum h_f$

得 $u_2=1.98$(m/s)

所以体积流量 $V=1.98×0.785×0.1^2=55.95(m^3/h)$

油在管路中的流速和体积流量分别为 1.98m/s 和 $55.95m^3/h$。

⑥ 容器内有相对密度为 1.5 的溶液，已知 $p_0=$ 140kPa，容器中 B 点的压强 $P_B=230$kPa，试求：a. B 点距液面高度；b. 容器底部的压强。见图 8-5-2 所示。

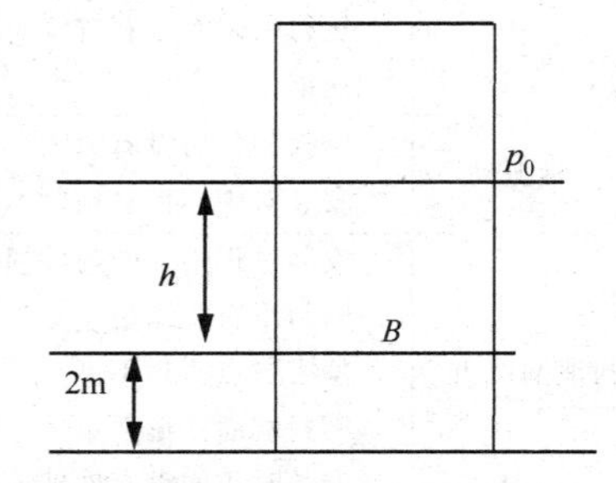

图 8-5-2 容器内液面尺寸示意图

解：a. 由流体静力学方程：

$p_B=p_0+\rho gh$ 得 $h=(p_B-p_0)/\rho g=6.12$(m)

b. 同理，容器底部压强：

$$p_{低}=p_0+(h+2)\rho g=259.4(\text{kPa})$$

B 点距液面高 6.12m，容器底部压强为 259.4kPa。

⑦ 用 U 形管差压计测量某输油管路上两点的压强差，当指示液为水银时，读数为 10mmHg，为了减少误差，需扩大读数，若改用指示液为四氯化碳，问读数可扩大到多少 mm？

解：已知 $\rho_{水银}=13.6×10^3kg/m^3$

$\rho_{ccl4}=1.36×10^3kg/m^3$

$\rho_{油}=850kg/m^3$

用水银计测时：

$$\Delta P=(\rho_{水银}-\rho_{油})R_1$$

用四氯化碳测时：

$$\Delta P=(\rho_{ccl4}-\rho_{油})R_2$$

两者 ΔP 应相等，即：$(\rho_{水银}-\rho_{油})R_1=(\rho_{ccl4}-\rho_{油})R_2$

得出 $R_2=25$(mm)

该数可扩大到 25mm。

⑧ 某设备上的压力表读数为 $10kgf/m^2$，它是多少 mmHg？多少 mH_2O？

解：$1kgf/m^2=735.6mmHg$，$10kgf/m^2=7356mmHg$。

$$1kg/m^2=10(mH_2O)$$

$$10kg/m^2=100(mH_2O)$$

⑨ 已知某输转汽油管道的直管总长 180m，管内径为 148mm，管件及阀件有：弯头 25 个(中圆角)，每个的当量长度 $L_e=4.2m$；直路标准三通 4 个，每个的当量长度 $L_e=3.2m$，

闸板阀(全开)6个，每个的当量长度$L_e=1.1m$，气动控制阀一个，阻力损失为12m，单向阀1个，阻力损失为3m。

汽油的运动黏度为$0.69\times10^{-6}m^2/s$，汽油在管路中的流速为1.48m/s，求管路的总阻力损失及汽油在管路中的流动状态(摩擦系数$\lambda=0.019$，$g=9.81m/s^2$)。

解：a. 确定流动状态：

$$Re=d\nu/u=3.17\times10^5$$

$Re>4000$为湍流状态。

b. 管路总阻力损失：

$$L+\sum L_e=304.4(m)$$

$$阻力损失\sum hf=\lambda(L+\sum L_e)u^2/2gd=4.36(m)$$

$$总阻力损失=4.36+12+3=19.36(m)$$

管路总阻力送失为19.36m，流动状态为湍流。

(2) 热力学及能耗：

① 某油在换热器中与循环水换热，已知油的流量为30t/h，油入口热焓为700kJ/kg，出口热焓为650kJ/kg，问循环水的取热量为多少？

解：取热量$Q=30\times10^3\times(700-650)=150\times10^4(kJ/h)$

② 已知某台换热器型号为FA—800—180-16-11。冷流体得到的热量为100000kcal/h(1kcal=4.184J)，传热损失为5%，求热流提供的热量。

解：热流提供的热量=冷流得到的热量+损失

$$Q_{热}=Q_{冷}/0.95=105263kcal/h=44.64\times10^4(kJ)$$

③ 现有一过热蒸汽管，尺寸为$\phi170\times5\times10000$，管外加一层保温材料，其厚度为40mm，导热系数为$\lambda=0.07kcal/(m\cdot h\cdot ℃)$，管内壁温度为300℃，保温层外壁温度为50℃，求蒸汽管每小时的散热量为多少[钢管导热系数$\lambda_{钢}=40kcal/(m\cdot h\cdot ℃)$]？

解：由公式$Q=2\pi L(t_{内}-t_{外})/\{\ln(d_{内}/d_{外})\}/\lambda_{钢}+\ln(d_{保外}/d_{外})\}/\lambda\}$

其中$L=10m$

$\lambda=0.07kcal/(m\cdot h\cdot ℃)$

$t_{内}=300℃$

$t_{外}=50℃$

$d_{内}=0.16m$

$d_{外}=0.17m$

$d_{保外}=0.25m$

代入得$Q=2858(kcal/h)=1.20\times10^4(kJ/h)$

答：蒸汽管每小时的散热量为$1.20\times10^4kJ/h$。

④ 已知燃料油组成C=88%，H=12%，试求该燃料燃烧时所需要的理论空气量？

解：由公式：$L_0=0.115C+0.345H+0.0432(S-O)=14.3$(kg空气/kg燃料)

(3) 冷换设备：

① 某台换热器热流入口温度180℃，出口温度90℃，与冷流逆流换热，冷流入口温度50℃，出口温度120℃，其中热流比热容为0.5kcal/(kg·℃)，流量为40t/h，传热系数为200kcal/(m²·h·℃)，求换热器的换热面积。其中，ln(40/30)=0.29，1kcal=4.184J。

$$热负荷\ Q=c\cdot m(t_2-t_1)=0.5\times40\times1000\times(180-90)=1800000(\mathrm{kcal/h})$$

$$\Delta t_h=180-120=60(℃) \qquad \Delta t_c=90-50=40(℃)$$

$$平均温度\ \Delta t_{对}=(\Delta T_1-\Delta T_2)/\ln(\Delta T_1/\Delta T_2)=(60-40)/\ln(60/40)=49.33(℃)$$

$$换热面积\ S=Q/(K\cdot\Delta T)=1800000/200\times49.33=182.4(\mathrm{m^2})$$

换热器的换热面积为 182.4m^2。

② 已知某换热器冷热流的进出口温度分别为冷流 $t_1=20℃$，$t_2=40℃$；热流 $T_1=105℃$，$T_2=50℃$，试比较逆流和并流的平均温差。

解：逆流：

$$\Delta t_h=T_1-t_2=65(℃)$$

$$\Delta t_c=T_2-t_1=30(℃)$$

$$\Delta t_{对}=(\Delta t_h-\Delta t_c)/\ln(\Delta t_h/\Delta t_c)=45.3(℃)$$

并流：

$$\Delta t_h=T_1-t_1=85(℃)$$

$$\Delta t_c=T_2-t_2=10(℃)$$

$$\Delta t_{对}=(\Delta t_h-\Delta t_c)/\ln(\Delta t_h/\Delta t_c)=35(℃)$$

③ 某换热器换热面积为 32m^2，传热速率 Q 为 512000kcal/h(1kcal=4.184J)，平均温差为 50℃，试计算该换热器的总传热系数 K。

$$Q=K\cdot \mathrm{S}\cdot\Delta t$$

$$K=Q/S\cdot\Delta t=5120/(32\times50)=320[\mathrm{kcal/(m^2\cdot h\cdot ℃)}]$$

④ 已知某换热器冷流走管程，入口温度为 74℃，出口温度为 95℃，流量为 74000kg/h，平均比热容为 0.529kcal/(kg · ℃)(1kcal=4.184J)，热流走壳程，入口温度 218℃，出口温度 120℃，流量为 14600kg/h，平均比热容为 0.59kcal/(kg · ℃)，求此换热器的散热损失？

热流放出热量 $Q_{放}=W\cdot C\cdot\Delta t=14600\times0.59\times(218-120)=8.44\times10^5(\mathrm{kcal/h})$

冷流吸收热量为 $Q_{吸}=W\cdot C\cdot\Delta t=74000\times0.529\times(95-74)=8.22\times10^5(\mathrm{kcal/h})$

散热损失为 $Q_{损失}=Q_{放}-Q_{吸}=8.44\times10^5-8.22\times10^5=0.22\times10^5(\mathrm{kcal/h})$

此换热器的散热损失为 0.22×10^5(kcal/h)。

⑤ 某换热器的换热量为 300000kcal/h(1kcal=4.184J)，换热面积为 150m^2，冷油入口 30℃，出口为 70℃，热油入口为 120℃，出口温度为 60℃，求换热器换热系数为多少 kcal/(m^2 · h · ℃)？

$$\Delta t_m=(50-30)/\ln(50/30)=39.15(℃)$$

$$Q=K\cdot F\cdot\Delta t_m$$

$$K=\frac{Q}{F\cdot\Delta t_m}=\frac{3000000}{150\times39.15}=510.9(\mathrm{kcal/m^2\cdot h\cdot ℃})$$

该换热器换热系数为 559kcal/(m^2 · h · ℃)。

(4) 加热炉：

① 某加热炉辐射段热负荷为 2140×10^4kJ/h，辐射管传热面积为 928m^2，求辐射管表面热强度。

解：已知：$Q=2140\times10^4\mathrm{kJ/h}$，$A=928\mathrm{m^2}$，

$$辐射管表面热强度\ q=\frac{Q}{A}=\frac{2140\times104}{928}=2310(\mathrm{kJ/m^2\cdot h})$$

② 某裂解炉裂解渣油时，每消耗81kg渣油可从气柜中测得产生裂解气51m^3，柜中气体压力为1.02atm，温度为27℃，裂解气组成如下：

组　成	CH_4	H_2	CO_2	C_2H_4	C_2H_6	C_3H_6	C_3H_8	C_4以上	N_2
摩尔分数	28.2	15.2	2.7	29.4	4.4	9.3	0.5	3.8	6.7

求该炉裂解渣油的产气率（气体常数 $R=0.08206m^3 \cdot atm \cdot kmol^{-1} \cdot K^{-1}$）。

解：由理想气体状态方程得：

$$n=PV/RT=1.02\times51\times1000/0.08206/300=2113(mol)$$

裂解气的平均相对分子质量为 $M=\sum Y_1\times M_1=23.7$

产气率$=nM/(1000\times81)=0.618$

③ 某加热炉砖墙高度为3m，长度为5m，厚度为250mm，砖墙内壁温度为350℃，外壁温度为80℃，试计算每小时通过砖墙的热损失，如改为保暖砖，则每小时热损失为多少[$\lambda_{普}=0.6kcal/(m\cdot h\cdot ℃)$，$\lambda_{保}=0.6kcal/(m\cdot h\cdot ℃)$]？1kcal=4.184J。

解：已知内壁温度 $t_{内}=350℃$，$t_{外}=80℃$，导热面积 $A=3\times5=15m^2$。

根据导热方程式，则炉墙为普通砖时，每小时热损失：

$$Q_{普}=\lambda_{普}(t_{内}-t_{外})/\delta=9720(kcal/h)$$

炉墙为保温砖时，每小时热损失：

$$Q_{保}=\lambda_{保}(t_{内}-t_{外})/\delta=1620(kcal/h)$$

④ 已知某加热炉烟气分析如下：

组成	CO	CO_2	O_2
体积/%	0	6.5	5.9

求过剩空气系数(α)？

解：由公式 $\alpha=(100-CO_2-O_2)/(100-CO_2-4.76O_2)=1.34$

(5) 机泵：

① 某离心泵的输送能力(α)为72m^3/h，被输送液体的密度(ρ)为850kg/m^3，泵扬程(H)为62m，若泵的效率(η)为70%，求该泵的有效功率、轴功率以及所配电机功率（当机泵轴功率<22kW时，k取1.25）。

解：$\eta=70\%$　　$Q=72m^3/h$

有效功率：$N_{有效}=QH\rho g=(72/3600)\times62\times850\times9.8=10.33(kW)$

轴功率 $N_{轴}=N_{有效}/\eta=10.33/0.7=14.756(kW)$

电机功率 $N_{电}=kN_{轴}$（因为 $N_{轴}<22kW$，所以 $k=1.25$）

$N_{电}=1.25\times14.756=18.445(kW)$

② 有一台100Y60型号离心泵，当转速不变时，把原来叶轮直径为 $D_1=230mm$，切削至 $D_2=208mm$，求车小叶轮后的 Q_2、H_2、$N_{轴2}$（已知该泵原来规格为：$Q_1=120m^3/h$，$H_1=59m$、$N_{轴1}=27.2kW$）。

解：根据切割定律：

$$Q_2=(D_2/D_1)\times Q_1=(208/230)\times120=108.5(m^3/h)$$

$$H_2=(D_2/D_1)^2\times H_1=(208/230)^2\times59=48.25(m)$$

$$N_{轴2}=(D_2/D_1)^3\times N_{轴1}=(208/230)^3\times27.2=20.12(kW)$$

③ 有一台泵扬程为 27.6mH_2O，流量为 20m^3/h，水的 ρ 为 1000kg/m^3，$g=9.81m/s^2$，泵的轴功率 2.5kW，求该泵实际功率、泵效率。

解：$N_e=Q\cdot H\cdot\gamma/102=20\times27.6\times1000/(102\times3600)=1.503(kW)$

$\eta=1.503/2.5=60\%$

(6) 气体：

① 计算 1kmol 的甲烷储存在容积为 0.1246m^3、温度为 323K 的容器中，产生的压力是多少大气压(压缩因子 $Z=0.883$，$R=0.08206m^3\cdot atm\cdot kmol^{-1}\cdot K^{-1}$)，1atm=101.325kPa。

解：由理想气体定律得：

$$P=nRT/V=1\times0.08206\times323/0.1246=212(atm)$$

用压缩因子法计算：

$$P=ZnRT/V=0.883\times1\times0.08206\times323/0.1246=188(atm)$$

用两种方法计算的压力分别为 212atm 和 188atm。

② 由气柜经管道输送 1.4atm，40℃的乙烯，求管道内乙烯的密度？

解：$\rho=m/v$

由理想气体方程式可知：

$$PV=1000mRT/M$$

$$\rho=m/v=PM/1000RT$$

将 $p=1.4atm$，$T=273+40=313K$，相对分子质量 $M=28$ 代入上式得：

$$\rho=1.4\times28/(1000\times0.08206\times10^{-3}\times313)=1.526(kg/m^3)$$

管道内乙烯的密度为 1.526kg/m^3

③ 丙烯气在进入氯丙烯反应器入口的压力为 $2.35\times10^5N/m^2$，温度为 380℃，若每小时需输入丙烯 50kg，求反应器入口处每小时输入丙烯的体积[气体常数 $R=8.314N\cdot m/(m\cdot K)$]？

解：低压气状态方程式：

$$V=1000mRT/PM=1000\times50\times8.314\times653/(2.35\times10^5\times42)=27.5(m^3/h)$$

反应器入口处每小时输入丙烯的体积为 27.5m^3/h。

④ 空气的主要组分是氧和氮，已知 100mol 空气中氧和氮的摩尔分数 $Y_{O_2}=0.21$、$Y_{N_2}=0.79$，求空气中氧和氮的质量分数 W_{O_2}、W_{N_2}？

解：100mol 中氧的摩尔数为 $N_{O_2}=100\times0.21=21(mol)$

100mol 中氮的摩尔数为 $N_{N_2}=100\times0.79=79(mol)$

100mol 空气中氧和氮的质量为：

$$m_{O_2}=N_{O_2}\times M_{O_2}/1000=0.672(kg)$$

$$m_{N_2}=N_{N_2}\times M_{N_2}/1000=2.212(kg)$$

空气质量 $m_{空}=m_{O_2}+m_{N_2}=2.884(kg)$

$$W_{O_2}=m_{O_2}/m_{空}=0.672/2.884=0.233 \qquad W_{N_2}=1-0.233=0.767$$

空气中氧和氮的质量分数为 0.233 和 0.767。

(7) 其他：

① 已知某油品的恩氏蒸馏数据如下：

馏出/%(体)	10	30	50	70	90
馏出温度/℃	54	84	108	135	182

试求其体积平均沸点和恩氏蒸馏曲线斜率。

$$t_{体}=(54+84+108+135+182)/5=112.6(℃)$$

恩氏蒸馏曲线斜率=(182-54)/(90-10)=1.6(℃/%)

体积平均沸点为112.6℃，恩氏蒸馏曲线斜率为1.6℃/%

② 如某一分馏塔的允许空塔气速 W=0.482m/s，塔内的体积流量是3640m ^{3}/h，计算该塔径为多少?

$$D=\sqrt{\frac{V}{0.785W}}=\sqrt{\frac{3640}{0.785\times0.482\times3600}}=1.63(m)$$

该塔径为1.63m。

参 考 文 献

1　贺德刚. 常减压蒸馏装置电脱盐系统工艺操作的优化. 技术研究，2015，(1)：84~86
2　王如强，何小荣，陈丙珍. 常减压蒸馏装置生产计划与过程操作的优化集成. 清华大学学报(自然科学版)，2008，48(3)：399~402
3　金丽萍. 常减压装置电脱盐的工艺优化. 石油化工技术与经济，2011，27(2)：37~42
4　徐林成. 优化操作条件提高常减压装置轻质油收率. 内蒙古石油化工，2001，27：115~116
5　叶显孟. 流程模拟技术在镇海炼化2号常减压蒸馏装置上的应用. 中外能源，2011，16：21~25
6　钟镇鹏. 常减压蒸馏装置轻烃回收系统操作参数的优化. 石油炼制与化工，2004，35(3)：18~21
7　武劲松，陈建民，李和杰，芦雪萍. 四级蒸馏技术在常减压蒸馏装置扩能改造的应用. 炼油技术与工程，2003，33(6)：35~38
8　王兵，胡佳，高会杰编著. 常减压蒸馏装置操作指南. 北京：中国石化出版社，2003
9　李和杰，甘丽珠，彭世浩. 不用压缩机回收轻烃的蒸馏装置设计. 炼油设计，1996，36(2)：21~26
10　李宁等. 大型炼油厂轻烃回收流程整合的探讨. 炼油技术与工程，2008，38(2)：11~14

第九章　标定及评价

第一节　标定概述

装置原料、产品方案和当时的技术条件等因素是炼油生产装置设计的基础和前提，随着炼油技术的快速发展、国际形势的变化以及环保对产品品质需求的提高，所引起的原料油性质的变化和生产方案的变更使原有的技术逐渐显现出局限性和瓶颈，为了装置工艺与设备技术适应生产的需要，技术改造的内容也将增多。要在不影响生产的前提下明确技术改造的目标，首先要对装置作全面的技术标定和核算，明确改造的内容和重点，进而组织技术设计和施工。技术改造后的全面标定和核算也为工程的竣工验收提供科学依据。

一、标定的定义

装置的标定分为工艺标定、能量平衡标定。按标定范围可分为全面标定、局部标定。常减压蒸馏装置是由多单元设备组成，如初馏塔、常压塔、常压炉、减压炉、换热器、冷却器、机泵等，每一个单元设备都构成一个子系统。通过装置的标定可以了解装置与子系统以及各子系统之间的相互关系。装置标定即指生产装置在给定的条件下，经过规定的平稳运行时间，取得装置运行的相关数据，并对装置数据进行处理和分析，从而得到装置在给定条件下实际运行工况和存在的问题，为装置生产、改造提供依据，也为管理人员正确决策提供依据。

二、标定的目的

正常情况下参照装置达标分类，一类生产装置每三年进行一次标定；二类生产装置每五年进行一次标定。在标定周期内装置运转率低于50%时，可延后标定。各类装置具体标定计划由主管部门根据公司要求和生产实际确定。

标定的目的在于了解掌握装置各系统及工艺设备的实际状况、技术经济指标、能量消耗、安全环保等情况，并通过进一步分析找出存在问题，提出改进措施。根据不同的标定目的，可作全面标定，也可做局部标定；可在正常生产时标定，也有在特殊情况下的标定。通过采集数据，取样分析，以求得到装置工艺或设备的实际工作状况。

下列情况须对装置进行技术标定或考察：

(1) 为生产装置进行重大技术改造前获取基础数据。

(2) 为生产装置进行重大技术改造后的考核和评价。

(3) 为解决生产装置存在的重大问题。

(4) 为进行重大生产方案调整、应用新原料、生产新产品。

(5) 为主要生产装置主要化工原材料首次工业应用前后对比、考察。

(6) 新装置投产后，为考核生产能力、技术经济指标。

(7) 装置环保达标情况。

（8）考察装置长周期运行后实际生产能力及运行情况，总结装置运行水平（根据相关制度规定 3~5 年装置要标定一次）。

三、标定的内容

对装置的全面标定，工艺方面内容应包括装置加工能力、操作条件、物料平衡、能耗、产品、质量、环保等，如果需做能量平衡，还应测取设备、管线表面热损所需数据，排弃物数据等。设备方面应包括以下内容：

（1）加热炉：燃料、蒸汽、空气耗量、各部分热负荷测定、过剩空气系数、热效率、炉管热强度等。

（2）工艺设备：塔类（反应器）的负荷、效率等。

（3）冷换设备：负荷、传热状况等。

（4）容器类：分离效率、停留时间等。

（5）机动设备：动力消耗、效率等。

（6）公用工程消耗。

（一）物料平衡

应用质量守恒定律计算流入和流出系统的物料量，一般可用物料平衡表示。通过物料平衡的计算，可以得到系统中质量流量及其变化。系统中的物料衡算一般表示式为：

系统中积累=输入-输出+生成-消耗

式中，生成或消耗项是由于化学反应而生成或消耗的量。积累项可以是正值，也可以是负值。当系统中积累项不为零时称为非稳态过程，积累项为零时，称为稳态过程。稳态过程是一种理想化的概念，实际过程中质量积累速率可能很小，然而不可能为零。流率不可能为一常数，而是在平均流率的上下变动。

常减压蒸馏装置是对原油进行蒸馏分离的物理过程，理论上不存在化学反应的生成量和消耗量，但在装置的生产加工过程中难免会存在损失消耗，包括污水携带、设备检修排放、样品采集等过程都会造成损失。另外在蒸馏装置计算物料平衡时，一般按稳态过程考虑，使系统积累量为零，而事实上进料量和产品量的波动、各塔液面高低的变化，都不可能让系统中的积累量为零。因此为了能方便准确地计算物料平衡，在标定期间操作上要控制平稳，在时间上不小于 48h，这样通过 48h 的物料总量或平均每小时流量进行物料衡算，使系统积累量降至最低或忽略不计。这样装置的物料衡算可表示为：

原料=产品+损失（消耗）

根据需要物料平衡分为系统装置的物料衡算和单元设备的物料衡算。

1. 系统装置物料平衡

根据常减压蒸馏装置的工艺流程，系统物料衡算如图 9-1-1 所示。

根据物料衡算图 9-1-1，装置总质量衡算为：

$$F_{in}+W_{in}+S_{in}=P_0+G+W_1+W_0+F_1 \tag{9-1-1}$$

式中　$F_{in}+W_{in}+S_{in}$——装置总的进料，t/h；

$P_0+G+W_1+W_0$——装置所有产品及污水总出料量，t/h；

G——塔顶瓦斯量，m^3/h，根据测量点的温度压力换算为 t/h；

F_1——装置的物料损失，其为进料总量和出系统总物料量的差值，t/h；

P_0——装置所有侧线产品量的总和，t/h。

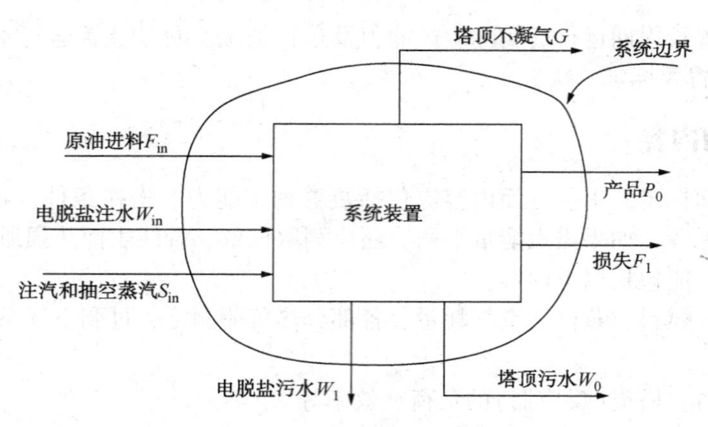

图 9-1-1　系统物料衡算图

以上均取标定期间平稳状态下，48h 总物料量的平均值，系统装置的物料平衡数据采集以罐量测量数据为准。

2. 单元设备物料平衡

下面以常压塔为例说明单元设备或子系统的物料平衡，物料衡算见图 9-1-2 所示。

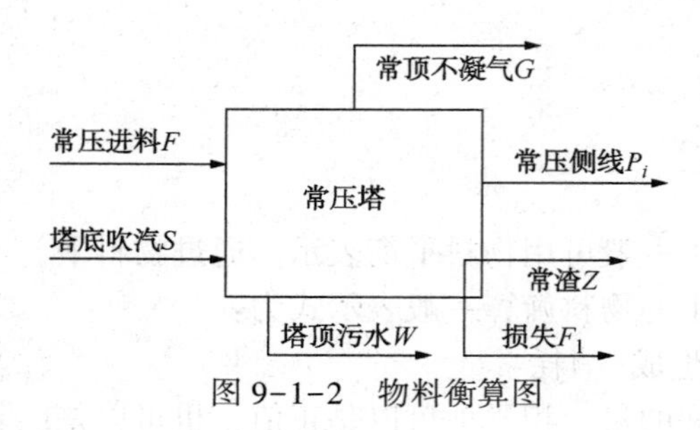

图 9-1-2　物料衡算图

根据图 9-1-2 可得物料衡算式：

$$F+S=G+P_i+Z+W+F_1 \tag{9-1-2}$$

式中　$F+S$——装置总的进料，t/h；

$G+P_i+Z+W$——装置所有产品及污水总出料量，t/h；

G——塔顶瓦斯量，m^3/h，根据测量点的温度压力换算为 t/h；

F_1——装置的物料损失，其为进料总量和出系统总物料量的差值，t/h；

P_i——装置所有侧线产品量的总和（常顶油、常一线、常二线、常三线），t/h；

Z——常压塔塔底常渣量，t/h。

以上均取标定期间平稳状态下，48h 总物料量的平均值，单元设备的物料流量不可能做到全部以罐量方式实现计量，很多时候以仪表测量数据为准，因此标定前准确地校正仪表至关重要。

标定过程的物料衡算是标定的重要内容之一。

（1）通过物料平衡计算，可以检验装置加工能力与标定油种的匹配性，了解装置对不同油性的操作弹性，为更好地调整油种比例提供实际的参考数据。

（2）通过标定的物料或产品的分布情况，清楚装置各子系统或单元的负荷能力，查找出生产单元或设备的瓶颈。

（3）通过物料衡算，对比罐量计量和仪表计量的数据差量，为仪表校正提供一定的参考依据。

（4）物料的平衡情况可以更好地反应装置的技术经济指标。

（二）能量平衡

热力学第一定律，亦称能量守恒定律，即能量具有不同的形式，在一定的条件下一种形式的能量可以转换成另一种形式的能量，但能量的总和保持不变。能量衡算式：

输入系统的能量－输出系统的能量＝系统储存能量的变化

生产过程的能流见图 9-1-3 所示。

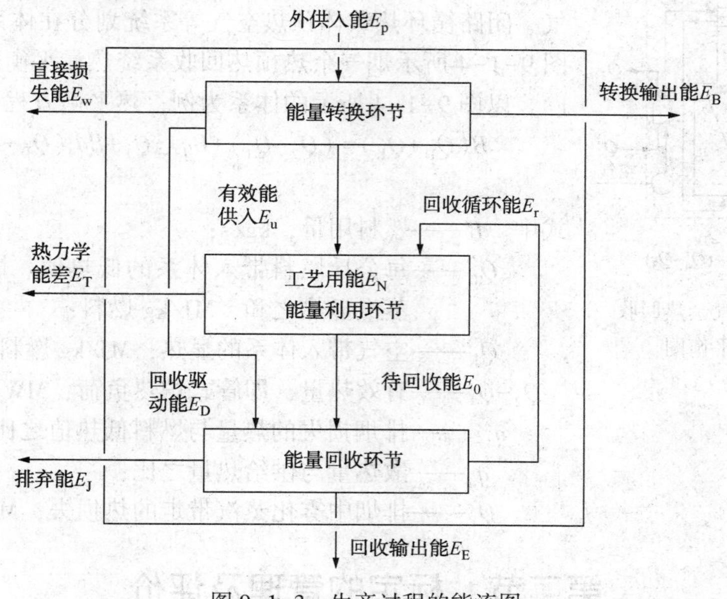

图 9-1-3　生产过程的能流图

根据能流图及能量守恒原理，可以给出整个系统及三个环节的能量平衡式：

能量转换环节：$E_P=E_U+E_D+E_B+E_W$

能量利用环节：$E_N=E_U+E_R$　　$E_N=E_T+E_0$

能量回收环节：$E_D+E_0=E_J+E_E+E_R$

对于整个系统能量平衡式为：$E_P=E_T+E_J+E_B+E_W+E_E$

依据标定装置的物料平衡数据、物料的物性数据、操作条件等参数，计算各能量环节的效能指标，通过用能分析，装置的节能潜力及应采取的用能改进方向和措施则相对较为清晰。对比标定状态下的能流图与设计工况下的能流图，可以比较清楚地表明当前装置的实际耗能情况，也能体现节能改造之后的节能效果。

（三）燃料燃烧热与工艺用能平衡

热平衡是计算管式炉热效率的基础，也是考察管式炉体系热能分布、流向和利用水平的重要手段。对于连续生产的管式炉，根据能量守恒定律，在稳定状态下有下列关系式：

单位时间的输入能量＝单位时间的输出能量

或

$$Q_{GG}=Q_{YX}+Q_{SS} \tag{9-1-3}$$

式中　Q_{GG}——单位时间的供给能量，MW；

Q_{YX}——单位时间的有效能量，MW；

Q_{SS}——单位时间的损失能量，MW。

为进行热平衡计算而划分的范围叫做热平衡体系。体系划分的范围不同，热平衡计算所包括的项目也不同，在此基础上计算的热效率也不相同。只有对管式炉体系划分的范围作出明确规定，才能使各炉的热效率具有相互比较的共同基础。体系范围的划定主要取决于评价对象、测试目的和要求。划分体系范围时，应该考虑整个体系的输入和输出项目尽可能地少，同时所有项目的测量应是简单可行的。循环使用的能量和本体系中回收使用的能量应力

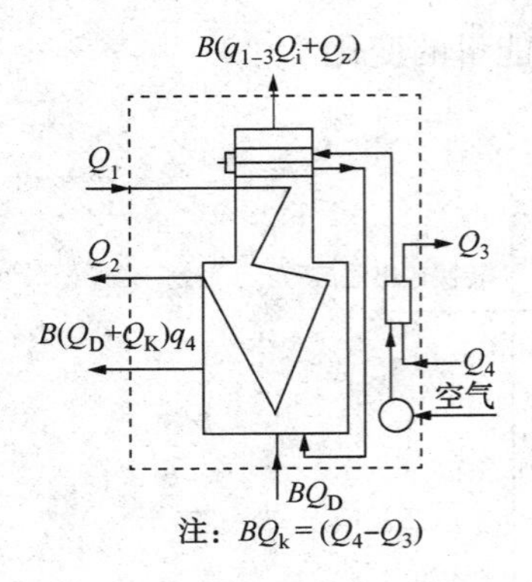

图 9-1-4　烟气余热回收系统热量平衡图

求包括在体系范围之内，这样可以减少测量项目，提高测试精度。例如，对于有余热回收系统的管式炉，应将烟气预热空气、闭路循环热载体预热空气等系统划分在体系范围之内。如图 9-1-4 所示烟气余热预热回收系统热量平衡图。

以图 9-1-4 所示的体系为例，热平衡方程可写成：

$$B(Q_D+Q_K)=(Q_2-Q_1)+Bq_{1-3}Q_1+Bq_4(Q_D+Q_K)+BQ_Z \tag{9-1-4}$$

式中　B——燃料用量，kg/s；

Q_D——每公斤燃料带入体系的低热值、燃料显热、雾化蒸汽显热之和，MJ/kg 燃料；

Q_K——空气带入体系的显热，MJ/kg 燃料；

Q_2-Q_1——有效热量，即管式炉热负荷，MW；

q_{1-3}——排烟损失的热量与燃料低热值之比；

q_4——散热量与供给热量之比；

Q_Z——排烟中雾化蒸汽带走的热损失，MJ/kg 燃料。

第二节　标定的管理及评价

一、标定的管理

装置标定是一项系统工程，需要相关单位的配合，另外标定时间的长短也会影响生产计划完成与上下游装置生产。因此标定是由某主管部门牵头、协调，多部门协作完成的一项工作。

（一）标定的准备工作

1. 标定的管理职责划分

标定的职责划分主要是对标定期间，各相关单位要承担职责进行规定和明确。

（1）工艺技术标定由管理部门主管，生产装置和其他相关部门配合实施。

（2）生产管理部门负责装置标定计划，标定方案的审查及标定数据和标定报告的审核。

（3）生产管理部门负责标定期间的生产安排，对进出装置的物料及储罐进行确认和计量。

（4）化验中心负责标定期间油品的化验、分析，要求采样点准确，标定结束规定时间内出具化验报告。

（5）仪表控制部门负责标定前 2 天完成所有相关流量表及流量累积调校工作的校验工作；仪表校验时间由生产装置通知。

（6）储运部门负责原料、产品量的计量并报生产处。

（7）设备部门负责标定期间主要设备运行工况的检测、确认和记录。电气部门负责电量的统计。

（8）生产装置负责标定方案编写、标定工作的实施、标定数据的整理及标定报告的编写和审核，相关单位做好审核会签，公司领导批准。

（9）安环部门会同生产装置负责标定期间装置生产安全的检查及环保排放的检测。

2. 标定步骤

(1) 标定前的准备。制定标定计划包括:

① 标定的目的、加工方案、标定油种、加工量、标定时间。其中装置验收标定时间为72h，一般标定时间为48h，主要是为了准确取得原料和产品的计量数据;

② 化验分析计划;

③ 设计数据采集记录表格;

④ 测量仪器、仪表的校验;

⑤ 准备好所需各类器材;

⑥ 测量点的准备;

⑦ 对外联系的准备;

⑧ 机动设备保证正常运行(该维修的及早检修);

⑨ 计算方法准备:所用公式、计算机程序的编制等;

⑩ 组织准备;

⑪ 操作准备:必须保证平衡操作;

⑫ 储罐准备:标定过程不应切换原料或产品罐;

⑬ 对操作人员加强培训并提出要求。

(2) 标定。标定时要求平稳操作，要准时准点采集数据，数据要有代表性，间隔要尽量短。标定时所取样品比正常生产时多得多，因此对应取哪些样品，各样品应在什么位置采取，每个样应分析哪些项目等需要有周密的考虑。非常规样品的采样要落实安全措施，如采高硫化氢含量的低压瓦斯样和采高温重质油品的常四线、减四线、常底油等样品。最关键的是数据采集要全、要准、要可靠。

收集标定时的气温、气压、风速等气象资料以备设备核算必要时之用。

(二) 标定的要求和注意事项

为保证标定工作的顺利进行，各部门除了明确各自的职责之外，还有如下几点要求:

(1) 标定方案审批发布后，装置标定主管部门要专门召开标定会，参加单位主要包括生产部门、机、电、仪、化验、储运、公用工程等相关单位，对方案中涉及的内容要进行一一落实，了解可能影响装置标定顺利完成的问题，并进行解决，协调相关单位之间工作。

(2) 在标定前要做到相关人员都已经学习了标定方案，并已明确自己在标定工作中的职责。

(3) 标定前必须装置原料充足、产品方案明确，储运部门有充足罐空。装置操作平稳，按方案工艺参数调整到位。设备(包括备用设备)完好。

(4) 生产主管部门、装置所在单位相关技术人员要在现场指导装置的安稳运行、协调相关事宜，保证标定工作按方案正常进行。

为顺利完成标定工作，还要有具体规定和要求:

① 装置在标定前要做好工艺参数的调整，仪表部门要做好控制阀、计量仪表的调校，保证控制阀的好用和计量正确，方案要提供校验仪表的清单。

② 化验部门要做好与标定相关化验分析工作，方案要提供分析内容和频次的清单。

③ 在标定中要根据方案中的操作条件，加强平稳操作，操作记录必须及时、准确、清晰、完整。

④ 必须有机、电、仪等相应人员保运，确保标定工作顺利进行。

⑤ 标定时现场数据要安排人测定并记录，原料油罐、产品罐要在标定开始前检测好。

⑥ 标定前所有相关计量表、流量累积表等全部投用。

⑦ 记录好规定时间里的各项操作数据和化验数据。

⑧ 标定期间，除因需调整的工艺参数外，其余各工艺参数原则上不允许调整，若要变动，必须征得装置主管同意。

⑨ 标定期间要求操作人员严格执行操作法和工艺规程。标定期间设备不能超温、超压，机泵不能长时间超流量，若出现生产异常及波动，操作人员必须及时汇报主管人员，并迅速处理和调整。

⑩ 在装置标定时，要注意各控制阀的开度、泵的电流、空冷的冷后温度，并记录，各操作参数不要超工艺卡片。岗位人员必须按时记录，按时抄表，记录内容要完整、准确，严禁弄虚作假。

⑪ 为使标定所取得数据齐全、准确、正确、有代表性，要求测量手段要齐全。不但所需测量工具、仪器、仪表齐全，而且测量点(测温、测压、取样点)也要齐全。对一些重要数据，应尽可能从几个不同方向(方法)测取，以便相互核对、相互校正，以保证数据的正确可靠。岗位人员在采样时务必要置换干净排放口管线及采样瓶，避免采死样和样品污染。

(三) 数据整理

对采集的数据要进行认真分析、整理与调整，对不合理的数据要作适当的、合理的修正。

(四) 标定计算

标定计算的内容一般包括：物料平衡、热平衡、各设备运转状况(负荷、效率、水力状况等)。

(五) 编写标定报告

计算完毕，就要编写标定报告。规定标定报告完成时间，报告完成后按要求进行审批。由于标定目的不同，报告要求也不尽相同。

二、标定报告

(一) 标定报告的内容

1. 前言

说明标定的目的、内容、时间、加工方案、加工量、数据采集及其他需说明的问题。

2. 设备性能表

(1) 塔类：编号、名称、直径、塔板型式、塔板层数、塔截面积与有效面积，降液管面积、降液管弦长、堰高、阀孔直径、升气管面积、板间距、溢流形式等设计参数。

(2) 冷换设备类：编号、名称、传热面积、结构形式与管程数、台数等。

(3) 炉类：编号、名称、炉型、设计负荷、辐射管面积、对流管面积及空气预热面积等设计参数。

3. 分析数据表

按油品分类列表。

4. 计量数据表

原料及产品量，能源消耗量及化工原材料耗量表。

5. 操作条件表

将塔类、炉类、冷换设备等分别列其工艺操作参数。

6. 装置物料平衡、能耗及化工原材料消耗

应列出设计指标与标定值，以供对比分析。

7. 计算结果汇总表

各类设备应列出设计值与标定值，以便对比分析。

塔类：当标定值与设计值相差较大时，还应作特定条件计算。

冷换设备类，管壳程传热都应算出，经分析，取一个值计算换热器的传热系数 K 值与传热强度。

炉类。

机动设备(不一定都列)。

8. 计算结果分析

这是标定工作的结果，是标定报告的重点。这里的技术分析应是针对标定计算的结果进行，不能泛泛而谈。

工艺运行状况，产品产率与质量。

设备运行状况。

存在问题及原因分析，改进的措施。

9. 结论

局部标定的标定报告内容相应简化；能量标定报告也随标定目的而不同。

（二）标定数据的处理

1. 操作参数采集处理

实现 DCS 控制的系统，则实时操作数据(温度、压力、各种物料的流量)可在标定期间操作最平稳时段内靠近物料分析和采样时间，从数据库选取一套数据作为标定数据。

未用 DCS 系统，而靠手工记录的操作数据，应专门安排 1h 记录一套数据。可选用中间时段操作最平稳和靠近物料分析采样时间的一套单点记录数据，作为标定数据。不要用多套数据的平均值，要对数据进行必要的处理。

由于从原料进装置到产品出装置的加工过程需较长时间(以小时计)，故同一时间的一套记录数据并不真正代表物料所经过程。只有连续足够长时间平稳操作，数据基本不变的情况下，同一时间的成套数据才可当作代表整个过程的可用数据。

2. 原料和产品物料平衡数据采集处理

以装置统计数据和罐区计量数据相结合。若标定期间为 24h，最好每 8h 取一套物料量数据，但以 24h 的物料量作物料平衡，中间数据作备用和检查计量数据的准确性。

油罐检尺计量一定要准确记录具体检尺读数时间，并按规程(如脱水，检水尺，扣水量等)和罐表及采用的密度换算出储油温度下的密度，计算储油重量，以便准确算出规定时段的处理量和产量。

无论原料或产品的检尺计量不一定恰好前后间隔 24h，而会有一定的偏离，而且偏离时间不一。若间隔为 A_i(h)，则都应换算至 24h，即：24h 的量 $=A_i$h 的量$\times 24/A_i$。以便统一计算产率。

节流流量计(孔板等)读数的校正。由于节流元件的实际操作条件与设计所用的条件很可能不同，物流性质也不同，必须把仪表读数校正到现在的实际操作条件，才能得到准确的计量数据。液体流量计只校正操作温度下的液体密度。气体流量计要校正温度，压力和气体密度(或相对分子质量)。液体流量计设计的读数可能是质量，也可能是体积，都要校正成现在操作条件下的质量。气体流量计读数通常都是标准状态下的体积流量。

同时做好现场温度和压力的测量和记录。

用以上总原料量和各产品产量得出的总产率若大于100%，说明数据有问题，需仔细检查计量不准，尽可能纠正差错。一般总产率小于100%，差值常称作“损失”，此值以不超过1%为佳，超过2%则过大，数据不可用，需要结合罐区量进行平衡修正。

化验分析数据在48h标定期间，一般可间隔取2套以上数据，按标定方案规定的项目作专项分析。

(三) 部分标定的分析计算举例

1. 换热器 *K* 值的计算

根据热负荷核算换热器 *K* 值。

例：某装置常三线油与原油的换热器。选型为双弓形折流板换热器，型号为BESD600-2.5-85-6.0/25-4，原始工艺数据见表9-2-1。

表 9-2-1　原始工艺数据

序　号	类　型	项目名称	单　位	管　程	壳　程
1	操作条件	介质名称		常三线	原油
2		流体质量流速	kg/s	12.806	40.556
3		入口温度	℃	152	67
4		出口温度	℃	112	81
5		入口压力	MPa	1.0	1.0
6		允许压力降	kPa	50	50
7		结垢热阻	$m^2 \cdot K/W$	0.0004	0.0004
8	物理性质	定性温度	℃	128	72.6
9		密度	kg/m^3	764.9	855.2
10		比热容	J/kg · K	2411	2145
11		导热系数	W/m · K	0.1277	0.1248
12		黏度	Pa · s	0.00106	0.01632

第一步：计算热负荷。

热流　$Q_h = W_h \times C_{ph} \times (T_1 - T_2) = 12.806 \times (152-112) \times 2411 = 1235010.6(W)$

冷流　$Q_c = W_c \times C_{pc} \times (t_1 - t_2) = 40.556 \times (81-67) \times 2145 = 1217896.7(W)$

Q_h 与 Q_c 误差小于10%不再调试。

第二步：计算有效平均温差。

对数平均温差 $\Delta T_m = [(152-81)-(112-67)]/\ln[(152-81)/(112-67)] = 57.01(℃)$

对数平均温差校正系数 F_T：与温度效率 P、温度相关因数 R、壳程数 N_S 有关。

$R = (T_1 - T_2)/(t_2 - t_1) = (152-112)/(81-67) = 2.857$

$P = (t_2 - t_1)/(T_1 - t_1) = (81-67)/(152-67) = 0.1647$

$F_T = f(R, P) = [(2.857^2+1)^{0.5}/(2.857-1)] \times \ln[(1-0.1647)/(1-0.1647 \times 2.857)]/$

$\ln\{[2/0.1647-1-2.857+(2.857^2+1)^{0.5}]/[2/0.1647-1-2.857-(2.857^2+1)^{0.5}]\}=0.97$

有效温差：$\Delta T=\Delta T_m\times F_T=0.97\times57.01=55.32$(℃)

第三步：计算 K 值。

$K=Q/(A\times\Delta T)=1235010.6/(85\times55.32)=262$(W/m²·℃)

通常的取值范围见表 9-2-2。

表 9-2-2　原油总传热系数参考表

壳程			管程			经验总传热系数/[W/(m²·K)]
介质	定性温度/℃	质量流速/[kg/(m³·s)]	介质	定性温度/℃	质量流速/[kg/(m³·s)]	
原油	120~150	650~700	常一中	160~180	360~550	200~310
原油	70~80	500~650	常二线	140~145	400~500	180~200
原油	120~200	450~600	常二中	230	500~700	230~320
原油	100~120	600~800	常三线	190~240	500~700	270~310
原油	150	700~800	常三中	280	550~650	350~370
原油	180~200	450~600	减一中	240	230	290~310
原油	250	550	催化油浆	290	550~850	140~260

装置经过长周期运行后，原油换热终温逐步下降，查出影响最大的换热器。决定是否需要进行检修和清理。

2. 机泵叶轮切割计算

目的：当装置加工负荷调整，或加工油种偏离设计油种时，从节能和安全角度考虑，需要对机泵叶轮切割。叶轮切削公式：

公式(1)　　流量 $\dfrac{Q_1}{Q}=\dfrac{D_1}{D}$

公式(2)　　扬程 $\dfrac{H_1}{H}=\dfrac{{D_1}^2}{D^2}$

公式(3)　　轴功率 $\dfrac{N_1}{N}=\dfrac{{D_1}^3}{D^3}$

式中　D_1——切削后叶轮直径；

D——切削前叶轮直径；

H_1——切削后扬程；

H——切削前扬程；

N_1——切削后轴功率；

N——切削前轴功率。

计算步骤：

(1)核对参数：叶轮直径、泵额定流量、扬程、泵出口控制阀开度以及控制阀前后压力等。

注意：根据公式可看出，叶轮切削后轴功率下降最明显(节能)，扬程下降也较大，流量下降最小。实际操作流量远小于额定流量，说明流量有富余；泵出口控制阀开度小，说明扬程有富余(一般控制阀开度在80%以上，控制阀前后压差基本忽略)，只有在流量和扬程同时有富余的情况下才能切削叶轮。

(2)根据公式计算：核对参数确认泵流量和扬程均有富余，可根据公式计算。将需要的泵流量代入公式(1)，计算出切削后的叶轮直径(数字可进行圆整)。用计算所得切削后叶轮直径代入公式(2)和公式(3)可计算出切削后扬程、轴功率。

(3) 叶轮切削后试运机泵，观察电机电流、出口压力、后路控制阀开度等变化，在正常情况下叶轮切削后，泵出口压力、电机电流下降，后路控制阀开度变大。

例：某装置减底泵叶轮切削前后工作状况。

切削前核对参数：

流量 360t/h(额定 $600m^3/h$，密度约合 446t/h)，流量有富余。

后路控制阀开度(二级减压炉四路进料)：39%、40%、37%、45%，控制阀开度小；核对控制阀前后压力：阀前 1.63~1.8MPa，阀后 0.35~0.45MPa；前后压差大，扬程有富余。流量、扬程均有富余，可切削叶轮。查该泵厂家数据：额定流量 $600m^3/h$，叶轮直径 ϕ420mm，扬程 188m 液柱。

根据 PI 上数据得出该泵最大操作流量 400t/h，按公式(1)计算得出：

$$\frac{400}{446}=\frac{D_1}{420}$$

切削后叶轮直径 ϕ376.68mm，圆整至 ϕ380mm。代入公式(2)：

$$\frac{H_1}{188}=\frac{380^2}{420^2}$$

计算得出切削后扬程 153.9m 液柱。

泵叶轮切削节电量计算：

$$P=\sqrt{3}\,U_x\cdot I_x\cos\varphi \tag{9-2-1}$$

式中　U_x——电机电压 380V 或 6000V，V；

I_x——切削前后电机电流差，A；

$\cos\varphi$——电机功率因数，电机铭牌上有标示。

叶轮切削后节电量：

$$P=3^{1/2}U_x\cdot I_x\cos\varphi=1.732\times6000\times10\times0.85=88334\text{W}=88.334(\text{kW})$$

每小时节电 88 度，每天 2112 度，每月 63360 度。

泵叶轮由 ϕ420mm 切削至 ϕ380mm，切削后试运机泵，参数变化：

出口压力：1.7MPa 下降至 1.3MPa，变化明显。

电机电流：41A 下降至 31A，变化明显。

控制阀开度 37%~45%上升至 40%~47%，不明显。

从上看出，切削后扬程、电流下降明显，节能效果明显；但后路控制阀开度无明显变化，分析原因如下：

① 油性变化，一级减底渣油量下降了；

② 制造厂家制造精度差，提供的参数偏大，扬程相对准确，该叶轮额定流量远大于 $600m^3/h$。

3. 加热炉负荷计算

有正算和反算两种。

(1) 热负荷工艺计算。

工艺基础数据：

原料性质：密度、黏度、馏程、流量、入炉温度、出炉温度、出炉汽化率、出炉压力等。

燃料性质：密度、黏度、燃料的组成、过剩空气系数等。

热负荷计算公式：

$$Q=W_F[eI_v+(1-e)I_L-I_i]+W_S(I_{S2}-I_{S1})+Q' \quad (9-2-2)$$

式中　W_F——管内介质流量，kg/s；

e——介质在炉管内汽化率，%；

I_v——在炉出口温度和压力下气相介质的热焓，kJ/kg；

I_L——在炉出口温度和压力下液相介质的热焓，kJ/kg；

I_i——在炉入口温度和压力下液相介质的热焓，kJ/kg；

W_S——水蒸气的流量，kg/h；

I_{S2}——过热水蒸气出炉热焓，kJ/kg；

I_{S1}——水蒸气入炉热焓，kJ/kg；

Q'——其他热负荷，如注汽等，MW。

管内汽化率 e 计算：

$$e=L/W_F+e' \quad (9-2-3)$$

式中　L——塔顶及侧线产品量，kg/h；

W_F——炉管内进料总量，kg/h；

e'——过汽化率，%。

（2）燃烧过程的计算（低发热值）。

燃料的热值计算：与燃料的组成有关，通常用低热值（完全燃烧后所生成的水为蒸汽状态时的热量）来计算，燃料油的低热值 Q_i 计算：

$$Q_i=81C+246H+26(S-O)-6W \quad (9-2-4)$$

式中，C、H、S、O、W 指碳、氢、硫、氧、水的质量百分率。

燃料气的低热值计算：

$$Q_i=\sum q_i \cdot y_i \quad (9-2-5)$$

式中　q_i——燃料气中各组分的低热值（查表），MJ/Nm³；

y_i——燃料气中各组分的体积百分率。

理论空气用量计算：

燃料油时：$$L=(2.67C+8H+S-O)/23.2 \quad (9-2-6)$$

$$V=L/1.293$$

L——燃料的理论空气量（质量），kg 空气/kg 燃料；

V——燃料的理论空气量（体积），m³空气/kg 燃料。

燃料气时：$L=0.0619[0.5H_2+0.5CO+\sum(m+n/4)C_mH_n+1.5H_2S-O_2]/\rho$

过剩空气系数 α：烧油通常在 1.3，烧气通常在 1.2。

$$\alpha=21/(21-79\times O_2/N_2)$$

加热炉热效率：

$$\eta=(100-q_1-q_i)/100 \quad (9-2-7)$$

式中　q_1——辐射段和对流段总热损失。通常用估算值，3%~6%；

q_i——烟气出对流段带走的热量（根据 α 和烟气出对流室温度可以查相关图表）。

燃料的用量：

$$B=Q/(Q_i\times\eta)$$

烟气流量：

$$W_g=(\alpha L+1+W_S)\times B \tag{9-2-8}$$

式中　W_g——烟气流量，kg/h；

W_S——雾化蒸气流量，kg/h。

例：常压炉热负荷计算。

(1) 计算方法：考虑到常压炉进料量仪表指示不准，故对再闪蒸塔进行气液相平衡汽化计算。

① 利用预闪底油的密度和进再闪塔的温度，可查出进再闪蒸塔前的液相焓。

② 利用预闪底油的 API 度和 10%～30%的恩氏蒸馏斜率，可查出再闪蒸塔内气相的密度。利用气相的密度和温度，可查出气相的焓。

③ 利用预闪底油的 API 度和 10%～70%的恩氏蒸馏斜率，可查出再闪蒸塔内液相的密度。利用液相的密度和温度，可查出液相的焓。

④ 利用进再闪蒸塔前后的等焓的原理，可求出进再闪蒸塔的汽化分率(质量)，从而确定再闪蒸塔底油的流量。

(2) 常压炉热负荷计算。

① 利用进常压炉前再闪底油的温度和密度，可求出再闪底油进常压炉前焓。

② 利用再闪底油的 API 度和 10%～30%的恩氏蒸馏斜率，可查出常压塔进料段汽相的密度。利用气相的密度和温度，可查出进料段气相的焓。

③ 利用常底油的密度和温度，可查出常底油的焓(或者利用再闪底油的 API 度和 10%～70%的恩氏蒸馏斜率，可查出常压塔进料段液相的密度(利用液相的密度和温度，可查出进料段气相的焓)。

④ 利用再闪蒸塔底的流量和常底油的流量，可确定常压塔进料段的汽化分率(或者利用常压侧线收率减去预、再闪蒸塔的闪蒸量，再加上过汽化率)。

⑤ 利用进料段的气液相混焓和再闪底油进炉前的液焓，可确定常压炉的有效热负荷，参考炉子热效率，可求出加热炉的热负荷。

(3) 操作参数和分析数据见表 9-2-3～表 9-2-5。

表 9-2-3　主要操作参数

项　目	数　据	项　目	数　据
预闪进料流量/(t/h)	580	再闪回流量/(t/h)	8
预闪进料温度/℃	177	常压塔进料温度/℃	360
预闪进料压力/MPa	0.16	常压塔底温度/℃	350
预闪塔顶温度/℃	160	常压进料段压力/MPa	0.12
预闪塔底温度/℃	177	常顶汽油/(t/h)	103
预闪回流量/(t/h)	6	常一线/(t/h)	61
再闪进料流量/(t/h)	550	常二线/(t/h)	50
再闪进料温度/℃	232	常三线/(t/h)	45
再闪进料压力/MPa	0.15	常四线/(t/h)	15
再闪塔顶温度/℃	215	常压塔塔底油流量/(t/h)	330
再闪塔底温度/℃	227	原油换热终温/℃	305

表 9-2-4　化验分析数据

预闪底油	数　据	再闪底油	数　据
10%/℃	291	10%/℃	306
25%/℃	350	23%/℃	350
50%/℃	447	50%/℃	452
		65%/℃	523
密度/(kg/m^3)	840.1	密度/(kg/m^3)	852.9

表 9-2-5　对化验分析数据进行处理(用恩氏蒸馏曲线坐标纸)

预闪底油	数　据	再闪底油	数　据
10%/℃	291	10%/℃	306
30%/℃	363	30%/℃	380
50%/℃	447	50%/℃	452
70%/℃	520	70%/℃	542
密度/(kg/m^3)	840.1	密度/(kg/m^3)	852.9

(4) 计算过程(热焓单位为 kcal/kg，1kcal=4.184kJ)。

① 对预闪塔进行气液相平衡计算：

a. 由预闪底油的密度和再闪塔进料的温度，查出再闪塔进料的焓。

查得：密度为 840.1kg/m^3，温度为 232℃，热焓 136kJ/kg。

b. 由预闪底油的密度可查出 API 度为 36.9，预闪底油恩氏蒸馏 10%~30%斜率为 3.6，由以上数据可查出再闪塔内汽化后气相密度为 795.0kg/m^3。

c. 预闪底油恩氏蒸馏 10%~70%斜率为 3.8，API 度 36.9，由以上数据可查出再闪塔内汽化后液相密度为 875.0kg/m^3。

d. 由气相密度 795.0kg/m^{3}和气相温度 227℃，查出气相热焓为 197kJ/kg。

e. 由气相密度 875.0kg/m^{3}和液相温度 227℃，查出液相焓为 132kJ/kg。

f. 根据进塔前后热焓不变的方法，可求出再闪塔的汽化分率和再闪底油的流量。

$$136=196\times e+(1-e)\times 132$$

$$e=6.15\%$$

再闪底油的流量：550×(1-0.0615)= 516(t/h)

另外，再闪塔有 8t/h 的常二线油作回流，也会增加再闪底油的流量，故再闪底油的流量有 520t/h。

② 对常压塔进料段进行计算。

a. 由再闪底油进炉前的换热终温 305℃和再闪底油的密度 852.9kg/m^3，可查出再闪底油进炉前的焓为 187kJ/kg。

b. 由密度 852.9kg/m^{3}可查出 API 度为 34.4，再闪底油 10%~30%恩氏蒸馏斜率 3.7。由以上数据可查出常压塔进料段气相密度 805kg/m^{3}再查出气相热焓 277kJ/kg。

c. 由再闪底油 10%~70%恩氏蒸馏斜率 3.93 和 API 度 34.4，可查出常压塔进料段液相密度 882kg/m^3，再查出液相热焓 227kJ/kg。

d. 确定常压塔进料段的汽化率：$e=(520-330)/520=36.5\%$

e. 求出常压塔进料段和再闪底油进炉前的焓变和加热炉的有效热负荷：

$$H=277\times 0.365+227\times 0.635-187=58.25(\text{kcal/t}\cdot\text{h})$$

$$Q=520\times58.25=30290(\text{kcal/h})$$

③ 考虑到加热炉的空气预热器已切出，常压炉的热效率有所下降，热效率按85%计算，常压炉的实际热负荷为：

$$Q=3029/0.85=36530(\text{kcal/h})$$

注：若按热效率90%计算，实际热负荷33650(kcal/h)。

④ 综合分析：

a. 操作参数和化验分析采样均取自某年某月某日某时，加工某混合油，炼量120t/h。

b. 当时常压炉仪表指示进料量为420t/h，经仪表校对仍没有变化，故考虑对再闪蒸塔进行气液相平衡计算，结果发现流量偏差较大。

c. 当时实际处理量为14000t/d，而常压炉的实际负荷已接近设计的37000kcal/h。

d. 以上计算数据均通过图表换算查出，可能存在一定的误差。

e. 常压炉的负荷较高，与空气预热器的切出有关，预热器的切出使加热炉的热效率降低(空气预热器泄漏，造成引风机抽力不足，使炉膛温度偏高，故切出停运)。

⑤ 常压塔塔板水力学计算。

a. 塔板的压力降。压力降很重要，是一个重要的依据，对全塔的温度和降液管内的高度都有明显的影响。

塔板的压力降由三部分组成：

干板压力降(气流通过干板的压力降)：与浮阀是否全开有关。

全开前压力降：$h_C=19.9\cdot U_0^{0.175}/\rho_1$

全开后压力降：$h_C=5.37\cdot U_0^{2}\cdot\rho_v/(2g\cdot\rho_1)$

式中 ρ_v、ρ_1——塔内气体、液体的密度，kg/m³。

b. 液层压力降(等于液层的静压)：

$$h_1=\beta(h_w+h_{ow})\qquad h_{ow}=0.00284E(L_h/L_w)^{2/3}$$

式中 h_w——出口堰高；

h_{ow}——堰上液头高，m液柱；

β——充气系数，取0.5~0.6；

L_h——液相体积流量，m³/h；

L_w——出口堰长，m；

E——收缩系数(查图9-2-1)。

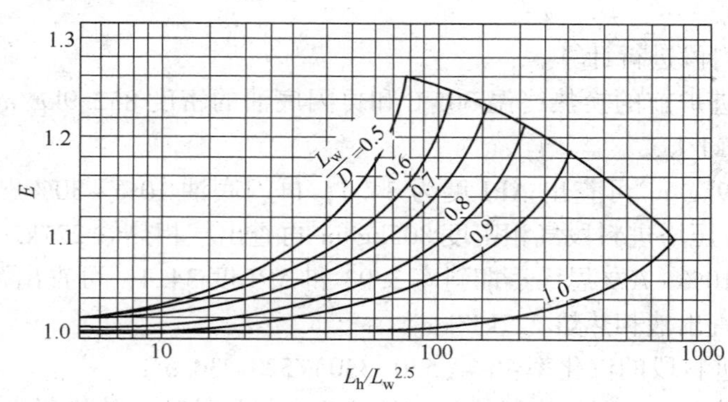

图9-2-1 液流收缩系数

c. 克服表面张力的压力降(通常较小，可以忽略)：

$$h_{\sigma}=2\sigma/(H\cdot g\cdot\rho_{l})$$

式中　σ——液体的表面张力，mN/m；

ρ_{l}——液体的密度，kg/m^3；

g——重力加速度，9.81kg/N；

H——浮阀的最大开度，m。

d. 雾沫夹带量(e)，正常操作时 e 小于 0.1kg 雾沫/kg 气体，可用两种方法核算。

(a) 阿列克山德罗夫经验式。

(b) 核算泛点率(泛点指塔内液面泛滥导致塔效率急剧下降的点，是设计负荷和泛点负荷的比，有两种方式计算，取较大值)。

$$F_{L}=(100C_{V}+136\times L_{S}\times Z)/(A_{b}\times K_{S}\times C_{F})$$

或者

$$F_{L}=(100C_{V}/(0.78\times A_{T}\times K_{S}\times C_{F})$$

式中　F_{L}—泛点率,%；

C_{V}——气相负荷因素，$C_{V}=V_{S}(\rho_{V}/\rho_{l}-\rho_{V})^{0.5}$；

L_{S}——液相体积流率，m^3/h；

Z——液相流程长，m；

A_{b}——液流面积，m^3；

K_{S}——系统因数(见表 9-2-6)；

C_{F}——泛点负荷因素，与气相密度与塔间距有关(见图 9-2-2)。

通常 F_{L} 要小于 80%~82%。

表 9-2-6　系统因数 K_S

物　系	系统系数 K_S	物　系	系统系数 K_S
无泡沫，正常系统	1.0	多泡沫系统(如胺及乙二胺吸收塔)	0.73
氟化物(如 BF3、氟里昂)	0.90	严重发泡系统(如甲乙酮装置)	0.60
中等发泡系统(如油吸收塔、胺及乙二胺再生塔)	0.85	形成稳定泡沫的系统(如碱再生塔)	0.30

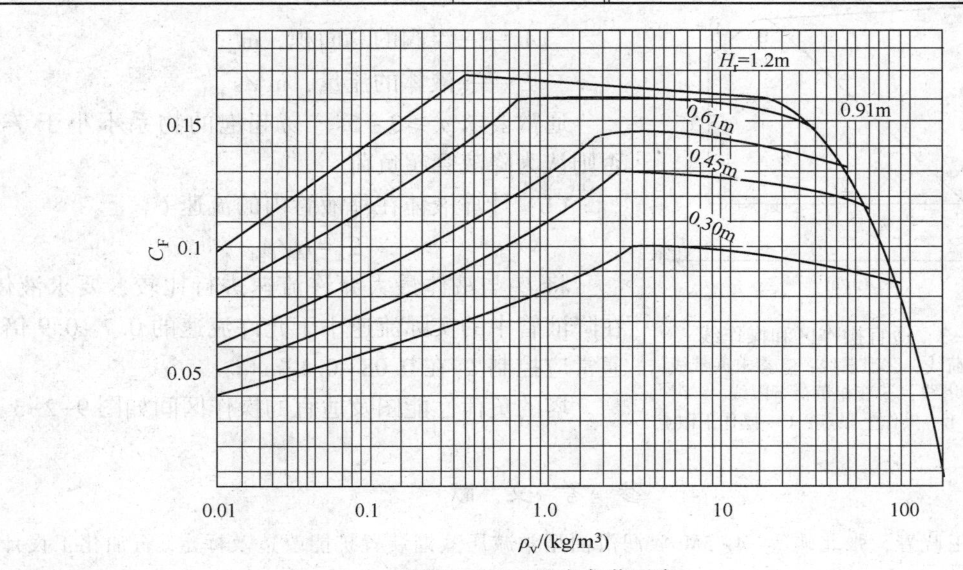

图 9-2-2　泛点负荷因素

e. 降液管内液面高度 H_d。降液管内液面高度超过一定程度后，可能因液体携带的泡沫充满整个降液管而发生淹塔，造成降液管液泛。

$$H_d = h_w + h_{ow} + h_d + h_p$$

式中 $h_w + h_{ow}$——塔板出口处液面高度，m 液柱；

h_p——一块板的气相压力降，m 液柱；

h_d——液体流过降液管时压力损失，m 液柱。

为防止淹塔，应使：

$$H_d / \varphi \leqslant (H_T + h_w)$$

式中 φ——相对泡沫密度，通常取 0.4~0.6；

H_T——板间距，m。

如果不能满足要求，通常要调整板间距或增加降液管面积。

f. 漏液。塔板上的漏液量随浮阀重量、气相密度、阀孔气速、阀的开度的增加而减少，而随着液层的厚度增加而增加，其中浮阀重量和阀孔气速的影响最大，通常在浮阀刚好全开情况下操作最佳。

通常阀孔动能因素 $F_0=5$ 作为操作下限，见表 9-2-7。

表 9-2-7 阀孔动能因素的范围表

浮阀工作情况	阀孔动能因数 $F_0=u_0\rho_v^{0.5}$	浮阀工作情况	阀孔动能因数 $F_0=u_0\rho_v^{0.5}$
发生大量泄漏	5~6	正常操作	8~17
浮阀刚全开	9~12	操作上限	18~20

g. 液体在降液管内停留时间及流速。液体在降液管内的流速过快或在管内停留时间不足，使液体所夹带的气泡来不及分离而带到下一层塔板，降低塔板效率，即降液管超负荷。

判断降液管是否超负荷通常有两种方法：

(a) 计算液体在降液管内的停留时间。

$$\tau = H_T \times A_d / L_s$$

式中 H_T——塔间距，m；

A_d——浮阀的总面积，m^2；

L_s——液体的流量，m^3/s。

通常要求 $\tau \geqslant 3\sim5$s，易起泡的物系不小于 7s，否则认为降液管超负荷。

(b) 计算液体在降液管内的流速 U_d。

$$U_d = L_s / A_d$$

将 U_d 与液体最大允许流速进行比较，要求液体在降液管中的实际流速小于允许流速的 0.7~0.9 倍。通常应控制 U_d 在 0.08~0.12m/s。

塔的负荷性能图及适宜的操作区间如图 9-2-3。

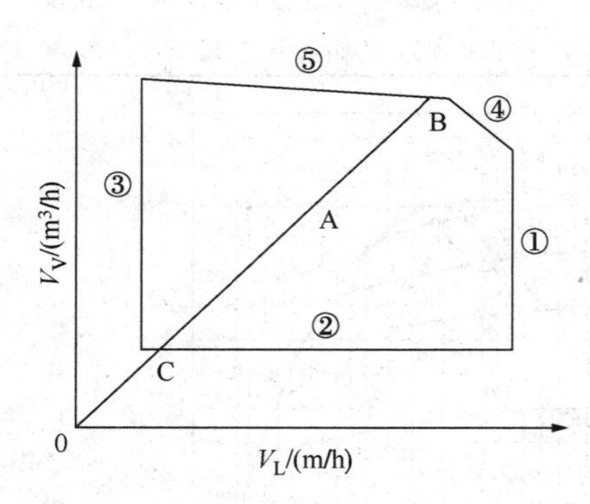

图 9-2-3 适宜操作区和操作线
①液体超负荷线；②泄漏线；③雾末夹带线；④淹塔线；⑤液相负荷下限线
A—操作点；B—操作上限点；C—操作下限点

参 考 文 献

1 冯宝林，王晓春，张北屿等. 4. 5Mt/a 润滑油型常减压蒸馏装置扩能改造及标定. 石油化工设计，2003，20(3)：37~41

2　赵晓军，杨敬一，徐心茹，陈伟军. 卡宾达原油常减压蒸馏装置负荷转移技术的模拟与分析. 当代石油石化，2006，14(10)：29~33
3　沈华明. 镇海炼化Ⅰ套常减压装置流程模拟优化应用. 中外能源，2011，16：17~20
4　赵晓军，陈伟军，杨敬一，徐心茹. 用ASPEN PLUS软件模拟优化卡宾达原油常减压蒸馏的研究. 炼油技术与工程，2005，35(11)：43~48

第十章 化学助剂

第一节 破乳剂

原油中含有水分和无机盐，由于水分和无机盐对炼油装置影响巨大，炼制前必须进行脱盐、脱水处理。随着原油开采重质化、劣质化，原油的成分更加复杂，对脱盐、脱水工艺提出更加苛刻的要求，目前主要采用脱盐脱水加破乳剂的方式。另外，有些原油由于含水、含盐量高，直接进电脱盐加工困难，所以原油破乳剂在油田脱水过程中应用也很广泛，有些炼油厂为了降低电脱盐压力，在原油罐区中也添加少量破乳剂，以加强罐区脱水。

由于原油中的盐大部分都溶解在水中，而原油中的水分是以乳化状态存在的，水和油之间形成了稳定的乳化液，其中的水很难自动沉降下来。为了破坏它们这种稳定的乳化状态，在脱水工艺中采用了加入原油破乳剂的方法。

原油破乳剂实际上是一类表面活性剂，用于消除表面张力，达到破乳目的。近一个世纪来，破乳剂的发展大致经历了三个阶段。一是用脂作原料，合成硫酸盐、磺酸盐等古典型表面活性剂；二是用石油化工原料，尤其是由烯烃氧化制成嵌段共聚物——聚乙二醇、醚类及脂类作表面活性剂，20 世纪 40 年代，德国和美国生产的烷基酚聚氧乙烯醚，首次采用非离子表面活性剂作为破乳剂，1954 年由美国 Wyatt 公司生产的聚醚，以丙二醇为引发剂，由聚氧乙烯、聚氧丙烯共聚而成，商品名为 playomic，它是一系列该产品的总称，该产品近年来发展迅速，又称为高分子表面活性剂；三是近阶段，根据新发展的有机合成技术生产出了特殊表面活性剂及各类聚合物。有机合成技术的广泛应用，使破乳剂在产品种类数量上迅速发展，复配共聚等平稳手段的应用，使破乳剂应用的范围越来越宽。

一、破乳剂的作用机理

原油乳化液是由两种互不相溶或溶解度很小的液体，在乳化剂的作用下，经过一定的物理作用形成的稳定分散体系，也称乳化液。形成乳化液的物质，可以分为两类：一类是极性物质水；另一类是非极性物质油。根据存在的形态和性质，可以把乳化液分为“水包油型”（O/W）和“油包水型”（W/O）两种状态。

乳化液具有热力学不稳定性，倾向于聚结，但体系中有乳化剂存在时，由于乳化剂是一种表面活性剂，分子结构上有极性端和非极性端，具有两亲性，极性端亲水，非极性端亲油，能够在油水界面间定向排列，尤其当乳化剂量充足时，这种排列相当紧密，形成有一定机械强度的界面膜，组织同类液滴碰撞，减小聚结的作用，同时在油水两相界面间吸附和沉集，降低了分散相和分散介质界面的自由焓，使它们的聚结倾向降低，增加乳化液稳定性。

原油中含有大量的起乳化作用的有机酸、盐类、胶质、沥青质及微晶蜡等，由于原油在地下本来与水共存，又在强化采油过程中大量采用注水、乳化剂及碱水等措施，这就形成了稳定的乳化液。另外，乳化液的液滴带电，使液滴相互接近时产生排斥力而防止液滴的聚结。原油中水滴聚集过程微观状态见图 10-1-1。

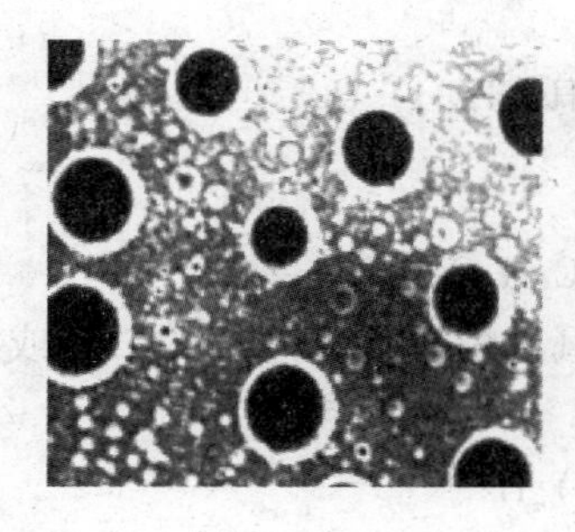
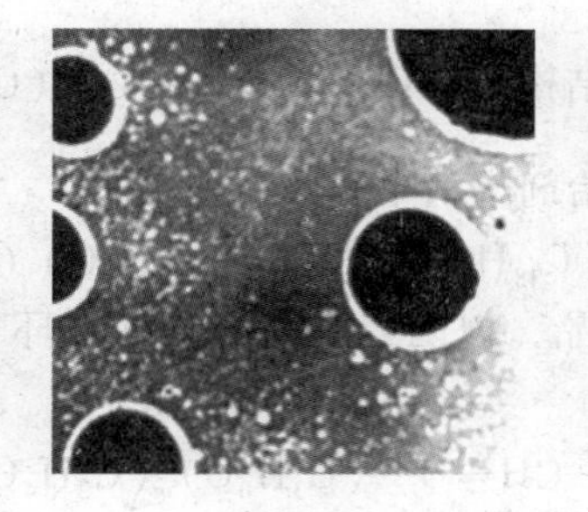
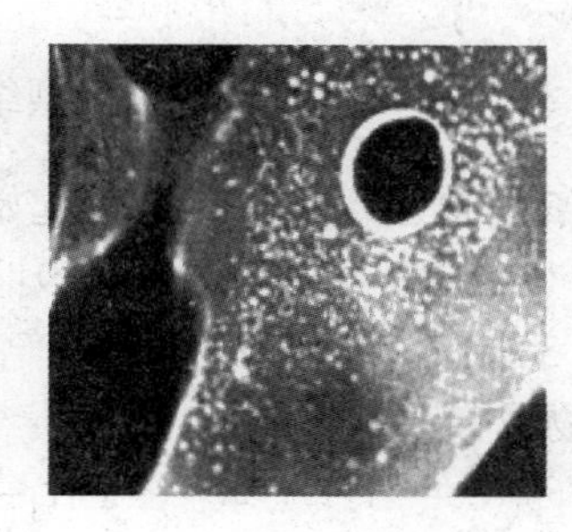

图 10-1-1 原油水滴聚结过程微观图

破乳剂的作用与乳化剂作用恰恰相反，顶替原来吸附于油-水界面的保护层，形成由原有表面活性剂与破乳剂组成的混杂的新型膜，该膜强度大大降低，有利于破乳。破乳剂同时具有亲水亲油两种基团，比乳化剂具有更小的表面张力，更高的表面活性。*HLB* 值反映了破乳剂分子中亲油亲水基团在数量上的比例关系，*HLB* 值在 0~20。

$$HLB=\frac{\text{亲水基团量}}{\text{亲水基团量}+\text{亲油基团量}}\times 20$$

不同原油的乳化形态、界面膜不同，需要的 *HLB* 值也不同；相同 *HLB* 值的破乳剂并不一定适合同类原油，这是由于破乳剂作用的方式是不同的，如有些起反乳化剂作用，有些起润湿增溶剂的作用。破乳实验技术复杂，影响因素繁多，使得原油破乳机理仍停留在较低水平。经典研究破乳机理的理论是热力学稳定性，即“顶替”学说，破乳剂通过界面吸附替代原乳化膜中天然的成膜物质，发生破乳作用。但有人在研究中发现，随着破乳剂浓度增加，首先是破乳剂吸附量不断增加，当达到一定量时，又有所减少。与“热力学稳定”学说相矛盾的是界面张力学说。该学说指出，破乳剂的破乳能力与其改变油水界面张力的能力有关，取决于降低界面张力的能力。目前几种破乳剂作用机理学说并存，应在研究中根据原油乳化状态和破乳剂性质，综合考虑才不至片面理解问题。

总之，破乳剂的破乳机理有四个。(1)相转移-反向变型机理：加入破乳剂，发生了相转化，即能够生成与乳化剂形成的乳化液类型相反(反相破乳剂)的表面活性剂可以作为破乳剂，此类破乳剂易与乳化剂生成络合物使乳化剂失去了乳化性。(2)碰撞击破界面膜机理：在加热或搅拌的条件下，破乳剂有较多的机会碰撞乳化液的界面膜，或吸附于界面膜上，或代替部分表面活性物质，从而击破界面膜，使其稳定性大大降低，发生了絮凝、聚结而破乳。(3)增溶机理：使用的破乳剂一个分子或少数几个分子即可形成胶束，这种高分子线团或胶束可增溶乳化剂分子，引起乳化原油破乳。(4)褶皱变型机理：微镜观察结果表明，W/O 型乳化液均有双层或多层水圈，两层水圈之间是油圈，因而提出褶皱变型机理，液滴在加热搅拌和破乳剂的作用下，液滴内部各层水圈相连通，使液滴凝聚而破乳。

二、破乳剂的种类和分子结构

目前，国内外的原油破乳剂，品种繁多，但多是非离子型的破乳剂，破乳效果也各有千秋。但就其分子组成来说，主要是环氧乙烷与环氧丙烷的共聚物。目前油田中常用的非离子型破乳剂主要有五种：

(1) 平平加或 OP 型，以高碳醇或烷基酚为起始剂与环氧乙烷的共聚物。

平平加型结构式：$R—O—\!\!\left(CH_2CH_2O\right)_nH$

OP 型结构式：R—⌬—O—$(CH_2CH_2O)_nH$

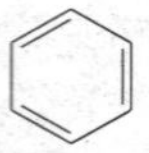

（2）SP 型，以高碳醇为起始剂的共聚物。

如 SP169：$C_{18}H_{37}(C_3H_6O)_m(C_2H_4O)_n(C_3H_6O)_pH$

（3）BE、BP 型及其改性产品，以丙二醇为起始剂与环氧乙烷、环氧丙烷的二段或三段共聚物及其改性产品。

$$\begin{array}{l} CH_3—CH—O—(C_3H_6O)_m(C_2H_4O)_nH \\ \qquad\quad | \\ \qquad\quad CH_2—O—(C_3H_6O)_m(C_2H_4O)_nH \end{array}$$

氧丙烯聚氧乙烯丙二醇醚(BE 型)

$$\begin{array}{l} CH_3—CH—O—(C_3H_6O)_m(C_2H_4O)_n(C_3H_6O)_pH \\ \qquad\quad | \\ \qquad\quad CH_2—O—(C_3H_6O)_m(C_2H_4O)_n(C_3H_6O)_pH \end{array}$$

聚氧丙烯聚氧乙烯聚氧丙烯丙二醇醚(BP 型)

（4）GP 型，以丙三醇为起始剂的三段共聚物。

$$\begin{array}{l} H_2C—O(C_3H_6O)_m(C_2H_4O)_n(C_3H_6O)_pH \\ \quad | \\ HC—O(C_3H_6O)_m(C_2H_4O)_n(C_3H_6O)_pH \\ \quad | \\ H_2C—O(C_3H_6O)_m(C_2H_4O)_n(C_3H_6O)_pH \end{array}$$

聚氧丙烯聚氧乙烯聚氧丙烯丙三醇醚

（5）AR、AF 型及其改性产品，以烷基苯酚甲醛树脂为起始剂的二元、三元共聚物及其改性产品。

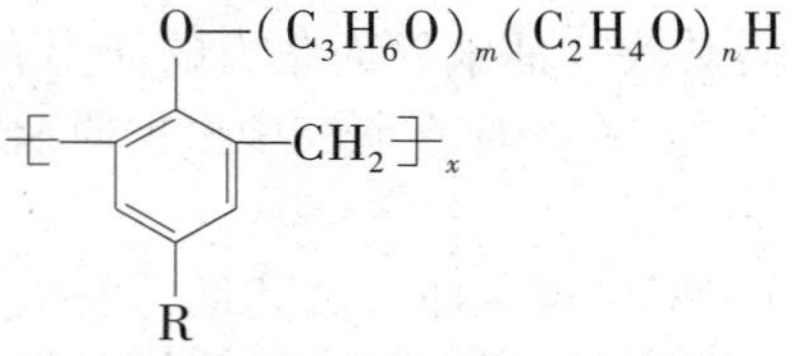

O—$(C_3H_6O)_m(C_2H_4O)_nH$

$[$—⌬—$CH_2]_x$

R

聚氧乙烯聚氧丙烯烷基苯酚甲醛树脂(AR 型)

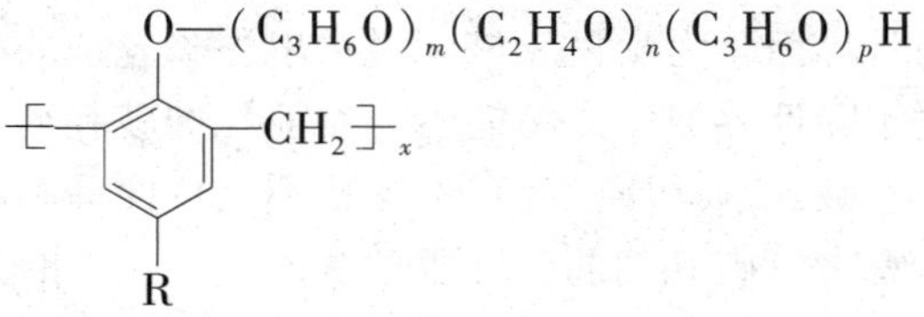

O—$(C_3H_6O)_m(C_2H_4O)_n(C_3H_6O)_pH$

$[$—⌬—$CH_2]_x$

R

聚氧丙烯聚氧乙烯聚氧丙烯烷基苯酚甲苯树脂(AF 型)

三、破乳剂筛选和经济性评价

破乳剂的作用是除去稳定乳化液的因素，强化破乳的方法除了破乳剂外，还有加热、外加电场、破坏乳化剂成分、加电解质、过滤离心分离等方法。由于乳化液的性质比较复杂，对某种类型乳化液有效的破乳剂，对其他类的乳化液可能效果就很差，所以需针对不同原油乳化液采用模拟和试验的手段进行高效破乳剂的筛选和优化工艺操作条件。通常的破乳剂筛选办法有以下四种。

1. 对原油乳化液稳定性的考察

原油乳化液是破乳过程必须首先考察的对象。原油乳化液中连续相和分散相的组成、比例、油水密度差、黏度–温度特性、分散相的分散度等因素，决定了原油乳化液的破乳剂特性。化学破乳影响因素有：

（1）原油。包括原油类型和原油中天然乳化物质的含量(沥青质、胶质、环烷酸、脂肪酸、氮和硫的有机物、石蜡、黏土、砂粒等)。

（2）破乳剂。包括破乳剂类型、结构、相对分子质量、亲水亲油平衡值(*HLB* 值)、油水分配系数、扩散吸附性能、不同类型破乳剂的复配与协同作用等。

(3) 热力学、动力学基础。包括温度、压力与液相饱和蒸气压、界面吸附与解析、液滴表面电荷特性、油水界面张力、界面流变性、原油黏度和分散度、体积膨胀系数、微观分子热运动及分子间作用力等。

2. 热化学沉降试验

热化学沉降试验是一种简单而有效的针对不同乳化液进行破乳剂评价的方法，一般采用瓶试法进行。具体的操作方法是将不同类型待测的破乳剂配置成溶液，加到原油乳化液中，经混合，在不同温度水浴条件下进行热化学沉降脱水试验，所考察的实验参数包括破乳剂类型、加入量、混合方式、热沉降温度、沉降时间、脱水率、界面及脱水含油状况等。

3. 模拟电脱盐原油破乳剂筛选

模拟电脱盐原油破乳剂筛选即利用专用的破乳剂筛选仪器 PED，见图 10-1-2 所示，模拟现场电脱盐条件，加入一定的破乳剂测定一系列与破乳剂相关的实验结果，从而判定破乳剂好坏。此方法是目前破乳剂厂商用来筛选破乳剂最常用的方法。

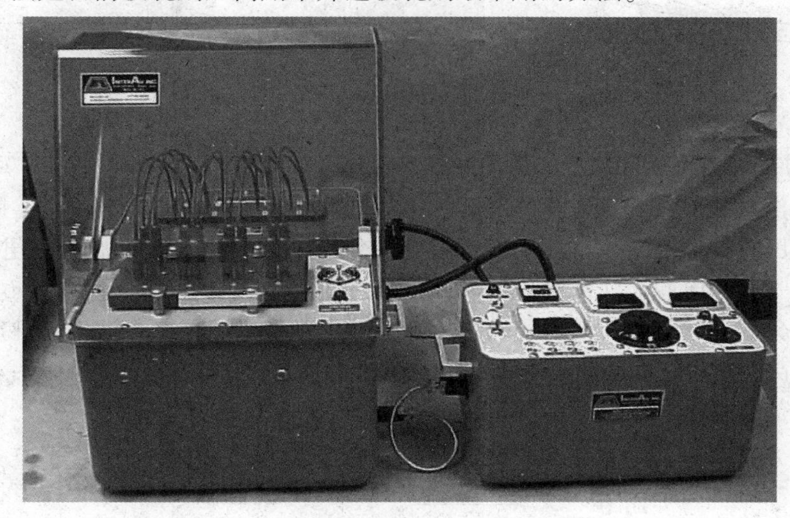

图 10-1-2 PED 模拟电脱盐破乳剂筛选设备

PED 破乳剂筛选主要有以下三个试验步骤：

(1) 首先提取采集自现场的混合原油 80mL 和洗水 4.8mL，来执行此测试。

(2) 然后基于混合原油样品的 API 度，在高速混样机(混合转速约为 20000r/min)将油水混合，油水混合过程 10s。

(3) 在测试时间的的第 7min、第 17min 和第 27min 之后，各自对应适用的 1min 持续期内电场的振幅分别是 500V、1500V 和 3000V，测试温度维持在 120℃。离心管内处理的自由水的数量应按照其时间的功能来记录。三种不同剂量(5mg/kg、10mg/kg、15mg/kg)的三种破乳剂(EC2425A、EC2134A and EC2472A)的总量，进行脱水性能测试。

由图 10-1-3 可以看出与空白样相比较，某公司的所测试的三种破乳剂都能改进原油的脱水情况。在所测试的三种破乳剂(EC2472A、EC2425A 和 EC2134A)中，EC2472A 具有更高的脱水率，在 15mg/kg 的 EC2472A 被处理的情况下，在测试末尾它的脱水率达到了 70%。通过实验油水分离直观效果可以看到，经破乳剂与溶剂处理过的乳化样品展示了更好的脱水性能，特别是在测试的最初 30min 内，效果特别明显。测试 30min 时，所有未添加破乳剂的

4 种空白原油仅仅有大约 30% 的脱水率。然而经过同样的时间之后，所有经过破乳剂（EC2472A、EC2425A 和 EC2134A）处理的原油乳化样品，尽管只使用了 5mg/kg 剂量，其脱水率至少达到 50%。在测试 30min 时，经破乳剂处理过的脱水率比未经化学物处理的样品脱水率，可高出 60%。

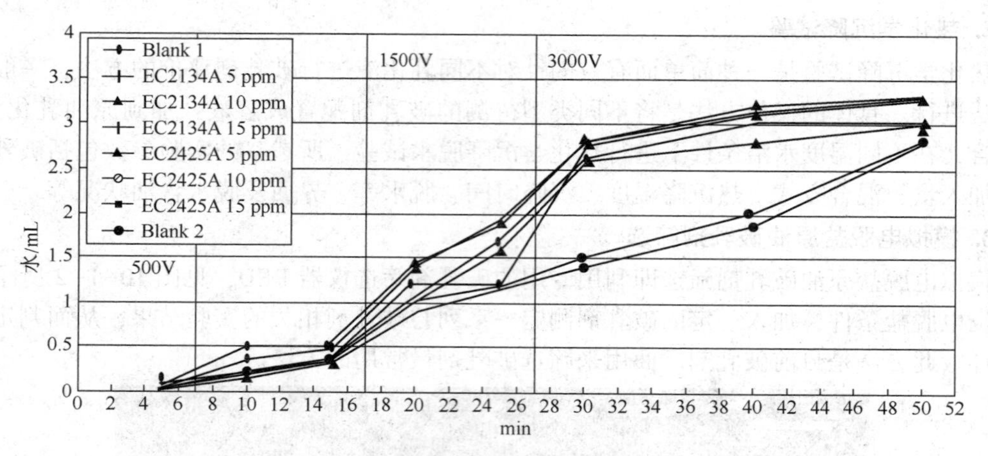

图 10-1-3　不同破乳剂 PED 破乳剂试验筛选结果

4. 破乳剂在常减压蒸馏装置的应用和注剂设施

根据破乳剂是水溶性或油溶性的不同，破乳剂的注入方式也分为两种。一般油溶性破乳剂由计量泵增压后在原油泵入口注入，少数也有分开一部分注剂在最后一级电脱盐前注入。水溶性破乳剂一般在电脱盐注水泵入口注入，通过注水带入电脱盐，这样做的主要目的是使破乳剂更好的分散，起到最大的破乳效果。随着破乳剂技术发展，水溶性破乳剂由于破乳效果差、注剂量高等问题，正在逐步的被高效的油溶性破乳剂所取代。图 10-1-4 是某装置油溶性破乳剂注剂位置示意图。

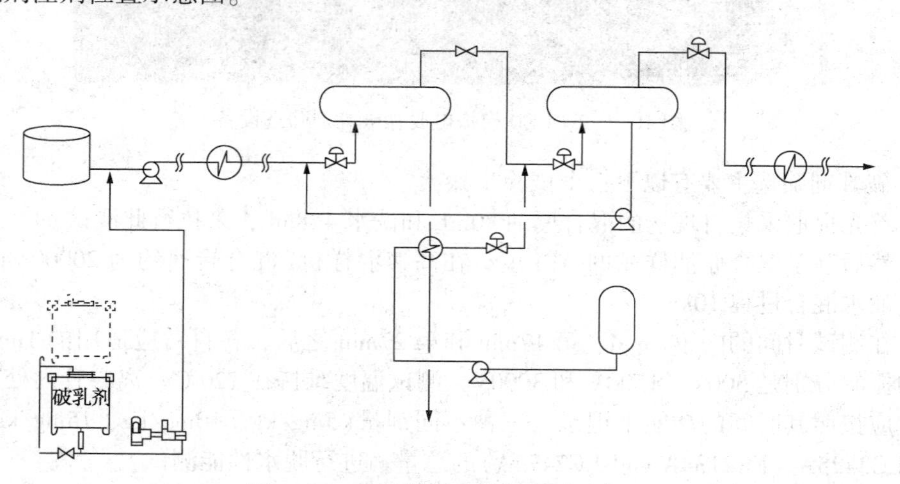

图 10-1-4　某装置破乳剂注剂示意图

根据实际情况不同，破乳剂注剂量差别较大，一般电脱盐破乳剂注剂量油溶性破乳剂为 5～15mg/kg，水溶性破乳剂一般为 30～50mg/kg，具体要根据电脱盐实际运行情况来确定。一般炼油厂在破乳剂试用考察期间考察指标或项目见表 10-1-1。

表 10-1-1　破乳剂试用期间电脱盐考察项目

项目名称	指　标	测定方法
脱后含盐/(mg/L)	≤3(月均合格率大于 90%)	SY/T—0536
脱后含水/%	≤0.3(月均合格率大 90%)	GB/T—260
污水含油/(mg/L)	≤200(月均合格率大 90%)	红外(紫外)分光光度法
电脱盐乳化情况	电脱盐界位清晰，不发生明显乳化，变压器运行正常	现场观察

第二节　脱　钙　剂

近年来，随着一些高含钙原油的不断出现，钙对石油加工过程的危害引起人们的重视，例如乍得多巴原油钙含量高达 200mg/L 以上，原油中的钙含量高在石油炼制过程中会带来很多危害，所以必须进行处理。在原油加工过程中，利用现有的原油预处理电脱盐工艺，可以有效地对原油中的钙及其他金属杂质进行脱除。通过许多应用试验表明，采用适当的脱钙剂与合适的工艺条件，利用现有的电脱盐工艺和设备，可以使原油钙率达 90%以上，同时可以使电脱盐工艺过程的电流大幅下降，提高脱盐效率。

一、高钙原油加工对炼油装置的影响

1. 危害催化裂化催化剂和加氢催化剂

减压蒸馏后，原油中大部分的金属被富集到渣油中，在催化裂化过程中，这些金属杂质几乎全部聚集在催化剂上，使催化剂活性中心数减少，活性降低，选择性也随之发生变化，从而导致产品质量变差，轻质油收率降低，另外还会造成催化装置烟机结垢。

2. 降低换热器和加热炉热效率

原油中的无机盐大部分溶解于水中，经过换热设备或加热炉，水分蒸发使金属盐析出，并附着在炉管上，影响换热设备和加热炉的传热效果。同时这些金属无机盐在高温下会发生分解和水解，对设备产生垢下腐蚀，严重时会导致炉管破裂。

3. 对原油电脱盐产生不良影响

高含量的钙会造成原油电导率升高，导致电脱盐单元的电耗增加，脱盐电流增大，严重时使装置跳闸停车。

4. 对石油焦和沥青产品质量造成影响

高含钙原油除对石油焦和沥青产品质量产生影响外，如作为 CFB 锅炉燃料还会对锅炉长周期运行造成不利影响。

二、脱钙剂的开发

近年来脱钙技术的研究引起人们的广泛关注，也已出现了一些新的脱钙技术，如螯合沉淀法脱钙、加氢催化脱钙、膜分离法脱钙、CO_2脱钙、树脂脱钙、生物脱钙等。其中螯合沉淀法脱钙可将脱钙剂作为一种助剂与破乳剂一起注入电脱盐单元中，不需要更改现有工艺，投资少、见效快、效果佳，受到普遍欢迎。脱钙剂的作用机理主要是应用螯合沉淀反应，在注水的条件下，将脱钙剂和原油或重油充分混合，使溶于水的脱钙剂和油水界面的钙充分接触并反应，生成沉淀或螯合物，或溶于水，或分散到水相，在高压电场和破乳剂的作用下随脱盐污水排出，从而达到脱钙的目的。目前脱钙剂的有效成分主要有三种：强酸、螯合剂、沉淀剂。石油中的有机钙一般认为是钙的环烷酸盐、酚盐，因此可能的反应机理如下。

（1）强酸作用：

$$(RCOO)_2Ca+2H^+\longrightarrow 2RCOOH+Ca^{2+}$$

$$\left[\text{O, R}\right]_2 Ca+2H^+\longrightarrow 2\left[\text{OH, R}\right]+Ca^{2+}$$

（2）螯合作用：

$$(RCOO)_2Ca+Y\longrightarrow 2RCOOH^-+[CaY]^{2+}$$

$$\left[\text{O, R}\right]_2 Ca+Y\longrightarrow 2\left[\text{O, R}\right]+[CaY]^{2+}$$

Y 为螯合剂

（3）沉淀作用：

$$(RCOO)_2Ca+X^{2-}\longrightarrow 2RCOOH^-+CaX\downarrow$$

$$\left[\text{O, R}\right]_2 Ca+X^2\longrightarrow 2\left[\text{O, R}\right]+CaX\downarrow$$

X 为沉淀剂

目前已开发的螯合脱钙剂主要有两大类：有机酸及其盐类和无机酸及其盐类。如一元羧酸、二元羧酸、氨基羧酸羟基羧酸及其盐；也有一些无机酸及其盐被用作脱钙剂，如碳酸、硫酸及其盐，用硫酸及其盐的体系脱钙时，可能会有沉淀生成，为避免脱盐工艺复杂化，可以加入一些沉淀抑制剂，如有机磷酸盐、氨基羧酸等螯合剂。

三、脱钙剂在炼油厂中的应用

目前，我国原油脱金属的工业应用主要集中在炼化企业，中国石油天然气集团公司、中国石油化工集团公司的一些炼油厂针对所加工原油进行过脱金属的工艺应用试验，且基本以电脱盐脱钙工艺应用为主。

现有研究表明：原油中钙含量与原油酸值有一定的对应关系，酸值高的原油钙含量一般也较高。不同原油中水溶性钙的比例相差较大，高含钙原油中，大部分钙以油溶性有机化合物存在，而含钙量低的原油大部分钙以水溶性有机化合物存在，因而仅通过水洗作用就可以将大部分脱除。我国冀东重质原油，胜利、辽河、大港地区原油的钙含量都很高。随着油田进入后期开发，钙含量还有局部上升的趋势。另外，国内越来越多的渣油被用作加氢处理、重油催化裂化和延迟焦化等装置的原料来生产轻质燃料，原油中的钙将对这些后续加工装置和产品产生负面影响。因此，原油脱钙(脱金属)处理已成为非常紧迫的问题。

国内炼油厂针对所加工的高含钙原油进行工业化脱钙试验主要有：

（1）大港原油。目前大港油田原油钙含量普遍达到 100mg/L 以上，中国石油大港石化公司先后多次对含钙原油进行过电脱盐脱钙工业应用试验，取得了较好的成绩，原油脱钙率普遍达到 80%以上。

(2) 辽河超稠油。我国辽河油田开采出的超稠油，含钙量在200mg/L以上，由于超稠油黏度大、密度大，脱钙工艺应用非常困难。针对该原油进行脱钙工业应用试验，脱钙率60%左右，但脱钙剂用量大，成本较高。

(3) 新疆稠油。新疆克拉玛依原油钙含量超过180mg/L，中国石油克拉玛依石化公司对所加工的新疆稠油以及减压渣油进行了较长期的脱钙试验，并多次进行工业应用及优化试验，开发出了有针对性的脱钙剂产品，取得了一定的成果。

由于脱钙剂一般是水溶性的，所以注剂位置一般选择在电脱盐注水管线，一般情况下，每级均需要加注，注剂量一般为钙含量的3~5倍。图10-2-1为脱钙剂注剂点示意图。

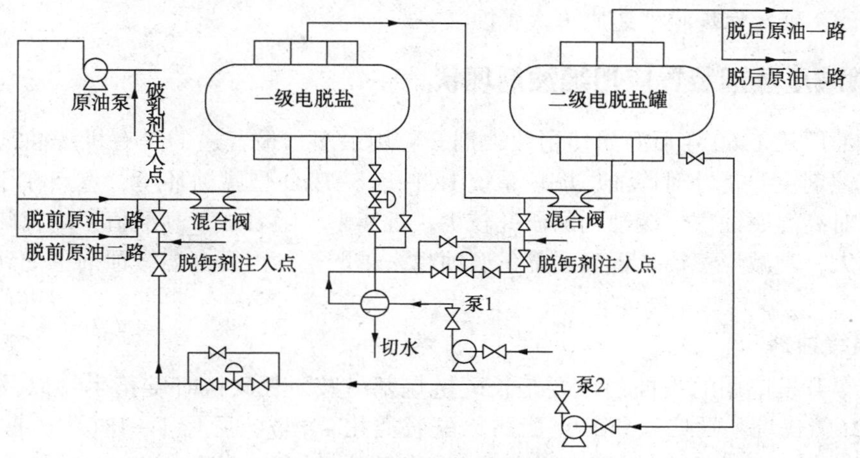

图10-2-1　脱钙剂注剂设施示意图

第三节　缓蚀剂、中和剂

近年来，随着国内各油田的深度开采及进口大量高含硫原油，各大炼油厂加工的高含硫、高酸值、高含盐原油越来越多，使得常减压蒸馏装置常减压塔塔顶、塔底管道，换热器等设备的腐蚀问题日趋严重，不仅给炼油厂造成较大的经济损失，而且严重影响了装置的长周期安全运行。因此，如何解决常减压蒸馏装置塔顶系统的腐蚀问题，对保证设备安全运行，延长开工周期具有十分重要的意义，也是炼油厂普遍关心的问题。

在常减压蒸馏装置生产运行中，一般采取"一脱三注"(即原油电脱盐、在分馏塔顶注中和剂、注缓蚀剂、注水的工艺措施)方法进行防腐蚀外，对加工高含酸原油的装置还普遍采用注入高温缓蚀剂的方法进行缓蚀。缓蚀剂的种类很多，应用也很广泛。

一、常减压蒸馏装置腐蚀机理

常减压蒸馏装置的腐蚀分为低温部位腐蚀(低于120℃)和高温部位腐蚀(240~480℃)。低温腐蚀部位主要在常减压蒸馏装置塔顶(初馏塔、常压塔、减压塔)冷凝冷却系统、部分挥发线、常压塔上层塔盘；原油中含有的环烷酸和反应产生的高温硫导致高温设备腐蚀，高温部位主要在常压塔塔底、减压炉管、减压侧线、减压塔塔底、换热器等。

低温腐蚀产生的原因是原油中NaCl、$MgCl_2$和$CaCl_2$等经加热水解产生的HCl不能在水冷凝前全部中和，同时原油含硫及硫化物高温分解、反应生成H_2S，所以在分馏塔顶冷凝区等部位有局部酸腐蚀，同时注氨时有 NH_4Cl 溶液存在，氯离子会破坏金属表面的保护膜，加重腐蚀。因此，分馏塔塔顶低温部位腐蚀主要为 $HCl-H_2S-H_2O$ 型。

高硫和高酸值原油加工后，环烷酸和高温硫腐蚀主要集中在常压塔塔底和减压塔的高温部位。环烷酸腐蚀的活性温度是第一沸点区232~280℃及第二沸点区330~400℃。腐蚀生成的环烷酸铁属于油溶性物质，不能形成保护膜，很快被冲刷溶于油中，重新裸露出金属表面，进一步被腐蚀。240~340℃范围硫化物开始分解，生成 H_2S，对设备开始腐蚀，并随温度升高而加剧。426~480℃ H_2S 近于完全分解，此时高温硫对设备腐蚀最快。高温下硫可以与铁直接作用形成FeS，FeS膜本身对金属有保护作用，但在环烷酸存在下，环烷酸和FeS反应析出 H_2S，破坏保护膜，造成再次腐蚀。

二、常减压蒸馏装置应用缓蚀剂现状

我国炼油厂从1960年后开始使用缓蚀剂，应用最多、最普遍的是有机缓蚀剂。但是国内开发的缓蚀剂主要是针对炼油厂塔顶系统 $HCl-H_2S-H_2O$ 型腐蚀环境，重点在于抑制HCl的腐蚀，而对高温腐蚀部位缓蚀剂的研究较少。近年来，随着加工高酸值、高含硫比例的原油量越来越大，常减压蒸馏装置高温部位腐蚀越来越严重，因而高温缓蚀剂也受到了更为广泛的关注。

1. 低温缓蚀剂

国内较早开发应用的缓蚀剂主要是长碳链烷基酰胺、长碳链吡啶衍生物以及含硫化合物，如4502(氯代烷基吡啶)、7019(脂肪族酰胺类化合物)、尼凡丁-18(十八胺聚氧乙烯醚)、1017(多氧烷基咪唑啉油酸盐)、兰-4A(聚酰胺类)等。其中以7019的性能较好，对减缓常压塔塔顶、减压塔塔顶、加氢汽提塔塔顶冷凝系统碳钢设备的腐蚀有一定的效果，曾经得到较普遍的使用。但总体来说，这些缓蚀剂的成膜性能较差，缓蚀率不够高，尤其在低pH值的HCl露点区缓蚀性能更差。

20世纪80年代以来开发的缓蚀剂主要是长碳链烷基咪唑啉酰胺、长碳链吡啶衍生物的改性产品以及含硫化合物等，其中以咪唑啉类缓蚀剂的研究最多、应用最广泛，如WS-1(咪唑啉酰胺类)、BL-928(咪唑啉酰胺类)、HT01(咪唑啉酰胺类)、BH-912(咪唑啉类)等。这类缓蚀剂成膜性能较脂肪族酰胺类好，在较低的pH值下仍有较好的缓蚀性能。

但是，上述缓蚀剂大都需要与氨(胺)中和剂配合使用才能发挥有效的缓蚀作用。无机氨(NH_3)的沸点很低(-33℃)，氨在塔顶是气相状态，液相中的浓度低，而且中和曲线波动很大，造成塔顶液相的pH值较难控制，中和后生成高沸点的盐类，易产生垢下腐蚀。而采用露点高的有机胺能与HCl一起冷凝，有利于中和，且中和曲线平缓，易于控制pH值的波动，中和生成低沸点的盐类，不结垢。在美国有70%以上的炼油厂使用有机胺类中和剂，中和冷凝水中的酸性介质，提高缓蚀剂的使用效果。我国在20世纪90年代中期开始开发中和胺，南京首先开发出"A"型中和胺。但是由于有机胺价格昂贵，与廉价的无机氨相比，多数炼油厂不能接受，所以推广应用比较缓慢。

此外，近年来开发的水溶性缓蚀剂，如烷基吡啶季胺盐、烷基酰胺和烷基咪唑啉季胺盐，也具有不错的缓蚀效果，但需要解决与有机胺复配性差以及缓蚀剂本身带水而造成露点前移的问题。

目前在实际应用中，很少有常减压蒸馏装置单独使用某一类缓蚀剂，而且体系环境不同，同一类缓蚀剂的效果也不一样。如目前在国内常减压蒸馏装置塔顶环境一般是弱碱性，

pH 值为7~9，而在国外，炼油厂塔顶冷凝水 pH 值一般控制在 6~7，体系环境为弱酸性，常用的咪唑啉类缓蚀剂在弱酸环境下的缓蚀效果要好于弱碱体系。因此不同的塔顶环境，缓蚀剂的种类与用量也会有所不同。此外缓蚀剂一般与中和剂、阻垢剂及其他助剂复配使用，以达到最好的效果，如缓蚀剂与炔丙醇复配使用，能显著提高缓蚀效果。Bartos 等利用紧束缚拓扑方法研究了丙炔醇在金属铁表面的吸附，结果显示，丙炔醇的叁键对其化学吸附行为有决定性的影响。

2. 高温缓蚀剂

与常减压蒸馏装置用低温缓蚀剂不同，高温缓蚀剂要求能在 200~480℃高温下保持稳定，不分解。因此，高温缓蚀剂是一种高相对分子质量、高沸点化合物。

近年来，国内外研究和使用的高温缓蚀剂主要有磷系和非磷系两种系列：磷系缓蚀剂是指含磷酸或亚磷酸基的有机化合物，如磷酸酯类、亚磷酸芳基酯类、硫代(亚)磷酸酯类等；非磷系缓蚀剂是一些含氮、硫等元素的有机化合物。研究结果表明，在缓蚀效果方面磷系缓蚀剂优于非磷系缓蚀剂，若将两者混合使用可取得更好的防腐效果。

在磷系缓蚀剂中，目前使用的磷酸酯类缓蚀剂主要有磷酸三丁酯、磷酸三苯酯、磷酸二辛酯、磷酸三烷基酯等。由于 Fe—P 键强度较高，磷酸酯可与金属表面的铁反应生成不可溶的磷酸铁，附着在金属表面形成一层坚韧的保护膜，阻止环烷酸与铁反应生成油溶性的环烷酸铁而造成设备的腐蚀。亚磷酸芳基酯类缓蚀剂主要包括亚磷酸三苯酯、亚磷酸二苯酯、亚磷酸二苯基异癸酯、亚磷酸二苯基异辛酯、亚磷酸苯基二异辛酯及其混合物，其机理与磷酸酯类缓蚀剂相近，由于这些化合物中含有芳基，使亚磷酸酯在与金属表面接触时所占空间增大，能更好阻止环烷酸对设备的腐蚀。硫代(亚)磷酸酯类缓蚀剂主要包括硫代单烷基(双烷基、三烷基)磷酸酯，硫代亚磷酸酯等。这类化合物中的硫代磷酸单酯与金属表面的二价或三价铁离子反应形成多层沉积膜，覆盖于金属表面，可有效抑制腐蚀介质对金属材料的侵蚀。

非磷系缓蚀剂主要包括有机多硫化合物、磺化烷基酚、脂环族聚硫化物、热稳定性较高的脂肪酸氨基酰胺、*N*,*N*-二羟乙基哌嗪等，它们可与环烷酸反应生成不对金属产生腐蚀的产物，也可在金属表面形成保护膜，阻止环烷酸对金属的腐蚀。该系列缓蚀剂的优点在于它不会对下游加工工序中的催化剂造成中毒。

与塔顶冷凝系统用缓蚀剂一样，将两个系列的缓蚀剂混合使用会得到更好的防腐效果，如磷酸酯-胺、亚磷酸二(或三)烷基酯-噻唑啉、磷酸酯-有机多硫化合物、硫代磷酸酯-咪唑啉等。它们的混合使用具有协同效应，(亚)磷酸酯可在炼油装置的表面形成一层黏着力很强的保护膜，胺、噻唑啉、有机多硫化合物、咪唑啉等具有中和环烷酸的作用，使(亚)磷酸酯形成的保护膜更加稳定。专利 CN1757796 中介绍了一种高温缓蚀剂，采用咪唑啉酰胺与磷酸酯、多乙烯多胺、*N*-苯基二乙醇胺复配，高温缓蚀效果良好，优于 Nacol 的 5180 磷系缓蚀剂。

三、缓蚀剂的分类及作用机理

缓蚀剂在金属表面的行为和作用机理是很复杂物理化学过程，自 20 世纪 20 年代以来，缓蚀作用机理不断发展，提出了吸附机理、软硬酸碱理论、界面反应成膜理论、钝化理论等多种机理。普遍认可的是吸附机理和界面反应成膜理论，对于界面型缓蚀剂来说，吸附是产生缓蚀作用的前提条件，既要有一定的吸附覆盖度，又要有足够高的吸附稳定性，某些情况下，还要求有较快的吸附速度和较高的吸附选择性。

常用的有机缓蚀剂通常由电负性较大的 O、N、S 及 P 等原子为中心的极性基和 C、H

等原子组成的非极性基所构成。这些极性基团的中心原子常有未成对电子，而金属表面又存在大量的空 d 轨道，通过电子转移，极性基中孤对电子与金属表面的金属原子空的 d 轨道形成配位键，使得缓蚀剂分子吸附在金属表面，长链烷基在金属表面作定向排列，形成一层疏水性的保护膜，阻断了腐蚀介质与金属的接触途径，从而达到减缓腐蚀的目的。在电子转移过程中，有机缓蚀剂主要扮演亲核试剂的角色，而金属表面的空轨道则成为“受电子中心”。同时，金属非空 d 轨道中的电子离原子核较远，受到的核引力较小而易于供出电子，被 O、N、S、P 等杂原子通过反键轨道接受，形成反馈键，进一步增大了缓蚀剂与金属表面的作用力。这种配位吸附膜的稳定性直接影响着有机缓蚀剂的缓蚀性能。

高温缓蚀剂加入反应器后，一方面缓蚀剂与环烷酸作用生成环烷酸酯，大分子环烷酸酯在金属表面建立吸附平衡，将环烷酸等有机酸与金属表面隔离；另一方面缓蚀剂的极性基团在较高温度时可吸附在金属材料表面形成吸附性保护膜，有效阻止环烷酸与金属表面接触，减小腐蚀，达到保护材质的目的。

四、中和剂

作为低温部位腐蚀控制手段之一，中和剂一般与缓蚀剂联合使用，中和剂主要是中和 HCl 等酸性物质，起到控制露点腐蚀及 pH 值的作用，初期使用碱和氨水作中和剂，随着防腐工作的进展，使用氨水作中和剂有以下问题：氨的露点温度比水、氯化氢的露点温度低，因此在初凝区氨水起不到有效的中和作用，导致初凝区局部 pH 值偏低，发生局部坑点快速腐蚀而穿孔；氨水的中和曲线在 pH 值=7 左右时斜率很大，pH 值波动较大，设备表面 FeS 保护膜剥离，形成新的腐蚀；氨水中和后生成无机铵盐吸收水分后呈黏性膏糊状，黏附在设备表面引起设备结垢及垢下腐蚀。同时无机铵盐很不稳定，容易水解还原成酸性物质，继续腐蚀金属设备。而有机胺作为中和剂露点较高，与氯化氢一起冷凝，有利于中和，且中和曲线比较平缓，容易控制 pH 值。目前中和剂以多种有机胺复配而成，如乙二胺、r-甲氧基丙胺等。

五、缓蚀剂、中和剂在常减压蒸馏装置的应用

图 10-3-1 为某企业常减压蒸馏装置常压塔塔顶注剂系统示意图，中和剂一般选择在塔顶挥发线上，注水一般选择在换热器入口。日常运行过程中腐蚀监控指标见表 10-3-1。

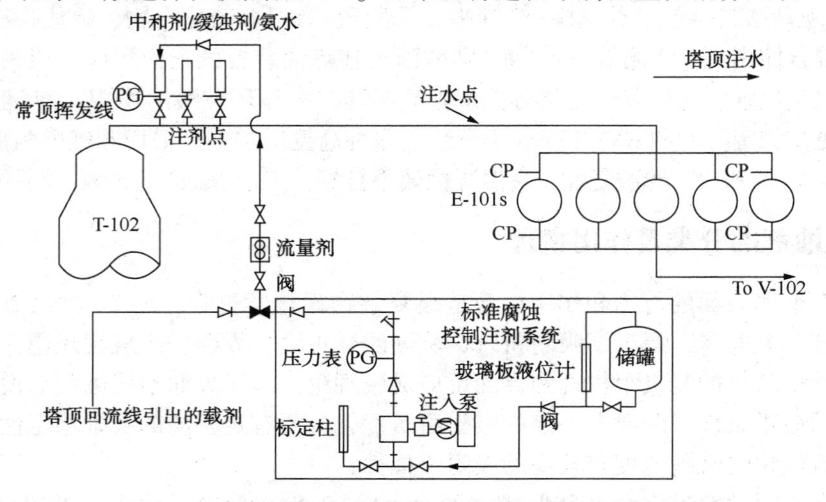

图 10-3-1　某企业常减压蒸馏装置常压塔塔顶注剂系统

表 10-3-1　低温部位腐蚀控制监控表

项目名称	指　标	测定方法
pH 值	5.5~7.5(注有机胺时) 7.0~9.0(注氨水时) 6.5~8.0(有机胺+氨水)	pH 计法
铁离子含量/(mg/L)	≤3	分光光度法(样品不过滤)
平均腐蚀速率/(mm/a)	≤0.2	在线腐蚀探针或挂片

参 考 文 献

1　唐孟海，胡兆灵编著. 常减压蒸馏装置技术问答. 北京：中国石化出版社，2007
2　刘龙伟，郭睿，解传梅等. 水包油性原油乳状液破乳剂的合成与性能研究. 石油化工，2014，43(9)：1053~1057
3　宋家喜，王鹏程，杨文飞等. 新型低温原油破乳剂的研究及评价. 辽宁化工，2015，44(6)：642~644
4　梁先锋. 伊重新型低温破乳剂的研制. 化工工程与装备，2011，(7)：45~47
5　梅洛洛，苏丙辉，洪祥议等. 油溶性破乳剂优选实验研究. 炼油技术与工程，2015，45(4)：48~51
6　李清松. 原油电脱盐破乳剂的筛选与 EC2425A 油溶性破乳剂的应用. 炼油技术与工程，2005，35(10)：49~51
7　余国贤，陈辉，陆善祥等. 原油复配破乳剂的配方设计. 精细石油化工，2003，(9)：1~4
8　王小琳，曾鸣，魏乐等. 原油破乳剂有效成分检测技术. 油田化学，2015，32(2)：287~291
9　张谋真，郭立民，刘启瑞等. 原油破乳剂与添加剂复配的实验研究. 化学工程师，2003，(4)：12~13
10　傅晓萍. 蒸馏装置塔顶缓蚀剂技术现状. 石油化工腐蚀与防护，2005，22(2)：15~18
11　刘宇程，徐俊忠，陈明燕等. 重质原油电脱盐用破乳剂的合成及评价. 石油学报，2013，29(6)：1083~1089
12　郭庆举，巩增利等. 常压塔顶腐蚀与中和剂的选择. 石油化工腐蚀与防护，2013，30(4)：30~32
13　邱广敏，赵修太，吕华华等. 常压塔顶缓蚀剂配方优化. 石油炼制与化工，2006，37(8)：65~68
14　杨晓晶，周兵. 常减压蒸馏塔顶缓蚀剂的筛选及防腐问题的应对. 山东化工，2009，38(6)：33~35
15　徐培泽. 常压塔装置的助剂改进与腐蚀控制. 腐蚀与防护，2005，26(11)：490~492
16　郭树峰，于四辉. 常减压装置塔顶系统的腐蚀机理与防护措施. 中外能源，2010，15(9)：98~101
17　刘向东. 常减压装置中和缓蚀剂性能研究. 全面腐蚀控制，2006，20(4)：16~21

第十一章　蒸馏装置环境保护和安全健康

第一节　环 境 保 护

自然环境是人类赖以生存和发展的基础。随着炼油装置大型化的发展，环境压力越来越大，环境问题也日益突出。

环境污染是指介入环境的污染物，超过了环境容量，使环境失去了自净能力，污染物在环境中积聚，生态平衡遭到了破坏，导致环境特征的改变或对原有用途产生一定不良的影响，从而直接或间接地对人体健康(包括病理、生理遗传、致畸、致突变等)或生产、生活活动产生一定危害或影响的现象。

一、主要污染物

常减压蒸馏装置的主要污染物有污水、废气、废渣、噪声、固体废弃物。污染物分布图见图 11-1-1。

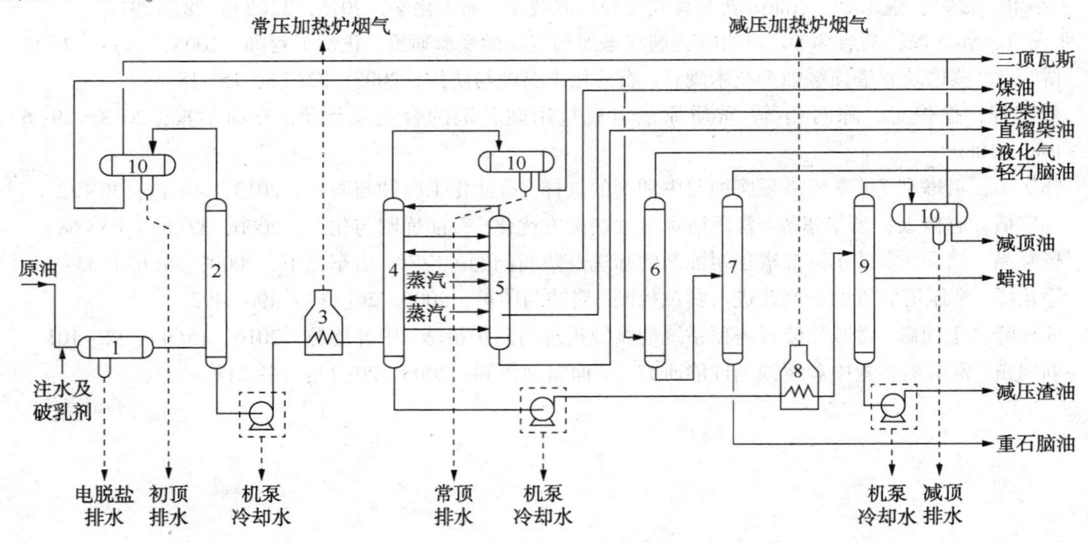

图 11-1-1　常减压蒸馏装置污染源分布图

1—电脱盐罐；2—初馏塔；3—常压炉；4—常压塔；5—汽提塔；6—稳定塔；7—分馏塔；8—减压炉；9—减压塔；10—分汽罐

(一) 污水

污水处理装置对水质和水量都有一定的要求，否则经过处理后也很难达到国家允许的排放指标。特别是生化暴气池是用微生物净化废水中的污染物质，如果微生物受冲击中毒死亡，少则十几天多则 1~2 个月才能使暴气池恢复正常。为此从源头控制好污水污染物含量，需要对污水实行分级控制。电脱盐污水含油量控制在 200mg/L，含硫污水含油量控制在 200mg/L。

1. 污水类别

（1）含盐污水。含盐污水是指电脱盐排放的废水，主要是电脱盐的注水，一般为原油量的5%~8%，其他为原油进装置时的自身携带水、少量水溶性破乳剂的配制用水及进电脱盐回炼污油的含水。

电脱盐过程所排废水的水量和水质，与原油的性质、电脱盐的工艺及操作有关，其中油类和COD含量均较高。含盐污水的主要污染物有石油类、硫化氢和挥发酚等。

（2）含硫污水。常减压蒸馏装置其初馏塔塔顶、常压塔塔顶、减压塔塔顶产物经冷凝后分别进入各自的油水分离罐，进行油水分离并排水。这部分水主要来自减压抽空蒸汽冷凝液、塔底吹汽和汽提吹汽冷凝液，其他来自原油加工过程中的加热炉注汽和塔顶注水、注氨和注缓蚀剂所含水分等。由于这部分水是与油品直接接触，排水中硫化物、氨氮均较高。特别是加工高含硫原油时，污水中硫化物含量更高，因而一般称为含硫污水。排水中带油情况与油水分离罐中油水的分离时间、界面控制是否稳定有关。在正常生产情况下，严格控制塔顶油水分离罐油水界面是防止排水严重带油的关键。含硫污水的主要污染物有石油类、硫化物、氨氮和COD，含量均较高。

（3）含油污水。机泵冷却水由两部分构成，一部分是冷却泵体用水，全部使用循环水冷却后进循环水回水管网循环使用。另一部分是泵端面密封冷却用水，排入含油废水系统。一般热油泵需冷却水较多，如端面密封漏油较多，则冷却水带油严重。

（4）含油雨水。含油雨水主要指下雨时，装置受污染的初期雨水。其受污染程度取决于地沟区域的油品泄漏状况。

（5）装置其他排水。

① 油品采样：该装置有汽油、煤油、柴油等油品采样口用于采集油品进行质量检测，一般油品采样都要放掉少量存油，这部分油品会污染排水。采用自动分析仪或密闭采样法，也可以将油放入地下污油罐回收，以减少污染。

② 设备检修：如机泵、换热热器检修等，泵缸内排放的油品直接排入到含油污水系统。

③ 停工扫线：停工扫线油水、停工检修防FeS自燃钝化污水和除臭污水。

④ 地面冲洗：打扫卫生时用水冲洗地面，原油泵、热油泵、控制阀等部位所在地面易受污染。

2. 污水污染物

常减压蒸馏装置典型污水分析数据见表11-1-1。

表11-1-1　常减压蒸馏装置典型污水分析数据　　mg/L

污染物名称	原油种类	装置能力/(10^4t/a)	水量/(t/h)	pH值	石油类	COD	氨氮	硫化物	挥发酚
电脱盐排水	胜利混合油	500	30	8.7	163	407		0.95	2.26
	大庆油	300		6~8.5	43.1	881		4.70	10.0
常顶含硫污水	胜利混合油	500	5	7.5	29.3	616	264	101.2	19.9
	大庆油	300		6.7~8.8	10.4	2609		15.12	11.0
减顶含硫污水	胜利混合油	500	7	8	44.7	1164	210	451	88.2
	大庆油	300	3.2	6.2~8.2	4.0	753		2.39	19.1
装置总排水	胜利混合油	500	50	8.8	115	551		86.9	
	大庆油	300	24.0	6.1~6.5	223	980		0.99	14.0

3. 污水中污染物危害

（1）油的危害：在水面形成油膜，阻碍氧气进入水体，使水生物死亡；水有异味，农作物死亡。

（2）硫化物：使水中生物中毒死亡，植物烂根。

（3）挥发酚：很低浓度时鱼就有酚味，粮食不能使用，浓度稍高即中毒死亡。

（4）氨氮（NH_3-N）：氨氮是水体中的营养素，是水体中的主要耗氧污染物，对鱼类及某些水生生物有毒害。水体中氨氮污染严重时还会使水体营养化，同样会引发水体出现赤潮。

（5）碱：碱性高不适于生物生存。

（6）盐：土壤盐碱化。

（7）汞、铜、镉、铝等金属及其化合物：在水中不能被破坏，由于食物链的传递、浓缩、积聚于水生生物体内，被人食用后，危害人体健康，甚至造成死亡。

以上污染物均会污染天然水体。

4. 衡量水体被污染的主要参数及危害

污水排放指标按国家标准共26项，这里着重说明一下常用的几种指标：

化学耗氧量（COD）：是在一定的条件下，采用一定的强氧化剂处理水样时，所消耗的氧化剂量。它是表示水中还原性物质多少的一个指标。水中的还原性物质有各种有机物、亚硝酸盐、硫化物、亚铁盐等，但主要的是有机物。因此，化学需氧量（COD）又往往作为衡量水中有机物质含量多少的指标。化学需氧量越大，说明水体受有机物的污染越严重。

由于各国的实际情况及河流状况不同，COD的排放标准均不一致，我国《工业废水排放试行标准》中规定，工业废水最高容许排放浓度应小于100mg/L，但造纸、制革及脱脂棉厂的排水应小于500mg/L。

生化需氧量（BOD）又称生化耗氧量，是表示水中有机物等需氧污染物质含量的一个综合指标，它说明水中有机物出于微生物的生化作用进行氧化分解，使之无机化或气体化时所消耗水中溶解氧的总数量，单位以mg/L表示。BOD值越高，说明水中有机污染物质越多，污染也就越严重。若这类污染物质排入水体过多，将造成水中溶解氧缺乏，同时有机物又通过水中厌氧菌的分解引起腐败现象，产生甲烷、硫化氢、硫醇和氨等恶臭气体，使水体变质发臭。

一般清净河流的BOD不超过2mg/L，若高于10mg/L就会散发出恶臭味。工业、农业、水产用水等要求生化需氧量应小于5mg/L，而生活饮用水应小于5mg/L。我国规定在工厂排出口，废水的BOD的最高容许浓度60mg/L，地面水的BOD不得超过4mg/L。

pH值：pH值可以判断水体中的酸碱度。动物、植物在水中的适宜pH值为6~9，超过这个范围很多水中的生物会受到伤害。

在实际生产中，上述这些指标由污水处理厂来控制。对于生产装置，主要是控制污水中的油含量，以减轻污水处理厂的负担。大多数常减压蒸馏装置控制明沟含油量10mg/L，暗沟含油量150mg/L，电脱盐脱水含油量在400mg/L。由于电脱盐脱水占整个装置排污量的大部分，因此提高电脱盐水平，减少脱水带油也是控制污染的主要手段。

色泽和浊度：污染物的存在能降低光线穿透水的深度，产生色泽和浊度的化合物。

总有机碳（TOC）：表示污水中废弃物所含有的全部有机碳的量（mg/L）。

总需氧量（TOD）：包括总的碳、氢、氮的需氧量，其中也包括少量硫的氧化。

（二）废气

常减压蒸馏装置的废气主要是加热炉烟气。烟气中包含二氧化硫、氮氧化物、一氧化碳、二氧化碳及烟尘等对人体有害的污染物。加热炉烟气的有关数据见表11-1-2和表11-1-3。

表11-1-2　常减压蒸馏装置加热炉烟气排放量及主要污染物排放量　　kg/h

装置名称	废气类别	排放规律	排气量/(Nm^3/h)	排气温度/℃	烟囱（高度/内径）/m	主要污染物排放量			排放去向
						SO_2	NO_x	TSP	
某蒸馏装置	加热炉烟气	连续	改造前85000	300	80/2.1	87	20.88	10.44	大气
		连续	改造后75000	180	80/2.1	58	16	10	

表11-1-3　加热炉烟气排放标准

标准名称	主要污染物浓度/(mg/m^3)		
	二氧化硫	氮氧化物	烟尘
GB 16297—1996《大气污染物综合排放标准》	<550	<240	<120
GB 9078—1996 二级标准《工业炉窑大气污染物综合排放标准》	<850		<200
GB 9078—1996 三级标准《工业炉窑大气污染物综合排放标准》	<1200		<300

SO_2是有恶臭和强刺激性气体，主要是对呼吸系统有损害。SO_2浓度为1~10mg/kg时对人有刺激性；浓度为10~100mg/kg时，会使人流泪、胸痛；浓度超过100mg/kg后会导致死亡。

氮氧化物对植物的危害较大，高浓度下植物不能生存，在低浓度长期作用下，使农作物减产。氮氧化物在大气中的浓度高时会形成酸雨。氮氧化物还能使人体血液输氧能力下降，使中枢神经及肺部受损。空气中氮氧化物的浓度达到2.5mg/kg时会危害植物的生长；达到100~200mg/kg时人类会发生肺水肿，甚至急性中毒死亡。通常烟气中氮氧化物的含量为100mg/kg左右。

一氧化碳能和血液中的血红蛋白结合，使血红蛋白不能携带氧气，造成全身组织缺氧中毒，就是俗称的“煤气中毒”。空气中一氧化碳的浓度达到1000mg/kg时人体会出现头痛、恶心；达到10000mg/kg后会使人立即死亡。

二氧化碳对人体没什么危害，它主要是对地球整个环境的危害。

烟尘中大部分为炭粒子，其吸附性很强，能吸附各种有害物体和液体，给人体带来危害。

（三）废渣

（1）油品化学精制的废酸碱渣。碱渣一般含有游离碱、油、环烷酸和酚等。大部分碱渣为具有恶臭的灰黑色稀黏液，如不回收处理直接排入水体会造成严重的污染。碱渣如果加以回收综合利用，就能回收有用的产品，如回收环烷酸，可用于油漆快干剂、植物生长剂。精酚可用于塑料、农药原料。中性油可作燃料，纯碱可作为工业原料。另外还可回收硫氢化纳、硫化纳、环烷酸纳等。

（2）废分子筛；

（3）废活性炭；

（4）工业垃圾和检修垃圾；

（5）停工检修塔、容器清出的污泥。

上述各种废渣除废碱液外，均为间断性产生。这些废渣不同程度地带有各种污染环境的有害物质，如硫化物、氯化物、烃类等。

（四）噪声

凡是使人烦燥不安的声音都属于噪声。在生产过程中各种设备运转时发出的噪声叫工业噪声。当噪声对人及周围环境造成不良影响时，就形成噪声污染。

声压是衡量声音大小的尺度，人能感受到的最低压为0.0002μb，使人耳产生痛感的声压为200μb，二者相差100万倍。这样用数字表示很不方便。所以人们就用成倍比关系的对数量来表示声音的大小，这与风和地震按级表达一样。声压级的单位是分贝（dB），它的数学表达式为：

$$L_p = 20L_g(P/P_o) \tag{11-1-1}$$

式中　L_p——声压级，dB；

P——声压，N/m^2；

P_o——基准声压，为$2\times10^{-5}N/m^2$。

从式（11-1-1）看出，每变化20dB，就相当于声压值变化10倍。所以120dB的声压级是60dB声压的1000倍。

声级只反映人们对声音强度的感觉，不能反映人们对频率的感觉，而且人耳对高频声音比对低频声音较为敏感。因此表示噪声的强弱必须同时考虑声压级和频率对人的作用，这种共同作用的强弱称为噪声级。噪声级可借噪声计测量，噪声计中设有A、B、C三种计权网络，其中A权网络能较好地模拟人耳听觉特性。由A网络测出的声级成为A声级，计作“dB（A）”。A声级越高，人们就觉得越吵闹。目前大多都采用A声级来表征噪声的大小。

安静房间、小声谈话时的声压强度约为20~40dB（A），街道路口，一般机器的声压强度约为60~80dB（A），泵房、车间为80~100dB（A），喷气飞机达140dB（A）。

常减压蒸馏装置噪声源：

（1）加热炉噪声。由燃料与空气混合及喷射产生的气动噪声，燃料燃烧发出的燃烧噪声，燃料和助燃空气在管道中输送产生的噪声和输送机械产生的噪声组成。

（2）泵噪声。由空气动力噪声、机械噪声和电磁噪声组成，以旋转风扇引起的空气动力噪声为主。

（3）空冷器噪声。空冷器的噪声主要是由冷却风机及空气通过管束时的节流而引起的，以低频噪声为主，其噪声级一般在90dB（A）左右，高的也有超过100dB（A）的。

（4）调节阀噪声。调节阀在进行压力或流量控制时，会因流速变化而产生振动噪声和气穴噪声，这种噪声具有宽频特性。

（5）放空噪声。是由带压气体高速从放空管排出及突然降压，引起周围气体扰动所产生的气体动力噪声。在常减压蒸馏装置，一般只在装置开、停工或事故处理时才出现。

（6）管道噪声。管道由于管径或流向的突变，会产生湍流噪声。

二、削减污染源措施

（一）污水

1. 含盐污水

（1）电脱盐注水采用回注工艺，减少电脱盐注水量。

（2）采用脱硫净化水代替新鲜水或软化水，降低水消耗。

（3）根据加工原油性质及脱后含盐、含水情况，控制好注水量。

（4）提高破乳效果，提高油水分离效率，降低污水含油量。

2. 含硫污水

（1）塔顶注水采用常顶污水回注。

（2）减压采用蒸汽+机械抽真空，降低蒸汽消耗，减少含硫污水产生量。

（3）排水中带油情况与油水分离罐中油水分离时间、界位控制是否稳定有关。在正常情况下，控制塔顶油水分离罐油水界面是防止排水严重带油的关键。

（4）应用含硫污水旋流分离技术、加注破乳剂等技术，降低污水含油量。

3. 装置其他排水

（1）油品采样。采用自动采样器或密闭采样法，也可将残液排入污油罐中回收，减少污染。

（2）冲洗。一般不允许用水冲洗地面。

（3）停工除臭污水、钝化污水分析合格后排放，严格控制水冲洗量和蒸汽量。

（4）装置废水排放计量。各种废水排出装置进入全厂含油废水系统前，要设置计量井，并制定排水定额，对控制排入废水的污染较为有效。

（二）废气

1. 加热炉烟气

（1）减少 SO_2 排放量。

① 烟气中的 SO_2 与燃料中的硫含量有关，使用脱硫的燃料气及低硫燃料油能有效降低 SO_2 的排放量。

② 应用烟道气脱硫技术(如吸收法等)。

③ 高烟囱排放(主要使烟气扩散稀释)。

④ 提高加热炉操作水平，改善燃烧条件，使燃料完全燃烧。

（2）减轻烟气中氮氧化物含量。

① 应用高效燃烧器，改进燃烧方法，适当控制过剩空气量，采取分阶段燃烧的方法。

② 烟道气脱氮氧化物(用吸收法等)。

（3）减少 CO 含量。

① 控制适宜的过剩空气量，空气量不足时，烟气中 CO 量会因燃烧不完全而增加；但如空气量不足，烟气中 CO 也会因火焰熄灭而增加。

② 控制适宜的温度，若燃烧温度超过 1500℃，CO_2 会分解生成 CO。

（4）减少加热炉排放的烟尘。

① 主要改进燃烧雾化条件，使燃料燃烧完全，烧燃料气比烧重油烟尘少。

② 用吸收法脱硫、脱硝过程，脱除烟道气烟尘。

2. 无组织排放废气

一般情况下含硫废水中硫化氢及氨的气味较大，含硫污水密闭排放至污水汽提装置。输送轻质油品管线、碱渣管线及阀门的泄漏会造成大气污染，管线阀门的泄漏率应小于 2‰。装置设计应有塔顶安全阀为紧急放空线，放空气体进入紧急放空罐后并入系统低压瓦斯管网。塔顶污水罐、地下污油罐等顶部不凝气密闭排放。

（三）废渣

1. 碱渣

汽油、柴油碱洗过程产生碱渣呈强碱性，有很高 COD，必须进行预处理。操作中应控制排碱的指标，将脱臭以后的汽油碱渣作为柴油碱洗补充碱，可以充分利用碱，减少全厂汽油碱渣的排放。

减少碱渣生成量的方法：(1)用加氢工艺替代油品的酸碱精制。(2)用加大初馏塔塔顶和常压塔塔顶注氨量或用氨洗代替碱洗。

2. 检修废渣

检修时塔、容器及罐等底部有少量的固体废弃物排出，主要为设备腐蚀产生的铁的氧化物与油的混合物，送废料处理场。做好设备防腐，可以减少这种固体废物的数量。电脱盐罐、换热器等产生的油泥，送锅炉作燃料。

3. 其他废渣

精脱硫剂、停工检修塔、容器清出的污泥等分类利用，如有的可作锅炉燃料。

三、恶臭

恶臭是刺激人的嗅觉器官、引起不愉快或厌恶、损害人体健康的气味。恶臭作为一种环境公害，在世界范围内受到越来越多的关注。在日本恶臭投诉仅次于噪声，占环保投诉案件量的第二位。恶臭气味不仅刺激人的嗅觉器官、引起不愉快或呕吐，还可能导致昏厥、死亡，损害人体的血液系统和神经系统。

加工高含硫原油的常减压蒸馏装置，恶臭物主要为硫化氢、硫醇、硫醚等硫化物。主要集中在初馏塔塔顶和常压塔塔顶瓦斯、减压塔塔顶瓦斯，脱盐水和含硫污水中。石油炼制企业排放的气体中，恶臭污染物与油气组分经常混合在一起。

（一）常压塔塔顶气回收

1. 吸收-稳定工艺回收

加工高含硫原油，初馏塔塔顶和常压塔塔顶瓦斯收率高，含有大量有 C_3、C_4组分。表 11-1-4 列出了常压塔塔顶瓦斯组成，伊朗轻油常压塔塔顶瓦斯中 C_3、C_4组分 70.2%，大都是以饱和烃为主，而且 H_2S 含量高(0.36%)。大量的轻烃如果不加以回收，低压瓦斯作为加热炉燃料，造成大量液化气资源的损失，造成烟气 SO_2含量高和加热炉炉体设备的腐蚀。常减压蒸馏装置生产的重整原料中含有易挥发的轻烃组分在罐区容易散发，特别是夏天，重整原料罐顶出现冒“白气”现象，不安全又不环保，增加了加工损失。

表 11-1-4 伊朗轻油常压塔塔顶瓦斯组成分析

项目单位	H_2/%	空气/%	甲烷/%	乙烷/%	丙烷/%	丁烷/%	C_5/%	CO_2/%	密度/(kg/m^3)	H_2S/%
含量	0.04	6.99	1.15	14.66	43	27.2	5.97	0.6	1.5921	0.36

增设轻烃回收单元，采用简化型吸收-稳定工艺，设计年回收液化气 0.15Mt。轻烃回收单元包括利用重油催化装置气压机系统、吸收-脱丁烷系统、利用精制装置液态烃抽提塔和新增纤维膜脱硫系统三个部分。工艺流程见图 11-1-2。

低压瓦斯经瓦斯分液罐脱液后，经气压机升压，送至吸收塔下部，初馏塔塔顶油和常压塔塔顶二级油经泵升压后，作为吸收剂进入吸收塔的上部。吸收塔塔顶的气体经富气聚集器进行气液分离，气体经脱硫后并入高压瓦斯管网；吸收塔塔底油经升压、换热后进入脱丁烷塔中部，脱丁烷塔塔底石脑油一部分作为吸收塔顶回流，一部分作为中间产品自压至重整原料罐。液态烃进入抽提塔的下部，经胺液吸收 H_2S 及碱液预碱洗后，液化气与碱液一起进入纤维膜脱硫塔，脱除绝大部分硫醇，液化气从分离罐顶部出来，合格后至民用液化气罐区。

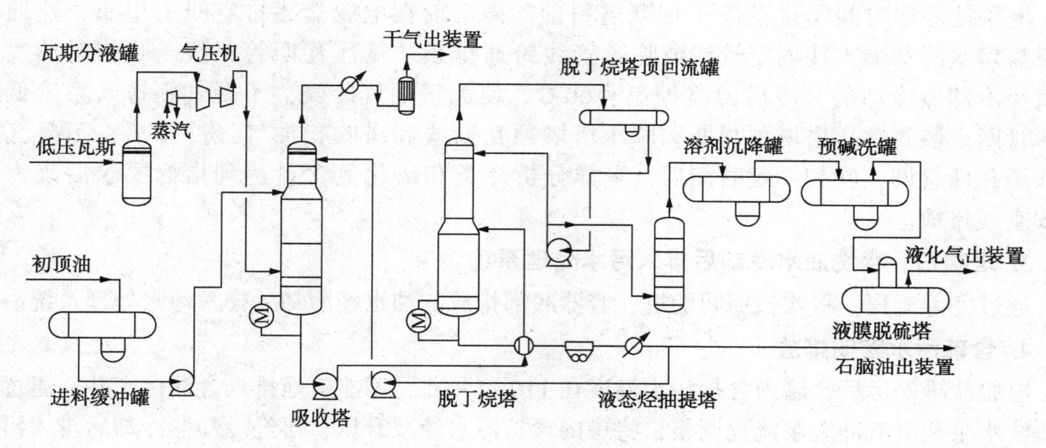

图 11-1-2　轻烃回收工艺流程

2. 效果

轻烃装置标定处理能力达到了 600kt/a 的设计值，液化气收率为 19.66%，石脑油收率分别为 76.62%，重整原料蒸气压、液化气总硫及腐蚀质量合格率达到 100%。

（二）减压塔塔顶瓦斯气回收

1. 减压塔塔顶瓦斯脱硫

随着加工原油含硫量的上升，减压塔塔顶瓦斯中的 H_2S 含量也高。伊朗轻油减压塔塔顶瓦斯中的 H_2S 含量达 17.89%，有的原油减压塔塔顶瓦斯含量接近 40%，如果不进行脱硫处理，直接进入加热炉作燃料，加热炉烟气排放 SO_2 含量高，同时也会造成烟气露点腐蚀，影响环境和加热炉热效率。

2. 减压塔塔顶瓦斯脱硫回收流程

从常减压蒸馏装置来的减压塔塔顶瓦斯并入缓冲罐，经罗茨机升压后进入出口缓冲罐，一路至新脱硫酸性气管网送至硫黄装置，一路至加氢瓦斯管线送至焦化气压机入口。流程简图见图 11-1-3 所示。

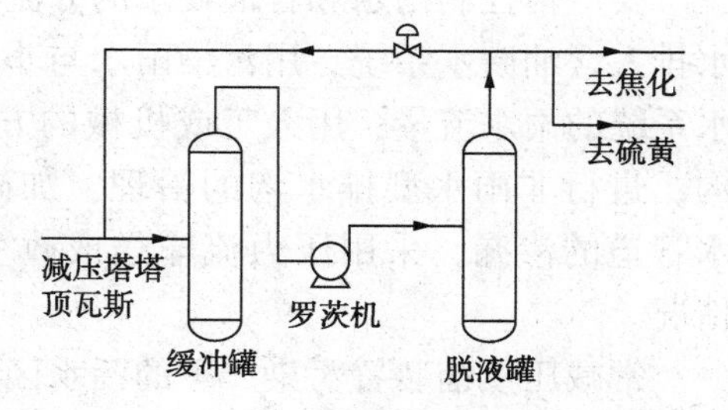

图 11-1-3　减压塔塔顶瓦斯回收流程

3. 减压塔塔顶瓦斯脱硫效果

应用罗茨机提压技术，首次实现常减压蒸馏装置减压塔塔顶瓦斯并入系统管网脱硫，能减少了加热炉烟气 SO_2 排放量，具有良好环境效益和社会效益。

（三）停工密闭吹扫

装置加工高含硫原油，塔顶系统瓦斯不凝气、含油污水和电脱盐污水等均含有高浓度的

H_2S 等硫化物，即使少量排入大气，也会产生恶臭，影响环境。通过实施停工密闭吹扫和除臭剂除臭，大大地减轻了恶臭污染程度。

1. 停工前改炼低硫原油

装置停工前，原料改为低硫原油，可减少常压塔塔顶瓦斯和减压塔塔顶瓦斯中的硫化氢含量，降低原油和产品中硫化物含量。

2. 电脱盐罐不凝气、常压塔塔顶、减压塔塔顶不凝气密闭排放

电脱盐停运时间安排在停工切断进料前。停工前在电脱盐罐排空线上甩头，连通至电脱盐切水冷却器，接固定管线或临时管线跨通排系统低压瓦斯管网线。吹扫时油气和蒸汽经冷却器冷却后，冷后温度控制≤60℃，使大量油气冷凝，不凝气则排入系统低压瓦斯管网。装置常压塔塔顶瓦斯和减压塔塔顶瓦斯线和塔吹扫油气经冷却后，不凝气进入低压瓦斯管网，吹扫一定时间后，采样分析烃类和硫化氢含量达到指标要求后改为装置放空线排放。

3. 塔吹扫、水洗油水冷却后排入污水处理系统

通过完善流程，将吹扫期间的塔、容器底部排放的油水经冷却后排入污水处理系统。

4. 含硫污水密闭排放

电脱盐罐停运后，罐内含盐污水温度在110~140℃，不能就地排入含油污水井。通过电脱盐注水泵和沉渣冲洗泵流程调整，将罐内含盐污水经泵升压，再经冷却器冷却后排入污水处理系统。这样不仅能避免直接排放造成恶臭，又不冲击污水处理系统，而且能缩短切水排放时间，为电脱盐罐内存油回炼赢得时间。装置吹扫，含硫污水系统会产生大量黑色颗粒，且含硫污水中含油量高，直接进入污水汽提装置处理，不利于其安全平稳运行。因此，吹扫期间，含硫污水密闭排入污水汽提装置单罐储存或进入系统轻污油罐。

（四）停工污水除臭

在装置吹扫期间，应用除臭剂对常压塔塔顶和减压塔塔顶冷却系统注入除臭剂除臭。通过注入除臭剂，与硫化氢、硫醇等产生恶臭物质发生溶解、中和和络合等反应，使恶臭物质成为稳定的化合物。

四、清污分流

要严格控制雨水和含油废水的分流，如将罐区地面和罐顶雨水分离，罐顶雨水和油罐切水排入含油废水系统；用污染雨水与非污染雨水下水地漏高度不同的方法，限制流入含油废水系统的雨水流量；用人工或机械的方法，将后期雨水切换分流入含油废水系统及排水沟；进行非雨水型排水沟的治理，加高沟壁，尽可能加设盖板等。还应注意防止地下排水管道的渗漏，采用压力流输送或改变管道连接方式，使用整体型检查井等，消除漏水情况。

常减压蒸馏装置污染严重的污水区域为泵区、电脱盐区，炉区和换热区污染相对较轻。初期雨水油含量为50mg/L，随着设备静密封泄漏率的降低，初期雨水的油含量也相应降低。通过对地沟去雨水系统和污油系统设置隔离阀，通过人工切换操作，实现清污分流。为防止过多雨水进入含油污水系统，要求下大雨15min后，检查雨水不带油的情况下，打开去雨水系统阀门，关闭去含油污水系统阀门，将装置区干净雨水切换到雨水系统，减少干净雨水进入含油污水系统，防止雨水对污水厂的冲击。清污分流图见图11-1-4。

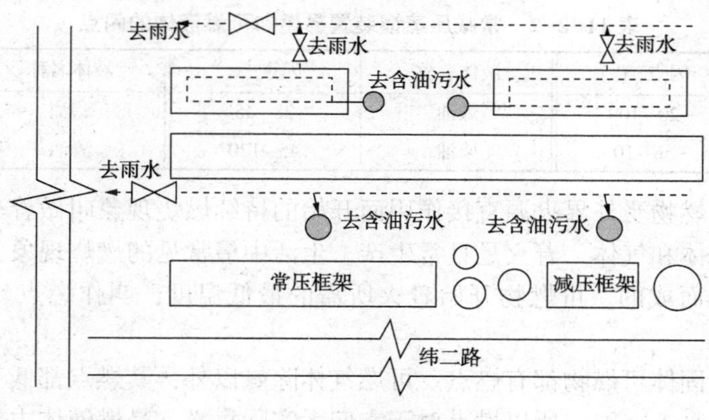

图 11-1-4　装置清污分流图

第二节　安 全 健 康

一、安全

常减压蒸馏装置是炼油行业的一次加工装置，是重要的生产装置之一。生产具有易燃易爆、有毒有害、高温高压、高真空、腐蚀性强等许多潜在危害因素，而且生产过程具有连续性，这给安全生产带来很大压力。因此，安全工作在石油化工生产中具有非常重要的作用，是石油化工生产的前提和关键。

（一）物料的安全特性

常减压蒸馏装置原料和产品以液体为主，物料有原油、瓦斯气、汽油馏分、煤油馏分、柴油馏分、蜡油和渣油，均具有火灾危险性。

1. 火灾

燃烧现象按形成的条件和瞬间发生的特点，分为闪燃、着火、自燃、爆燃等四种。

（1）闪燃。液体的表面都有一定数量的蒸气存在，蒸气的浓度取决于该液体所处的温度，温度越高则蒸气浓度越大。在一定的温度下，易燃、可燃液体表面上的蒸气和空气的混合气与火焰接触时，能闪出火花，但随即熄灭，这种瞬间燃烧的过程叫闪燃。液体能发生闪燃的最低温度叫闪点。液体在闪点温度以下，蒸发速度较慢，表面上积聚的蒸气遇火瞬间即已烧尽，而新蒸发的蒸气还来不及补充，所以不能发生持续燃烧。当温度稍高于闪点时，易燃、可燃液体随时都有遇火源而被点燃的可能。因此，闪点是液体可以引起火灾危险的最低温度。液体闪点越低，它的火灾危险性越大。我国的防火规范按闪点的高低分为两类四级，见表 11-2-1。常减压蒸馏装置易燃和可燃液体的闪点列于表 11-2-2。

表 11-2-1　液体分类分级

类　别	级　别	闪点/℃	举　例
易燃液体	一	$t \leqslant 28$	汽油、甲醇、乙醇、苯、醋酸戊脂、石脑油等
	二	$28<t \leqslant 45$	煤油、丁醇、松节油等
可燃液体	三	$45<t \leqslant 120$	戊醇、柴油、重油、酚等
	四	$t>120$	润滑油、变压器油、甘油等

表 11-2-2　常减压蒸馏装置易燃和可燃液体的闪点

液体名称	闪点/℃	液体名称	闪点/℃	液体名称	闪点/℃
原油	-20～100	煤油	28～45	蜡油	>120
石脑油	-58～10	柴油	45～120	渣油	>120

（2）着火。可燃物受外界火源直接作用而开始的持续燃烧现象叫做着火。可燃物可以是固体，也可以是液体和气体。着火是日常生产、生活中最常见的燃烧现象，很多火灾都是从着火开始逐步发展而成的。可燃物开始着火所需的最低温度，叫作燃点。可燃物的燃点越低，越容易着火。

气体、液体、固体可燃物都有燃点。可燃气体除氨以外，其燃点都低于零度；而易燃液体的燃点仅比闪点高 1～5℃，所以燃点对于它们无实际意义，易燃液体主要考虑它的闪点和闪燃。燃点是可燃固体和闪点比较高的可燃液体能够着火的最低温度，控制这些物质的温度在燃点以下，是预防火灾发生的一个措施，所以燃点对于可燃固体和闪点比较高的可燃液体具有实际意义。在灭火时采取冷却法，其原理就是将燃烧物质的温度降到它的燃点以下，使燃烧过程终止。

（3）自燃。可燃物质没有外界火源的直接作用，因受热或自身发热，并由于散热受到阻碍，使热量蓄积温度逐渐上升，当达到一定温度时发生自行燃烧现象叫自燃。可燃物质不需火源的直接作用就能够发生自行燃烧的最低温度叫作自燃点，也称作自燃温度。

① 自燃的影响因素。可燃气体和液体蒸气的浓度对自然温度有较大影响，在爆炸上限和下限浓度时自燃温度较高，而在浓度略大于化学计算浓度时，自燃温度最低。可燃物的自燃点越低，它的危险性越大。常减压蒸馏装置易燃和可燃液体的自燃点见表 11-2-3。

表 11-2-3　常减压蒸馏装置易燃和可燃液体的自燃点

液体名称	自燃点/℃	液体名称	自燃点/℃	液体名称	自燃点/℃
原油	380～530	煤油	380～425	蜡油	300～320
石脑油	415～530	柴油	350～380	渣油	230～240

② 自热燃烧。可燃物质因内部所发生的化学、物理或生物化学过程而放出热量，这些热量在适当条件下逐渐积聚，使可燃物温度上升，达到自燃点而燃烧，这种现象称自热燃烧。在常温的空气中能发生化学、物理、生物化学作用放出氧化热、分解热、吸附热、聚合热、发酵热等热量的物质均可能发生自热燃烧。

常减压蒸馏装置停工检修时，附着在填料、破沫网、换热器管束的 FeS，暴露在空气中发生化学反应后放热，当温度达到 40℃以上时，发生 FeS 自燃烧坏设备。因此，对加工含硫、高硫原油的装置，装置停工后，对塔、常顶油换热器进行防 FeS 自燃钝化处理，确保停工检修安全。

③ 受热自燃。可燃物质在外部热源作用下，温度逐渐升高，当达到自燃点时，即可着火燃烧，这种现象称为受热自燃。可燃固体、液体可以发生受热自燃，浓度在爆炸范围内的混合气体也可以发生受热自燃。

（4）爆燃。可燃物质(包括气体、雾滴和粉尘)和空气或氧气的混合物由火源点燃，火焰立即从火源处以不断扩大的同心球形式自动扩展到混合物存在的全部空间，这种以热传导方式自动在空间传播的燃烧现象称为爆燃。混合物的燃烧速度在音速以下是爆燃的重要特征，在工业中通常也把爆燃称为爆炸。

2. 爆炸

物质由一种状态迅速转变成另一种状态，并在瞬间以声、光、热、机械功等形式放出大量能量的现象叫做爆炸。爆炸做功的根本原因在于系统内存在高压气体，瞬间形成的高压气体或蒸气骤然膨胀。实质上爆炸是一种极为迅速的物理或化学的能量释放过程。常减压蒸馏装置一些介质的爆炸浓度极限和爆炸温度极限见表 11-2-4。

表 11-2-4　常减压蒸馏装置一些介质的爆炸浓度极限和爆炸温度极限

名　称	爆炸浓度极限/%		爆炸温度极限/℃	
	下限	上限	下限	上限
标准汽油	1.0	1.6	-20	5
煤油	1.4	7.5	40	86

爆炸事故易发生的场合主要有：过氧爆炸，物料互串引起爆炸，违章动火引起爆炸，静电引起火灾爆炸，积炭引起火灾爆炸，压力容器爆炸，用汽油等易挥发物擦洗设备引起爆炸，安全装置失灵引起爆炸，负压吸入空气引起爆炸，带压作业引起爆炸。

3. 危险品的危害

常减压蒸馏装置属于甲类火灾危险性装置。装置中加热炉为明火设备，许多设备需在高温下运行，在生产过程中如操作失误或其他原因导致物料泄漏，存在发生火灾、爆炸及中毒等事故的可能性。

火灾、爆炸是常减压蒸馏装置的主要危险。由于装置物料的自燃点低及操作温度高的特点，易发生火灾事故。热油泄漏引发火灾的危险性非常大，特别是装置的高温油泵，如常压塔塔底泵、减压塔塔底泵的温度高达 350~370℃，常三线、常四线、常二中、减三线和洗涤油泵的温度都在 300℃左右，一旦泄漏就会着火。常压炉进料和出料、减压炉进料和出料温度均大于 350℃，一旦泄漏就会着火，高温换热器温度高，一旦泄漏就会着火。这些高温部位的压力表、法兰管道、焊口泄漏及冲刷腐蚀泄漏都会引起火灾。因此，高温油泵、加热炉和高温换热器是该装置的防火灾的关键部位。

装置形成火灾爆炸的主要有两个原因：一是违反工艺纪律、操作纪律，造成设备超温、超压。二是设备管线腐蚀造成泄漏。尤其是加工高硫、高酸值原油，高温硫、高温环烷酸腐蚀造成设备壁减薄和穿孔。

低温部位如空冷器管束、管道腐蚀、冲刷泄漏，轻油下流到高温设备管线极易引起火灾。

加热炉炉膛闪爆事故多发生停炉后重新点炉，在开工时加热炉点火，在停工时燃料气扫线等。加热炉点炉前必须关闭所有火嘴的手阀，在点火前加热炉炉膛吹扫蒸汽 15min 以上，烟囱见蒸汽。在火嘴熄灭后重新点火，也必须先关闭燃烧气手阀，蒸汽吹扫后才重新点火。在停工后，燃烧气严禁扫入加热炉炉膛。

装置的换热设备多，设备长期受冷热介质的侵蚀，法兰连接点多，若法兰泄漏，有引起火灾的危险。

停工时做好防 FeS 自燃，特别是减压填料塔、常压塔塔顶油换热器管束等存有大量 FeS 的设备，须用防 FeS 自燃钝化剂钝化处理。

另外，为确保装置安全，还需要做好防静电、防雷电、防台风和防地震等工作。

（二）安全措施

1. 平面布置

平面布置以“符合设计规范、保障安全生产、工艺流程合理、节约工程建设投资、方便检修和考虑发展、注重环境质量”为原则，严格执行《石油化工企业职业安全卫生设计规范》、《石油化工企业设计防火规范》等相关国家和行业规范和标准。

装置内部的设备之间按规范设置安全距离，需保证消防和检修的需要。

可燃气体、可燃液体的塔平台或其他设备的框架平台，设置不少于两个通往地面的梯子，作为安全疏散通道。

热油泵不布置在管架下，可减少由于泵泄漏后火灾引起事故进一步扩大。

2. 泄压系统

装置内所有带压设备的设计严格按《压力容器安全技术监察规程》等相关规范执行，包括在不正常条件下可能超压的设备均设安全阀，关键设备和连续操作压力容器的安全阀设有备用阀并定期校验维修。

火炬排放管网的排放量设计应满足要求，排放管网接入火炬前设置分液和阻火等设备，分离出的凝液密闭回收，不随地排放。

3. 自动控制系统

装置工艺工程为连续生产，工艺介质可燃、易爆、高压、高温，部分介质有腐蚀、毒性，黏度较高。为保证仪表安全、可靠的工作，在仪表选型中，充分考虑上述生产环境，选用技术先进、质量可靠、有成熟的使用技术经验和技术支持的产品。

装置的变送器和信号转换类仪表选用本质安全型，配用齐纳式或隔离式安全栅构成本质安全防爆系统；开关类仪表选用防爆等级相当的隔爆型仪表。

4. 安全仪表系统

安全仪表系统是石油化工装置中独立于分散控制系统的安全保护系统，对石油化工装置的安全保护起着十分重要的作用。常减压蒸馏装置中危险性较大的部位，设置安全仪表系统可降低装置的危险性，减少事故发生的概率。

5. 火灾报警、可燃气体及有毒气体检测

装置设有可燃气体及有毒气体检测系统，在有可能泄漏和积聚可燃气体和硫化氢气体的场所，按要求设置可燃气体及有毒气体检测仪。检测信号送到现场机柜室，在中心控制室内设置独立的 DCS 操作站，用于火灾及有毒气体检测系统的显示、报警。

6. 消防

(1) 主动消防。在装置区消防水是最为有效的消防手段，当发生火灾时，用水对相邻构筑物及设备进行冷却，直到切断可燃物料，火灾熄灭，防止火势的进一步蔓延，将损失减至最小。

装置区采用移动式或半固定式消防设备，即依靠各类型消防车及固定水炮扑灭装置火灾。

加热炉炉膛内设固定式蒸汽灭火筛孔管；框架平台上及管廊下设半固定式蒸汽接头。

(2) 被动消防。对装置内由于设备泄漏可能受到明火影响的区域内的承重结构、框架、裙座采用耐火保护。按 GB 50160《石油化工企业要求设计防火规范》要求，防火涂料耐火极限不低于 1.5h 的要求。

塔、炉、压缩机、油罐、平台、管架、防火堤、烟囱等质量大且防火级别高的设备基础采用浇注钢筋混凝土结构；泵基础采用素混凝土结构。

7. 防爆

(1) 电器防爆。爆炸危险区域划分和电气设备的选择及安装，按 GB 50058《爆炸和火灾危险环境电力装置设计规范》执行。爆炸危险区域内安装的电气设备、电动仪表的防爆等级按规范选型，防爆区内除照明线路外的电缆不得有中间接头。

在爆炸危险区操作人员的工作服和使用工具要有防静电要求。

（2）建筑物防爆。

① 爆炸危险性。常减压蒸馏装置在发生爆炸危险事故时，对建筑物内人员的安全会造成很大威胁。当装置需要设有控制室或外操人员休息室，要根据具体装置平面布置，尽量远离爆炸危险源。对可能发生的爆炸后果进行定量分析计算，使建筑物具有一定爆炸冲击波能力。

② 主要防范措施。存在爆炸冲击波危险的建筑物，应尽量不安排人员或尽量减少人员在建筑物内办公，除必需的人员外，与生产无关或关系较小人员，尤其是培训室、会议室、食堂、图书资料室等人员集中的房间，应该安排到远离爆炸危险源的建筑物内。

加强建筑材料和结构的强度，必要时采用抗爆结构。在建筑物和爆炸源之间设防爆墙。

在室内安装通风设施入口进行可能气体检测，防止可燃气体进入到建筑物内。

三、职业卫生

（一）职业卫生危害分析

1. 主要职业病危害分析

（1）中毒。装置中主要的职业病危害因素为硫化氢、汽油、液化石油气和噪声，主要原因如下：

原油中含有一定浓度的硫醇、硫醚、二硫化物、噻吩等硫化物，在加工过程中部分分解为硫化氢，主要集中在蒸馏塔的顶部和回流罐等设备内，以塔顶气中的硫化氢浓度最大。

蒸馏塔上部及顶部的回流罐由于有硫化氢的存在容易发生腐蚀，为防止设备腐蚀，需在适当位置注入氨水和缓蚀剂等辅助材料，氨水有一定腐蚀性，并容易挥发，作业人员在接卸氨液时，可能被氨液灼伤等。

油品属低毒类物质，尤其是液化烃和汽油等烃产品，挥发性高，油气对人有一定的危害。

生产中对有毒物质，如不采取有效的防护措施，将会对操作人员造成伤害。其职业危害程度分级及允许浓度见表 11-2-5。

表 11-2-5　职业危害程度分级及允许浓度

项　目	使用条件	职业危害程度分级	车间空气中允许浓度/（mg/m^3）		
			最高允许浓度	时间加权平均浓度	短时间接触浓度
硫化氢	密闭	Ⅱ	10		
氨	密闭	Ⅳ		20	30
汽油	密闭			300	
液化气	密闭			1000	1500
一氧化碳（非高原）				20	30
二氧化氮				5	10
二氧化硫				5	10

（2）噪声。装置中各种输送物料的泵和加热炉燃烧器，在运行中会发生噪声。随着处理

量的逐步增大，设备的大型化使噪声问题更加突出，见表 11-2-6 和表 11-2-7。

表 11-2-6　非噪声工作地点噪声标准

地点名称	噪声限制值/dB(A)	工效限值/dB(A)
噪声车间观察(值班)室	≤75	
非噪声车间办公室、会议室	≤60	≤55
主控室、精密加工室	≤70	

表 11-2-7　人员接触噪声限值

日接触噪声时间/h	卫生限值/dB(A)	日接触噪声时间/h	卫生限值/dB(A)
8	85	1/2	97
4	88	1/4	100
2	91	1/8	103
1	94	最高不得超过 115dB(A)	

(3) 高温辐射。常压炉、减压炉及各类换热器等处存在高温和热辐射，但由于这些存在高温及热辐射物料的设备外部均有保温层和耐高温油漆进行隔热处理，高温及热辐射对作业人员的危害较小。

高温作业系指工业企业和服务行业工作地点具有生产性热源，当室外实际出现本地区夏季室外通风设计计算温度的气温时，其工作地点气温高于室外温度 2℃或 2℃以上。

高温作业的保护措施：

采用局部或全面机械通风或强制送入冷风来降低作业环境温度；

在高温作业厂房，修建隔离操作室，向室内送冷风或安装空调；

进行工艺改革，实现远距离自动化操作；

按照《高温作业分级》GB 4200—84 中的方法和标准，对本单位的高温作业进行分级和评价，一般应每年夏季一次；

合理安排工作时间，避开最高气温；

轮换作业，缩短作业时间；

高温作业人员每年进行一次体检，对患有高血压、心脏器质性疾病、糖尿病、甲状腺机能亢进和严重的大面积皮肤病者，应予以调离；

夏季供给含盐饮料和其他高温饮料。

(4) 低温的影响。我国北方冬季，常减压蒸馏装置室外作业环境全部处于低温环境，最大的危害就是冻凝事故，使仪表失灵，甚至冻裂设备，引发其他严重事故。

低温对人体的伤害主要有三种类型：第一类是对组织产生冻痛、冻伤和冻僵；第二类是金属与皮肤接触时所产生的粘皮伤害；第三类是低温对人体的全身性生理影响所造成的低温不适症状。

(5) 采光照明的影响。作业现场的采光和照明条件不好，操作人员就不能清晰地看到周围的东西，容易接受错误的信息，并在操作时产生差错，导致事故的发生。

(6) 电离辐射的影响。在正常生产情况下，常减压蒸馏装置没有设置放射源。装置检修时，压力容器无损检测，经常使用的放射性同位素有钴 60、铯 137，射线拍片机发射 X 射线，以上两种是无损检测行业常用的方式，现在还同时使用磁粉和渗透及超声波，但射线机和 γ 源也是无法替代的工作必需。

接触电离辐射的工作中，如防护措施不当，违反操作规程，人体受照射的剂量超过一定限度，则能发生有害作用。在电辐射作用下，机体的反应程度取决于电离辐射的种类、剂量、照射条件及机体的敏感性。电离辐射可引起放射病，它是机体的全身性反应，几乎所有器官、系统均发生病理改变，但其中以神经系统、造血器官和消化系统的改变最为明显。电离辐射对机体的损伤可分为急性放射损伤和慢性放射性损伤。短时间内接受一定剂量的照射，可引起机体的急性损伤，平时见于核事故和放射治疗病人。而较长时间内分散接受一定剂量的照射，可引起慢性放射性损伤，如皮肤损伤、造血障碍、白细胞减少、生育力受损等，另外辐射还可以致癌和引起胎儿的死亡和畸形。

电离辐射防护的三大原则：

① 时间防护：不论何种照射，人体受照累计剂量的大小与受照时间成正比。接触射线时间越长，放射危害越严重。尽量缩短从事放射性工作时间，以达到减少受照剂量的目的。

② 距离防护：某处的辐射剂量率与距放射源距离的平方成反比，与放射源的距离越大，该处的剂量率越小。所以在工作中要尽量远离放射源，达到防护目的。

③ 屏蔽防护：就是在人与放射源之间设置一道防护屏障。因为射线穿过原子序数大的物质，会被吸收很多，这样达到人身体部分的辐射剂量就减弱了。常用的屏蔽材料有铅、钢筋水泥、铅玻璃等。

2. 与职业病危害因素有关的设备

职业病危害因素存在的主要部位见表 11–2–8。

表 11–2–8　职业病危害因素存在的主要部位

职业病危害因素名称	主要存在的部位	职业病危害因素名称	主要存在的部位
总烃	初馏塔、常压塔、常压汽提塔、减压塔、闪蒸塔	汽油	初馏塔、常压塔、减压塔
H_2S	初馏塔塔顶回流罐、常压塔塔顶回流罐、减压塔塔顶油水分离罐	噪声	原油泵、初馏塔塔底泵、常压塔塔底泵、减压塔塔底泵、热水泵、加热炉、蒸汽抽空器
NH_3	液氨罐、氨水罐、氨水分离罐、注氨泵	高温及热辐射	常压炉、减压炉及各类换热器等

3. 生产环境及劳动过程中的职业有害因素

生产环境中存在的职业有害因素主要为：夏季作业人员室外作业时的太阳辐射和冬季室外作业时的低温环境。

集中控制室存在的视屏作业，作业人员从事视屏操作时，由于长时间采用坐姿工作，如果显示器、工具、工作台、座椅等设计不符合人机工效学的原理，可能会使作业人员发生视觉疲劳、肩背痛、颈椎病等与工作相关的疾病。

劳动过程中存在的职业有害因素主要包括：倒班作业和高处作业。频繁间断性夜班作业可能导致部分作业人员生活节奏的紊乱和对工作的不适应。另外作业人员高处作业时易出现工作伤害。

4. 接触职业病危害因素岗位

接触职业病危害因素的岗位包括现场管理、技术人员和操作人员、检修人员劳务用工人员也接触到职业病危害因素。

（二）常减压蒸馏装置常见危害毒物

1. 硫化氢

硫化氢是我国化学事故发生率最多的危险化学品之一，给公众的生命健康和环境安全造成了严重影响。近年来随着常减压蒸馏装置加工高硫原油的不断提高，装置物料硫化氢含量高，随时有发生硫化氢中毒的风险，必须引起高度重视。

（1）理化性质。硫化氢为无色具有臭鸡蛋味的气体。相对密度为 1.198。在地表面或低凹处空间积聚，不易飘散。易溶于水，也易溶于乙醇、汽油、煤油、原油，溶于水生成氢硫酸。

硫化氢的化学性质不稳定，在空气中容易燃烧。它能使银、铜及金属制品表面发黑，与许多金属离子作用，生成不溶于水或酸的硫化物沉淀。

（2）毒性及对人的危害。硫化氢属Ⅱ级毒物，是强烈的神经毒物，对黏膜有明显的刺激作用。低浓度时对呼吸道及眼的局部刺激作用明显；浓度越高，全身性作用越明显，表现为中枢神经系统症状和窒息症状。

人的嗅觉阈为 0.012～0.03mg/m^3，起初臭味的增强与浓度的升高成正比，但当浓度超过 10mg/m^{3}之后，浓度继续升高臭味反而减弱。在高浓度时，很快引起嗅觉疲劳而不能觉察硫化氢的存在，故不能依靠其臭味强弱来判断硫化氢浓度的大小。硫化氢对人体的危害见表 11-2-9。

表 11-2-9 硫化氢对人体的危害

浓度/（mg/m^3）	接触时间	毒性反应	毒性分级
1400	顷刻	嗅觉立即疲劳，昏迷并呼吸麻痹而死亡	重度
1000	数秒	很快引起急性中毒，出现明显的全身症状，呼吸加快，很快因呼吸麻痹机时死亡	
760	16～60min	可引起生命危险，发生肺水肿、支气管炎及肺炎、头痛、头晕、激动、呕吐、恶心、咳嗽、喉痛、排尿困难等症状	
300	1h	出现眼和呼吸道刺激症状，能引起神经抑制，长时间接触，可引起肺水肿	中度
70～150	1～2h	出现眼和呼吸道刺激症状，吸入 2～25min，即发生嗅觉疲劳，不再嗅到气味，长期接触可引起亚急性和慢性结膜炎	
30～40		虽臭味强烈，仍能忍耐，这是引起局部刺激和全身症状的阈浓度	轻度
4～7		中等强度的臭味	无危害
0.4		明显嗅出	
0.035		嗅觉阈	

（3）中毒表现。

① 轻度中毒：有畏光流泪、眼刺痛、流涕、鼻及咽喉灼热感，数小时或数天后自愈。

② 中度中毒：出现头痛、头晕、乏力、呕吐、运动失调等中枢神经系统症状，同时喉痒、咳嗽、视觉模糊、角膜水肿等刺激症状。经治疗可很快痊愈。

③ 重度中毒：表现为噪动、抽搐、意识模糊、呼吸困难，迅速陷入昏迷状态，可因呼吸麻痹而死亡，抢救治疗及时 1～5 天可痊愈。

2. 汽油

（1）理化性质。汽油是一种无色透明易挥发有刺激性的液体，相对密度为 0.723。与人们的生产活动接触较多，它是人们接触较广泛的一种液体。

（2）毒性及对人的危害。常减压蒸馏装置生产的直馏汽油为麻醉性毒物，急性吸入后，大部分可由呼吸道排出，小部分在肝脏被氧化，与葡萄糖醛酸结合可经肾脏排出。主要作用使中枢神经系统机能紊乱，较低浓度可引起神经细胞内类脂质平衡失调，血中脂肪含量波动、胆固醇和磷脂量改变。另外，汽油能脱出皮肤上的油脂造成皮肤破裂、角化、凡患有神经系统疾病、内分泌病等，一般不宜从事直接接触汽油的行业。汽油对人体的危害见表 11-2-10。

表 11-2-10　汽油对人体的危害

浓度/（mg/m^3）	接触时间	人体反应
0.6~1.6	7h	部分有头痛，咽喉不适，咳嗽及结膜刺激症状等
3.3~3.9	1h	部分有头痛，咽喉不适，咳嗽及结膜刺激症状，偶有步态不稳
9.5~11.5	1h	明显的黏膜刺激，兴奋
10~20	30~60min	出现急性中毒症状，显著眩晕
25~30	30~60min	昏迷，有生命危险
30~49	2s	咳嗽
	20s	眼、喉有刺激症状
	4~5min	显著眩晕、恶心、呕吐、头痛
	2.5~16min	有生命危险

（3）中毒表现。吸入汽油蒸气后出现有显著咳嗽、眩晕、恶心、呕吐、头痛、结膜刺激症状、咽喉不适、步态不稳。长时间大量吸入会出现昏迷，有生命危险。

3. 氨

（1）理化性质。无色具有强烈刺激性气体，俗称阿莫尼亚，相对密度 0.76。氨易溶于水，其水溶液称为氨水成碱性，还可溶于乙醇/乙醚和有机溶剂。有还原作用，在催化剂作用下氧化为一氧化氮，高温分解成氮和氢。

（2）毒性及对人的危害。氨属Ⅳ级毒物，主要是对上呼吸道有刺激和腐蚀作用。氨与人体潮湿部位的水分作用生成的高浓度氨水，可导致皮肤的碱性灼伤，如溅到眼睛可致失明。浓度过高时可使中枢神经系统兴奋性增强，引起痉挛，通过三叉神经末梢的反射作用引起心脏停搏和呼吸停止。

人对氨的嗅觉阈为 0.5~1mg/m^3，大于 350mg/m^3的场所无法工作。氨对人体的危害见表 11-2-11。

表 11-2-11　氨对人体的危害

浓度/（mg/m^3）	接触时间/min	人体反应	危害程度
3500~7000	30	立即死亡	重度
1750~3500		危及生命	
700		立即咳嗽	
553		强力刺激，可忍受 1.25min	
175~350	20	鼻眼刺激，呼吸和脉搏加速	中度
140~210	20	有明显不适，但尚可工作	
140	30	鼻和上呼吸道不适，恶心、头痛	轻度
70	30	呼吸变慢	
67.2	40	鼻、咽有刺激感	
9.8		无刺激作用	无
0.7		感觉到气味	

（3）中毒表现。急性氨中毒多发生于意外事故。接触氨后患者眼和鼻有辛辣感和刺激感，流泪、咳嗽、喉痛，出现头晕、无力等全身症状。重度中毒时会引起中毒性肺水肿和脑水肿，可引起喉咙水肿、喉痉挛，发生窒息如抢救不及时会有生命危险。

氨中毒严重损害呼吸道和肺部组织，抢救时严禁使用压迫式人工呼吸。液氨溅入眼内，应立即拉开眼睑，使氨水流出，并立即用水清洗。

4. 氮氧化物

氮氧化物的种类很多，常见的有一氧化氮 NO、二氧化氮 NO_2、氧化亚氮 N_2O、三氧化二氮 N_2O_3、四氧化二氮 N_2O_4、五氧化二氮 N_2O_5等，其中造成污染环境的主要是二氧化氮。

（1）理化性质。二氧化氮在常温下与四氧化二氮混合存在。在高温下是二氧化氮，红褐色气体，有刺激性气体，相对密度为 1.448。在低于 0℃时，几乎只有四氧化二氮存在，为无色晶体，达到沸点 21.1℃时分解成二氧化氮。有很强的氧化作用，可与碳、硫、磷、有机化合物发生激烈反应，同液态氨、氢气、一氧化碳、硫化氢、甲烷、丁烷混合能发生爆炸。

（2）毒性及对人的危害。二氧化氮属Ⅲ级毒物，被人吸入后进入肺泡与水反应，形成硝酸与亚硝酸，对肺组织产生刺激和腐蚀作用引起肺水肿。一氧化氮还可使血红蛋白变为高铁血红蛋白，引起组织缺氧而中毒。二氧化氮的嗅觉阈为 2~8mg/m³。表 11-2-12 列出了二氧化氮对人体的危害情况。

表 11-2-12　二氧化氮对人体的危害

浓度/（mg/m³）	人体反应	浓度/（mg/m³）	人体反应
1.3~3.8	气道阻力增加	220~290	发生危险，可致肺水肿
7.5~9.4	气道阻力增加，动脉血氧分压降低	440~730	危险程度很快增加
70	黏膜刺激作用，能忍耐几小时	560~940	致命肺水肿、窒息
140	只能支持半小时，可引起支气管炎和肺炎	1400	很快死亡

（3）中毒表现。

① 急性中毒：吸入较高浓度二氧化氮气体时，咽喉感到不适并伴有刺激性咳嗽，继之出现胸闷、呼吸急促、咳嗽伴有黄浓痰，肺水肿是其主要病变，此外尚有头晕、乏力、食欲减退、烦躁、失眠等病症。

② 慢性中毒：长期连续接触低浓度二氧化氮气体，可引起慢性咽炎、支气管炎和肺气肿。

5. 氮

（1）理化特性。无色无臭气体，相对密谋 0.96737。

（2）毒性。氮本身无毒，但当作业环境中浓度达到一定程度时，会引起单纯性窒息作用。当氮气分压高时，对中枢神经有麻醉作用。

（3）中毒表现。环境中氮气含量大于 84%时，会出现缺氧窒息。表现为头晕、头痛、呼吸困难，肢体麻木，甚至失去知觉；严重者可迅速昏迷，出现阵发性痉挛、青紫等缺氧症状，窒息死亡。

（三）毒物侵入人体的途径

毒物可通过呼吸道、皮肤和消化道侵入人体。

（1）呼吸道。常减压蒸馏装置生产中的毒物主要是从呼吸道进入人体。整个呼吸道的黏膜和肺泡都能不同程度地吸收有毒气体、蒸汽及烟尘，但主要的部位是支气管和肺泡，尤以肺泡为主。肺泡接触面积大，周围又布满毛细血管，有毒物质能很快地经过毛细血管进入血液循环系统，从而分布到全身。这一途径是不经过肝脏排毒的，因而具有较大的危险性。

（2）皮肤。脂溶性毒物，如苯胺、丙烯烃等，可以通过人体完整的皮肤，经毛囊空间到达皮脂腺及腺体细胞而被吸收，一小部分则通过汗腺逃入人体。毒物进入人体的这一途径也不经肝脏转化，直接进入血液系统而散步全身，危险性也较大。

（3）消化道。毒物由消化道进入人体的机会很少，多由不良卫生习惯造成误食，或由呼吸道侵入人体，一部分毒物粘附在鼻腔和咽喉部混入其分泌物中，无意被吞入。毒物进入消化道后，大多随粪便排出，其中一小部分在小肠内被吸收，经肝脏解毒转化后被排出，只有一小部分进入血液循环系统。

（四）职业病防护设施

1. 装置工艺特征

装置设计为密闭系统，生产时有毒物料均在密闭状态下使用，不与作业人员接触；

含 H_2S 介质采样均为密闭采样，含硫污水密闭送入污水汽提装置处理；

加热炉、换热器等存在高温及热辐射物料的设备外部均有保温层和耐高温油漆进行隔热处理，加热炉内设有衬里进行隔热，使设备外表面温度不大于60℃；

机泵均选用低噪声设备，并设有隔声罩，转动设备和机泵均设有防护罩；

在可能泄漏可燃气体和有毒气体硫化氢的场所配置固定式可燃气体、有毒气体监测报警器；

信号引入控制室实施在线监控。

2. 防护设施

装置设计时应充分考虑工艺特性对职业病防护设施提出要求，对防尘、防毒、防噪、防高温和热辐射等均有明确内容。

3. 防护用品

应为全体作业人员配备劳动防护用品，如安全帽、工作服、防酸（碱）手套、防护鞋，还根据作业人员接触职业病危害因素种类的不同，配备相应的个体防护用品。

4. 建筑卫生

生产设备、设施尽可能设在敞开的框架上，一旦装置中的设备和管道等发生有毒有害、易燃易爆物质的泄漏，有利于得到稀释和扩散。

参 考 文 献

1　吴云鹏，宋景平，紫宗明．常减压蒸馏装置的清洁生产措施．石油炼制与化，2008，39(6)：15~17
2　张凤祥．浅析炼化企业在役装置危险源辨识和风险评价．石油化工安全环保技术，2010，26(2)：6~15
3　洪秀丽．职业健康安全管理体系的探讨．山东建筑，2014，40(29)：273~274
4　王兵等．常减压蒸馏装置操作指南．北京：中国石化出版社，2006
5　孙玉良等．常减压蒸馏装置安全运行与管理．北京：中国石化出版社，2006
6　GB 14554—1993《恶臭污染物排放标准》
7　中国石油化工集团公司安全环保局编．石油石化环境保护技术．北京：中国石化出版社，2006

第十二章　典型案例分析

第一节　生产与操作事故

一、常减压蒸馏装置闪爆事故分析

1. 事故概况及经过

2003 年 9 月 12 日，某石化公司 $300×10^4$t/a 常减压蒸馏装置检修后进行开车，17 时 10 分在减压炉点火时，发生闪爆事故。事故造成 3 人死亡、1 人重伤、5 人轻伤的严重后果，同时造成炉壁及框架严重损坏，减压炉整体损毁报废；事故直接经济损失 45 万元。

2003 年 8 月 25 日 $300×10^4$t/a 常减压蒸馏装置开始常规检修。9 月 11 日 8 时检修完毕交生产开车。9 月 11 日 8~17 时装置进行吹扫试压，17 时停汽，拆除油品出入装置盲板，为开工做准备。20 时抽出燃料油、高压瓦斯盲板。

9 月 12 日 8 时 30 分引柴油循环，脱水、检查仪表；14 时加热炉准备点火。某司炉工受车间生产主任指派找安全员先联系中心化验室取样分析常压炉和减压炉可燃气，显示分析结果合格。16 时引原油循环。16 时车间生产主任安排司炉工做点炉准备及点炉前的最后检查，安排班长带人投瓦斯系统，准备点火。16 时 55 分完成常压炉点火后，一名司炉工直接去减压炉一层平台做开阀准备，另一名司炉工进入炉底点减压炉火嘴时，减压炉发生闪爆。

2. 事故原因分析

（1）违章指挥。9 月 12 日 14 时，车间生产主任在不清楚流程的情况下，没有经过现场检查，误认为炉子瓦斯系统流程已经改好，就指派安全员联系中心化验室取样分析常压炉和减压炉可燃气。实际上减压炉瓦斯流程并没有改好，盲板还未拆除，炉膛内的状态还是检修状态。在盲板没有拆除，流程没有摆好的状态下要求化验室取炉膛气，分析炉膛可燃气体含量，化验分析结果显示分析合格，这个分析结果完全是假象。在取完炉膛气样后，车间生产主任又自相矛盾指派操作工，改通瓦斯流程。在取样后 2h40min，安排操作工点炉。按规定：确认火嘴阀门关闭，瓦斯引到炉前拆除盲板，点火前 1h 内采样分析有效。本次操作超出规定时间，又无人确认。错误的采样结果和违章指挥为事故埋下了祸根。

（2）违章操作。16 时 55 分在错误的采样结果导向下，开始点常压炉和减压炉，17 时 10 分在点减压炉时发生闪爆。事故发生后通过现场勘察：发现减压炉瓦斯系统有 4 个阀门处于不同程度的打开状态，一个 *DN*80 阀门，3 个 *DN*50 阀门，经认定 *DN*80 阀门是高压瓦斯与低压瓦斯连通阀，流程改造后该阀门应是常闭阀，应用盲板盲死，三个 *DN*50 阀门是低压瓦斯火嘴阀，流程改造后也是常闭阀。这四个阀门其开度分别为 *DN*80 连通阀开 10%（6 扣），*DN*50 瓦斯火嘴阀分别开 40%（7 扣）、40%（7 扣）、50%（8 扣）。根据现场情况分析，此次事故是减压炉司炉工在减压炉点火前的准备及检查工作中，没有进行认真严格细致的检查，没有查出高压瓦斯与低压瓦斯连通阀和三个低压瓦斯火嘴阀门有开度，使高压瓦斯气体在点火前通过低压瓦斯管线串入炉膛内，致使点火时发生闪爆。点火前操作工没有按照正确步骤关闭减压炉低压瓦斯火嘴阀门和高低压瓦斯连通阀，违章操作是造成这起事故的直接原因。

（3）工作过程没有监督。根据新版操作规程要求，司炉工在改好瓦斯流程、检查无问题后，应该打开直通和入空气预热器档板、开鼓风机、引风机控制好炉膛负压，蒸汽脱水后，吹扫炉膛、火嘴，10min后关闭。但事故后调查时发现，减压炉引风机未开，鼓风机未开。这一重要的操作步骤漏项，却没有人监督，致使炉膛内瓦斯气没有及时排空是导致事故发生的主要原因。

（4）盲板管理没有确认。事故调查中发现，车间开工方案中没有开工盲板表，而是比照停工方案盲板表进行抽插盲板。盲板的安装和拆除工作全部由盲板负责人一个人负责，盲板负责人8月26日抽高低压瓦斯连通阀盲板进行减压炉烧焦后，在开工前忘记恢复装上该盲板。按照车间开工扫线分工表要求，由一名班长和一名司炉工负责高压瓦斯和低压瓦斯扫线、贯通、试压工作，但实际操作中两人工作不负责任、粗心大意，扫线、贯通、试压不彻底，没能发现高低压瓦斯连通阀有开度，在前面几道关口没有把住的情况下，让事故隐患畅通无阻地变为灾难性的现实。

3. 事故教训

（1）此次事故暴露了公司及生产车间对主要装置开工和减压炉点火等重大生产操作缺乏严密组织和严格管理。装置开停工管理职责不清，领导干部疏于管理。

（2）对于装置生产运行，特别是开停工操作，从制度体系、变更操作、工艺纪律、员工行为、现场监督等方面缺乏严格的管理和控制。

（3）变更管理不到位。变更管理包括指令变更、工艺变更、设备变更、人员变更。此次装置开工，生产工艺做了变更，减压炉燃料系统增加了高压瓦斯火嘴。工艺变动后，车间缺乏足够的认识，没有认真组织员工熟悉开工方案和流程，没有针对变更内容向操作员工进行交底，没有针对变更内容组织员工培训，操作随意提前，再加上管理混乱，导致了操作人员没有按工艺技术要求和步骤落实开工方案，随意操作。

（4）员工操作培训不到位。“9.12”事故暴露出岗位操作技能培训存在严重问题，没有做到应知应会百分之百掌握。

（5）开工过程管理不到位。边开工边进行工程收尾，交叉作业。装置开工点火操作规程明确规定，点火前应及时清理疏散与点火操作无关人员远离现场。但9月12日点火时车间没有按规定认真巡查，组织无关人员的疏散，仍有存续公司工程系统的三名工人在减压炉进行维修换阀作业，施工队三名外委施工人员在距减压炉15m处进行土建作业，致使减压炉闪爆时，上述6人中1死5伤，增加了意外伤亡人数，造成事故事态扩大。

4. 预防措施

（1）举一反三。以“9.12”事故为反面典型，坚决执行“四不放过”的事故处理原则，认真总结吸取事故教训，在事故调查和严肃处理的基础上，以严细认真的态度，组织公司各生产单位结合实际，以“9.12”事故为镜子进行自查，并将9月份确定为公司“安全生产警示月”；每年9月12日在蒸馏车间举行现场会，要求各级领导从安全意识，安全责任到管理、制度、规程的严格执行以及技术、安全措施的落实等各个环节全面汲取事故教训，做到警钟长鸣，把安全管理和安全责任真正落到实处。

（2）针对“9.12”事故发生的原因和在相关环节上仍存在的安全隐患，全面推行“四有工作法”。重点是加强装置开停工方案的编制、审核，切实执行操作规程与工艺卡片，对于各个操作环节的检查做到按规程办事，责任落实到人头。做到“工作有计划、行动有方案、步步有确认、事后有总结”。基层单位领导、技术人员与岗位操作人员要建立连锁互保，层层把关的责任体系。要加强安全生产操作和设备管理等规章制度的健全和完善，对于重大生产操作、工艺条件变换和设备改造后开工操作等相应的规程及时进行修订完善，并狠抓开工方案、操作规程和工作程序的检查，抓好操作人员的上岗培训和考试，使整个生产管理工作形成一个完整的闭路循环。

（3）全面、严格、规范的推行操作规程的培训，对全部员工进行上岗前的培训和考试。

（4）组织开展以检查整改各类隐患，防范各类事故发生为中心内容的“反三违、查隐患、保安全”百日安全无事故活动，重点检查工艺纪律、规章制度，各类规程是否健全，对各类动设备、静设备、容器、管线、阀门等工艺设备严格按照安全技术规程查找事故隐患，分类汇总、明确专责、限时整改。

（5）强化安全教育和培训，全面提高员工的安全素质。

二、带压卸法兰遇火爆炸

1. 事故概况及经过

1982年12月15日上午，某联合装置常减压车间，检修处理H304(瓦斯加热器)漏蒸汽法兰，紧后无效果，要求换垫。司炉操作员关闭瓦斯出入口阀，让检修人员拆法兰。松开1/3螺栓后液化气外喷，车间采取措施，切断吸收稳定去炉区的液态烃阀，稍开放空，用蒸汽气化漏出的液态烃。司炉工认为太慢，便打开H304瓦斯出口阀，准备气化H304中残存液态烃，赶进炉子烧掉(放空阀未关)。由于瓦斯压力上升炉温上升，两名司炉工调节油火。由于H304法兰及放空阀漏量增大，与减压炉相距只有6m，瓦斯吸入加热炉后，突然爆炸燃烧，一名司炉工当即面部烧伤。

2. 事故原因分析

外排液化气或瓦斯向大气泄压，达爆炸极限，遇明火爆炸。

3. 预防措施

（1）处理换热器的问题或检修换热器，必须确认内部有无介质，压力情况如何，达到检修条件后签发作业票。

（2）瓦斯类可燃物质严禁排放地面、大气。

（3）换热器投用热源时(冷源要泄压)要缓慢，严禁超温超压。

（4）瓦斯、液化气类介质泄压时应泄入低压瓦斯管网。

三、蒸汽线窜汽油、引起火灾

1. 事故概况及经过

1984年9月13日，某炼油厂常减压蒸馏车间常三线泵抱轴，联系气焊割下。下午4时，车间副主任和安技科人员一起动手落实防火措施。防火措施未落实完，即开出火票。动火后，有人把消防蒸汽打开，先喷出一股水，随即喷出白色液体(汽油)。死亡1人，烧伤2人。

2. 事故原因分析

常压塔塔顶回流泵出口扫线阀没关死，使少量汽油窜入蒸汽线内。使用蒸汽时未放冷凝水，也没检查，导致喷油着火。

3. 事故教训及措施

（1）在防火措施未落实的情况下，不能签发火票；气焊人员也不能随意点燃燃火焊枪。

（2）消防蒸汽应单独设置，防止窜油。

（3）能拆卸设备不要用气焊割除，以减少动火。

四、某常减压蒸馏装置“7.23”爆炸事故

1. 事故概况及经过

1997年7月23日10时10分因渣油泵房改罐造成憋压，造成渣油泵平衡管穿孔，高温渣油泄漏引起着火，约15min后，火灾引起附近的几个下水井爆炸，装置紧急停工。24日凌晨修复机泵，装置改循环。24日早上开常压，下午2时30分开减压正常，晚上6时开工正常。

2. 事故原因分析

（1）渣油泵房改罐，造成减压渣油系统憋压。

（2）由于维护不力，检查不严密，渣油泵平衡管穿孔。没有及时灭火，引发周围下水井爆炸，被迫紧急停工。

3. 预防措施及教训

（1）加强相关单位的工作联系，搞好平稳操作，防止在改罐过程中产生憋压，引发事故。

（2）加强职工的反事故演练，提高职工处理事故的能力，及时处理突发事故，防止事故的扩大。

（3）加强高温部位的防腐措施。

五、某常减压装置“5.16”火灾事故

1. 事故概况及经过

2004年5月16日23时45分，某常减压蒸馏装置根据公司生产调度的安排改炼阿曼油，18时带炼115号罐，22时30分，内操发现初馏塔塔顶（初顶）罐容-1液位慢慢上升，当即开大出装置控制阀，但液位没有下来，随即通知外操开大泵出口及开容-1出装置控制阀的副线阀。23时容-1液位升至55%，内操通知外操将初顶泵14、泵15由串联改为并联之后容-1的液面一直保持在54%~56%之间波动。23时外操检查容-1现场一次表显示为60%，与操作室DCS显示基本吻合。23时30分时另一个外操在检查常压炉炉膛时，发现炉膛昏暗，烟囱冒黑烟，同时炉膛出现正压，马上报告班长，班长立即指挥内操开大烟道挡板，同时指挥外操逐个停烧燃料油嘴，并检查风机运行正常，但常压炉状况没有改善。检查减压炉炉膛，一切正常。他马上通知车间值班人员，车间值班人员赶到现场后，马上到常压炉检查了解情况，当他在检查时嗅到有汽油味，随即发现初馏塔塔顶放空口有汽油喷洒下来，他马上用对讲机通知各岗位，此时喷洒下来的汽油遇到高温阀门，马上爆燃，立即报火警，装置作降温降量打循环处理，此时约为23时55分。17日00时15分，大火被扑灭。经过事后的了解和调查，发现容-1液位显示器失灵，最高液位时指示只升至55%左右。而低压瓦斯分液罐容-13/1液位超高，常压炉、减压炉炉膛温度突然升高，初馏塔塔顶压力为0.1MPa。由于当时容-1、容-2顶放空阀已打开，而容-1液面已满，瓦斯便夹带着汽油进入炉膛燃

烧。同时瓦斯也夹带着汽油从初馏塔塔顶放空线喷洒而出，遇到高温阀门，从而导致了这次火灾事故的发生。

2. 事故原因分析

（1）容-1液位仪表显示失灵，造成假象。

（2）外操巡检不到位，未检查容-1现场玻璃板液面计，同时判断失误。

（3）内操监控不到位，未能及时发现隐患。

（4）班长巡检不严不细，未能及时发现问题，同时判断失误。

（5）塔-1、塔-2顶放空排大气不符合安全规范。

（6）初馏塔塔顶出装置泵压头不够，造成汽油出装置困难。

（7）车间管理不够严细，各专业协调管理不到位。

3. 教训及预防措施

（1）强化当班过程的巡回检查，严格岗位巡检管理制度。

（2）在加强职工操作技术培训的同时强化岗位安全责任的到位。

（3）加强对仪表的校对与维护，确保指示真实可靠。

（4）塔-1、塔-2顶放空管进行改往火炬线处理。

（5）完善车间管理制度。

（6）按事故管理四不放过原则，及时组织职工进行事故分析，举一反三，使全体职工深刻吸取这一事故教训，从而提高职工的应变处理能力。

六、某常减压蒸馏装置“9.12”生产事故

1. 事故概况及经过

1988年9月12日14时，某常减压蒸馏装置减压岗位由于调节新指标，在调节过程中，由于经验不足造成减压塔波动大，真空度偏低，引起塔顶温度偏高，造成减压塔塔顶（减顶）分液罐容-5液面严重超高，减顶油串入减压炉炉膛引起大火，报警后消防支队出动几台消防车将火扑灭。

2. 事故原因分析

（1）塔顶温度偏高没有引起重视，采取措施不及时使容-5液面严重超高，减顶油串入加热炉。

（2）操作工经验不足，操作过程中调节幅度过大，使真空度偏低。

（3）采取措施不当，使减压炉火越来越大，无法扑灭，只有出动消防车。

3. 预防措施及教训

（1）在调整操作过程中应小调细调，加强岗位技术练兵。

（2）应采取及时有力的措施控制液面升高，使火灾事故消灭在苗头。

第二节　设备事故

一、风机未安全启动

1. 事故概况及经过

2003年4月12日，生产管理部门通知常减压车间P140/1空冷电机送电，电工张某到

现场，发现热继跳闸，复位后提醒装置操作人员：空冷已长时间不用，投用前应先盘车。4月15日上午10时，由于工艺需要，常减压车间需再启动一组空冷，操作工蒋某发现启动开关不能正常启动电机，通过生产管理部门通知电修，电工李某要求盘车，盘车沉重。随后电工启动电机，仍然不能启动。下午16时电修人员拆下电机，发现电机系轴承锈死造成堵转，为事故发生的根本原因。

2. 事故原因分析

4月16日下午14时30分，保障部设备室召开事故分析会，有关人员参加会议。针对此事故展开讨论，得出事故的原因为：该电机长期备用，缺乏维护保养，启动准备不到位，电动盘车，野蛮操作。

3. 事故防范措施

（1）电机启动前必须盘车，严禁采取直接按钮启动。

（2）加强位置特殊设备的日常维护，尤其是长期备用的设备。

（3）加大设备日常管理力度。

二、减压炉爆炸

1. 事故概况及经过

1990年9月29日13时55分，某石化总厂炼油厂常减压车间在停工处理常压炉冷进料管线受堵的过程中，由于操作失误，引起减压炉辐射室与对流室中间段爆炸，直接经济损失5.03万元。

当日11时40分，炼油厂常减压车间开始降温降量。13时20分，减压炉-2温度降到280℃时，开始切换原油循环。13时30分，司炉工熄灭全部火嘴进入冷循环。司炉工经检查后因瓦斯压力降不下来，向班长建议点一个火嘴泄压，班长未同意。13时55分，减压炉发生爆炸。

2. 事故原因分析

（1）明火来源。爆炸前有3个火嘴烧的是燃料油，熄火后均用蒸汽吹扫喷嘴、油线，有部分残油随蒸汽雾化带到管壁或炉壁，在高温下有自燃的可能性。爆炸后仍可见炉壁存留火星。

（2）瓦斯来源。2#火嘴、3#火嘴、6#火嘴既能烧油又可烧瓦斯，点炉时2#火嘴、3#火嘴先用瓦斯点火后改为烧燃料油。改烧油后2#火嘴、3#火嘴的高压瓦斯开关没有关严，致使炉火熄灭后高压瓦斯继续进入炉膛。同时随着炉温的下降，炉火嘴的不断熄灭，烟道挡板从开度75%关到50%。又由于引风机停运，炉内对流不好造成瓦斯积聚并同空气混合达到爆炸极限，遇明火爆炸。

3. 事故防范措施

加热炉熄火后，应及时把高压瓦斯压力降下来，并对进入火嘴的高压瓦斯开关进行详细检查，防止瓦斯进入炉膛。

三、常压塔底塔泵冷却不好着火

1. 事故概况及经过

1981年8月7日，某蒸馏司泵员李某18时10分发现9#泵密封冒烟，立即报告班长郭某组织人员到现场处理，在处理过程中常压塔塔底泵冒烟着火。7 日某蒸馏四班在 17 时 40 分接完头半夜班后，操作平稳，机泵设备运行正常，在 18 时 10 分司泵员李某发现 9#常压泵机械密封冒烟，马上到操作室报告，副班长郭某即带 4 名男同志到现场启动备用 10#泵，就在停 9#泵时，9#泵阀门(出口)还没来得急用板子紧，就冒出滚滚浓烟及大火。

2. 事故原因分析

因常压塔塔底泵是高温泵(360℃)，冷却水是循环水，水质差容易结垢，在高温情况下产生汽化造成冷却水少，使冷却水中断，泵漏油引起着火。另外因泵房小，电机开关在屋内，不方便进入，电源切断不及时，所以造成火势加大。

3. 预防措施及教训

(1) 机泵机械密封冷却水改用软化水冷却。

(2) 坚决要求塔底泵搬迁到宽敞通风好的地方。

(3) 加强职工安全教育，吸取教训，提高灭火技术水平。

(4) 塔底泵改防爆电机。

四、法兰泄露引发火灾

1. 事故概况及经过

1997 年 10 月 11 日 17 时 15 分，某炼油厂常减压二车间工艺乙班正准备交班，突然有人喊“着火了”！正在交接班的班长跑进装置，发现装置管桥上减黏渣油去换热气区的分支一路孔板(FI308)保温盒向外漏油着火，火焰 1m 多高。他们拿起干粉灭火器上管排灭火，同时通知室内操作人员报火警，并向厂生产管理部门报告。17 时 20 分，消防队赶到现场，将火扑灭。这时泄漏处继续往外流淌渣油，装置采取紧急停工处理，减黏装置切出自循环，常减压装置降温退油，消防队员用水枪掩护泄漏处，防止着火。17 时 54 分突然一声闷响，孔板后 200mm 处突然起大火，火势十分凶猛，消防队员和岗位生产人员立即进行扑救，操作人员切断了通往换热器区的阀门，并通知变电所切断装置内的电源。19 时 5 分大火被全部扑灭。这次事故造成装置中部偏西侧管桥部分钢梁、管道被烧变形，临近的减压塔及框架上的部分照明灯具、仪表电缆被烧损，装置停工，直接经济损失 9.8 万余元，此次事故未造成人员伤亡。

2. 事故原因分析

由于流量孔板法兰泄漏，导致管道被冲蚀后减薄破裂。分支一路 FI308 孔板垫片处泄漏，360℃减黏渣油自燃起火。在救火过程中，因管道腐蚀减薄，管道内压力较高，致使管道爆裂，酿成火灾事故，这是事故发生的直接原因。

事故发生后，发现减压渣油进减黏装置流量孔板后管道虽然经过 6 年多的运行，壁厚仍达 3.26mm 以上(原壁后 4.50mm)，而发生破裂着火的管道仅使用 2 年多时间。经分析认为，充蚀减薄的主要原因是减压渣油经过减黏裂化后，产生部分轻馏分，当 360℃的减黏渣油流过管道孔板时，孔板前压力较高，孔板后压力降低，渣油内的部分轻馏分产生相变，加速了对管道的冲刷；辽河原油的环烷酸值较高，在相变环境下腐蚀加剧，使管道减薄，最终导致破裂而发生了事故，这是事故发生的重要原因。

火灾发生时减黏装置虽切出自循环，但由于操作人员思想紧张，应变能力差，3 号阀没有关严，高温渣油(360℃)串入破裂管道，造成这次火灾事故着火时间较长，在停了减黏渣油泵后，火势才得到了控制。

3. 预防措施及教训

（1）加强装置区的日常巡检，及时发现并整改隐患。

（2）加强对岗位工人的业务培训，提高防事故的应变能力。

五、汽提塔进空气爆炸着火

1. 事故概况及经过

1988年8月25日5时56分，某蒸馏装置减压四线汽提塔发生爆炸事故。该蒸馏装置于7月22日停工检修，8月23日22时30分进油开工，24日上午常压系统基本正常，11时起减压开始抽真空，14时减压侧线相继馏油，19时减压塔3个回流均建立，各侧线都达到抽油外送状态，从23时起减压塔真空度从680mmHg（1mmHg＝133.22Pa）上升到704mmHg，并呈稳定状态，25日1时30分开始调整减压各线质量。25日5时56分减压四线汽提塔突然爆炸，塔内高达337℃的热油喷出着火，并将去泵房取扳手路经塔区的减压司炉工由某烧伤，烧伤面积达90%，一周后在植皮中因败血症于9月1日19时25分死亡。火灾发生后，公司领导迅速赶到现场组织救火，经消防队员和广大职工的扑救，于6时17分将火全部扑灭。

2. 事故原因分析

（1）减压四线汽提塔爆炸刨口分析。

汽提塔在下人孔处闪爆开裂，沿筒体轴线向上撕裂，具体尺寸如下：

右侧裂口弧长1800mm；

左侧裂口弧长3140mm；

上端裂口弧长1400mm；

下端裂口弧长1900mm。

人孔短管加强圈沿圆周方向在30°～130°撕裂，下部有510mm的不规则裂纹。在人孔45°～135°区间法兰呈严重变形、法兰面向内凹陷最大测量尺寸达8mm，所有断口都成塑性变形。

（2）爆炸原因。经对汽提塔与减压塔相连的馏出线、返回线和抽出线的检查以及对操作情况的分析，排除了内部产生憋压或因进水急剧汽化形成正压发生物理爆炸的可能，最后结论是由汽提塔内进入空气造成爆炸着火。

（3）汽提塔漏入空气部位分析。在全面检查减压系统的基础上，着重查找了汽提塔与减压塔所有连接部位，其中检查管道120m、阀门11个、法兰24组、焊缝72道以及2个*DN*20排空阀，均未发现泄漏点，因此从汽提塔与减压塔连接部位漏入空气的可能性不大，空气可能从汽提塔的某一部位漏入。经全面检查确定，除人孔法兰外该塔所有焊缝、静密封都未发现异常，在打开人孔盖时发现人孔法兰面右上方有240mm的垫片残缺，此处的法兰密封面上的密封线（水线）不清晰，表面有锈蚀和贴有13mm×8mm的石棉残留物。分析认为，人孔处是漏入空气的最大可疑点。

3. 预防措施及教训

这次事故的教训是深刻的，说明我们在某些环节的管理上还存在一定的漏洞。开工前汽提塔虽然经过了试压，抽真空试漏，但缺乏过细的检查。东蒸馏装置这次开工，部分领导和职能处室重视不够，认为蒸馏装置经验成熟，特别是减压系统，几年来操作一直平稳，又有计算机控制，没有像对待催化、重整装置那样重视，在开工还没有完全平稳的情况下，没有加强值班力量。在设备管理上存在薄弱环节。1986年检修换垫后，这次检修本应对减压汽提塔全面进行检查并换垫，但由于重视不够，就没有采取相应的措施。在检修中对职工的要求还不够严细，试压过程中检查不全面，致使泄漏点没有暴露出来。为吸取教训、避免类似事故发生，公司分别召开了领导班子会、经理办公会、中层干部会和安全专业会，认真分析事故原因，吸取教训并采取了以下措施：

（1）利用1个月的时间，结合蒸馏汽提塔爆炸事故，开展安全生产大讨论，发动全公司职工举一反三，查找本系统的安全思想和设备上的隐患，认真整改。

（2）领导环节上要从严要求，进一步强化安全意识，牢固树立安全第一的思想，坚持“三个面向”，“五到现场”，切实加强对生产装置开工、停工的组织领导。

（3）对全厂的减压系统设备进行一次全面检查，修订管理、检修、操作规程。

（4）从严要求，严格执行“三老四严”，落实安全生产责任制，确保安全生产。

六、循环水管线破裂造成装置停工事故

1. 事故概况及经过

2001年4月3日某常减压蒸馏装置操作工发现装置循环水压力突降，减压塔塔顶真空度下降，常压塔塔顶压力迅速升高，在外边巡检人员回来报告说冷凝框架第三层有大量水喷下，应该是泄漏，班长马上指挥降量降温，进行紧急停工。这次事故造成装置停工检修7天。

2. 事故原因分析

装置冷凝框架的冷却水管线没有架空，直接铺设在框架地面上，而且管线直接贴地面的一面无法刷上防腐涂层，由于没有防腐涂层造成冷却水管线腐蚀减薄，在冷却水压力作用下，裂开了一道将近2m长的裂口。

3. 预防措施及教训

将冷凝框架上新铺设的冷却水管线架空20cm，并刷上防腐油漆，避免同类型事故发生。

七、减三线泵蜡油泄漏自燃火灾事故

1. 事故概况及经过

2010年3月18日15时33分，蒸馏三装置泵廊区，减压塔减三线减三中泵泄漏出325℃的蜡油（蜡油自燃点在280~300℃），遇空气自燃着火，至晚上20时45分大火被扑灭。事故经济损失为45.7万元。

2. 事故原因分析

减三中泵振动造成驱动端机械密封失效，泄漏出325℃的蜡油（蜡油自燃点在280~300℃），遇空气自燃着火。其中直接原因：操作人员擅自对减三中泵投入蒸汽冷却，且操作失当，致使泵轴、轴承和支座等温度升高受热膨胀，造成泵轴产生剧烈振动，外操人员发现后不处理不报告，最终因剧烈振动导致泵机械密封失效、泵体与蜡油输送管道连接法兰松脱，而造成蜡油严重泄漏。

3. 预防措施及教训

（1）迅速采取措施，开展安全生产大检查。

(2) 要立即对炼油装置、机泵、热油泵管线系统、仪表、压力容器、安全阀等设备，全面安全评估和隐患排查整治。

(3) 要立即开展安全生产事故应急预案的修订和演练工作。

(4) 按照国家安全生产法律法规及《炼油化工企业安全、环境与健康(HSE)管理规范》(Q/SH S0001. 3—2001)完善各项安全生产规章制度，认真落实安全生产责任制。

(5) 要加大安全生产和应急投入，加强消防设施和消防装备的建设，提高企业灭火自救能力。

第三节　硫化氢中毒和污染事故

2002年8月27日，对于某石化公司是一个刻骨铭心的日子，17时10分，炼油厂北围墙外西固环形东路，发生一起H_2S气体泄漏导致人员中毒的重大事故。造成5人死亡，45人不同程度中毒，留给我们的是永远的痛苦和恐惧。“8. 27”中毒事故是该石化公司成立以来发生的最为严重的事故，事故教训惨痛，

1. 事故概况及经过

2002年8月，该石化公司决定对炼油厂1998年停产的旧烷基化装置进行拆除。炼油厂烷基化车间为了确保旧烷基化装置的拆除工作安全顺利进行，计划对该装置内残余物料进行彻底处理。在处理废酸沉降槽内残存的反应产物过程中，因该沉降槽抽出线已拆除，无法将物料回抽处理，由装置所在分厂向公司生产处打出报告，申请联系收油单位对槽内的残留反应产物进行回收。

2002年8月27日15时左右，烷基化车间主任带领车间管理工程师、安全员，协助污油回收队装车。由于从废酸沉降槽人孔处用蒸汽往复泵不上量，三人决定从废酸沉降槽底部抽油。在废酸沉降槽放空管线试通过程中，违反含硫污水系统严禁排放废酸性物料的规定，利用地下风压罐的顶部放空线将废酸沉降槽中的部分酸性废油排入含硫污水系统。酸性废油中的硫酸与含硫污水中的硫化钠反应产生了高浓度硫化氢气体，硫化氢气体通过与含硫污水系统相连的观察井口溢出。

8月27日17时10分，在该石化公司炼油厂北围墙外西固区环形东路长约40m范围内，有行人和机动车司机共50人出现中毒现象。17时15分，该石油化工公司总医院急救车到达现场将中毒人员送往医院抢救。其中4名中毒人员在送往医院途中死亡，1名中毒人员于9月1日经抢救无效死亡，45人不同程度的中毒，经济损失达250多万元。

2. 事故原因分析

烷基化车间在对废酸沉降槽进行工艺处理过程中，由于蒸汽往复泵不上量，决定从废酸沉降槽底部抽油，在废酸沉降槽放空管线试通过程中，违反含硫污水系统严禁排放废酸性物料的规定，将含酸废油直接排入含硫污水管线，酸性废油中的硫酸与含硫污水中的硫化钠反应产生了高浓度硫化氢气体，硫化氢气体通过与含硫污水系统相连的观察井口溢出。这是导致事故发生的直接原因。事故背后暴露该公司在报废装置管理、员工培训和制度执行、安全环保隐患治理等方面还存在严重问题。从中也反映出部分管理干部安全素质不高，对作业变更后方案的危害认识不足，车间管理人员违章指挥，鲁莽行事，贪图便捷；操作人员对含酸废油排入含硫污水系统会产生硫化氢的常识不清楚，业务技术不过关，这是造成事故的间接原因。

3. 事故教训

这起事故的发生，反映出各级员工特别是部分领导干部没有真正将“安全第一”的思想深入脑海，安全生产责任制没有得到有效的落实，遵章守纪还没有成为广大员工的自觉行为。同时对安全生产工作重视程度不够，标准不高，工作不细，管理不严，事故教训极为深刻。

（1）安全防范意识差，贪图便捷盲目操作。炼油厂烷基化车间主任等人在对废酸沉降槽进行工艺处理时，操作人员对含酸废油排入含硫污水系统会产生硫化氢的认识不清，安全防范意识差，业务技能不过关，没有掌握最基本的应知应会，可谓不知不会，无知无畏，对作业过程中的危害性认识不够，后果估计不足，贪图便捷，鲁莽行事，盲目操作，员工没有具备保证安全生产的基本技能。在试通管线过程中，将含酸废油直接排入含硫污水管线，导致了事故的发生。

（2）制度执行不力，“三违”行为屡禁不止。废酸渣不允许排入含硫污水系统，应送出装置综合利用或拉运到工业渣场进行填埋处理。规章制度都源于生产实践、源于事故教训，是用鲜血写成。不遵守制度、不按科学规律办事，就一定要付出沉重的代价。烷基化车间主任作为车间第一安全负责人，无视公司制度和规定，有章不循，违章指挥操作人员将含废酸油排入含硫污水系统，导致了事故的发生。从中也暴露出公司基层安全管理基础薄弱，“三违”现象普遍存在，安全管理制度执行层层弱化，执行力差的问题。

（3）安全监督不到位，不能有效扼止违章。安全员作为车间现场安全监督人员，对车间主任的违章指挥、操作人员的违章作业视而不见，没有认真履行安全监督职责，没有对违章现象进行及时的制止和纠正，而是接受了违章指挥，也成为违章作业者。暴露出公司安全监督体系没有完全发挥作用，对安全监督人员的选拔考核不严，安全监督人员素质低，责任心不强，业务不精，造成安全监督人员没有能力发现和纠正违章现象。

（4）生产管理不到位，安全措施不能有效落实。车间主任协助施工单位进行污油回收时，在蒸汽往复泵抽油不上量，无法按原方案进行污油回收操作的情况下，既没有对现场作业风险进行认真辨识，也没有履行必要的审批手续，就现场变更工艺处理方案，并组织操作人员实施，这说明该公司在生产管理上存在方案执行不严、落实不够的问题。同时该公司生产运行处作为废油回收工作的审批单位，没有按照“谁主管，谁负责”的原则，对含酸废油回收处理过程中的安全措施提出明确的要求，对装置处理现场只进行了简单的现场检查后，就批准了酸性废油回收申请。说明该公司管理方式粗放，管理上存在漏洞，部分领导干部“安全第一”的思想还没有入心入脑，在安全管理措施上还存在重视不足，落实不到位的现象。

（5）变更管理不到位，不能有效规避风险。在进行污油回收前，车间编制了处理方案，对存在风险进行辩识，并制订了相应的防范措施。但在作业执行过程中，在蒸汽泵不上量的情况下，改变了处理方案，决定从废酸沉降槽底部抽油，如果在作业前分析出变更方案存在的风险，对变更可能导致的风险制订有效控制措施，就可完全避免事故的发生。从中反映出该公司在变更管理上还存在管理制度不完善，缺乏管理的问题。

（6）报废装置管理不善，为事故发生埋下隐患。报废装置在停车后应该进行彻底工艺处理，倒空物料，装置出入界区物料管线加堵盲板。但旧烷基化装置于 1998 年长期停车后，没有及时对停车后的装置进行彻底的工艺处理，致使废酸沉降槽内残存反应物未及时处理。同时调查发现装置停车后，在装置前期拆除过程中，没有进行风险辨识，制订的拆除方案不严密，导致正常的倒料流程被提前拆除，致使槽内含酸废油无法按照正常流程回抽处理。这反映出该公司在报废装置管理上存在严重的问题。

(7) 隐患治理力度不够，无法确保本质安全。含硫污水硫化氢吸收塔由于设计原因，经常出现碱结晶，系统运行受到较大影响，硫化氢吸收效果较差；同时含硫污水系统观察并没有及时进行封闭。含硫污水系统的清污分流工作由于受到技术上的限制，一直未能实施。另外随着周边地区的发展，该公司生产装置被周围村庄、道路包围，城市道路和周边居民与公司生产装置的安全防护间距严重不符合国家规范的要求，这为事故的进一步扩大留下了隐患。从中反映出该公司对安全环保隐患治理的认识不足，治理的力度不大，也暴露出该公司对周边环境没有引起足够的重视的问题。

(8) 公司管理存在问题，安全责任制没有落实。事故的发生，暴露出该公司在安全管理上存在隐患，在员工培训、隐患治理、制度执行等方面还存在不到位的现象，各级领导的安全生产责任制没有真正落到实处，“安全第一”的思想还没有深入脑海，对安全工作的责任感、危机感不够，工作作风不够扎实，导致各级领导在抓安全管理上标准不高，工作不细，要求不严。有些领导对安全工作还停留在一般性的开会布置、下发文件上，没有将安全工作真正落实到基层。

第四节　硫化亚铁自燃事故

硫化亚铁具有较强的活性，其自燃点低，常温下在空气中会发生自燃。

1. 事故概况及经过

1993 年 9 月 11 日，某石化公司常减压蒸馏装置停工检修，减压塔塔顶回流打水泵因施工停止向减压塔塔顶打水，3 天后减压塔内碳钢填料上的硫化亚铁自燃，经消防队员扑救 20h 将火扑灭。减压塔内上部三段碳钢填料全部烧毁，减压塔上部塔壁局部被烧变形。

2. 事故原因分析

由于近年来国内原油逐年变重，硫含量、酸值不断增加，加重了减压系统设备的腐蚀和冲蚀，尤其是腐蚀产物 FeS 沉积在填料上和渣油中，检修时很容易引起 FeS 自燃。装置停工时减压塔经过蒸塔、水洗处理，但在塔壁上、填料上仍然有少量的焦质和硫化亚铁。打开人孔后，因减压塔既没有经过化学清洗，又停止了向减压塔塔顶打水，填料上的水分蒸发后，硫化亚铁与氧充分接触自燃造成填料着火。

3. 预防措施

装置停工时采用化学药剂清洗减压塔，钝化硫化亚铁，并且要保证减压塔回流打水泵处于完好备用状态，最好是减压塔内无施工时定期向减压塔塔顶打水，即湿式检修法。

第五节　典型防腐蚀案例

某炼化公司第三套常减压蒸馏装置(以下简称Ⅲ常)建于 1999 年，设计加工能力为 800×10^4t/a，2001 年进行了扩能改造，实际处理能力提高到 900×10^4t/a。以加工中东高(含)硫原油为主，且品种变化繁多，主要加有伊轻、伊重、科威特、沙中、阿曼等原油，从 2007 年开始加工流花、索鲁士、达混等高酸重质油。装置采用初馏塔—闪蒸塔—常压塔—减压塔流程，其中常压塔塔顶设备主要材质均为碳钢。由于长期加工中东高(含)硫原油，且开工初期原油含盐高、脱盐效果不理想，致使常压塔塔顶系统的低温腐蚀极其严重，常压塔塔顶换热器E102管束频繁泄漏，在第一运行周期的一年半时间内泄漏达23次，严重影响装置的长周期运行，且泄漏容易污染重整原料、喷气燃料等原料，威胁下游装置的正常生产。

从换热器E102的泄漏点和表现形式来看，主要是低温 $HCl-H_2S-H_2O$ 腐蚀与高速流体冲蚀的综合作用所引起的，原因主要有以下几点：

(1) 流体诱发的管子振动造成的磨损腐蚀；

(2) 含有液滴的高速流体引起的冲刷腐蚀；

(3) $HCl-H_2S-H_2O$ 低温腐蚀。

对于弓形折流板结构形式的管束，其壳程流体流动方式是以反复转变方向的横流来完成的，而引起流体诱发管子振动的原因：流体弹性不稳定、漩涡脱落及紊流抖振等都是由横向流动时发生的现象。随着加工量的逐步扩大，壳程流体流速过大，从而诱发管子振动加剧，造成换热器在靠近U形弯头部位的几块折流板处部分管子(刚性较薄弱区域)，产生了凹陷即缩颈现象，管子外径明显缩小，管壁减薄，经割管剖析认为，此现象是由于管子的振动引起，并与介质的共同作用产生磨损腐蚀所造成的。管束的使用寿命除与构件的材料、厚度及介质腐蚀速率有关外，还与介质流速的大小有关。对于常压塔塔顶换热器重叠换热器组下面一台管束的出入口处，顺油气流动方向出现的沟槽状穿孔腐蚀，主要是高速流体冲蚀而成。若介质为纯气体，流速允许为30~50m/s。但管束入口为气液两相时，流速一般不应大于6m/s。否则气体夹带具有腐蚀性液滴进入换热器，被携带的液滴具有很高的动能，当与换热器管束碰撞时，呈现非弹性碰撞，液滴撞击局部形成局部水力冲击，使局部压力可达数十兆帕，液滴越大，引起局部水力压强越大。这些液滴就像无数小弹头一样连续打击在金属表面上，金属表面很快就会疲劳剥蚀。而常压塔塔顶换热器重叠换热器组下面一台管束的入口处，其最高流速达到了12m/s(入口接管为 $DN450$)。

在蒸馏装置的油相系统中不同程度的存在 HCl、H_2S、H_2O。HCl 的来源可分成两部分：一部分是盐类的水解；另一部分是有机氯化物在高温下的分解。H_2S 的来源主要是原油中有机硫化物在高温时分解产生的，另外一小部分来自原油中存在的 H_2S。常压塔塔顶的水主要来自塔底和侧线汽提用蒸汽，塔顶注水。HCl、H_2S 随着轻组分一起挥发，当以气体状态存在时，对管束的腐蚀很小，再经冷却换热后温度下降到露点以下，冷凝区域出现液体水后，在换热器的壳程便形成 $HCl-H_2S-H_2O$ 腐蚀系统。HCl 和 H_2S 相互构成了循环腐蚀，反应式为：

$$Fe+2HCl = FeCl_2+H_2 \qquad FeCl_2+H_2S = FeS+2HCl$$
$$Fe+H_2S = FeS+H_2 \qquad FeS+2HCl = FeCl_2+H_2$$

针对上述问题，摸索出一套综合防腐方案，采取了一系列防腐措施，涵盖了工艺、设备、腐蚀监测领域，包括改变缓蚀剂种类，在常压塔塔顶改注中和剂以平稳有效地控制pH值，脱后原油注碱以中和高温分解产生的HCl，注水以减少垢下腐蚀，改善换热器结构，采取在线腐蚀监控检测。

(1) 原油脱盐原油中含盐量是引起常压塔塔顶系统腐蚀的直接原因。脱除原油中的盐类，减少原油中盐含量，对减轻金属腐蚀效果显著。一般原油脱后原油含盐控制在≤3mg/L。

(2) 采用注中和剂氨水混和液的方案，这样有利于控制好常压塔塔顶pH值，降低成本。同时在常压塔塔顶回流罐的脱下水管线上增加在线pH计，并引入DCS指示，提高了常压塔塔顶 pH 值控制的稳定性。

(3) 缓蚀剂能在金属表面形成一层抗水性保护膜，遮蔽金属同腐蚀性介质的接触，使金属免受腐蚀。缓蚀剂可分为两种，一种为水溶性，另一种为油溶性。该装置一开始采用的是水溶性缓蚀剂，注入点在塔顶挥发线上，但在实际应用中效果不佳，存在两方面的缺点：成膜效果不佳。缓蚀剂为水溶性的，不能与油相互溶合，达不到均匀成膜的目的。水溶性缓蚀剂得加水配制，易受到人为因素影响，浓度不稳定，而且加大了外操的工作量。缓蚀剂在管束表面形成的吸附保护膜是一种动态保护膜，一旦浓度过小，将造成缓蚀剂维持剂量不足，就可能使保护膜遭到破坏，腐蚀速率会明显上升。目前该装置采用的是油溶性缓蚀剂，以初馏塔塔顶油作载体，注入点分布在常压塔塔顶挥发线和四组换热器的入口处，可达到均匀注入目的，且油溶性缓蚀剂不用配制，浓度稳定。

(4) 常压塔塔顶注水。在常压塔塔顶注水不仅可以洗涤氯化铵和硫化亚铁，减小垢下腐蚀，还可使塔顶组分的露点部位前移，以保护换热器。

(5) 改进设备结构、提高材料等级以提高耐腐蚀性。2012 年该装置停工检修期间，常压塔塔顶换热器全部更换为全焊接式板式换热器。

第六节　其他事故案例

一、某常减压蒸馏装置“12.26”人身事故

1. 事故概况及经过

1974 年 12 月 26 日 19 时某常减压蒸馏装置泵-46 前原油管沟因施工需要，将管沟盖板揭开，管沟用蒸汽进行掩护，因此管沟揭口处有蒸汽冒出，当班外操在进行巡检时，因管沟冒蒸汽，而且天色已晚，看不清路况，以为管沟上仍盖有盖板，因此，仍从上面走过，结果一脚踏空掉下管沟，致使左腿摔伤后缝了三针。

2. 事故原因分析

(1) 施工单位管理存在漏洞，盖板揭开后，未能在周围设置警戒线，施工完后又没有及时恢复，是造成这次事故的主要原因。

(2) 操作工晚上检查不带电筒，没有看清路况，是导致事故发生的直接原因。

3. 预防措施及教训

(1) 晚上检查必须带电筒，遇路况不清或视线不好的情况，应提高安全警惕，做好自我防护工作。

(2) 管沟、下水井因施工需要揭开盖后，在无专人监护的情况下，必须设置警戒线，及时恢复管沟井盖。

二、轻油擦设备引火烧自身

1. 事故概况及经过

1993 年 5 月 14 日 20 时 20 分，某炼油厂常减压车间当班班长安排一名操作员用常一线油(喷气燃料)去擦洗管架上及管线表面的油污。操作员接了半桶油，当用绳子将油桶从低处向高处提时，因管线刮碰，将油撒在高温管线的裸露部位，同时也撒在他的身上，当即起

火。在其下半身被引着后，从换热一层平台跳下去，经同志们帮助将身上火扑灭。烧伤面积60%，三度以上面积占50%。

2. 事故原因分析

班长违章指挥，操作员违章作业，均违反了总公司《防火防爆十大禁令》。

3. 预防措施及教训

必须严格执行《防火防爆十大禁令》，坚决禁止违章指挥和违章作业。

三、某常减压蒸馏装置“2. 7”人身事故

1. 事故概况及经过

1975年2月7日7时5分某常减压蒸馏装置一泵工在搞卫生时擦到泵21的电机时不小心被电机的后风叶把抹布以及食指卷进去，打断食指的1/3，住院治疗44天。

2. 事故原因分析

思想麻痹，精神不集中，安全警惕不够，使抹布和食指一同卷进泵21风叶后，造成人员伤害，机器损坏。

3. 预防措施及教训

加强安全意识教育，搞卫生时精神必须要集中，不要开小差，用抹布必须抓紧，转动部位不能搞卫生。

四、某常减压蒸馏装置“1. 29”人身伤害事故

1. 事故概况及经过

2003年1月29日9时20分某常减压蒸馏装置因生产需要，减底泵(泵-30)需作换泵处理，在正常由泵-30换至泵-31换泵过程中，操作工在开大泵-31出口阀门调节流量时，泵-31出口阀盘根突然喷油，正在开该阀门的职工陈某的左脸及左颈部烫伤，确诊为浅2度烫伤。

2. 事故原因分析

车间在阀门设备管理方面存在漏洞，该阀门在首次安装时没有进行盘根更换处理，相关人员在验收时检查不细，把关不严，为事故的发生埋下了隐患。

3. 预防措施及教训

(1) 加强阀门设备的管理验收工作，严格执行新安装的阀门必须经研磨检验合格才安装使用的规定。

(2) 开关高温高压阀门时，不能正对阀门，要用F扳手在侧面开，不能过快，一旦发现漏油立即停泵。

参 考 文 献

1 刘超. FZC-1硫化亚铁钝化剂在常减压蒸馏装置的应用. 炼油技术与工程，2008，38(12)：45~47

2 林世宏，李海良. 常减压蒸馏装置几起典型硫腐蚀事例分析. 石油化工腐蚀与防护，2002，19(2)：24~27

3 于艳秋，张景生，刘小辉等. 常减压蒸馏装置塔顶腐蚀案例分析与控制. 石油化工腐蚀与防护，2007，24(5)：29~30

4　尹志攀，李强，咸浩. 常减压装置加工现状及腐蚀情况浅析. 中外能源，2013，18(6)：77~80
5　田海洋，崔宁，李辉. 常减压装置加热炉风机起动失败分析与解决措施. 石化电气，2010，29(18)：46~47
6　马金秋，赵东风，谭科峰等. 典型炼油装置硫化亚铁自然分析及对策. 山东化工，2010，39(6)：42~45
7　孙亮，郑明光等. 炼油厂设备腐蚀故障失效分析三例. 石油化工腐蚀与防护，2012，29(1)：51~54